Acústica de salas
projeto e modelagem

Blucher

Eric Brandão

Acústica de salas
projeto e modelagem

Revisão técnica:
William D'Andrea Fonseca

Acústica de salas: projeto e modelagem
© 2016 Eric Brandão
2ª reimpressão – 2022
Editora Edgard Blücher Ltda.

Revisão técnica, foto para capa e diagramação
William D'Andrea Fonseca

Ilustrações
Eric Brandão e William D'Andrea Fonseca

Capa
Ângelo Bortolini

Blucher

Rua Pedroso Alvarenga, 1245, 4°andar
04531-934 – São Paulo – SP – Brasil
Tel 55 11 3078-5366
contato@blucher.com.br
www.blucher.com.br

Segundo Novo Acordo Ortográfico, conforme 5. ed.
do *Vocabulário Ortográfico da Língua Portuguesa*,
Academia Brasileira de Letras, março de 2009.

É proibida a reprodução total ou parcial por quaisquer
meios sem autorização escrita da editora.

Todos os direitos reservados pela Editora
Edgard Blücher Ltda.

Dados Internacionais de Catalogação na Publicação
(CIP) Angélica Ilacqua CRB-8/7057

Brandão, Eric
  Acústica de salas: projeto e modelagem / Eric
Brandão. – São Paulo: Blucher, 2016.

  Bibliografia
  ISBN 978-85-212-1006-1 (impresso)
  ISBN 978-85-212-1007-8 (e-book)

  1. Acústica 2. Engenharia acústica 3. Acústica
arquitetônica 4. Som I. Título

16-0097   CDD 534

Índice para catálogo sistemático:
1. Acústica

À minha mãe, Elma Brandão, e ao mestre Arcanjo Lenzi.

Prólogo

É muito comum pensar em acústica como uma arte um pouco obscura. Frequentemente, ao ser perguntado sobre o que faço, minha resposta é sempre entendida como uma área do conhecimento inteiramente ligada às artes. Em acústica de salas, mais especificamente, a primeira associação tende a ser com belas salas de concerto ou estúdios de gravação. É preciso reconhecer que estes são ambientes em que belas formas de arte são produzidas e, de fato, os locais em si são inspiradores. Eles, no entanto, servem a um propósito e para servir bem é necessário que atendam a certos requisitos técnicos. É aí que arte, ciência e engenharia se combinam.

A acústica de salas, enquanto disciplina científica, serve ao propósito de elucidar como o som se propaga nos mais diversos tipos de ambiente (não só as salas de concerto e os estúdios). Além disso, como a experiência de qualquer ser humano em uma sala é subjetiva, é preciso criar formas de mensurar essa experiência com métricas objetivas. Em suma, nós queremos quantificar o quão agradável é ou será a sua experiência em uma sala existente ou em projeto.

No entanto, a disciplina é relativamente nova. Antes do trabalho de W. C. Sabine, no começo do século XX, e dos trabalhos mais fundamentais de Rayleigh e von Helmholtz, no último quarto do século XIX, pouquíssimo se sabia sobre a física das ondas sonoras e sua propagação nos recintos. Apesar do limitado conhecimento, diversas salas de concerto incríveis foram construídas. Isso ajuda a tornar mais forte o mito de que a acústica de salas é uma arte obscura. Onde o mito encontra força, a ciência e a técnica perdem seu espaço. No entanto, salas de concerto ruins também foram construídas e muito do sucesso das boas salas se deve à observação empírica das receitas que deram certo. Com a introdução do trabalho de Sabine e das bases teóricas da ciência acústica, muito conhecimento puro ou aplicado foi desenvolvido em cerca de 100 anos. Na Europa, América do Norte e Japão, a qualidade acústica dos ambientes se tornou uma norma social aplicada aos mais diversos tipos de sala. Esses conhecimentos geraram um arsenal de ferramentas e métodos que permitem projetos detalhados de todo tipo de ambiente.

Este livro trata do tema da acústica de salas ou, se o leitor preferir, da qualidade acústica interna dos ambientes. Essa é uma área multidisciplinar que engloba as engenharias, arquitetura, artes etc. O projeto do livro se iniciou em 2012, quando comecei a lecionar a disciplina Acústica de Salas na primeira graduação em Engenharia Acústica do Brasil, na Universidade Federal de Santa Maria (UFSM, RS). Como todo curso de engenharia, esse é um curso de 5 anos com as disciplinas do ciclo básico (p. ex. Cálculo, Física, Eletrônica, Mecânica etc.) e com disciplinas do ciclo específico, das quais Acústica de Salas é uma delas. Um ano após o início da docência dessa disciplina, as primeiras notas de aula começaram a se tornar uma apostila.

Reconhecendo que o Brasil apresenta deficiência literária no tema, pareceu a mim que a apostila tinha o potencial de se tornar um livro-texto. Ao longo do tempo gasto para preparar as aulas da disciplina, também ficou claro que a literatura estrangeira não possuía um único livro que concentrasse todos os temas abordados em aula. Existem ótimos livros sobre salas de concerto, por exemplo. Eles, no entanto, possuem pouca informação sobre modelagem de materiais absorvedores ou difusores usados no tratamento acústico dos recintos. Poucos livros abordam detalhes sobre sobre técnicas modernas de projeto como o uso das simulações computacionais (CAD/CAE). Existe pouca literatura disponível sobre o projeto de salas mais comuns, como as salas de aula, por exemplo. Outros livros se concentram na abordagem de materiais e dispositivos usados no tratamento acústico. Eles, no entanto, falam pouco sobre a modelagem do campo acústico em uma sala. Ficou evidente, então, que um livro que concentrasse um ferramental relativamente completo para o bom desenvolvimento de projetos acústicos seria bem-vindo ao Brasil.

Outra motivação veio a partir do reconhecimento de que existem bons livros que explicam qualitativamente os conceitos da acústica com esquemas, desenhos e exemplos práticos. No entanto, para realizar um bom projeto, é preciso ser capaz de calcular e ajustar diversos parâmetros. Ou, no mínimo, saber utilizar e interpretar as ferramentas computacionais modernas. Conhecendo esse contexto, a proposta deste livro é fazer uma abordagem mais matemática e técnica do tema. Meu intuito é que a obra permita que o leitor seja munido de conhecimento para ser capaz de calcular os diversos aspectos de um projeto acústico, ou que seja capaz de discutir em um nível profundo sobre o tema e propor soluções a uma equipe multidisciplinar de projetistas.

O livro, portanto, é voltado não só aos graduandos em Engenharia Acústica, embora este tenha sido o público-alvo no início do projeto. Minha esperança é de que outros setores da engenharia, arquitetos, técnicos de áudio e leitores interessados possam se beneficiar da obra. Visando esse objetivo, eu tentei ser o mais detalhista possível nas derivações matemáticas. Isto, claramente, gerou algumas páginas com um bom volume de equacionamento. Deliberadamente, apenas as equações mais necessárias para projeto ou entendimento de conceitos foram numeradas. Dessa forma, o leitor pode pular as derivações facilmente quando desejar. Outra característica que torna o livro mais abrangente é que tentei discutir ao máximo cada aspecto importante por meio da apresentação de diversos resultados comparativos. Fiz um grande esforço para construir modelos analíticos e numéricos a fim de calcular todos os resultados que são discutidos no livro. Por exemplo, quando abordo o tema das baixas frequências nas salas, tentei incluir discussões sobre o que muda na resposta da sala quando alteramos a posição da fonte, a quantidade de absorção sonora no recinto etc. Espero que, com esse esforço, mesmo que o leitor se sinta desconfortável com a matemática, no início de seus estudos, ele possa obter informações valiosas nas discussões e ganhar conhecimento sólido sobre o tema. Alguns leitores podem sentir que o uso de pontos em vez de vírgulas para separar as casas decimais (p. ex., 0.32 em vez de 0,32) é contrário às regras do português. A opção pelo uso do ponto foi natural para mim, já que acabei me acostumando à escrita de artigos para a comunidade internacional.

Esta obra foi organizada em 8 capítulos que contêm as bases da acústica de salas expostas em uma sequência lógica para o desenvolvimento de um bom projeto. O Capítulo 1 explana os aspectos físicos e subjetivos fundamentais sobre o som. Uma discussão sobre o nosso processo auditivo-cognitivo é dada e uma boa discussão sobre os principais conceitos físicos do som, análise de sinais acústicos e sobre o fenômeno de interferência, cuja compreensão é fundamental em acústica de salas, é dada. Uma introdução ao tema da acústica de salas e os requisitos básicos de um bom projeto é fornecida no fim do capítulo.

Os Capítulos 2 e 3 tratam da modelagem e projeto de absorvedores e difusores sonoros, respectivamente. Isso permitirá que o projetista entenda a diferença entre os diversos tipos de tratamento acústico e como utilizar os diferentes dispositivos para compor um projeto equilibrado. Os capítulos também abordam a forma de projetar alguns dispositivos a serem usados no tratamento acústico. Assim, projetistas podem ser capazes de baratear seus projetos e propor soluções inovadoras.

Nos capítulos que se seguem, a ênfase muda para a modelagem do campo acústico em uma sala. No Capítulo 4, a modelagem e o tratamento das baixas frequências são abordados. Geralmente um projeto acústico se inicia no tratamento das baixas frequências, já que o projeto de uma sala pode envolver um redimensionamento dela em relação à ideia inicial. Isso permitirá um equilíbrio adequado da faixa das baixas frequências. Nos Capítulos 5 e 6 a modelagem e o tratamento das médias e altas frequências são abordados. O Capítulo 5 descreve, de fato, os métodos computacionais modernos usados em acústica de salas. Esse é o estado da arte atualmente e tais métodos requerem modelos tridimensionais complexos da sala onde os dispositivos de tratamento, abordados nos Capítulos 2 e 3, são usados como dados de entrada dos modelos CAD/CAE. O Capítulo 6 aborda a teoria estatística, que é matematicamente mais simples, mas fornece uma boa direção inicial para o projeto. Assim, o projetista pode saber quais materiais de tratamento e qual a área de cada um deles que serão utilizados antes de iniciar a modelagem 3D da sala.

O Capítulo 7 fornece informações sobre como podemos medir as características acústicas de uma sala e também sobre como quantificamos a nossa experiência auditiva-subjetiva em um ambiente. As métricas apresentadas guiarão os projetos a serem realizados. Os projetos de diversos tipos de sala são abordadas no Capítulo 8, que encerra a obra. Diretrizes são dadas para que o projetista saiba como lidar com a geometria da sala, resolver problemas básicos, quais são os parâmetros objetivos relevantes e seus valores etc. Minha intenção foi abordar uma grande variedade de tipos de salas e ir além das salas de concerto e estúdio. Além destas, ambientes como restaurantes, cinemas, igrejas, salas de aula etc. são abordados. Nós passamos nossa vida toda em vários desses ambientes e sua qualidade acústica afeta nossa qualidade de vida.

Meu intuito final com o livro é criar uma consciência sobre a necessidade de investir na qualidade acústica dos ambientes. Existem evidências, por exemplo, de que aprendizado e a qualidade acústica de salas de aula estão intimamente relacionados. Se o meu trabalho puder ao menos contribuir para uma proliferação, em âmbito nacional, de bons projetos acústicos, considero que o esforço de escrever essa obra tenha valido muito a pena.

Finalmente, eu espero que os leitores façam bom proveito deste livro. Eu tentei deixá-lo o mais correto possível (com toda a ajuda que pude receber). Estou consciente, no entanto, que sou sujeito a falhas como todo ser humano. Peço desculpas por qualquer uma que possa ter cometido e convido os leitores a submeterem suas correções e sugestões a mim. Futuras edições da obra serão assim melhoradas.

Agradecimentos

Esta obra não seria possível sem a contribuição direta ou indireta de diversas pessoas. Em primeiro lugar gostaria de destacar o incansável e detalhado trabalho de revisão do meu colega e amigo Prof. William Fonseca, Dr. Eng., que revisou o texto, contribuiu com sugestões valiosas, algumas figuras e com a editoração inicial da obra. Não foi uma jornada fácil, dada a carga de trabalho que um livro demanda e devido às obrigações da carreira de um professor universitário. Mas suponho que uma amizade que sobreviva a uma provação como essa precise ser devidamente valorizada.

Ao meu colega e amigo Prof. Paulo Mareze, Dr. Eng., que contribuiu com figuras, discussões e alguma revisão do texto que nem o William nem eu estaríamos à altura de fazer. Aos demais colegas professores da Engenharia Acústica (UFSM), o meu agradecimento também. Agradeço também ao Dr. Renato de Carvalho, que escreveu cerca de duas páginas do Capítulo 4 (sobre seu próprio trabalho), ao Prof. Stephan Paul, Dr. Eng., e ao Eng. John William Skalee (engenheiro da Harman do Brasil), que me cederam diversos artigos aos quais não tinha acesso. Ao Prof. Roberto Tenenbaum por ler cuidadosamente e me ajudar a corrigir algumas coisas.

Aos meus alunos da Engenharia Acústica, por me instigarem e incentivarem à escrita do livro. Em especial aos alunos que colaboraram com resultados experimentais e figuras. É impossível notar todos eles aqui e eles são mencionados ao longo do texto por suas contribuições. Devo um agradecimento especial ao Sergio Aguirre, que me cedeu diversos dados e figuras. Também quero agradecer aos alunos do primeiro semestre de 2015, que foram pacientes com meu cansaço devido à energia gasta com a escrita do final da obra. Não foi um semestre fácil.

Aos meus amigos de Santa Maria, Florianópolis, Itajubá, Brasil e do mundo, que ajudam muito de forma indireta.

À Luana Marchesan, pelo carinho, pela compreensão, pelo apoio, por ser minha companhia favorita e por me tirar, mais do que todos os outros, da frente do computador.

Ao professor Arcanjo Lenzi, meu orientador de mestrado e doutorado, que é uma inspiração e me ensinou boa parte do que sei sobre acústica. Agradeço a ele pelo conselho final antes de começar minhas atividades docentes: "Chefe, faça o seu trabalho e quando der escreva um livro!".

À minha família, que me incentivou ao longo dos anos a perseguir a carreira que persegui, não se importando muito com o fato de ela não parecer exatamente ortodoxa, dada a minha formação inicial.

A todos vocês, e a você leitor, que quer se dedicar a essa ciência difícil, mas não obscura, eu dedico este livro.

Sinceramente,
Eric Brandão, Prof. Dr. Eng.
Santa Maria - RS, março de 2016

Prefácio

Passamos boa parte de nossas vidas realizando atividades em ambientes nos quais o principal meio de comunicação é o som. Nas nossas residências, escolas, salas de reunião, escritórios, restaurantes, teatros, salas de concerto etc., desejamos entender a mensagem falada, apreciar a música ou um bom filme.

Dado o tempo que gastamos nesses ambientes em nossas atividades diárias, é impressionante pensar que a quantidade de informação disponível para o projeto acústico dos diversos tipos de salas é ainda relativamente limitada. A boa prática da engenharia requer que sejamos capazes de entender os processos físicos, quantificá-los de alguma forma e criar rotinas de projeto, que gerem resultados desejados. Entre esses resultados podemos destacar uma boa inteligibilidade, volume sonoro, reverberação e espacialidade sonora adequados. Nenhuma dessas práticas é considerada simples quando falamos de acústica de salas e a literatura disponível em língua portuguesa pode ser considerada relativamente escassa.

Este livro visa suprir tais deficiências da literatura e certamente será de grande contribuição para a sociedade. Do ponto de vista das boas práticas de engenharia em acústica de salas, o livro é bastante completo. A obra aborda fundamentos sobre som, audição, absorção, difusão sonoras e propagação do som em uma sala. Ela fornece também ferramentas para projeto e caracterização de absorvedores, difusores sonoros e tratamento acústico de salas. Explicita os passos mais lógicos para o desenvolvimento de um projeto acústico bem-sucedido. Nos capítulos finais, o leitor terá contato com aspectos práticos da caracterização da qualidade acústica da sala e do projeto de diversos tipos de ambientes.

Em sua estrutura, este livro conta com desenvolvimentos matemáticos bastante detalhados e com uma série de exemplos e discussões aplicados à prática da acústica de salas. Tais informações são valiosas para engenheiros, arquitetos, técnicos de áudio e leitores curiosos. Trata-se de um livro de bom nível técnico e com um bom conjunto de informações, conforme esperado do autor.

A competência do autor ficou bastante evidente desde quando cursou mestrado e doutorado sob minha orientação, na área de absorção sonora, no Laboratório de Vibrações e Acústica da UFSC. No desenvolvimento das suas atividades, ficava sempre clara a sua dedicação, capacidade de trabalho e forma serena como resolvia as dificuldades técnicas que surgiam. Mesmo após deixar a UFSC, continua colaborando com nossas linhas de pesquisa. Fico feliz que após conversas informais tenha abraçado a sugestão de escrever este livro, a fim de agregar em um documento este vasto conteúdo técnico e suas experiências adquiridas na área de acústica de salas, tão carente na nossa comunidade. Sinto-me orgulhoso pela oportunidade de redigir este prefácio, de um livro de alto nível técnico como este.

Arcanjo Lenzi, Prof. Ph. D.
Florianópolis - SC, março de 2016

Conteúdo

Lista de figuras 21

Lista de tabelas 37

Nomenclatura 39

1 Fundamentos   **57**

   1.1 Aspectos subjetivos fundamentais 58

   1.2 Aspectos físicos fundamentais 62

        1.2.1 O som como uma onda mecânica e longitudinal 62

        1.2.2 Frequência, período e comprimento de onda 65

        1.2.3 Números complexos e sinais harmônicos 69

        1.2.4 Análise de sinais não harmônicos 72

        1.2.5 Equação da onda 83

        1.2.6 Intensidade, potência sonora e impedância acústica . 85

        1.2.7 Onda sonora em campo livre 88

        1.2.8 Energia e densidade de energia acústica 91

        1.2.9 NPS, NIS e NWS 92

        1.2.10 Interferência entre sinais 93

        1.2.11 Operações com os NPS, NIS e NWS 102

   1.3 O problema da acústica de salas 103

   Referências bibliográficas 111

2 Reflexão especular, impedância e absorção   **113**

   2.1 Impedância acústica, coeficiente de reflexão e

        coeficiente de absorção 115

        2.1.1 Interface entre ar e superfície representada por uma

              impedância 117

2.1.2 Interface entre ar e camada sobre superfície rígida ... 118

2.1.3 Interface entre ar e camada dupla sobre superfície rígida 123

2.1.4 Coeficiente de absorção 127

2.2 Medição da impedância acústica e absorção sonora 128

2.2.1 Tubo de impedância 128

2.2.2 Câmara reverberante 134

2.2.3 Medição *in situ* 139

2.3 Dispositivos de absorção acústica 149

2.3.1 Materiais porosos 149

2.3.1.1 Tipos de materiais porosos 150

2.3.1.2 Parâmetros macroscópicos 152

2.3.1.3 Modelos empíricos e semiempíricos de materiais porosos 156

2.3.1.4 Alguns resultados para materiais porosos 158

2.3.2 Absorvedores de membrana 162

2.3.3 Absorverores tipo placa perfurada 169

2.3.4 Absorvedores tipo placa microperfurada 177

2.4 Sumário 181

Referências bibliográficas 183

3 Reflexão difusa 191

3.1 Análise qualitativa da reflexão difusa 193

3.2 Análise quantitativa da reflexão difusa 203

3.2.1 O método da Transformada Espacial de Fourier 204

3.2.2 O Método dos Elementos de Contorno (BEM).......... 206

3.2.3 Gráficos polares da pressão difratada 214

3.2.4 Outros métodos numéricos 217

3.3 Coeficientes de difusão e espalhamento 219

3.3.1 Coeficiente de difusão: definição 221

3.3.2 Coeficiente de difusão: medição 225

3.3.3 Coeficiente de espalhamento: definição 229

3.3.4 Coeficiente de espalhamento: medição 231

3.4 Dispositivos para difusão acústica 236

3.4.1 Difusores geométricos 236

Conteúdo 17

3.4.1.1 Plano finito 237
3.4.1.2 Difusores piramidais 240
3.4.1.3 Difusores côncavos 242
3.4.1.4 Difusores convexos 243
3.4.1.5 Batentes 246
3.4.2 Difusores de Schroeder 247
3.4.2.1 Difusor MLS 248
3.4.2.2 Difusor QRD 250
3.4.2.3 Difusor PRD 257
3.4.2.4 Periodicidade de arranjo de difusores 258
3.4.2.5 Difusor baseado em fractal 263
3.4.2.6 Difusor QRD ou PRD bidimensional 264
3.4.3 Difusor de superfície otimizada 265
3.5 Absorção sonora em difusores 270
3.5.1 Mecanismos de absorção e seu controle 271
3.5.2 Painéis híbridos 274
3.6 Sumário 275
Referências bibliográficas 277

4 Teoria ondulatória em acústica de salas   **283**
4.1 Divisão do espectro em acústica de salas 284
4.2 Modos acústicos em uma sala retangular 291
4.2.1 Distribuição dos modos no espectro 298
4.2.2 Formas modais em salas retangulares
de paredes rígidas 299
4.2.3 Energia dos modos axiais, tangenciais e oblíquos 304
4.3 Modos acústicos em uma sala não retangular 305
4.4 Número de modos e densidade modal 308
4.5 Pressão sonora causada por uma fonte 312
4.5.1 Efeito da distribuição espectral dos modos 316
4.5.2 Efeito do amortecimento dos modos 318
4.5.3 Efeito das posições de fonte e receptor 319
4.5.4 Curvas de decaimento na região de
baixas frequências 323
4.6 Tratamento acústico dos modos 327

4.6.1 Critérios de uniformidade da distribuição dos modos no espectro 329

4.6.2 Controle dos modos acústicos 333

4.7 Métodos numéricos para a solução de baixas frequências... 342

4.8 Sumário 350

Referências bibliográficas 351

5 Acústica geométrica   355

5.1 Uma pequena história 357

5.2 Premissas básicas 360

5.3 Fontes sonoras 363

5.4 Receptores 367

5.5 Geometria da sala e propriedades acústicas das superfícies 369

5.6 Evolução temporal dos raios sonoros 373

5.7 Características de um reflectograma 379

5.8 Modelos matemáticos em acústica geométrica 385

    5.8.1 Método do traçado de raios 387

    5.8.2 Método das fontes virtuais 397

    5.8.3 Método híbridos 403

5.9 A importância do coeficiente de espalhamento 406

5.10 Auralização 408

5.11 Sumário 418

Referências bibliográficas 419

6 Acústica estatística   425

6.1 Ataque, estado estacionário e decaimento (análise qualitativa) 426

6.2 Ataque, estado estacionário e decaimento (análise quantitativa) 428

6.3 Densidade de energia e pressão sonora 438

6.4 Campo próximo, campo livre e campo reverberante 440

6.5 Tempo de reverberação de Sabine 443

6.6 Absorção sonora no ar 446

6.7 Outras fórmulas para o tempo de reverberação 452

Conteúdo 19

6.7.1 Tempo de reverberação de Eyring 454

6.7.2 Tempo de reverberação de Millington-Sette 457

6.7.3 Tempo de reverberação de Kuttruff 458

6.7.4 Tempo de reverberação de Fitzroy 459

6.7.5 Tempo de reverberação de Arau-Puchades............. 461

6.7.6 Outras maneiras para o cálculo do
tempo de reverberação................................. 462

6.8 Estimativa do tempo de reverberação 463

6.8.1 Comparação entre fórmulas para o
tempo de reverberação................................. 472

6.9 Absorção sonora vs. isolamento sonoro........................ 476

6.10 Sumário 478

Referências bibliográficas.. 479

7 Parâmetros objetivos 483

7.1 Aspectos subjetivos de uma reflexão audível 484

7.2 Medição da resposta ao impulso e
curva de decaimento 490

7.3 Parâmetros objetivos.. 498

7.3.1 Tempo de reverberação - T_{60}, T_{30} e T_{20} 498

7.3.2 *Early Decay Time* - EDT 505

7.3.3 Claridade e Definição 507

7.3.4 Tempo central 511

7.3.5 Fator de força 513

7.3.6 Parâmetros relacionados à espacialidade 516

7.3.7 Parâmetros relacionados ao timbre..................... 521

7.3.8 Parâmetros relacionados à performance dos
músicos 521

7.3.9 Parâmetros relacionados à inteligibilidade da fala 523

7.3.9.1 *Speech Interference Level* - SIL 527

7.3.9.2 *Articulation Index* - AI........................... 529

7.3.9.3 *Articulation Loss of Consonants* - AL_{cons} 531

7.3.9.4 Combinação entre SNR e T_{60} 533

7.3.9.5 *Useful to Detrimental Ratio* - U_{50} e U_{80} 534

7.3.9.6 *Speech Transmission Index* - STI................ 535

7.4 Sumário 542

Referências bibliográficas................................... 543

8 Diretrizes para alguns tipos de projetos 549

8.1 Aspectos gerais de todas as salas 550

8.2 Salas para fala 554

    8.2.1 Salas de aula.. 555

    8.2.2 Auditórios para fala 560

    8.2.3 Restaurantes e salões de festa 565

    8.2.4 Salas de conferência 567

    8.2.5 Cinemas 569

8.3 Estúdios.. 570

    8.3.1 Salas de gravação.. 573

    8.3.2 Salas de controle 581

8.4 Auditórios para música.. 595

    8.4.1 Salas de concerto e salas de ópera 601

    8.4.2 Atributos comuns 605

    8.4.3 Quantificação da qualidade da sala 615

    8.4.4 Sala São Paulo 620

8.5 Auditórios multiúso 621

    8.5.1 Aspectos acústicos....................................... 623

    8.5.2 Aspectos eletroacústicos 627

    8.5.3 Aspectos específicos de alguns ambientes.............. 631

        8.5.3.1 Casas de espetáculo............................. 632

        8.5.3.2 Templos religiosos.............................. 634

        8.5.3.3 Casas noturnas................................. 640

8.6 Sumário 640

Referências bibliográficas................................... 642

Índice remissivo 647

Lista de figuras

1.1   Curvas de níveis de audibilidade da audição humana e faixas aproximadas de conteúdo espectral da música e fala em hachurado 61

1.2   Tubo infinito com um pistão em uma das extremidades oscilando em movimento harmônico simples 63

1.3   Termos do movimento harmônico simples (MHS) 67

1.4   Representação de um número complexo no plano de Argand. 70

1.5   Representação da exponencial complexa nos domínios do tempo e frequência 75

1.6   Espectros de magnitude (parte de cima) e fase (parte de baixo) das funções cossenoidal (à esquerda) e senoidal (à direita). 76

1.7   Representação do impulso unitário nos domínios do tempo e frequência... 77

1.8   Análise espectral de alguns sinais típicos encontrados no contexto da acústica de salas...................................... 78

1.9   Sistema Linear e Invariante no Tempo (SLIT) com resposta ao impulso $h(t)$ 80

1.10 Diagrama relacionando intensidade acústica e potência sonora.. 85

1.11 Dois tipos de frentes de onda se propagando em campo livre 88

1.12 Espectros da interferência entre dois sinais 95

1.13 Interferência entre dois cossenos defasados de 0 [°] 97

1.14 Interferência entre dois cossenos defasados de 180 [°]...... 98

1.15 Interferência entre dois cossenos defasados de 45 [°]. 98

1.16 Interferência entre dois cossenos defasados de 150 [°]...... 100

1.17 Interferência entre dois cossenos defasados de 120 [°]...... 101

1.18 Distribuição temporal da energia sonora para uma configuração entre fonte impulsiva e ouvinte 104

1.19 Distribuição espacial da pressão sonora em uma sala 106

1.20 Contribuição da absorção, reflexão especular e reflexão difusa [17]. Raio acústico com 45 [°] de ângulo de entrada em relação à normal 108

1.21 Equilíbrio entre absorção reflexão especular e reflexão difusa [17] 110

2.1 Onda sonora incidindo e refletindo em um aparato 114

2.2 Reflexão de uma onda plana do ar em um sistema representado por uma impedância Z_s 117

2.3 Reflexão e transmissão de uma onda plana do ar a uma camada depositada sobre uma superfície rígida 119

2.4 Reflexão e transmissão de uma onda plana do ar para duas camadas sobrepostas e depositada sobre uma superfície rígida 124

2.5 Esquema do tubo de impedância de dois microfones 129

2.6 Uma das câmaras reverberantes usadas pelo curso de Engenharia Acústica da UFSM 135

2.7 Esquema do método de separação apresentado no trabalho de Mommertz [30] 141

2.8 Esquema de medição usado por Allard e Sieben [32]. 143

2.9 Propagação de ondas esféricas sobre uma superfície plana . 145

2.10 Comparação entre os coeficientes de absorção medidos com as técnicas de medição *in situ* 148

2.11 Estrutura microscópica de amostras de materiais porosos. (Cortesia do Prof. Dr. Paulo Mareze [43]) 150

2.12 Coeficiente de absorção calculado com os modelos de Delany e Bazley e Allard e Champoux 159

2.13 Coeficiente de absorção calculado para amostras com diferentes espessuras pelo modelo de Allard e Champoux....... 159

2.14 Coeficiente de absorção calculado para amostras com diferentes resistividades pelo modelo de Allard e Champoux... 160

2.15 Esquema alternativo de montagem do material poroso sobre um colchão de ar... 161

2.16 Coeficiente de absorção calculado para amostras com diferentes condições de montagem (estimados pelo modelo de Allard e Champoux) 161

2.17 Desenho esquemático de um absorvedor de membrana 162

2.18 Coeficiente de absorção de um absorvedor de membrana, com $D = 10$ [cm] e $d_1 = 7$ [cm], para diferentes configurações de espessura e material 166

2.19 Coeficiente de absorção de um absorvedor de membrana com $m'' = 1.3$ [kg/m^2] e $d_1 = 0.5D$ (variação da profundidade da cavidade) 167

2.20 Coeficiente de absorção de um absorvedor de membrana com $m'' = 1.4$ [kg/m^2] e $D = 10$ [cm] (variação da quantidade de material poroso na cavidade) 168

2.21 Coeficiente de absorção de um absorvedor de membrana otimizado para 60 [Hz] 169

2.22 Absorvedor tipo placa perfurada 170

2.23 Coeficiente de absorção de um absorvedor tipo placa perfurada (variação da razão de área e do volume da cavidade). 173

2.24 Coeficiente de absorção de um absorvedor tipo placa perfurada (variação da espessura da placa e posição do material poroso) 175

2.25 Coeficiente de absorção de um absorvedor tipo placa perfurada otimizado 175

2.26 Coeficiente de absorção de um absorvedor tipo placa perfurada (esquemático e coeficiente de absorção). 176

2.27 Formas construtivas de um absorvedor tipo placa perfurada/ranhurada. As fotos são cortesia da empresa Audium, de Salvador-BA 177

2.28 Absorvedor tipo placa microperfurada. As fotos são cortesia da empresa Audium, de Salvador-BA 178

2.29 Coeficiente de absorção de um absorvedor tipo placa microperfurada 180

2.30 Absorvedor tipo placa microperfurada com duas placas 181

3.1 Onda sonora incidindo e refletindo de forma especular e difusa em um aparato 192

3.2 Espectro eletromagnético visível e invisível 194

3.3 Aparato de comprimento d_L e com irregularidades superficiais de profundidade máxima d_{irr} 195

3.4 Princípio de Huygens explicando a reflexão especular e difusa 197

3.5 Difração em torno de uma barreira acústica.................... 199

3.6 Foto de um espaço em cujo interior existem elementos capazes de provocar difração significativa da onda sonora: catedral católica de Santa Cruz do Sul-RS, Brasil. Fonte: "Santa Cruz do Sul Cathedral790", by Eugenio Hansen, OFS - Own work. Licensed under CC BY-SA 3.0 via Wikimedia Commons. 200

3.7 Foto de um espaço em cujo interior existem elementos capazes de provocar difração significativa da onda sonora: auditório do Instituto Nacional de Telecomunicações (INATEL) em Santa Rita do Sapucaí-MG, Brasil. (Cortesia do INATEL e da empresa Harmonia Acústica, São Paulo-SP). 201

3.8 Distribuição de cores da pressão sonora em 950 [Hz] sobre uma amostra finita com $d_L = 0.3$ [m]. 202

3.9 Projeto acústico de um estúdio. (Cortesia da empresa Giner, São Paulo-SP) 203

3.10 Considerações de Schroeder [10] sobre a difração de uma amostra bidimensional 205

3.11 Princípio do método da integração ao longo do contorno ... 207

3.12 Malha utilizada em um *software* de elemento de contorno (com a ajuda do Prof. Dr. Paulo Mareze) 209

3.13 Padrão polar da onda difratada para dois tipos de amostra. 216

3.14 Esquema de malhas para outros métodos numéricos (FEM / FDTD).. 218

3.15 Do gráfico polar à autocorrelação circular para a frequência de 2000 [Hz] e três superfícies. 222

3.16 Coeficiente de difusão de dois tipos de amostra com dimensões 2.30 x 0.21 [m] 224

3.17 Medição do padrão polar de reflexão de um difusor 225

3.18 Medição do padrão polar de reflexão de um difusor: pósprocessamento das respostas ao impulso...................... 227

3.19 Ilustração do coeficiente de espalhamento sonoro 230

3.20 Comparação entre coeficientes de difusão de um arranjo de semicilindros regular e otimizado por modulação MLS...... 234

3.21 Refletor plano finito... 237

3.22 Coeficiente de difusão não normalizado de difusores planos. 238

3.23 Padrão polar do refletores planos em 2 [kHz]. 239

3.24 Reflexão do refletor plano nos domínios do tempo e frequência.. 239

3.25 Difusores piramidais.. 240

3.26 Padrão polar em 2000 [Hz] de refletores triangulares comparados a um refletor plano de 2 [m] de comprimento 241

3.27 Arranjo de oito elementos triangulares 241

3.28 Raios sonoros sendo refletidos por um difusor côncavo 242

3.29 Padrão polar de refletores côncavos 243

3.30 Difusor convexo... 244

3.31 Difusor convexo cilíndrico de raio 1.00 [m]. 245

3.32 Difusor convexo cilíndrico vs. elipsoidal - 2 [kHz]. 245

3.33 Arranjos de semicilindros...................................... 246

3.34 Características acústicas de um arranjo de cilindros. 246

3.35 Geometria de um difusor feito de batentes. 247

3.36 Padrões polares de um arranjo periódico de batentes calculado com BEM 2D 248

3.37 Geometria de um difusor MLS feito de batentes 249

3.38 Padrões polares de um arranjo batentes modulado por uma sequência MLS calculado com BEM 2D......................... 250

3.39 Desenho esquemático de um difusor QRD. 251

3.40 Padrões polares de uma sequência periódica de difusores QRD calculado com BEM 2D.................................... 253

3.41 Efeito do comprimento de 1 período nos padrões polares de uma sequência periódica de difusores QRD calculados com a TEF.. 254

3.42 Padrão polar de um difusor QRD de $N = 7$ células e de um refletor plano na primeira frequência crítica do difusor...... 255

3.43 Reflexão de um difusor QRD e de um refletor plano nos domínios do tempo e frequência. 256

3.44 Padrões polares de difusores PRD e QRD de 11 células e 6 períodos em 2 [kHz] calculados com a TEF 258

3.45 Gráficos polares de arranjos periódicos de difusores QRD com $N = 7$ células em 2 [kHz]. Os ângulos dos lóbulos secundários são: $\pm 70°$, $\pm 39°$, $\pm 19°$ e $0°$. 260

3.46 Arranjo de seis difusores QRD modulados por uma sequência MLS. A sequência é $\{1\,1\,1\,1\,0\,0\,1\}$, em que 1 equivale a um QRD com sete células e 0 equivale a um QRD com cinco células 261

3.47 Desempenho de arranjos de difusores QRD periódicos e modulados por uma sequência MLS $\{1\,1\,1\,0\,0\,1\}$ 262

3.48 Esquema de um difusor difractal 264

3.49 Difusor QRD bidimensional 265

3.50 Princípio de um algoritmo de otimização aplicado aos difusores 266

3.51 Algumas superfícies geradas a partir de equações simples. . 268

3.52 Projeto acústico de um estúdio com difusor otimizado aplicado ao teto. (Cortesia da empresa Giner, São Paulo-SP).... 271

3.53 Algumas ideias para painéis híbridos. 275

4.1 Divisão do espectro audível em regiões....................... 286

4.2 FRF de um sistema sala-fonte-receptor mostrando a divisão do espectro audível em regiões.................................. 288

4.3 Sala retangular denotando as dimensões consideradas no desenvolvimento matemático.................................... 292

4.4 Número de modos acústicos vs. frequência em duas salas de volume similar (note que as escalas são diferentes) 299

4.5 Formas de modos axiais em uma sala retangular de paredes rígidas (plano xy, $L_x = 6.16$ [m] e $L_y = 5.12$ [m])............ 301

4.6 Formas de modos tangenciais em uma sala retangular de paredes rígidas (plano xy, $L_x = 6.16$ [m] e $L_y = 5.12$ [m]) . 302

4.7 Forma de um modo oblíquos em uma sala retangular de paredes rígidas: $n_x = n_y = n_z = 1$ e $f_n = 60.6$ [Hz] 303

4.8 Formas modais em salas (plano xy): sala não retangular [(b) e (d)] e em uma sala retangular [(a) e (c)]. As simulações da sala não retangular foram realizadas com o método FEM em *software* desenvolvido pelo Prof. Dr. Eng. Paulo Mareze (Eng. Acústica-UFSM) 306

Lista de figuras

4.9 Distribuição dos modos no espaço espectral: representação tridimensional e no pano $f_x f_y$ 309

4.10 Efeito da superposição dos modos na FRF típica de uma configuração sala-fonte-receptor 316

4.11 Efeito das dimensões da sala na FRF de uma sala cúbica e de uma sala com boas proporções 317

4.12 Efeito do amortecimento na FRF de uma sala com boas proporções. Um maior amortecimento equivale a um menor tempo de reverberação (sala com mais absorção sonora).... 318

4.13 Efeito da posição do receptor na FRF. Um dos receptores ocupa o centro da sala e outro ocupa uma posição a alguns metros do centro. 320

4.14 Efeito da posição da fonte na FRF. Em uma situação a fonte ocupa um quina da sala. Em outra situação a fonte é afastada da quina da sala 321

4.15 Efeito da interferência entre duas fontes na FRF. 322

4.16 Efeito do tipo de fonte na FRF normalizada. Duas fontes são investigadas: uma com velocidade de volume constante e outra com velocidade de volume variável (um caso mais típico). 323

4.17 Curvas de decaimento e FRFs para frequências abaixo da frequência de Schroeder. 325

4.18 Curvas de decaimento e FRFs para frequências acima da frequência de Schroeder. 326

4.19 Proporções consagradas para gerar uma boa distribuição das frequências modais no espectro. Adaptado de Bolt [15, 16] 330

4.20 Número de modos acústicos por banda de terço de oitava para 3 salas com diferentes dimensões dadas na Tabela 4.1. 332

4.21 Número de modos em bandas de 1/3 de oitava e tipos de modos para a para a Sala 1 da Tabela 4.1 334

4.22 Frequências modais da sala e coeficientes de absorção dos quatro absorvedores de membrana projetados para o tratamento acústico da sala 1 336

4.23 Uma das ressonâncias, próxima a 55.1 [Hz], de uma das FRFs da sala 1 e a obtenção da razão entre a frequência de ressonância e a largura de banda, $f_r/\Delta f_r$. 338

4.24 Esquema de um absorvedor de membrana para ser utilizado em quinas de uma sala. 341

4.25 Parte de malhas bidimensionais aplicadas em modelos numéricos BEM e FEM em acústica de salas 344

4.26 Parte de uma malha aplicadas em modelos numéricos FDTD em acústica de salas. 346

4.27 Representação do modelo físico de Huygens de acordo com Carvalho [28]. 348

5.1 (a) Um antigo teatro para o qual a teoria geométrica foi usada para inferir uma distribuição de plateia adequada a um orador (cobertura de som direto). Fonte: "Roman theatre, built in the 2nd century on the foundations of the earlier Greek Hellenistic theatre, it had a capacity of around 2000 people, Phaselis, Lycia, Turkey (9646192010)", by Carole Raddato from FRANKFURT, Germany. Licensed under CC BY-SA 2.0 via Wikimedia Commons; (b) uma imagem do modelo de uma sala em um *software* comercial que calcula o som direto e as reflexões 358

5.2 Fonte sonora omnidirecional dodecaédrica usada em experimentos em acústica de salas (modelo Brüel & Kæjer OmniPower Sound Source - Type 4292-L, foto cortesia de Matheus Lazarin, graduando da Engenharia Acústica da UFSM, 2015)...................................... 364

5.3 Direcionalidade de um pequeno alto-falante (os dados são cortesia do Prof. Dr. William D'Andrea Fonseca) 365

5.4 Direcionalidade e FRFs em função do ângulo de propagação de um pequeno alto-falante (os dados são cortesia do Prof. Dr. William D'Andrea Fonseca) 366

5.5 Especificação da cabeça receptora em relação aos ângulos vertical e horizontal (ou planos médio e horizontal). 369

5.6 Plano e seu vetor normal $\vec{n}$; distância e ângulo de incidência entre fonte em $\vec{v}_0$ e um ponto $\vec{v}_1$ pertencente ao plano 371

5.7	Raio que representa o som direto atingindo o receptor em uma sala, o reflectograma esquemático e a direção de chegada do raio	375
5.8	Raio que representa a primeira reflexão atingindo o receptor em uma sala, o reflectograma esquemático e a direção de chegada do raio	375
5.9	Raio que representa a segunda reflexão atingindo o receptor em uma sala, o reflectograma esquemático e a direção de chegada do raio	376
5.10	Raio que representa a terceira reflexão atingindo o receptor em uma sala, o reflectograma esquemático e a direção de chegada do raio	377
5.11	Raio que representa uma reflexão de segunda ordem atingindo o receptor em uma sala, o reflectograma esquemático e a direção de chegada do raio	378
5.12	Raio que representa uma reflexão de quarta ordem atingindo o receptor em uma sala, o reflectograma esquemático e a direção de chegada do raio. O raio que atinge o teto sofreu uma reflexão difusa	378
5.13	Reflectograma típico de uma configuração sala-fonte-receptor mostrando o som direto, primeiras reflexões, ITDG e a cauda reverberante	380
5.14	Relação entre ITDG e distâncias fonte-receptor e receptor-refletor para diferentes configurações (pequeno e grande ITDG.)	382
5.15	Gráficos polares de dois tipos de fontes sonoras usadas no traçado de raios. As setas representam a direção de propagação dos raios e a linha cinza o contorno de direcionalidade da fonte	389
5.16	Algoritmos usados no método do traçado de raios para cada banda de frequência	391
5.17	Traçado de raios e método de detecção usado para averiguar se o n-ésimo raio atinge o receptor	391
5.18	Histograma temporal e contabilização da energia vs. tempo	396

5.19 Esquema do método das fontes virtuais para uma sala retangular e teste de visibilidade em uma sala de paredes inclinadas 398

5.20 Método do traçado de pirâmides 405

5.21 Medição das HRTFs de uma cabeça artificial (ou pessoa) (cortesia do Prof. Dr. Bruno Masiero e publicado na referência [43]) 411

5.22 HRIRs e HRTFs de uma cabeça artificial de gravação para dois ângulos de chegada. Fonte: Algazi et al. [44] 414

5.23 Respostas impulsivas típicas, de banda larga, geradas por simulação computacional com o *software* ODEON 416

5.24 Detalhes de uma resposta ao impulso típica medida ou calculada em uma sala 417

6.1 Comportamento de uma fonte sonora e da densidade de energia em campo difuso... 429

6.2 Detalhes da curva de densidade de energia em função do tempo: A - ataque; B - estado estacionário; C - decaimento. O T_{60} é o tempo, dado em [s], que a densidade de energia leva para decair a 1 milionésimo (10^{-6}) da densidade de energia de estado estacionário (região B - cte) 430

6.3 Sistema de coordenadas esféricas para o cálculo da energia absorvida. A origem do sistema de coordenadas encontra-se sobre o elemento dS. A coordenada de dV é (x, y, z) em coordenadas cartesianas ou (r, θ, ϕ) em coordenadas esféricas... 432

6.4 Densidade de energia (em escala logarítmica) em função do tempo. Mesmo gráfico da Figura 6.2, mas com a densidade de energia em escala logarítmica. 439

6.5 Tipos de campo acústico existentes em uma sala em função da distância da fonte (cortesia do Prof. Dr. William D'A. Fonseca)... 441

6.6 Coeficiente de absorção do ar em função da frequência (gráficos plotados com a rotina fornecida pelo Prof. Dr. Paulo Mareze). 450

6.7 Queda da densidade de energia com a ordem da reflexão considerando a topologia proposta por Eyring 455

6.8	Sala de aula para ensino de música sem tratamento acústico. A sala é retangular com largura $L_x = 6.20$ [m], comprimento $L_y = 4.05$ [m] e altura $L_z = 2.75$ [m]. Ela possui uma porta, duas janelas (na parede oposta) e quatro cadeiras no interior 464
6.9	T_{60} calculado pelas fórmulas de Sabine e Eyring para sala sem tratamento acústico........................... 468
6.10	T_{60} calculado pelas fórmulas de Sabine e Eyring para sala tratada com a aplicação apenas do painel perfurado 469
6.11	Sala de aula para ensino de música com tratamento acústico. A sala é retangular com largura $L_x = 6.20$ [m], comprimento $L_y = 4.05$ [m] e altura $L_z = 2.75$ [m]. Ela possui uma porta, duas janelas (na parede oposta), quatro cadeiras no interior e quatro materiais distintos usados no tratamento acústico. Os materiais estão identificados por siglas e suas propriedades podem ser vistas nas Tabelas 6.4 e 6.5.. 470
6.12	Tempo de reverberação vs. frequência com a aplicação do tratamento acústico descrito na Figura 6.11 472
7.1	Vários efeitos auditivos de uma única reflexão atingindo o ouvinte no plano lateral (adaptado de [4] com os termos traduzidos livremente pelo autor)............................. 486
7.2	Cadeia de medição para obtenção da resposta ao impulso de uma sala.. 492
7.3	Medição acústica do auditório do anexo C do Centro de Tecnologia da UFSM. Na ocasião as cadeiras ainda não haviam sido instaladas. Foto do autor........................... 494
7.4	Resposta ao impulso típica medida em uma sala. Esses sinais não foram filtrados e, portanto, apresentam todas as componentes do espectro 20 [Hz] a 20 [kHz]. 495
7.5	Medição do sinal de decaimento típico da pressão sonora por meio do método do ruído interrompido.................. 496
7.6	Banco de filtros usado para obter respostas ao impulso ou sinais de decaimento por bandas de oitava.................... 497
7.7	Resposta ao impulso (ou sinal de decaimento) típica filtrada e curvas de decaimento energético correspondentes.. 499

7.8 Detalhe da medição da curva de decaimento da pressão sonora obtida de uma das curvas de decaimento dadas na Figura 7.7.. 501

7.9 Curvas de decaimento energético experimentais e ajustadas obtidas das curvas de decaimento dadas na Figura 7.7.. 503

7.10 T_{20} e T_{30} em função da frequência obtidos a partir do procedimento experimental dado nesta seção. Os dados foram calculados a partir da resposta ao impulso mostrada na Figura 7.4... 505

7.11 T_{20} e EDT em função da frequência obtidos a partir do procedimento experimental descrito. Os dados foram calculados a partir da resposta ao impulso mostrada na Figura 7.4. 506

7.12 Direcionalidade de um microfone de pressão e de um microfone gradiente de pressão 517

7.13 Quadrado do valor RMS da sílaba *"ton"* do sinal de fala mostrado na Figura 1.8. Note a modulação em amplitude, típica de sinais de fala (Curva preta). A curva cinza expressa os efeitos da reverberação e ruído de fundo. 525

7.14 Obtenção de um parâmetro acústico (STI, Seção 7.3.9.6) para cálculo da IF (adaptado de Bradley [34]) 527

7.15 Relação entre a SNR e a inteligibilidade da fala IF de acordo com Kinsler [35]... 528

7.16 AL_{cons} em função do T_{60} e SNR. Fonte omnidirecional $(Q = 1.0)$, $r = 4.0\,[\mathrm{m}]$, $S\overline{\alpha} = 0.161V/T_{60}$, $V = 100\,[\mathrm{m}^3]$ e $a = 1.5\,[\%]$ 532

7.17 Relação entre a SNR [dB(A)], T_{60} e IF para vários valores do T_{60}... 533

7.18 Esquema para o cálculo dos índices de modulação. À esquerda tem-se um sinal sem ruído e reverberação com amplitude de modulação m_x. O sinal passa pelo SLIT sala-fonte-receptor e recebe a influência de ruído e reverberação. A amplitude de modulação do sinal de saída do SLIT diminui para m_y 536

8.1 Tempo de reverberação ótimo para diversos tipos de ambientes... 552

Lista de figuras 33

8.2 Explicação esquemática de alguns principais defeitos acústicos. As setas indicam a distância propagada pela onda sonora e a região da sala onde ela chega. Cada seta ou conjunto de setas é associado a um tipo de defeito acústico discutido. 553

8.3 Auditórios para fala. Fonte: (a) "Curtis Lecture Halls interior view3 empty class", by Theonlysilentbob - Own work. Licensed under CC BY-SA 3.0 via Wikimedia Commons; (b) "Hebb Building (interior view-UBC)", by Leoboudv - Own work. Licensed under GFDL via Wikimedia Commons 560

8.4 Formas de distribuição de plateia em um auditório 561

8.5 Inclinação do piso e máximo ângulo de inclusão devido a aspectos visuais e acústicos 562

8.6 Teto em auditórios com grande altura. 563

8.7 Caminho de propagação para um único refletor no teto 564

8.8 Salas de conferência. Fonte: (a) "Scu-international conference room" by Iscu - Own work. Licensed under CC BY-SA 3.0 via Wikimedia Commons; (b) "Main conference room inside Diefenbunker" by Z22 - Own work. Licensed under CC BY-SA 3.0 via Wikimedia Commons 568

8.9 Tempo de reverberação ideal e tolerância no NPS gerado pelo sistema de áudio da sala. 570

8.10 Planta baixa de um estúdio com uma sala de controle e três salas de gravação. (Cortesia da empresa Audium, de Salvador-BA) 573

8.11 Foto de uma gravação de voz em uma sala neutra. Fonte: "Point Blank-701colourtreated", by Point Blank Music College - Own work. Licensed under Public Domain via Wikimedia Commons 576

8.12 Esquemas de salas vivas em um estúdio. 577

8.13 Sala de gravação do estúdio ESPI, México. (Cortesia de Malvicino Design Grou) 578

8.14 Projeto de uma sala de gravação proposta pelos alunos Lucas Lobato, Thaynan Oliveira e Vanessa Lopes durante o curso de Acústica de Salas de 2014 da Engenharia Acústica da UFSM. 579

8.15 Esquema de um tipo de sala de gravação com acústica variável – variação ao longo da sala 579

8.16 Esquema de um tipo de sala de gravação com acústica variável – tratamento acústico fixo e com dupla função. 580

8.17 Esquema de um tipo de sala de gravação com acústica variável – tratamento acústico móvel e com dupla ou tripla função 581

8.18 Distribuição de caixas de som em um estúdio 584

8.19 Tolerâncias no tempo de reverberação e resposta em frequência de uma sala de controle 587

8.20 Sala de controle tipo Jensen [21]. 590

8.21 Sala de controle *Dead End Live End* (DELE). A Figura (b) tem como fonte "The Manor Studios Control Room", by JacoTen - Own work. Licensed under CC BY-SA 3.0 via Wikimedia Commons 591

8.22 Sala de controle *Live End Dead End* (LEDE). 592

8.23 Projeto de uma sala de controle proposta pelos alunos Sergio Aguirre, Bruno Dotto e Matheus Pereira durante o curso de Acústica de Salas de 2014, da Engenharia Acústica da UFSM. 593

8.24 Uma das salas de controle do estúdio ESPI, México. (Cortesia de Malvicino Design Group) 594

8.25 Sala de concertos Musikverein de Viena, Áustria. Fonte: "Musikverein 1982", by Macknight777 - Own work. Licensed under CC BY-SA 3.0 via Wikimedia Commons 602

8.26 Sala de concertos Boston Symphony Hall de Boston, EUA. Fonte: "Symphony hall boston", by mooogmonster - CIMG2733. Licensed under CC BY-SA 2.0 via Wikimedia Commons... 603

8.27 Sala de concertos da Orquestra filarmônica de Paris, França. Fonte: "La grande salle de la Philharmonie de Paris", por Dalbero, com licença CC BY 2.0. Convertida para escala de cinza para uso neste livro 603

8.28 Casa de ópera de Viena, Austria. Fonte: "Vienna - Vienna Opera main auditorium - 9779", by © Jorge Royan. Licensed under CC BY-SA 3.0 via Wikimedia Commons 605

Lista de figuras 35

8.29 Variação desejada para o tempo de reverberação com a frequência, aplicada a auditórios para música. 607

8.30 Tipos de planta baixa encontrados comumente em auditórios. 608

8.31 Volume por assento de diversos auditórios para música. 610

8.32 Recomendações para galerias em auditórios para música ... 611

8.33 Recomendações para o projeto de um fosso de orquestra em uma casa de ópera. 615

8.34 Valor médio do C_{80} em três salas. Adaptado de Bradley [43]. 618

8.35 Variação do EDT com a distância para 3 salas. Adaptado de Bradley [43]. 619

8.36 Foto da Sala São Paulo. Fonte: "Salasaopaulo", by Ed1983 at English Wikipedia. Licensed under CC BY 2.5 via Wikimedia Commons 620

8.37 Foto do auditório do Instituto Nacional de Telecomunicações (INATEL) em Santa Rita do Sapucaí-MG, Brasil. (Cortesia do INATEL e da empresa Harmonia Acústica, São Paulo-SP). 626

8.38 Sistemas de som com arranjo central 628

8.39 Sistemas de som com arranjos distribuído e híbrido. 630

8.40 Projeto acústico do auditório da casa de cultura de Santa Maria-RS (por Eric Brandão e Stephan Paul, com a assistência de Dyhonatan Russi). 634

8.41 Foto da catedral católica de Santa Cruz do Sul-RS, Brasil. Fonte: (a) "Santa Cruz do Sul Cathedral790", by Eugenio Hansen, OFS - Own work. Licensed under CC BY-SA 3.0 via Wikimedia Commons; (b) "Santa Cruz do Sul Cathedral856", by Eugenio Hansen, OFS - Own work. Licensed under CC BY-SA 3.0 via Wikimedia Commons 636

8.42 Foto de uma igreja protestante em Itajubá-MG. Foto do autor. 638

Lista de tabelas

2.1 Porosidade típica de algumas amostras segundo Cox e D'Antonio [44]. 153

2.2 Faixas de valores de resistividade ao fluxo (de forma rudimentar) para alguns materiais 154

2.3 Tortuosidade típica de várias amostras segundo Cox e D'Antonio [44]. 155

2.4 Comprimentos característicos típicos de várias amostras segundo Cox et al. [44] 156

3.1 Tempos de reverberação medidos para cálculo do coeficiente de espalhamento por incidência difusa 234

4.1 Análise de três salas quanto aos critérios de Bonello 332

4.2 Frequências de ressonância de 4 tipos de absorvedores de membrana usados no tratamento acústico dos modos da sala 1. 335

6.1 Coeficiente de absorção do ar, para 20 [°C] e frequências de 500 Hz a 8 kHz, de acordo com Rossing [11] 449

6.2 Lista de áreas e materiais usados na sala sem tratamento.... 465

6.3 Coeficiente de absorção dos materiais aplicados na sala sem tratamento acústico. 466

6.4 Coeficiente de absorção dos materiais aplicados como tratamento acústico na sala. 470

6.5 Lista de áreas e materiais usados na sala sem tratamento.... 471

6.6 Descrição dos casos calculados para comparação entre as fórmulas para o cálculo do T_{60} 474

6.7 Comparação entre as fórmulas para o cálculo do T_{60} e a predição do T_{60} usando os procedimentos da norma ISO 3382 para calcular o T_{60} a partir da resposta ao impulso obtida com o método das fontes virtuais de Lehmann e Johansson [23]. 474

7.1 Cálculo do *Articulation Index*, AI (adaptado de Kryter [30]). 530
7.2 Valores de STI e sua classificação qualitativa................... 541

8.1 Formas de distribuição de plateia em um auditório: área relativa ocupada e distância média relativa 561
8.2 Definição de alguns termos comuns a músicos e projetistas em acústica [1].. 597
8.3 Pesos percentuais da importância de atributos acústicos subjetivos. Adaptado de Beranek [30] 615
8.4 Valores preferidos para os parâmetros objetivos. Adaptado de Beranek [30]. 617
8.5 Dados de parâmetros objetivos para a três salas: Boston, Viena e São Paulo. Adaptado de Beranek [30] e Long [1] ... 621

Nomenclatura

Símbolos gerais

A — Amplitude máxima de um sinal senoidal, Equação (1.2), pág. 66.

AL_{cons} — Perda de articulação das consoantes, [%] , Equação (7.33), pág. 532.

BR — Razão de graves ou *Bass Ratio*, Equação (7.28), pág. 521.

c — Velocidade do som em um meio qualquer [m/s], Equação (1.1), pág. 64.

C_p — Calor específico a pressão constante [J/(kg·K)], Equação (1.1), pág. 64.

C_v — Calor específico a volume constante [J/(kg·K)], Equação (1.1), pág. 64.

c_0 — Velocidade do som no ar [m/s], Equação (1.1), pág. 64.

C_{80} — Claridade, dado em [dB], Equação (7.8), pág. 508.

d_c — Profundidade da célula de um difusor [m], pág. 251.

d_{irr} — Associado ao tamanho das irregularidades da superfície de um difusor, Equação (3.0), pág. 195.

d_L	Associado ao tamanho (ou área) de um difusor, Equação (3.0), pág. 195.
d_1	Espessura da camada de material poroso [m], Equação (2.7), pág. 120.
D_{50}	Definição, dada em uma escala linear, Equação (7.10), pág. 509.
EDT	*Early Decay Time* que equivale ao Tempo de reverberação, dado em [s], medido na faixa de 0 a -10 [dB], Equação (7.6), pág. 505.
E_c	Energia cinética [J], pág. 92.
E_p	Energia potencial [J], pág. 92.
f	Frequência [Hz], Equação (1.2), pág. 66.
f_n	Frequências dos modos acústicos de uma sala [Hz], pág. 296.
f_s	Frequência de Schroeder [Hz], pág. 290.
f_u	Frequência de corte superior de um tubo de impedância [Hz], Equação (2.17), pág. 130.
G	Fator de força, dado em [dB], Equação (7.20), pág. 514.
$G(\vec{r}, \vec{r}_s)$	Função de Green entre as posições $\vec{r}$ e $\vec{r}_s$, pág. 207.
$H(f)$	Função Resposta em Frequência (FRF), Equação (2.17), pág. 130.
$h(t)$	Resposta o impulso para um SLIT, Equação (1.30), pág. 80.
IACC	*Inter-Aural Cross-Correlation Coefficient* (Coeficiente de Correlação Cruzada entre as Orelhas) , Equação (7.27), pág. 520.
$\vec{I}$	Intensidade acústica (ou intensidade sonora), fluxo de energia sonora através de uma área dS [W/m^2], Equação (1.45), pág. 85.

Nomenclatura 41

k — Vetor número de onda em um meio qualquer $[m^{-1}]$, Equação (1.40), pág. 84.

k_x — Número de onda na direção $\hat{x}$ $[m^{-1}]$, Equação (3.3), pág. 204.

k_y — Número de onda na direção $\hat{y}$ $[m^{-1}]$, Equação (3.3), pág. 204.

L_x — Comprimento de uma sala retangular (por convenção: a maior dimensão da sala) $[m]$, pág. 292.

L_y — Largura de uma sala retangular $[m]$, pág. 292.

L_z — Altura de uma sala retangular $[m]$, pág. 292.

LEF — Fração de Energia Lateral ou *Lateral Energy Fraction*, Equação (7.25), pág. 518.

LG — Fator de força lateral ou *Lateral Strength*, Equação (7.26), pág. 519.

m — Coeficiente de absorção do ar calculados a partir das condições climáticas (temperatura e umidade) $[m^{-1}]$, Equação (2.19), pág. 136.

n — Índice de refração $[-]$, Equação (2.10), pág. 122.

$N(f)$ — Estimativa para o número de modos acústicos de uma sala até a frequência f, pág. 311.

$n(f)$ — Estimativa para a densidade modal de uma sala em torno da frequência f, pág. 311.

p — Pressão sonora $[Pa]$, pág. 63.

$\tilde{P}$ — Pressão sonora $[Pa]$, Equação (1.40), pág. 84.

$p(\vec{r}, t)$ — Pressão sonora em função da coordenada espacial $\vec{r} = x\hat{x} + y\hat{y} + z\hat{z}$, Equação (1.39), pág. 83.

p_T Pressão sonora total, $p_T = P_0 + p(\vec{r},t)$, pág. 65.

p_0 Pressão sonora de referência para o obtenção do NPS, $P_{ref.} = p_0 = 20 \cdot 10^{-5}$ [Pa] ou 20 [μPa], pág. 92.

P_0 Pressão estática [Pa], pág. 63.

Q Velocidade de volume dada em [m³/s], pág. 86.

$\tilde{Q}(\omega)$ Amplitude complexa da velocidade de volume da fonte [m³/s], pág. 314.

R Resistência elétrica [Ω], pág. 86.

$\vec{r}$ Coordenada espacial, $\vec{r} = (x,y,z) = x\hat{x} + y\hat{y} + z\hat{z}$, pág. 64.

R_a Resistência acústica [Rayl/m²], pág. 86.

S Área [m²], Equação (1.45), pág. 85.

s Coeficiente de espalhamento [-], pág. 231.

s_s Coeficiente de espalhamento por incidência difusa [-], pág. 235.

ST_{Early} Suporte inicial ou *Early Support*, Equação (7.30), pág. 523.

ST_{Late} Suporte tardio ou *Late Support*, Equação (7.31), pág. 523.

STI   Índice de Transmissão da Fala [-], Equação (7.48), pág. 541.

t Tempo [s], pág. 64.

T_p Período de uma função cossenoidal ou senoidal [s], Equação (1.3), pág. 66.

t_s Tempo central, dado em [s], Equação (7.16), pág. 511.

T_0 Temperatura do ar [[°C]], Equação (1.1), pág. 64.

t_0 Atraso temporal de uma função [s], Equação (1.67), pág. 94.

Nomenclatura

t_0 — Instante inicial de uma função [s], Equação (1.2), pág. 66.

TR — Razão de agudos ou *Treble Ratio*, Equação (7.29), pág. 521.

T_{20} — Tempo de reverberação, dado em [s], medido na faixa de -5 a -25 [dB], Equação (7.3), pág. 502.

T_{30} — Tempo de reverberação, dado em [s], medido na faixa de -5 a -35 [dB], Equação (7.3), pág. 502.

T_{60} — Tempo de reverberação em [s], Equação (6.19), pág. 444.

T_{60} — Tempo necessário para a energia decair 60 [dB] (em termos de NPS) [s], pág. 136.

u
$u(\vec{r}, t)$ — Velocidade de partícula, também denotado por $u(\vec{r}, t)$ [m/s], Equação (1.1), pág. 65.

U_{80} — Razão Útil-Prejudicial [dB], Equação (7.35), pág. 534.

V — Volume do ambiente [m³], Equação (2.19), pág. 136.

v — Velocidade [m/s], pág. 68.

V_p — Coeficiente de reflexão para a onda plana, $V_\mathrm{p} = \tilde{B}_0/\tilde{A}_0$ [−], Equação (2.5), pág. 118.

W — Potência acústica (ou potência sonora) dada em Watt [W], Equação (1.47), pág. 86.

w — Largura da célula de um difusor [m], pág. 251.

X — Reatância elétrica [Ω], pág. 86.

x — Coordenada espacial [m], pág. 63.

$x(t)$ — Entrada para um SLIT, Equação (1.30), pág. 80.

X_a — Reatância acústica [Rayl/m²], pág. 86.

x_{12}	Distância entre dois microfones no tubo de impedância [m], Equação (2.17), pág. 130.
$y(t)$	Saída para um SLIT, Equação (1.30), pág. 80.
Z_0	Impedância característica do ar $Z_0 = \rho_0 c_0$, [Pa s/m] ou [Rayl], pág. 116.
Z_a	Impedância acústica [Pa·s/m^3] ou [Rayl/m^2], pág. 86.
Z_c	Impedância acústica característica, ou *impedância acústica de um meio* [Pa·s/m] ou [Rayl], pág. 86.
Z_m	Impedância acústica específica [Pa·s/m] ou [Rayl], pág. 86.
Z_s	Impedância de superfície [Pa s/m] ou [Rayl], pág. 115.
$Z_{s.n}$	Impedância de superfície normalizada pela impedância característica do ar $Z_{s.n} = Z_s/\rho_0 c_0$, [−], Equação (2.5), pág. 118.

Símbolos gregos

α	Coeficiente de absorção [−], Equação (2.15), pág. 127.
α_s	Coeficiente de absorção por incidência difusa [−], Equação (2.16), pág. 127.
α_∞	Tortuosidade [−], Equação (2.24), pág. 154.
β_s	Admitância de superfície $\beta_s = 1/Z_s$, [m/(Pa·s)], Equação (2.2), pág. 116.
$\delta(\cdot)$	Impulso unitário ou Delta de Dirac, pág. 73.
Δs	Variação espacial [m], pág. 68.
Δt	Variação temporal [s], pág. 68.
ΔV	Variação volumétrica [m^3], Equação (1.48), pág. 86.

Nomenclatura

ϕ — Porosidade $[-]$, Equação (2.23), pág. 152.

γ — Razão de calores específicos do meio em que a onda se propaga, Equação (1.1), pág. 64.

Γ — Coeficiente de difusão não normalizado $[-]$, Equação (3.17), pág. 223.

Γ_n — Coeficiente de difusão normalizado em relação a uma amostra de lisa de mesmas dimensões do difusor $[-]$, Equação (3.18), pág. 224.

K — Módulo de compressibilidade $[\mathrm{kg/m^3}]$, Equação (2.28), pág. 157.

λ — Comprimento de onda $[\mathrm{m}]$, pág. 63.

Λ' — Comprimento térmico característico $[\mathrm{m}]$, Equação (2.24), pág. 155.

Λ — Comprimento viscoso característico $[\mathrm{m}]$, Equação (2.24), pág. 155.

π — O número π é a relação entre o perímetro de uma circunferência e seu diâmetro, ou seja, se uma circunferência tem perímetro p e diâmetro d, então $\pi = p/d$, cujo valor aproximado é $\pi \approx 3.141592$, Equação (1.2), pág. 66.

θ — Ângulo de incidência de uma onda (com relação à normal), $[^\circ]$ ou $[\mathrm{rad}]$, Equação (2.3), pág. 118.

θ_t — Ângulo da onda refratada entre meios (com relação à normal), $[^\circ]$ ou $[\mathrm{rad}]$, Equação (2.6), pág. 120.

ϑ_v — Ângulo de elevação ou vertical $[^\circ]$, pág. 368.

ϑ_h — Ângulo azimute ou horizontal $[^\circ]$, pág. 368.

ρ — Densidade característica de um meio qualquer $[\mathrm{kg/m^3}]$, Equação (2.2), pág. 116.

ρ_0 Densidade característica do ar $[\text{kg}/\text{m}^3]$, Equação (2.2), pág. 116.

ρ_E Densidade de energia acústica $[\text{J}/\text{m}^3]$, pág. 92.

σ Resistividade ao fluxo, $[\text{Rayl}/\text{m}]$ ou $[\text{N s }/\text{m}^4]$, Equação (2.24), pág. 153.

ω Frequência angular, geralmente $\omega = 2\pi f$ $[\text{rad}/\text{s}]$, Equação (1.4), pág. 66.

ψ Razão de área perfurada de uma placa perfurada [-], pág. 171.

$\tilde{\psi}(x,y,z)$ Amplitude complexa de uma forma modal em função das coordenadas espaciais, pág. 292.

Operadores matemáticos e convenções

$\mathrm{d}(\cdot)$ Operador diferencial, Equação (1.19), pág. 72.

$\delta(\cdot)$ Impulso unitário ou Delta de Dirac. Paul Adrien Maurice Dirac (1902-1984) foi um engenheiro, físico e matemático inglês que trabalhou com Mecânica Quântica e Eletrodinâmica Quântica, em seu livro *Principles of Quantum Mechanics*, de 1930, introduziu o conceito da função delta, pág. 73.

$\mathrm{e}^{(\cdot)}$ Função exponencial natural, sendo $\mathrm{e}^{(1)} \approx 2.718$, Equação (1.8), pág. 69.

$\mathfrak{F}\{\cdot\}$
$\mathfrak{F}^{-1}\{\cdot\}$ Transformada Direta de Fourier (TF) e Transformada Inversa de Fourier (TIF), respectivamente. A transformada é nomeada em homenagem ao matemático e físico francês Jean-Baptiste Joseph Fourier (1768-1830) em decorrência de seu estudo sobre a decomposição de funções periódicas em séries trigonométricas convergentes em problemas da condução do calor, Equação (1.22), pág. 73.

Nomenclatura

$\mathrm{Im}\{\cdot\}$ Função que retorna a parte imaginária de um número complexo, pág. 69.

$\int(\cdot)$ Indica a operação de integral, Equação (1.20), pág. 72.

j *Unidade imaginária*, pode ser também interpretado como um número, de forma que $j^2 = -1$, ou como operador complexo, como considerado por alguns autores, Equação (1.8), pág. 69.

$\lim(\cdot)$ Operação de limite, pág. 86.

∇^2 Operador Laplaciano, dado em coordenadas cartesianas, é dado por: $\nabla^2(\cdot) = \frac{\partial^2(\cdot)}{\partial x^2} + \frac{\partial^2(\cdot)}{\partial y^2} + \frac{\partial^2(\cdot)}{\partial z^2}$. Em outros textos pode ser encontrado também como Δ. É uma homenagem ao matemático francês Pierre-Simon de Laplace (1749 - 1827) por seu trabalho em Mecânica Celeste, Equação (1.39), pág. 83.

$\vec{\nabla}$ Em coordenadas cartesianas o *gradiente de pressão* é $\vec{\nabla} \cdot p(\vec{r},t) = \frac{\partial p(\vec{r},t)}{\partial x}\hat{x} + \frac{\partial p(\vec{r},t)}{\partial y}\hat{y} + \frac{\partial p(\vec{r},t)}{\partial z}\hat{z}$, Equação (1.41), pág. 84.

$\mathrm{Re}\{\cdot\}$ Função que retorna a parte real de um número complexo, pág. 69.

$*$ Símbolo que denota a operação de convolução, por exemplo, $y(t) = x(t) * h(t)$, Equação (1.30), pág. 80.

$(\cdot)^*$ Representa o conjugado de número complexo, Equação (1.16), pág. 71.

$(\tilde{\cdot})$ Representa a amplitude complexa, Equação (1.17), pág. 72.

$(\hat{\cdot})$ Designação de direção em um sistema espacial, Equação (1.39), pág. 83.

$\overline{(\cdot)}$ Valor médio de uma variável, Equação (1.32), pág. 81.

$\overrightarrow{(\cdot)}$ Designação para variável vetorial, Equação (1.39), pág. 83.

$(\cdot)_{RMS}$ Valor médio quadrático ou RMS de uma variável, pág. 81.

$(\cdot)_{x,y,z}$ Indica que uma variável está sendo avaliada na direção $\hat{x}$, $\hat{y}$ ou $\hat{z}$, Equação (1.44), pág. 84.

Acrônimos e siglas

3D   *Three dimensions* (três dimensões), ver $\vec{r}$, pág. 84.

AI   *Articulation Index* (Índice de Articulação).

ASW   *Apparent Source Width*, pág. 516.

BEM   *Boundary Element Method* (Método dos Elementos de Contorno), pág. 206.

BRIR   *Binaural Room Impulse Response* (Resposta impulsiva biauricular da sala), pág. 416.

DHM   *Discrete Huygens Method* (Método discreto de Huygens), pág. 343.

FDTD   *Finite Difference Time Domain* (Método das Diferenças Finitas), pág. 218.

FEM   *Finite Element Method* (Método dos Elementos Finitos), pág. 218.

FFT   *Fast Fourier Transform* (Transformada Rápida de Fourier), pág. 73.

FRF   Função Resposta em Frequência, pág. 129.

HRIR   *Head Related Impulse Response* (Resposta ao impulso relativa à cabeça), pág. 410.

HRTF   *Head Related Transfer Function* (Resposta em frequência relativa à cabeça), pág. 410.

IF   Inteligibilidade da Fala, dado em [%].

ITDG   *Initial Time Delay Gap*, pág. 375.

Nomenclatura

INMETRO O Instituto Nacional de Metrologia, Qualidade e Tecnologia é uma autarquia federal, vinculada ao Ministério do Desenvolvimento, Indústria e Comércio Exterior, que atua como Secretaria Executiva do Conselho Nacional de Metrologia, Normalização e Qualidade Industrial (CONMETRO), colegiado interministerial, que é o órgão normativo do Sistema Nacional de Metrologia, Normalização e Qualidade Industrial (Sinmetro). O INMETRO tem um setor dedicado à pesquisa em tópicos de acústica e vibrações.

jnd *just noticible difference* (diferença no limiar do observável).

LEV *Listener Envelopment*, pág. 516.

MFP *Mean Free Path* (Caminho Livre Médio), pág. 452.

MHS Movimento harmônico simples, pág. 62.

MLS *Maximum Length Sequence*, pág. 248.

NIS Nível de Intensidade Sonora, em inglês *Sound Intensity Level* (SIL), NIS $= 10 \log \left(\frac{I_{\text{RMS}}}{10^{-12}} \right)$ dB $\left[\text{W}/\text{m}^2 \text{ ref. } 1 \text{ pW}/\text{m}^2 \right]$, pág. 92.

NPS Nível de Pressão Sonora, em inglês *Sound Pressure Level* (SPL), NPS $= 10 \log \left(\frac{p_{\text{RMS}}}{20 \, \mu \text{Pa}} \right)^2$ dB $\left[\text{Pa ref. } 20 \, \mu \text{Pa} \right]$, pág. 92.

NVP Nível de Velocidade de Partícula, em inglês *Sound Velocity Level* (SVL), NVP $= 20 \log \left(\frac{u_{\text{RMS}}}{5 \cdot 10^{-8}} \right)$ dB $\left[\text{m/s ref. } 5 \cdot 10^{-8} \text{ m/s} \right]$, pág. 92.

NWS Nível de Potência Sonora, em inglês *Sound Power Level* (SWL), NWS $= 10 \log \left(\frac{W_{\text{RMS}}}{10^{-12}} \right)$ dB $\left[\text{W ref. } 1 \text{ pW} \right]$, pág. 92.

PRD *Primitive Residue Diffuser*, pág. 257.

PRS *Primitive Residue Sequence*, pág. 257.

QRD	*Quadratic Residue Diffuser*, pág. 250.
QRS	*Quadratic Residue Sequence*, pág. 250.
RFZ	*Reflection Free Zone* (área livre de reflexões), Equação (8.8), pág. 592.
RI	Resposta ao impulso, ou resposta impulsiva, ou ainda em inglês *Impulse Response* (IR), pág. 79.
RIR	*Room Impulse Response* (Resposta Impulsiva da Sala), pág. 79.
RIS	Resposta ao Impulso de uma Sala, ou Resposta Impulsiva da Sala ou, em inglês, *Room Impulse Response*, pág. 79.
RMS	*Root mean square* ou, em português, valor médio quadrático de uma variável, ou ainda valor eficaz, Equação (1.33), pág. 81.
SI	Sistema Internacional de Unidades (do francês *Système international d'unités*) regulamenta a forma moderna de representar o sistema métrico. O SI foi concebido em torno de sete unidades básicas e da conveniência do número dez, pág. 59.
SIL	*Speech Interference Level* (Nível de interferência no discurso), dado em [dB]
SLIT	Sistema Linear e Invariante no Tempo, pág. 79.
SMPTE	*Society of Motion Picture and Television Engineers*, pág. 570.
SNR	*Signal to Noise Ratio* (Relação sinal ruído), dado em [dB], [dB(A)] ou outra possível ponderação.
TDF	Transformada Discreta de Fourier ou, em inglês, *Discrete Fourier Transform*, pág. 73.
TEF	Transformada Espacial de Fourier, pág. 204.
TEIF	Transformada Espacial Inversa de Fourier, pág. 204.

TF	Transformada de Fourier ou Transformada Direta de Fourier ou, em inglês, *Forward Fourier Transform*, também denotada por $\mathfrak{F}\{\cdot\}$, pág. 73.
THX	Tom Holman eXperiment, marca registrada de um padrão para cinemas e outros dispositivos de áudio, pág. 570.
TIF	Transformada Inversa de Fourier ou, em inglês, *Inverse Fourier Transform*, também denotada por $\mathfrak{F}^{-1}\{\cdot\}$, pág. 72.
UFSM	Universidade Federal de Santa Maria, pág. 134.

Unidades

$[-]$	Simboliza que a grandeza em questão é um número adimensional, pág. 117.
A	Ampere [A] é unidade de corrente elétrica no SI. É uma homenagem ao físico francês André-Marie Ampère (1775-1836), pág. 86.
C	Celsius é uma unidade de temperatura que se relaciona com Kelvin (unidade de temperatura no SI) por $°C = K - 273,15$; geralmente acompanha o símbolo de centígrados $[°]$ e assim as medidas são expressas em "grau Celsius". É uma homenagem ao astrônomo sueco Anders Celsius (1701-1744), que foi o primeiro a propô-la em 1742., pág. 64.
dB	O decibel é uma pseudounidade, pois na verdade é uma escala logarítmica muito empregada em vários meios técnicos para se obter níveis relativos (um decibel é um décimo de um "bel" (B)). É uma homenagem ao engenheiro e cientista escocês Alexander Graham Bell (1847–1922) por seus trabalhos revolucionários em telecomunicações. Para quantidades de potência, a relação geral é $L_P = 10 \log_{10}(P/P_0)$, sendo equivalente a quantidades de campo por $L_F = 10 \log_{10}(F^2/F_0^2)$, em que P_0 e F_0 são

as quantidades de referência, respectivamente. O decibel deve sempre ser escrito junto ao seu valor de referência, por exemplo, dB $[\text{Pa ref. } 20 \ \mu\text{Pa}]$. Em acústica, utiliza-se em NPS, NIS e NWS; na prática essa troca de escala serve para "comprimir" a faixa de valores, visto que o ouvido humano é capaz de discernir uma faixa enorme de valores de pressão sonora (entre 10^{-5} a 10^3 Pa), pág. 92.

Hz   A unidade Hertz $[\text{Hz}]$ significa repetições por segundo $[1/\text{s}]$ ou frequência e é empregada no SI. Em acústica geralmente está relacionada com a Transformada de Fourier $(\mathfrak{F}\{\cdot\})$ do domínio do tempo para o domínio da frequência. É uma homenagem ao físico alemão Heinrich Rudolf Hertz (1857–1894) que foi a primeira pessoa a trazer provas da existência de ondas eletromagnéticas, pág. 58.

J   O Joule $[\text{J}]$ é a unidade de energia utilizada no SI, de modo que $1\,\text{J} = 1\,\text{kg} \cdot \text{m}^2/\text{s}^2$. É uma homenagem ao físico britânico James Prescott Joule (1818–1889) pelo seu trabalho acerca da natureza do calor e das relações com o trabalho mecânico, Equação (1.46), pág. 86.

J/(kg·K)   Unidade no SI para calor específico (também conhecido como capacidade térmica)., pág. 64.

J/m^3 Unidade no SI para a densidade de energia acústica, pág. 92.

K   Kelvin é a unidade de temperatura no SI e se relaciona com grau Celsius por $\text{K} = {}^\circ\text{C} + 273.15$, e por grau Fahrenheit por $\text{K} = ({}^\circ\text{F} + 459.67)/1.8$. É uma homenagem ao físico-matemático e engenheiro irlandês William Thomson (1824–1907), também conhecido como Lorde Kelvin, por seu trabalho com eletricidade e termodinâmica. O zero absoluto é definido como $0\,[\text{K}]$.

Nomenclatura 53

kg   O quilograma é a unidade de massa utilizada no SI, o "k" designa o valor de mil, pág. 62.

kg/m^3   Densidade volumétrica, geralmente relacionada a ρ, pág. 62.

m   O metro [m] é a unidade de distância utilizada no SI, pág. 59.

m^2   O metro quadrado [m^2] é a unidade de área utilizada no SI, Equação (1.45), pág. 85.

m^3   Unidade de volume no SI, pág. 86.

m^3/s   Unidade de velocidade de volume no SI, pág. 86.

m^{-1}   O inverso do metro [1/m] está relacionado em acústica ao número de onda (k) ou à Transformada de Fourier ($\mathfrak{F}\{\cdot\}$) do domínio do espaço para o domínio do número de onda. Em sistemas ópticos é chamado de dioptria, pág. 84.

m/s   Velocidade no SI, geralmente relacionada a c, pág. 64.

N   O Newton [N] é a unidade de força utilizada no SI. É uma homenagem ao cientista inglês Isaac Newton (1642–1727) pela sua vasta contribuição à física, à matemática e à astronomia, Equação (1.46), pág. 86.

N/m^2   Denota força sobre área, pode ser substituído por Pascal [Pa], pág. 59.

Pa   A unidade Pascal [Pa] é utilizada no SI para designação de pressão, pode ser alternativamente representada por [N/m^2]. É uma homenagem a Blaise Pascal (1623 - 1662), matemático, físico e filósofo francês, por divulgar os primeiros trabalhos sobre o vácuo e variações da pressão atmosférica, pág. 59.

Pa·s/m   Unidade para impedância acústica específica ou impedância acústica característica, sendo equivalente a [Rayl], pág. 86.

Pa·s/m^3	Unidade para impedância acústica, sendo equivalente a [Rayl/m^2], pág. 86.
rad	Radianos é uma unidade de ângulo que geralmente está relacionada à fase de sinais ou funções, Equação (1.2), pág. 66.
rad/s	Velocidade angular, geralmente relacionada à frequência angular, pág. 66.
Rayl	Unidade para impedância acústica específica ou impedância acústica característica, sendo equivalente a [Pa·s/m]. É uma homenagem ao físico inglês John William Strutt (1842–1919), 3° Barão de Rayleigh, por seu trabalho pioneiro com o som. Além do Prêmio Nobel de Física em 1904, seu livro *The Theory of Sound*, de 1877, foi uns dos primeiros sobre o tema a se tornar acessível de forma abrangente, pág. 86.
Rayl/m^2	Unidade para impedância acústica, sendo equivalente a [Pa·s/m^3], pág. 86.
S	Siemens [S] é unidade de admitância elétrica no SI; é um sinônimo para Mho [℧]. É uma homenagem ao inventor alemão Ernst Werner von Siemens (1888–1892) por seu pioneirismo no ramo da engenharia elétrica, pág. 86.
s	Unidade de tempo no SI, sendo 1 hora = 3600 segundos, pág. 64.
s^{-1}	Ver a definição de Hertz [Hz], pág. 58.
V	Volt [V] é unidade de tensão elétrica no SI. É uma homenagem ao físico italiano Alessandro Volta (1745-1827), pág. 86.
W	O Watt [W] é a unidade de potência utilizada no SI, de modo que 1 W = 1J/s. É utilizada para potência acústica. É uma homenagem ao matemático e engenheiro escocês James Watt (1736–

Nomenclatura   55

1819) por suas contribuições para o desenvolvimento do motor a vapor, Equação (1.46), pág. 86.

W/m^2 Unidade no SI para intensidade sonora (ou intensidade acústica), Equação (1.46), pág. 86.

Ω Ohm é a unidade de impedância, resistência e reatância no SI. É uma homenagem ao físico alemão Georg Simon Ohm (1789–1854) por seu avanço na área de eletricidade, encontrando uma relação direta entre tensão e corrente, pág. 86.

$\mho$ Mho é uma unidade de admitância elétrica, é sinônimo de Siemens [S], pág. 86.

Capítulo 1

Fundamentos

Ao iniciar o estudo de um novo campo, há pelo menos duas perguntas honestas que se deve fazer: (i) qual o objeto de estudo? (no caso deste livro, do que trata a acústica de salas?) e (ii) que conhecimentos prévios são necessários nesse estudo? Este capítulo visa iniciar o leitor ao tema, buscando esclarecer aos poucos tais questões.

Pode-se dizer que a acústica de salas é uma mistura entre teoria e prática e trata o problema de como o som se propaga em um ambiente (p. ex., salas de concertos, salas de aula, um estúdio de gravação etc.). Estamos, de fato, interessados na representação tempo-espaço-frequência do som no interior de um ambiente, também buscando controlá-lo de forma que este se torne acusticamente adequado ao seu uso principal. A palavra "interior" ressalta o fato de que este livro não tratará o problema da transmissão sonora entre ambientes adjacentes, mas somente de como modelar o som no interior de uma sala e condicioná-la para que apresente uma resposta acústica adequada à prática à qual ela se destina. Esse é então o objeto de estudo.

O leitor pode notar que alguns termos técnicos apareceram no parágrafo anterior, como, por exemplo, as palavras: som, tempo e frequência. Essas palavras ajudam a definir que tipo de conhecimentos o leitor precisa adquirir antes de iniciar o estudo da acústica de salas propriamente dito. Este capítulo se inicia, portanto, com uma revisão dos conhecimentos necessários ao leitor. Nas Seções 1.1 e 1.2, serão dadas algumas informações sobre a percepção humana do som e os fundamentos teóricos sobre a física do som e a análise de sinais acústicos. Esses conhecimentos são necessários porque os capítulos subsequentes farão uso dos conhecimentos apresentados aqui. Por conseguinte, a Seção 1.3 visa discutir, em mais detalhes, os tipos de problemas que serão tratados neste livro e a abordagem utilizada. Nesse caso, o intuito é fornecer ao leitor as razões pelas quais o livro é organizado dessa forma.

1.1 Aspectos subjetivos fundamentais

O fenômeno sonoro físico é percebido pelo aparelho auditivo, composto pelas orelhas[1] e pelo córtex auditivo. De forma geral, todo o processo de o som chegar ao nosso sistema e passar pelas orelhas e antes de chegar ao cérebro é chamado de "sensação auditiva", pois é inerente a processos físicos e químicos. Quando a informação chega ao córtex e é interpretada, ela se torna então a "percepção auditiva", pois está relacionada à forma como o indivíduo a compreende. Existem diversos livros disponíveis que detalham a forma como percebemos o fenômeno sonoro, a fisiologia das orelhas e a interpretação do fenômeno pelo cérebro [1–4]. Restringiremo-nos aqui a alguns fatos importantes.

Em média, os seres humanos são capazes de escutar sons com frequências que vão de 20 $[\text{Hz}]^2$ e 20000 $[\text{Hz}]$ (Figura 1.1), o que

---

[1] O termo "orelha" está no plural, pois faz referência às orelhas externa, média e interna. O termo "ouvido" não foi e nem pode ser extinto do português; o que acontece é que, ao menos no Brasil, os profissionais envolvidos em acústica indicam o uso preferencial do termo "orelha".

[2] Muito embora os colchetes não sejam mandatórios para a escrita técnica de unidades, o autor decidiu usá-las para prevenir problemas de ambiguação que o leitor possa ter. Nesse exemplo, usa-se [Hz] em vez de somente Hz (ou ainda Hertz ou s^{-1}) para expressar a unidade de frequência (ou repetições por segundo).

Fundamentos 59

implica uma faixa com variação de cerca de 1000 vezes[3]. Sons com frequências baixas são entendidos como sons graves (p. ex., o bumbo de uma bateria, o baixo em uma orquestra, as notas à esquerda de um piano, um trovão relativamente distante etc.). Sons com frequências altas são entendidos como sons agudos (p. ex., o chimbal de uma bateria, o violino de uma orquestra, as notas à direita de um piano etc.). Claramente, grave e agudo são definições subjetivas até certo ponto, já que não existe um valor de frequência fixo para a transição (o que provavelmente leva às definições de "médias frequências" por alguns autores). Tais faixas também podem ser definidas em comparação uma com a outra. A voz de um homem é, em geral, considerada mais grave que a voz de uma mulher, por exemplo. Quando o problema físico for tratado, um valor de transição entre grave e agudo pode ser definido, embora essa definição seja uma função do problema em questão. Ainda, sons cujas componentes de frequência estão abaixo dos 20 [Hz] são chamados de infrassons, e sons cujas componentes estão acima dos 20000 [Hz] são chamados de ultrassons. Embora não possamos escutar os ultrassons[4], estes são amplamente usados em aplicações médicas, por exemplo. Logo, os valores 20 [Hz] e 20000 [Hz] definem, usualmente, a faixa de análises e de um projeto de acústica de salas. Como os ambientes são projetados para a transmissão de algum tipo de mensagem sonora (p. ex., música ou voz), que deve ser compreendido por um ser humano, não faz muito sentido analisá-los para fora dessa faixa de frequências.

Assim, como os seres humanos têm uma faixa de frequências audíveis, também existem limites relacionados ao volume sonoro, ou seja, a percepção do quão intenso é um som. Existe um limite inferior de volume sonoro, abaixo do qual o som não é escutado, e um limite superior, acima do qual a amplitude da onda sonora provoca a sensação de dor, ver Figura 1.1. O ouvido humano é sensível à pressão sonora[5] (expressa em [Pa] ou [N/m^2]), sendo a faixa de valores compreendida entre os limites inferior de percepção e precedente à dor da ordem de 10^{12} vezes (ou 10

---

[3] Uma definição exata de frequência será apresentada na Seção 1.2.
[4] Outros animais têm capacidades auditivas diferentes, sendo que alguns podem escutar na faixa do ultrassom, como cães e gatos, por exemplo.
[5] A pressão sonora será definida fisicamente na Seção 1.2.

trilhões de vezes) [3][6]. Dentro dessa faixa somos capazes de escutar sons de baixíssima amplitude, como o estourar de bolhinhas de um copo de refrigerante, até sons intensos como o som ouvido próximo a um avião. Existem sons acima do limiar da dor que também são percebidos pelos seres humanos, embora eles provavelmente causem algum tipo de distúrbio. Da mesma forma que restringimos a faixa de frequências de análise, restringiremo-nos neste livro aos sons dentro da faixa audível de conforto. Isso faz com que consigamos nos limitar à acústica linear, o que é conveniente, pois existem simplificações nas análises e nos cálculos [6].

A sensibilidade do aparato auditivo humano é variável com a frequência, ou seja, sons com o mesmo nível de amplitude, porém com frequências diferentes, causarão distintas impressões subjetivas de volume sonoro. Os humanos são mais sensíveis a sons na faixa de frequências entre 1000 e 4000 [Hz] (Figura 1.1), sendo que a sensibilidade diminui abaixo e acima dessa faixa [4]. Isso implica que, para que um som de baixa frequência, p. ex., 100 [Hz], produza a mesma sensação auditiva que um som de 1000 [Hz], ele precisa ter maior amplitude. Adicionalmente, a variação da sensibilidade com a frequência também é um fenômeno dependente da amplitude da onda sonora. Repare nas curvas de *nível de audibilidade* (ou *loudness level*) da Figura 1.1. De fato, a variabilidade da sensibilidade com a frequência diminui com o aumento da amplitude da onda sonora. Assim, à medida que aumentamos o volume de um som complexo, nossa sensibilidade tende a se tornar mais uniforme e começamos assim a perceber com mais facilidade sons de baixa e alta frequência [4].

O aumento da amplitude, no entanto, pode levar a perdas auditivas irreversíveis se o ouvinte for exposto a sons intensos por longos períodos de tempo (podendo existir ainda efeitos extra-auditivos). Os efeitos colaterais e/ou agravamento da perda e/ou efeito causado pela exposição a esses sons intensos dependerão então do tempo de exposição a que a pessoa esteve sujeita. Nesse caso, um especialista da área da saúde deve ser consultado.

---

[6] O autor utilizará o Sistema Internacional de Unidades (SI) [5] para apresentar as unidades das grandezas envolvidas, ainda aclarando equivalências quando conveniente. Também adotará a regra de que, se uma unidade é derivada de um nome próprio, como Pascal [Pa], Hertz [Hz] ou Newton [N], por exemplo, a primeira letra da unidade será grafada em maiúscula.

Fundamentos

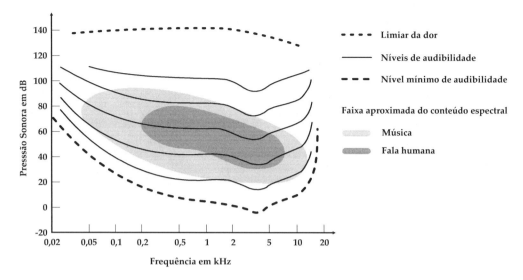

Figura 1.1 Curvas de níveis de audibilidade da audição humana e faixas aproximadas de conteúdo espectral da música e fala em hachurado.

O terceiro aspecto subjetivo fundamental sobre o som é que a maioria dos seres humanos são capazes de perceber a direção de chegada da onda sonora. Isso acontece porque os seres humanos possuem duas orelhas, e o córtex auditivo é capaz de perceber diferenças de amplitude e tempo de chegada da onda sonora entre as orelhas esquerda e direita [7]. Essa é uma habilidade importante e que tem relação direta sobre como percebemos o espaço acústico ao nosso redor. Por exemplo, é a partir dessa capacidade que sabemos se estamos perto ou longe de uma parede quando estamos dentro de uma sala. Ou que sabemos se uma pessoa fala à nossa esquerda ou direita. Outro aspecto importante é que os seres humanos possuem um sistema auditivo capaz de distinguir melhor a direção de sons chegando no plano lateral em relação às nossas orelhas. Para sons chegando no plano vertical, a capacidade de distinção é menor.

1.2 Aspectos físicos fundamentais

O fenômeno sonoro pode ser definido como uma onda mecânica e longitudinal que se propaga pelo ar ou qualquer outro fluido[7] elástico [4]. Desse ponto de vista, o fenômeno sonoro pode ser entendido como um fenômeno físico a ser descrito por meio de um dado modelo físico-matemático. Para ser capaz de levantar tal modelo, é preciso definir, primeiro, algumas propriedades físicas do som.

1.2.1 O som como uma onda mecânica e longitudinal

Na frase "o fenômeno sonoro pode ser definido como uma onda mecânica e longitudinal que se propaga pelo ar ou qualquer outro fluido elástico" existem, possivelmente, vários termos que podem soar desconhecidos a um leitor. O termo "onda"[8] diz respeito ao fato de que o som é um fenômeno físico que envolve variações espaciais e temporais em uma dada quantidade física. Para o fenômeno sonoro, essa quantidade física é, por exemplo, a densidade volumétrica do fluido [9], ρ, dada em $[kg/m^3]$. Considere, por exemplo, o fluido no interior de um tubo de comprimento infinito, no qual em uma das extremidades um pistão se move com um movimento harmônico simples (MHS). Regiões de compressão e rarefação são observadas ao longo do eixo do tubo em um instante de tempo definido, ver Figura 1.2. Essa ilustração é uma representação estática dessa onda sonora; assim, é possível observar apenas a variação espacial da densidade. Zonas de compressão acontecem quando mais moléculas do fluido são agrupadas em um mesmo volume (maior ρ) e zonas de rarefação quando menos moléculas do fluido ocupam um mesmo volume (menor ρ). Caso um ouvinte ou microfone seja colocado no interior do tubo, em uma dada posição, ele poderá observar também uma variação da densidade com a evolução do tempo.

---

[7] A rigor, ondas mecânicas necessitam de um meio de propagação, podendo esse ser aéreo, líquido ou sólido. Por esse motivo o som não se propaga no vácuo do espaço sideral. A conotação de "fluido" está ligada ao meio aéreo e líquido; no entanto, este livro será restrito à propagação no ar (ou gases de forma geral).

[8] Existem outros tipos de onda como a onda eletromagnética, com sua própria formulação matemática. Em geral, as formulações matemáticas para ondas envolvem sempre variações temporais e espaciais de uma dada quantidade física [8].

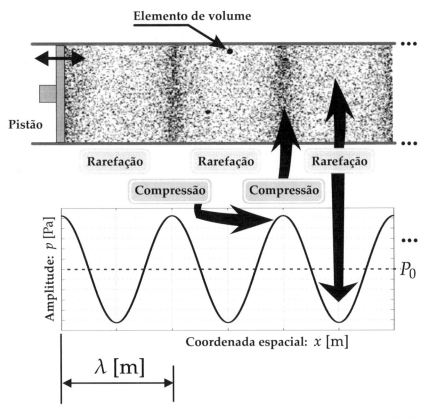

Figura 1.2 Tubo infinito com um pistão em uma das extremidades oscilando em movimento harmônico simples.

A compressão e rarefação do fluido são criadas pelo movimento oscilatório do pistão e pelas forças elásticas[9] existentes entre as moléculas do fluido [6]. O termo "mecânica" diz respeito, portanto, à necessidade de um meio (ou fluido) para que exista a propagação de uma onda sonora. A onda sonora, portanto, não se propaga no vácuo, como a onda eletromagnética (luz), já que, para que a pertubação seja sentida em um ponto distante do pistão, é preciso haver um meio elástico entre o pistão e o ponto remoto. A ausência do meio faz com que cessem as forças elásticas entre as moléculas do fluido e, portanto, cesse a propagação da perturbação.

---

[9] Na realidade, as forças elásticas (tensões de compressão e cisalhantes) são oriundas das forças eletromagnéticas existentes entre as moléculas do fluido. Ao nível atômico a força mais importante é a eletromagnética (de repulsão entre os elétrons e atração entre os prótons e elétrons). A força gravitacional é cerca de 10^{42} vezes menor que a força eletromagnética, quando as massas de prótons, nêutrons e elétrons são consideradas [8].

O termo "longitudinal" está relacionado ao fato de que os elementos de volume do fluido se deslocam na mesma direção em que a perturbação se desloca. Na Figura 1.2, é possível observar que, à medida que o pistão se move, as regiões de compressão e rarefação se formam na horizontal, sendo essa então a mesma direção de movimento do pistão e, portanto, de movimento dos elementos de volume do fluido. Ondas longitudinais também podem ser chamadas de ondas de compressão[10].

A perturbação provocada pelo pistão não é detectada instantaneamente em um ponto remoto no tubo. Ela se propaga pelo fluido, do pistão ao ponto de observação, com uma velocidade finita c [m/s]. Essa velocidade é função de vários parâmetros ambientais, como a temperatura, umidade, pressão estática etc. Para sons de pequenas amplitudes[11], a velocidade da onda sonora pode ser expressa pela relação

$$c^2 = \gamma P_0 / \rho \, , \tag{1.1}$$

em que P_0 é a pressão estática do meio em [Pa] ou [N/m^2], ρ é a densidade estática do meio em [kg/m^3] e $\gamma = C_p/C_v$ é a razão de calores específicos do meio em que a onda se propaga. Para o ar, uma relação simplificada[12] pode ser encontrada de modo que $c_0 \approx 331,3 + 0,606\, T_0$ [m/s], sendo T_0 a temperatura do ar em [°C][13]. Para a temperatura ambiental de 20 [°C], a velocidade do som é aproximadamente $c_0 \approx 343$ [m/s], valor comumente encontrado em aplicações de acústica.

As variações de densidade mostradas na Figura 1.2 se traduzem em variações de pressão e de velocidade local do fluido. Da mesma forma que a densidade, as zonas com maior número de moléculas de fluido em

---

[10] Existem também outros tipos de ondas. No caso das ondas do mar, por exemplo, a matéria se move na direção transversal à direção de propagação da onda. O movimento é circular com uma órbita de tamanho proporcional ao comprimento de onda. À distância o movimento da matéria na superfície do mar parece vertical, enquanto a perturbação se propaga do mar para a praia (horizontal).

[11] Sons de pequenas amplitudes são aqueles cuja amplitude da onda é suficientemente pequena para que se possa considerar o fenômeno sonoro como sendo linear. Nesses casos, a velocidade de propagação da onda não varia de valor entre as zonas de compressão e rarefação [6].

[12] Válida para o ar com 0 [%] de umidade relativa.

[13] Tanto a Equação (1.1) como a relação aproximada partem do princípio de que o ar pode ter um comportamento aproximado de um gás ideal.

Fundamentos   65

um mesmo volume (compressão e maior densidade) equivalem a zonas de maior pressão sonora, enquanto as zonas com menor número de moléculas de fluido em um mesmo volume (rarefação e menor densidade) equivalem a zonas de menor pressão sonora. A pressão sonora varia com o tempo (t) e a posição $(\vec{r})$ em torno da pressão estática (P_0), como indicado no gráfico da Figura 1.2. Dessa forma, a pressão sonora total pode ser dada por $p_{\mathrm{T}} = P_0 + p(\vec{r}, t)$, sendo que o termo $p(\vec{r}, t)$ representa a oscilação da pressão em torno da pressão estática sendo chamado de *pressão sonora*.

Se fosse possível filmar um elemento de volume no fluido (como indicado na Figura 1.2), de forma a observar sua evolução no tempo, tal elemento seria visto em movimento oscilatório tal qual o do pistão. Ou seja, ele se moveria para a frente e para trás de mesmo modo como pistão o faz. Isso implica que o elemento de volume partiria de um estado inicial estático, seria acelerado a uma velocidade máxima, freado até parar e oscilaria na direção oposta, como também acontece com o pêndulo de um relógio antigo. Isto é, o elemento de volume tem uma velocidade variável com o tempo. Essa velocidade local é chamada de *velocidade de partícula*, denotada por $u(\vec{r}, t)$ com unidade em [m/s]. As variações (ou flutuações) de pressão e de velocidade de partícula são as duas principais variáveis que descrevem o comportamento da onda sonora.

1.2.2 Frequência, período e comprimento de onda

Quando consideramos o exemplo mostrado na Figura 1.2, dizemos que o pistão se move em movimento harmônico simples (MHS) e que o fluido adjacente apresenta variações de pressão e velocidade de partícula análogas ao movimento do pistão. O leitor pode se perguntar, então, o que significa o MHS. Em primeiro lugar, o MHS é o movimento que pode ser descrito por meio de uma função cossenoidal ou senoidal[14]. Para o caso do pistão, pode-se dizer que seu deslocamento $x(t)$ é descrito pela Equação (1.2):

---

[14] Na sequência veremos que funções cossenoidais e senoidais são representações da mesma coisa. De fato, um seno deslocado no eixo das abscissas pode se tornar igual a um cosseno. Em livros mais antigos o leitor poderá encontrar o termo sinusoidal.

$$x(t) = A\cos(2\pi f t + \phi),\tag{1.2}$$

em que A é a amplitude máxima do deslocamento, t é a variável temporal, f é a frequência do movimento em [Hz] e ϕ é a fase em [rad]. A Figura 1.3 ajuda a elucidar os termos da Equação (1.2). Na Figura 1.3 (a) os efeitos da amplitude A e da fase ϕ são mostrados. Nota-se que "A" representa o valor máximo de $x(t)$, enquanto que "$-A$" representa o valor mínimo. A fase ϕ, usualmente dada em radianos [rad], ou graus [°], está associada ao deslocamento temporal do máximo da função em relação ao instante inicial $t_0 = 0$ [s].

A frequência f é definida como o número de períodos da função cossenoidal que são comportados em 1 [s]. Na Figura 1.3 (b) são mostradas duas funções cossenoidais com amplitude $A = 1,5$ e fase $\phi = 0$ [rad] com frequências de 1 [Hz] e 4 [Hz]. Note que, para a frequência de 1 [Hz], apenas 1 período da função é comportado em 1 [s] (linha contínua), enquanto que, para a frequência de 4 [Hz], 4 períodos da função são comportados em 1 [s] (linha pontilhada). Nada impede que a frequência seja um valor não inteiro. Nesse caso, 3.2 períodos poderiam ser comportados em 1 [s], por exemplo. O inverso da frequência chama-se de período[15] (T_{p}) da função cossenoidal. T_{p} pode ser definido também como o tempo necessário para que a função cossenoidal complete 1 ciclo. No caso da função com $f = 4$ [Hz], o período fundamental é de $T_{\mathrm{p}} = 0.25$ [s]. Assim, quanto maior a frequência, menor é o período fundamental. O período da onda é matematicamente definido como:

$$T_{\mathrm{p}} = \frac{1}{f}.\tag{1.3}$$

Pode-se também definir a frequência angular do MHS, como sendo

$$\omega = 2\pi f = \frac{2\pi}{T_{\mathrm{p}}},\tag{1.4}$$

dado em [rad/s]. Dessa forma, a Equação (1.2) torna-se:

---

[15] Em T_{p} o subíndice "p" serve para enfatizar que é periódico.

Fundamentos

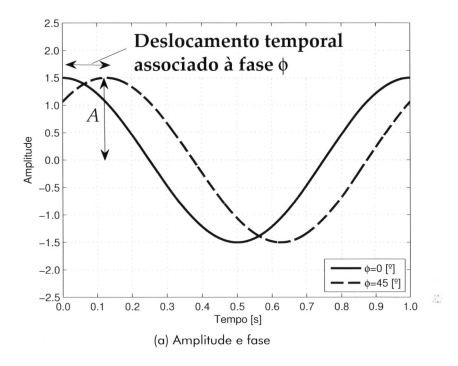

(a) Amplitude e fase

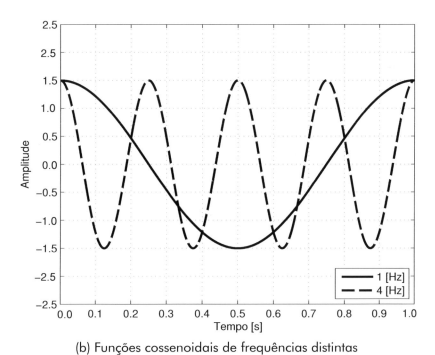

(b) Funções cossenoidais de frequências distintas

Figura 1.3 Termos do movimento harmônico simples (MHS).

$$x(t) = A\cos(\omega t + \phi).\tag{1.5}$$

A fase ϕ pode ser matematicamente relacionada ao tempo decorrido entre o instante 0 [s] e o primeiro máximo da função. Nesse caso, como T_p [s] equivale a um período de oscilação (ou 2π radianos), a relação entre ϕ e t_0 pode ser dada por:

$$\phi = 2\pi f t_0 = \omega t_0.\tag{1.6}$$

Como a pressão sonora no fluido responde analogamente ao movimento do pistão, ao se plotar a distribuição espacial da pressão sonora, para um dado instante de tempo, observa-se que essa distribuição também apresenta um formato cossenoidal. Nesse caso, a zona de máxima compressão equivale ao máximo valor da pressão sonora (acima da pressão estática P_0) e a zona de máxima rarefação equivale ao mínimo valor da pressão sonora (abaixo da pressão estática P_0) – essas zonas estão indicadas na Figura 1.2. A distância percorrida por 1 período espacial da onda recebe o nome de comprimento de onda, sendo comumente simbolizado pela letra grega λ [m]. Assumindo que a velocidade da onda é uniforme no espaço, pode-se obter λ em função de c e f a partir da equação do movimento uniforme ($v = \Delta s / \Delta t$). Assim, tem-se que:

$$c = \frac{\lambda}{T_\mathrm{p}} = \lambda f,\tag{1.7}$$

ou seja, a velocidade da onda equivale a razão entre o espaço percorrido pela onda em 1 período (λ) e o seu período (T_p). Para uma onda sonora se propagando em um meio com velocidade constante (p. ex., o ar) nota-se que, quanto maior a frequência (sons agudos), menor será o comprimento de onda. Como a faixa de frequências audíveis de um ser humano médio vai aproximadamente de 20 [Hz] a 20000 [Hz], a faixa de comprimentos de onda das frequências audíveis varia de cerca de 17 [m] à 17 [mm], o que é bastante considerável.

Fundamentos

1.2.3 Números complexos e sinais harmônicos

Como será visto na Seção 1.2.4, é possível representar um sinal qualquer por meio de uma soma de senos e cossenos. No entanto, para representar tais sinais é necessário que se usem ambas as funções. Dessa forma, seria útil se fosse possível escrever uma terceira função que agrupasse uma função senoidal e uma função cossenoidal. Esta terceira função é dada pela identidade de Euler (ou exponencial complexa), que pode ser expressa como:

$$e^{\pm j\theta} = \cos(\theta) \pm j\text{sen}(\theta), \tag{1.8}$$

em que θ representa o argumento das funções cosseno e seno, "$e^{(\cdot)}$" é a *função exponencial natural* (sendo $e^{(1)} \approx 2.718$) e "j" denota a *unidade imaginária*, podendo este último ser também interpretado como um número, de forma que $j^2 = -1$, ou como operador complexo, como considerado por alguns autores.

A função $e^{\pm j\theta}$ possui três termos: o primeiro termo é $\cos(\theta)$, ou a parte real ($\mathbb{Re}\{\cdot\}$) da exponencial complexa; o segundo termo, j, é a unidade imaginária e o terceiro termo é o $\text{sen}(\theta)$, ou a parte imaginária ($\mathbb{Im}\{\cdot\}$) da exponencial complexa, já que está multiplicada por j.

Um número complexo qualquer, portanto, é um número que pode ser expresso na forma $z = a + jb$, em que a e b representam suas partes real e imaginária, respectivamente. Os números complexos podem ser graficamente representados por uma linha unidimensional no que se chama de plano complexo. A representação do número $z = a + jb$ no plano complexo é mostrada na Figura 1.4.

O poder da notação por números complexos será demonstrado na Seção 1.2.10, em que o problema da interferência entre duas frentes de onda senoidais será tratado. Por hora, no entanto, é útil fazer uma breve revisão sobre a aritmética dos números complexos.

No plano complexo, os termos a e b representam a projeção da linha (mostrada na Figura 1.4) ao longo do eixo real e imaginário, respectivamente. A representação na forma $z = a + jb$ do número complexo é chamada de representação retangular. Outra forma de representar o número z é pela representação polar, que usa a *magnitude* $|z|$ (também conhecida

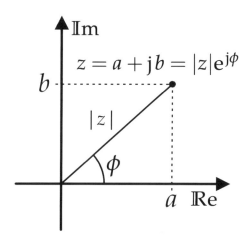

Figura 1.4 Representação de um número complexo no plano de Argand.

como *norma* ou *módulo*) e a *fase* ϕ (ou *argumento*) do número complexo. A magnitude do número z é dada pelo comprimento da linha que liga a origem do plano complexo ao ponto com coordenadas (a,b). A fase do número z é definida pelo ângulo entre a linha que forma a magnitude e o eixo real. Dessa forma, o número z pode ser expresso na Equação (1.9), com a magnitude e fase, em função das partes real e imaginária, dadas nas Equações (1.10) e (1.11), respectivamente, assim,

$$z = a + \mathrm{j}b = |z|\,\mathrm{e}^{\mathrm{j}\phi}\,, \tag{1.9}$$

$$|z| = \sqrt{a^2 + b^2}\,, \tag{1.10}$$

$$\phi = \mathrm{atan}(b/a)\,, \tag{1.11}$$

em que $\mathrm{atan}(\cdot)$ é a função arco-tangente.

As operações com números complexos respeitam as mesmas regras da álgebra vetorial [10]. Assim, é útil relembrar algumas dessas regras. Sejam dois números complexos:

$$z_1 = a_1 + jb_1 = |z_1|\,e^{j\phi_1}\ , \tag{1.12.a}$$

$$z_2 = a_2 + jb_2 = |z_2|\,e^{j\phi_2}\ . \tag{1.12.b}$$

A soma e a subtração desses dois números é feita geralmente por meio da representação retangular, somando-se ou subtraindo-se as partes real e imaginária, como:

$$z_1 \pm z_2 = (a_1 \pm a_2) + j(b_1 \pm b_2)\ . \tag{1.13}$$

A multiplicação e a divisão de dois números complexos é feita por meio da representação polar, multiplicando ou dividindo as magnitudes e somando ou subtraindo as fases, de forma que:

$$z_1 \cdot z_2 = |z_1|\,|z_2|\,e^{j(\phi_1+\phi_2)} \tag{1.14}$$

e

$$\frac{z_1}{z_2} = \frac{|z_1|}{|z_2|}\,e^{j(\phi_1-\phi_2)}\ . \tag{1.15}$$

O conjugado complexo do número $z = a + jb = |z|\,e^{j\phi}$ é comumente denotado por $(\cdot)^*$, assim, $z^* = a - jb = |z|\,e^{-j\phi}$ (a parte imaginária e a fase têm seu sinal invertido). Dessa forma, o produto entre z e z^* é

$$z \cdot z^* = |z|^2\ . \tag{1.16}$$

Munido das operações com números complexos, podemos então voltar à função cossenoidal, representada na Equação (1.5), e à identidade de Euler. De posse dessas informações, a função cossenoidal pode ser re-escrita na forma da Equação (1.17):

$$A\cos(\omega t + \phi) = \mathbb{Re}\left\{A\,e^{j(\omega t+\phi)}\right\} = \mathbb{Re}\left\{A\,e^{j\phi}\,e^{j\omega t}\right\} = \mathbb{Re}\left\{\tilde{A}\,e^{j\omega t}\right\},\ \tag{1.17}$$

em que o termo $\tilde{A} = A\,e^{j\phi}$ é chamado de amplitude complexa da onda. Note que a amplitude complexa reduz as informações de amplitude e fase da onda, contidas na Figura 1.3 (a), a um único número complexo $\tilde{A}$.

A representação do MHS por funções do tipo mostrada na Equação (1.17) é bastante conveniente porque, além das informações de magnitude e fase da onda serem reduzidas a um único número complexo $\tilde{A}$, as funções exponenciais complexas são soluções das equações diferenciais que aparecem na modelagem matemática do movimento ondulatório. Dessa forma, em vez de usarmos funções senos e cossenos, utilizaremos exponenciais complexas, na forma de

$$x(t) = \tilde{A}\,e^{j\omega t}, \tag{1.18}$$

para representar o MHS.

Existem ainda duas outras vantagens na notação que utiliza as exponenciais complexas. Essas vantagens dizem respeito à derivada e à integral de uma exponencial complexa, cujos resultados são demonstrados nas Equações (1.19) e (1.20):

$$\frac{d\tilde{A}\,e^{j\omega t}}{dt} = j\omega\tilde{A}\,e^{j\omega t}, \tag{1.19}$$

$$\int \tilde{A}\,e^{j\omega t}\,dt = \frac{\tilde{A}}{j\omega}\,e^{j\omega t}. \tag{1.20}$$

1.2.4 Análise de sinais não harmônicos

É possível perceber que as funções senoidais, cossenoidais e as exponenciais complexas são especiais, pois representam sinais periódicos com apenas uma componente de frequência[16]. Essas funções são muito úteis na descrição de sinais que possuem diversas componentes de frequência[17], já que, em geral, se pode compor um sinal desse tipo a partir da soma ponderada de exponenciais complexas. Essa afirmação pode ser expressa matematicamente por meio da Transformada Inversa de Fourier (TIF) [11], dada por:

$$x(t) = \frac{1}{2\pi}\int_{-\infty}^{\infty} X(j\omega)\,e^{j\omega t}\,d\omega, \tag{1.21}$$

---

[16] Às vezes chamados de monocromáticos em analogia à luz.
[17] Policromático.

Fundamentos 73

em que $x(t)$ é um sinal com várias componentes de frequência e $X(j\omega)$ é uma função contínua da frequência angular ω, também chamada de *espectro*[18] do sinal $x(t)$. A integral ao longo da variável ω representa um somatório infinito da função $\{X(j\omega)\,e^{j\omega t}\}$. Dessa forma, o sinal $x(t)$ é representado por uma soma ponderada de exponenciais complexas $e^{j\omega t}$, em que os fatores de ponderação são os valores de $X(j\omega)$. Note ainda que $X(j\omega)$ é uma amplitude complexa para cada valor de ω. Portanto, cada componente de frequência tem sua própria magnitude e fase. A representação compacta da Equação (1.21) é geralmente dada por

$$x(t) = \mathfrak{F}^{-1}\left\{X(j\omega)\right\}, \tag{1.22}$$

em que $\mathfrak{F}^{-1}\{\cdot\}$ significa a TIF no espectro $X(j\omega)$.

Da mesma forma que o sinal $x(t)$ pode ser construído a partir da soma ponderada de cada componente de frequência, o espectro de $x(t)$ pode ser obtido por meio da Transformada de Fourier (TF), dada por:

$$X(j\omega) = \int_{-\infty}^{\infty} x(t)\,e^{-j\omega t}\,dt, \tag{1.23}$$

que indica que para calcular $X(j\omega)$ para cada valor de ω deve-se dispor de toda a representação temporal de $x(t)$. De forma similar a TIF, a forma compacta da TF, Equação (1.23), é

$$X(j\omega) = \mathfrak{F}\left\{x(t)\right\}, \tag{1.24}$$

em que $\mathfrak{F}\{\cdot\}$ significa a TF no sinal $x(t)$.

As Equações (1.21) e (1.23) representam o par da Transformada de Fourier, que fazem a translação entre os domínios tempo e frequência. Na prática, a análise de sinais é feita no computador com o uso da Transformada Discreta de Fourier (TDF)[19]. A transição entre a TF e a TDF não é

---

[18] O emprego da palavra espectro se dá em decorrência da analogia com a cores, visto que cada uma delas tem uma determinada frequência. Ademais, além de $X(j\omega)$, outros autores empregam também $X(\omega)$ ou simplesmente $X(f)$ para o sinal no domínio da frequência. Qualquer que seja a representação, é importante verificar o par de Fourier, ou seja, como é equacionada a forma direta e inversa.

[19] Atualmente se usa na verdade algum algoritmo computacional para o cálculo da TDF via computador. Tais algoritmos são chamados de *Fast Fourier Transform* (FFT).

um passo necessariamente óbvio. Uma boa referência para se aprofundar nos detalhes da análise digital de sinais é o livro de Shin e Hammond [12]. Adicionalmente, $x(t)$ é dito ser uma representação do sinal no domínio do tempo, enquanto $X(j\omega)$ é dito ser uma representação do sinal no domínio da frequência.

O conhecimento da transformada de Fourier de alguns sinais faz-se necessário e tabelas estão disponíveis na referência [11] ou em livros acerca de processamento de sinais. Em acústica de salas, há alguns casos de interesse especial. O primeiro é o sinal $x(t) = e^{j\omega_0 t}$, ou seja, a exponencial complexa de frequência ω_0, cuja Transformada de Fourier[20] é

$$e^{j\omega_0 t} \overset{\mathfrak{F}}{\longleftrightarrow} 2\pi\delta(\omega - \omega_0). \tag{1.25}$$

A Equação (1.25) mostra que a exponencial complexa possui, de fato, apenas uma componente de frequência com valor diferente de zero. Essa componente recai exatamente sobre a frequência ω_0 do sinal. Na Figura 1.5 (a) é mostrada a representação desse sinal no domínio do tempo e na Figura 1.5 (b) a magnitude de sua representação no domínio da frequência. Note que o sinal tem frequência $f_0 = 1$ [Hz] e que essa componente tem magnitude $2\pi \approx 6.28$ (a fase é nula, muito embora o gráfico de fase não esteja apresentado). Na Figura 1.5 (a) é possível observar então que 1 período do sinal ocupa exatamente 1 segundo, e na Figura 1.5 (b) é possível notar que a componente não nula recai exatamente sobre a frequência f_0 (lembrando que $f = 1/T$).

As Transformadas de Fourier das funções cosseno, mostrada no domínio do tempo na parte superior da Figura 1.5 (a), e seno, mostrada no domínio do tempo na parte inferior da Figura 1.5 (a), são dadas pelas Equações (1.26) e (1.27),

$$\cos(\omega_0 t) \overset{\mathfrak{F}}{\longleftrightarrow} \pi \left[\delta(\omega - \omega_0) + \delta(\omega + \omega_0)\right], \tag{1.26}$$

---

[20] A função $\delta(x)$ é chamada de impulso unitário ou Delta de Dirac. É uma função com valor não nulo apenas em $x = 0$, logo, as funções $\delta(x \pm x_0)$ têm valores não nulos apenas em $\pm x_0$. Desse modo, $\delta(\omega - \omega_0)$ será avaliado somente em ω_0.

Fundamentos

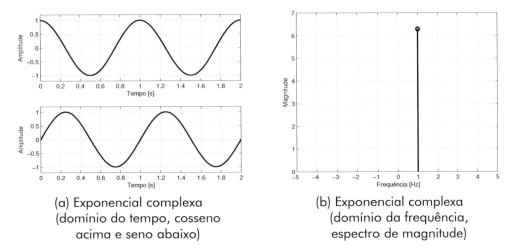

(a) Exponencial complexa (domínio do tempo, cosseno acima e seno abaixo)

(b) Exponencial complexa (domínio da frequência, espectro de magnitude)

Figura 1.5 Representação da exponencial complexa nos domínios do tempo e frequência.

$$\text{sen}(\omega_0 t) \xleftrightarrow{\mathfrak{F}} \frac{\pi}{j}\left[\delta(\omega - \omega_0) - \delta(\omega + \omega_0)\right], \qquad (1.27)$$

estando os espectros desses sinais mostrados nas Figuras 1.6 (a) e 1.6 (b), respectivamente. Matematicamente, fica evidente que, no caso das funções seno e cosseno, aparecem duas componentes de frequência, o que parece contradizer o fato de que essas são funções com apenas uma componente. No entanto, a segunda componente aparece sobre a frequência negativa $-\omega_0$. Essa é uma consequência matemática da definição da TF e que não apresenta muito significado físico. Note ainda que a magnitude de cada componente é π e não 2π, como no caso da exponencial complexa. Isso mostra que a energia do sinal cossenoidal e senoidal é matematicamente distribuída entre as componentes negativas e positivas de frequência.

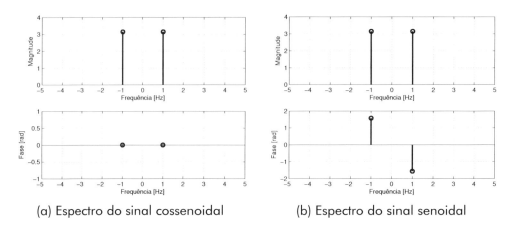

(a) Espectro do sinal cossenoidal   (b) Espectro do sinal senoidal

Figura 1.6 Espectros de magnitude (parte de cima) e fase (parte de baixo) das funções cossenoidal (à esquerda) e senoidal (à direita).

A observação da fase dos espectros também permite tirar conclusões importantes (ver a parte de baixo da Figura 1.6). A fase das componentes da função cossenoidal é sempre nula; entretanto, a fase das componentes da função senoidal é $-\pi/2$ e $+\pi/2$. Na Equação (1.27) esse deslocamento de fase é expresso no termo $1/j$. Como a função senoidal é uma versão deslocada no tempo em relação à função cossenoidal[21], esse deslocamento temporal se expressa, no domínio da frequência, por uma adição ou subtração de fase, como indicado na Equação (1.6). Isso nos leva a uma das mais importantes propriedades da TF: a propriedade do deslocamento no tempo. Para um sinal genérico $x(t)$ com $\mathfrak{F}\{x(t)\} = X(j\omega)$, essa propriedade é expressa por:

$$x(t - t_0) \xleftrightarrow{\mathfrak{F}} e^{-j\omega t_0} X(j\omega), \qquad (1.28)$$

em que t_0 representa um deslocamento temporal em $x(t)$, ou seja, se $t_0 > 0$, $x(t - t_0)$ é dito uma versão "atrasada" de $x(t)$ ou deslocado para a direita. Se $t_0 < 0$, $x(t - t_0)$ é dito uma versão "adiantada" de $x(t)$ ou deslocado para a esquerda [11].

---

[21] Note que, ao se deslocar a função senoidal de um quarto de período para a direita ou esquerda, ela se torna idêntica à função cossenoidal. Deslocamentos temporais de um quarto de período em funções desse tipo equivalem sempre a deslocamentos de fase de $\pi/2$ [rad], o que está relacionado à definição do círculo trigonométrico [13].

Fundamentos

Outro sinal de grande importância em acústica de salas é o sinal impulso unitário[22]. Sua Transformada de Fourier é constante com a frequência, conforme mostra a Equação (1.29),

$$\delta(t) \xleftrightarrow{\widetilde{\mathfrak{F}}} 1. \qquad (1.29)$$

A representação desse sinal no domínio do tempo é mostrada na Figura 1.7 (a) e a magnitude de seu espectro é mostrada na Figura 1.7 (b). A magnitude constante faz desse sinal o tipo ideal para testes, visto que ele carrega todas as componentes de frequência com igual magnitude.

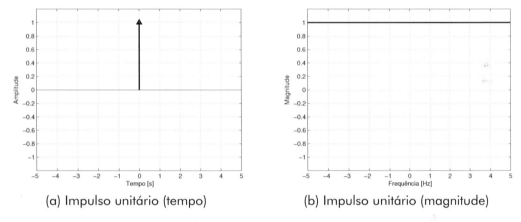

(a) Impulso unitário (tempo)   (b) Impulso unitário (magnitude)

Figura 1.7 Representação do impulso unitário nos domínios do tempo e frequência.

Na Figura 1.8, alguns sinais típicos encontrados no contexto da acústica de salas são mostrados. Na Figura 1.8 (a), vemos a representação no domínio do tempo da nota Lá tocada por um clarinete. A magnitude do espectro desse sinal é mostrada na Figura 1.8 (b), na qual se pode notar que esse sinal possui uma componente fundamental em 220 [Hz], bem como diversas componentes de frequência em frequências que são múltiplas inteiras da fundamental (440 [Hz], 660 [Hz] etc.). A distribuição da energia do sinal em sua componente fundamental e harmônicas é bastante peculiar dos sons musicais [4]. Na Figura 1.8 (c) é mostrada a representação no domínio do tempo da frase "Boston Symphony Hall" falada por um locutor masculino. As sílabas também estão identificadas na figura.

---

[22] Previamente citado no domínio da frequência na página 74.

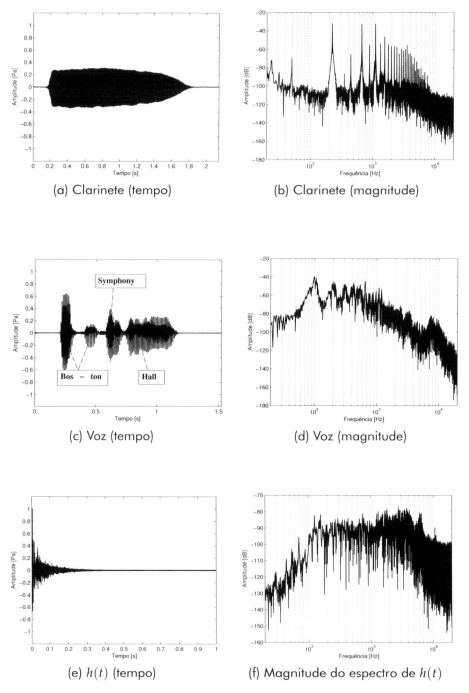

Figura 1.8 Análise espectral de alguns sinais típicos encontrados no contexto da acústica de salas.

O espectro desse sinal é mostrado na Figura 1.8 (d), em que se nota que a energia do sinal não é distribuída em uma fundamental e uma série de harmônicas. No entanto, é possível identificar algumas características da fala, como o decaimento da magnitude com o aumento da frequência. A Figura 1.8 (e) é a representação no domínio do tempo do que se chama de Resposta ao Impulso de uma Sala (RIS ou RIR do inglês *Room Impulse Response*). O espectro dessa resposta ao impulso é mostrado na Figura 1.8 (f), em que é possível identificar algumas ressonâncias da sala, como os picos em 123 [Hz] e 154 [Hz].

Teoricamente, o sinal impulsivo, dado na Equação (1.29), é um sinal ideal para excitar uma sala. Isso acontece por dois motivos: o primeiro é que esse sinal apresenta um espectro com magnitude constante, o que significa que todas as frequências de interesse são excitadas com a mesma energia; o segundo motivo está relacionado com o fato de que o sinal só existe no instante de tempo inicial ($t = 0$ [s]). Imagine então uma sala, na qual é colocada uma fonte, em uma dada posição (p. ex., palco de um teatro), capaz de gerar um sinal impulsivo. Em outra posição, um receptor gravará a resposta da sala a esse sinal por um período de tempo. De fato, o receptor receberá o som direto da fonte, seguido por uma série de reflexões, o que será discutido em mais detalhes no Capítulo 5. Além disso, o receptor receberá um sinal ligeiramente diferente se ele ou a fonte mudarem de posição dentro da sala. Esse sinal obtido pelo receptor é chamado de resposta ao impulso da sala (RIS ou RIR) e é geralmente denotado por $h(t)$. Como a resposta ao impulso muda com as posições de fonte e/ou receptor, é mais correto chamá-la de *resposta ao impulso* (RI) da configuração sala-fonte-receptor.

A configuração sala-fonte-receptor pode ser considerada um Sistema Linear e Invariante no Tempo (SLIT, ver Figura 1.9), desde que as características da sala (propriedades do ar, geometria e materiais aplicados) não se alterem com o tempo e que as características da fonte e do receptor sejam lineares. É possível demonstrar que, em sistemas desse tipo, a resposta ao impulso é suficiente para descrever todas as características do SLIT [11, 12]. Também é possível demonstrar que, se uma fonte emite um sinal $x(t)$ qualquer (p. ex., música, fala, som da chuva etc.), o sinal recebido pelo receptor $y(t)$ é dado pela integral de convolução:

$$y(t) = x(t) * h(t) = \int_{-\infty}^{\infty} x(\tau) h(t-\tau) \mathrm{d}\tau, \qquad (1.30)$$

de modo que o símbolo $*$ significa a operação de convolução.

Pode-se dizer então que o SLIT sala-fonte-receptor, com resposta ao impulso $h(t)$, impõe suas características sobre o sinal $x(t)$. Dessa forma, $y(t)$ incorpora as características da sala como a reverberação, ressonâncias etc.

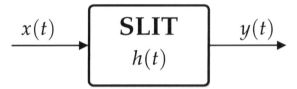

Figura 1.9 Sistema Linear e Invariante no Tempo (SLIT) com resposta ao impulso $h(t)$.

A Equação (1.30) representa, no domínio do tempo, a relação entre o sinal emitido pela fonte $x(t)$, a resposta impulsiva $h(t)$ do SLIT sala-fonte-receptor e o sinal obtido pelo receptor $y(t)$. Pode-se expressar essa relação também no domínio da frequência por meio do teorema da convolução [11]. Caso as TF dos sinais $x(t)$, $y(t)$ e $h(t)$ sejam, respectivamente, $X(j\omega)$, $Y(j\omega)$ e $H(j\omega)$, o teorema da convolução pode ser expresso por:

$$Y(j\omega) = X(j\omega) \, H(j\omega). \qquad (1.31)$$

Nesse ponto, é útil fazer uma conexão entre o exposto na Seção 1.2.3 e a Transformada de Fourier (TF) de um sinal. Na Seção 1.2.3 foi dito que um número complexo (ou amplitude complexa) pode representar um sinal harmônico, como o mostrado na Figura 1.3 (a). Na prática, esse número complexo reduz as informações de amplitude e fase, contidas no gráfico da Figura 1.3 (a), a um único número complexo $\tilde{A}$. Se um sinal qualquer $x(t)$ pode ser representado por uma soma infinita e ponderada de sinais harmônicos, cujas amplitudes complexas de ponderação estão contidas em $X(j\omega)$, o que se fez na Equação (1.17) ao se obter a amplitude complexa $\tilde{A}$ é equivalente ao que se faz com a Transformada de Fourier, dada na Equação (1.23). A única diferença, de fato, é que a TF é válida

Fundamentos

para qualquer[23] tipo de sinal, enquanto a demonstração feita por meio da Equação (1.17) é válida apenas para um sinal cossenoidal.

Duas outras métricas para a análise de sinais que têm importância no contexto da acústica de salas são o valor médio e o valor médio quadrático (RMS) de um sinal. O valor médio de um sinal é dado pela Equação (1.32), que expressa a média das amplitudes do sinal $x(t)$ medido entre os instantes t_1 e t_2,

$$\overline{x} = \frac{1}{t_2 - t_1} \int_{t_1}^{t_2} x(t)\, \mathrm{d}t \,. \tag{1.32}$$

O valor médio é igual à magnitude da componente de frequência nula de $X(\mathrm{j}\omega)$ [12]. O valor médio quadrático (RMS)[24] de um sinal, dado na Equação (1.33), expressa a raiz quadrada da energia média do sinal $x(t)$ medido entre os instantes t_1 e t_2,

$$x_{\mathrm{RMS}} = \sqrt{\frac{1}{t_2 - t_1} \int_{t_1}^{t_2} |x(t)|^2 \,\mathrm{d}t} \,. \tag{1.33}$$

O valor x_{RMS}^2, dado na Equação (1.33), expressa a energia do sinal calculada no domínio do tempo. A energia também pode ser calculada no domínio da frequência, e, claramente, os valores devem ser iguais. Tal igualdade é expressa pelo Teorema de Paserval [11], dado por:

$$\int_{-\infty}^{\infty} |x(t)|^2 \,\mathrm{d}t = \frac{1}{2\pi} \int_{-\infty}^{\infty} |X(\mathrm{j}\omega)|^2 \,\mathrm{d}\omega \,, \tag{1.34}$$

o que implica que o quadrado da magnitude do espectro carrega a informação da energia[25] contida no sinal.

---

[23] A rigor, a aplicação das ferramentas de Fourier se limita a sistemas estáveis, pois não há como representar um sinal que cresce indefinidamente; logo, ela é limitada a sinais que são absolutamente integráveis. Essas limitações poderiam ser superadas com a utilização das ferramentas de Laplace ou da Transformada Z.

[24] O valor médio quadrático é uma tradução do termo em inglês *root mean square*; daí a sigla RMS. É conhecido também como *valor eficaz*.

[25] Para sinais periódicos utiliza-se também a Série de Fourier; nesse caso o Teorema de Parseval estima o espectro de potência em vez do espectro de energia. Para mais detalhes, consulte o livro texto de Shin e Hammond [12].

Por fim, outras métricas importantes na análise de sinais são as funções de correlação-cruzada entre dois sinais e a função de autocorrelação de um sinal. A função de correlação cruzada entre dois sinais $x(t)$ e $y(t)$ é dada por:

$$R_{xy}(\tau) = \int_{-\infty}^{+\infty} x(t)y(t+\tau)\,\mathrm{d}t, \tag{1.35}$$

e expressa o grau de similaridade entre os sinais $x(t)$ e $y(t)$, em função do deslocamento temporal τ aplicado à $y(t)$. Quanto mais parecidos forem os sinais $x(t)$ e $y(t)$, maiores tendem a serem os valores $R_{xy}(\tau)$. Sinais completamente diferentes terão $R_{xy}(\tau) \approx 0$. A função de autocorrelação do sinal $x(t)$ é dada por:

$$R_{xx}(\tau) = \int_{-\infty}^{+\infty} x(t)x(t+\tau)\,\mathrm{d}t, \tag{1.36}$$

e expressa o grau de similaridade entre os sinais $x(t)$ e sua versão deslocada temporalmente de τ. Sinais de comportamento periódico tendem a apresentar uma autocorrelação também periódica; sinais que variam pouco no tempo tendem a mostrar uma autocorrelação relativamente constante e sinais aleatórios tendem a manifestar uma autocorrelação impulsiva, já que a versão deslocada de $x(t)$ será muito diferente da versão não deslocada [12].

As transformadas de Fourier das funções de autocorrelação e correlação cruzada são chamadas de *espectro cruzado* e *autoespectro* e podem ser relacionadas aos espectros de $X(\mathrm{j}\omega)$ e $Y(\mathrm{j}\omega)$ por:

$$R_{xy}(\tau) \xleftrightarrow{\mathfrak{F}} S_{xy}(\mathrm{j}\omega) \equiv X(\mathrm{j}\omega)\,Y^*(\mathrm{j}\omega), \tag{1.37}$$

$$R_{xx}(\tau) \xleftrightarrow{\mathfrak{F}} S_{xx}(\mathrm{j}\omega) \equiv X(\mathrm{j}\omega)\,X^*(\mathrm{j}\omega) = |X(\mathrm{j}\omega)|^2, \tag{1.38}$$

em que o símbolo "$\equiv$" denota equivalência, no sentido que $X(\mathrm{j}\omega)\,Y^*(\mathrm{j}\omega)$ é uma boa estimativa para a TF de $R_{xy}(\tau)$. O termo "estimativa" está ligado ao fato de que espectro cruzado e autoespectro são usados em análise estatística de sinais, cujo aprofundamento pode ser buscado na referência [12].

1.2.5 Equação da onda

De acordo com o exposto na Seção 1.2.1 e na Figura 1.2, uma das características da onda sonora é a variação das quantidades pressão e velocidade de partícula com o tempo e o espaço. Por meio das leis da termodinâmica, da conservação da massa e da conservação da quantidade de movimento, é possível obter a equação da onda, que descreve como ocorre essa variação temporal e espacial da pressão sonora ou velocidade de partícula. A derivação completa dessa equação é apresentada em muitos textos, como nas referências [6, 14, 15]. Para pequenas perturbações (sons de pequenas amplitudes), a equação da onda linearizada é dada por:

$$\underbrace{\nabla^2 p(\vec{r}, t)}_{A} - \underbrace{\frac{1}{c^2} \frac{\partial^2 p(\vec{r}, t)}{\partial t^2}}_{B} = 0 \,, \tag{1.39}$$

em que $p(\vec{r}, t)$ é o valor da pressão sonora em função da coordenada espacial $\vec{r} = x\hat{x} + y\hat{y} + z\hat{z}$ e da coordenada temporal t; c é a velocidade do som no meio e ∇^2 é o Operador Laplaciano[26], que representa a variação espacial da pressão sonora (e pode ser dado em coordenadas cartesianas, esféricas ou cilíndricas, dependendo da geometria do problema que se deseja modelar). Em alguns textos o símbolo empregado para o Laplaciano é Δ. A variação temporal é expressa pelo termo "B" na Equação (1.39), à esquerda do sinal de igualdade.

De acordo com o exposto na Seção 1.2.4, é possível compor um sinal $p(\vec{r}, t)$ qualquer (para cada posição $\vec{r}$) pela soma ponderada de exponenciais complexas. Dessa forma, pode-se assumir que a pressão sonora é um sinal harmônico do tipo $p(\vec{r}, t) = \tilde{P}(\vec{r}, j\omega)\,\mathrm{e}^{j\omega t}$. O problema é então resolvido para a única frequência $\omega = 2\pi f$ e o o *princípio da superposição* é aplicado para compor o sinal de pressão sonora com todas as frequências [16]. Inserida essa transformação na Equação (1.39), esta se torna a Equação de Helmholtz, dada por:

---

[26] O Operador Laplaciano em coordenadas cartesianas é dado por:
$$\nabla^2(\cdot) = \frac{\partial^2(\cdot)}{\partial x^2} + \frac{\partial^2(\cdot)}{\partial y^2} + \frac{\partial^2(\cdot)}{\partial z^2} \,.$$

$$\nabla^2 \tilde{P}(\vec{r}, j\omega) + k^2 \tilde{P}(\vec{r}, j\omega) = 0, \tag{1.40}$$

em que $\tilde{P}(\vec{r}, j\omega)$ representa a amplitude complexa da pressão sonora na coordenada espacial $\vec{r}$ para a frequência angular ω, e $k = \omega/c$ é o número de onda dado em $[\text{m}^{-1}]$. Pode-se dizer que a Equação (1.39) se encontra no domínio do tempo e que a Equação (1.40) se encontra no domínio da frequência.

Pressão sonora e velocidade de partícula são duas quantidades relacionadas pela Equação de Euler no domínio do tempo por:

$$\rho \frac{\partial \vec{u}(\vec{r}, t)}{\partial t} = -\vec{\nabla} p(\vec{r}, t), \tag{1.41}$$

em que $\vec{\nabla} p(\vec{r}, t)$ é o *gradiente de pressão* sonora[27]. Note que, apesar de estar também usando o símbolo ∇, o gradiente de pressão sonora é um vetor obtido a partir da primeira derivada espacial, enquanto o laplaciano é o produto escalar de dois gradientes e, por isso, é um escalar obtido da segunda derivada espacial. ρ é a densidade do meio. Caso os sinais sejam harmônicos, a velocidade de partícula pode ser escrita na forma

$$u(\vec{r}, t) = \vec{U}(\vec{r}, j\omega)\, e^{j\omega t}, \tag{1.42}$$

sendo $\vec{U}$ também um valor complexo; logo, a Equação (1.41) torna-se:

$$j\omega \rho\, \vec{U}(\vec{r}, j\omega) = -\vec{\nabla} \tilde{P}(\vec{r}, j\omega), \tag{1.43}$$

dada no domínio da frequência. Em três dimensões (3D), pode-se escrever o espectro da velocidade de partícula como:

$$\vec{U}(\vec{r}, j\omega) = \tilde{U}_x(\vec{r}, j\omega)\hat{x} + \tilde{U}_y(\vec{r}, j\omega)\hat{y} + \tilde{U}_z(\vec{r}, j\omega)\hat{z}. \tag{1.44}$$

---

[27] Em coordenadas cartesianas, o gradiente de pressão é
$\vec{\nabla} p(\vec{r}, t) = \frac{\partial p(\vec{r}, t)}{\partial x}\hat{x} + \frac{\partial p(\vec{r}, t)}{\partial y}\hat{y} + \frac{\partial p(\vec{r}, t)}{\partial z}\hat{z}$.

1.2.6 Intensidade, potência sonora e impedância acústica

A pressão sonora é um escalar e a velocidade de partícula um vetor definido no espaço 3D com direções $\hat{x}$, $\hat{y}$ e $\hat{z}$ (em coordenadas cartesianas). A velocidade de partícula carrega a informação da direção em que a energia sonora se propaga. O produto da pressão sonora pela velocidade de partícula resulta na *intensidade acústica* (ou intensidade sonora), que descreve o fluxo de energia sonora através de uma área dS em metros quadrados $[m^2]$ (Figura 1.10 [3]). O valor instantâneo da intensidade sonora, medida no ponto $\vec{r}$, é dado por:

$$\vec{I}(\vec{r},t) = p(\vec{r},t)\,\vec{u}(\vec{r},t)\,. \tag{1.45}$$

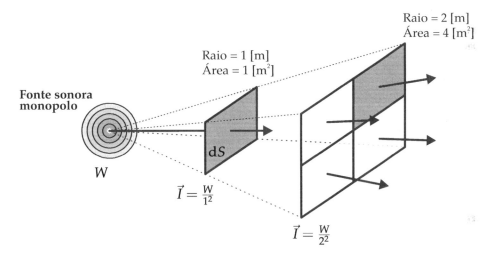

Figura 1.10 Diagrama relacionando intensidade acústica e potência sonora.

Se os sinais de pressão sonora e velocidade de partícula são harmônicos, é possível provar que o valor médio da intensidade sonora, para a frequência ω, é dado por:

$$\vec{I}(\vec{r},\omega) = \frac{1}{2}\mathrm{Re}\{\tilde{P}(\vec{r},j\omega)\,\tilde{U}^*(\vec{r},j\omega)\}\,\hat{r}, \tag{1.46}$$

em que $\tilde{U}^*(\vec{r},j\omega)$ representa o complexo conjugado da velocidade de partícula que se propaga na direção $\hat{r}$. Note que, embora a Equação (1.46) use os valores complexos dos espectros de pressão e velocidade de partícula, $\vec{I}(\vec{r}, \omega)$ é um vetor cuja norma é um número real. Note também que, como a intensidade é definida como o produto entre pressão e velocidade de partícula, sua unidade no SI é

$$\left[Pa \cdot m/s \right] = \left[\frac{N \cdot m}{s \cdot m^2} \right] = \left[\frac{J}{s \cdot m^2} \right] = \left[\frac{W}{m^2} \right] ,$$

corroborando o fato de que a intensidade sonora é um fluxo de energia através de uma área. Dessa forma, a potência sonora pode ser definida pela Equação (1.47):

$$W = \int_S \vec{I} \cdot d\vec{S} , \qquad (1.47)$$

dada em Watt [W], com $\vec{I}$ sendo o vetor intensidade definido nos domínios do tempo ou frequência.

Outras quantidades importantes são a *impedância acústica* (Z_a) e a *impedância acústica específica* (Z_m). De forma simples, elas representam a dificuldade de propagação que um sistema oferece em decorrência de uma pressão acústica aplicada. Além disso, elas são definidas apenas no domínio da frequência[28]. Há também a *impedância acústica característica* (Z_c), que será apresentada na Seção 1.2.7.

Analogamente à impedância elétrica, a impedância acústica pode ser representada por

$$Z = R_a + j X_a , \qquad (1.48)$$

sendo R_a a parte real da impedância acústica, chamada de resistência acústica, e X_a a parte imaginária da impedância acústica, chamada de reatância acústica. Ao inverso da impedância acústica, $1/Z$, chamamos de admitância acústica.

Para calcular a *impedância acústica* (Z_a), é necessário apresentar a *velocidade de volume*

$$Q = \lim_{\Delta t \to 0} \left(\frac{\Delta V}{\Delta t} \right) = \frac{dV}{dt} , \qquad (1.49)$$

---

[28] Na realidade, existem outros tipos de domínios em que Z pode ser avaliado; restringiremo-nos ao domínio da frequência.

em que ΔV é a variação de volume que o fluido experimenta em um intervalo de tempo Δt. Ou seja, a velocidade de volume expressa o fluxo volumétrico de um fluido por unidade de tempo; logo, sua unidade é $[\text{m}^3/\text{s}]$. Em outras palavras, ela indica quantas partículas, por unidade de volume, movem-se por uma certa área em um certo tempo.

Analogamente à definição da impedância elétrica[29], a impedância acústica (em um SLIT) é a relação entre a pressão sonora aplicada e a velocidade de volume, e pode ser expressa por

$$Z_\text{a}(\vec{r}, \text{j}\omega) = \frac{\tilde{P}(\vec{r}, \text{j}\omega)}{\tilde{Q}(\vec{r}, \text{j}\omega)}, \tag{1.50}$$

em que Z_a é um número complexo que pode ser dependente da frequência e sua unidade $[\text{Pa·s/m}^3]$ ou $[\text{Rayl/m}^2]$ (podendo ser encontrada também como "Ohm acústico" $[\Omega_\text{ac}]$). O dual da Equação (1.50) no domínio do tempo seria

$$p(\vec{r}, t) = q(\vec{r}, t) * z_\text{a}(\vec{r}, t), \tag{1.51}$$

em que o símbolo $*$ denota a operação de convolução.

A *impedância acústica específica* (Z_m) é a razão entre as amplitudes complexas da pressão sonora e da velocidade de partícula em uma dada direção. Por exemplo, para a estimativa no ponto $\vec{r}$, na frequência ω e na direção $\hat{x}$, usa-se:

$$Z_\text{m}(\vec{r}, \text{j}\omega) = Z_x(\vec{r}, \text{j}\omega) = \frac{\tilde{P}(\vec{r}, \text{j}\omega)}{\tilde{U}_x(\vec{r}, \text{j}\omega)}. \tag{1.52}$$

Logo, a impedância acústica específica nas outras direções é definida de maneira análoga à Equação (1.52), ao se utilizar as velocidades de partícula nas outras direções, e sua unidade é $[\text{Pa·s/m}]$ ou $[\text{Rayl}]$.

---

[29] A impedância elétrica é obtida da razão entre tensão elétrica e corrente elétrica. A corrente elétrica, por sua vez, é o fluxo de carga por unidade de tempo ou a quantidade de elétrons fluindo por um circuito por unidade de tempo. Dessa forma, para definir a impedância acústica, é feita uma analogia entre corrente elétrica e velocidade de volume e entre tensão elétrica e pressão sonora.

1.2.7 Onda sonora em campo livre

Uma situação comumente encontrada em acústica é a de uma onda sonora se propagando livre da interferência de obstáculos e paredes. Nesse caso, o sinal recebido pelo receptor deve-se somente ao som direto emitido pela fonte (sem reverberação ou eco). Tal situação é conhecida como campo livre e, embora não seja a situação corriqueira em uma sala, ela deve ser compreendida. É comum, em uma sala, que o campo acústico possa ser formado pela soma de diversas frentes de onda se propagando livremente (até que a onda atinja uma superfície). Este é o caso, por exemplo, das considerações feitas na acústica geométrica (Capítulo 5). Na Figura 1.11, dois tipos de frentes de onda comumente estudadas são ilustradas; elas estão se propagando em campo livre.

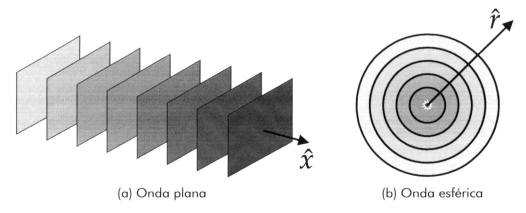

(a) Onda plana   (b) Onda esférica

Figura 1.11 Dois tipos de frentes de onda se propagando em campo livre.

Na Figura 1.11 (a), uma frente de onda plana é mostrada. Nesse caso, assume-se que as variáveis acústicas (pressão sonora e velocidade de partícula) são constantes ao longo de um plano e, portanto, só variam com o tempo e com uma coordenada espacial (ao longo da direção $\hat{x}$, nesse caso)[30]. Para um sinal harmônico de pressão sonora se propagando em um meio com densidade ρ e velocidade do som c, a solução da equação da onda em coordenadas cartesianas é dada por:

---
[30] Note que as quantidades acústicas podem ser constantes ao longo de qualquer plano no espaço e, portanto, podem ser variáveis ao longo de um vetor $\hat{x} + 0,5\,\hat{y}$, por exemplo.

$$p(\vec{x}, t) = \tilde{A}\,e^{-jkx}\,e^{j\omega t}, \tag{1.53}$$

em que $\tilde{A}$ é a amplitude complexa da fonte, o termo e^{-jkx} expressa a variação espacial da amplitude complexa do sinal de pressão sonora e o termo $e^{j\omega t}$ expressa a variação temporal da pressão sonora. Note que a magnitude da amplitude complexa varia entre 0 e $|\tilde{A}|$ e, portanto, o valor RMS do sinal de pressão não varia à medida que se avança ao longo da variável espacial. Isso faz com que não se perceba nenhuma diminuição ou aumento do volume sonoro ao logo da direção espacial $\hat{x}$. A velocidade de partícula pode ser obtida por meio da Equação (1.41). Como as derivadas espaciais da pressão sonora com respeito às direções $\hat{y}$ e $\hat{z}$ são nulas, pode-se notar que $u_y(\vec{r}, t) = u_z(\vec{r}, t) = 0$. Assim, para a direção $\hat{x}$, a velocidade de partícula é:

$$u_x(\vec{r}, t) = \frac{\tilde{A}}{\rho c}\,e^{-jkx}\,e^{j\omega t}, \tag{1.54}$$

cuja amplitude complexa é $\tilde{A}/\rho c \cdot e^{-jkx}$. Dessa forma, pode-se definir o que se chama de *impedância acústica característica*,

$$Z_c = \rho c, \tag{1.55}$$

que é a razão entre pressão sonora e velocidade de partícula de uma onda plana em campo livre, com unidade [Pa·s/m] ou [Rayl]. Z_c pode ser encontrado também como *impedância acústica de um meio* e pode ser obtida a partir da Equação (1.52). No caso da onda plana pressão sonora e a velocidade de partícula estão em fase.

No centro da Figura 1.11 (b) uma fonte emite energia sonora com uma distribuição espacial uniforme, de forma que uma frente de onda esférica é formada. Tais fontes são chamadas de monopolos e têm uma radiação chamada de omnidirecional. Nesse caso, assume-se que as variáveis acústicas (pressão sonora e velocidade de partícula) são constantes ao longo da área de uma esfera de raio r, cujo centro é a fonte sonora.

Para um sinal harmônico de pressão sonora se propagando em um meio com densidade ρ e velocidade do som c, a solução da equação da onda, em coordenadas esféricas, é dada por[31]:

$$p(\vec{r}, t) = \tilde{A} \frac{e^{-jkr}}{r} \, e^{j\omega t}, \tag{1.56}$$

em que $\tilde{A}$ é a amplitude complexa da fonte e r é a distância entre fonte e receptor. O termo $\frac{e^{-jkr}}{r}$ expressa a variação espacial da pressão sonora, e o termo $e^{j\omega t}$, a variação temporal. A amplitude complexa do sinal de pressão medida em um ponto a r [m] da fonte é então $\tilde{A}\frac{e^{-jkr}}{r}$. Essa amplitude complexa tem magnitude $|\tilde{A}|/r$, o que implica que, à medida que a distância entre fonte receptor aumenta, existe uma diminuição do valor RMS da pressão sonora, o que equivale a uma diminuição da sensação de volume sonoro. Intuitivamente, sabe-se que esse é um caso mais realista, já que sentimos essa diminuição do volume sonoro à medida que nos afastamos de uma fonte sonora (p. ex. alto-falante, um interlocutor, um carro etc.). À medida que se dobra a distância entre a fonte omnidirecional e o receptor (em campo livre), a magnitude da pressão sonora cai pela metade.

A velocidade de partícula pode ser obtida por meio da Equação (1.41). Como a onda é perfeitamente esférica, apenas a derivada espacial da pressão com respeito à direção $\hat{r}$ será não nula. A velocidade de partícula nessa direção é:

$$u_r(\vec{r}, t) = \frac{\tilde{A}}{\rho c} \left(\frac{1 + jkr}{jkr} \right) \frac{e^{-jkr}}{r} \, e^{j\omega t} \,. \tag{1.57}$$

A impedância característica para uma onda esférica em campo livre é:

$$Z_c = \rho c \left(\frac{jkr}{1 + jkr} \right), \tag{1.58}$$

sendo que para $kr \gg 1$ (altas frequências e/ou grandes distâncias entre fonte e receptor), $Z_c \approx \rho c$, ou seja, para $kr \gg 1$, a onda esférica

---

[31] Essa solução da equação da onda é diferente do caso da onda plana devido à simetria esférica do problema, que altera o Laplaciano da equação da onda e, portanto, altera a equação diferencial que se deve solucionar.

Fundamentos

em campo livre tem propriedades muito semelhantes às de uma onda plana em campo livre. O valor $kr \gg 1$ significa que a frequência e/ou a distância entre fonte e sensor devem ser altas o suficiente para que a igualdade se estabeleça.

1.2.8 Energia e densidade de energia acústica

As variações temporais e espaciais da energia e/ou densidade de energia acústica são de suma importância na caracterização da propagação sonora em recintos fechados. Em uma dada posição $\vec{r}$, sujeita à passagem de uma onda sonora, existe, associado ao movimento de porções de fluido, uma energia cinética instantânea dada por:

$$E_c(t) = \frac{1}{2}\rho V_0\, u^2(t)\,, \tag{1.59}$$

em que V_0 é o volume em torno do ponto $\vec{r}$ e $u^2(t)$ é o quadrado do valor instantâneo do sinal de velocidade de partícula no ponto $\vec{r}$. Devido à elasticidade do fluido, existe também uma energia potencial instantânea associada à compressão e rarefação do fluido, que é:

$$E_p(t) = \frac{1}{2}\frac{V_0}{\rho\, c^2}\, p^2(t)\,, \tag{1.60}$$

em que $p^2(t)$ é o quadrado do valor instantâneo do sinal de pressão sonora no ponto $\vec{r}$.

A energia acústica instantânea total é a soma das energias cinética e potencial $E(t) = E_c(t) + E_p(t)$. Estamos interessados também na densidade de energia acústica, $\rho_E(t)$, que é a energia acústica por unidade de volume. Assim, dividindo as energias cinética e potencial pelo volume V_0, tem-se que a densidade de energia instantânea total é:

$$\rho_E(t) = \frac{1}{2}\rho\left[u^2(t) + \frac{p^2(t)}{(\rho\, c)^2}\right]\,. \tag{1.61}$$

Como comentado na Seção 1.2.6, é comum, em uma sala, que o campo acústico possa ser formado pela soma de diversas frentes de onda plana se propagando em campo livre. Como nesse caso tem-se que $u(t) = p(t)/(\rho\, c)$, a densidade de energia instantânea se torna:

$$\rho_E(t) = \frac{p^2(t)}{\rho\ c^2}\ .$$ (1.62)

Se o sinal de pressão sonora pode ser considerado um sinal harmônico, é possível demonstrar que o valor médio (Equação (1.32)) da densidade de energia se torna:

$$\bar{\rho}_E = \frac{|\tilde{P}(\mathrm{j}\omega)|^2}{2\ \rho\ c^2} = \frac{p_{\mathrm{RMS}}^2}{\rho\ c^2}\ .$$ (1.63)

1.2.9 NPS, NIS e NWS

Como colocado na Seção 1.1, a faixa de valores entre o limite inferior de percepção da pressão sonora e o limite superior, antes da dor, é de cerca de 10 trilhões de vezes. Essa variação numérica é tão grande que é fácil perder o senso de que valores representam um alto volume sonoro, que valores representam um volume adequado e que valores indicam um baixo volume sonoro. Além disso, nossa percepção de volume sonoro não é linear, mas logarítmica (Figura 1.1) [4]. Adicionalmente, a audição humana não tem uma resolução temporal infinita, o que significa que não detectamos mudanças muito súbitas na amplitude de um sinal acústico. O ouvido humano tende a integrar sons cujos intervalos são muito próximos. Um exemplo disso é que, ao ouvir um sinal senoidal ou cossenoidal, como o da Figura 1.5, o ouvido não percebe a flutuação entre a amplitude máxima e a amplitude mínima, mas sim um volume constante.

Tais fatos levaram à definição do Nível de Pressão Sonora (NPS), uma grandeza logarítmica que leva em conta o valor médio quadrático (RMS) da pressão sonora e o limiar da audição em 1000 [Hz], que é utilizado como pressão de referência $P_{\mathrm{ref.}} = p_0 = 20{\cdot}10^{-5}$ [Pa] ou 20 [µPa] [4]. Dessa forma, o NPS é dado por:

$$\mathrm{NPS} = 10 \log\left(\frac{p_{\mathrm{RMS}}}{20\,\mu\mathrm{Pa}}\right)^2 \mathrm{dB}\left[\mathrm{Pa\ ref.\ 20\ \mu Pa}\right].$$ (1.64)

Para uma onda esférica em campo livre, é possível notar que o NPS decairá de 6 [dB] ao dobrar a distância entre fonte e receptor. Isso implica que se um receptor está a 1 [m] de uma fonte e recebe 80 [dB], por exemplo, ao dobrar a distância para 2 [m] o NPS recebido será de 74 [dB]. Dobrando a distância novamente, para 4 [m], o NPS recebido será de 68 [dB] e assim por diante. Em uma sala, a queda no NPS com a distância tende a ser menor, visto que há a presença das reflexões (não estamos em campo livre).

Similarmente à Equação (1.64), pode-se definir o Nível de Intensidade Sonora (NIS) e o Nível de Potência Sonora (NWS), dados respectivamente por:

$$\text{NIS} = 10 \log \left(\frac{\bar{I}}{10^{-12}} \right) \text{ dB } \left[W/m^2 \text{ ref. 1 pW/m}^2 \right] \tag{1.65}$$

e

$$\text{NWS} = 10 \log \left(\frac{\bar{W}}{10^{-12}} \right) \text{ dB } \left[W \text{ ref. 1 pW} \right]. \tag{1.66}$$

Existe ainda o Nível de Velocidade de Partícula (NVP) que segue a mesma topologia mostrada acima (com $u_0 = 5 \cdot 10^{-8}$ m/s), muito embora seja pouco utilizado. As operações matemáticas com o NPS (e com o NIS e NWS) serão discutidas na Seção 1.2.11.

1.2.10 Interferência entre sinais

Existem inúmeras situações em acústica nas quais a interferência entre duas (ou mais) frentes de onda ou sinais acontecem. Exemplos desse tipo de situação são:

(i) Quando os sinais dos canais de uma mesa de som são somados e enviados para a saída dela (mixagem de áudio);

(ii) Quando dois ou mais alto-falantes radiam uma onda sonora em uma sala. Nesse caso o ouvinte receberá o resultado da interferência entre as frentes de onda produzidas por cada um dos alto-falantes;

(iii) Em uma sala o ouvinte recebe o som direto da fonte e as reflexões nas diversas superfícies da sala, e o sinal percebido pelo ouvinte será o resultado da interferência entre o som direto e as reflexões.

Parece, então, que ser capaz de calcular o resultado da interferência entre dois ou mais sinais é de suma importância e isso será explorado nesta seção.

Imaginemos que um receptor em um ambiente está sujeito ao som direto de uma fonte impulsiva e apenas uma reflexão. O sinal recebido será:

$$x(t) = \delta(t) + \delta(t - t_0), \qquad (1.67)$$

em que $\delta(t)$ representa o sinal do som direto impulsivo e $\delta(t - t_0)$ sua reflexão com mesma amplitude. Tal reflexão atinge o ouvinte após t_0 [s]. De acordo com as Equações (1.28) e (1.29) a TF desse sinal será:

$$X(j\omega) = 1 + e^{-j\omega t_0}, \qquad (1.68)$$

cuja magnitude é mostrada na Figura 1.12 (a). Note que, embora o espectro de um sinal impulsivo seja constante com a frequência (Figura 1.7), o espectro do impulso somado a sua reflexão não o é. De fato, existe uma série de frequências para as quais a magnitude é mínima. Para essas frequências, existe o que se chama de interferência totalmente destrutiva entre o som direto e sua reflexão. Note também que, à medida que a frequência aumenta, existem mais e mais desses mínimos na magnitude. Existe também uma outra série de frequências para as quais a magnitude é máxima. Entre os máximos e mínimos na magnitude existem interferências parcialmente destrutivas (quando a magnitude é menor que 1) e/ou parcialmente construtivas (quando a magnitude é maior que 1). A magnitude evolui até um máximo de 2 e diminui novamente. Quando a magnitude atinge seu máximo, diz-se que há interferência totalmente construtiva, ver Figura 1.12 (a). O formato da curva lembra o formato de um pente, onde os dentes são os mínimos, e por isso esse fenômeno é chamado de *comb filtering*[32].

---

[32] O termo para pente em inglês é *comb*.

Fundamentos

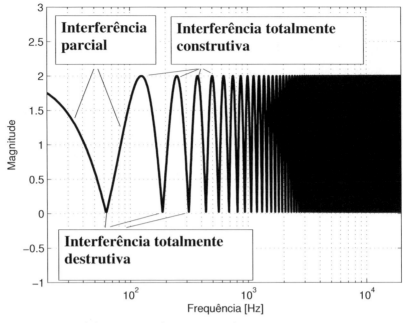

(a) Dois impulsos espaçados no tempo

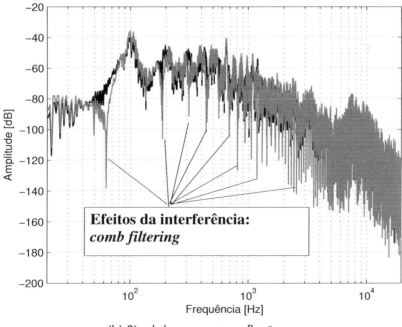

(b) Sinal de voz e sua reflexão

Figura 1.12 Espectros da interferência entre dois sinais.

Na Figura 1.12 (b) são mostrados os espectros de um sinal de fala (curva preta) e de um sinal de fala sofrendo a interferência de sua reflexão (curva cinza). Os efeitos do *comb filtering* podem ser observados facilmente na curva cinza. Os efeitos dessa reflexão podem ser os mais diversos e dependem da amplitude da reflexão e do tempo que decorre entre o som direto e a reflexão. Atrasos muito grandes tendem a fazer com que percebamos dois sons distintos, o que chamamos de eco. Esses efeitos serão discutidos com mais profundidade no Capítulo 7. Reflexões de menor amplitude tendem a produzir um padrão de interferências menos pronunciado.

Mas o que causa esse padrão de interferências? Primeiro, do ponto de vista matemático, a interferência entre dois sinais nada mais é que a soma algébrica dos mesmos (nos domínios do tempo e frequência). Para uma maior compreensão matemática, pode-se também avaliar o que acontece com sinais cossenoidais com uma frequência f_0. Imagine então que um receptor estará sujeito a dois sinais cossenoidais $x_1(t)$ e $x_2(t)$. Para simplificar a análise, ambos os sinais terão amplitude máxima de 1. A fase de $x_1(t)$ será sempre nula e a fase de $x_2(t)$ pode variar. Assim, esses sinais podem ser escritos, nos domínios do tempo e frequência, como:

$$x_1(t) = \mathbb{Re}\left\{1\,e^{j\omega_0 t}\right\} \overset{\mathfrak{F}}{\Longleftrightarrow} |1|\,e^{j0}$$

e

$$x_2(t) = \mathbb{Re}\left\{1\,e^{j\phi}\,e^{j\omega_0 t}\right\} \overset{\mathfrak{F}}{\Longleftrightarrow} |1|\,e^{j\phi}\;.$$

A Figura 1.13 (a) mostra dois sinais cossenoidais com mesma magnitude e fase, com $x_2(t) = x_1(t)$. Um receptor que recebe esses dois sinais ouvirá o resultado da interferência entre ambos. Como ambos são iguais, a onda resultante é uma interferência totalmente construtiva. É fácil observar que as amplitudes das ondas se somarão perfeitamente ao somar as curvas da Figura 1.13 (a). A curva resultante de interferência dada na Figura 1.13 (b) pode ser matematicamente escrita, no domínio do tempo, como:

$$x(t) = x_1(t) + x_2(t) = \mathbb{Re}\left\{1\,e^{j\omega_0 t}\right\} + \mathbb{Re}\left\{1\,e^{j\omega_0 t}\right\} = \mathbb{Re}\left\{2\,e^{j\omega_0 t}\right\},$$

e no domínio da frequência como:

$$X(j\omega) = X_1(j\omega) + X_2(j\omega) = |1|\,e^{j0} + |1|\,e^{j0} = |2|\,e^{j0}.$$

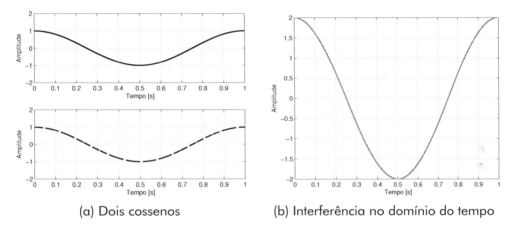

(a) Dois cossenos (b) Interferência no domínio do tempo

Figura 1.13 Interferência entre dois cossenos defasados de 0 [°].

A Figura 1.14 (b) mostra o resultado da interferência entre dois sinais cossenoidais com a mesma magnitude, mas fases de 0 e π [rad], respectivamente. É fácil notar, na Figura 1.14 (a), que os sinais são opostos, ou seja, $x_2(t) = -x_1(t)$. Dessa forma, a onda resultante é uma interferência totalmente destrutiva entre os sinais, sendo fácil observar que a amplitude da onda resultante é nula. A um leitor iniciante isso pode parecer bastante curioso, já que somar dois sons resulta, nesse caso, em nenhum som. No entanto, é exatamente dessa forma que ondas se comportam. Matematicamente a interferência pode ser escrita, no domínio do tempo, como:

$$x(t) = x_1(t) + x_2(t) = \mathbb{Re}\left\{1\,e^{j\omega_0 t}\right\} + \mathbb{Re}\left\{1\,e^{j\pi}\,e^{j\omega_0 t}\right\} = 0,$$

e no domínio da frequência como:

$$X(j\omega) = |1|\,e^{j0} + |1|\,e^{j\pi} = 0.$$

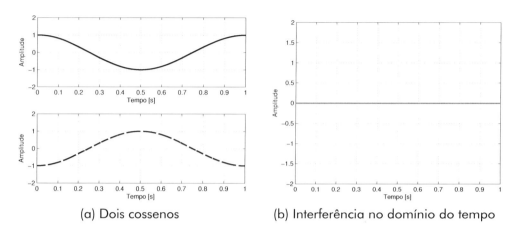

(a) Dois cossenos (b) Interferência no domínio do tempo

Figura 1.14 Interferência entre dois cossenos defasados de 180 [°].

A Figura 1.15 (b) mostra o resultado da interferência entre dois sinais cossenoidais com a mesma magnitude, mas fases de 0 e $\pi/4$ [rad], respectivamente. Nota-se na Figura 1.15 (a) que os sinais não são nem totalmente opostos nem idênticos. Ao somarem-se os gráficos da Figura 1.15 (a), nota-se que a onda resultante apresenta uma amplitude máxima maior do que 1 e menor do que 2, o que se chama de interferência parcialmente construtiva. Matematicamente, a interferência pode ser escrita, no domínio do tempo, como:

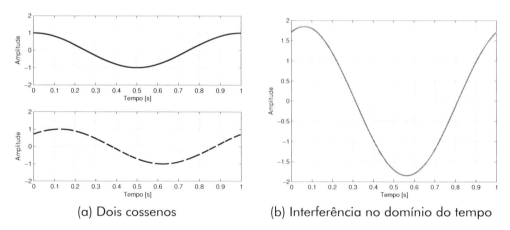

(a) Dois cossenos (b) Interferência no domínio do tempo

Figura 1.15 Interferência entre dois cossenos defasados de 45 [°].

$$x(t) = x_1(t) + x_2(t) = \mathrm{Re}\left\{1\,e^{j\omega_0 t}\right\} + \mathrm{Re}\left\{1\,e^{j\pi/4}\,e^{j\omega_0 t}\right\}$$

$$x(t) = \mathrm{Re}\left\{1.85\,e^{j\pi/8}\,e^{j\omega_0 t}\right\},$$

e no domínio da frequência como:

$$X(j\omega) = |1|\,e^{j0} + |1|\,e^{j\pi/4} = 1 + 0.707 + j\,0.707 = 1.85\,e^{j\pi/8}.$$

Note que a magnitude 1.85 equivale ao valor máximo do cosseno na Figura 1.15 (b) e que a fase $\pi/8$ equivale ao deslocamento de $1/16$ de período do cosseno resultante.

A Figura 1.16 (b) mostra o resultado da interferência entre dois sinais cossenoidais com a mesma magnitude, mas fases de 0 e $5\pi/6$ [rad], respectivamente. Nota-se na Figura 1.16 (a) que os sinais não são nem totalmente opostos nem idênticos. Ao somarem-se os gráficos da Figura 1.16 (a), nota-se que a onda resultante exibe uma amplitude máxima menor do que 1 e maior do que 0, o que se chama de interferência parcialmente destrutiva. Matematicamente a interferência pode ser escrita, no domínio do tempo, como:

$$x(t) = x_1(t) + x_2(t) = \mathrm{Re}\left\{1\,e^{j\omega_0 t}\right\} + \mathrm{Re}\left\{1\,e^{j5\pi/6}\,e^{j\omega_0 t}\right\}$$

$$x(t) = \mathrm{Re}\left\{0.52\,e^{j5\pi/12}\,e^{j\omega_0 t}\right\},$$

e no domínio da frequência como:

$$X(j\omega) = |1|\,e^{j0} + |1|\,e^{j5\pi/6} = 1 - 0.866 + j\,0.50 = 0.52\,e^{j5\pi/12}.$$

Note que a magnitude 0.52 equivale ao valor máximo do cosseno na Figura 1.16 (b) e que a fase $5\pi/12$ equivale ao deslocamento parcial de período do cosseno resultante.

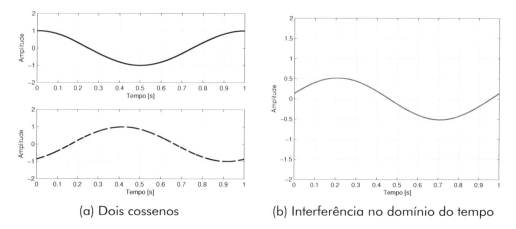

(a) Dois cossenos (b) Interferência no domínio do tempo

Figura 1.16 Interferência entre dois cossenos defasados de 150 [°].

Nesse ponto o leitor deve esperar que a soma de senos e cossenos pode resultar em um valor maior que 1 (interferência construtiva) ou menor que 1 (interferência destrutiva). O exemplo a seguir mostra que o resultado da soma pode ser exatamente 1. A Figura 1.17 (b) mostra o resultado da interferência entre dois sinais cossenoidais com a mesma magnitude, mas fases de 0 e $2\pi/3$ [rad], respectivamente. Nota-se na Figura 1.17 (a) que os sinais não nem são totalmente opostos nem idênticos. Ao somarem-se os gráficos da Figura 1.17 (a), nota-se que a onda resultante tem exatamente a mesma amplitude das ondas originais; a diferença está toda contida na fase. Matematicamente a interferência pode ser escrita, no domínio do tempo, como:

$$x(t) = x_1(t) + x_2(t) = \mathbb{Re}\left\{1\,e^{j\omega_0 t}\right\} + \mathbb{Re}\left\{1\,e^{j2\pi/3}\,e^{j\omega_0 t}\right\}$$

$$x(t) = \mathbb{Re}\left\{1\,e^{j2\pi/6}\,e^{j\omega_0 t}\right\},$$

e no domínio da frequência como:

$$X(j\omega) = |1|\,e^{j0} + |1|\,e^{j2\pi/3} = 1 - 0.50 + j\,0.866 = 1\,e^{j2\pi/6}\,.$$

Fundamentos

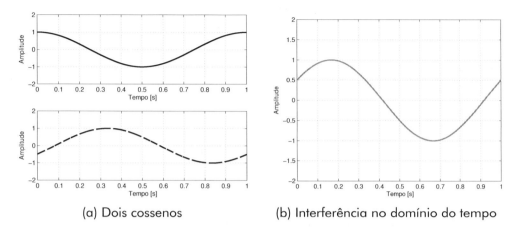

(a) Dois cossenos (b) Interferência no domínio do tempo

Figura 1.17 Interferência entre dois cossenos defasados de 120 [°].

A análise feita por meio desses exemplos permite algumas conclusões relevantes:

- O resultado da interferência entre dois ou mais sinais depende das magnitudes e das fases de cada componente de frequência dos sinais originais. A soma de duas funções cossenoidais não resultará necessariamente no dobro da amplitude, já que o resultado também depende da fase relativa entre os cossenos.

- Na análise dos sinais cossenoidais, pode-se gerar os gráficos de cada cosseno e somá-los para observar a amplitude e fase do cosseno resultante. No entanto, é muito mais fácil somar a amplitude complexa de cada cosseno, o que resultará em um terceiro número complexo que representa a magnitude e fase da onda resultante. Isso corrobora o fato de que números complexos representam uma notação poderosa.

- Como podemos compor um sinal complexo por meio da soma ponderada de senos e cossenos, o resultado da interferência de um sinal qualquer pode ser obtido somando-se as amplitudes complexas de cada componente de frequência dos sinais originais.

1.2.11 Operações com os NPS, NIS e NWS

Imagine que duas fontes sonoras possam radiar energia sonora em um ambiente. Um receptor capta o sinal $p_1(t)$ da fonte 1 e o sinal $p_2(t)$ da fonte 2. Caso a fonte 2 esteja desligada, o NPS medido pelo receptor será composto apenas pelo sinal $p_1(t)$, e será dado por:

$$\text{NPS}_1 = 10 \log \left(\frac{p_{1_{\text{RMS}}}}{20 \, \mu\text{Pa}} \right)^2,$$

em que $p_{1_{\text{RMS}}}$ é o valor RMS do sinal $p_1(t)$. Similarmente, se a fonte 1 for desligada e a fonte 2 ligada, o NPS medido pelo receptor será composto apenas pelo sinal $p_2(t)$, e será dado por:

$$\text{NPS}_2 = 10 \log \left(\frac{p_{2_{\text{RMS}}}}{20 \, \mu\text{Pa}} \right)^2.$$

A rigor, quando as duas fontes estiverem ligadas, o receptor receberá o resultado da interferência acústica entre os sinais $p_1(t)$ e $p_2(t)$. Logo, o sinal recebido será $p(t) = p_1(t) + p_2(t)$, cujo valor RMS é p_{RMS} e o NPS resultante da interferência das duas fontes será:

$$\text{NPS} = 10 \log \left(\frac{p_{\text{RMS}}}{20 \, \mu\text{Pa}} \right)^2.$$

Uma aproximação para esse cenário é o cálculo no NPS resultante a partir da medição de NPS_1 e NPS_2. Nesse caso, ao se medir NPS_1 e NPS_2, deve-se primeiro obter $p_{1_{\text{RMS}}}$ e $p_{2_{\text{RMS}}}$ usando a Equação (1.64). Os valores RMS são somados e o NPS resultante é calculado a partir da soma dos valores RMS 1 e 2. Tal procedimento resulta em:

$$\text{NPS} \approx 10 \log \left(\frac{p_{1_{\text{RMS}}} + p_{2_{\text{RMS}}}}{20 \, \mu\text{Pa}} \right)^2,$$

em que $p_{1_{\text{RMS}}} = 20 \, [\mu\text{Pa}] \, 10^{\text{NPS}_1/10}$, por exemplo.

Note, no entanto, que ao somar os valores RMS produzidos pelas fontes 1 e 2, o resultado da interferência sonora é apenas aproximado.

Fundamentos

Essa aproximação é precisa quando consideramos fontes não coerentes (p. ex. duas máquinas bem diferentes em uma planta industrial, dois carros em uma rodovia etc.). Quando fontes coerentes são usadas, o correto é calcular a interferência, tomar o valor RMS do resultado e então calcular o NPS. As mesmas observações são válidas para o NIS e para o NWS.

1.3 O problema da acústica de salas

Este capítulo se iniciou com duas perguntas: do que trata a acústica de salas? E que conhecimentos prévios são necessários nesse estudo? As Seções 1.1 e 1.2 estabeleceram uma série de conhecimentos que se deve dominar para resolver problemas típicos de acústica de salas, como calcular o campo acústico em um recinto, calcular o valor de parâmetros acústicos (como tempo de reverberação), projetar dispositivos de controle acústico e fazer um projeto adequado de um ambiente. Mas e quanto à primeira pergunta? Quais são as peculiaridades e dificuldades envolvidas na disciplina de acústica de salas?

Como comentado anteriormente, a acústica de salas é uma mistura entre teoria e prática e trata o problema de como o som se propaga em um ambiente (p. ex., salas de concertos, salas de aula, estúdio de gravação etc.). De fato, estamos interessados na representação tempo-espaço-frequência dos sinais sonoros que se propagam no interior de um ambiente e também em controlar a propagação das ondas nesse ambiente, de forma que ele se torne acusticamente adequado ao seu uso principal.

Mas por que o interesse na representação tempo-espaço-frequência? A palavra "tempo" diz respeito a como a pressão sonora se comporta na sala em função da variável independente, tempo, para uma determinada configuração fonte-receptor. Para uma fonte emitindo um impulso, a Figura 1.18 expressa, por exemplo, qual a energia e em que instantes de tempo o som direto e algumas reflexões atingem o ouvinte na sala. O número de reflexões é bastante alto e, em geral, o número de reflexões aumenta à medida que o tempo passa. A energia de cada reflexão, por outro lado, diminui devido à absorção sonora. Essa caracterização é importante porque a definição de como o som cresce, mantém-se ou decai com o tempo define qual a nossa percepção acústica de um ambiente.

É possível, de fato, estudar de que forma alguns parâmetros do gráfico de distribuição temporal da energia sonora afetam nossa percepção subjetiva do ambiente.

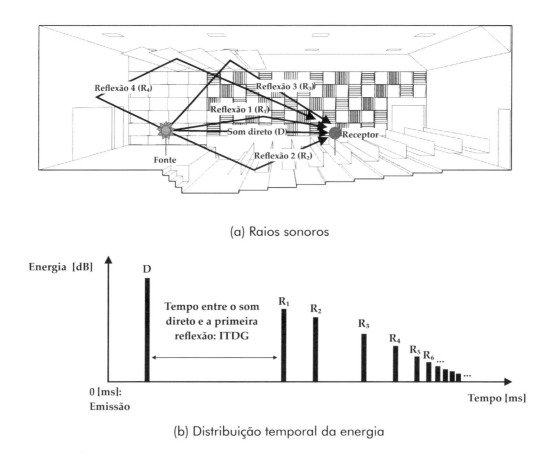

Figura 1.18 Distribuição temporal da energia sonora para uma configuração entre fonte impulsiva e ouvinte.

De acordo com o exposto na Seção 1.2, a distribuição temporal do som dentro de uma sala está ligada à sua resposta em frequência. A ligação entre os domínios do tempo e frequência é expressa pelo par de transformadas de Fourier. O objetivo da acústica de salas é projetar ambientes com uma resposta temporal e em frequência adequada e equilibrada. Uma sala tratada apenas com materiais porosos (espumas), por exemplo, tenderá a ter uma resposta em frequência deficiente, já que tais

Fundamentos

materiais têm características de absorção acentuadas nas altas frequências (ver Capítulo 2). O que acontece nesse caso é que a sala tenderá a ter um excesso de energia nas baixas frequências, já que estas não são absorvidas, e uma quantidade reduzida de energia acústica nas altas frequências. Tal desequilíbrio não é desejado e compromete a experiência dos ouvintes.

A equação de um bom projeto acústico para um ambiente se complica ainda mais devido à variável "espaço". Isso acontece porque a resposta temporal de uma sala (e portanto também a espectral) é função da variável independente espacial. Mais especificamente, é função das inúmeras possibilidades de arranjos: fonte-receptor. Note na Figura 1.18 que se fonte e/ou receptor se movem na sala, as distâncias entre eles e as diversas superfícies da sala mudam, o que altera a distribuição temporal da pressão sonora. A Figura 1.19 mostra como o nível de pressão sonora (NPS) varia em uma sala para uma determinada frequência. Assim como a pressão sonora varia com a posição do arranjo fonte-receptor, outros parâmetros acústicos, como o tempo de reverberação, também podem variar (Capítulo 6). O que se deseja em um bom projeto acústico, na maior parte dos casos, é que, além de se terem parâmetros acústicos dentro de determinados limites aceitáveis, que eles sejam o mais uniformes possível dentro do ambiente. Do contrário, um ouvinte localizado no centro da sala poderia ser muito privilegiado em relação a um ouvinte sentado próximo às paredes. Deseja-se então tanta uniformidade quanto possível, já que uma distribuição sonora (e da qualidade acústica) uniforme é desejada.

Além das três dimensões (tempo, frequência e espaço), existe uma quarta dimensão com a qual se deve preocupar. Essa é a dimensão cognitiva e está ligada ao fato de como todas as dimensões objetivas (tempo-espaço-frequência) alteram a experiência subjetiva do ouvinte. Para a realização de um bom projeto acústico, é preciso então criar formas de tentar estimar a experiência subjetiva através de uma métrica objetiva (um número como o tempo de reverberação, por exemplo, Capítulo 7). Como a dimensão cognitiva é bastante complexa e possui diversas nuances, uma série de parâmetros será mostrada, cada qual responsável por mensurar um aspecto de nossa percepção subjetiva (p. ex., percepção espacial, inteligibilidade, sensação de volume sonoro etc.).

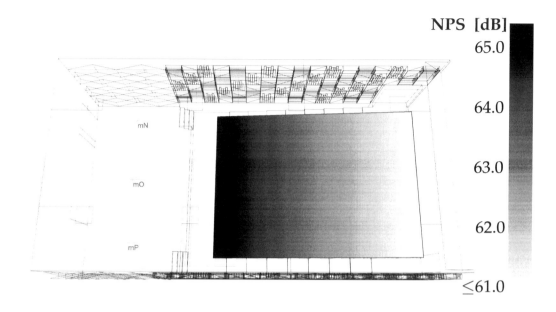

Figura 1.19 Distribuição espacial da pressão sonora em uma sala.

Equilibrar a resposta de uma sala no tempo, na frequência e no espaço não é uma tarefa simples. Para isso, é preciso saber como as ondas sonoras atingirão as diversas superfícies do ambiente (p. ex., dispositivos absorvedores, difusores, pilastras, paredes, pessoas etc.), como essas superfícies vão interferir na onda sonora que as atinge e como as interferências entre as diversas superfícies vão compor a resposta acústica do ambiente. Por "interferir" deve-se entender que, a rigor, quando uma frente de onda sonora atinge uma superfície, três fenômenos acontecerão: absorção, reflexão especular (fenômenos tratados no Capítulo 2) e reflexão difusa[33] (fenômeno tratado no Capítulo 3 que diz respeito ao espalhamento da energia sonora no espaço).

A Figura 1.20 ilustra, por exemplo, qual contribuição a absorção, a reflexão especular e a reflexão difusa dão a uma onda sonora (em termos energéticos). Na coluna 1 tem-se uma representação esquemática, na qual a energia do(s) raio(s) refletido(s) é dada pelo comprimento do(s) raios relativa ao raio incidente. Na coluna 2 vê-se a distribuição temporal do sinal de pressão sonora da onda incidente e refletida, captado por apenas

---

[33] Neste capítulo estamos o usando o termo "reflexão difusa", mas o termo "difração" tem um significado físico mais abrangente. Isso será explorado no Capítulo 3.

Fundamentos

1 microfone posicionado próximo à amostra (mostrada na coluna 1). Na coluna 3 tem-se a representação espacial da onda refletida, captado por uma série de microfones posicionados em um semicírculo ao redor da amostra.

No caso da absorção, o dispositivo absorve parte da energia incidente e reflete parte da energia de forma especular. Como existe absorção, a energia do raio refletido é menor que a energia do raio incidente. Isso se expressa na resposta temporal com o som incidente tendo uma amplitude maior que o som refletido, sendo ambos um pico no domínio do tempo, espaçados por um intervalo de tempo t_0 [s] (que está relacionado ao tempo que a onda sonora leva para se propagar da fonte à amostra e voltar ao receptor). A reflexão especular é similar à absorção, mas nesse caso a energia acústica do raio refletido é similar à energia acústica do raio incidente. Isso se expressa na resposta temporal pelo som direto, tendo quase a mesma amplitude do som refletido. Já no caso da reflexão difusa não há absorção, mas a energia sonora do raio refletido é distribuída no espaço. Para que haja conservação da energia, a soma das energias dos raios distribuídos no espaço deve ser igual à energia do raio incidente (para absorção nula). No domínio do tempo, isso, muitas vezes, pode ser expresso por uma distribuição temporal (alongamento) do pico da reflexão especular, ou seja, a energia do raio refletido tende a ser temporalmente espalhada em algum grau[34].

Na coluna espacial (ou 3), absorção e reflexão especulares são expressadas por um lóbulo (de energia menor e maior, respectivamente) bem-definido ao redor do ângulo de reflexão especular. Já no caso da reflexão difusa não se pode notar um lóbulo, mas sim que a energia da onda refletida é espalhada entre os ângulos de $-\pi/2$ [rad] e $+\pi/2$ [rad]. Bons difusores são elementos capazes de espalhar a energia sonora uniformemente entre esses ângulos.

É preciso observar aqui que os fenômenos absorção, reflexão especular e reflexão difusa não acontecem isoladamente. Um dispositivo ou aparato em uma sala sempre causará à onda incidente algum grau de

---

[34] Isso acontece para alguns tipos de difusores, mas para outros é possível haver espalhamento espacial sem que haja espalhamento temporal. Esses aspectos serão abordados no Capítulo 3.

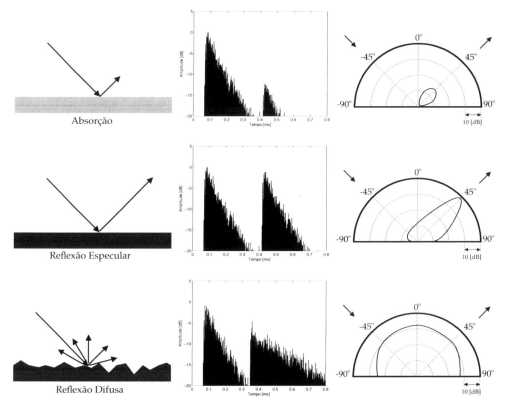

Figura 1.20 Contribuição da absorção, reflexão especular e reflexão difusa [17]. Raio acústico com 45 [°] de ângulo de entrada em relação à normal.

absorção e reflexão difusa. Portanto, quando uma onda sonora incide em um aparato, parte da energia sonora será refletida de forma especular, parte da energia sonora será retida no aparato (pela absorção) e parte da energia sonora será refletida de forma difusa. Além disso, tanto a absorção sonora quanto a reflexão difusa são fenômenos dependentes da frequência da onda incidente.

A absorção e a reflexão difusa por um aparato parecem já um problema bastante complexo. Além disso, é preciso lembrar que uma sala, por mais simples que seja, possui diversas superfícies em seu interior. É preciso levar em conta como as diversas frentes de onda interagirão dentro da sala. Ou seja, para que se possa projetar uma sala corretamente, é preciso ter meios para se calcular o campo acústico no seu interior (ou posto de outra forma, ser capaz de calcular a interferência entre os

Fundamentos 109

diversos sinais refletidos especularmente e de forma difusa). Os Capítulos 2 e 3 tratam da interação de uma frente de onda com apenas um dispositivo acústico. Além disso, esses capítulos também tratam do projeto de dispositivos de controle acústico: absorvedores e difusores. O domínio do projeto desses dispositivos é um conhecimento essencial em acústica de salas, já que eles serão usados no controle do campo acústico do ambiente. Já os Capítulos 4, 5 e 6 visam fornecer ferramentas para o cálculo do campo acústico em si em diferentes faixas de frequência. Além disso, o Capítulo 7 estabelece as métricas objetivas usadas nos projetos a fim de representar a experiência subjetiva.

Colocadas essas considerações, pode-se dizer que, em um projeto acústico de um ambiente, existe o interesse em formatar a resposta da configuração sala-fonte-receptor no tempo, espaço e frequência. A forma de conseguir isso é por meio do equilíbrio entre geometria da sala, quantidade de absorção, reflexão especular e reflexão difusa.

É preciso pensar também a respeito do que é uma boa formatação da resposta da configuração sala-fonte-receptor. De fato, cada tipo de ambiente apresenta uma característica sonora proeminente. As salas de concerto, por exemplo, devem dar suporte à música tocada em seu interior. Os estúdios de gravação devem ser versáteis para a gravação de diversos estilos musicais e as salas de mixagem devem fornecer um aporte adequado à reprodução fiel das gravações e mixagens, e permitir que os produtores e músicos escutem os detalhes do material em que se trabalha. Uma sala de aula deve promover uma inteligibilidade adequada da fala para que professores e alunos se entendam sem esforço. Então, um bom projeto acústico começa na definição do que é necessário fazer para equilibrar a resposta da configuração sala-fonte-receptor no tempo, espaço e frequência. O Capítulo 8 trata de algumas diretrizes para alguns tipos de ambientes. No entanto, por hora pode-se definir, a partir do uso da sala, a que se dará prioridade em um projeto: à absorção, à reflexão especular ou à reflexão difusa?

A Figura 1.21 ilustra como equilibrar a resposta da sala para três casos, por exemplo. No caso da sala de concertos (Figura 1.21 (a)), é importante que haja um equilíbrio entre absorção, reflexão especular e reflexão difusa com a tendência a uma menor absorção, já que a sala deve ressoar e suportar a música sendo tocada em seu interior. No caso das salas de controle dos estúdios (Figura 1.21 (b)), por exemplo, as reflexões especulares devem ser menos proeminentes, optando-se por um sonoridade com pouca reverberação (típico de um maior uso de absorção) e por reflexões difusas sempre que possível, o que evita a existência de reflexões especulares de grande amplitude direcionando energia sonora refletida a zonas de audição crítica. No caso das salas de aula (Figura 1.21 (c)), é a absorção que deve dominar, já que nesses casos é importante que se tenha alta inteligibilidade da fala, e, como se verá, esse parâmetro se deteriora com altos níveis de reverberação.

Figura 1.21 Equilíbrio entre absorção reflexão especular e reflexão difusa [17].

A partir dessa extensa introdução, é possível concluir que existe uma série de conhecimentos que são necessários quando se deseja realizar um projeto acústico adequado de um ambiente. É preciso dominar os fundamentos da acústica, o cálculo da interação entre ondas sonoras e dispositivos absorvedores e difusores, bem como saber projetar tais dispositivos. É preciso dominar o cálculo do campo acústico e dos parâmetros objetivos no interior de um ambiente e é preciso saber a que resultados se deseja chegar, o que varia com a aplicação. Esse é o objetivo deste livro e sua organização segue essa ordem, bem como a ordem lógica para a realização de um projeto acústico adequado. De posse dessa introdução, é possível dar sequência ao estudo do tema. Tenha uma leitura proveitosa.

Referências bibliográficas

[1] VORLÄNDER, M. *Auralization: Fundamentals of Acoustics, Modelling, Simulation, Algorithms, and Acoustic Virtual Reality*. Berlin: Springer-Verlag, 2008.

(Citado na(s) página(s): 58)

[2] GELFAND, S. A. *Hearing: An Introduction to Psychological and Physiological Acoustics*. 5° ed. London: CRC Press, 2009.

(Citado na(s) página(s): 58)

[3] ROSSING, T. *Springer handbook of acoustics*. New York: Springer-Verlag, 2007.

(Citado na(s) página(s): 58, 60, 85)

[4] EVEREST, F.; SHAW, N. *Master handbook of acoustics*. 4° ed. New York: McGraw-Hill, 2001.

(Citado na(s) página(s): 58, 60, 62, 77, 92)

[5] INMETRO – INSTITUTO NACIONAL DE METROLOGIA, QUALI-DADE E TECNOLOGIA. *Sistema Internacional de Unidades (SI)*. 9° ed. Rio de Janeiro: INMETRO: 2012.

(Citado na(s) página(s): 60)

[6] KINSLER, L. E.; FREY, A. R.; COPPENS, A. B.; SANDERS, J. V. *Fundamentals of acoustics*. 4° ed. New York: John Wiley & Sons, 2000.

(Citado na(s) página(s): 60, 63, 64, 83)

[7] RUMSEY, F. *Spatial audio*. 2° ed. Oxford: Focal Press, 2001.

(Citado na(s) página(s): 61)

[8] FEYNMAN, R. P.; LEIGHTON, R. B.; SANDS, M. *Lições de Física de Feynman*, v. 1, 2, 3. 2° ed. Porto Alegre: Bookman, 2013.

(Citado na(s) página(s): 62, 63)

[9] BRANDÃO, E. *Análise teórica e experimental do processo de medição in situ da impedância acústica*. Tese de Doutorado, Universidade Federal de Santa Catarina, Florianópolis, 2011.

(Citado na(s) página(s): 62)

[10] WRIGHT, M. *Lecture notes on the mathematics of acoustics*. London: Imperial College Press, 2005.

(Citado na(s) página(s): 70)

[11] OPPENHEIM, A.; WILLSKY, A. *Sinais e Sistemas*. 2° ed. São Paulo: Pearson, 1983.

(Citado na(s) página(s): 72, 74, 76, 79, 80, 81)

[12] SHIN, K.; HAMMOND, J. *Fundamentals of signal processing for sound and vibration engineers*. Chichester: John Wiley & Sons, 2008.

(Citado na(s) página(s): 74, 79, 81, 82)

[13] ANTON, H.; BIVENS, I.; DAVIS, S. *Cálculo - Volume I*. 8° ed. Porto Alegre: Bookman, 2007.

(Citado na(s) página(s): 76)

[14] BERANEK, L. *Acoustics*. 5° ed. Woodbury: Acoustical Society of America, 1996.

(Citado na(s) página(s): 83)

[15] BREKHOVSKIKH, L.; GODIN, O. *Acoustics of layered media I: point sources and bounded beams*. Berlin: Springer Verlag, 1990.

(Citado na(s) página(s): 83)

[16] FAHY, F.; GARDONIO, P. *Sound and structural vibration: radiation, transmission and response*. 2° ed. Oxford: Elsevier, 2007.

(Citado na(s) página(s): 83)

[17] COX, T. J.; D'ANTONIO, P. *Acoustic absorbers and diffusers, theory, design and application*. 2° ed. New York: Taylor & Francis, 2009.

(Citado na(s) página(s): 22, 108, 110)

2 Capítulo

Reflexão especular, impedância e absorção

Ao se propagar em uma sala, uma frente de onda encontra inúmeras superfícies em seu caminho. A Figura 2.1 ilustra, por exemplo, um raio sonoro se propagando em um auditório e incidindo em um aparato. No Capítulo 1 viu-se que, ao incidir em um aparato, uma onda sonora sofrerá três fenômenos, a saber: absorção, reflexão especular e reflexão difusa[1]. Dessa forma, para calcular o campo acústico dentro da sala, precisamos ser capazes de quantificar a energia acústica que será absorvida, a energia acústica que será refletida especularmente e a energia acústica que retornará à sala por meio de uma reflexão difusa.

Claramente, inúmeras frentes de onda atingirão as diversas superfícies de uma sala e, a rigor, para modelar o campo acústico no interior de

---

[1] Outro termo comumente encontrado nesse contexto é a "refração", que diz respeito à transmissão sonora entre meios com diferentes índices de refração [1].

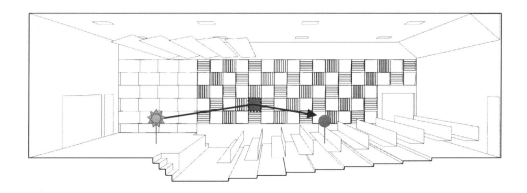

Figura 2.1 Onda sonora incidindo e refletindo em um aparato.

uma sala, precisa-se quantificar todas as reflexões especulares e difusas acontecendo nas diversas superfícies do ambiente. Essa é, de fato, uma tarefa bastante difícil, mas toda jornada começa com um passo. Dessa forma, a modelagem do campo acústico no interior da sala se inicia com a quantificação da absorção e do espalhamento da onda sonora em apenas uma superfície. Definiremos assim as principais quantidades usadas nos modelos de cálculo do campo acústico em ambientes, a saber: a impedância acústica, o coeficiente de reflexão, o coeficiente de absorção (Capítulo 2), o coeficiente de difusão e o coeficiente de espalhamento (Capítulo 3). De posse dessas quantidades, definidas para cada superfície da sala, pode-se passar ao cálculo do campo acústico no interior do ambiente (Capítulos 4, 5 e 6).

Neste capítulo será abordado o tema da absorção sonora e reflexão especular, de forma quantitativa. Os principais dispositivos usados para absorção sonora em ambientes (p. ex., materiais porosos, absorvedores de membrana) serão também abordados.

Agora, antes de iniciarmos a jornada quantitativa, vale a pena definir, de forma qualitativa, o que é uma reflexão especular. De maneira resumida, podemos registrar o ângulo formado entre um raio sonoro incidente[2] e a linha normal à superfície da amostra. Tal ângulo chamamos

---
[2] Ou a linha normal à frente de onda incidente.

Reflexão especular, impedância e absorção

de ângulo de incidência (θ). A reflexão especular acontece quando o raio sonoro refletido forma o mesmo ângulo com a linha normal à superfície da amostra. Isso é ilustrado de maneira clara na Figura 2.2.

2.1 Impedância acústica, coeficiente de reflexão e coeficiente de absorção

Uma amostra cuja superfície é perfeitamente lisa e tem comprimento infinito fará com que a onda sonora incidente não sofra uma reflexão difusa. Maiores detalhes a respeito da reflexão difusa serão dados no Capítulo 3 e, por hora, ela não será levada em conta. Dessa forma, parte da energia sonora incidente é absorvida pela amostra e parte da energia retornará à sala por meio de uma reflexão especular. Para quantificar a energia que retorna à sala, usamos os conceitos de coeficiente de absorção, coeficiente de reflexão e impedância de superfície. Eles estão relacionados às características da amostra em questão como: impedância característica, número de onda, forma de montagem etc.

De acordo com Morfey [2], a razão entre pressão sonora e velocidade de partícula é chamada de impedância acústica (específica[3]), representada neste texto pelo símbolo Z e seus subíndices. Esse é um conceito análogo à impedância elétrica e é, em sua forma mais geral, uma quantidade complexa e variável com a frequência. O conceito de impedância acústica encontra aplicações em muitos campos da engenharia acústica, como a modelagem de materiais porosos [1], a modelagem de microfones e alto-falantes [3, 4] e a modelagem da reflexão e transmissão do som por interfaces [5]. Analiticamente, a impedância acústica específica é representada por:

$$Z_m = \frac{\tilde{P}}{\tilde{U}} \, , \qquad (2.1)$$

sendo $\tilde{P}$ e $\tilde{U}$ quantidades complexas dadas no domínio da frequência. Existem dois tipos de impedância acústica que são de especial importância para a acústica de salas e serão introduzidas neste momento: a *impedância característica* (Z_c) e a *impedância de superfície* (Z_s).

---

[3] Outros detalhes podem ser consultados na Seção 1.2.6, página 86.

A impedância característica descreve como o som se propaga, em campo livre, através de um meio de dimensões infinitas[4]. Similarmente à impedância de um componente eletrônico em um circuito, a impedância característica fornece informações sobre o comportamento acústico do meio. Para uma onda plana, propagando em campo livre em um meio infinito, a impedância característica é o produto da densidade característica $(\rho(\omega))$ pela velocidade de propagação $(c(\omega))$ da onda sonora no meio, de modo que

$$Z_c = \rho(\omega)c(\omega)\,, \tag{2.2}$$

com $\rho(\omega)$ e $c(\omega)$ podendo ser dependentes da frequência e, no caso mais geral, ter valores complexos. Dessa forma, um meio como amostra de material poroso tem impedância característica complexa e variável com a frequência. No caso do ar, tem-se

(a) $Z_0 = \rho_0 c_0$ com

(b) $\rho_0 = 1.21\,[\mathrm{kg/m^3}]$ e

(c) $c_0 = 343\,[\mathrm{m/s}]$ (à 20 $[^\circ\mathrm{C}]$).

A unidade da impedância acústica característica (ou de um meio) no SI é $[\mathrm{Pa\,s/m}]$ ou $[\mathrm{Rayl}]$.

A impedância de superfície (Z_s) é a razão entre pressão e velocidade de partícula normal à interface que separa dois meios. Como será visto adiante, essa quantidade será usada para quantificar a energia refletida pela interface. O recíproco da impedância de superfície é a admitância de superfície denotada por $\beta_s = 1/Z_s$.

Uma vez que os principais termos se encontram definidos, passa-se ao estudo do problema da reflexão de ondas planas na interface entre o ar e um segundo meio. A derivação dos coeficientes de reflexão será realizada para três casos de interesse: onda sonora refletindo em uma interface

---

[4] O leitor pode se perguntar se "dimensões infinitas" é algo palpável. Tal abstração é feita para se estudar o caso mais geral da onda plana se propagando na ausência de obstáculos. Em outros casos, pode-se, a partir desse conhecimento, aplicar as limitações (condições de contorno) e reavaliar o problema/resultado.

representada por uma impedância de superfície (Seção 2.1.1), em uma camada de material colocada sobre uma superfície rígida (Seção 2.1.2) e em uma camada dupla de materiais diferentes (Seção 2.1.3).

2.1.1 Interface entre ar e superfície representada por uma impedância

Uma situação comumente utilizada na modelagem acústica da absorção sonora é a do ar (ou outro fluido) limitado inferiormente (em $z = 0$) por um plano infinito com impedância normal à superfície Z_s. Tal situação é representada na Figura 2.2. Para $z \geq 0$, a onda plana incidente apresenta amplitude complexa $\tilde{A}_0$, no Meio 0, e forma um ângulo de incidência θ com a normal. Tal onda plana é refletida especularmente com o mesmo ângulo em relação à normal, mas com amplitude complexa $\tilde{B}_0$.

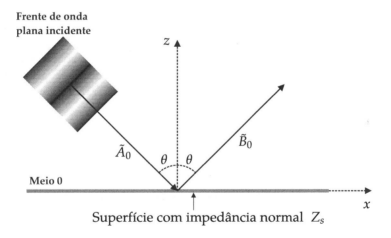

Figura 2.2 Reflexão de uma onda plana do ar em um sistema representado por uma impedância de superfície Z_s.

A pressão sonora e a velocidade partícula no Meio 0 (ar) são obtidas por:

$$\tilde{p}_0 = \left(\tilde{A}_0 \, e^{jk_0 \cos(\theta)z} + \tilde{B}_0 \, e^{-jk_0 \cos(\theta)z} \right) e^{jk_0 \sin(\theta)x},$$

$$\tilde{u}_{0z} = \frac{\cos(\theta)}{\rho_0 c_0} \left(\tilde{A}_0 \, e^{jk_0 \cos(\theta)z} - \tilde{B}_0 \, e^{-jk_0 \cos(\theta)z} \right) e^{jk_0 \sin(\theta)x},$$

(2.3)

sendo $k_0 = \omega/c_0$ a magnitude do número de onda na direção de propagação; o número de onda na direção $\hat{z}$ é $\vec{k}_z = k_0 \cos(\theta)\hat{z}$ e o número de onda na direção $\hat{x}$ é $\vec{k}_x = k_0 \operatorname{sen}(\theta)\hat{x}$. Note também que a convenção $\mathrm{e}^{-\mathrm{j}\omega t}$ foi assumida e será omitida na derivação.

A condição de contorno nesse caso é a impedância de superfície Z_s, em $z = 0$. Pode-se avaliar as Equações (2.3) em $z = 0$, para obter:

$$Z_\mathrm{s} = \frac{\left(\tilde{A}_0 + \tilde{B}_0\right) \mathrm{e}^{\mathrm{j}k_0 \operatorname{sen}(\theta)x}}{\frac{\cos(\theta)}{\rho_0 c_0} \left[\tilde{A}_0 - \tilde{B}_0\right] \mathrm{e}^{\mathrm{j}k_0 \operatorname{sen}(\theta)x}} \ . \tag{2.4}$$

Como o coeficiente de reflexão é a razão entre as amplitudes complexas das pressões refletida e incidente ($V_\mathrm{p} = \tilde{B}_0/\tilde{A}_0\ [-]$), pode-se dividir o numerador e denominador da Equação (2.4) por $\tilde{A}_0$, obtendo-se:

$$\frac{Z_\mathrm{s}}{\rho_0 c_0} \cos(\theta) = \frac{1 + V_\mathrm{p}}{1 - V_\mathrm{p}} \ ,$$

$$\frac{Z_\mathrm{s}}{\rho_0 c_0} \cos(\theta) - \frac{Z_\mathrm{s}}{\rho_0 c_0} \cos(\theta)\, V_\mathrm{p} = 1 + V_\mathrm{p} \ ,$$

$$\frac{Z_\mathrm{s}}{\rho_0 c_0} \cos(\theta) - 1 = V_\mathrm{p} \left[\frac{Z_\mathrm{s}}{\rho_0 c_0} \cos(\theta) + 1\right] \ ,$$

$$V_\mathrm{p} = \frac{Z_\mathrm{s} \cos(\theta) - Z_0}{Z_\mathrm{s} \cos(\theta) + Z_0} = \frac{\frac{Z_\mathrm{s}}{\rho_0 c_0} \cos(\theta) - 1}{\frac{Z_\mathrm{s}}{\rho_0 c_0} \cos(\theta) + 1} \ , \tag{2.5}$$

sendo $Z_\mathrm{s.n} = Z_\mathrm{s}/\rho_0 c_0\ [-]$ a impedância normal à superfície normalizada pela impedância característica do ar ($Z_0 = \rho_0 c_0$) e o subíndice "p" denota que esse coeficiente de reflexão, V_p, é para a onda plana[5].

2.1.2 Interface entre ar e camada sobre superfície rígida

Considere um fluido (Meio 0: ar, por exemplo) em contato com uma camada de um material qualquer (Meio 1: material poroso, por exemplo)

---

[5] O caso das ondas esféricas incidindo em uma superfície plana é deveras mais complexo. A forma como se lida com esse caso será exposto na Seção 2.2.3.

depositada sobre uma superfície rígida, como mostra a Figura 2.3. A amplitude complexa da onda plana incidente no Meio 0 é $\tilde{A}_0$, e essa faz um ângulo de incidência θ com a normal. Parte da energia da onda incidente é refletida, especularmente e com o mesmo ângulo em relação à normal, para o Meio 0, a amplitude complexa dessa componente é $\tilde{B}_0$. Parte da energia da onda incidente é refratada (ou transmitida com uma mudança de direção na propagação) para o Meio 1, com amplitude complexa $\tilde{A}_1$ e com um ângulo θ_t em relação à normal. Esse ângulo será definido pelas propriedades acústicas do Meio 1 (p. ex., velocidade do som no Meio 1). Devido à presença da superfície rígida, a onda refratada $\tilde{A}_1$ será refletida dentro da camada 1, com amplitude complexa $\tilde{B}_1$, retornando esta ainda ao Meio 0. A superposição dessas quatro componentes compõem o campo acústico no Meio 0.

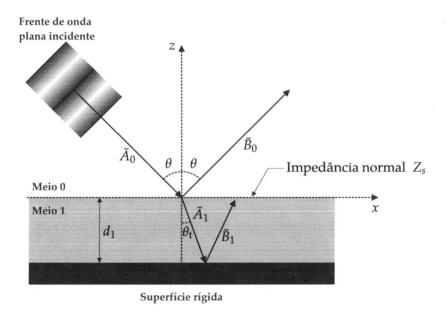

Figura 2.3 Reflexão e transmissão de uma onda plana do ar a uma camada depositada sobre uma superfície rígida.

A pressão sonora e a velocidade de partícula nos Meios 0 (ar) e 1 são dadas pelas equações:

$$\tilde{p}_0 = \left(\tilde{A}_0\, \mathrm{e}^{\mathrm{j}k_0 \cos(\theta)z} + \tilde{B}_0\, \mathrm{e}^{-\mathrm{j}k_0 \cos(\theta)z} \right) \mathrm{e}^{\mathrm{j}k_0 \operatorname{sen}(\theta)x} ,$$

$$\tilde{u}_{z0} = \frac{\cos(\theta)}{\rho_0 c_0} \left(\tilde{A}_0\, \mathrm{e}^{\mathrm{j}k_0 \cos(\theta)z} - \tilde{B}_0\, \mathrm{e}^{-\mathrm{j}k_0 \cos(\theta)z} \right) \mathrm{e}^{\mathrm{j}k_0 \operatorname{sen}(\theta)x} ,$$

$$\tilde{p}_1 = \left(\tilde{A}_1\, \mathrm{e}^{\mathrm{j}k_1 \cos(\theta_t)z} + \tilde{B}_1\, \mathrm{e}^{-\mathrm{j}k_1 \cos(\theta_t)z} \right) \mathrm{e}^{\mathrm{j}k_1 \operatorname{sen}(\theta_t)x} ,$$

$$\tilde{u}_{z1} = \frac{\cos(\theta_t)}{\rho_1 c_1} \left(\tilde{A}_1\, \mathrm{e}^{\mathrm{j}k_1 \cos(\theta_t)z} - \tilde{B}_1\, \mathrm{e}^{-\mathrm{j}k_1 \cos(\theta_t)z} \right) \mathrm{e}^{\mathrm{j}k_1 \operatorname{sen}(\theta_t)x} .$$

(2.6)

As condições de contorno, nesse caso, serão dadas em $z = 0$ e $z = -d_1$, em que d_1 é a espessura da Camada 1, como indicado na Figura 2.3. Em $z = -d_1$ tem-se uma superfície rígida e, portanto, $\tilde{u}_{z1}(-d_1) = 0$, o que leva a:

$$\frac{\cos(\theta_t)}{\rho_1 c_1} \left(\tilde{A}_1\, \mathrm{e}^{\mathrm{j}k_1 \cos(\theta_t)(-d_1)} - \tilde{B}_1\, \mathrm{e}^{-\mathrm{j}k_1 \cos(\theta_t)(-d_1)} \right) \mathrm{e}^{\mathrm{j}k_1 \operatorname{sen}(\theta_t)x} = 0$$

$$\tilde{A}_1\, \mathrm{e}^{-\mathrm{j}k_1 \cos(\theta_t)d_1} = \tilde{B}_1\, \mathrm{e}^{\mathrm{j}k_1 \cos(\theta_t)d_1}$$

$$\tilde{B}_1 = \tilde{A}_1\, \mathrm{e}^{-2\mathrm{j}k_1 \cos(\theta_t)d_1} .$$

(2.7)

Em $z = 0$ será usada a igualdade das impedâncias acústicas

$$\frac{\tilde{p}_0}{\tilde{u}_0} = \frac{\tilde{p}_1}{\tilde{u}_1} ,$$

logo,

$$\frac{\left(\tilde{A}_0 + \tilde{B}_0 \right) \mathrm{e}^{\mathrm{j}k_0 \operatorname{sen}(\theta)x}}{\frac{\cos(\theta)}{\rho_0 c_0} \left[\tilde{A}_0 - \tilde{B}_0 \right] \mathrm{e}^{\mathrm{j}k_0 \operatorname{sen}(\theta)x}} = \frac{\left(\tilde{A}_1 + \tilde{B}_1 \right) \mathrm{e}^{\mathrm{j}k_1 \operatorname{sen}(\theta_t)x}}{\frac{\cos(\theta_t)}{\rho_1 c_1} \left[\tilde{A}_1 - \tilde{B}_1 \right] \mathrm{e}^{\mathrm{j}k_1 \operatorname{sen}(\theta_t)x}} .$$

A Lei de Snell [1] especifica que $k_0 \operatorname{sen}(\theta) = k_1 \operatorname{sen}(\theta_t)$. Além disso, sabendo-se que $V_\mathrm{p} = \tilde{B}_0 / \tilde{A}_0$ e usando a Equação (2.7), tem-se:

$$\frac{1 + V_\mathrm{p}}{\frac{\cos(\theta)}{\rho_0 c_0} \left[1 - V_\mathrm{p} \right]} = \frac{\tilde{A}_1 + \tilde{A}_1\, \mathrm{e}^{-2\mathrm{j}k_1 \cos(\theta_t)d_1}}{\frac{\cos(\theta_t)}{\rho_1 c_1} \left[\tilde{A}_1 - \tilde{A}_1\, \mathrm{e}^{-2\mathrm{j}k_1 \cos(\theta_t)d_1} \right]} ,$$

Reflexão especular, impedância e absorção

em que os termos $\tilde{A}_1$, no numerador e denominador, são eliminados. Multiplicando o lado direito da equação anterior por $\left\{ \frac{e^{jk_1\cos(\theta_t)d_1}}{e^{jk_1\cos(\theta_t)d_1}} \right\}$, tem-se:

$$\frac{1+V_p}{1-V_p} = \frac{\cos(\theta)}{\cos(\theta_t)} \frac{\rho_1 c_1}{\rho_0 c_0} \left[\frac{e^{jk_1\cos(\theta_t)d_1} + e^{-jk_1\cos(\theta_t)d_1}}{e^{jk_1\cos(\theta_t)d_1} - e^{-jk_1\cos(\theta_t)d_1}} \right],$$

com $Z_0 = \rho_0 c_0$ e $Z_1 = \rho_1 c_1$ sendo as impedâncias características dos Meios 0 e 1, respectivamente. Usando-se as relações de Euler para o seno

$$\text{sen}\,[k_1\cos(\theta_t)d_1] = \frac{e^{jk_1\cos(\theta_t)d_1} - e^{-jk_1\cos(\theta_t)d_1}}{2\,j}$$

e para o cosseno

$$\cos\,[k_1\cos(\theta_t)d_1] = \frac{e^{jk_1\cos(\theta_t)d_1} + e^{-jk_1\cos(\theta_t)d_1}}{2}$$

obtém-se:

$$\frac{1+V_p}{1-V_p} = \frac{\cos(\theta)}{\cos(\theta_t)} \frac{Z_1}{Z_0} \frac{2}{2\,j} \frac{\cos(k_1\cos(\theta_t)d_1)}{\text{sen}(k_1\cos(\theta_t)d_1)},$$

$$\frac{1+V_p}{1-V_p} = \frac{Z_1}{Z_0} \frac{\cos(\theta)}{\cos(\theta_t)} \frac{1}{j} \cot(k_1\cos(\theta_t)d_1),$$

$$1+V_p = -j\frac{Z_1}{Z_0}\frac{\cos(\theta)}{\cos(\theta_t)}\cot(k_1\cos(\theta_t)d_1)-$$

$$V_p\left[-j\frac{Z_{c1}}{Z_{c0}}\frac{\cos(\theta)}{\cos(\theta_t)}\cot(k_1\cos(\theta_t)d_1) \right],$$

$$V_p\left[-j\frac{Z_1}{Z_0}\frac{\cos(\theta)}{\cos(\theta_t)}\cot(k_1\cos(\theta_t)d_1) + 1 \right] =$$

$$-j\frac{Z_1}{Z_0}\frac{\cos(\theta)}{\cos(\theta_t)}\cot(k_1\cos(\theta_t)d_1) - 1,$$

e rearranjando-se os termos, obtém-se:

$$V_{\mathrm{p}} = \frac{\left\{ -\mathrm{j}\frac{Z_1}{\cos(\theta_\mathrm{t})}\cot(k_1\cos(\theta_\mathrm{t})d_1) \right\}\frac{\cos(\theta)}{Z_0} - 1}{\left\{ -\mathrm{j}\frac{Z_1}{\cos(\theta_\mathrm{t})}\cot(k_1\cos(\theta_\mathrm{t})d_1) \right\}\frac{\cos(\theta)}{Z_0} + 1} . \qquad (2.8)$$

Fazendo-se uma analogia entre as Equações (2.8) e (2.5), tem-se que a impedância de superfície para uma camada de amostra com espessura d_1 sobre uma superfície rígida é dada por:

$$Z_\mathrm{s} = -\mathrm{j}\,\frac{Z_1}{\cos(\theta_\mathrm{t})}\cot(k_1\cos(\theta_\mathrm{t})d_1) . \qquad (2.9)$$

Note que essa impedância de superfície é dependente das proprie-dades intrínsecas da Camada 1, como sua impedância característica (Z_1) e seu número de onda k_1. O ângulo de refração θ_t depende da razão entre os números de onda nos Meios 0 e 1. Tais valores são independentes da forma como a amostra é montada. O índice de refração da Amostra 1 é:

$$n = \frac{c_0}{c_1} = \frac{k_1}{k_0} = \frac{\mathrm{sen}(\theta)}{\mathrm{sen}(\theta_\mathrm{t})} . \qquad (2.10)$$

O formato da Equação (2.9) carrega a informação de montagem da amostra (no caso, uma camada de amostra sobre uma superfície rígida). Como se verá na Seção 2.1.3, esse formato da impedância de superfície será diferente se houver uma camada de amostra sobre um outro fluido.

Note também que na Equação (2.9) a impedância de superfície de-pende do ângulo de incidência. Tal dependência está indiretamente expli-citada no ângulo de refração, que é obtido da Equação (2.10). Essa depen-dência de Z_s com o ângulo de incidência não acontece no primeiro caso estudado (Seção 2.1.1), já que para esse caso, Z_s é simplesmente prescrita para o plano $z = 0$. Quando o índice de refração da amostra se torna sufi-cientemente alto $(c_0 \gg c_1)$, o ângulo de refração se torna suficientemente pequeno para que $\cos(\theta_\mathrm{t}) \approx 1$, o que torna θ_t independente do valor de θ. Nesse caso especial a impedância de superfície da amostra também se torna independente de θ e a amostra é chamada de localmente reativa [6].

Reflexão especular, impedância e absorção

2.1.3 Interface entre ar e camada dupla sobre superfície rígida

Considere um fluido (Meio 0, p. ex., ar) em contato com duas camadas de materiais diferentes (Meios 1 e 2, p. ex., duas amostras diferentes de material poroso ou camada de material poroso e colchão de ar) depositadas sobre uma superfície rígida, como mostra a Figura 2.4. A amplitude complexa da onda plana incidente no Meio 0 é $\tilde{A}_0$, e esta faz um ângulo de incidência θ com a normal. Parte da energia da onda incidente é refletida, especularmente para o Meio 0, e com o mesmo ângulo em relação à normal. A amplitude complexa dessa componente é $\tilde{B}_0$. Parte da energia da onda incidente é refratada para o Meio 1, com amplitude complexa $\tilde{A}_1$ e com um ângulo θ_{t1} em relação à normal. Esse ângulo será definido pelas propriedades acústicas do Meio 1 (p. ex., velocidade do som no Meio 1). Devido à presença da Camada 2, a onda refratada $\tilde{A}_1$ será refletida dentro da Camada 1. O mesmo acontece para a Camada 2, ou seja, parte da energia da onda incidente é refratada para o Meio 2, com amplitude complexa $\tilde{A}_2$ e com um ângulo θ_{t2} em relação à normal. Esse ângulo será definido pelas propriedades acústicas do Meio 2. Devido à presença da interface rígida, a onda refratada $\tilde{A}_2$ será refletida dentro da Camada 2, com amplitude complexa $\tilde{B}_2$. A superposição de todas essas componentes compõem o campo acústico no Meio 0.

Similarmente ao caso da amostra sobre superfície rígida, a pressão sonora e a velocidade de partícula nos Meios 0 (ar) e 1 são dadas pela Equação (2.6). Da mesma forma, as condições de contorno serão dadas em $z = 0$ e $z = -d_1$, em que d_1 é a espessura da Camada 1. A diferença é que, em vez da superfície rígida em $z = -d_1$, tem-se agora um plano com impedância de superfície Z_{s2} dada por:

$$Z_{s2} = -\,j\,\frac{Z_2}{\cos(\theta_{t2})}\cot(k_2\cos(\theta_{t2})d_2), \qquad (2.11)$$

em que $Z_2 = \rho_2 c_2$ é a impedância característica e $k_2 = \omega/c_2$ é o número de onda do Meio 2.

Utilizando-se a condição de contorno expressa na Equação (2.11) e avaliando o campo acústico no Meio 1 em $z = -d_1$ tem-se:

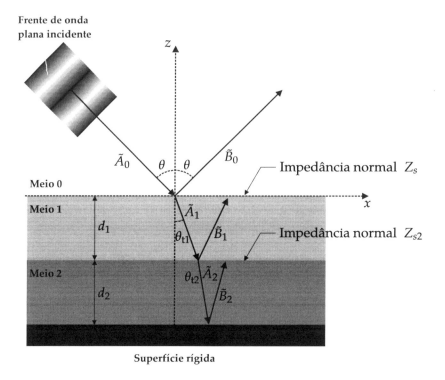

Figura 2.4 Reflexão e transmissão de uma onda plana do ar para duas camadas sobrepostas e depositada sobre uma superfície rígida.

$$Z_{s2} = \frac{(\tilde{A}_1 e^{-jk_1\cos(\theta_{t1})d_1} + \tilde{B}_1 e^{jk_1\cos(\theta_{t1})d_1})e^{jk_1\,\text{sen}(\theta_{t1})x}}{\frac{\cos(\theta_{t1})}{\rho_1 c_1}(\tilde{A}_1 e^{-jk_1\cos(\theta_{t1})d_1} - \tilde{B}_1 e^{jk_1\cos(\theta_{t1})d_1})e^{jk_1 z\,\text{sen}(\theta_{t1})x}},$$

$$\frac{Z_{s2}\cos(\theta_{t1})}{Z_1}\tilde{A}_1 e^{-jk_1\cos(\theta_{t1})d_1} - \frac{Z_{s2}\cos(\theta_{t1})}{Z_1}\tilde{B}_1 e^{jk_1\cos(\theta_{t1})d_1} =$$
$$\tilde{A}_1 e^{-jk_1\cos(\theta_{t1})d_1} + \tilde{B}_1 e^{jk_1\cos(\theta_{t1})d_1},$$

$$\tilde{A}_1 \left[\frac{Z_{s2}\cos(\theta_{t1})}{Z_1} - 1\right] e^{-jk_1\cos(\theta_{t1})d_1} = \tilde{B}_1 \left[\frac{Z_{s2}\cos(\theta_{t1})}{Z_1} + 1\right] e^{jk_1\cos(\theta_{t1})d_1},$$

$$\tilde{B}_1 = \tilde{A}_1 \left[\frac{Z_{s2}\cos(\theta_{t1}) - Z_1}{Z_{s2}\cos(\theta_{t1}) + Z_1}\right] e^{-2jk_1\cos(\theta_{t1})d_1}. \qquad (2.12)$$

Em $z = 0$ será usada a igualdade das impedâncias acústicas

$$\frac{\tilde{p}_0}{\tilde{u}_0} = \frac{\tilde{p}_1}{\tilde{u}_1} \; ,$$

logo,

$$\frac{\left(\tilde{A}_0 + \tilde{B}_0\right) \mathrm{e}^{\mathrm{j}k_0 \operatorname{sen}(\theta)x}}{\frac{\cos(\theta)}{\rho_0 c_0} \left[\tilde{A}_0 - \tilde{B}_0\right] \mathrm{e}^{\mathrm{j}k_0 \operatorname{sen}(\theta)x}} = \frac{\left(\tilde{A}_1 + \tilde{B}_1\right) \mathrm{e}^{\mathrm{j}k_0 \operatorname{sen}(\theta_{t1})x}}{\frac{\cos(\theta_{t1})}{\rho_1 c_1} \left[\tilde{A}_1 - \tilde{B}_1\right] \mathrm{e}^{\mathrm{j}k_0 \operatorname{sen}(\theta_{t1})x}} \; .$$

Da Lei de Snell, e sabendo-se que $V_{\mathrm{p}} = \tilde{B}_0/\tilde{A}_0$ e usando-se a Equação (2.12) obtém-se:

$$\frac{1 + V_{\mathrm{p}}}{\frac{\cos(\theta)}{\rho_0 c_0} \left[1 - V_{\mathrm{p}}\right]} = \frac{\tilde{A}_1 + \tilde{A}_1 \left[\frac{Z_{\mathrm{s}2} \cos(\theta_{t1}) - Z_1}{Z_{\mathrm{s}2} \cos(\theta_{t1}) + Z_1}\right] \mathrm{e}^{-2\,\mathrm{j}k_1 \cos(\theta_{t1})d_1}}{\frac{\cos(\theta_{t1})}{\rho_1 c_1} \left[\tilde{A}_1 - \tilde{A}_1 \left[\frac{Z_{\mathrm{s}2} \cos(\theta_{t1}) - Z_1}{Z_{\mathrm{s}2} \cos(\theta_{t1}) + Z_1}\right] \mathrm{e}^{-2\,\mathrm{j}k_1 \cos(\theta_{t1})d_1}\right]} \; ,$$

em que os termos $\tilde{A}_1$ são eliminados. Multiplicando-se o lado direito da equação anterior por $\left\{\mathrm{e}^{\mathrm{j}k_1 \cos(\theta_{t1})d_1} / \mathrm{e}^{\mathrm{j}k_1 \cos(\theta_{t1})d_1}\right\}$, tem-se:

$$\frac{1 + V_{\mathrm{p}}}{1 - V_{\mathrm{p}}} = \frac{\cos(\theta)}{\cos(\theta_{t1})} \frac{Z_1}{Z_0} \times$$

$$\frac{\left[Z_{\mathrm{s}2} \cos(\theta_{t1}) + Z_1\right] \mathrm{e}^{\mathrm{j}k_1 \cos(\theta_{t1})d_1} + \left[Z_{\mathrm{s}2} \cos(\theta_{t1}) - Z_1\right] \mathrm{e}^{-\mathrm{j}k_1 \cos(\theta_{t1})d_1}}{\left[Z_{\mathrm{s}2} \cos(\theta_{t1}) + Z_1\right] \mathrm{e}^{\mathrm{j}k_1 \cos(\theta_{t1})d_1} - \left[Z_{\mathrm{s}2} \cos(\theta_{t1}) - Z_1\right] \mathrm{e}^{-\mathrm{j}k_1 \cos(\theta_{t1})d_1}} \; ,$$

$$\frac{1 + V_{\mathrm{p}}}{1 - V_{\mathrm{p}}} = \frac{\cos(\theta)}{\cos(\theta_{t1})} \frac{Z_1}{Z_0} \times$$

$$\frac{Z_{\mathrm{s}2} \cos(\theta_{t1}) \left[\mathrm{e}^{\mathrm{j}k_1 \cos(\theta_{t1})d_1} + \mathrm{e}^{-\mathrm{j}k_1 \cos(\theta_{t1})d_1}\right] + Z_1 \left[\mathrm{e}^{\mathrm{j}k_1 \cos(\theta_{t1})d_1} - \mathrm{e}^{-\mathrm{j}k_1 \cos(\theta_{t1})d_1}\right]}{Z_{\mathrm{s}2} \cos(\theta_{t1}) \left[\mathrm{e}^{\mathrm{j}k_1 \cos(\theta_{t1})d_1} - \mathrm{e}^{-\mathrm{j}k_1 \cos(\theta_{t1})d_1}\right] + Z_1 \left[\mathrm{e}^{\mathrm{j}k_1 \cos(\theta_{t1})d_1} + \mathrm{e}^{-\mathrm{j}k_1 \cos(\theta_{t1})d_1}\right]} \; .$$

Usando-se as relações de Euler para o seno e cosseno, obtém-se:

$$\frac{1 + V_{\mathrm{p}}}{1 - V_{\mathrm{p}}} = \frac{\cos(\theta)}{\cos(\theta_{t1})} \frac{Z_1}{Z_0} \frac{Z_{\mathrm{s}2} \cos(\theta_{t1})2\cos(k_1 \cos(\theta_{t1})d_1) + Z_1 2\,\mathrm{j}\operatorname{sen}(k_1 \operatorname{sen}(\theta_{t1})d_1)}{Z_{\mathrm{s}2} \cos(\theta_{t1})2\,\mathrm{j}\operatorname{sen}(k_1 \cos(\theta_{t1})d_1) + Z_1 2\cos(k_1 \cos(\theta_{t1})d_1)} \; .$$

Dividindo-se o numerador e o denominador do lado direito da equação anterior por $\{2\,\mathrm{j}\,\mathrm{sen}(k_1\cos(\theta_{t1})d_1)\}$ tem-se:

$$\frac{1+V_{\mathrm{p}}}{1-V_{\mathrm{p}}} = \frac{\cos(\theta)}{\cos(\theta_{t1})}\frac{Z_1}{Z_0}\frac{-\,\mathrm{j}Z_{s2}\cos(\theta_{t1})\cot(k_1\cos(\theta_{t1})d_1)+Z_1}{Z_{s2}\cos(\theta_{t1})-\mathrm{j}Z_1\cot(k_1\cos(\theta_{t1})d_1)}\ ,$$

$$\frac{1+V_{\mathrm{p}}}{1-V_{\mathrm{p}}} = \frac{\cos(\theta)}{Z_0}\frac{-jZ_{s2}Z_1\cos(\theta_{t1})\cot(k_1\cos(\theta_{t1})d_1)+Z_1^2}{Z_{s2}\cos^2(\theta_{t1})-jZ_1\cos(\theta_{t1})\cot(k_1\cos(\theta_{t1})d_1)}\ .$$

Rearranjando-se a equação anterior pode-se obter:

$$1+V_{\mathrm{p}} = \left[\frac{-\,\mathrm{j}Z_{s2}Z_1\cos(\theta_{t1})\cot(k_1\cos(\theta_{t1})d_1)+Z_1^2}{Z_{s2}\cos^2(\theta_{t1})-\mathrm{j}Z_1\cos(\theta_{t1})\cot(k_1\cos(\theta_{t1})d_1)}\right]\frac{\cos(\theta)}{Z_0}-$$

$$\left[\frac{-\,\mathrm{j}Z_{s2}Z_1\cos(\theta_{t1})\cot(k_1\cos(\theta_{t1})d_1)+Z_1^2}{Z_{s2}\cos^2(\theta_{t1})-\mathrm{j}Z_1\cos(\theta_{t1})\cot(k_1\cos(\theta_{t1})d_1)}\right]\frac{\cos(\theta)}{Z_0}V_{\mathrm{p}}\,,$$

$$V_{\mathrm{p}}\left\{\left[\frac{-\,\mathrm{j}Z_{s2}Z_1\cos(\theta_{t1})\cot(k_1\cos(\theta_{t1})d_1)+Z_1^2}{Z_{s2}\cos^2(\theta_{t1})-\mathrm{j}Z_1\cos(\theta_{t1})\cot(k_1\cos(\theta_{t1})d_1)}\right]\frac{\cos(\theta)}{Z_0}+1\right\} =$$

$$\left\{\left[\frac{-\,\mathrm{j}Z_{s2}Z_1\cos(\theta_{t1})\cot(k_1\cos(\theta_{t1})d_1)+Z_1^2}{Z_{s2}\cos^2(\theta_{t1})-\mathrm{j}Z_1\cos(\theta_{t1})\cot(k_1\cos(\theta_{t1})d_1)}\right]\frac{\cos(\theta)}{Z_0}-1\right\}\,,$$

assim,

$$V_{\mathrm{p}} = \frac{\left[\frac{-\,\mathrm{j}Z_{s2}Z_1\cos(\theta_{t1})\cot(k_1\cos(\theta_{t1})d_1)+Z_1^2}{Z_{s2}\cos^2(\theta_{t1})-\mathrm{j}Z_1\cos(\theta_{t1})\cot(k_1\cos(\theta_{t1})d_1)}\right]\frac{\cos(\theta)}{Z_0}-1}{\left[\frac{-\,\mathrm{j}Z_{s2}Z_1\cos(\theta_{t1})\cot(k_1\cos(\theta_{t1})d_1)+Z_1^2}{Z_{s2}\cos^2(\theta_{t1})-\mathrm{j}Z_1\cos(\theta_{t1})\cot(k_1\cos(\theta_{t1})d_1)}\right]\frac{\cos(\theta)}{Z_0}+1}\ . \qquad (2.13)$$

Fazendo uma analogia entre as Equações (2.13) e (2.5), tem-se que a impedância de superfície para uma camada de amostra com espessura d_1 sobre uma amostra com impedância de superfície Z_{s2} é dada por:

$$Z_{\mathrm{s}} = \frac{-\,\mathrm{j}Z_{s2}Z_1\cos(\theta_{t1})\cot(k_1\cos(\theta_{t1})d_1)+Z_1^2}{Z_{s2}\cos^2(\theta_{t1})-\mathrm{j}Z_1\cos(\theta_{t1})\cot(k_1\cos(\theta_{t1})d_1)}\ . \qquad (2.14)$$

2.1.4 Coeficiente de absorção

O coeficiente de absorção é definido como a razão entre as energias absorvida e incidente em uma amostra. Como o coeficiente de reflexão é a razão entre as amplitudes complexas das pressões refletida e incidente, o coeficiente de absorção, em função do ângulo de incidência, é definido por:

$$\alpha(\theta) = 1 - |V_{\mathrm{p}}|^2 , \qquad (2.15)$$

visto que o coeficiente de reflexão é dependente do ângulo θ. Vale notar aqui que, assim como as impedâncias de superfície calculadas nas Seções 2.1.1 a 2.1.3, os coeficientes de absorção e reflexão são funções:

a) das propriedades intrínsecas da amostra; e

b) da forma de sua montagem.

A Equação (2.15) é válida apenas para um único ângulo de incidência θ. No entanto, no contexto de acústica de salas, é comum que uma amostra sofra incidência sonora em vários ângulos, dependendo de sua posição em relação a uma dada fonte sonora. Por esse motivo, é mais comum a utilização do coeficiente de absorção por incidência difusa, com o qual se considera que a amostra seja excitada por ondas sonoras vindas de todas as direções ao mesmo tempo. O coeficiente de absorção por incidência difusa é definido pela integração de $\alpha(\theta)$ entre os ângulos 0 [°] e 90 [°], de modo que:

$$\alpha_{\mathrm{s}} = 2 \int_{0°}^{90°} \alpha(\theta) \operatorname{sen}(\theta) \cos(\theta) \, \mathrm{d}\theta = \int_{0°}^{90°} \alpha(\theta) \operatorname{sen}(2\theta) \, \mathrm{d}\theta , \qquad (2.16)$$

de modo que o subíndice "s" é recomendado pela norma ISO 354 [7] e representa a palavra da língua inglesa *statistical*. Mais detalhes serão vistos na Seção 2.2.2. A Equação (2.16) é conhecida como a "Fórmula de Paris" e uma derivação mais completa pode ser encontrada na referência [8].

2.2 Medição da impedância acústica e absorção sonora

Esta seção apresenta os métodos para a medição do coeficiente de absorção sonora e/ou da impedância acústica de superfície. Existem dois métodos normatizados, a saber: a medição da impedância de superfície em tubo de impedância e a medição do coeficiente de absorção por incidência difusa em câmara reverberante. Existem também diversos métodos de medição em sítio, sendo comum na literatura o uso do termo em latim: *in situ*. Nesse caso, a ideia é aplicar a medição no local onde o dispositivo absorvedor está instalado. As vantagens, desvantagens e fontes de incerteza dos dois métodos normatizados serão exploradas de forma qualitativa.

2.2.1 Tubo de impedância

Existem dois tipos de métodos de medição com tubo de impedância[6]. No primeiro método, o tubo de impedância possui um alto-falante em uma de suas extremidades através do qual passa uma sonda conectada a um microfone[7]. A sonda pode se movimentar ao longo do tubo de impedância e uma escala marca sua posição em relação à origem (superfície da amostra). A amostra é aplicada sobre uma terminação rígida (segunda extremidade do tubo). O alto-falante excita o tubo com um ruído senoidal de frequência conhecida. Devido às dimensões do tubo, a uma certa distância do alto-falante, pode-se considerar o campo acústico composto por ondas planas e a superposição das ondas incidente e refletida forma uma onda estacionária. Medindo-se os valores absolutos dos máximos e mínimos de pressão, pode-se obter o módulo do coeficiente de reflexão, e medindo-se as distâncias das superfícies das amostras em que esses máximos e mínimos ocorrem, pode-se calcular a fase do coeficiente de reflexão. Essa medição é regida pela norma ISO 10354-1 - *Acoustics - Determination of Sound Absorption Coefficient and Impedance in Impedance Tubes-Part 1: Method using standing wave ratio* [9]. Para varrer uma faixa

---

[6] O "tubo de impedância" pode ser encontrado também com a nomenclatura de "tubo de Kundt", embora a versão apresentada aqui seja mais moderna que a original, que remonta ao trabalho de Kundt do fim do século XIX.

[7] Há mais de uma forma de inserir a sonda no tubo; uma delas é passá-la através da placa polo do alto-falante.

considerável de frequências, leva-se muito tempo, já que é preciso fazer a medição com sinais senoidais e o processo de medição de uma única frequência já demanda algum tempo.

Uma segunda forma de medição em tubo de impedância é por meio do uso de um ruído de banda larga para excitar o campo acústico. Nesse caso, o tubo de impedância, mostrado na Figura 2.5, possui uma das terminações em que a amostra é posicionada e na outra o alto-falante é montado. Ao alto-falante é fornecido um sinal, que idealmente deve ter a magnitude do espectro uniforme (p. ex., ruído branco ou varredura de senos). Ondas planas também podem ser consideradas a uma certa distância do alto-falante e a Função Resposta em Frequência (FRF) entre os dois microfones é usada para calcular a impedância acústica de superfície da amostra para incidência normal. A medição é relativamente rápida com o uso de um analisador de sinais moderno, sendo regida pela norma ISO 10354-2 - *Acoustics - Determination of sound absorption coefficient and impedance in impedance tubes-Part 2: Transfer-function method* [10].

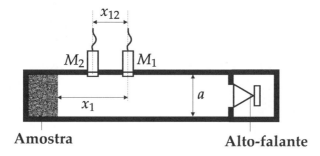

Figura 2.5 Esquema do tubo de impedância de dois microfones.

As características necessárias à construção do tubo de impedância estão descritas nas normas ISO [9, 10]. O tubo deve ser reto com diâmetro interno constante (variabilidade $< 0.2\%$). As paredes devem ser rígidas de forma que modos de vibração na faixa de frequências de operação do tubo não sejam excitados por fontes externas ou pelo alto-falante. Para tubos de paredes metálicas e secção circular, é recomendado que as paredes tenham espessura de pelo menos 5% do diâmetro a do tubo. A máxima frequência de operação do tubo f_u é definida pela frequência do primeiro modo transversal ($a = 0.50\lambda_u$), o que assumindo uma velocidade do som de 340 [m/s], leva à equação:

$$f_u = \frac{170}{a} \ [\text{Hz}].$$ (2.17)

Foi em 1977 que Seybert e Ross [11] publicaram o primeiro artigo descrevendo a medição de impedância acústica em um tubo de impedância excitado por ruído de banda larga. A medição em tubo de impedância com excitação por ruído senoidal é mais antiga. Os autores mencionam que o método de medição com o tubo de impedância de ondas estacionárias demanda um longo tempo de medição. Além disso, para medir satisfatoriamente em frequências muito baixas, o tubo precisa ser muito longo (p. ex., $L > 2.70$ [m] para medir a 100 [Hz]), o que pode tornar efeitos de dissipação importantes.

A norma ISO 10534-2 [10] estabelece os princípios matemáticos básicos do sistema de medição de coeficiente de absorção e impedância. Para um sistema com dois microfones, o microfone mais distante da amostra (M_1) está a uma distância x_1 [m] de sua superfície e a distância entre os microfones é x_{12}. O uso de um terceiro microfone é opcional; todavia, torna-se necessário nas medições em baixas frequências devido à pequena diferença de fase entre os sinais de pressão sonora (caso os microfones estejam muito próximos). Somente um par de microfones será usado por medição e, nesse caso, as amplitudes complexas das pressões sonoras nos microfones M_1 e M_2 são, respectivamente, dadas por:

$$\tilde{P}_1 = \tilde{P}_0 \left[e^{jk_0 x_1} + V_p \, e^{-jk_0 x_1} \right],$$

$$\tilde{P}_2 = \tilde{P}_0 \left[e^{jk_0(x_1 - x_{12})} + V_p \, e^{-jk_0(x_1 - x_{12})} \right].$$

Sabendo-se que $H(f) = \tilde{P}_2 / \tilde{P}_1$ é a FRF entre os microfones M_1 e M_2, é possível escrevê-la como:

$$H(f) = \frac{e^{jk_0(x_1 - x_{12})} + V_p \, e^{-jk_0(x_1 - x_{12})}}{e^{jk_0 x_1} + V_p \, e^{-jk_0 x_1}},$$

Reflexão especular, impedância e absorção   131

e da equação anterior pode-se extrair o coeficiente de reflexão:

$$V_{\mathrm{p}} = \frac{H(f) - \mathrm{e}^{-\mathrm{j}k_0 x_{12}}}{\mathrm{e}^{\mathrm{j}k_0 x_{12}} - H(f)}\, \mathrm{e}^{2\,\mathrm{j}k_0 x_1}\ . \tag{2.18}$$

Da mesma forma que na seção anterior, o coeficiente de absorção é dado pela Equação (2.15) e a impedância de superfície normalizada é $Z_{\mathrm{s.n}} = (1 - V_{\mathrm{p}})/(1 + V_{\mathrm{p}})$, válidos apenas para incidência normal.

Usando ruído aleatório como excitação, $H(f)$ é obtida pela Transformada de Fourier (Equação (1.23)) dos sinais dos microfones, o que implica que o espectro todo é conhecido com apenas uma medição. Por isso, esse método é significativamente mais rápido que o método baseado em ondas estacionárias. No entanto, a medição requer o conhecimento de análise de sinais e o uso de um computador e/ou um analisador de sinais. Seybert e Ross [11] também apontam que esse método é menos suscetível a erros do operador, já que os erros se concentram no sistema de medição e processamento de sinal, e não nas leituras de distância e amplitude realizadas pelo operador, requeridas no método de ondas estacionárias.

De acordo com a norma ISO 10534-2 [10], a frequência superior de operação está relacionada tanto à existência de modos transversais e, portanto, limitada pela Equação (2.17) quanto ao espaçamento excessivo entre os microfones. A norma recomenda que $x_{12} < 0.45\lambda_{\mathrm{u}}$. Já a menor frequência de operação f_1 depende do espaçamento entre os microfones e do comprimento do tubo. Com um pequeno espaçamento entre os microfones, eles mediriam essencialmente a mesma pressão sonora em baixas frequências e, devido à precisão finita do sistema de medição, erros de diferença de fase entre os microfones seriam induzidos. A norma ISO 10534-2 [10] recomenda que x_{12} seja maior que 5% do maior comprimento de onda. O compromisso entre $x_{12} > 0.05\lambda_1$ e $x_{12} < 0.45\lambda_{\mathrm{u}}$ faz com que haja necessidade de um tubo de impedância com dois espaçamentos diferentes entre o par de microfones, sendo o menor para cobrir as altas frequências e o maior para cobrir as baixas frequências.

O comprimento do tubo é função dos espaçamentos entre os microfones e da existência de ondas não planas próximas da fonte sonora e da superfície da amostra. A norma ISO 10534-2 [10] recomenda que o microfone mais próximo à fonte sonora seja posicionado a três diâmetros de distância desta e que o microfone mais próximo à amostra esteja a dois diâmetros de sua superfície (para amostras bastante irregulares, considerado o pior caso). Para um tubo operando de 100 [Hz] a 4 [kHz], o comprimento do tubo seria da ordem de 40 [cm], o que é consideravelmente menor que o tubo de ondas estacionárias (2.70 [m] para 100 [Hz]).

O uso de dois microfones tem o inconveniente de ser sensível às diferenças de amplitude e fase entre as curvas de sensibilidade dos microfones, já que os microfones podem não ser um par casado e, mesmo que o sejam, uma pequena diferença sempre existirá devido às incertezas na fabricação dos microfones. Seybert e Ross [11] propõe a calibração relativa dos microfones, montando-os rente à superfície rígida de terminação do tubo. Chung e Blaser [12, 13] e a norma ISO 10534-2 [10] propõem a eliminação desses erros por um método que consiste em medir duas FRFs entre os sinais medidos pelos microfones.

A fim de evitar os desvios de fase entre os dois microfones, Chu [14] propõe que a medição seja realizada somente com um microfone, mudando-o de posição para obter-se $H(f)$. O procedimento consiste em medir $\hat{H}(f) = \tilde{P}_1/\tilde{V}$, em que $\tilde{P}_1$ é o espectro da pressão sonora medida pelo microfone M_1 e $\tilde{V}$ é o espectro do sinal de tensão extraído do gerador de ruído aleatório. Move-se, então, o microfone para a posição M_2, e mede-se $\hat{H}'(f) = \tilde{P}_2/\tilde{V}$. Finalmente a FRF é $H(f) = \hat{H}'/\hat{H}$. Maiores detalhes construtivos do tubo e do procedimento de medição podem ser consultados na norma ISO 10534-1 [9][8].

As três principais vantagens do método do tubo de impedância são:

a) permitir medições de uma quantidade complexa, a impedância de superfície, o que não é o caso do método de câmara reverberante, como será visto na Seção 2.2.2;

b) ser matematicamente simples; e

---

[8] Nas correções propostas é mais correto usar o processamento estatístico de sinais, já que sinais aleatórios são diferentes a cada vez que são gerados. Suas propriedades estatísticas, no entanto, são mantidas e o uso do espectro cruzado e autoespectro na estimativa da FRF é o procedimento correto. Tais funções foram descritas na Seção 1.2.4.

Reflexão especular, impedância e absorção

c) receber a atenção de normas internacionais, tendo sido extensivamente usado ao longo do tempo, o que faz dele um método bastante confiável e que pode ser usado como referência para comparações com outros métodos de medição.

Entre as principais desvantagens, estão:

a) a impedância de superfície e o coeficiente de absorção são medidos somente para incidência normal;

b) apresentar uma faixa de frequência limitada, especialmente em altas frequências, devido às dimensões do tubo e ao aparecimento dos primeiros modos radiais;

c) o ensaio de amostras é destrutivo, pois requer o seu corte. O corte de amostras pode, em alguns casos específicos, mudar suas características acústicas, o que limita a aplicabilidade do método a amostras relativamente regulares;

d) em contraste com aplicações *in situ* (Seção 2.2.3), o método pode não conseguir levar em conta efeitos de envelhecimento e acúmulo de sujeira, já que em alguns casos a própria técnica de corte pode eliminar partículas depositadas na amostra ao longo do tempo;

e) uma incerteza com grande impacto na medição é a compressão da amostra para que ela seja inserida no tubo, ou a existência de espaços vazios entre a amostra as paredes laterais do tubo. Kino e Ueno [15] investigaram o problema experimentalmente e observaram que a compressão de amostras porosas leva à mudança da frequência de ressonância mecânica do esqueleto do material. Vazamentos laterais também se mostraram indesejáveis. Castagnède et al. [16] investigaram o problema do ponto de vista teórico, propondo alterações nos parâmetros resistividade ao fluxo e porosidade para avaliar os efeitos de compressão (ver Seção 2.3.1). Os autores apontam que um dos efeitos da compressão radial das amostras é o aumento da espessura delas, o que leva a um aumento do coeficiente de absorção. Outros exemplos de trabalhos reportando investigações dessa natureza são apresentados nas referências [17, 18].

Um trabalho relativamente recente [19], envolvendo 7 universidades, investigou a reprodutibilidade do método do tubo de impedância com dois microfones em uma série de medições que envolveu a medição de várias amostras sob varias condições de montagem. A variabilidade dos testes inter-laboratoriais mostrou-se um pouco dependente da amostra, mas chegou a ordem de 20%, o que é bastante significativo. Os autores apontam que uma revisão da norma ISO 10534-2 [10], no que se refere à montagem da amostra no tubo, faz-se necessária. Apontam também que a norma deve especificar a forma de se preparar a amostra, o número mínimo de amostras medidas, o tamanho da amostra como função de algumas de suas propriedades, o procedimento correto para a fusão de respostas em frequência de curvas obtidas com tubos de diferentes diâmetros, o tipo de ruído de excitação e método de processamento de sinais.

2.2.2 Câmara reverberante

O método de medição do coeficiente de absorção em câmara reverberante é baseado na teoria estatística (ver Capítulo 6) e descrito na norma ISO 354 - *Measurement of sound absorption in a reverberation room* [7]. A medição deve ser realizada em uma câmara reverberante, onde se possa considerar um campo acústico difuso. Em palavras simples, um ambiente em cujo interior há um campo acústico difuso é aquele em que a pressão sonora é uniformemente distribuída no espaço. Câmaras reverberantes são, então, ambientes especiais com condições acústicas controladas. A Figura 2.6 mostra a foto de uma das câmaras reverberantes do laboratório usado pela Engenharia Acústica da UFSM[9].

As câmaras reverberantes são ambientes volumosos, com paredes rígidas e reflexivas. A própria tinta usada para pintar as paredes tem propriedades tais, que, ao cobrir os poros do concreto ou tijolo, o deixa mais reflexivo. Algumas paredes são inclinadas para evitar problemas como *comb filtering* (ver Seção 1.2.10). Elementos difusores são espalhados pela sala para ajudar na criação do campo difuso, como se pode ver no teto da foto da Figura 2.6. Elementos de absorção podem estar presentes para conformar a câmara às normas internacionais, como os absorvedores de membrana (Seção 2.3.2) mostrados nas paredes da foto.

---

[9] Universidade Federal de Santa Maria (UFSM).

Reflexão especular, impedância e absorção

Figura 2.6 Uma das câmaras reverberantes usadas pelo curso de Engenharia Acústica da UFSM.

É importante notar que, diferentemente da medição em tubo de impedância, em que havia somente incidência de ondas planas na direção normal à superfície da amostra, a incidência acústica em uma câmara reverberante vem de várias direções ao mesmo tempo. Isso está relacionado ao campo difuso e é o que chamamos de incidência difusa ou aleatória. Dessa forma, o coeficiente de absorção medido na câmara reverberante é o coeficiente de absorção por incidência difusa, já discutido na Seção 2.1.4. Note que a Equação (2.16), na página 127, assume que se conheça o coeficiente de absorção para cada ângulo de incidência θ (Equação (2.15)). Porém, em teoria, a medição em campo difuso estima diretamente o coeficiente de absorção dado na Equação (2.16), sem a necessidade de conhecimento da variação do coeficiente de absorção em função do ângulo de incidência. Usando essa lógica, podemos concluir que o coeficiente de absorção por incidência difusa é uma quantidade diferente do coeficiente de absorção para um dado ângulo de incidência ($\alpha_s \neq \alpha(\theta)$).

O procedimento de medição do coeficiente de absorção por incidência difusa (α_s) consiste basicamente em realizar medições da rapidez do decaimento da energia acústica na câmara reverberante. A medição do decaimento será vista em detalhes no Capítulo 7, mas por hora pode-se dizer que o que se mede é o tempo necessário para a energia decair 60 [dB] (em termos de NPS), uma vez que a fonte sonora cessa sua emissão[10]. Essa quantidade é chamada de tempo de de reverberação (T_{60}) e mais sobre ela será falado no Capítulo 6.

Para a realização do ensaio, duas medições do tempo de reverberação T_{60} são tomadas. Na primeira medição do T_{60}, a câmara reverberante está vazia, e na segunda, a amostra a ser caracterizada é posicionada e a segunda medida de T_{60} é tomada. A comparação das duas condições permite o cálculo do coeficiente de absorção por incidência difusa. Usando a teoria estatística é possível calcular α_s de acordo com:

$$\alpha_s = \frac{0.161V}{S} \left(\frac{1}{T_{60_2}} - \frac{1}{T_{60_1}} \right) - 4V(m_2 - m_1), \qquad (2.19)$$

sendo m_1 e m_2 os coeficientes de absorção do ar calculados a partir das condições climáticas (temperatura e umidade) de acordo com o exposto na Seção 6.6; V é o volume da sala; T_{60_1} e T_{60_2} são os tempos medidos sem e com o material, respectivamente, e S é a soma das áreas de todas as superfícies da sala expostas à incidência das ondas sonoras (paredes, teto, piso e absorvedor). Ressalta-se que o subíndice "s" é recomendado pela norma ISO 354 [7] e representa a palavra da língua inglesa *statistical*. O uso do subíndice evita confusão com o coeficiente de absorção medido por incidência normal no caso do tubo de impedância ou coeficientes de absorção medidos *in situ*[11].

A norma ISO 354 [7] recomenda que o volume da câmara reverberante seja de 200 [m^3] e que a maior dimensão da sala satisfaça a relação $L_{máx.} < 1.9V^{1/3}$, sendo L uma dimensão da sala e V o seu volume. Deve-se tomar cuidado com a distribuição na frequência dos modos acústicos na sala, de forma a minimizar seus efeitos (ver Capítulo 4). O uso de difusores é recomendado de forma a criar um som o mais difuso possível. A área da amostra sob medição, recomendada pela norma, deve estar

---

[10] Antes de desligar a fonte deve-se certificar de que o campo acústico na sala tenha atingido o estado estacionário (ver Seção 6.1).

[11] O uso do subíndice "s" para denotar o coeficiente de absorção por incidência difusa não deve ser confundido com seu uso para denotar a impedância de superfície. O método da câmara reverberante não mede a impedância acústica por incidência difusa. Embora seja possível calculá-la adaptando a fórmula de Paris, isso usualmente não é feito.

Reflexão especular, impedância e absorção 137

entre 10-12 [m^2], para amostras de absorção média à alta[12], em câmaras de 200 [m^3]. Para câmaras com volume diferente de 200 [m^3], a área da amostra deve ser multiplicada por $(V/200)^{2/3}$. Ademais, para amostras com baixa absorção, áreas maiores são recomendadas a fim de que os dois tempos de reverberação medidos sejam significativamente diferentes. As amostras devem ser retangulares com uma razão entre comprimento e largura de 0.7 a 1.0, e devem ser posicionadas na câmara de forma que suas bordas estejam no mínimo a 1 [m] de distância de qualquer parede da câmara. A norma também aponta que as bordas da amostra devem preferencialmente ser orientadas em uma direção não paralela às paredes da câmara. Seis tipos de configurações de montagem são explicitados na norma [7], sendo mais comum a montagem da amostra diretamente sobre o piso da câmara. A montagem da amostra, conforme será aplicada na prática, é essencial para uma correta medição de α_s, já que o coeficiente de absorção muda conforme a configuração. A mudança do coeficiente de absorção conforme a condição de montagem foi discutida brevemente na Seção 2.1 e exemplos disso serão dados na Seção 2.3.

A norma [7] ainda recomenda que o número mínimo de microfones usados seja 4 (em pontos diferentes da sala) e o número mínimo de posições da fonte sonora seja 3 (a não menos que 3 [m] de distância uma da outra). Dessa forma, no mínimo 12 curvas de decaimento são obtidas para o cálculo posterior de uma média do tempo de reverberação por banda de frequência. Para detalhes na obtenção do T_{60}, ver Capítulo 7.

As três principais vantagens do método de medição do coeficiente de absorção por incidência difusa são:

a) ser matematicamente bastante simples;

b) receber a atenção de uma norma internacional; e

c) o método mede o coeficiente de absorção por incidência difusa que, em alguns casos, pode ser a grandeza desejada, já que leva em conta vários ângulos de incidência ao mesmo tempo. Esse é o caso da maioria dos

---

[12] Por absorção média a alta, queremos dizer que, ao inserir a amostra na câmara reverberante, ela precisa absorver o suficiente para que se possam observar mudanças significativas nos tempos de reverberação medidos.

softwares de modelagem acústica para o projeto de salas (tais *softwares* terão suas premissas discutidas no Capítulo 5).

As principais desvantagens são:

a) exigência de um ambiente especial de difícil construção, o que pode ser inviável para um laboratório de pequeno e médio porte;

b) medir somente o coeficiente de absorção por incidência difusa e não a impedância. Fundamentalmente essa grandeza é diferente do coeficiente de absorção por incidência normal obtido com o tubo de impedância. Alguns autores [20, 21] tentam correlacionar os dois métodos por meio da integração de $\alpha(\theta)$ ao longo do ângulo de incidência (como mostrado na Equação (2.16)). Todavia, Esse cálculo pode ser bastante intrincado para alguns tipos de amostras. Além disso, é possível calcular α_s com $\alpha(\theta)$, mas não o contrário;

c) o método requer amostras consideravelmente grandes, o que pode dificultar sua montagem, dependendo das condições em que as amostras serão montadas em um ambiente real. Adicionalmente, sendo esse um método laboratorial, não levará em conta os efeitos do tempo como acúmulo de pó e sujeira;

d) a fórmula de Sabine (Equação (6.30)), usada no cálculo de α_s, representa bem o campo acústico para ambientes com pequena absorção (coeficiente de absorção médio menor que 0.2). No entanto, para ambientes com mais absorção, a fórmula de Eyring (Equação (6.38)) é mais exata e geralmente utilizada (ver Capítulo 6). Hodgson [22] reporta discrepâncias experimentais quando se utiliza a fórmula de Sabine, para medir α_s, e a fórmula de Eyring para calcular o tempo de reverberação em um outro ambiente em cujas paredes foram aplicadas o material medido em uma câmara reverberante. O autor aponta que o mesmo modelo de propagação sonora deve ser usado nas duas situações, dando uma preferência ao de Eyring, devido à sua menor limitação. A norma [7], no entanto, ainda não incorporou essas evidências e é difícil ter acesso aos dados originais de medição para a obtenção do α_s mais adequado à realidade do projetista;

Reflexão especular, impedância e absorção 139

e) coeficientes de absorção maiores que 1 podem ser encontrados, o que é atribuído à difração nas bordas ou a irregularidades na superfície da amostra, além dos possíveis erros de medição.

Os efeitos de difração nas bordas da amostra foram estudados em alguns artigos. Pellam [23] avaliou teoricamente o problema bidimensional. Northwood, Grisaru e Medcof [24] apontam que em alguns casos as dimensões da amostra são da ordem do comprimento de onda e que, nesse caso, o coeficiente de absorção seria sobrestimado. De Bruijn [25] analisou o problema bidimensional e apontou que a difração em uma das bordas da amostra pode perturbar a difração na borda oposta caso a amostra seja pequena, o que faz com que os efeitos de difração ocorrendo em uma borda não sejam independentes da difração na borda oposta. Thomasson [26] analisou o problema tridimensional e propôs uma nova forma de estimar o coeficiente de absorção para evitar os problemas de sobre-estimativa do coeficiente de absorção. Recentemente, o uso do método de elemento de contorno foi usado por Kawai e Meotoiwa [27] para estimar os efeitos do tamanho finito das amostras e o efeito de sua distribuição espacial em câmara reverberante de forma a diminuir os erros na medição. O problema, no entanto, é bastante complexo e muitas questões ainda permanecem e precisam ser esclarecidas.

2.2.3 Medição *in situ*

Os métodos de medição utilizando o tubo de impedância e em câmara reverberante apresentam a vantagem de serem matematicamente simples e terem procedimentos normatizados. Eles, no entanto, têm algumas desvantagens intrínsecas, como a necessidade de um ambiente especial para realizar a medição (câmara reverberante) ou ser um ensaio destrutivo (tubo de impedância). Os métodos também medem ou o coeficiente de absorção para incidência normal ($\theta = 0\,[°]$) ou o coeficiente de absorção por incidência difusa (α_s), mas não são capazes de medir o coeficiente de absorção para um ângulo de incidência θ qualquer (existem também outros aspectos descritos nas Seções 2.2.1 e 2.2.2). Uma forma de lidar com algumas dessas desvantagens é por meio do uso dos métodos de medição *in situ*.

O termo *in situ* vem do latim e significa "em sítio" ou "no local". Uma medição *in situ* é, portanto, realizada no ambiente onde a amostra que se deseja caracterizar está instalada sem a necessidade de ser desmontada ou cortada para medição. Dessa forma, a medição *in situ* da impedância acústica é uma alternativa aos métodos considerados padrão, e um tema pelo qual o interesse da comunidade científica cresceu significativamente nos últimos anos. A aplicação do método em acústica de salas, no interior de automóveis e aeronaves desperta o interesse em diversos ramos da indústria. Além disso, a medição de impedância *in situ* pode levar em conta condições realistas de montagem da amostra, acúmulo de sujeira e outros efeitos.

Em 2015, Brandão, Lenzi e Paul publicaram uma revisão extensa sobre os métodos de medição *in situ* [28]. Existe, de fato, uma gama bastante grande de métodos de medição *in situ* e, nesse artigo, eles foram classificados em três grupos distintos:

(i) os métodos baseados em separação temporal;

(ii) os métodos baseados em formulações do campo acústico próximo à amostra;

(iii) os métodos alternativos.

Neste livro, apenas os principais métodos de medição dos Grupos (i) e (ii) serão apresentados[13].

O principal expoente dos métodos baseados em separação temporal é o trabalho de Mommertz [30]. O autor usou uma técnica de subtração para separar as componentes de pressões sonora incidente e refletida. Tal técnica consiste na medição da resposta impulsiva do aparato de medição (alto-falante/microfone) em condições de campo livre (como em uma câmara anecoica). Essa primeira resposta impulsiva corresponde à componente da pressão incidente, $h_1(t)$. Uma segunda resposta impulsiva é, então, obtida em sítio, posicionando o microfone próximo à amostra a ser medida (no ambiente onde ela está instalada). Tal resposta impulsiva

---

[13] Assim, para maiores detalhes, os leitores podem se referir ao artigo de revisão, aos artigos originais discutidos neste ou à tese de doutorado do autor deste livro [29].

contém tanto a informação da pressão incidente, da pressão sonora refletida e as reflexões espúrias do ambiente, i.e., $h_1(t) + h_2(t) + h_3(t)$. Subtraindo a primeira resposta impulsiva da segunda, obtém-se uma terceira resposta ao impulso correspondente à pressão refletida, que também contém as reflexões presentes no ambiente de medição, ou seja, $h_2(t) + h_3(t)$. Essas reflexões espúrias do ambiente podem ser eliminadas com o uso de uma janela temporal apropriada (Figura 2.7 (c)). Ao final, pode-se obter $h_2(t)$ isolada das demais. Um esquema do método de medição pode ser visto na Figura 2.7.

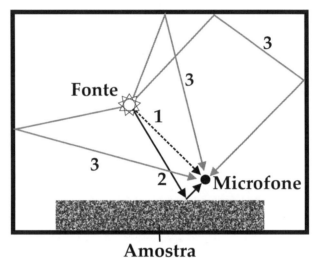

(a) Esquema da medição

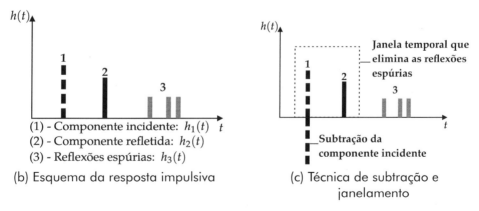

(b) Esquema da resposta impulsiva

(c) Técnica de subtração e janelamento

Figura 2.7 Esquema do método de separação apresentado no trabalho de Mommertz [30].

A Transformada de Fourier é então aplicada às respostas ao impulso $h_2(t)$ (componente refletida apenas pela amostra) e $h_1(t)$ (componente incidente), das quais se obtêm os espectros da componente refletida e incidente. Dessa forma, pode-se obter o coeficiente de reflexão (V_{p}) da amostra para o ângulo de incidência em questão. O autor apontou que seu método requer amostras de materiais com área relativamente grandes e que também podem haver erros de medição devido às mudanças de temperatura e umidade entre os locais de medição em sítio e em campo livre (primeira resposta impulsiva). Robinson e Xiang [31] reconhecem que a técnica de subtração é bastante sensível às mudanças de ambiente, especialmente nos casos em que a medida de campo livre é realizada em um ambiente diferente da medição *in situ*, e apresentam estratégias de calibração e alinhamento dos sinais de forma a diminuir os erros causados por tais efeitos.

Os métodos do Grupo (ii), baseados em formulações do campo acústico, fazem uso de formulações matemáticas do campo acústico em frente à amostra a fim de calcular a impedância de superfície a partir da medição. Essas formulações podem ser simples ou complexas, o que torna os métodos de medição menos ou mais complicados, da mesma forma que os torna menos ou mais exatos.

Em 1985, Allard e Sieben [32] propuseram um método de medição da impedância de superfície por incidência normal que é uma generalização do tubo de impedância com dois microfones (ver Seção 2.2.1). A medição proposta usa dois microfones, tal qual em uma sonda de intensidade. Nesse caso, a pressão sonora é tomada como a média entre as pressões sonoras captadas pelos dois microfones $\tilde{P}_M = 0.5(\tilde{P}_{M1} + \tilde{P}_{M2})$ e a velocidade de partícula é obtida do gradiente de pressão e da equação de Euler (Equação (1.41)): $\tilde{U}_M = (\tilde{P}_{M2} - \tilde{P}_{M1})/\text{j}\omega\rho_0 d_{12}$ (ver Figura 2.8). Com os valores de pressão e velocidade de partícula, é possível calcular a impedância no ponto médio (d) entre os microfones $(Z_M)^{14}$. Os autores assumiram que o campo acústico é formado por ondas planas, já que a fonte sonora estava a 4 [m] da amostra, e derivaram uma expressão para a obtenção da impedância de superfície, dada por:

---

[14] Comumente, a impedância medida em um ponto qualquer (acima da superfície da amostra) é chamada de impedância específica.

Reflexão especular, impedância e absorção

$$Z_s = \frac{Z_M + j\tan(k_0 d)}{1 + jZ_M \tan(k_0 d)} \,. \tag{2.20}$$

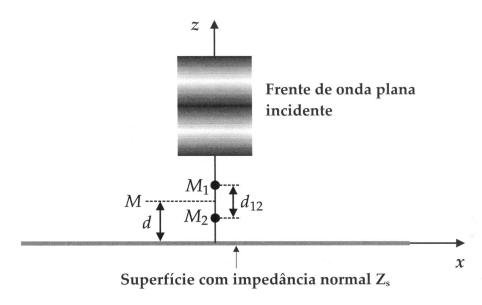

Figura 2.8 Esquema de medição usado por Allard e Sieben [32].

Os autores apontam que, se os microfones estão próximos da amostra ($\approx$ 0.01 [m]), é possível medir amostras de 1 [m^2] de área para frequências acima de 250 [Hz]. O problema na utilização da técnica é que, para baixas frequências, os microfones precisam de uma maior separação para serem capazes de medir a diferença de pressão. Como separar os microfones implica em afastá-los da amostra, isso implica em um limite intrínseco ao método de medição proposto, já que nesse caso o tamanho finito da amostra começa a influenciar consideravelmente os resultados [33]. As medições realizadas foram comparadas com medições feitas em tubo de impedância e os desvios foram significativos abaixo de 500 [Hz]. Tal fato pode ser atribuído à separação insuficiente entre os microfones e também à pressuposição de que o campo acústico é formado por ondas planas.

A consideração de ondas planas torna as expressões bastante simples, mas deixa o cálculo da impedância de superfície inexato. Pode-se considerar também que ondas esféricas incidem e refletem de forma especular na amostra. Isso é, de fato, uma aproximação, mas melhor que a consideração de ondas planas. No trabalho apresentado por Li e Hodgson [34], os autores apresentaram duas formas diferentes para calcular a impedância de superfície com o uso de dois microfones baseados nessa consideração. Os autores mediram amostras em uma câmara semianecoica e em uma sala semirreverberante ($T_{60} \approx 1$ [s]) para vários ângulos de incidência. Os resultados da medição *in situ* apresentaram concordância entre 300-5000 [Hz] com os resultados da câmara semianecoica.

De acordo com Brekhovskikh e Godin [35], no entanto, as frentes de onda esféricas não refletem de maneira especular, mas sim sofrem difração na superfície da amostra. A consideração da difração leva a um aumento da complexidade matemática da formulação do campo acústico, o que está ligado à diferença de simetria entre as frentes de onda esféricas e a superfície da amostra. De acordo com Brandão, Lenzi e Paul [28], para ondas esféricas refletindo em uma superfície plana e regular, a pressão sonora é dada por:

$$p = \frac{\mathrm{e}^{-\mathrm{j}k_0 r_1}}{r_1} - \mathrm{j} \int_0^{\infty} V_{\mathrm{p}}(K_{0z}) \frac{\mathrm{e}^{\mathrm{j}K_{0z}|h_s+h_r|}}{K_{0z}} k \, J_0(kr) \, \mathrm{d}k , \qquad (2.21)$$

sendo essa pressão sonora composta por um termo fonte, expressado pela exponencial $\{\mathrm{e}^{-\mathrm{j}k_0 r_1}/r_1\}$ e por um termo integral (sendo J_0 a função de Bessel de ordem zero [36]). Os termos r, h_s e h_r estão indicados na Figura 2.9 e são, respectivamente, a distância horizontal entre fonte e receptor, a altura da fonte e a altura do receptor em relação à superfície da amostra. Ainda,

- $r_1 = \sqrt{r^2 + (h_s - h_r)^2}$ é a distância entre a fonte real e o receptor;

- $r_2 = \sqrt{r^2 + (h_s + h_r)^2}$ é a distância entre a fonte imagem e o receptor;

- $K_{0z} = \sqrt{k_0^2 - k^2}$ representa o número de onda na direção $\hat{z}$; e

- $V_{\mathrm{p}}(K_{0z})$ é o coeficiente de reflexão da superfície sob teste.

Tal coeficiente de reflexão muda conforme o tipo de amostra e sua montagem.

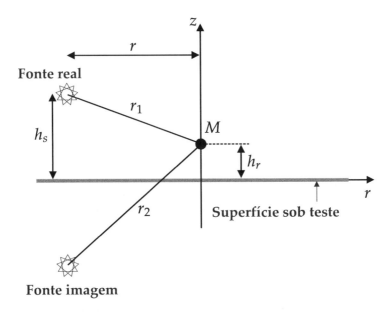

Figura 2.9 Propagação de ondas esféricas sobre uma superfície plana.

A avaliação numérica da Equação (2.21) pode ser bastante complexa e dependente da forma como a amostra é montada (Figuras 2.2, 2.3 e 2.4), como discutido em [29]. Para a configuração dada na Figura 2.3 a pressão sonora é dada por:

$$p = \frac{e^{-jk_0 r_1}}{r_1} - j \int_0^\infty \left[\frac{\left(\frac{jK_{0z}}{\rho_0}\right) - \left(\frac{K_{1z}}{\rho_1}\right)\tan(K_{1z}d_1)}{\left(\frac{jK_{0z}}{\rho_0}\right) + \left(\frac{K_{1z}}{\rho_1}\right)\tan(K_{1z}d_1)} \right] \frac{e^{jK_{0z}|h_s+h_r|}}{K_{0z}} k J_0(kr)\, dk, \quad (2.22)$$

em que $K_{1z} = \sqrt{k_1^2 - k^2}$, k_1 é o número de onda e ρ_1 é a densidade característica do Meio 1, considerando o caso da Figura 2.3.

Se a amostra sob teste puder ser considerada localmente reativa[15], isso implica que sua impedância de superfície Z_s não varia com o ângulo de incidência θ. Nesse caso, é possível simplificar consideravelmente a Equação (2.22), que tomará a forma [37, 38]:

---

[15] O que, de acordo com a Seção 2.1.2, corresponde a uma amostra com um alto índice de refração.

$$p = \frac{e^{-jk_0r_1}}{r_1} + \frac{e^{-jk_0r_2}}{r_2} - \frac{2k_0\rho_0c_0}{Z_s}$$

$$\int_0^\infty e^{-k_0\frac{\rho_0c_0}{Z_s}q} \frac{e^{-jk_0\sqrt{r^2+(h_s+h_r-jq)^2}}}{\sqrt{r^2+(h_s+h_r-jq)^2}} \, dq \cdot \quad (2.23)$$

Pode-se notar que as Equações (2.22) e (2.23) são bastante complexas e que é impossível obter a impedância de superfície a partir da inversão da Equação (2.23), por exemplo. Nesse caso, é preciso usar um método computacional de minimização de erro para estimar a impedância de superfície (ou parâmetros como k_1 e ρ_1) a partir da medição da pressão sonora e/ou velocidade de partícula acima da amostra. Os passos básicos de um algoritmo são:

1. Uma estimativa inicial da impedância de superfície (Z_s^0) é calculada por um método de dedução mais simples. Essa estimativa inicial pode ser a impedância calculada assumindo ondas planas [39] ou assumindo que as ondas esféricas refletem de forma especular [34];

2. Z_s^0 é inserida nas equações que calculam pressão sonora e/ou velocidade de partícula nas posições dos receptores. A quantidade medida é, então, calculada pelo modelo do campo acústico. Essa quantidade pode ser uma impedância específica Z_M, uma FRF entre dois microfones H_M (ou outra qualquer). Essas quantidades calculadas serão representadas por Z_{Mc} e H_{Mc};

3. A quantidade medida é então subtraída da quantidade calculada e um erro entre as duas é estabelecido. Por exemplo, para a impedância o erro é $|Z_M - Z_{Mc}|$. Se essa diferença é suficientemente pequena, isso significa que a estimativa inicial de Z_s^0 é a impedância de superfície Z_s da amostra e a rotina é finalizada;

4. Se o erro $|Z_M - Z_{Mc}| > \epsilon$, sendo $\epsilon = 0.000001$ um critério de convergência, uma nova estimativa de Z_s^i é calculada por um método de minimização (sendo i o número da nova estimativa, que é tentada para a impedância de superfície). Esse método pode ser o

Método da Secante ou de Newton-Raphson [40], por exemplo. Os passos 3 e 4 são repetidos novamente até que o critério de convergência seja satisfeito ou um número máximo de iterações seja atingido.

Como no passo 2 o modelo do campo acústico é usado no algoritmo, pode-se concluir que, quanto mais exato for esse modelo, mais exato será o cálculo realizado pelo algoritmo, o que aumenta a exatidão do método de medição. Brandão et al. [41] realizaram uma comparação entre três métodos de cálculo para o campo acústico, concluindo que a Equação (2.23) é a mais exata para amostras localmente reativas, o que estava relacionado às aproximações matemáticas de outros modelos. A consideração de que a amostra é localmente reativa, no entanto, tem uma grande influência na qualidade da medição. Brandão et al. [6] avaliaram os erros dessa medição e propuseram dois novos algoritmos para a estimativa mais exata da impedância de superfície, para o caso em que a amostra é não localmente reativa (ou seja, tem um baixo índice de refração, o que é típico de materiais porosos bastante maleáveis).

A Figura 2.10 mostra uma comparação do coeficiente de absorção medido em tubo de impedância com os coeficientes de absorção medidos com as técnicas *in situ* discutidos nesta seção. Como as medições *in situ* foram todas medidas em incidência normal, $r = 0$, a medição em tubo de impedância pode ser considerada como referência. A técnica de Allard e Sieben [39] tende a sobre-estimar o coeficiente de absorção consideravelmente (linha [·—·] indicada como "Ondas Planas" na Figura 2.10). Isso está ligado à pressuposição de ondas planas, o que considerando a distância entre fonte e receptor de 30 [cm], é uma boa conjectura para frequências muito altas (acima de 2000 [Hz]). A técnica de separação temporal de Mommertz [30] (linha [····] indicada como "Separação temporal" na Figura 2.10) tem um desempenho melhor que a técnica de Allard e Sieben; todavia, a medição de campo livre e próxima à amostra foram tomadas no mesmo ambiente e no mesmo dia da medição, de forma que a sensibilidade às condições atmosféricas não foram levadas em conta.

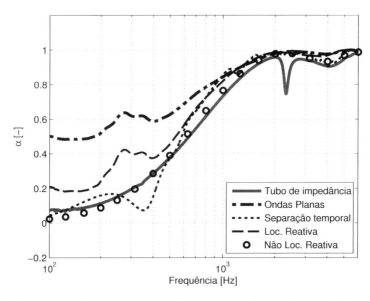

Figura 2.10 Comparação entre os coeficientes de absorção medidos com as técnicas de medição in situ.

A técnica de Mommertz tem um comportamento similar à técnica que considera a amostra como sendo localmente reativa [41]. Ambas são relativamente exatas, mas tendem a sobre-estimar o coeficiente de absorção. Isso está relacionado ao fato de que a amostra medida, uma espuma de 40 [mm] de espessura, não pode ser considerada localmente reativa. Esse efeito foi explorado na referência [6]. Por esse motivo, algumas vezes é preciso usar uma formulação mais exata do campo acústico, que considere que a amostra é não localmente reativa. Brandão et al. [6] propuseram uma nova forma de estimar a impedância de superfície que mostrou uma exatidão melhor (ao custo de uma maior complexidade), o que também é mostrado na Figura 2.10 (linha [o o] indicada como "Não Loc. Reativa"). O pico de 300 [Hz], que aparece em alguns dos coeficiente de absorção, é o resultado da influência do tamanho finito da amostra, como discutido em [33]. Aparentemente o método proposto na referência [6] também é menos sensível à essa influência.

Uma ideia interessante foi proposta em 2005 por Takahashi, Otsuru e Tomiku [42], em que o ruído ambiente foi usado como ruído de excitação. O que difere, nesse caso, é que a grande maioria dos trabalhos apresentados anteriormente usam um ruído estacionário ou impulsivo e

Reflexão especular, impedância e absorção

a fonte ocupa uma posição definida em relação ao sensor. De acordo com os autores, a vantagem de usar ruído ambiente é que nenhum modo particular do ambiente é excitado. O método usa dois microfones (próximos à amostra) e considera o ruído ambiente como um campo difuso excitando a amostra. Embora o campo seja considerado difuso, a medição é fundamentalmente diferente da medição do coeficiente de absorção em câmara reverberante, onde os microfones são espalhados no ambiente e estão distantes da amostra. Considerando que a amostra é localmente reativa, os autores são capazes de calcular a impedância de superfície para incidência normal; no entanto, usando um campo acústico considerado difuso. Medições foram realizadas em uma sala de escritório, um corredor e uma cafeteria, sob variadas condições de ruído ambiente. Os resultados são promissores e a técnica de medição é relativamente simples.

As técnicas *in situ* são muito úteis, pois permitem uma medição que considera a influência do ângulo de incidência e que pode ser aplicada em um ambiente construído, o que pode ser importantíssimo para reformas, adequações de projetos e ajustes de modelos. A multiplicidade de técnicas e métodos faz com que mais pesquisa seja necessária nesse campo, como apontado na referência [28].

2.3 Dispositivos de absorção acústica

Nesta seção, os principais dispositivos usados para absorção sonora serão tratados. Como comentado anteriormente, é necessário, ao se fazer o tratamento acústico de um recinto, que a quantidade de absorção em função da frequência seja equilibrada. Os materiais porosos (Seção 2.3.1), por exemplo, são absorvedores eficientes em altas frequências, os dispositivos baseados em placas perfuradas (Seção 2.3.3) são eficientes em médias frequências e os absorvedores de membrana (Seção 2.3.2) são eficientes em baixas frequências.

2.3.1 Materiais porosos

Os materiais porosos são dispositivos compostos por duas fases, sendo uma fase sólida e outra de fluido. A fase sólida é constituída pelo esqueleto do material, que é formado por fibras, grânulos ou outros que são interconectados (Figura 2.11). A fase fluida é constituída pelo fluido que permeia o esqueleto (geralmente o ar).

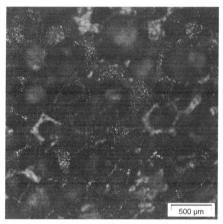 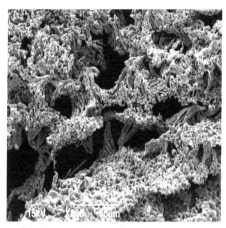

(a) Espuma metálica de alumínio   (b) Material metálico sinterizado

Figura 2.11 Estrutura microscópica de amostras de materiais porosos. (Cortesia do Prof. Dr. Paulo Mareze [43]).

A dissipação da energia nos materiais porosos ocorre por meio da interação entre as fases sólida e fluida. O esqueleto de tais materiais cria uma série de cavidades microscópicas conectadas entre si. A propagação de uma onda sonora dentro do material gera perdas associadas à camada viscosa, criada pelo cisalhamento do fluido próximo ao esqueleto, perdas térmicas associadas às camadas de contorno térmicas que geram fluxos de calor irreversíveis entre fluido e esqueleto e perdas devido à vibração do esqueleto.

Os materiais porosos podem ser classificados de acordo com o tipo de esqueleto que possuem. Costumam ser modelados a partir de modelos matemáticos semiempíricos, que levam em conta grandezas físicas macroscópicas. Por fim, a forma como são montados influencia grandemente seu comportamento acústico (ver Seção 2.1).

2.3.1.1 Tipos de materiais porosos

A forma da estrutura do esqueleto (a nível microscópico) caracteriza os diversos tipos de materiais porosos. Entre eles podem-se citar [44] as lãs minerais, espumas, materiais reciclados etc. O que todos esses materiais têm em comum é que seus poros devem ser abertos ao meio externo[16].

Os materiais fibrosos (lãs minerais), que incluem a lã de rocha, lã de vidro, lã de pet etc, são fabricados com areia, rocha basáltica, vidro reciclado e/ou outros materiais[17]. As matérias-primas brutas são derretidas e filamentos como os de lã são feitos a partir deles. Em conseguinte, os filamentos são concatenados para dar a forma final do material. As características acústicas são dadas pela composição, orientação e dimensão das fibras, bem como pela densidade e pela forma como as fibras são interconectadas no material para formar sua estrutura.

No caso das espumas, a estrutura microscópica do material é diferente das lãs minerais. Nesse caso não se observam filamentos interconectados, mas sim uma estrutura cavernosa complexa (Figura 2.11 (a)). Tais materiais são amplamente utilizados como tratamento acústico.

Existe grande interesse também no uso de materiais reciclados como tecido, metais, espumas e borracha. Um exemplo é o uso de pneus reciclados. Nesse caso a borracha é triturada em pequenos grânulos e estes são colados. O ponto principal é que os grânulos devem ser colados de forma a não fechar o material, ou seja, permite-se que o ar entre e que haja comunicação entre os poros. De acordo com Cox e D'Antonio [44], a vantagem de tais materiais é que podem ser pintados e tem mais resistência a ambientes agressivos. Nesse caso os materiais são classificados como granulares. Os grânulos se arranjam de maneira diferente das fibras, resultando em uma menor porosidade. O comportamento do coeficiente de absorção em relação à frequência é também bastante diferente, sendo crescente para materiais fibrosos e apresentando vales e picos para os granulares [44]. Materiais granulares também apresentam uma espessura a partir da qual o aumento não resulta em maior absorção.

O gesso é outro material que se destaca por ser uma forma de finalização com propriedades estéticas imprescindíveis a alguns arquitetos.

---

[16] Existe de fato uma série enorme de materiais porosos diferentes. É impossível, portanto, mostrar, em uma publicação com espaço limitado, imagens de todos os tipos de material existente. Aconselho o leitor a uma busca pela internet, caso tenha interesse em visualizar as descrições feitas aqui.

[17] O uso de materiais reciclados, como as garrafas pet ou fibras de coco tem atraído interesse atualmente.

É possível aplicar o gesso de forma que camadas de esferas de gesso sejam aplicadas sobre o material poroso, diminuindo-se o tamanho das esferas a cada camada aplicada. A forma como se colam as esferas faz com que a estrutura continue aberta, permitindo que a onda sonora atinja a camada abaixo. A camada mais externa tem esferas bastante pequenas, dando um efeito visual uniforme, mas também atribuindo características de uma membrana bem fina sobre a estrutura, o que resulta em uma diminuição do coeficiente de absorção em altas frequências e em maior absorção em baixas frequências.

2.3.1.2 Parâmetros macroscópicos

Devido à complexidade, irregularidade e multiplicidade de estruturas dos materiais porosos, a tarefa de correlacionar seu comportamento acústico às suas características microscópicas (como diâmetro das fibras, formato dos poros, densidade etc.) torna-se complexa[18]. Faz-se, então, necessária a determinação das propriedades acústicas dos materiais porosos por meio do levantamento de propriedades macroscópicas. Entre tais propriedades, podem-se citar a resistividade ao fluxo, porosidade, tortuosidade e comprimentos característicos.

(i) - Porosidade

A porosidade (ϕ) é definida como a razão entre o volume total dos poros e o volume total ocupado pelo material. Dessa forma ϕ é um valor entre 0 e 1. Bons absorvedores tendem a ter alta porosidade, geralmente superior a 0.95 em lãs minerais e lã de vidro [44]. Na Tabela 2.1 a porosidade de vários tipos de amostras porosas é mostrada. Nota-se que, ao contrário das amostras de lãs minerais, espumas etc., que são eficientes absorvedores em altas frequências, amostras como o tijolo e o mármore têm uma porosidade baixa. Essa baixa porosidade indica um material que não permite a refração da onda sonora, sendo portanto um bom refletor em toda a faixa de frequência (em vez de um bom absorvedor).

---

[18] De fato, creio que seja seguro dizer que a comparação do coeficiente de absorção de uma ampla variedade de produtos se torna inviável para um livro, já que existe uma multiplicidade enorme de dispositivos comerciais disponíveis e sua forma de montagem altera o coeficiente de absorção.

Reflexão especular, impedância e absorção

Tabela 2.1 Porosidade típica de algumas amostras segundo Cox e D'Antonio [44].

Material	Porosidade típica
Lã mineral	0.92-0.99
Espumas acústicas	0.95-0.995
Feltro	0.83-0.95
Fibras de madeira	0.65-0.80
Grânulos de borracha	0.44-0.54
Tijolo	0.25-0.30
Asfalto poroso	0.18-0.20
Metal sinterizado	0.10-0.25
Mármore	≈ 0.005

(ii) - Resistividade ao fluxo

Segundo Cox e D'Antonio [44], a resistividade é uma medida do quão fácil um fluxo de ar pode penetrar e atravessar uma camada de material poroso. É a característica macroscópica mais importante para se observar em um material poroso. Matematicamente, a resistividade é a razão entre a queda de pressão (Δp) que existe quando um fluxo de velocidade constante (U) atravessa uma camada de material poroso de espessura d, de modo que

$$\sigma = \frac{\Delta p}{U\,d}\,, \tag{2.24}$$

com σ dado em [Rayl] ou [$N \cdot s\,/m^4$].

Uma alta resistividade significa que o material tende a se comportar como uma barreira à onda incidente. Uma pequena resistividade faz com que uma onda sonora (ou um fluxo de ar) atravesse o material sem que este ofereça uma boa quantidade de resistência (perdas). Assim, o material precisa ter uma resistividade adequada à sua aplicação. A resistividade ao fluxo também é um dos parâmetros de maior variação entre os diferentes tipos de materiais acústicos, o que torna sua determinação essencial na caracterização de tais materiais. Diversos métodos para a medição da resistividade ao fluxo são discutidos no trabalho de Mareze [43]. Uma aproximação bastante rudimentar para faixas de valores de resistividade ao fluxo pode ser vista na Tabela 2.2.

Tabela 2.2 Faixas de valores de resistividade ao fluxo (de forma rudimentar) para alguns materiais.

Resistividade ao fluxo $[\mathrm{N} \cdot \mathrm{s} /\mathrm{m}^4]$	Material
5000 - 20000	Espumas e materiais fibrosos de baixa densidade
20000 - 60000	Materiais fibrosos de alta densidade
60000 - 400000	Alguns tipos de pisos como grama, terra compactada etc.

(iii) - Tortuosidade

A tortuosidade (α_∞) é a medida do desvio da orientação dos poros em relação à direção de propagação no interior do material, e da não uniformidade dos poros ao longo da seção transversal. No caso de cilindros alinhados na mesma direção, a tortuosidade é somente afetada pelo ângulo de incidência da onda sonora. Segundo Cox e D'Antonio [44], para medir a tortuosidade, pode-se saturar o material com um líquido condutor elétrico de resistividade elétrica conhecida. Pode-se, assim, estimar a tortuosidade a partir da resistência elétrica da amostra saturada. Um outro método está baseado no fato de que, em altas frequências, o coeficiente de reflexão de um material está diretamente relacionado à tortuosidade e usa, para a sua determinação, a transmissão de pulsos ultrassônicos através de uma amostra de espessura d. A estimativa é então realizada a partir da diferença de tempo de recepção do pulso transmitido para as situações com e sem a amostra entre emissor e receptor [6]. Na Tabela 2.3 a tortuosidade de vários tipos de amostras porosas é mostrada.

Reflexão especular, impedância e absorção

Tabela 2.3 Tortuosidade típica de várias amostras segundo Cox e D'Antonio [44].

Material	Tortuosidade típica
Materiais fibrosos e lã de rocha	1.00-1.06
Fibras de Poliéster	1.01-1.05
Espuma plástica	1.06-1.70
Melanima	1.01
Espuma de poliuretano	1.08-1.41
Espuma metálica	1.27
Areia seca ou solo seco	1.27-3.32
Materiais granulares	1.10-1.80
Cascalho	1.50-1.80
Asfalto poroso	3.20-15.00
Grânulos de borracha	1.38-1.56
Feltro	1.01

(iv) - Comprimentos característicos

Os comprimentos característicos representam a razão média entre o volume e a área superficial dos poros do material. São o Comprimento Viscoso Característico (Λ) e o Comprimento Térmico Característico (Λ'), que dependendo do formato geométrico da seção transversal dos poros (circular, quadrado, triangular etc.) alteram as perdas por efeitos térmicos e viscosos. A Tabela 2.4 mostra os comprimentos característicos de vários tipos de amostras porosas.

Tabela 2.4 Comprimentos característicos típicos de várias amostras segundo Cox e D'Antonio [44].

Material	Λ [µm]	Λ' [µm]
Melanima	160	290
Espuma plástica	25 & 230	70 & 690
Poliuretano	200	370
Espuma metálica	20	-
Fibra de vidro	60-180	125-400
Fibras de Poliéster	50-270	100-540
Feltro	30	60

2.3.1.3 Modelos empíricos e semiempíricos de materiais porosos

Além de medir a impedância e/ou o coeficiente de absorção sonora de amostras porosas, é possível criar modelos para prever sua absorção. Muitos desses modelos são mostrados por Cox e D'Antonio [44], Allard e Atalla [1] e Mareze [43]. Alguns deles serão mostrados nesta seção.

(i) - O modelo de Delany e Bazley

No trabalho de Delany e Bazley [45], os autores realizaram uma série de medições em materiais fibrosos com diferentes tipos e espessuras de fibras minerais. Todas as medições foram realizadas em um tubo de impedância, garantindo incidência normal. A resistividade ao fluxo σ foi medida por meio da medição da diferença das pressões estáticas entre duas faces da amostra quando ela é submetida a um fluxo de ar com velocidade conhecida e constante. Os resultados obtidos levaram à conclusão de que as partes real e imaginária da impedância característica (Z_c) e do número de onda característico (k_c) das amostras podem ser expressos em função de $(f/\sigma)^{-a}$, em que $a > 0$ é uma constante diferente para as partes real e imaginária da impedância característica e do número de onda característico, de modo que são dados respectivamente pelas seguintes equações:

Reflexão especular, impedância e absorção   157

$$\frac{Z_c}{\rho_0 c_0} = 1 + 9.08 \left(\frac{1000 f}{\sigma}\right)^{-0.75} - j11.9 \left(\frac{1000 f}{\sigma}\right)^{-0.73}, \qquad (2.25)$$

$$\frac{k_c}{-jk_0} = 10.3 \left(\frac{1000 f}{\sigma}\right)^{-0.59} + j \left[1 + 10.8 \left(\frac{1000 f}{\sigma}\right)^{-0.70}\right], \qquad (2.26)$$

nas quais f é a frequência.

O modelo apresentado por Delany e Bazley [45] é bastante simples, sendo as características acústicas da amostra fibrosa inteiramente dependentes da resistividade ao fluxo. No entanto, apresenta limitações intrínsecas que levam a uma errônea modelagem, especialmente em baixas frequências. De acordo com os autores, uma boa prática é limitar a análise à faixa $0.01 < f/\sigma < 1.00$.

(ii) - O modelo de Allard

Allard e Champoux [46] usaram a formulação proposta por Johnson, Koplik e Dashen [47] para estabelecer um modelo de propagação do som em meios porosos. Com base na descrição das forças viscosas atuantes entre o esqueleto rígido[19] de uma amostra porosa e o fluido em seu interior, os autores obtiveram relações semiempíricas. O modelo proposto é baseado nos parâmetros macroscópicos, independentes da frequência, que descrevem as características acústicas do material em questão. Nesse caso, a densidade característica e o módulo de compressibilidade são dados respectivamente por:

$$\rho_c = \rho_0 \alpha_\infty \left[1 + \frac{\sigma\phi}{j\alpha_\infty\rho_0\omega} \left(1 + \frac{4j\alpha_\infty^2\eta\rho_0\omega}{\sigma^2\Lambda^2\phi^2}\right)^{1/2}\right], \qquad (2.27)$$

$$K = \gamma P_0 \bigg/ \left[\gamma - \frac{\gamma - 1}{1 + \frac{\sigma\phi}{j\alpha_\infty\rho_0 B_2\omega}\left(1 + \frac{4j\alpha_\infty^2\eta\rho_0 B_2\omega}{\sigma^2\Lambda^2\phi^2}\right)^{1/2}}\right], \qquad (2.28)$$

em que $\eta = 1.84\,10^{-5}$ [Pa·s] é a viscosidade do ar, $B_2 = 0.77$ o número de Prandtl e $\gamma = C_p/C_p$ é a razão de calores específicos do gás à pressão constante C_p e à volume constante C_v[20].

---

[19] Uma simplificação da formulação física.

[20] O calor específico é uma medida da quantidade de calor, dada em [J], necessária para aumentar a temperatura de 1 mol de uma substância pura de 1 [°C].

No caso do modelos (ii), a impedância característica e o número de onda característico da amostra porosa são dados respectivamente por:

$$Z_c = \sqrt{K \rho_c} \, , \tag{2.29}$$

$$k_c = \omega \sqrt{\rho_c / K} \, . \tag{2.30}$$

Com esses dados pode-se calcular a impedância de superfície, o coeficiente de reflexão e o coeficiente de absorção da amostra, de acordo com sua forma de montagem (ver Seções 2.1.1 a 2.1.3).

2.3.1.4 Alguns resultados para materiais porosos

A Figura 2.12 mostra o coeficiente de absorção para incidência normal ($\theta = 0$ [°]) calculado de acordo com os modelos de Delany e Bazley [45] e Allard e Champoux [46] para uma amostra com $d_1 = 0.025$ [m] de espessura colocada sobre uma superfície rígida (Seção 2.1.2). Os demais dados são: $\sigma = 25000$ [N·s/m^4]; $\phi = 0.96$ [-]; $\alpha_\infty = 1.1$ [-]; $\Lambda = 10^{-4}$ [μm] e $\Lambda' = 2\Lambda$. As respostas desses dois modelos apresentam comportamentos similares, mas há diferenças ao longo de todo o espectro. Nota-se especialmente o desvio em baixas frequências, em que o modelo de Delany e Bazley apresenta um comportamento errôneo, já que sua validade é limitada a $0.01 < f/\sigma < 1.0$.

A Figura 2.13 mostra a simulação do coeficiente de absorção ($\theta = 0$ [°]) de uma amostra com as mesmas características físicas da simulação anterior, porém com espessura variável. Observa-se que, com o aumento da espessura da amostra, o coeficiente de absorção aumenta em baixas frequências, mas permanece próximo da unidade em altas frequências. Note, no entanto, que mesmo amostras bastante espessas não apresentam um alto coeficiente de absorção em baixas frequências.

A Figura 2.14 mostra a simulação do coeficiente de absorção para amostras com diferentes resistividades ao fluxo, todavia mantendo as demais características físicas das simulações anteriores (a espessura da amostra é $d_1 = 0.025$ [m]). Observa-se que o aumento da resistividade ao fluxo tem um efeito de aumentar o coeficiente de absorção em baixas

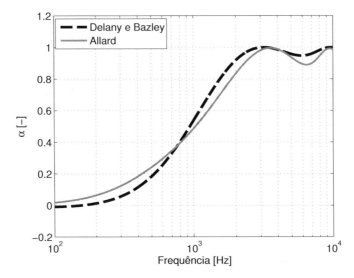

Figura 2.12 Coeficiente de absorção calculado com os modelos de Delany e Bazley e Allard e Champoux.

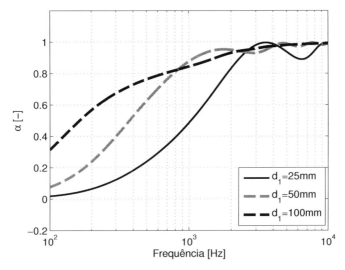

Figura 2.13 Coeficiente de absorção calculado para amostras com diferentes espessuras pelo modelo de Allard e Champoux.

frequências e diminuir nas altas frequências. Em baixas frequências o aumento da resistividade significa um aumento da energia dissipada nos poros devido ao maior índice de refração nessa faixa. Em altas frequências, o índice de refração diminui e o aumento da resistividade tende a tornar a amostra mais reflexiva.

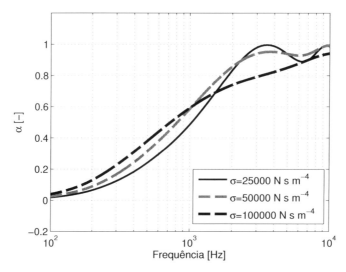

Figura 2.14 Coeficiente de absorção calculado para amostras com diferentes resistividades pelo modelo de Allard e Champoux.

Uma alternativa à montagem dos materiais porosos diretamente sobre a parede é dispô-los sobre um colchão de ar, de acordo com o esquema mostrado na Figura 2.15. Nesse caso, a espessura total da amostra é D [m] e o colchão de ar tem espessura $D - d_1$ [m]. A impedância de superfície é calculada de acordo com o desenvolvimento mostrado na Seção 2.1.3. Como, nesse caso, a Camada 2 é ar, a impedância de superfície no topo dessa camada, para incidência normal, é:

$$Z_{s_{ar}} = -\mathrm{j}\rho_0 c_0 \cot\left(k_0(D - d_1)\right), \qquad (2.31)$$

e a impedância de superfície total será, de acordo com a Equação (2.14):

$$Z_s = \frac{-\mathrm{j}Z_{s_{ar}} Z_1 \cot(k_1 d_1) + Z_1^2}{Z_{s_{ar}} - \mathrm{j}Z_1 \cot(k_1 d_1)}. \qquad (2.32)$$

A Figura 2.16 mostra o coeficiente de absorção para amostras de material poroso montadas sobre uma superfície rígida e sobre colchões de ar com diferentes espessuras. É possível notar que o colchão de ar faz com que o coeficiente de absorção aumente em baixas frequências, enquanto mantém altos valores nas altas frequências. O custo do aumento da absorção em baixas frequências é um maior espaço ocupado. Esse espaço pode se tornar muito grande caso se deseje altíssima absorção em baixíssimas frequências.

Figura 2.15 Esquema alternativo de montagem do material poroso sobre um colchão de ar.

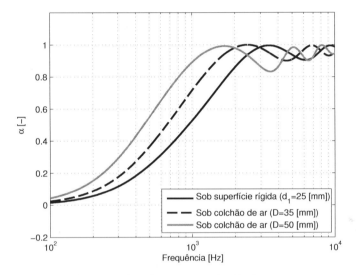

Figura 2.16 Coeficiente de absorção calculado para amostras com diferentes condições de montagem (estimados pelo modelo de Allard e Champoux).

Como os materiais porosos são efetivos na atenuação de altas frequências e pouco efetivos nas baixas, é preciso dispor de dispositivos que sejam efetivos na absorção em outras faixas de frequência. Assim, é possível ter tanto uma larga banda de absorção como também equilibrar a quantidade de absorção nas diversas faixas de frequências. Tal objetivo pode ser alcançado com o uso de absorvedores ressonantes, por exemplo.

Alguns absorvedores ressonantes usam materiais porosos em seu interior e, portanto, a modelagem dos materiais porosos influencia na modelagem do absorvedor como um todo. Entre os absorvedores ressonantes, estão os absorvedores tipo placa perfurada (Seção 2.3.3) e os absorvedores de membrana (Seção 2.3.2). Em ambos os casos pode haver situações em que se utilizam materiais porosos.

2.3.2 Absorvedores de membrana

O absorvedor de membrana é um tipo de absorvedor ressonante e seu mecanismo de absorção envolve uma massa vibrando sobre uma mola e amortecedor equivalentes. Esse absorvedor consiste em uma cavidade fechada. A cavidade é lacrada[21] por uma membrana flexível que é forçada a vibrar sobre o colchão de ar quando da ação de uma onda sonora. A Figura 2.17 ilustra um esquema de um absorvedor de membrana.

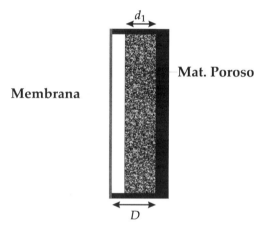

Figura 2.17 Desenho esquemático de um absorvedor de membrana.

A partir do ponto de vista exposto no parágrafo anterior, o absorvedor de membrana pode ser então modelado como um sistema com um grau de liberdade (S1GL) [48]. Assim, para encontrar a frequência de

---

[21] Estou cometendo um erro deliberado ou ao menos uma omissão. Existem alternativas à cavidade completamente fechada, mas não vamos lidar com a matemática envolvida na modelagem delas nesta edição. O ponto usado no livro é que o ar em uma cavidade fechada apresenta uma determinada rigidez (como uma mola). No caso da cavidade alternativa, o que se deve fazer é calcular a rigidez correta. É fácil calcular essa rigidez para uma cavidade lacrada, e daí a omissão.

Reflexão especular, impedância e absorção 163

ressonância desse absorvedor, é necessário conhecer sua massa e rigidez, já que a frequência de ressonância de um S1GL é dada por:

$$f_{\text{res}} = \frac{1}{2\pi} \sqrt{\frac{k_{\text{mola}}}{M}} \qquad (2.33)$$

em que f_{res} é a frequência de ressonância em [Hz], k_{mola} é a contante da mola em [N/m] e M é a massa em [kg].

A massa do absorvedor de membrana é representada pela massa da membrana (M, em [kg]), que é dada pelo produto entre a densidade volumétrica do material do qual é feito a membrana (ρ_m), a espessura (t_m) da membrana e sua área de superfície S_m [m^2], logo

$$M = \rho_m \, t_m \, S_m . \qquad (2.34)$$

A rigidez é proporcionada pela compressibilidade do volume de gás enclausurado na cavidade do absorvedor de membrana. Considerando-se que esse gás se comporta como gás perfeito e que há somente ar na cavidade (sem material poroso), temos que pV^γ é constante. Assim, derivando essa relação em relação à V, obtém-se:

$$\frac{\mathrm{d}(pV^\gamma)}{\mathrm{d}V} = p\gamma V^{\gamma-1} + V^\gamma \frac{\mathrm{d}p}{\mathrm{d}V} = 0,$$

$$\frac{\mathrm{d}p}{\mathrm{d}V} = -\frac{\gamma p}{V} .$$

Por conseguinte, como a velocidade do som pode ser expressa em termos da razão de calores específicos, γ, pressão e densidade do fluido, tem-se para o ar que $c_0 = \sqrt{\gamma \, p/\rho_0}$. Substituindo-se essa relação na equação anterior, e usando $\gamma = \rho_0 c_0^2 / p$, tem-se

$$\frac{\mathrm{d}p}{\mathrm{d}V} = -\frac{\rho_0 c_0^2}{V} . \qquad (2.35)$$

De modo que $\mathrm{d}F = S_m \mathrm{d}p$ e $\mathrm{d}V = S_m \mathrm{d}x$, a equação anterior se torna a Lei de Hooke, da qual se extrai a constante elástica:

$$\frac{\mathrm{d}p}{\mathrm{d}V} = \frac{\mathrm{d}F}{S_{\mathrm{m}}^2 \mathrm{d}x} = -\frac{\rho_0 c_0^2}{V} \,,$$

assim,

$$\frac{\mathrm{d}F}{\mathrm{d}x} = -k_{\mathrm{mola}} \Longrightarrow k_{\mathrm{mola}} = \frac{\rho_0 c_0^2 \, S_{\mathrm{m}}^2}{V} \,. \tag{2.36}$$

Logo, para calcular a frequência de ressonância de um absorvedor de membrana, cuja cavidade é preenchida somente com ar, pode-se usar as Equações (2.36) e (2.34) na Equação (2.33); assim,

$$f_{\mathrm{res}} = \frac{1}{2\pi} \sqrt{\frac{\rho_0 c_0^2 \, S_{\mathrm{m}}^2}{V \, \rho_{\mathrm{m}} \, t_{\mathrm{m}} \, S_{\mathrm{m}}}} \,.$$

Como o volume no interior da cavidade é $V = S_{\mathrm{m}} \, D$, tem-se:

$$f_{\mathrm{res}} = \frac{1}{2\pi} \sqrt{\frac{\rho_0 c_0^2}{D \, \rho_{\mathrm{m}} \, t_{\mathrm{m}}}} \,, \tag{2.37}$$

sendo $\rho_0 = 1.21 \, [\mathrm{kg/m^3}]$; $c_0 = 343 \, [\mathrm{m/s}]$ e $m'' = \rho_{\mathrm{m}} \, t_{\mathrm{m}}$ a densidade superficial da membrana dada em $[\mathrm{kg/m^2}]$. A Equação (2.37) pode ser reescrita como:

$$f_{60} = \frac{60}{\sqrt{m'' \, D}} \,. \tag{2.38}$$

Para cavidades preenchidas com material poroso, a equação mais correta para a frequência de ressonância é

$$f_{60} = \frac{50}{\sqrt{m'' \, D}} \,, \tag{2.39}$$

pois, segundo Cox e D'Antonio [44], as condições mudam de adiabáticas para isotérmicas. As Equações (2.38) e (2.39) servem como guia no início do projeto de um absorvedor de membrana. Elas mostram que, para se obter uma menor frequência de ressonância (região onde se concentra a absorção), deve-se ou aumentar a densidade superficial da membrana ou

Reflexão especular, impedância e absorção

aumentar a profundidade da cavidade do absorvedor. No entanto, essas equações não mostram qual é o coeficiente de absorção do dispositivo. Para isso far-se-á uso das derivações mostradas na Seção 2.1.

Assim, para calcular o coeficiente de absorção do absorvedor de membrana, é preciso calcular sua impedância de superfície Z_s. Essa será composta pela soma da impedância da membrana com a impedância de superfície vista no topo da camada de ar (acima da amostra de material poroso, Z_{si}, Seção 2.1.3). A impedância da membrana é composta pela parte real, que é resistência acústica, relacionada às perdas internas devido à vibração e perdas devido ao atrito nos apoios, e pela parte imaginária (massa da membrana). Normalmente a resistência acústica da membrana pode ser desprezada, pois é bem menor que as perdas oferecidas pelo material poroso. A impedância da membrana então é:

$$Z_m = j\omega m''. \qquad (2.40)$$

Para se calcular a impedância de superfície vista no topo da camada de ar, nota-se na Figura 2.17 que o interior do absorvedor de membrana é composto por uma camada de ar acima de uma camada de material poroso. Assim, Z_{si} pode ser obtido a partir da Equação (2.14). Aqui, se calculará o caso de incidência normal ($\theta = \theta_t = 0 \, [°]$). Nota-se que a camada inferior é composta por uma amostra de material poroso de espessura d_1, com número de onda k_p e impedância característica Z_p. Assim, a impedância no topo da camada de material poroso é

$$Z_{sp} = -jZ_p\cot(k_p d_1). \qquad (2.41)$$

Já a camada de ar acima da camada de material poroso tem espessura $D - d_1$, com número de onda k_0 e impedância característica $Z_0 = \rho_0 c_0$. Assim, Z_{si} é obtido da Equação (2.14) e se torna nesse caso

$$Z_{si} = \frac{-jZ_{sp}\,\rho_0 c_0 \cot[k_0(D-d_1)] + (\rho_0 c_0)^2}{Z_{sp} - j\rho_0 c_0 \cot[k_0(D-d_1)]}. \qquad (2.42)$$

A impedância de superfície do absorvedor de membrana é dada então pela soma das impedâncias das Equações (2.40) e (2.42); logo

$$Z_\text{s} = j\omega m'' + \frac{-jZ_\text{sp}\,\rho_0 c_0 \cot[k_0(D-d_1)] + (\rho_0 c_0)^2}{Z_\text{sp} - j\rho_0 c_0 \cot[k_0(D-d_1)]}. \qquad (2.43)$$

Com a impedância de superfície é possível calcular o coeficiente de reflexão (Equação (2.5)) e o coeficiente de absorção (Equação (2.15)) para diversos tipos de configuração do absorvedor.

A seguir se fará a análise do coeficiente de absorção para diferentes tipos de membrana, cavidade e quantidade de material poroso utilizados. As Figuras 2.18 (a) e 2.18 (b) mostram o efeito do aumento da espessura e da densidade da membrana. Com o aumento de m'', a frequência de ressonância se torna menor, como previsto nas Equações (2.38) e (2.39). Pode-se observar também uma diminuição da largura de banda de absorção com o aumento da densidade superficial. De fato, é preciso tomar muito cuidado com esse parâmetro. O projeto de absorvedores de membrana com uma largura de banda de absorção muito estreita pode levar a efeitos indesejados, já que pequenos erros de projeto inerentes a inexatidão do modelo matemático do absorvedor podem levar à atenuação de faixas de frequência que não se desejam atenuar, bem como à não atenuação das faixas-alvo. Voltaremos a essa questão no Capítulo 4.

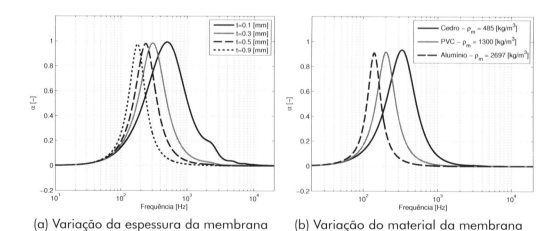

(a) Variação da espessura da membrana (b) Variação do material da membrana

Figura 2.18 Coeficiente de absorção de um absorvedor de membrana, com $D = 10$ [cm] e $d_1 = 7$ [cm], para diferentes configurações de espessura e material da membrana.

A Figura 2.19 mostra os efeitos da variação da profundidade total da cavidade (D) mantendo-se uma espessura de material poroso de 50% de D. O aumento de D provoca uma diminuição da frequência de ressonância e também o aumento da largura de banda de absorção. Assim, é possível estabelecer um compromisso entre a densidade superficial da membrana e o espaço ocupado pelo absorvedor, expresso por D. É necessário, muitas vezes, projetar o absorvedor com uma cavidade relativamente grande, de forma que a largura de banda de absorção se mantenha com valores adequados. No entanto, é válido ressaltar que o valor de D será bastante menor quando comparado à espessura de uma amostra de material poroso, quando somente a última é usada para absorção em baixas frequências. Isso faz do absorvedor de membrana o candidato ideal para atuação nessa faixa de frequências.

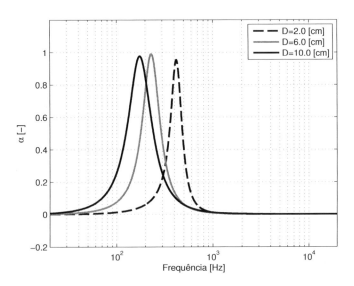

Figura 2.19 Coeficiente de absorção de um absorvedor de membrana com $m'' = 1.3$ [kg/m^2] e $d_1 = 0.5D$ (variação da profundidade da cavidade).

A Figura 2.20 mostra como a quantidade de material acústico na cavidade interfere na resposta do absorvedor de membrana. O que se pode notar, em primeira instância, é que o aumento da quantidade de material acústico na cavidade leva a um aumento do coeficiente de absorção e da largura de banda, bem como a uma diminuição da frequência de ressonância, o que concorda com o exposto a respeito das Equações (2.38) e (2.39). É esperado que o coeficiente de absorção chegue a um máximo com o aumento da quantidade de material. Nota-se, no entanto, que existe um ponto ótimo de quantidade de material poroso para o máximo coeficiente de absorção. Quando se utiliza uma maior quantidade de material poroso que esse ponto ótimo, o coeficiente de absorção tende a diminuir ligeiramente, mas a largura de banda de absorção tende a aumentar. É necessário, no entanto, notar que o desempenho do absorvedor depende em algum grau das propriedades acústicas do material poroso e que a membrana deve ser livre para vibrar quando sofrer a incidência de uma onda sonora. Se a amostra de material poroso tocar a membrana, esta pode passar a vibrar menos, o que acaba por diminuir o coeficiente de absorção do dispositivo.

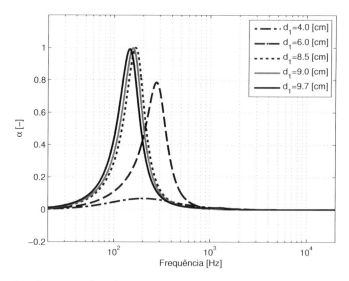

Figura 2.20 Coeficiente de absorção de um absorvedor de membrana com $m'' = 1.4 \, [\mathrm{kg/m}^2]$ e $D = 10 \, [\mathrm{cm}]$ (variação da quantidade de material poroso na cavidade).

A Figura 2.21 mostra o coeficiente de absorção de um absorvedor de membrana projetado para absorver em 60 [Hz]. Nota-se aqui que existe um compromisso entre a densidade superficial da membrana (relativamente alta) e a profundidade da cavidade, a fim de manter a largura de banda de absorção o maior possível. Assim, $D = 21 \, [\mathrm{cm}]$, o que parece um absorvedor de grandes dimensões. Note, no entanto, que para a frequência de 60 [Hz], o comprimento de onda é de $\lambda = 5.72 \, [\mathrm{m}]$. Nesse caso, se desejássemos absorção por material poroso, a espessura necessária da amostra seria de $\lambda/4 = 1.43$ [m], o que a torna proibitiva em termos de espaço ocupado. O absorvedor de membrana, nesse caso, ocupa 7 vezes menos espaço. Na Figura 2.6 é possível ver alguns exemplos de absorvedores de membrana instalados nas paredes de uma das câmaras reverberantes do laboratório de acústica da UFSM. As membranas dos absorvedores são pintadas por razões estéticas. O posicionamento de absorvedores de membrana na sala é também um aspecto crítico, que será abordado no Capítulo 4.

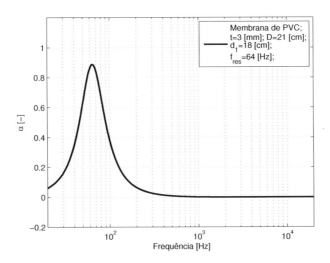

Figura 2.21 Coeficiente de absorção de um absorvedor de membrana otimizado para 60 [Hz].

2.3.3 Absorverores tipo placa perfurada

O absorvedor tipo placa perfurada é composto por uma cavidade preenchida parcialmente com ar e material poroso. No topo da cavidade existe uma placa com perfurações. Um esquema desse tipo de absorvedor pode ser visto na Figura 2.22. Para a construção de um modelo matemático do absorvedor, assume-se que a placa seja perfurada nas duas direções com o mesmo espaçamento entre os furos, que também apresentarão o mesmo diâmetro. De acordo com Cox e D'Antonio [44], o absorvedor pode ser subdividido em células de área b^2 e o modelo considerará que a célula se repete nas duas direções. No entanto, em baixas frequências as células não serão independentes uma da outra. Essa interdependência se torna ainda maior nos casos de incidência oblíqua e, para obter um modelo matemático confiável, será necessário criar separações entre as células no absorvedor real. Isso poderá ajudar a manter um alto coeficiente de absorção por incidência difusa, o que é o caso da acústica de salas. A subdivisão do volume interno em células individuais impede a propagação lateral entre as células, típica da incidência oblíqua e difusa, o que maximiza o coeficiente de absorção da amostra.

Se apenas uma célula do absorvedor tipo placa perfurada for considerada, ela se torna um ressonador de Helmholtz simples (Figura 2.22 (b)), que é um sistema acústico constituído por um volume V que se comunica com o meio externo através de uma pequena abertura de raio a e comprimento l.

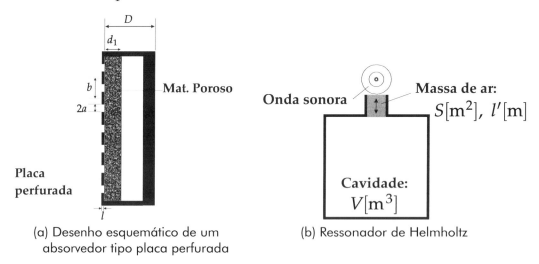

(a) Desenho esquemático de um absorvedor tipo placa perfurada

(b) Ressonador de Helmholtz

Figura 2.22 Absorvedor tipo placa perfurada.

O ressonador de Helmholtz por sua vez, é um S1GL cuja massa é representada pela massa de ar contida na abertura de raio a e comprimento l; assim,

$$M = \rho_0 \pi a^2 l', \qquad (2.44)$$

sendo $l' = l + 1.7a$ o comprimento corrigido do tubo. Essa correção está relacionada à quantidade de ar próxima ao tubo de entrada do ressonador [3]. A rigidez do volume V é obtida por meio da Equação (2.36), e é dada, para esse caso, por:

Reflexão especular, impedância e absorção

$$k_{\text{mola}} = \frac{\rho_0 c_0^2 \, (\pi a^2)^2}{V} , \qquad (2.45)$$

em que o termo de área $S = \pi a^2$ tem a ver com o fato de que a força é exercida na mola por meio da área da perfuração de raio a.

Inserindo as Equações (2.44) e (2.45) na Equação (2.33), obtém-se a frequência de ressonância do ressonador de Helmholtz, dada na Equação (2.46):

$$f_{\text{res}} = \frac{1}{2\pi} \sqrt{\frac{\rho_0 c_0^2 \, (\pi a^2)^2}{V \, \rho_0 \pi a^2 l'}} ,$$

$$f_{\text{res}} = \frac{c_0}{2\pi} \sqrt{\frac{\pi a^2}{V \, l'}} . \qquad (2.46)$$

Para o caso do absorvedor tipo placa perfurada, o volume de uma célula é dado por $V = b^2 D$ e, assim, a frequência de ressonância se torna:

$$f_{\text{res}} = \frac{c_0}{2\pi} \sqrt{\frac{\pi a^2}{b^2 \, Dl'}} .$$

Chamando $\psi = \pi a^2 / b^2$ como a razão de área perfurada, que expressa a razão entre a área das perfurações pela área da placa rígida, tem-se:

$$f_{\text{res}} = \frac{c_0}{2\pi} \sqrt{\frac{\psi}{Dl'}} . \qquad (2.47)$$

A Equação (2.47) mostra que, para se obter uma menor frequência de ressonância, deve-se ou aumentar a profundidade da cavidade do absorvedor (diminuir a rigidez de mola) ou aumentar o comprimento da placa perfurada e/ou diminuir a razão de área perfurada. O aumento do comprimento da placa está relacionado a um aumento da massa total de ar nos furos. Já a diminuição da razão de área perfurada está relacionada a relação massa de ar nos furos pelo volume da cavidade e sua diminuição leva a uma menor frequência de ressonância. A Equação (2.47) não mostra, no entanto, qual é o coeficiente de absorção do dispositivo. Para determiná-lo as derivações mostradas na Seção 2.1 serão usadas.

A impedância de superfície Z_s será composta pela soma da impedância da placa perfurada com a impedância de superfície vista no topo da camada de material poroso (acima do colchão de ar, Z_{si}). A impedância da placa perfurada é composta pela resistência acústica (perdas devidas ao escoamento do ar nas perfurações da placa) e pela reatância acústica dada pela massa de ar contida nas perfurações. Para perfurações cujos raios a são da ordem de [mm], a resistência acústica da placa perfurada pode ser desprezada, pois é bem menor que as perdas oferecidas pelo material poroso. Assim, a impedância da placa perfurada é:

$$Z_{pp} = j\omega m'', \tag{2.48}$$

na qual $m'' = \rho_0 \pi a^2 l' / b^2$ é a densidade superficial do gás contido na perfuração.

Para calcular a impedância de superfície vista no topo da camada de material poroso, nota-se que na Figura 2.22 (a) o interior do absorvedor é composto por uma camada de material poroso sobre uma camada de ar. Assim, Z_{si} pode ser obtido da Equação (2.14). Aqui se calculará o caso de incidência normal ($\theta = \theta_t = 0$ [°]). Além disso, é possível se observar que a camada inferior é composta por uma camada de ar de espessura $D - d_1$, com número de onda k_0 e impedância característica $Z_0 = \rho_0 c_0$. Assim, a impedância no topo da camada de ar é dada por:

$$Z_{sar} = -j\rho_0 c_0 \cot\left[k_0(D - d_1)\right]. \tag{2.49}$$

A camada de material poroso acima da camada de ar tem espessura d_1, com número de onda k_p e impedância característica Z_p. Assim, Z_{si} é obtido da Equação (2.14) e se torna nesse caso:

$$Z_{si} = \frac{-jZ_{sar}Z_p \cot(k_p d_1) + (Z_p)^2}{Z_{sar} - jZ_p \cot(k_p d_1)}. \tag{2.50}$$

A impedância de superfície do absorvedor tipo placa perfurada pode ser obtida então pela soma das impedâncias das Equações (2.48) e (2.50), assim,

$$Z_s = j\omega \frac{\rho_0 \pi a^2 l'}{b^2} + \frac{-jZ_{sar}Z_p \cot(k_p d_1) + (Z_p)^2}{Z_{sar} - jZ_p \cot(k_p d_1)}. \tag{2.51}$$

Com a impedância de superfície, é possível calcular o coeficiente de reflexão (Equação (2.5)) e o coeficiente de absorção (Equação (2.15)) para diversos tipos de configuração do absorvedor. A seguir será feito a análise do coeficiente de absorção para diferentes tipos de placa perfurada, cavidades e quantidade de material poroso utilizada.

Nas figuras a seguir, o coeficiente de absorção de absorvedores de placa perfurada é mostrado comparando-se os efeitos dos parâmetros do absorvedor. Para os parâmetros de controle, tem-se que a espessura da placa é $t = 2.5$ [cm]; o diâmetro dos furos é $2a = 5$ [mm] e a espessura da cavidade é de $D = 10$ [cm], preenchida com material poroso de $d_1 = 4$ [cm] de espessura. O material poroso em questão tem resistividade ao fluxo $\sigma = 20000$ [N·s/m^4]. Os parâmetros que variam são indicados nas legendas dos gráficos. A Figura 2.23 (a) mostra o efeito da variação da razão de área perfurada ψ. O aumento de ψ tem como consequência um aumento na frequência de ressonância, bem como um aumento na faixa de máxima absorção. O aumento de ψ, nesse caso, está relacionado a uma diminuição na distância entre os furos (b), o que tem dois efeitos: (i) - a rigidez acústica do absorvedor efetivamente cresce devido ao menor volume da cavidade; (ii) - de acordo com a Equação (2.51), a densidade superficial da massa de ar diminui; tais efeitos se combinam para causar o aumento na frequência de ressonância e na faixa de máxima absorção.

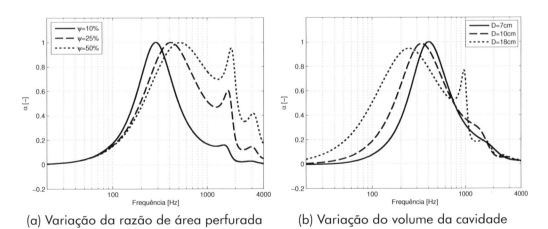

(a) Variação da razão de área perfurada (b) Variação do volume da cavidade

Figura 2.23 Coeficiente de absorção de um absorvedor tipo placa perfurada (variação da razão de área e do volume da cavidade).

A Figura 2.23 (b) mostra os efeitos da variação da espessura da cavidade no coeficiente de absorção. Os parâmetros de controle são os mesmos e a razão de área perfurada é de $\psi = 15$ [%]. À medida que D aumenta, a frequência de ressonância diminui e a faixa de absorção aumenta, o que está relacionado à diminuição da rigidez do volume de fluido contido na cavidade. O coeficiente de absorção também diminui ligeiramente com o aumento de D, já que existe um aumento do volume de fluido na cavidade e a quantidade de material poroso é mantida constante.

Na Figura 2.24 (a) pode-se observar que, com o aumento da espessura da placa perfurada l, existe uma diminuição da frequência de ressonância e da faixa de absorção. Esse é o mesmo efeito observado nos absorvedores de membrana (ver Seção 2.3.2) e se deve ao aumento da massa de ar contida nos furos. A Figura 2.24 (b) mostra uma comparação para o material poroso posicionado após os furos e para o material poroso posicionado sobre a parede rígida. No segundo caso, a impedância de superfície precisa ser recalculada, já que a configuração do absorvedor mudou (o raciocínio é o mesmo do apresentado para a primeira configuração). O coeficiente de absorção da amostra que possui o material poroso após a placa perfurada consideravelmente maior, já que a velocidade de partícula sobre os furos é maior, o que aumenta a efetividade da absorção. Medições de velocidade de partícula em painéis perfurados e ranhurados podem ser vistas na referência [49].

A Figura 2.25 mostra o coeficiente de absorção de um absorvedor de placa perfurada otimizado, com $t = 1$ [mm] de espessura, furos de diâmetro $2a = 5$ [mm] e razão de área perfurada $\psi = 10\%$, o que resulta em um espaçamento entre os furos $b = 14$ [mm]. A cavidade tem espessura total $D = 12$ [cm] e o material poroso é colocado imediatamente abaixo da placa perfurada, com espessura $d_1 = 6$ [cm]. Tal absorvedor apresenta uma faixa de absorção bastante ampla e centrada nas médias frequências, uma faixa que em geral nem os absorvedores de membrana nem os materiais porosos são eficientes. Os coeficientes de absorção de absorvedores de membrana e material poroso sobre parede rígida também são mostrados na Figura 2.25, com isso, busca-se ilustrar a necessidade de equilibrar o uso da absorção sonora de forma a cobrir toda a faixa de frequências de interesse ($20 - 20000$ [Hz]).

Reflexão especular, impedância e absorção

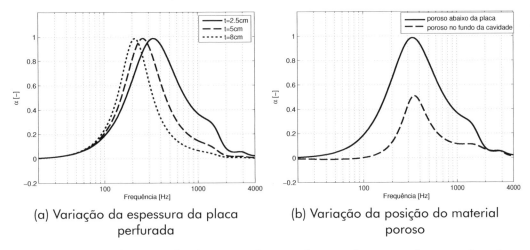

(a) Variação da espessura da placa perfurada

(b) Variação da posição do material poroso

Figura 2.24 Coeficiente de absorção de um absorvedor tipo placa perfurada (variação da espessura da placa e posição do material poroso).

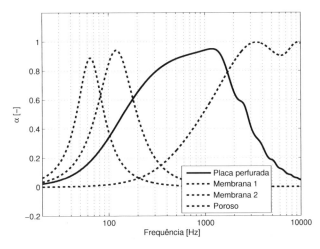

Figura 2.25 Coeficiente de absorção de um absorvedor tipo placa perfurada otimizado.

Existem também outras formas de construir um absorvedor de placa perfurada. A Figura 2.26 (a) ilustra um desenho esquemático de uma placa ranhurada. A placa tem espessura l, a largura da ranhura é w e a distância entre os centros das ranhuras é b. Para calcular a impedância de superfície do absorvedor de placa ranhurada, pode-se seguir o mesmo raciocínio do absorvedor de placa perfurada, sendo a razão de área perfurada $\psi = w\,a/b^2$. De acordo com Kristiansen e Vigran [50], a dificuldade principal é conseguir uma boa formulação para a correção do comprimento da ranhura. De acordo com os autores, essa correção é:

$$l' = l + 2\,w\,\left(-\frac{1}{\pi}\right)\ln\left[\operatorname{sen}(0.5\pi\psi)\right], \qquad (2.52)$$

e a massa acústica contida nas ranhuras é $M = \rho_0\,w\,a\,l'$. A Figura 2.26 (b) mostra uma comparação entre os coeficientes de absorção do absorvedor de placa perfurada, mostrado na Figura 2.25, com um absorvedor de placa ranhurada com os mesmos parâmetros. A largura da ranhura é $w = 5\,[\text{mm}]$ e a razão de área perfurada é $\psi = 10\%$. Os absorvedores apresentam um coeficiente de absorção bastante similar e, além de ter um apelo estético diferente, o absorvedor de placa ranhurada pode ser otimizado da mesma forma que o absorvedor de placa perfurada foi. Isso faz com que o projetista ganhe liberdade no uso dos tratamentos acústicos.

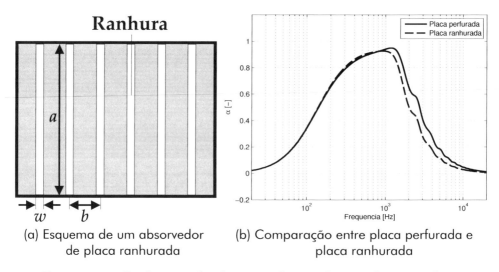

(a) Esquema de um absorvedor de placa ranhurada

(b) Comparação entre placa perfurada e placa ranhurada

Figura 2.26 Coeficiente de absorção de um absorvedor tipo placa perfurada (esquemático e coeficiente de absorção).

É possível também utilizar diversas topologias diferentes para absorvedores desse tipo. A Figura 2.27 (a), por exemplo, mostra um absorvedor com uma placa ranhurada sobre uma placa perfurada. Na Figura 2.27 (b) um absorvedor desse tipo é aplicado a uma sala em toda a extensão da parede atrás do sofá e teto. Note que é fácil cobrir uma área curva, por exemplo, o que, além de contribuir para o tratamento acústico, tem um apelo estético. É possível também variar o volume da cavidade com montagens desse tipo, o que pode gerar uma otimização da absorção. No entanto, para prever corretamente o comportamento acústico do absorvedor, é preciso usar um modelo matemático diferente (FEM[22]) dos que foram apresentados até aqui. A multiplicidade de possibilidades de construção dos absorvedores proíbe que este texto seja completo quanto à análise da totalidade dos casos. No entanto, é interessante notar que a construção de novos absorvedores está limitada apenas pela imaginação do projetista, por suas capacidades de prever o comportamento de um dado *design* e sua capacidade para construir o que foi imaginado/projetado.

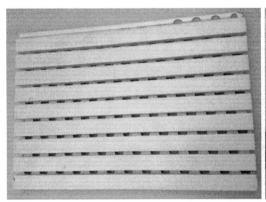 

(a) Placa multicamada (b) Placa ranhurada em uma sala

Figura 2.27 Formas construtivas de um absorvedor tipo placa perfurada/ranhurada. As fotos são cortesia da empresa Audium, de Salvador-BA.

2.3.4 Absorvedores tipo placa microperfurada

Tratam-se de dispositivos com princípios físicos muito similares aos do absorvedor tipo placa perfurada. No entanto, nesse caso, os furos da placa têm diâmetros de ordem submilimétrica (<1 [mm]).

---

[22] FEM (*Finite Element Method*) é um método numérico que será descrito brevemente no Capítulo 4. Seu uso permite que as características acústicas de cavidades com geometrias complexas sejam calculadas.

A Figura 2.28 (a) mostra as perfurações em uma placa comparadas ao tamanho de um alfinete. Sendo assim, a resistência acústica é toda provida por efeitos viscosos causados pelo escoamento de ar nos furos, não sendo necessária a utilização de materiais porosos no interior da cavidade, como no caso do absorvedor visto na seção anterior.

Segundo Maa [51], esse foi um dispositivo inicialmente desenvolvido no final da década de 1960, sendo também conhecido pela sigla MPP (*Micro Perforated Panel*). Segundo Lee, Sun e Guo [52], painéis microperfurados requerem um espaço menor quando comparados aos tradicionais absorvedores de placa perfurada tradicionais. A não necessidade de uso de materiais porosos tem aplicações interessantes como, por exemplo, a absorção transparente e/ou invisível, que combina um dispositivo que ao mesmo tempo se destina à acústica e também a fatores ligados à iluminação e estética, já que é possível fabricar tais dispositivos (placa e cavidade) em vidro e as microperfurações são invisíveis a uma distância relativamente curta do absorvedor. A aplicação desses absorvedores é mostrada na Figura 2.28 (b), na qual se encontram aplicados no restaurante do Yacht Clube da Bahia (Salvador-BA).

(a) Placa microperfurada comparada à em escala a um alfinete

(b) Absorção invisível

Figura 2.28 Absorvedor tipo placa microperfurada. As fotos são cortesia da empresa Audium, de Salvador-BA.

Segundo Cox e D'Antonio [44], a absorção não é tão controlável quanto no caso do absorvedor de placa perfurada tradicional, e a faixa de frequências de ressonância é limitada pela necessidade de furos muito pequenos.

A impedância de superfície de tais absorvedores é composta pela impedância da placa perfurada e pela impedância no topo da camada de ar da cavidade. Para calcular a impedância da placa microperfurada, é preciso levar em conta os efeitos da viscosidade. Nesse caso, a resistência acústica da placa perfurada é:

$$R = \frac{32\eta\, l}{\psi(2a)^2} \left[\sqrt{1 + \frac{y^2}{32}} + \frac{\sqrt{2}}{32}y\frac{2a}{l} \right], \qquad (2.53)$$

em que a é o raio dos furos; l é a espessura da placa; η a viscosidade do ar e $y = 2a\sqrt{\omega\rho_0/4\eta}$ representa a razão entre o raio dos furos e a espessura da camada-limite nas paredes dos furos. A resistência acústica e a frequência de máxima absorção são os parâmetros que definem o MPP. Se y aumenta a certo valor, a banda de absorção diminui rapidamente; porém valores pequenos de y levam a furos muito pequenos que podem tornar a fabricação muito complexa. A massa acústica nos furos é:

$$m'' = \frac{\rho_0\, l}{\psi} \left[1 + \left(1 + \frac{y^2}{2}\right)^{-1/2} + 0.85\frac{2a}{l} \right]. \qquad (2.54)$$

Assim, a impedância de superfície do absorvedor é obtida somando-se a impedância da placa perfurada à impedância de superfície do topo da camada de ar (Equação (2.9)). Dessa forma, a impedância de superfície do absorvedor, cuja cavidade tem profundidade D, é, para incidência normal:

$$Z_{\mathrm{s}} = R + \mathrm{j}\omega m'' - \mathrm{j}\rho_0 c_0 \cot(k_0 D). \qquad (2.55)$$

Nas figuras a seguir, o coeficiente de absorção de absorvedores de placa microperfurada é mostrado comparando os efeitos dos parâmetros do absorvedor. Para os parâmetros de controle, tem-se que a espessura da placa é $l = 0.4$ [cm], o diâmetro dos furos é $2a = 0.4$ [mm] e a espessura da cavidade é de $D = 5$ [cm]. Os parâmetros que variam são indicados nas legendas dos gráficos. Na Figura 2.29 (a) vê-se que a diminuição da razão de área perfurada (ψ) faz com que a frequência de ressonância diminua ligeiramente e o coeficiente de absorção aumente. Para valores muito grandes de ψ, o coeficiente de absorção se torna muito pequeno, o que é esperado, já que o aumento de ψ está relacionado, nesse caso, a furos maiores (b mantido constante), resultando em menores perdas pelo escoamento do ar nos furos. A Figura 2.29 (b) mostra que com a diminuição do diâmetro dos furos o coeficiente de absorção aumenta significativamente. Isso concorda com o aumento dos efeitos viscosos e da relação entre o diâmetro dos furos e da camada-limite.

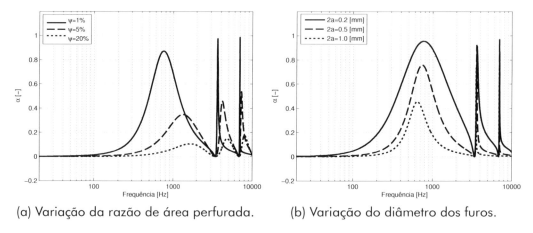

(a) Variação da razão de área perfurada.　(b) Variação do diâmetro dos furos.

Figura 2.29 Coeficiente de absorção de um absorvedor tipo placa microperfurada.

Pode-se construir também um sistema acústico com duas placas microperfuradas, mostrado esquematicamente na Figura 2.30 (a). Tal sistema recebe a sigla DLMPP (*Double Leaf Micro Perforated Panel*).

As propriedades acústicas, para incidência normal, de tal dispositivo são descritas por Sakagami, Kiyama e Morimoto [53]. Os princípios físicos do DLMPP são os mesmos do MPP simples, como citados em diversas referências. A impedância de superfície desse dispositivo é:

$$Z_\mathrm{s} = R_1 + \mathrm{j}\omega m_1'' + \left[\frac{1}{-\mathrm{j}\rho_0 c_0 \cot(k_0 D_1)} + \frac{1}{R_2 + \mathrm{j}\omega m_2'' - \mathrm{j}\rho_0 c_0 \cot(k_0 D_2)}\right]^{-1},$$

(2.56)

Reflexão especular, impedância e absorção

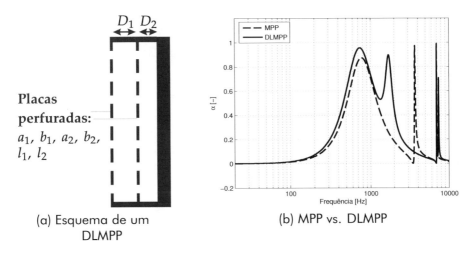

Figura 2.30 Absorvedor tipo placa microperfurada com duas placas.

em que R_1, R_2 são as resistências acústicas associadas às placas microperfuradas 1 e 2, dadas pela Equação (2.53) e m_1'' e m_2'' as massas acústicas associadas às placas microperfuradas 1 e 2, dadas pela Equação (2.54).

Na Figura 2.30 (b) pode-se observar uma comparação entre os resultados de coeficiente de absorção de um MPP simples de profundidade $D = 50$ [mm] e um DLMPP com duas cavidades, cada uma tendo $D_1 = D_2 = 25$ [mm]. Observa-se um aumento da faixa de absorção devido à inclusão de uma segunda frequência de ressonância, e também um ligeiro aumento do coeficiente de absorção para o DLMPP, em relação ao MPP.

2.4 Sumário

Neste capítulo a teoria sobre absorção sonora de amostras infinitas e regulares foi apresentada. A impedância de superfície de diversos tipos de configuração e amostras foram calculadas. Demonstrou-se que é necessária a utilização de diversos tipos de absorvedores a fim de equilibrar a resposta em frequência de uma sala. Nesse caso, os absorvedores porosos são usados para absorção das altas frequências; os absorvedores de membrana, para absorção de baixas frequências; e os absorvedores do tipo placa perfurada, para médias frequências.

No entanto, os absorvedores em uma sala nunca são infinitos, ou mesmo perfeitamente regulares. Essa questão precisa ser levada em conta quando se deseja calcular o campo acústico em uma sala, o que será abordado no Capítulo 3.

Referências bibliográficas

[1] ALLARD, J.; ATALLA, N. *Propagation of sound in porous media: modeling sound absorbing materials*. 2° ed. Chichester: John Wiley & Sons, 2009.

(*Citado na(s) página(s): 113, 115, 120, 156*)

[2] MORFEY, C. *Dictionary of acoustics*. London: Academic Press, 2000.

(*Citado na(s) página(s): 115*)

[3] BERANEK, L. *Acoustics*. 5° ed. Woodbury: Acoustical Society of America, 1996.

(*Citado na(s) página(s): 115, 170*)

[4] OLSON, H.; BEYER, R. *Acoustical engineering*. Princeton: D. Van Nostrand Company, 1957.

(*Citado na(s) página(s): 115*)

[5] BREKHOVSKIKH, L.; GODIN, O. *Acoustics of layered media I: point sources and bounded beams*. Berlin: Springer Verlag, 1990.

(*Citado na(s) página(s): 115*)

[6] BRANDÃO, E.; MAREZE, P.; LENZI, A.; DA SILVA, A. R. Impedance measurement of non-locally reactive samples and the influence of the assumption of local reaction. *The Journal of the Acoustical Society of America*, 133(5):2722–2731, 2013.

(*Citado na(s) página(s): 122, 147, 148, 154*)

[7] ISO 354: Measurement of sound absorption in a reverberation room, 1985.

(*Citado na(s) página(s): 127, 134, 136, 137, 138*)

[8] KUTTRUFF, H. *Room acoustics*. 5° ed. London: Spon Press, 2009.

(*Citado na(s) página(s): 127*)

[9] ISO 10534-1: Acoustics - Determination of Sound Absorption Coefficient and Impedance in Impedance Tubes-Part 1: Method using standing wave ratio, 1996.

(*Citado na(s) página(s): 128, 129, 132*)

184   Acústica de salas: projeto e modelagem

[10] ISO 10534-2: Acoustics - Determination of sound absorption coefficient and impedance in impedance tubes-Part 2: Transfer-function method, 1998.

(Citado na(s) página(s): 129, 130, 131, 132, 134)

[11] SEYBERT, A.; ROSS, D. Experimental determination of acoustic properties using a two-microphone random-excitation technique. *The Journal of the Acoustical Society of America*, 61:1362–1370, 1977.

(Citado na(s) página(s): 130, 131, 132)

[12] CHUNG, J.; BLASER, D. Transfer function method of measuring in-duct acoustic properties. I. Theory. *The Journal of the Acoustical Society of America*, 68(3):907–913, 1980.

(Citado na(s) página(s): 132)

[13] CHUNG, J.; BLASER, D. Transfer function method of measuring in-duct acoustic impedance, II. Experiment. *The Journal of the Acoustical Society of America*, 68(3):907–921, 1978.

(Citado na(s) página(s): 132)

[14] CHU, W. Transfer function technique for impedance and absorption measurements in an impedance tube using a single microphone. *Journal of the Acoustical Society of America*, 80(2):555–560, 1986.

(Citado na(s) página(s): 132)

[15] KINO, N.; UENO, T. Investigation of sample size effects in impedance tube measurements. *Applied Acoustics*, 68(11):1485–1493, 2007.

(Citado na(s) página(s): 133)

[16] CASTAGNÈDE, B.; AKNINE, A.; BROUARD, B.; TARNOW, V. Effects of compression on the sound absorption of fibrous materials. *Applied Acoustics*, 61:173–182, 2000.

(Citado na(s) página(s): 133)

[17] SONG, B.; BOLTON, J. Investigation of the vibrational modes of edge-constrained fibrous samples placed in a standing wave tube. *The Journal of the Acoustical Society of America*, 113 (4):1833–1849, 2003.

(Citado na(s) página(s): 133)

Reflexão especular, impedância e absorção   185

[18] PILON, D.; PANNETON, R.; SGARD, F. Behavioral criterion quantifying the effects of circumferential air gaps on porous materials in the standing wave tube. *The Journal of the Acoustical Society of America*, 116(1):344–356, 2004.

(*Citado na(s) página(s): 133*)

[19] HOROSHENKOV, K. et al. Reproducibility experiments on measuring acoustical properties of rigid-frame porous media (round-robin tests). *The Journal of the Acoustical Society of America*, 122 (1):345, 2007.

(*Citado na(s) página(s): 134*)

[20] LONDON, A. The determination of reverberant sound absorption coefficients from acoustic impedance measurements. *The Journal of the Acoustical Society of America*, 22 (2):263–269, 1950.

(*Citado na(s) página(s): 138*)

[21] OLYNYK, D.; NORTHWOOD, T. Comparison of Reverberation-Room and Impedance-Tube Absorption Measurements. *The Journal of the Acoustical Society of America*, 36 (11):2171–2174, 1964.

(*Citado na(s) página(s): 138*)

[22] HODGSON, M. Experimental evaluation of the accuracy of the Sabine and Eyring theories in the case of non-low surface absorption. *The Journal of the Acoustical Society of America*, 94 (2): 835–840, 1993.

(*Citado na(s) página(s): 138*)

[23] PELLAM, J. Sound diffraction and absorption by a strip of absorbing material. *The Journal of the Acoustical Society of America*, 11:396–400, 1940.

(*Citado na(s) página(s): 139*)

[24] NORTHWOOD, T.; GRISARU, M.; MEDCOF, M. Absorption of Sound by a Strip of Absorptive Material in a Diffuser Sound Field. *Journal of the Acoustical Society of America*, 31(5):595–599, 1959.

(*Citado na(s) página(s): 139*)

[25] DE BRUIJN, A. A mathematical analysis concerning the edge effect of sound absorbing materials. *Acustica*, 28:33–44, 1973.

(*Citado na(s) página(s): 139*)

[26] THOMASSON, S. On the absorption coefficient. *Acustica*, 44:265–273, 1980.

(Citado na(s) página(s): 139)

[27] KAWAI, Y.; MEOTOIWA, H. Estimation of the area effect of sound absorbent surfaces by using a boundary integral equation. *Acoustical Science and Technology*, 26(2):123–127, 2005.

(Citado na(s) página(s): 139)

[28] BRANDÃO, E.; LENZI, A.; PAUL, S. A review of the in situ impedance and sound absorption measurement techniques. *Acta Acustica united with Acustica*, 101 (3):443–463, 2015.

(Citado na(s) página(s): 140, 144, 149)

[29] BRANDÃO, E. *Análise teórica e experimental do processo de medição in situ da impedância acústica*. Tese de Doutorado, Universidade Federal de Santa Catarina, Florianópolis, 2011.

(Citado na(s) página(s): 140, 145)

[30] MOMMERTZ, E. Angle-dependent in-situ measurements of reflection coefficients using a subtraction technique. *Applied Acoustics*, 46:251–264, 1995.

(Citado na(s) página(s): 22, 140, 141, 147)

[31] ROBINSON, P.; XIANG, N. On the subtraction method for in-situ reflection and diffusion coefficient measurements. *JASA Express Letters*, 127:1–6, 2010.

(Citado na(s) página(s): 142)

[32] ALLARD, J.; SIEBEN, B. Measurements of acoustic impedance in a free field with two microphones and a spectrum analyzer. *The Journal of the Acoustical Society of America*, 77(4):1617–1618, 1985.

(Citado na(s) página(s): 22, 142, 143)

[33] BRANDÃO, E.; LENZI, A.; CORDIOLI, J. Estimation and minimization of errors caused by sample size effect in the measurement of the normal absorption coefficient of a locally reactive surface. *Applied Acoustics*, 73:543–556, 2012.

(Citado na(s) página(s): 143, 148)

Reflexão especular, impedância e absorção

[34] LI, J.; HODGSON, M. Use of pseudo-random sequences and a single microphone to measure surface impedance at oblique incidence. *The Journal of the Acoustical Society of America*, 102 (4):2200–2210, 1997.

(*Citado na(s) página(s): 144, 146*)

[35] BREKHOVSKIKH, L.; GODIN, O. *Acoustics of layered media II: point sources and bounded beams*. Berlin: Springer Verlag, 1992.

(*Citado na(s) página(s): 144*)

[36] BOWMAN, F. *Introduction to Bessel functions*. New York: Dover Publications, 1958.

(*Citado na(s) página(s): 144*)

[37] DI, X.; GILBERT, K. An exact Laplace transform formulation for a point source above a ground surface. *The Journal of the Acoustical Society of America*, 93(2):714–720, 1993.

(*Citado na(s) página(s): 145*)

[38] NOBILE, M.; HAYEK, S. Acoustic propagation over an impedance plane. *The Journal of the Acoustical Society of America*, 78 (4):1325–1336, 1985.

(*Citado na(s) página(s): 145*)

[39] ALLARD, J.; AKNINE, A. Acoustic impedance measurements with a sound intensity meter. *Applied Acoustics*, 18(1):69–75, 1985.

(*Citado na(s) página(s): 146, 147*)

[40] DENNIS, J.; SCHNABEL, R. *Numerical methods for unconstrained optimization and nonlinear equations*. Englewood Cliffs: Society for Industrial Mathematics, 1996.

(*Citado na(s) página(s): 147*)

[41] BRANDÃO, E.; TIJS, E.; LENZI, A.; DE BREE, H.-E. A comparison of models for calculating the surface impedance and the absorption coefficient in free field conditions. *Acta-Acustica*, 97:1025 – 1033, 2011.

(*Citado na(s) página(s): 147, 148*)

[42] TAKAHASHI, Y.; OTSURU, T.; TOMIKU, R. In situ measurements of surface impedance and absorption coefficients of porous materials using two microphones and ambient noise. *Applied Acoustics*, 66: 845–865, 2005.

(*Citado na(s) página(s): 148*)

[43] MAREZE, P. H. *Análise da influência da microgeometria na absorção sonora de materiais porosos de estrutura rígida.* Tese de Doutorado, Universidade Federal de Santa Catarina, Florianópolis, 2013.

(*Citado na(s) página(s): 22, 150, 154, 156*)

[44] COX, T. J.; D'ANTONIO, P. *Acoustic absorbers and diffusers, theory, design and application.* 2° ed. New York: Taylor & Francis, 2009.

(*Citado na(s) página(s): 37, 150, 151, 152, 153, 154, 155, 156, 164, 169, 179*)

[45] DELANY, M.; BAZLEY, E. Acoustical properties of fibrous absorbent materials. *Applied Acoustics*, 3:105–116, 1970.

(*Citado na(s) página(s): 156, 157, 158*)

[46] ALLARD, J.; CHAMPOUX, Y. New empirical equations for sound propagation in rigid frame fibrous materials. *The Journal of the Acoustical Society of America*, 91 (6):3346–3353, 1992.

(*Citado na(s) página(s): 157, 158*)

[47] JOHNSON, D.; KOPLIK, J.; DASHEN, R. Theory of dynamic permeability and tortuosity in fluid-saturated porous media. *Journal of Fluid Mechanics*, 176(1):379–402, 1987.

(*Citado na(s) página(s): 157*)

[48] RAO, S. *Mechanical vibrations.* 2° ed. Boston: Addison-Wesley Reading, 1995.

(*Citado na(s) página(s): 162*)

[49] BRANDÃO, E.; TIJS, E.; DE BREE, H. PU probe based in situ impedance measurements of a slotted panel absorber. In: *Proceedings of the 16th ICSV*, Krakow, 2009.

(*Citado na(s) página(s): 174*)

[50] KRISTIANSEN, U. R.; VIGRAN, T. E. On the design of resonant absorbers using a slotted plate. *Applied Acoustics*, 43:39–48, 1994.

(*Citado na(s) página(s): 175*)

[51] MAA, D. Potential of microperforated panel absorber. *The Journal of the Acoustical Society of America*, 104(5):2861–2866, 1998.

(*Citado na(s) página(s): 178*)

[52] LEE, Y.; SUN, H.; GUO, X. Effects of the panel and helmholtz resonances on a micro-perforated absorber. *International Journal of Applied Mathematics and Mechanics*, 4:49–54, 2005.

(*Citado na(s) página(s): 178*)

[53] SAKAGAMI, K.; KIYAMA, M.; MORIMOTO, M. Acoustic properties of double-leaf membranes with a permeable leaf on sound incidence side. *Applied Acoustics*, 63:911–926, 2002.

(*Citado na(s) página(s): 180*)

3 Capítulo

Reflexão difusa

No Capítulo 2 a teoria de absorção sonora em superfícies infinitas e regulares foi apresentada. Nesse caso, apenas a reflexão especular foi explorada (Figura 2.1) e foi mostrada a relação entre o coeficiente de absorção, o coeficiente de reflexão e a impedância de superfície. Métodos de medição desses parâmetros e o comportamento de dispositivos de absorção sonora também foram explorados (p. ex. materiais porosos, placas perfuradas e absorvedores de membrana).

Sabemos que, ao incidir em uma superfície, a onda sonora será parcialmente absorvida e parcialmente refletida na direção especular. No entanto, parte da energia também será refletida de maneira difusa, o que corresponde a reflexões em diversas direções além da direção especular. A reflexão especular e difusa é explicada esquematicamente na Figura 3.1. Como se verá, a reflexão difusa está ligada ao fato de que as superfícies na sala são finitas e apresentam irregularidades em maior ou menor grau.

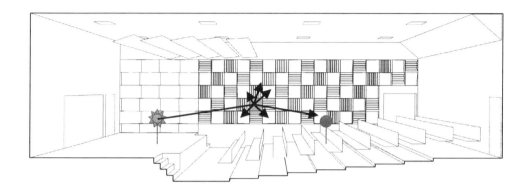

Figura 3.1 Onda sonora incidindo e refletindo de forma especular e difusa em um aparato.

Neste capítulo será apresentada a teoria de difração[1] da onda sonora em superfícies finitas e irregulares. A intenção aqui é complementar o exposto no capítulo anterior, considerando que nenhuma superfície da sala será infinita ou completamente regular. Primeiramente, será feita uma análise qualitativa da difração, em comparação com o exposto no capítulo anterior para superfícies infinitas e regulares. Em seguida apresentam-se os métodos de análise quantitativa da reflexão difusa. Tais métodos levarão aos coeficientes de difusão e espalhamento, assim como a formulação por ondas planas, mostrada no Capítulo 2, levou ao coeficiente de absorção e impedância de superfície. Finalmente, alguns dispositivos difusores, usados como tratamento acústico, têm seu projeto, comportamento acústico e aplicação em acústica de salas apresentados.

No projeto acústico de uma sala, é de suma importância que se levem em conta os efeitos da difração. Vários autores têm apontado essa importância ao longo dos anos. Hodgson [1] mostrou evidências de reflexões difusas mesmo em salas de geometrias retangulares com dimensões proporcionais e desproporcionais. Lam [2] evidenciou a necessidade da

---

[1] A essa altura, o termo "difração" pode ser entendido como o fenômeno geral que gera os fenômenos particulares chamados de "reflexão especular" e "reflexão difusa". Mais sobre isso será comentado no decorrer deste capítulo.

inclusão de parâmetros relativos à reflexão difusa nos *softwares* de modelagem acústica, mostrando comparações dos cálculos feitos com esses *softwares* com medições em modelos em escala[2]. Algumas pesquisas se destinaram à comparação da exatidão dos *softwares* de modelagem de acústica de salas [3–5], evidenciando a necessidade de inclusão da reflexão difusa nos algoritmos como forma de aumentar a exatidão do cálculo. D'Antonio e Cox [6] discutiram a aplicação de elementos difusores em salas de produção (pequenos teatros e salas de concerto) e reprodução de música (estúdios). No caso das salas de reprodução, os elementos difusores ajudaram a criar um ambiente onde os músicos se escutavam melhor e eram melhor escutados pela plateia. No caso das salas de reprodução, os elementos difusores ajudaram a criar um ambiente acusticamente neutro.

3.1 Análise qualitativa da reflexão difusa

Para fazer uma análise qualitativa dos fenômenos de reflexão especular e difusa, é útil, primeiramente, fazer um rápido paralelo da onda sonora com a onda eletromagnética.

A luz pode ser encarada como uma onda eletromagnética [7], e desse ponto de vista qualquer onda apresenta uma velocidade de propagação (c). No caso da luz, a velocidade de propagação é aproximadamente 300000 [km/s]. A faixa de frequências que compreende os fenômenos de ondas eletromagnéticas é bastante mais ampla do que a faixa de frequências que o olho humano consegue enxergar. No caso da luz visível, cada frequência corresponde a uma cor percebida pelo aparato sensorial humano, assim como cada tom puro de uma onda sonora pode ser percebida como um som que soa musical.

A Figura 3.2 mostra qualitativamente o espectro luminoso (visível e não visível), a gama de frequências e comprimentos de onda envolvidos. Por exemplo, os raios ultravioleta, dos quais precisamos nos proteger com o uso do protetor solar, podem ser considerados ondas eletromagnéticas com frequências acima da faixa que conseguimos enxergar, assim como

---

[2] Os modelos em escala são maquetes de salas reais feitos em escala. No caso do trabalho em questão a escala 1:50 foi usada e a excitação da sala se dava em uma faixa de frequências correspondente à escala, indo de 50 x 20 [Hz] a 50 x 4 [kHz].

os raios X (usados em exames médicos), os raios gama e os raios cósmicos. Os raios infravermelhos (usados nos controles remotos e/ou percebidos como calor) podem ser considerados ondas eletromagnéticas com frequências abaixo da faixa que conseguimos enxergar, assim como as ondas de rádio, TV, micro-ondas etc. Para efeitos de notação, é comum se referir à luz como todo o espectro eletromagnético e não só quando falamos da luz visível[3].

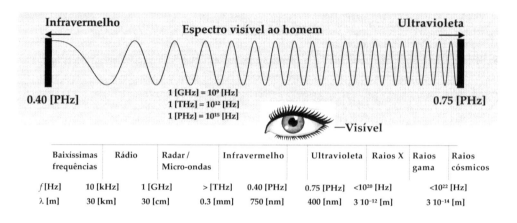

Figura 3.2 Espectro eletromagnético visível e invisível.

O espectro visível ao homem vai da luz vermelha, cujo comprimento de onda é de $\lambda \approx 700$ [nm], até o violeta, cujo comprimento de onda é de $\lambda \approx 400$ [nm]. Como 1 [nm] equivale a 10^{-9} [m] e a velocidade da luz é de 3×10^8 [m/s], as frequências de luz que enxergamos vão de 0.40 [PHz] (vermelho) a 0.75 [PHz] (violeta)[4]. Nota-se então que o aparato visual do ser humano médio consegue enxergar pouco menos de uma oitava do espectro eletromagnético. Pode-se notar também que os comprimentos de onda da luz visível são bastante pequenos comparados ao tamanho dos obstáculos em uma sala (parede, painéis absorvedores, janelas, portas etc.). No entanto, rugosidades microscópicas dessas superfícies podem ter dimensões comparáveis aos comprimentos de onda da luz visível.

---

[3] É preciso salientar que a natureza da luz como onda eletromagnética foi exposta primeiramente por J.C. Maxwell, na segunda metade do século XIX, e que o entendimento atual é diferente. Atualmente, a teoria quântica, iniciada por Max Planck, tem o papel central, e, nesse caso, a luz se comporta como partículas discretas de energia chamados de fótons. Cada fóton carrega uma quantidade indivisível de energia proporcional à sua frequência e interage com a matéria gerando as forças eletromagnéticas [8].

[4] 1 [PHz] são 10^{15} [Hz].

Em contrapartida, o espectro sonoro audível vai desde 20 [Hz] até 20000 [Hz], o que equivale a cerca de 11 oitavas. Nesse caso, os comprimentos de onda variam de $\lambda = 17$ [m] a $\lambda = 17$ [mm]. Desse ponto de vista, é preciso notar que os comprimentos de onda de baixas frequências serão muito maiores que os tamanhos típicos de alguns aparatos na sala (portas, janelas, absorvedores etc.) e algumas vezes maiores que a maior dimensão de uma sala (comprimento da sala). Os comprimentos de onda típicos das médias frequências terão dimensões comparáveis aos aparatos na sala e os comprimentos de onda de altas frequências terão dimensões menores que os aparatos na sala. Assim, de um ponto de vista qualitativo, faz sentido dividir o espectro sonoro em três faixas distintas:

- $\lambda \gg d$
- $\lambda \approx d$;
- $\lambda \ll d$;

em que d está relacionado as dimensões do aparato (área e perímetro) (d_L) ou à profundidade das irregularidades superficiais do aparato (d_irr). A Figura 3.3 ilustra, de forma esquemática, esses dois termos.

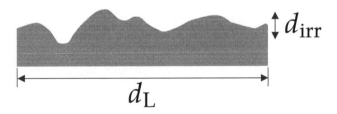

Figura 3.3 Aparato de comprimento d_L e com irregularidades superficiais de profundidade máxima d_irr.

No Capítulo 2 tratou-se da reflexão especular, considerando que a amostra era infinita ($d_\text{L} \to \infty$) e regular ($d_\text{irr} = 0$). Em amostras finitas e rugosas, pode-se considerar, então, que, para haver reflexão especular, as condições necessárias são:

a) o tamanho do aparato precisa ser bem maior que os comprimentos de onda analisados ($d_L \gg \lambda$);

b) a profundidade da maior das irregularidades precisa ser muito menor que o comprimento de onda ($d_{irr} \ll \lambda$).

Note que, no Capítulo 2, as duas coisas são assumidas na quantificação dos coeficientes de absorção e reflexão. Assim, para uma amostra finita e com rugosidades, o acontecimento da reflexão especular é dependente da frequência. Se considerarmos uma amostra finita e regular, a reflexão especular tende a ser mais pronunciada em altas frequências, já que, nesse caso, $d_L \gg \lambda$. Uma amostra irregular ($d_{irr} \neq 0$) será um refletor especular em baixas frequências ($d_{irr} \ll \lambda$) e um difusor quando o comprimento de onda for compatível ou menor que o valor de d_{irr}.

A reflexão difusa pode ser estudada à luz do entendimento dos fenômenos de difração. Foi o cientista holandês Christian Huygens (1629-1681) quem iniciou tais estudos, aplicando-os à natureza da luz e modelando-a como um tipo de onda. Ele inferiu que cada ponto de um aparato, irradiado por uma onda, comporta-se como se fosse a fonte de uma onda esférica secundária, o que está implícito nos principais modelos de quantificação da difração. A Figura 3.4 ilustra o princípio de Huygens para uma reflexão especular (Figura 3.4 (a)) e para uma reflexão difusa (Figura 3.4 (b)). Nesse caso, uma superfície qualquer é irradiada por uma onda plana. Cada ponto da superfície radiará uma onda esférica de acordo com a equação de um monopolo (ver Seção 3.2). A onda refletida será o somatório das amplitudes complexas de cada monopolo[5]. Na Figura 3.4 (a), a ausência de rugosidades e o tamanho infinito da amostra fazem com que o somatório das amplitudes complexas resulte em uma onda plana, que é refletida especularmente. Na Figura 3.4 (b), a frente de onda resultante será muito mais complicada de se calcular, já que os monopolos secundários estão em posições verticais diferentes uns dos outros. Isso faz com que cada monopolo possa ter amplitudes complexas com diferentes magnitudes e fases.

---

[5] Mais formalmente, a onda resultante é a integral dos monopolos formados ao longo da superfície irradiada.

Reflexão difusa

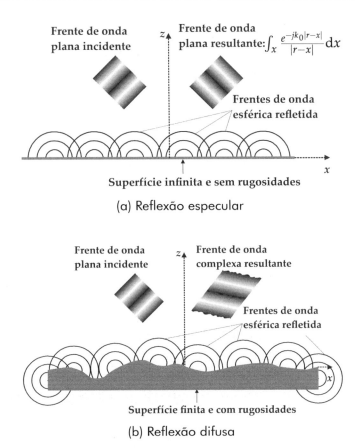

Figura 3.4 Princípio de Huygens explicando a reflexão especular e difusa.

Do ponto de vista da difração há três fenômenos com os quais se deve preocupar em acústica de salas:

(i) Reflexão difusa em superfícies irregulares ($\lambda \approx d_{\text{irr}}$);

(ii) Transmissão em torno de superfícies finitas ($\lambda \gg d_{\text{L}}$);

(iii) Reflexão difusa nas bordas de superfícies finitas ($\lambda \gg d_{\text{L}}$).

Dalenbäck, Kleiner e Svensson [9] utilizam termos diferentes para cada um desses fenômenos. O termo "espalhamento" (*scaterring*), por exemplo, é usado no contexto da reflexão difusa em superfícies irregulares. O termo "difração" está associado frequentemente aos fenômenos de transmissão em torno de superfícies finitas e de reflexão nas bordas de superfícies finitas (*edge diffraction*). Os autores reconhecem que todos os fenômenos associados aos termos (incluindo termos como *backscaterring*, associado a reflexões que voltam à fonte, e "reflexão difusa") são causados pela difração da onda sonora em um aparato. De fato, o princípio de Huygens pode ser usado na quantificação de qualquer desses fenômenos. Como todos esses termos são originados do termo "difração", este será o termo adotado quando se deseja englobar todos os três fenômenos em uma única palavra.

A reflexão difusa em superfícies irregulares acontece quando $\lambda \approx d_{\text{irr}}$ (ou $\lambda < d_{\text{irr}}$). O fenômeno acontece porque a onda sonora refletida em cada ponto de uma superfície irregular se originará em um instante de tempo diferente (ver Figura 3.4 (b)). Essa diferença de tempo está ligada ao tempo de trânsito diferente que a onda incidente leva até chegar à superfície da amostra e ser refletida de volta. Devido a esse deslocamento temporal, imposto pelas irregularidades, cada ponto do aparato difusor tem um coeficiente de reflexão, dado por:

$$V_{\text{pc}} = V_{\text{p}}\, e^{j\vartheta_{\text{c}}} \, , \tag{3.1}$$

em que V_{p} é o coeficiente de reflexão do material do qual é feito a superfície irregular (Capítulo 2) e ϑ_{c} é o desvio de fase imposto pela irregularidade da amostra. Esse coeficiente de reflexão pode ser encarado como a amplitude complexa do monopolo em cada ponto da amostra, o que é uma aproximação, mas serve a um propósito didático. O somatório complexo das pressões sonoras criadas por esses monopolos criará uma frente de onda cuja forma não é plana.

Vale também ressaltar que, se $\lambda \gg d_{\text{irr}}$, a mudança de fase imposta pelo coeficiente de reflexão do ponto n não é significativa, o que, para efeitos práticos, acaba por resultar em uma reflexão especular (desde que $d_{\text{L}} \gg \lambda$). Se $\lambda \ll d_{\text{irr}}$, a mudança de fase pode ser tão grande que perde-se o controle sobre o espalhamento da energia no espaço. No entanto, o comportamento em altas frequências pode ser bastante errático e algum grau satisfatório de difusão da energia sonora é quase sempre conseguido.

A transmissão em torno de superfícies finitas acontece quando $\lambda \gg d_{\text{L}}$. Esse fenômeno é de suma importância no estudo da propagação do som ao ar livre por causa da difração do som em barreiras acústicas (p. ex. muros, árvores etc.). A Figura 3.5 ilustra esse fenômeno. Nesse caso, a propagação das ondas para a zona de sombra[6] é mais eficiente quando $\lambda \gg d_L$. Isso implica que a zona de sombra é mais '"iluminada"' nas baixas frequências (e menos nas altas frequências). Em acústica de salas, alguns exemplos em que se deve preocupar com esse fenômeno são: a) igrejas nas quais as pilastras funcionam como barreiras acústicas de altas frequências (Figura 3.6); b) abaixo das galerias em igrejas, auditórios e teatros. Neste caso, a galeria (Figura 3.7) funciona como uma barreira acústica parcial para os receptores sentados abaixo dela; c) a difração das ondas sonoras nas cabeças das pessoas à sua frente em um teatro, um fenômeno bastante complexo de modelar.

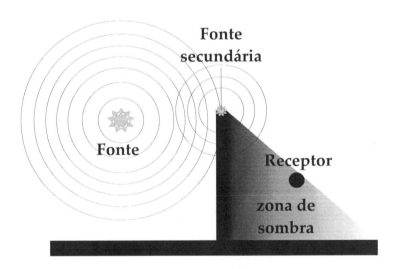

Figura 3.5 Difração em torno de uma barreira acústica.

---

[6] A zona de sombra acústica é uma região próxima a um obstáculo e do lado oposto da fonte sonora. Essa região tende a receber menos energia sonora devido à presença do obstáculo. Em analogia à luz, o leitor pode pensar em uma montanha que projeta uma sombra sobre uma região no horário próximo ao por do sol. Se você está na sombra da montanha, você está na zona de sombra luminosa. Esta é uma região que recebe uma menor intensidade luminosa que a zona totalmente iluminada, mas ainda recebe alguma intensidade, já que não está completamente no escuro.

Figura 3.6 Foto de um espaço em cujo interior existem elementos capazes de provocar difração significativa da onda sonora: catedral católica de Santa Cruz do Sul-RS. Fonte: Wikimedia Commons.

Por fim, a difração nas bordas de superfícies finitas acontece quando $\lambda \gg d_L$ ou quando $\lambda \approx d_L$. Note que nesse caso as irregularidades da superfície não estão em questão. A difração nas bordas de superfícies finitas é ilustrada na Figura 3.8, que mostra a distribuição espacial do NPS difratada em 950 [Hz] ($\lambda \approx 0.36$ [m]) por uma amostra quadrada de lado $L = 0.3$ [m]. Nesse caso, uma amostra de material absorvedor (em cinza), que tem um coeficiente de reflexão $V_{p1} = V_{p1} e^{j\vartheta_1}$, é montada em um

Reflexão difusa

Figura 3.7 Foto de um espaço em cujo interior existem elementos capazes de provocar difração significativa da onda sonora: auditório do Instituto Nacional de Telecomunicações (INATEL) em Santa Rita do Sapucaí-MG, Brasil. (Cortesia do INATEL e da empresa Harmonia Acústica, São Paulo-SP).

baffle infinito[7] (em preto), cujo coeficiente de reflexão é $V_{p2} = V_{p2}\,e^{j\vartheta_2} = 1$. A difração acontece devido à mudança nos coeficientes de reflexão das superfícies, o que o que impõe mudanças de magnitude e fase da onda sonora refletida gerando uma onda refletida complexa. Note que existe um aumento da pressão refletida próximo às bordas da amostra, o que acaba por perturbar o campo acústico em todo o espaço a seu redor.

---

[7] O *baffle* infinito é uma superfície rígida e infinita na qual alguma estrutura em análise é montada. No caso, a estrutura investigada é uma amostra de material poroso sobre superfície rígida. A modelagem de alto-falantes em *baffle* infinito também é comum na engenharia acústica. Um *baffle* infinito é, claramente, uma idealização matemática que torna algumas análises mais fáceis de se fazer. Na prática a estrutura rígida ao redor da amostra é finita, mas, desde que seja rígida e grande o suficiente, os resultados experimentais serão próximos aos calculados.

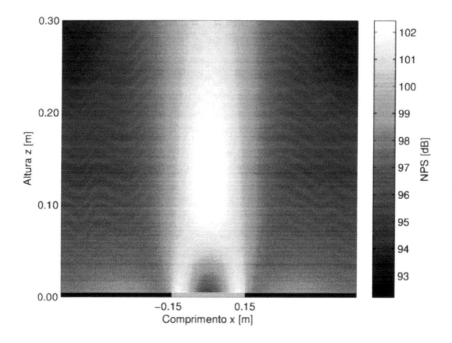

Figura 3.8 Distribuição de cores da pressão sonora em 950 [Hz] sobre uma amostra finita com $d_L = 0.3$ [m].

Ao avaliar um problema de acústica de salas, é preciso, então, ter esses fenômenos em mente. A Figura 3.9 ilustra um projeto acústico típico de um sala. Nota-se primeiramente que todos os aparatos na sala são finitos (o que é fisicamente óbvio). Isso fará com que parte da energia acústica seja difratada nas bordas das diversas superfícies presentes na sala, sendo elas usadas para tratamento acústico ou não. Note também a presença de superfícies altamente irregulares (p. ex. teto e paredes laterais). Tais superfícies serão usadas para tratamento acústico, exatamente porque nesses casos a difração causada pelas suas irregularidades superficiais fará com que o dispositivo de tratamento acústico espalhe controladamente a energia sonora.

É preciso, então, encontrar meios de se quantificar tal espalhamento de energia em função da frequência, do tempo e do espaço.

Reflexão difusa

Figura 3.9 Projeto acústico de um estúdio.
(Cortesia da empresa Giner, São Paulo-SP).

3.2 Análise quantitativa da reflexão difusa

A literatura apresenta alguns métodos para quantificar a reflexão difusa, ou a difração das ondas sonoras em um aparato. Como comentado, o termo "difração" parece mais abrangente e será usado na sequência. Em geral, o problema da difração em um aparato pode ser tratado a partir do esquema mostrado na Figura 3.11. Nesse caso, uma fonte sonora, um aparato difusor e um receptor são mostrados. O campo acústico no receptor pode ser dado, de forma genérica, por:

$$\tilde{P} = \tilde{P}_i + \tilde{P}_d, \qquad (3.2)$$

em que $\tilde{P}_i$ representa a amplitude complexa da onda incidente, causada pelo som direto da fonte, e $\tilde{P}_d$, a amplitude complexa da componente difratada, causada pela reflexão difusa da onda incidente no aparato. Alguns métodos para a quantificação dessas componentes serão dados a seguir, com suas pressuposições e limitações.

3.2.1 O método da Transformada Espacial de Fourier

Quando Schroeder introduziu o difusor de sequência numérica pela primeira vez em 1975 [10], ele utilizou a Transformada Espacial de Fourier para calcular a amplitude complexa da pressão sonora difratada ($\tilde{P}_d$). Na Seção 1.2.4, a transformada de Fourier foi introduzida e mostramos que um sinal no domínio do tempo $x(t)$ pode ter suas componentes no domínio da frequência calculadas, $X(j\omega)$. Essa transformação equivale a um mapeamento tempo-frequência, que em termos dimensionais significa um mapeamento $[s]$-$[s^{-1}]$. O uso da transformada de Fourier não está restrito aos mapeamentos tempo-frequência. Uma das aplicações é   o mapeamento espaço-número de onda, que em termos dimensionais significa um mapeamento $[m]$-$[m^{-1}]$. Nesse caso, o par Transformada Espacial de Fourier (TEF) e Transformada Espacial Inversa de Fourier (TEIF), em 3D, são dada por [11]:

$$F(k_x, k_y) = \int_{-\infty}^{\infty} \int_{-\infty}^{\infty} f(x, y)\, e^{-j(k_x x + k_y y)}\, dx\, dy, \qquad (3.3)$$

$$f(x, y) = \frac{1}{4\pi^2} \int_{-\infty}^{\infty} \int_{-\infty}^{\infty} F(k_x, k_y)\, e^{j(k_x x + k_y y)}\, dk_x\, dk_y, \qquad (3.4)$$

em que $F(k_x, k_y)$ é a TEF e $f(x, y)$ a TEIF, x e y as coordenadas no espaço e k_x e k_y os números de onda nas direções $\hat{x}$ e $\hat{y}$, respectivamente.

Schroeder [10] apresentou uma versão bidimensional da TEF em seu trabalho. Ele considerou que uma onda plana incide na amostra difusora e usou a TEF para calcular a amplitude complexa da onda difratada em um ângulo ϕ. Tal amplitude complexa é dada por:

$$\tilde{P}_d(\phi) = \int_L V_p(x)\, e^{jk_0[\operatorname{sen}(\phi) - \operatorname{sen}(\theta)]x}\, dx, \qquad (3.5)$$

em que L representa o comprimento da amostra, θ é o ângulo de incidência da onda sonora, k_0 é o número de onda no ar e ϕ representa os ângulos de difração. A Figura 3.10 representa o esquema do que foi proposto por Schroeder. Nesse caso, o coeficiente de reflexão pode ser tratado de acordo com o exposto na Equação (3.1), ou seja, ele varia de acordo com os tempos de translado $\Delta t = z(x)/c_0$ entre o eixo de referência e a superfície da amostra. Portanto, o coeficiente de reflexão nesse caso é $V_p(x) = e^{-j\omega z(x)/c_0}$ (amostra difusora rígida). O termo L subscrito na integral representa a integração ao longo das dimensões do difusor. Note, na Equação (3.5) e no esquema da Figura 3.10, que a superfície difusora é modelada como um painel com espessura infinitesimal (apenas a linha preta da figura) e que suas bordas não são consideradas pelo método apresentado, sendo essa uma das limitações do método.

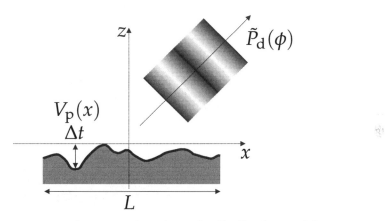

Figura 3.10 Considerações de Schroeder [10] sobre a difração de uma amostra bidimensional.

Dessa forma ao se conhecer a geometria da superfície difusora $(z(x))$ pode-se assumir que conhecemos o coeficiente de reflexão $V_p(x)$ e a Equação (3.10) pode ser integrada numericamente com facilidade por meio do método dos trapézios, quadratura, quadratura adaptativa etc. [12].

Outra desvantagem desse método é que, ao assumir que $V_p(x)$ depende apenas da mudança de fase causada pelo tempo de trânsito da onda sonora entre $z = 0$ e $z = z(x)$ (ida e volta), estamos, implicitamente, assumindo que o monopolo gerado em uma posição x_1 não interfere em um ponto vizinho x_2. Em outras palavras, isso significa que cada ponto da superfície terá um monopolo com amplitude complexa independente dos demais pontos, o que não é verdade, mas uma aproximação. Schroeder tenta lidar com esse problema quando apresenta pela primeira vez o difusor QRD em 1979 [13]. Strube também propõe métodos similares e aproximações mais exatas [14–16]. Basicamente os métodos assumem que $V_p(x)$ não é conhecido *a priori* e um sistema de equações é montado para calculá-lo. Esse tipo de prática é similar ao que será proposto no Método dos Elementos de Contorno (BEM[8]). Vale ressaltar que as soluções propostas nos trabalhos citados até aqui são bastante complexas e que também foram introduzidas em uma época em que o poder computacional ainda era relativamente pequeno. A relação entre a complexidade e exatidão desses métodos parece tornar sua aplicação pouco prática atualmente, já que métodos mais exatos existem a um custo computacional mais elevado. Um desses métodos será abordado na seção seguinte.

3.2.2 O Método dos Elementos de Contorno (BEM)

Ao realizar o experimento da passagem da luz por uma dupla fenda, Huygens observou padrões de interferência construtiva e destrutiva em um anteparo posicionado a uma distância das fendas. A partir dessa observação, ele concluiu que cada ponto de um aparato irradiado por uma onda se comporta como se fosse uma fonte secundária de uma onda esférica (um monopolo). Essa é uma versão resumida do princípio de Huygens e guia a formulação matemática para a previsão da difração de ondas sonoras. A Figura 3.4 ilustra o princípio de Huygens de forma simplificada. Matematicamente, a difração de uma onda sonora pode ser expressa por meio da integral de contorno expressa na Equação (3.6). Tal equação integral é chamada de equação de Helmholtz-Kirchhoff e é dada por:

$$c(\vec{r})p(\vec{r}) = p_i(\vec{r}) + \int_S p(\vec{r}_s)\frac{\partial G(\vec{r},\vec{r}_s)}{\partial n(\vec{r}_s)} - G(\vec{r},\vec{r}_s)\frac{\partial p(\vec{r}_s)}{\partial n(\vec{r}_s)}\,\mathrm{d}S\,, \qquad (3.6)$$

em que $\vec{n}$ é o vetor unitário normal à superfície e $\vec{r}$ é o vetor posição de um dado receptor. Esse receptor pode estar em qualquer ponto do espaço, incluindo pontos sobre a superfície difusora; $p(\vec{r})$ é a pressão sonora total em $\vec{r}$, causada pela contribuição de um termo fonte, dado por $p_i(\vec{r})$, e um termo de onda difratada, dado pela integral de superfície na Equação (3.6); $\vec{r}_s$ é um vetor que varre toda a superfície da amostra.

---

[8] Boundary Element Method.

Essa varredura é expressada pela integral de superfície. Cada elemento infinitesimal da superfície dS se comporta como se fosse um monopolo cuja amplitude complexa é a pressão de superfície $p(\vec{r}_s)$. Os monopolos na superfície são expressos pela função de Green $G(\vec{r}, \vec{r}_s)$ entre os pontos $\vec{r}$ e $\vec{r}_s$. Em um problema tridimensional, a função de Green é dada na Equação (3.7), e em um problema bidimensional, a função de Green é dada na Equação (3.8).

$$G(\vec{r}, \vec{r}_s) = \frac{e^{-jk_0|\vec{r}-\vec{r}_s|}}{4\pi|\vec{r}-\vec{r}_s|}, \qquad (3.7)$$

$$G(\vec{r}, \vec{r}_s) = -jH_0^1(k_0|\vec{r}-\vec{r}_s|), \qquad (3.8)$$

em que H_0^1 é a função de Hankel do tipo 1 e ordem 0. A Figura 3.11 ilustra os termos da Equação (3.6).

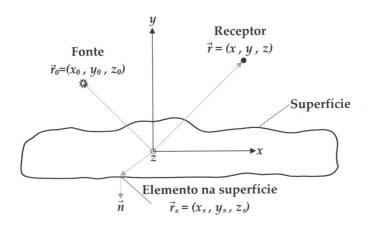

Figura 3.11 Princípio do método da integração ao longo do contorno.

Quando se deseja quantificar o campo acústico no exterior da superfície, $\vec{n}$ deve apontar para fora dela. Nesse caso, o termo $c(\vec{r})$ é uma constante e equivale a 0.5 quando $\vec{r}$ se encontra sobre a superfície difusora, 1.0 quando $\vec{r}$ se encontrar em um ponto externo à superfície difusora e 0.0 quando $\vec{r}$ se encontrar no interior da superfície [17].

A Equação (3.6) encontra-se em um formato não muito conveniente para utilização, já que, além da pressão de superfície $p(\vec{r}_s)$, ela tem a derivada da pressão de superfície na direção normal à amostra difusora.

Para sinais harmônicos esse termo é dado por $\partial p(\vec{r}_s)/\partial n(\vec{r}_s) = -jk_0\beta(\vec{r}_s)p(\vec{r}_s)$, em que $\beta(\vec{r}_s) = \rho_0 c_0/Z_s(\vec{r}_s)$ é a admitância normal à superfície da amostra, que é responsável pela adição de absorção do elemento difusor. Nesse caso, a equação integral de Helmholtz-Kirchhoff se torna:

$$c(\vec{r})p(\vec{r}) = p_i(\vec{r}) + \int_S p(\vec{r}_s) \left[\frac{\partial G(\vec{r},\vec{r}_s)}{\partial n(\vec{r}_s)} - jk_0\beta(\vec{r}_s)G(\vec{r},\vec{r}_s) \right] dS . \quad (3.9)$$

Assim como no método da transformada espacial de Fourier, a Equação (3.6) é uma equação integral em que as pressões na superfície $p(\vec{r}_s)$ não são conhecidas *a priori*. Deve-se então resolver essa equação integral por meio de um dado método. A solução analítica de equações integrais, no entanto, é complexa, especialmente para os casos práticos de interesse em que superfícies difusoras com geometrias intrincadas estão envolvidas. Deve-se então optar por um método numérico para se obter uma aproximação adequada para a solução da equação integral.

O método numérico de aproximação mais exata é o método dos elementos de contorno (BEM), que consiste primeiramente em quebrar a superfície difusora em elementos de superfície suficientemente pequenos. A Figura 3.12 ilustra tal procedimento em um difusor real. O tamanho do maior elemento determina a máxima frequência na qual a análise numérica é exata. Em geral, segue-se a regra de que se obtenha pelo menos 6 elementos por comprimento de onda da máxima frequência de análise. Quanto maior o número de elementos no modelo computacional, maior será o tempo necessário para se realizar os cálculos.

De posse da malha da geometria, pode-se então proceder à imposição das condições de contorno ao modelo. Estas podem ser pressões sonoras (ou velocidades), impedância de superfície (para simular absorção sonora – ver Capítulo 2) aplicadas aos elementos, e termos fontes, que são fontes sonoras elementares colocadas em uma dada posição no sistema de coordenadas. Tais fontes serão as responsáveis por gerar o termo de pressão sonora incidente $p_i(\vec{r})$.

Nesse ponto ainda não se conhecem as pressões sonoras de superfície $p(\vec{r}_s)$ e um algoritmo usado para resolver um problema de elementos de contorno pode considerar que cada elemento da malha apresenta uma pressão sonora de superfície $p(\vec{r}_s)$ distinta, que deve ser encontrada.

Reflexão difusa

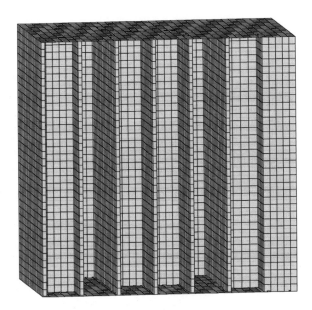

Figura 3.12 Malha utilizada em um software de elemento de contorno (com a ajuda do Prof. Dr. Paulo Mareze).

Uma das simplificações[9] que pode ser assumida é que se considere que a pressão de superfície seja constante em cada elemento da superfície da malha. Nesse caso, assumindo que a malha possua N elementos de superfície, a Equação (3.9) se torna

$$c(\vec{r})p(\vec{r}) = p_\text{i}(\vec{r}) + \sum_{m=1}^{N} p(\vec{r}_{\text{s}_m}) \int_{S_m} \left[\frac{\partial G(\vec{r},\vec{r}_{\text{s}_m})}{\partial n(\vec{r}_{\text{s}_m})} - \mathrm{j}k_0\beta(\vec{r}_{\text{s}_m})G(\vec{r},\vec{r}_{\text{s}_m}) \right] \mathrm{d}S_m. \tag{3.10}$$

Assim, $p(\vec{r}_{\text{s}_m})$ representa a amplitude complexa do monopolo do m-ésimo elemento. Para encontrar os N valores de $p(\vec{r}_{\text{s}_m})$, é necessário fazer com que o vetor posição $\vec{r}$, na Equação (3.10), varra primeiramente todos os elementos de superfície $\vec{r}_{\text{s}_m}$. Dessa forma, nesse primeiro passo, um sistema de equações é montado a partir da expansão do somatório da Equação (3.10), para cada elemento da malha. Este sistema de equações é:

---

[9] Existem outras formas de lidar com o problema, que não serão abordadas neste texto.

$$0.5p(\vec{r}_{s_1}) = p_i(|\vec{r}_0 - \vec{r}_{s1}|) + p(\vec{r}_{s_1})I_{11} + p(\vec{r}_{s_2})I_{12} + ... + p(\vec{r}_{s_N})I_{1N} \qquad \text{(El. 1)}$$

$$0.5p(\vec{r}_{s_2}) = p_i(|\vec{r}_0 - \vec{r}_{s2}|) + p(\vec{r}_{s_1})I_{21} + p(\vec{r}_{s_2})I_{22} + ... + p(\vec{r}_{s_N})I_{2N} \qquad \text{(El. 2)}$$

$$\vdots \qquad\qquad\qquad\qquad\qquad\qquad\qquad\qquad\qquad\qquad\qquad\qquad \vdots$$

$$0.5p(\vec{r}_{s_N}) = p_i(|\vec{r}_0 - \vec{r}_{sN}|) + p(\vec{r}_{s_1})I_{N1} + p(\vec{r}_{s_2})I_{N2} + ... + p(\vec{r}_{s_N})I_{NN} \qquad \text{(El. N)}$$

em que as integrais são dadas por

$$I_{mn} = \int_{S_n} \left[\frac{\partial G(\vec{r}_{s_m}, \vec{r}_{s_n})}{\partial n(\vec{r}_{s_n})} - jk_0\beta(\vec{r}_{s_n})G(\vec{r}_{s_n}, \vec{r}_{s_m}) \right] dS_n \,,$$

e podem ser resolvidas por um método numérico como a quadratura de Gauss-Legendre [17]. O conjunto de equações anterior pode ser reescrito de forma matricial como:

$$\begin{bmatrix} 0.5 - I_{11} & -I_{12} & \cdots & -I_{1N} \\ -I_{21} & 0.5 - I_{22} & \cdots & -I_{2N} \\ \vdots & \vdots & \vdots & \vdots \\ -I_{N1} & -I_{N2} & \cdots & 0.5 - I_{NN} \end{bmatrix} \begin{Bmatrix} p(\vec{r}_{s_1}) \\ p(\vec{r}_{s_2}) \\ \vdots \\ p(\vec{r}_{s_N}) \end{Bmatrix} = \begin{Bmatrix} p_{i_1} \\ p_{i_2} \\ \vdots \\ p_{i_N} \end{Bmatrix} ,$$

ou de forma reduzida:

$$[\mathbf{A}]\,\{p_s\} = \{p_i\}\,. \qquad (3.11)$$

Assim, as amplitudes complexas das pressões de superfície de cada elemento podem ser encontradas por meio da inversão da Equação (3.11), de forma que

$$\{p_s\} = [\mathbf{A}]^{-1}\,\{p_i\}\,. \qquad (3.12)$$

Computacionalmente, a inversão da matriz $[\mathbf{A}]$ é um passo bastante custoso e consome a maior parte do processamento envolvido.

Uma vez que as as amplitudes complexas das pressões de superfície de cada elemento são conhecidas, é possível avaliar a Equação (3.10) para receptores posicionados a uma distância da superfície difusora.

Esse passo, em geral, é computacionalmente barato, pois não envolve a inversão de matrizes. Ele, no entanto, envolve integração numérica das funções de Green, escalonadas pelos termos $p(\vec{r}_s)$ encontrados no passo anterior. Essa integração numérica calcula a interferência sonora entre os diversos monopolos individuais distribuídos pela superfície difusora, tal qual descrito no princípio de Huygens. É preciso notar que esses passos devem ser dados para cada frequência calculada pelo modelo computacional. Ou seja, o método apresentado aqui resolve o problema da difração no domínio da frequência[10].

O método dos elementos de contorno (BEM) é bastante exato desde que questões como tamanho dos elementos em relação ao comprimento de onda sejam tratadas adequadamente. Ele também permite a separação numérica entre a contribuição da onda incidente ($\tilde{P}_i$) e a contribuição da onda difratada ($\tilde{P}_d$ - integral de superfície da Equação (3.6)). Esse, no entanto, é um método computacionalmente custoso e algumas alternativas foram propostas para lidar com esse problema. Tais alternativas podem ser classificadas em métodos de redução de malha e em métodos de aproximação para a pressão sonora difratada.

No caso dos métodos de redução de malha, é preciso notar primeiramente que na Equação (3.12) existe a inversão de uma matriz N x N, o que significa que, quanto maior for o número de elementos na malha, maior será a matriz a ser invertida e maior será o custo computacional envolvido. O número de elementos, por sua vez, cresce com o aumento do tamanho da superfície difusora modelada, com o aumento da frequência limite e, em alguns casos, com o aumento da complexidade geométrica do modelo.

Uma das alternativas para a redução do número de elementos na malha é a redução da complexidade geométrica da superfície difusora. A ideia, proposta por Cox e Lam [18], é similar à ideia proposta por Schroeder [10] e consiste em modelar o elemento difusor como se fosse uma superfície retangular e atribuir diferentes coeficientes de reflexão

---

[10] Tenho consciência de que o entendimento e a descrição satisfatória do método dos elementos de contorno é uma tarefa bastante difícil. Por isso, gostaria de aconselhar o leitor interessado que refaça as derivações feitas aqui. Isso deve dar ao leitor uma noção muito boa de como programar seu próprio código BEM. Creio que, com este trabalho, o entendimento da lógica por trás do código não deva ser um problema.

$V_p(\vec{r}_s)$ aos elementos da malha, que são responsáveis pela mudança de fase da onda difratada (ver Figura 3.10). O método foi aplicado à modelagem de difusores QRD (Seção 3.4.2.2) e é relativamente exato para pequenos ângulos de incidência e se apenas ondas planas se propagam nas células difusoras. Isso está de acordo com o exposto por Strube [15].

Uma segunda alternativa para a redução do número de elementos da malha foi proposta nos trabalhos de Cox e Lam [18, 19] e consiste na modelagem do elemento difusor como se fosse um painel de espessura desprezível. Nesse caso, assim como no método de Schroeder [10], apenas a superfície com irregularidades é modelada e existe uma perda de exatidão no que tange aos efeitos de difração nas bordas da amostra. O método proposto é chamado de método dos elementos de contorno de um painel fino[11]. Além das limitações de exatidão impostas pelo método, nos casos em que os painéis são realmente finos, a formulação de BEM usual, exposta até aqui, será inexata. Nesse caso, o método proposto nas referências [18, 19] deve ser a opção escolhida. A formulação proposta por Cox e Lam [19] considera que a amostra é rígida ($\beta(\vec{r}_s) = 0$) e encontra a diferença de pressão entre os elementos da superfície do painel fino ($\Delta p(\vec{r}_s)$). Para encontrar $\Delta p(\vec{r}_s)$, a equação integral a ser resolvida não é mais a Equação (3.9), mas sim

$$0 = \frac{\partial p_i(\vec{r})}{\partial n(\vec{r}_{s1})} + \int_S \Delta p(\vec{r}_s) \frac{\partial^2 G(\vec{r}, \vec{r}_{s1})}{\partial n(\vec{r}_{s1}) \partial n(\vec{r}_{s2})} \, dS, \qquad (3.13)$$

em que $\vec{r}_{s1}$ é o elemento de superfície e $\vec{n}(\vec{r}_{s1})$ é o vetor normal à $\vec{r}_{s1}$, do lado positivo da malha, e $\vec{n}(\vec{r}_{s2})$ é o vetor normal à $\vec{r}_{s1}$ do lado oposto da malha. Uma vez que a diferença de pressão $\Delta p(\vec{r}_s)$ é conhecida, pode-se avaliar a pressão sonora em um ponto remoto $\vec{r}$ por meio de:

$$p(\vec{r}) = p_i(\vec{r}) + \int_S \Delta p(\vec{r}_s) \frac{\partial G(\vec{r}, \vec{r}_{s1})}{\partial n(\vec{r}_{s1})} \, dS. \qquad (3.14)$$

A aproximação por painéis finos reduz em muito o custo computacional, mas se torna inexata para grandes ângulos de difração e altas

---

[11] *Thin Panel BEM.*

frequências [19]. Outra alternativa na redução do número de elementos da malha é a utilização de uma malha bidimensional com o método BEM tradicional. Isso foi proposto por Cox [20] e se mostrou um método eficiente na predição da curva de espalhamento causada por difusores. O valor absoluto da pressão no espaço não se mostrou tão exato, mas, como muitas vezes, os parâmetros de caracterização dos difusores usam apenas a variação da pressão difratada no espaço, essa não parece ser uma limitação grave em difusores que espalham som em apenas um plano. O método é obviamente inexato para difusores que espalham o som em três dimensões.

Todos esses métodos de redução do custo computacional ainda se baseiam na inversão de matrizes $N \times N$. Existem algumas aproximações propostas que tentam pular o passo da inversão de matrizes a partir de um cálculo aproximado para a pressão de superfície $p(\vec{r}_s)$.

A aproximação proposta por Kirchhoff foi explorada nas referências [18, 19]. Nessa aproximação o passo no qual se calcula a pressão de superfície de cada elemento da malha é eliminado ao se utilizar a Equação (3.15):

$$p(\vec{r}_s) = \left[1 + V_p(\vec{r}_s)\right] p_i(\vec{r}_s) = \left[\frac{2\cos[\theta(\vec{r}_s)]}{\cos[\theta(\vec{r}_s)] + \beta(\vec{r}_s)}\right] p_i(\vec{r}_s), \qquad (3.15)$$

em que $\theta(\vec{r}_s)$ é o ângulo de incidência sobre o elemento em $\vec{r}_s$. Como o passo computacionalmente mais custoso (inversão das matrizes) é eliminado na aproximação, o que resta é a avaliação numérica da integral de superfície na Equação (3.10).

Uma vez que a aproximação de Kirchhoff é utilizada, é possível ainda utilizar outras aproximações, como as aproximações de Fresnell e Fraunhofer. Tais aproximações consideram que fonte e receptor estão distantes um do outro e que ambos estão distantes da superfície difusora [21]. Na aproximação de Fraunhofer, essa consideração leva a uma simplificação na integral de superfície da Equação (3.9), o que leva à:

$$p(\vec{r}_s) = \frac{-jk_0\tilde{Q}}{2\pi} \frac{e^{-jk_0|\vec{r}+\vec{r}_0|}}{|\vec{r}||\vec{r}_0|} [\cos(\theta) + 1] \int_S V_p(\vec{r}_s) e^{-jk_0\vec{r}_s \operatorname{sen}(\theta)} \, dS, \quad (3.16)$$

em que $\tilde{Q}$ é a velocidade de volume da fonte sonora[12] e $\vec{r}_0$ é o seu vetor posição. O problema com as aproximações de Kirchhoff e Fraunhofer é que elas não levam em conta a interação entre diferentes pontos da superfície difusora, assim como no método de Schroeder [10]. Isso leva a erros em baixas frequências. Além disso, a teoria de Fraunhofer só é exata para grandes distâncias e altas frequências (receptor no campo distante) [18].

Hargreaves e Cox [22] também propuseram um método de elementos de contorno para a modelagem do problema no domínio do tempo. Como será explorado na Seção 3.4, também é importante compreender o comportamento temporal dos difusores, já que algumas superfícies tendem a fornecer uma boa característica de espalhamento espacial, mas não necessariamente temporal.

3.2.3 Gráficos polares da pressão difratada

Quando projetamos um difusor com o intuito de realizar o tratamento acústico em uma sala, estamos interessados em avaliar o quão bem o elemento projetado é capaz de espalhar a energia sonora no espaço e no tempo. Para medir como o difusor espalha a energia sonora no espaço, pode-se colocar o elemento difusor em campo livre, excitar o campo acústico com uma fonte e medir a pressão sonora em uma série de pontos ao redor do difusor. Isso é ilustrado esquematicamente na Figura 3.17, que mostra a medição do difusor em uma câmara anecoica. Tais câmaras são ambientes laboratoriais projetados de forma que às paredes, ao teto e ao piso sejam aplicadas cunhas fabricadas de um material sonoabsorvente. Idealmente, as paredes devem absorver completamente a energia sonora que incide sobre elas, de forma que se possa assumir que dentro da sala existe campo livre.

O espalhamento temporal também é importante e pode ser obtido da resposta ao impulso medida entre fonte e receptor na mesma câmara anecoica. A questão envolvida aqui é se, ao ser excitado com um impulso unitário, o elemento difusor refletirá um pulso no tempo, como o da Figura 3.24 (a) ou espalhará temporalmente a energia, como na Figura 3.43 (a).

---

[12] O produto entre velocidade de vibração da fonte pela sua área de radiação, dada em $[m^3/s]$.

Reflexão difusa

Mais detalhes da medição de difusores em câmara anecoica serão dados na Seção 3.3.2. Por ora, vamos simplesmente assumir que, a partir da medição, obtém-se um campo acústico dado pela Equação (3.2), composto por uma componente incidente e por uma componente difratada. As magnitudes e fases dessas componentes variam conforme a posição dos microfones (ou receptores). De fato, o método dos elementos de contorno, pode simular exatamente a condição de câmara anecoica em que a componente difratada é dada pela integral na Equação (3.9).

Assim como na medição esquematizada na Figura 3.17, é possível calcular a pressão sonora com o método dos elementos de contorno em uma série de receptores espalhados ao redor da amostra em um semicírculo que cobre os ângulos de difração entre -90 [$^\circ$] a +90 [$^\circ$]. Pode-se então escolher uma frequência de análise e plotar o que se chama de gráfico polar. Esse gráfico mostra a magnitude da pressão difratada em função do ângulo de difração ($|\tilde{P}_d(\phi)|$) para uma dada frequência f [Hz] e quantifica a uniformidade da distribuição espacial da energia sonora difratada.

Em geral, o gráfico polar precisa ser normalizado em relação à magnitude da pressão sonora incidente ($|\tilde{P}_i(\phi)|$), em relação à magnitude da pressão difratada a 0 [$^\circ$] ($|\tilde{P}_d(0^\circ)|$) ou em relação ao valor máximo da magnitude da pressão difratada ($\max(|\tilde{P}_d(\phi)|)$). Nos exemplos apresentados neste livro, optou-se em sua maioria pela última forma, já que nesse caso o valor máximo no gráfico polar equivale a 0 [dB] e valores negativos representam menos energia que o valor máximo em um dado ângulo. Dessa forma, é possível identificar facilmente o(s) ângulo(s) de maior reflexão, que em geral é o ângulo de reflexão especular.

A Figura 3.13 mostra os gráficos polares de duas superfícies para a frequência de 2000 [Hz]. As pressões difratadas foram obtidas com o método da transformada espacial de Fourier (TEF) e com o método dos elementos de contorno bidimensional (BEM 2D). A fonte sonora se encontrava posicionada a 0 [$^\circ$] em relação à linha normal às superfícies e, para BEM 2D, a fonte estava a 200 [m] do elemento difusor e os receptores distribuídos em um círculo de 20 [m] de raio ao redor do difusor. A resolução espacial usada na geração do gráfico polar era de 1 [$^\circ$], o que implica que entre -90 [$^\circ$] a +90 [$^\circ$] existiam 181 receptores.

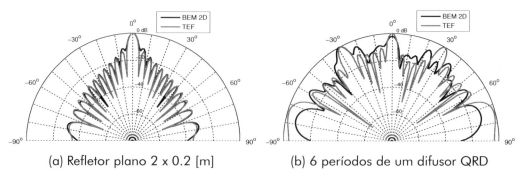

(a) Refletor plano 2 x 0.2 [m]   (b) 6 períodos de um difusor QRD

Figura 3.13 Padrão polar da onda difratada para dois tipos de amostra.

A amostra, cujo gráfico polar é mostrado na Figura 3.13 (a), é um refletor plano (superfície perfeitamente lisa) com 2 [m] de comprimento e 20 [cm] de largura. A maior parte da energia difratada encontra-se próxima a 0 [°], o que é esperado, já que um refletor plano, liso e relativamente grande vai refletir a onda sonora em um ângulo igual ao ângulo de incidência. Alguma energia é difratada em outros ângulos, o que se deve ao tamanho finito da superfície. Já a amostra, cujo gráfico polar é mostrado na Figura 3.13 (b), é um conjunto de 6 difusores QRD (superfície irregular - Seção 3.4.2.2) justapostos, cujo comprimento total é de 2.13 [m] e cuja largura é $\approx$ 20 [cm]. É possível notar, nesse caso, que a energia difratada encontra-se espalhada entre -90 [°] a +90 [°], o que é causado primordialmente pela irregularidade da superfície da amostra, já que seu tamanho é similar ao da amostra plana. A discordância entre os métodos da TEF e BEM 2D se deve às limitações intrínsecas do método da TEF, já que ele não leva em conta a largura da amostra nem a interferência entre os pontos de sua superfície. Essa discrepância é maior para superfícies mais irregulares e o método BEM 2D pode ser considerado mais exato, embora o método da TEF forneça uma avaliação da difração a um custo computacional bastante menor.

A representação polar da pressão difratada fornece informações bastante úteis aos fabricantes de difusores (principalmente) e aos projetistas de acústica de salas. No entanto, o volume de informações é bastante grande, uma vez que cada frequência gera um padrão polar distinto. Além disso, o gráfico polar pode variar com o ângulo de incidência da fonte sonora. Outro problema é que padrões polares são informações inconsistentes com a teoria geométrica e estatística, como será visto nos Capítulos 5 e 6. Isso faz com que os padrões polares de superfícies difusoras sejam informações quantitativas úteis ao fabricante de tratamento acústico e úteis ao projetista de uma sala, mas para este apenas do ponto de vista qualitativo, já que esses dados não servem como parâmetros de entrada aos *softwares* usados em acústica geométrica ou às equações para predição acústica baseadas na teoria estatística. Devido ao volume de informações obtidas em um espectro amplo e em várias posições de fonte e às inconsistências mencionadas, faz-se necessária a criação de métricas alternativas, de forma a reduzir o número de informações e a torná-las compatíveis com o projeto acústico de uma sala. Tais métricas serão discutidas na Seção 3.3.

3.2.4 Outros métodos numéricos

Existem outros métodos numéricos que podem ser usados na previsão da difração. O método dos elementos de contorno foi apresentado em detalhes, pois em sua formulação a difração é matematicamente explícita, o que acontece porque o método é baseado no princípio de Huygens. Nesta seção, o método dos elementos finitos e o método das diferenças finitas serão apresentados resumidamente. Um aprofundamento aos métodos pode ser encontrado em diversas referências, como em [23].

O que há em comum entre esses métodos é o fato de que ambos partem da discretização do meio acústico entre fonte, difusor e receptor. Um esquema dessa discretização é mostrado na Figura 3.14. Note que fonte e receptor fazem parte da malha e que o elemento difusor é inserido nela apenas para fins didáticos. Na verdade ele não é parte da malha e apenas o fluido ao redor dele é discretizado. Isso é o contrário do que ocorre em BEM, que é um método em que a superfície recebe a malha e o meio acústico não. A malha é formada por uma série de nós e elementos aos quais estão associados grandezas de campo, como pressão sonora e propriedades do meio, como densidade e velocidade da onda. Fontes podem ser colocadas no meio e receptores definidos sobre os nós ou em pontos arbitrários. Condições de contorno podem ser aplicadas aos elementos da malha e seus extremos. No caso da simulação de difusores, os elementos da malha em contato com a superfície difusora podem ter associados a si uma velocidade nula, a fim de simular um difusor rígido, e os elementos nos extremos do fluido podem ter aplicados a si uma condição de contorno que simula uma terminação anecoica (mostrada em maior discretização na Figura 3.14, o que geralmente é requerido).

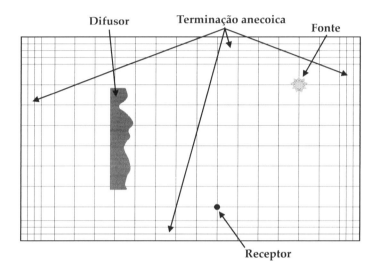

Figura 3.14 Esquema de malhas para outros métodos numéricos (FEM / FDTD).

O método dos elementos finitos (FEM[13]) resolve a equação da onda no domínio da frequência. Atualmente, a partir da inclusão de formulações de perdas viscotérmicas para o método dos elementos finitos [24], é possível levar em conta a absorção sonora provocada por efeitos viscosos em difusores, o que é uma vantagem. Já o método das diferenças finitas (FDTD[14]) resolve a equação da onda no domínio do tempo e é aplicado quando se deseja obter a resposta temporal do difusor.

Uma desvantagem comum desses métodos é que eles são baseados na discretização do fluido que engloba fonte, receptores e difusor. Em geral, é ideal que fonte e receptores estejam muito distantes da superfície difusora, tal qual o exemplo discutido para a Figura 3.13. Nesses casos o aumento do tamanho do domínio pode tornar o custo computacional do método proibitivo. Outra desvantagem em relação ao método BEM é

---

[13] FEM: *Finite Element Method*.
[14] FDTD: *Finite Difference Time Domain*.

Reflexão difusa

que a inclusão dos efeitos de difração é implícita nesses métodos e não explícita como em BEM, e pode levar à necessidade de uma maior discretização da malha próximo ao difusor, o que também acaba por aumentar o custo computacional.

3.3 Coeficientes de difusão e espalhamento

Como comentado anteriormente, o volume de informações contidas em um conjunto de gráficos polares é muito grande, já que deve haver um gráfico polar para cada frequência e ângulo de incidência. Faz-se, então, necessária a criação de métricas alternativas, a fim de reduzir o número de informações e/ou de torná-las compatíveis com o projeto acústico de uma sala.

Do ponto de vista da acústica de salas, o que se deseja é conseguir prever e controlar o espalhamento sonoro causado por um determinado aparato, seja este um refletor finito, seja um elemento destinado ao espalhamento da energia sonora no espaço, que aqui serão chamados de "difusor". Há, no entanto, duas abordagens para atingir esse objetivo:

(i) O *design* de aparatos e o entendimento de como eles espalham o som é muito importante para o fabricante de tratamentos acústicos. Nesse caso, os gráficos polares que se viram até aqui são de suma importância, já que os detalhes neles contidos possuem uma série de informações valiosas sobre o dispositivo. Os gráficos polares, no entanto, não são uma informação condensada, o que acaba por tornar a comparação entre dispositivos algo muito complexo. É desejável que a informação contida em um conjunto de gráficos polares seja reduzida a um índice que possa medir a uniformidade espacial da difusão do aparato. Esse índice é conhecido como o coeficiente de difusão $\Gamma(f)$ e será explorado na Seção 3.3.1;

(ii) Quando se deseja calcular o campo acústico em uma sala, a forma como os diferentes aparatos se relacionam para criar esse campo, com as propriedades que desejamos, é muito importante para o projetista de uma sala (e para o ouvinte, claro). Os gráficos polares não servem como parâmetros de entrada aos *softwares* usados em acústica geométrica ou às equações para predição acústica baseadas na teoria estatística. Em ambos os casos, os métodos são baseados na relação energética entre pressão incidente e pressão difratada. Essa relação energética é muito diferente da métrica de uniformidade espacial da difusão, o que faz com que seja necessária a criação de outro parâmetro para quantificar os elementos difusores. Esse parâmetro é o coeficiente de espalhamento $s(f)$[15], que é uma medida da razão da energia sonora espalhada de forma difusa (não especular) em relação à energia total refletida pela amostra. O coeficiente de espalhamento será explorado na Seção 3.3.3.

É válido fazer uma nota sobre a razão da existência de dois coeficientes, já que um leitor iniciante pode questionar o porquê de dois coeficientes diferentes para mensurar a performance de um único aparato. Embora as razões técnicas para isso, dadas anteriormente, pareçam suficientes, é interessante notar que esses coeficientes, bem como nossa compreensão sobre a difração e espalhamento sonoro, são assuntos bastante recentes. Por um lado, o coeficiente de absorção, estudado no Capítulo 2, tem cerca de 120 anos e, portanto, é uma quantidade com a qual estamos acostumados a lidar. Por isso, entendemos as diferenças entre variação angular, incidência difusa, significado físico da quantidade etc. Além disso, possuímos um vasto banco de dados de coeficientes de absorção de diferentes tipos de dispositivos como materiais porosos, absorvedores ressonantes, cadeiras e até pessoas. Os elementos difusores, no entanto, foram propostos como tratamento acústico pela primeira vez no fim dos anos 1970 e sua aplicação comercial em larga escala veio nos anos 1980. De lá para cá, o uso de modelos computacionais em acústica de salas ganhou mais e mais importância. A importância dada à reflexão difusa nesses modelos cresceu no fim dos anos 1990 e começo dos anos 2000. Pode-se notar, então, que nossa compreensão sobre a difusão sonora ainda é bastante recente e a existência de dois coeficientes, em parte, deve-se a isso. Nós estamos, de fato, testemunhando a criação dos parâmetros de quantificação. Talvez, no futuro, um único parâmetro, que contenha todas as informações necessárias, seja criado. Mais informações sobre a comparação dos dois parâmetros são dados no artigo de Cox et al. [25].

---

[15] s é o símbolo derivado to termo *scattering*, que em inglês significa "espalhamento".

Reflexão difusa

3.3.1 Coeficiente de difusão: definição

O objetivo primordial de um coeficiente de difusão é transformar um conjunto de gráficos polares (para um dado ângulo de incidência) em um coeficiente de espalhamento $\Gamma(f)$, que é função da frequência. Dessa forma, é fundamental que se obtenham primeiramente os padrões polares. O objetivo dessa métrica é mensurar a uniformidade espacial da difusão do aparato.

O cálculo e a medição do coeficiente de difusão estão descritos na norma AES-4id-2001 (r2007) *"Information document for room acoustics and sound reinforcement systems-Characterization and measurement of surface scattering uniformity"* [26]. Métodos de medição serão explorados na Seção 3.3.2, que na verdade trata da obtenção dos padrões polares. Aqui, vamos partir da premissa que estes foram obtidos corretamente, ou seja, já temos $\tilde{P}_d(\phi)$ para a faixa de frequências desejada.

De acordo com Hargreaves et al. [27], um coeficiente de difusão $\Gamma(f)$ deve ser uma métrica com as seguintes características:

a) ter uma base física sólida;

b) ter uma definição e conceituação claras e relacionadas ao papel da difusão sonora em acústica de salas;

c) ser uma métrica que consiga ranquear consistentemente diferentes elementos difusores encontrados em salas;

d) ser mensurável e predizível por um processo simples;

e) ser limitado entre $0.0 - 1.0$.

Hargreaves [28] faz uma ampla revisão sobre alguns métodos de obtenção de coeficientes de difusão, que podem ser classificados em métodos baseados em definições energéticas da pressão difratada e métodos baseados no desvio padrão dos gráficos polares. Aparentemente, esses métodos pecam em um ou mais itens da lista de requerimentos e, por isso, o autor propõe um método baseado na autocorrelação circular dos gráficos polares. Como visto no Capítulo 1, a função de autocorrelação mede o grau de similaridade em um sinal à medida que deslocamentos temporais são aplicados a ele. No caso do coeficiente de difusão proposto, a autocorrelação circular é usada para medir o grau de similaridade do padrão polar à medida que o ângulo de difração ϕ é mudado. Essa definição lida bem com os itens (a) e (b) da lista de características necessárias à métrica.

A Figura 3.15 ilustra a transformação de gráficos polares em funções de autocorrelação circular. Três superfícies são investigadas para incidência normal ($\theta = 0\,[°]$) na frequência de 2000 [Hz]. A primeira superfície é um refletor plano e liso com 1 [m] de comprimento e 20 [cm] de largura. Note que o padrão polar tem uma forte componente de reflexão especular em $\phi = 0\,[°]$. Essa reflexão especular é mostrada na autocorrelação por meio de um máximo em $\phi = 0\,[°]$ e uma diminuição à medida que o ângulo de difração varia para $\pm 90\,[°]$. A autocorrelação não chega a 0 para o refletor plano porque ele é finito, o que é levado em conta também no gráfico polar.

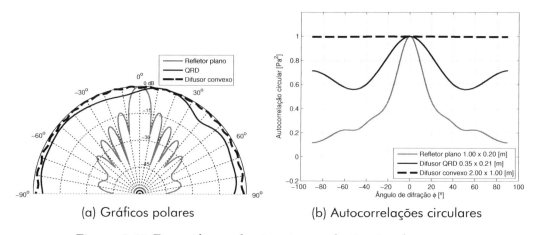

(a) Gráficos polares (b) Autocorrelações circulares

Figura 3.15 Do gráfico polar à autocorrelação circular para a frequência de 2000 [Hz] e três superfícies.

A segunda superfície investigada é um difusor QDR, uma superfície altamente irregular com 35 [cm] de comprimento por 21 [cm] de largura (ver Figura 3.39). Seu padrão polar mostra uma difusão relativamente uniforme, mas que diminui para alguns ângulos de difração, especialmente próximo a $\pm 45\,[°]$. Essa diminuição é expressa na autocorrelação circular, que também é consideravelmente maior que para o refletor plano. O aumento na autocorrelação está ligado à irregularidade da

Reflexão difusa

superfície e ao seu menor tamanho, o que contribui para o espalhamento espacial da energia sonora. A terceira superfície é um difusor convexo com 1.00 [m] de raio e 2.00 [m] de comprimento (ver Figura 3.30). O gráfico polar é bastante uniforme e mostra que esse difusor é muito eficiente no espalhamento espacial da energia sonora, o que se reflete em uma autocorrelação circular bastante próxima de 1.0 para todos os ângulos de difração. Isso ocorre para esse difusor mesmo apresentando ele um tamanho maior que o refletor plano, o que está ligado a geometria de sua superfície.

Parece então que, além dos itens (a) e (b), a autocorrelação circular consegue ranquear corretamente diversas superfícies diferentes, o que é provado na referência [27] e lida com o item (c) da lista de exigências da métrica. O item (d) parece mais difícil, já que o uso da função de autocorrelação circular parece matematicamente complicada. No entanto, Hargreaves et al. [27] nos prova que o coeficiente de difusão pode ser calculado a partir da medição direta das pressões sonoras difratadas, $\tilde{P}_d(\phi)$. Nesse caso, para medições ao longo de um circulo ao redor do difusor, um coeficiente de difusão limitado entre 0.0 e 1.0 (item (e) da lista), é dado por:

$$\Gamma(f) = \frac{\left(\sum\limits_{i=1}^{N} |\tilde{P}_d(\phi_i)|\right)^2 - \sum\limits_{i=1}^{N} |\tilde{P}_d(\phi_i)|^2}{(N-1)\sum\limits_{i=1}^{N} |\tilde{P}_d(\phi_i)|^2}, \tag{3.17}$$

em que N é o número de pontos de medição (ver Figura 3.17) e $|\tilde{P}_d(\phi_i)|$ é a magnitude da pressão difratada, para a frequência em questão, medida no ponto i (angulo de difração ϕ_i). Esse coeficiente de difusão é limitado entre 0 e 1 e mensura as componente de espalhamento devido às irregularidades da superfície difusora e também devido ao tamanho finito do aparato medido. A fim de eliminar a influência do tamanho finito da amostra, faz-se necessário medir o coeficiente de difusão de uma amostra lisa-regular de mesmas dimensões do aparato difusor. Esse é o coeficiente de difusão de referência $\Gamma_{ref}(f)$. O coeficiente de difusão normalizado é dado pela Equação (3.18):

$$\Gamma_{\mathrm{n}}(f) = \frac{\Gamma(f) - \Gamma_{\mathrm{ref}}(f)}{1 - \Gamma_{\mathrm{ref}}(f)} \ . \tag{3.18}$$

Nas Figuras 3.16 (a) e 3.16 (b), são mostrados os coeficientes de difusão não normalizado e normalizado para uma amostra de referência (refletor plano) e para 6 períodos de um difusor QRD (6 unidades justapostas), respectivamente. Note na Figura 3.16 (a) que o coeficiente de difusão não normalizado é alto para as baixas frequências, diminuindo com o aumento da frequência. Já o coeficiente de difusão normalizado é nulo, já que nesse caso a normalização é feita com o próprio aparato de referência. Já no caso da Figura 3.16 (b), o coeficiente de difusão normalizado aumenta com a frequência, o que está ligado à relação comprimento de onda vs. profundidade das irregularidades de superfície (ver Seção 3.4.2.2). Note também que o coeficiente de difusão não normalizado é alto em baixas frequências, o que está ligado ao tamanho finito da amostra que gera uma maior difração em baixas frequências, já que λ é maior que o tamanho do difusor.

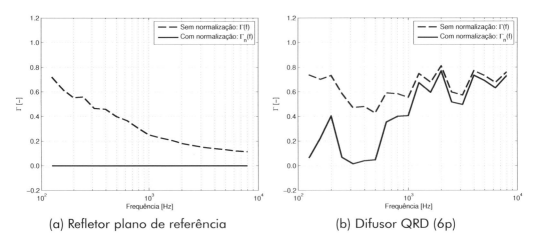

(a) Refletor plano de referência (b) Difusor QRD (6p)

Figura 3.16 Coeficiente de difusão de dois tipos de amostra com dimensões 2.30 x 0.21 [m].

3.3.2 Coeficiente de difusão: medição

Experimentalmente a obtenção dos padrões polares é uma tarefa relativamente complexa e pode ser realizada em uma câmara anecoica (campo livre, como indicado na Figura 3.17) ou *in situ*. Os procedimentos de medição estão descritos na norma AES-4id-2001 (r2007) [26]. O processo de medição é similar nos dois casos e é necessário posicionar uma série de microfones ao redor do elemento difusor.

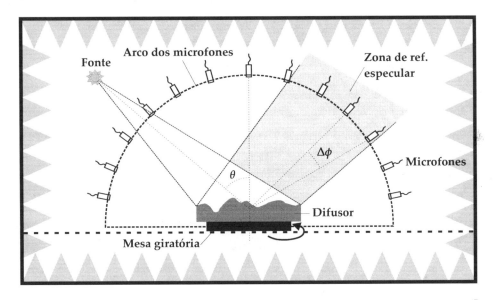

Figura 3.17 Medição do padrão polar de reflexão de um difusor.

Para difusores que espalham a energia sonora em apenas um plano, a medição em um semicírculo acima do difusor é suficiente. A resolução espacial no processo experimental é usualmente $\Delta\phi = 5 \, [°]$, o que leva a gráficos polares relativamente suaves a um custo experimental relativamente baixo. Nesse caso, para cobrir os 180 [°] do semicírculo 37 posições de medição são necessárias. Pode-se usar um *array* de 37 microfones para a medição, mas será necessário fazer uma calibração relativa dos microfones[16] e serão necessários 37 canais de aquisição, o que pode aumentar muito o custo do *hardware* necessário. Outra opção é criar um

---

[16] Isso acontece porque existem diferenças nas sensibilidades dos microfones devido às incertezas de fabricação.

sistema que movimente um único microfone de forma automática, eliminando a necessidade de calibração relativa e tornando possível a medição com apenas um canal. No entanto se levará mais tempo para realizar a medição completa, e as condições atmosféricas devem ser mantidas sob controle durante todo o experimento.

Para difusores que espalham a energia sonora em dois planos, é necessário medir uma semisfera acima do difusor. Nesse caso, o arco dos microfones deve ser girado acima do difusor em passos também de $\Delta\phi = 5\,[°]$. Para girar o arco dos microfones, este é conectado a uma mesa giratória. A cada medição em semicírculo, a mesa dá um passo de $5\,[°]$, o que eventualmente varrerá toda a semisfera. Na medição 3D, 1369 pontos são medidos e o custo experimental é consideravelmente maior.

Uma fonte sonora é usada para excitar o campo acústico na sala da medição. Quando o difusor está presente na sala, os microfones receberão o som direto da fonte ($\tilde{P}_i$), o som difratado pelo difusor ($\tilde{P}_d$) e componentes espúrias ($\tilde{P}_e$) compostas pela difração sonora nos aparatos de medição (p. ex. arco dos microfones, mesa giratória) e pelo som refletido pela sala na qual o experimento é realizado (muito proeminente para medições *in situ*). O termo $\tilde{P}_e$ é inexistente na simulação com o método BEM. A fonte sonora pode emitir um ruído de banda larga, como um *sweep* exponencial ou MLS, de forma a se obter as respostas ao impulso entre fonte e microfones. As respostas ao impulso conterão as componentes $\tilde{P}_i$, $\tilde{P}_d$ e $\tilde{P}_e$, de forma que é necessário obter apenas a componente difratada por meio de um pós-processamento dos sinais medidos. Para realizar esse processamento, diversas medições são necessárias.

Os passos do pós-processamento são mostrados esquematicamente na Figura 3.18. O primeiro passo então é retirar o difusor da câmara (ou sala) e medir as respostas impulsivas entre fonte e microfones. Para simplificar vamos analisar apenas uma resposta ao impulso, válida para um determinado ângulo de incidência e apenas 1 microfone. Essa resposta ao impulso $h_1(t) = h_i(t) + h_e(t)$, medida sem o difusor, apresenta as componentes: som direto e reflexões espúrias. No segundo passo, o difusor é colocado em sua posição e uma segunda resposta ao impulso é medida. Essa resposta ao impulso $h_2(t) = h_i(t) + h_d(t) + h_e(t)$, medida com o difusor, apresenta as componentes: som direto, onda difratada e reflexões espúrias. O passo seguinte consiste em subtrair $h_1(t)$ de $h_2(t)$, a fim de obter uma resposta ao impulso que contenha apenas a componente difratada $h_d(t)$.

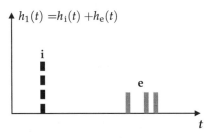

(a) Componentes direta e espúria

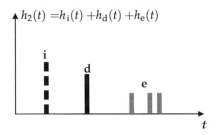

(b) Componentes direta, difratada e espúria

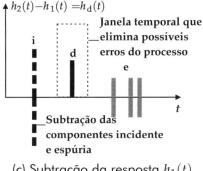

(c) Subtração da resposta $h_1(t)$ de $h_2(t)$

Figura 3.18 Medição do padrão polar de reflexão de um difusor: pós-processamento das respostas ao impulso.

Nesse ponto pode-se pensar que a transformada de Fourier de $h_2(t) - h_1(t) = h_d(t)$ é o espectro da onda difratada. No entanto, esse espectro ainda possui a influência da resposta em frequência da fonte da fonte sonora usada no experimento. Para descontar essa influência, é necessário medir uma nova série de respostas ao impulso. Dessa vez, o difusor é novamente retirado da sala e a fonte sonora é colocada em seu lugar e orientada para cada microfone. A cada medição obtém-se uma $h_3(t)$ entre fonte (na posição do difusor) e microfone (com este no eixo de radiação principal da fonte). Finalmente, o espectro da pressão difratada podem ser obtidos da Equação (3.19):

$$\tilde{P}_d(j\omega, \phi) = \frac{\mathcal{F}\{h_2(t)_\phi - h_1(t)_\phi\}}{\mathcal{F}\{h_3(t)_\phi\}}, \tag{3.19}$$

em que $\tilde{P}_d(j\omega, \phi)$ representa o espectro para o microfone posicionado no ângulo de difração ϕ. Uma vez que esses espectros estão medidos, pode-se plotar um padrão polar para uma dada frequência ou calcular o coeficiente de difusão da amostra com as Equações (3.17) e (3.18).

Hargreaves et al. [27] apontam que um problema prático em medições do tipo é que os padrões polares podem mudar à medida que nos aproximamos da superfície difusora. Eles apontam, por exemplo, que, no campo próximo, uma superfície plana se torna um bom difusor, o que contradiz o senso comum de que tais superfícies refletem o som especularmente. O padrão polar se estabiliza à medida que se passa ao campo distante, que é a região a partir da qual a magnitude da pressão difratada decai 6 [dB] à medida que se dobra o raio do arco dos microfones[17]. Em aplicações realistas, no entanto, o campo distante pode estar tão longe da amostra que não existem laboratórios capazes de medir os padrões polares. Isso não é um problema para predições utilizando BEM, já que, como não há ruídos ou reflexões espúrias os receptores podem ser colocados em posições muito distantes da superfície difusora. O autor, no entanto, propõe uma solução prática podendo reduzir a distância entre microfones, fonte e difusor desde que 80 [%] dos microfones estejam fora da região de reflexão especular e 20 [%] deles estejam dentro dessa zona. Esse procedimento permite que a qualidade do espalhamento sonoro e reflexão especular seja captada corretamente e o coeficiente de difusão tenda a ter um erro menor que 10 [%] nos piores cenários. A zona de reflexão especular é definida pela reflexão especular nas bordas de uma superfície

---

[17] Em BEM 2D, o campo livre e distante é definido como a região a partir da qual a magnitude da pressão difratada decai 3 [dB] à medida que se dobra o raio do arco dos microfones.

plana do mesmo tamanho do elemento difusor e está indicada esquematicamente na Figura 3.17.

O procedimento de medição exposto aqui considera que as componentes direta, difratada e espúria não estão sobrepostas nas respostas ao impulso medidas. Para que isso aconteça e a separação temporal possa ser garantida, é necessário medir em salas relativamente grandes. Cox e D'Antonio [21] avaliam que, para um arco de microfones com 5 [m] de raio e uma fonte a 10 [m] do difusor, o que garante as condições de Hargreaves et al. [27], a sala deve ter 25 x 24 x 12 [m] (largura, comprimento e altura), o que parece proibitivo. A solução prática encontrada é medir um difusor em escala (1:5, por exemplo), o que torna a medição factível em uma sala comum ou câmara anecoica.

A análise mostrada nesta seção nos permite concluir que um fabricante de difusores tem, associado ao seu produto, um custo experimental elevado. Mesmo que medições *in situ* sejam realizadas, o tempo e aparato usado em uma medição podem ser bastante custosos. Posto isso, o domínio da modelagem de difusores se torna ainda mais importante, já que reduz em muito a necessidade de construção e teste de protótipos, o que também é válido para a fabricação de tratamentos destinados à absorção sonora.

Existem outros métodos de medição ainda não normatizados, como os propostos por Farina [29] e por Kleiner, Gustafsson e Backman [30]. Esses métodos não serão discutidos aqui.

3.3.3 Coeficiente de espalhamento: definição

Viu-se que, quando uma onda sonora irradia uma amostra finita e/ou irregular, a energia sonora incidente é parcialmente absorvida. Parte da energia é então refletida de forma especular, em um ângulo igual ao ângulo de incidência, θ, e parte da energia sonora será espalhada no espaço de acordo com as características do elemento difusor. Isso está ilustrado na Figura 3.19.

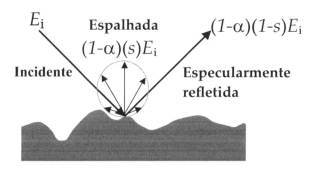

Figura 3.19 Ilustração do coeficiente de espalhamento sonoro.

Até o começo dos anos 2000, era comum avaliar a superfície difusora a partir dos gráficos polares e do coeficiente de difusão, que dá uma ideia do quão uniforme é o espalhamento da energia. Esse coeficiente, no entanto, não mensura a quantidade de energia refletida de forma difusa. Por esse motivo, o coeficiente de difusão (Γ) não é compatível com os *softwares* de modelagem em acústica de salas (Capítulo 5) ou com a teoria estatística (Capítulo 6), já que nesses casos a relação energética é utilizada no modelo matemático. Além disso, a literatura mostrou [3–5] a necessidade da inclusão da difusão sonora nos *softwares* de modelagem e, por isso, existia a necessidade de criação de um parâmetro energético para quantificar a difusão.

Esse coeficiente foi introduzido em 2000 por Vorländer e Mommertz [31] e é chamado de coeficiente de espalhamento[18], s, sendo uma medida da razão entre a energia sonora espalhada de forma difusa (não especular) em relação à energia total refletida pela amostra (Figura 3.19). O coeficiente de espalhamento não leva em conta como exatamente as diferentes superfícies vão espalhar o som no espaço, mas sim a razão entre a energia espalhada de forma difusa e a energia total refletida.

Como uma razão energética, o coeficiente s é perfeitamente compatível com os *softwares* usados em acústica geométrica ou com as equações para predição acústica baseadas na teoria estatística. Portanto, esse parâmetro é útil pra calcular como o som vindo de diversas superfícies se mistura na sala. Sendo a energia sonora incidente E_i, a energia total refletida (E_r) é obtida a partir do coeficiente de absorção da amostra.

---

[18] s - Scattering coefficient.

Reflexão difusa

Essa é dada por:

$$E_r = (1 - \alpha)E_i .$$

Dessa forma a energia refletida de forma difusa é dada por:

$$E_{rd} = (1 - \alpha)\, s\, E_i , \qquad (3.20)$$

e a energia refletida de forma especular é dada por:

$$E_{re} = (1 - \alpha)\,(1 - s)\, E_i . \qquad (3.21)$$

O coeficiente de espalhamento $s = s(f, \theta)$ pode ser dependente da frequência e do ângulo de incidência, assim como o coeficiente de absorção α. Nos *softwares* para modelagem acústica e na acústica estatística, sua especificação e medição segue uma definição por incidência aleatória. Existem duas alternativas básicas para a obtenção do coeficiente de espalhamento: (i) pode-se medir o coeficiente de espalhamento usando uma técnica de campo livre similar à usada na medição *in situ* da absorção sonora (proposta de Mommertz [32] e discutida na Seção 2.2.3) para vários ângulos de incidência. Pode-se também usar um arco de microfones similar ao usado na medição do coeficiente de difusão (Seção 3.3.2). Os coeficientes $s(f, \theta)$ podem, então, ser inseridos na Equação (2.16), no lugar do coeficiente de absorção, a fim de se calcular o coeficiente de espalhamento por incidência difusa; (ii) o coeficiente de espalhamento por incidência difusa pode ser medido diretamente em câmara reverberante em um processo similar à medição do coeficiente de absorção por incidência difusa (Seção 2.2.2).

3.3.4 Coeficiente de espalhamento: medição

Para a medição coeficientes de espalhamento usando uma técnica de campo livre, Vorländer e Mommertz [31] usam um sistema similar ao mostrado na Figura 3.17, mas com apenas um microfone. Os autores propõem que o coeficiente de reflexão total (V_p), válido para o ângulo de incidência θ, é composto por uma componente especular (V_{pe}) e pela componente difusa (V_{pd}). Assim, para a uma dada posição i da mesa giratória, tem-se

$$V_{\mathrm{P}}^{(i)} = V_{\mathrm{pe}}^{(i)} + V_{\mathrm{pd}}^{(i)} \, . \tag{3.22}$$

A mesa, então, é posta a girar e a cada passo angular i mede-se uma nova resposta ao impulso, que é somada à anterior[19]. De acordo com os autores, ao somar as respostas ao impulso medidas com difusor em diferentes orientações, a componente refletida de forma especular não se altera (já que é coerente), o que implica em uma soma de componentes de reflexão especular medidas. Já a componente refletida de forma difusa é incoerente e, portanto, o processo de soma fará que essa componente diminua a cada vez que uma nova medição é adicionada à anterior. Assim, o coeficiente de reflexão especular é dado por:

$$V_{\mathrm{pe}} = \frac{1}{N} \sum_{i=1}^{N} V_{\mathrm{P}}^{(i)} \, , \tag{3.23}$$

válido para um alto número de medições, N. Caso o difusor apresente uma absorção não desprezível, deve-se medir seu coeficiente de absorção em separado, o que em uma primeira aproximação é dado por

$$\alpha(\theta) = 1 - \frac{1}{N} \sum_{i=1}^{N} |V_{\mathrm{P}}^{(i)}|^2 \, . \tag{3.24}$$

O valor do coeficiente de espalhamento é, então, obtido pelas Equações (3.23) e (3.24) e é dado por:

$$s(\theta) = \frac{1 - \alpha(\theta) - |V_{\mathrm{pe}}|^2}{1 - \alpha(\theta)} \, . \tag{3.25}$$

Note na Equação (3.25) que $1 - \alpha(\theta)$ representa a energia total refletida e, assim o termo no numerador representa a energia refletida de forma difusa. Dessa forma, essa equação é equivalente à definição do coeficiente de espalhamento como uma razão energética.

---

[19] O processamento dessas respostas ao impulso, usado para separar a componente incidente da refletida, é similar ao mostrado em [32].

Para a medição de coeficientes de espalhamento usando um arco de microfones similar ao usado na medição do coeficiente de difusão (Seção 3.3.2), Mommertz [33] propõe que o coeficiente de espalhamento seja obtido dos padrões polares a partir da pressão difratada por um difusor e por uma superfície de referência lisa de mesmo tamanho e material. Em sua proposta, o autor assume que a onda difratada por um difusor ($\tilde{P}_{d1}$) é estatisticamente independente da onda difratada pela superfície lisa ($\tilde{P}_{d0}$). O coeficiente de difusão é obtido a partir de somatórios ao longo dos ângulos de difração ϕ_i das pressões difratadas pelo difusor e superfície de referência e é dado por:

$$s(\theta) = 1 - \frac{\left| \sum\limits_{i=1}^{N} \tilde{P}_{d1}(\phi_i) \tilde{P}_{d0}^*(\phi_i) \right|^2}{\sum\limits_{i=1}^{N} |\tilde{P}_{d1}(\phi_i)|^2 \sum\limits_{i=1}^{N} |\tilde{P}_{d0}(\phi_i)|^2}, \tag{3.26}$$

válida para a medição de difusores que espalham a energia sonora em apenas um plano. Para a medição de difusores que espalham a energia sonora em 2 planos, é preciso incluir os ângulos sólidos e o somatório simples se torna um somatório duplo. Kosaka e Sakuma [34] fornecem expressões para esse caso e indicações dos pré-requisitos de modelos computacionais 3D usando BEM. Na Figura 3.20 é possível observar coeficientes de espalhamento de difusores construídos a partir do arranjo contíguo de semicilindros. A curva cinza representa o coeficiente de espalhamento para um arranjo de 10 semicilindros contíguos de raio de 10 [cm], compondo, portanto, um arranjo periódico de difusores (Figura 3.33 (a)). A curva preta representa o coeficiente de espalhamento para um arranjo modulado de semicilindros com raios de 10 e 7 [cm], compondo, portanto, um arranjo não periódico de difusores (Figura 3.33 (b)). Note que o coeficiente de espalhamento é maior para o arranjo não periódico e a razão para isso será discutida na Seção 3.4.1. Note também que s é crescente com a frequência. Isso acontece porque na formulação proposta o efeito do tamanho da amostra é eliminado ao medirmos uma amostra difusora e uma amostra de referência com mesmo tamanho, o que é similar à normalização do coeficiente de difusão.

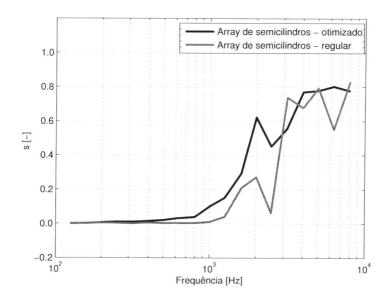

Figura 3.20 Comparação entre coeficientes de difusão de um arranjo de semicilindros regular e otimizado por modulação MLS.

A medição direta do coeficiente de espalhamento por incidência difusa foi proposta por Vorländer e Mommertz [31] e é regida pela norma ISO 17497-1 – *Measurement of the sound scattering properties of surfaces – Part 1: Measurement of the random-incidence scattering coefficient in a reverberation room* [35].

O método consiste na medição de diversas respostas impulsivas em câmara reverberante. Tendo em mente as Equações (3.20) e (3.21), quatro tempos de reverberação devem ser medidos em diferentes configurações. As configurações são dadas na Tabela 3.1:

Tabela 3.1 Tempos de reverberação medidos para cálculo do coeficiente de espalhamento por incidência difusa.

Medição	Amostra	Mesa giratória
T_{60_1}	Ausente	Parada
T_{60_2}	Presente	Parada
T_{60_3}	Ausente	Girando
T_{60_4}	Presente	Girando

Reflexão difusa

O coeficiente de absorção por incidência difusa da amostra (α_s) é obtido de acordo com o descrito na Seção 2.2.2 e pode ser calculado pela Equação (2.19). O coeficiente de absorção por incidência difusa é obtido da diferença entre os tempos de reverberação medidos, T_{60_1} e T_{60_2}. O passo seguinte consiste em colocar a amostra difusora sobre uma mesa giratória dentro da câmara reverberante. A cada vez que a mesa gira, uma nova resposta ao impulso é medida. Ao se fazer uma média das respostas ao impulso medidas, a cauda reverberante é minimizada, o que é causado pelo fato de que as reflexões difusas geradas pelo difusor, em diferentes orientações, são incoerentes. Dessa medição, é obtido o T_{60_3}, que contém apenas a energia refletida de forma especular [31]. Por fim, a amostra é retirada da câmara e T_{60_4} é obtido com a mesa girando, o que é feito a fim de levar em conta a interferência da mesa giratória na medição. Assim, o coeficiente espalhamento por incidência difusa é obtido de

$$(1 - s_s)\,(1 - \alpha_s) = \frac{55.3V}{c_0 S}\left(\frac{1}{T_{60_4}} - \frac{1}{T_{60_3}}\right) - 4V(m_4 - m_3), \qquad (3.27)$$

em que V é o volume da câmara reverberante utilizada e S, a área da amostra difusora. m_3 e m_4 são os coeficientes de absorção do ar nas configurações 3 e 4. É possível então isolar s_s com o conhecimento de α_s. Os procedimentos aqui descritos estão detalhados na norma ISO/FDIS 17497-1 [35] e é o processo mais aceito para a obtenção dos coeficientes de espalhamento, já que a definição por incidência difusa é compatível com a teoria estatística e com o modelo matemático da maioria dos *softwares* comerciais de modelagem em acústica de salas.

É importante salientar aqui que, devido à lógica envolvida nesse método, é importante que os tempos de reverberação sejam obtidos de respostas ao impulso medidas na câmara e não de curvas de decaimento sonoro (método do ruído interrompido – ver Seção 7.2), já que essa é a única forma de levar em conta a descorrelação da reflexão difusa. Gomes, Vorländer e Gerges [36] apontam que a amostra medida deve ser circular, pois a diferente orientação das arestas em amostras quadradas, à medida que se gira a mesa, faz com que haja uma sobre-estimativa do coeficiente de espalhamento. Para amostras que inevitavelmente são fabricadas em formatos não circulares, uma forma circular deve ser construída e a amostra é inserida nessa forma. Cox et al. [25] apontam que, assim como na medição do coeficiente de absorção em câmara reverberante, grandes amostras são necessárias e isso também se faz necessário na medição do coeficiente de espalhamento. Isso torna o processo de medição em escala real inviável, já que girar amostras de $10 - 12\,[\mathrm{m}^2]$ é muito difícil. A solução é usar difusores e câmaras reverberantes construídas em escala, de forma que a área da amostra seja suficiente para alterar o coeficiente de absorção médio da câmara em escala e assim se consiga medir os coeficientes corretamente.

3.4 Dispositivos para difusão acústica

Viu-se até aqui que toda superfície finita (lisa ou áspera) vai, em algum grau, espalhar o som por meio de uma reflexão difusa. Desse ponto de vista, qualquer superfície pode ser considerada um difusor e o quanto e como uma superfície espalha a energia sonora a torna um bom ou mau difusor. A performance das superfícies difusoras pode ser avaliada por meio dos gráficos polares e dos coeficientes de difusão e espalhamento. Essa quantificação pode ser feita por meio de experimentos ou da modelagem matemática das superfícies.

Atualmente, existem formas de projetar superfícies altamente difusoras. No passado superfícies com formas geométricas regulares e ornamentos altamente irregulares (p. ex. estátuas e esculturas) eram usadas para esse fim, embora nem sempre as razões para seu uso estivessem claras. Nesta seção os difusores usados no tratamento das reflexões difusas em acústica de salas são apresentados. Eles serão divididos em três classes: os difusores geométricos, os difusores de Schroeder e os difusores otimizados.

3.4.1 Difusores geométricos

Os difusores geométricos são aqueles cuja superfície é construída a partir de formas geométricas conhecidas, como planos, esferas, cilindros, pirâmides etc.

3.4.1.1 Plano finito

O primeiro tipo de superfície difusora é o refletor plano liso finito. No Capítulo 2 estudamos como um plano sem rugosidades e infinito reflete e absorve o som. Mostrou-se que, para uma superfície lisa e infinita, apenas uma reflexão especular, com energia igual ou menor que a incidente, estará presente. No caso de uma superfície plana e lisa, mas finita, o espalhamento sonoro advém do efeito do tamanho da amostra.

Uma série desses refletores planos são mostrados instalados no teto de uma sala, na Figura 3.21 (a). A foto mostra também alguns refletores convexos, que serão tratados adiante. Na Figura 3.21 (b) é mostrado o padrão polar do espalhamento para várias razões do comprimento de onda pelo tamanho do refletor (λ/L). Esses padrões polares foram gerados com um modelo BEM-2D. Note que, quando o comprimento de onda é muito menor que as dimensões do refletor, tem-se primordialmente uma reflexão especular. No outro extremo do espectro, quando o comprimento de onda é muito maior que as dimensões do refletor, a energia refletida é espalhada no espaço.

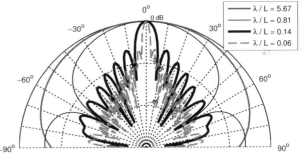

(a) Refletores planos (e também curvos) instalados em uma sala. (Cortesia da empresa Audium, de Salvador-BA)

(b) Padrões polares de um refletor plano (λ/L)

Figura 3.21 Refletor plano finito.

Pode-se então concluir que a energia é refletida de forma difusa em uma faixa de frequências em que o comprimento de onda tem dimensões maiores ou similares às do refletor. Para frequências maiores, a reflexão é especular. Isso também pode ser evidenciado pelo coeficiente de difusão não normalizado da superfície, mostrado na Figura 3.22. Note que Γ é maior para baixas frequências e diminui com o aumento da frequência nos três casos investigados. Γ também é maior para o menor plano. Tal efeito não seria mostrado no coeficiente de espalhamento s, já que a definição deste não considera o tamanho finito da amostra.

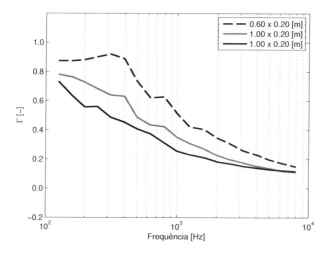

Figura 3.22 Coeficiente de difusão não normalizado de difusores planos.

A Figura 3.23 (a) mostra o padrão polar das três superfícies para a frequência de 2000 [Hz] com ângulo de incidência $\theta = 0$ [°], evidenciando que, para o maior plano refletor, a reflexão tende a se tornar mais especular. A Figura 3.23 (b) mostra o padrão polar do refletor plano de 2.00 x 0.20 [cm] para os ângulos de incidência de $\theta = 0$ [°] e $\theta = -45$ [°]. Note a mudança do lóbulo principal de reflexão para $+45$ [°] no segundo caso.

Na Figura 3.24 (a) é mostrada uma resposta ao impulso típica de um refletor plano. Essa resposta ao impulso foi calculada com um modelo usando a aproximação de Fraunhofer (Equação (3.16))[20]. Nota-se o pico da onda incidente, próximo a 0 [ms] e o pico da onda refletida próximo a 6.5 [ms]. Os tempos de chegada estão ligados com as posições relativas de fonte e receptor. O pico da pressão refletida significa que a energia refletida está concentrada ao redor de um instante de tempo e

---

[20] O cálculo foi realizado adaptando a rotina do Prof. Trevor J. Cox, Salford, Grã-Bretanha, cedida livremente na internet.

Reflexão difusa

não há espalhamento temporal da energia sonora difratada, o que pode causar o fenômeno de *comb-filtering*[21], discutido na Seção 1.2.10. A magnitude da resposta em frequência do conjunto fonte-receptor-refletor plano é mostrada na Figura 3.24 (b), na qual se pode observar o efeito das interferências destrutivas. O espalhamento temporal também será discutido para os difusores de Schroeder e comparado de forma qualitativa a alguns difusores geométricos na sequência.

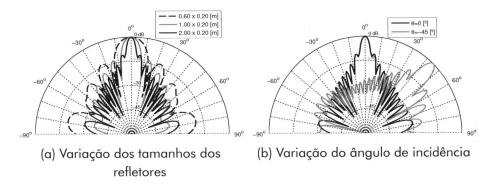

(a) Variação dos tamanhos dos refletores

(b) Variação do ângulo de incidência

Figura 3.23 Padrão polar do refletores planos em 2 [kHz].

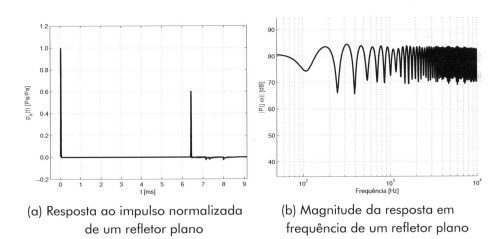

(a) Resposta ao impulso normalizada de um refletor plano

(b) Magnitude da resposta em frequência de um refletor plano

Figura 3.24 Reflexão do refletor plano nos domínios do tempo e frequência.

---

[21] *Comb-filtering* é o nome dado ao fenômeno de interferência entre duas frentes de onda com propriedades similares, mas com deslocamentos temporais (ou de fase). Na prática, a magnitude do espectro do sinal resultante tem uma série de vales estreitos e seu formato lembra o formato de um pente (*comb* em inglês). Tal fenômeno também é chamado de *flutter echo* e, muitas vezes, é caracterizado por um som "metalizado".

3.4.1.2 Difusores piramidais

Um segundo tipo de difusor geométrico é o difusor em formato piramidal, mostrado na Figura 3.25. Existem três fatores que controlam a qualidade do espalhamento sonoro desses difusores. O primeiro é o ângulo de abertura χ das pirâmides, o que é esquematicamente mostrado na Figura 3.25 (b). Note que, para os ângulos de 30 [°] e 38 [°], existe um redirecionamento do raio incidente. Para o ângulo 50 [°] existe um redirecionamento também, mas este é em menor escala. Já para o ângulo de 45 [°], não existe redirecionamento do raio incidente e a reflexão se torna especular para incidência normal.

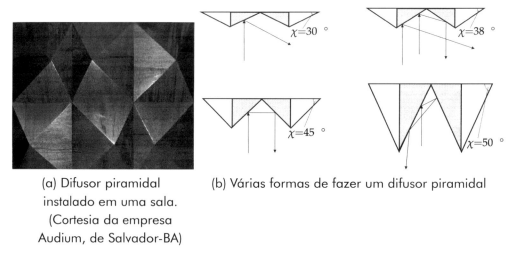

(a) Difusor piramidal instalado em uma sala. (Cortesia da empresa Audium, de Salvador-BA)

(b) Várias formas de fazer um difusor piramidal

Figura 3.25 Difusores piramidais.

Na Figura 3.26 observam-se padrões polares (BEM 2D) de uma sequência de 8 elementos triangulares (Figura 3.27) comparados ao de um refletor plano de mesmo tamanho ($L = 2$ [m]). Note que os arranjos com ângulos de abertura de 30 [°] e 38 [°] redirecionam relativamente bem a energia para outros ângulos de reflexão. O redirecionamento é simétrico e diferente para os dois ângulos de abertura. Para o arranjo com ângulo de abertura de 50 [°], o redirecionamento acontece, mas em menor grau. Para o arranjo com ângulos de abertura de 45 [°], a reflexão é especular e muito similar à do painel plano. Dessa forma, menores ângulos de abertura são preferíveis e os difusores piramidais podem ser usados no redirecionamento das reflexões. Note que isso é um pouco diferente de espalhamento em todas as direções, o que pode ser conseguido com outros elementos.

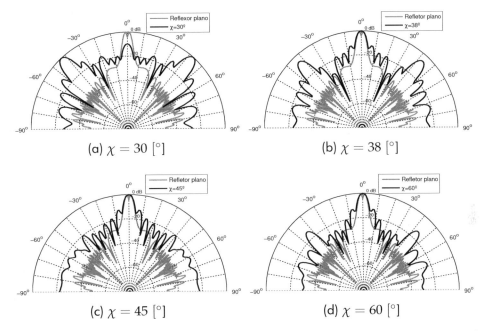

Figura 3.26 Padrão polar em 2000 [Hz] de refletores triangulares comparados a um refletor plano de 2 [m] de comprimento.

Figura 3.27 Arranjo de oito elementos triangulares.

O segundo fator que governa o espalhamento de difusores piramidais é a periodicidade do arranjo. Como será mostrado na Seção 3.4.2.4, arranjos periódicos tendem a gerar diversos lóbulos no padrão polar e, por consequência, alguns ângulos em que a energia sonora não é refletida. Uma opção para melhorar o espalhamento da reflexão é utilizar modulação do arranjo periódico ou um processo de otimização, que utiliza como dados de entrada os vértices das pirâmides (ver Seção 3.4.3). A quebra de periodicidade no posicionamento dos diversos vértices leva a um arranjo mais irregular, o que contribui para o espalhamento. Um arranjo desse tipo é mostrado na Figura 3.25 (a).

3.4.1.3 Difusores côncavos

Um terceiro tipo de difusor geométrico é o difusor em formato côncavo, como o mostrado na Figura 3.28. Em muitas referências esse tipo de aparato é considerado um problema e não uma solução. Isso está ligado à noção (até certo ponto correta) de que os aparatos em formato côncavo focalizam o som em pontos específicos de uma plateia (em detrimento de outros pontos). É preciso ter em mente, no entanto, que os problemas de focalização dependem das posições da fonte e do ouvinte em relação ao raio de curvatura do arco do refletor.

Note, na Figura 3.28, que, para uma fonte localizada muito distante do aparato, a focalização acontece somente próximo ao foco geométrico do refletor. Para um refletor côncavo de raio r, a distância focal é $r_f = r/2$. Se o receptor está em uma posição $r < r_f$, este tende a experimentar um campo acústico relativamente difuso, já que é possível observar no traçado de raios que a energia sonora, nesse caso, é bastante espalhada. Se o receptor se encontra fora da região focal ($r > r_f$ ou $r \gg r_f$) ele também experimentará reflexões difusas.

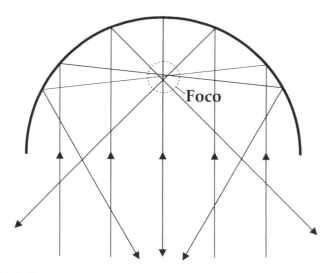

Figura 3.28 Raios sonoros sendo refletidos por um difusor côncavo.

Padrões polares para uma superfície côncava são dados na Figura 3.29. No caso, o difusor é um cilíndrico côncavo com raio de curvatura de 1.00 [m]. Os padrões polares foram medidos com arcos circulares de raio 0.25 [m] ($< r_f$), 0.50 [m] ($= r_f$), 5.00 [m] ($> r_f$) e 20.00 [m] ($\gg r_f$). Para os arcos de pequenos raios, é difícil encontrar uma forma de normalizar os padrões polares, já que alguns pontos de medição estão muito próximos à superfície do difusor, e os efeitos de campo próximo são muito proeminentes. Por isso, na Figura 3.29 (a) apenas os ângulos entre ± 40 [°] estão mostrados. Na Figura 3.29 (b) pode-se observar que, para receptores suficientemente distantes, a superfície côncava funciona como um bom difusor. Esse é um caso comum em grandes igrejas, como a mostrada na Figura 3.6, que apresenta o teto formado por uma série de superfícies côncavas. Nesse caso, os ouvintes estão muito distantes do foco das superfícies, já que o teto da igreja é bastante alto. Dessa forma, esse tipo de teto alto e côncavo funciona como um difusor para o ambiente. Vale também dizer que, quando existem receptores próximos ao foco de tais superfícies, problemas em potencial podem ser gerados, devendo as superfícies serem tratadas com material sonoabsorvente.

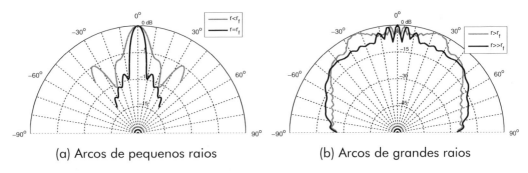

(a) Arcos de pequenos raios (b) Arcos de grandes raios

Figura 3.29 Padrão polar de refletores côncavos.

3.4.1.4 Difusores convexos

Os difusores em formato convexo são encontrados nas superfícies curvas em formatos de partes de superfícies de esferas, elipsoides ou cilindros. Eles são comuns nas salas de concerto modernas (ver Figura 8.27), em refletores de teto aplicados em auditórios e em difusores curvos aplicados como tratamento às paredes de uma sala. Refletores convexos de teto, aplicados a um auditório, são mostrados na Figura 3.30 (a). Esse é um tipo de difusor natural, como se pode evidenciar por meio do traçado de raios, mostrado na Figura 3.30 (b), que mostra os raios incidentes espalhados em diversas direções.

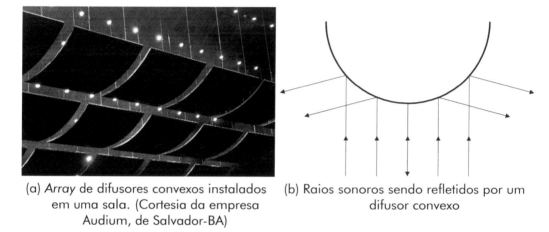

(a) *Array* de difusores convexos instalados em uma sala. (Cortesia da empresa Audium, de Salvador-BA)

(b) Raios sonoros sendo refletidos por um difusor convexo

Figura 3.30 Difusor convexo.

A Figura 3.31 (a) mostra os padrões polares para um difusor convexo cilíndrico de raio $r = 1$ [m] para algumas relações entre comprimento de onda e diâmetro do difusor (BEM 2D). Vale notar que, mesmo para comprimentos de onda muito maiores que o diâmetro do difusor, ainda existe espalhamento espacial da energia sonora, embora este tenda a ser mais eficiente nas altas frequências. Como os gráficos polares tendem a ser bastante uniformes, é de se esperar que o coeficiente de difusão normalizado seja próximo de 1.00 para toda a faixa de frequências e a Figura 3.31 (b) mostra exatamente isso, comparando o coeficiente de difusão da superfície cilíndrica com o de um arranjo periódico de 6 difusores QRD.

Difusores em formato cilíndrico podem, no entanto, ser impraticáveis, já que um difusor de grande área terá de der um grande raio de curvatura, o que toma muito espaço. Uma forma de amenizar esse problema é usar um difusor em formato elipsoidal, no qual a circunferência do cilindro é substituída por uma elipse. Nesse caso, uma comparação de padrões polares para incidência normal ($\theta = 0$ [°]) e oblíqua

($\theta = -45 \, [°]$) é fornecida na Figura 3.32. Pode-se notar que o difusor em formato elipsoidal apresenta um desempenho similar ao cilíndrico para incidência normal, no entanto sua performance é pior para incidência oblíqua.

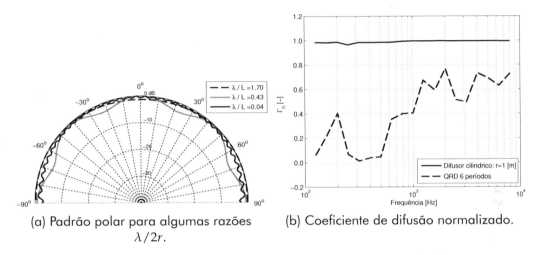

(a) Padrão polar para algumas razões $\lambda/2r$.

(b) Coeficiente de difusão normalizado.

Figura 3.31 Difusor convexo cilíndrico de raio 1.00 [m].

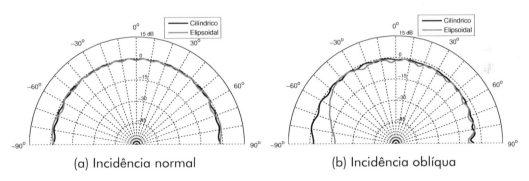

(a) Incidência normal

(b) Incidência oblíqua

Figura 3.32 Difusor convexo cilíndrico vs. elipsoidal - 2 [kHz].

Um outro problema dos difusores cilíndricos é que estes tendem a ter uma resposta ao impulso similar à do refletor plano (ver Figura 3.24 (a)), o que, como já discutido, pode levar a problemas de *comb-filtering*. Uma forma de minimizar esse problema e o problema do espaço ocupado é por meio do uso de *arrays* (arranjos) de cilindros (de pequenos raios)[22]. Esses arranjos podem ser periódicos ou aperiódicos (modulados por MLS, por exemplo) como os arranjos mostrados na Figura 3.33.

---

[22] Esferas também podem ser utilizadas.

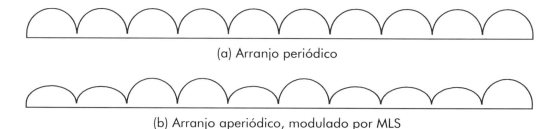

(a) Arranjo periódico

(b) Arranjo aperiódico, modulado por MLS

Figura 3.33 Arranjos de semicilindros.

Uma comparação dos padrões polares do arranjo periódico e aperiódico é dada na Figura 3.34 (a), para a frequência de 2 [kHz]. Nota-se que o arranjo aperiódico apresenta um melhor desempenho no espalhamento espacial da energia sonora que o arranjo periódico e que ambos os arranjos de cilindros têm um padrão polar menos homogêneo que o único cilindro de raio 1.00 [m]. Por outro lado, a resposta ao impulso do arranjo aperiódico de cilindros, dada na Figura 3.32 (b), tem a energia da pressão sonora difratada espalhada no domínio do tempo, o que contribui para a minimização do efeito de *comb-filtering*. O espalhamento temporal da pressão difratada está relacionado à maior irregularidade da superfície.

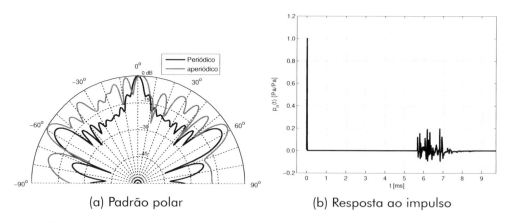

(a) Padrão polar   (b) Resposta ao impulso

Figura 3.34 Características acústicas de um arranjo de cilindros.

3.4.1.5 Batentes

Sequências periódicas de batentes são comumente usadas em antigos teatros e outros ambientes. Um esquema desse tipo de difusor é mostrado na Figura 3.35. Na prática, ripas de madeira de largura w e espessura d_c podem ser aplicadas sobre superfícies rígidas, criando a sequência periódica de células mostrada. O período de repetição é $2w$ e a largura total do difusor é dado por Nw, no qual N é o número de células usadas. A fabricação e instalação do difusor é bastante simples, já que envolve apenas a fabricação de ripas relativamente finas, seu transporte e instalação na sala.

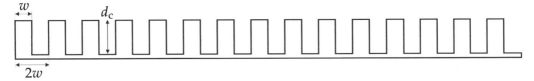

Figura 3.35 Geometria de um difusor feito de batentes.

Esse arranjo, no entanto, não é um difusor tão eficiente e melhores opções existem. Os gráficos polares, mostrados na Figura 3.36, comparam esse difusor com um plano liso finito de mesmas dimensões. Nesse caso ambos os difusores têm um comprimento de 1.4 [m]. O difusor feito da sequência de batentes tem a largura e profundidade da célula $w = 5$ [cm] e $d_c = 10$ [cm], respectivamente. Os gráficos polares foram calculados a partir da média da magnitude da pressão difratada em bandas de 1/3 de oitava e são dados em função da relação λ/d_c. Note que, quando o comprimento de onda se torna maior que a profundidade da célula, o difusor de batentes tem comportamento similar ao do refletor plano (Figura 3.36 (a)). O espalhamento da energia sonora começa a se tornar efetivo a partir da relação $\lambda/d_c = 0.5$, aumentando gradativamente até um limite. No entanto, em vez de espalhar a energia sonora uniformemente no espaço, o difusor de batentes cria espalhamento em 2 ângulos além do ângulo de reflexão especular (Figuras 3.36 (b) a 3.36 (d)), o que o aproxima mais do arranjo de triângulos, visto anteriormente.

3.4.2 Difusores de Schroeder

Agora voltamos nossa atenção aos difusores de Schroeder, que são dispositivos usados no tratamento da difusão e criados a partir de sequências numéricas conhecidas, como a sequência MLS (*Maximum Length Sequence*), QRS (*Quadratic residue Sequence*) e PRS (*Primitive root Se-*

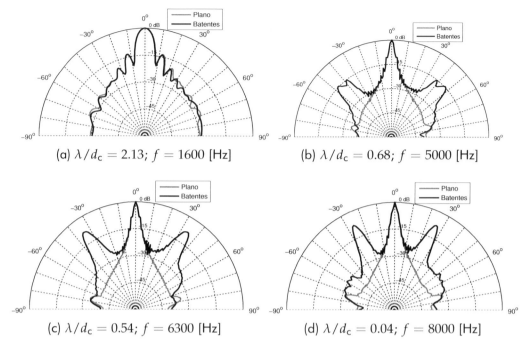

Figura 3.36 Padrões polares de um arranjo periódico de batentes calculado com BEM 2D.

quence). Basicamente, o que se tenta fazer é obter uma sequência de números que tenha uma transformada de Fourier cuja magnitude seja constante. Em outras palavras, a ideia é que a TEF do difusor com células cujas profundidades d_c são moduladas a partir da sequência numérica leve a uma pressão difratada, $\tilde{P}_d(\phi)$, com magnitude constante ao longo dos ângulos de difração ϕ.

3.4.2.1 Difusor MLS

O primeiro tipo de difusor de Schroeder é o difusor MLS, proposto pelo próprio Schroeder em 1975 [10]. Nesse caso, uma sequência MLS é usada para obter um difusor similar ao difusor feito de batentes (Seção 3.4.1.5). No entanto, a sequência de batentes é modulada por uma sequência MLS. A sequência numérica MLS é construída a partir de um conjunto de valores binários. A sequência é periódica, composta por $2^m - 1$ elementos, em que m define a ordem da sequência. Uma sequência com ordem $m = 3$ terá, por exemplo, 7 elementos, a saber:

MLS = {0 0 0 1 1 0 1}.

A profundidade da sequência de batentes é então modulada pela sequência MLS, de forma que o número 0 equivalha a uma célula de profundidade nula e o número 1 a uma célula de profundidade d_c. Um esquema do difusor resultante é dado na Figura 3.37.

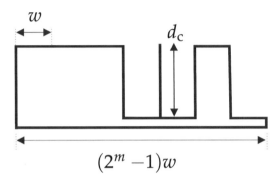

Figura 3.37 Geometria de um difusor MLS feito de batentes.

Strube [15] afirma que as células com profundidade d_c do difusor devem ser divididas por um painel fino, a fim de que o método da TEF seja válido para a análise. Isso está relacionado ao fato de que, para garantir a existência de ondas planas no interior da célula, é necessário que sua largura w seja menor. O difusor mostrado na Figura 3.37 pode ser concatenado por um dado número de períodos a fim de cobrir uma área desejada (p. ex. parte das paredes laterais de uma sala).

Os gráficos polares, mostrados na Figura 3.38, comparam um arranjo de 4 períodos desse difusor com um refletor plano liso e finito de mesmas dimensões. Nesse caso, ambos os arranjos têm um comprimento de 1.4 [m]. O difusor feito da sequência de batentes MLS tem a largura e profundidade de cada célula de $w = 5$ [cm] e $d_c = 10$ [cm], respectivamente (tal qual o difusor de batentes da Figura 3.35). Os gráficos polares foram calculados a partir da média da magnitude da pressão difratada em bandas de 1/3 de oitava e são dados em função da relação λ/d_c. Note que, quando o comprimento de onda se torna maior que a profundidade da célula, o difusor MLS tem comportamento similar ao do refletor plano (Figura 3.38 (a)). O espalhamento da energia sonora começa a se tornar efetivo a partir da relação $\lambda/d_c = 0.5$, variando de acordo com a frequência. Comparando esses gráficos polares com os mostrados na Figura 3.36, pode-se concluir que o difusor MLS tem um desempenho bastante melhor que o de batentes simples, já que, para frequências maiores, o difusor espalha a energia no espaço de forma mais uniforme. Isso está ligado ao fato de que a sequência numérica MLS tem propriedades de difusão melhores do que a sequência $\{0\ 1\ 0\ 1\ 0\ 1\ ...\}$ e também com o fato de que o comprimento do período de repetição do difusor MLS é aumentado para $(2^m - 1)w$.

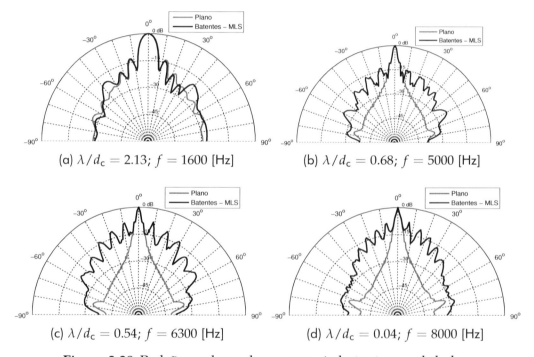

(a) $\lambda/d_c = 2.13$; $f = 1600$ [Hz]

(b) $\lambda/d_c = 0.68$; $f = 5000$ [Hz]

(c) $\lambda/d_c = 0.54$; $f = 6300$ [Hz]

(d) $\lambda/d_c = 0.04$; $f = 8000$ [Hz]

Figura 3.38 Padrões polares de um arranjo batentes modulado por uma sequência MLS calculado com BEM 2D.

3.4.2.2 Difusor QRD

O difusor QRD[23] foi proposto também por Schroeder em 1979 [13]. O nome QRD vem do fato de que o difusor calcula a profundidade d_c, de cada célula, a partir da sequência numérica QRS[24]. Essa sequência numérica é dada por:

---
[23] QRD – *Quadratic Residue Diffuser*.
[24] QRS – *Quadratic Residue Sequence*.

$$s_c = n^2 \mathrm{mod}(N), \qquad (3.28)$$

em que N é o número de células do difusor e deve ser obrigatoriamente um número primo ($N = 5, 7, 11, 13$ etc.); n é um vetor de números inteiros que variam entre 0 e $N - 1$. $n^2\mathrm{mod}(N)$ representa o menor resto não negativo da divisão n_i^2/N, o que implica que s_c também é uma sequência de números com N elementos. Por exemplo, a sequência numérica QRS de $N = 7$ elementos é:

$$s_c = \left\{ \mathrm{mod}(\tfrac{0}{7}), \mathrm{mod}(\tfrac{1}{7}), \mathrm{mod}(\tfrac{4}{7}), \mathrm{mod}(\tfrac{9}{7}), \mathrm{mod}(\tfrac{16}{7}), \mathrm{mod}(\tfrac{25}{7}), \mathrm{mod}(\tfrac{36}{7}) \right\},$$

$$s_c = \{0,\ 1,\ 4,\ 2,\ 2,\ 4,\ 1\}.$$

Na Figura 3.39 é possível observar um desenho esquemático do difusor QRD gerado com a sequência mostrada. Esse consiste em uma série de células de largura w e profundidades d_c, calculadas a partir da sequência numérica s_c. Na concepção original as células do difusor são separadas por chapas finas e rígidas de forma que se possa assumir a propagação de ondas planas no interior de cada célula [15].

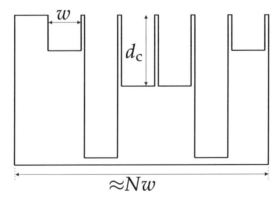

Figura 3.39 Desenho esquemático de um difusor QRD.

Como comentado anteriormente, às diferentes profundidades d_c estão associados diferentes coeficientes de reflexão V_{pc}. Tal diferença no coeficiente de reflexão de cada célula está associada ao tempo que a onda sonora leva pra viajar até o fundo da célula e voltar para ser radiada.

Isso implica que o difusor QRD é um difusor eficiente somente ao longo da direção em que a variação de d_c ocorre, o que também acontece com difusores MLS, cilíndricos etc. A difusão em outras direções pode ser obtida por outros arranjos (Seções 3.4.2.6 e 3.4.3) ou por meio do uso de arranjos em que elementos individuais sofrem uma rotação, de forma que seu plano horizontal seja alinhado na direção que se deseja criar difusão.

A profundidade d_c de cada célula depende do valor de s_c e da frequência (ou comprimento de onda) escolhida para ser a menor frequência para a qual o difusor é eficiente. Esse valor é calculado por:

$$d_c = \frac{s_c \lambda_0}{2N}, \tag{3.29}$$

em que λ_0 é o comprimento de onda da menor frequência em que o difusor é eficiente. Note que a largura da célula, w, não entra nos cálculos, mas terá uma influência no desempenho do difusor, o que será discutido logo mais.

A Equação (3.29) mostra que o difusor se torna eficiente quando sua célula de maior profundidade apresenta um d_c com valor proporcional a meio comprimento de onda, o que é similar ao difusor MLS ou o feito com a sequência periódica de batentes. A constante de proporcionalidade é s_c/N, o que mostra que esse difusor é eficiente mesmo para frequências um pouco menores que os difusores MLS e de batentes, já que o maior valor de s_c é sempre menor que N.

De qualquer forma, o desempenho em baixas frequências está associado ao maior valor de s_c e, por consequência, ao maior valor de d_c. Assim, se é desejado projetar um difusor eficiente para baixíssimas frequências, este deve ter células com grandes profundidades, o que pode ser inviável devido ao espaço por ele ocupado. Para o difusor de $N = 7$ células do exemplo anterior, se é desejado que este tenha a menor frequência de difusão em 500 [Hz], as profundidades das cavidades devem ser de

$$d_c = \{0.0,\ 4.9,\ 19.6,\ 9.8,\ 9.8,\ 19.6,\ 4.9\}\ [\text{cm}],$$

Os gráficos polares, mostrados na Figura 3.40, comparam um arranjo de 6 períodos desse difusor QRD com um refletor plano liso e finito de mesmas dimensões. Como $w = 5$ [cm] e as chapas separadoras têm 5 [mm] de espessura, o comprimento total de um único período é de 35.6 [cm]. Assim, 6 períodos justapostos desse difusor equivalem a um comprimento de 2.13 [m]. Da mesma forma que o difusor MLS, os gráficos polares foram calculados a partir da média da magnitude da pressão difratada em bandas de 1/3 de oitava e são dados em função da relação $\lambda/\max(d_c)$, em que $\max(d_c) = 19.6$ [cm].

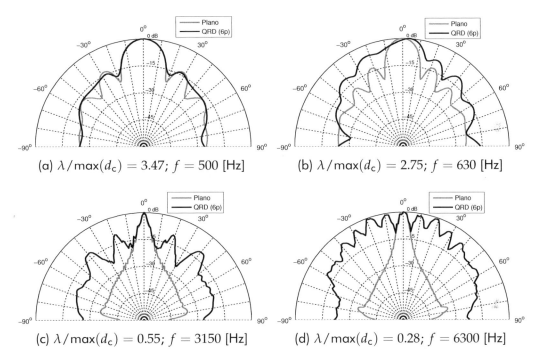

(a) $\lambda/\max(d_c) = 3.47$; $f = 500$ [Hz]   (b) $\lambda/\max(d_c) = 2.75$; $f = 630$ [Hz]

(c) $\lambda/\max(d_c) = 0.55$; $f = 3150$ [Hz]   (d) $\lambda/\max(d_c) = 0.28$; $f = 6300$ [Hz]

Figura 3.40 Padrões polares de uma sequência periódica de difusores QRD calculado com BEM 2D.

Para a frequência de projeto de 500 [Hz], o difusor QRD tem um comportamento similar ao de um difusor plano (Figura 3.40 (a)). O espalhamento da energia sonora começa a se tornar efetivo para a próxima banda de 1/3 de oitava, o que é mostrado na Figura 3.40 (b). Note que o difusor QRD tende a lidar melhor com as baixas frequências, já que nesse caso tem um certo grau de espalhamento mesmo para $\lambda/\max(d_c) = 2.75$, que é muito maior que o caso do difusor MLS, por exemplo.

No entanto, é preciso observar que, se o comprimento Nw for muito pequeno, o difusor passa a se comportar como um refletor plano nas baixas frequências perdendo, portanto sua eficiência. A Figura 3.41 mostra esse efeito ao comparar sequências de 6 períodos de difusores QRD com diferentes larguras de célula para a frequência de projeto do difusor (500 [Hz]). Os padrões polares são comparados aos padrões de refletores planos de mesmo comprimento total (L). Note que o aumento da largura da célula faz com que haja um aumento do espalhamento da energia sonora no espaço e que pequenos valores de w fazem com que o difusor se aproxime de um refletor plano em sua frequência mínima de projeto. Isso implica que aumentar w faz com que o difusor comece a atuar em frequências cada vez menores. No entanto, a fabricação de difusores muito longos, associados a altos valores de w, pode tornar a manufatura, transporte e instalação difíceis. É desejado que os difusores sejam fabricados em pequenas unidades. No entanto, é preciso ter em mente que w precisa ter um valor adequado, o que também ajuda a minimizar a absorção sonora devido às perdas viscosas que seriam causadas por células muito estreitas [21]. O efeito da absorção será discutido na Seção 3.5.

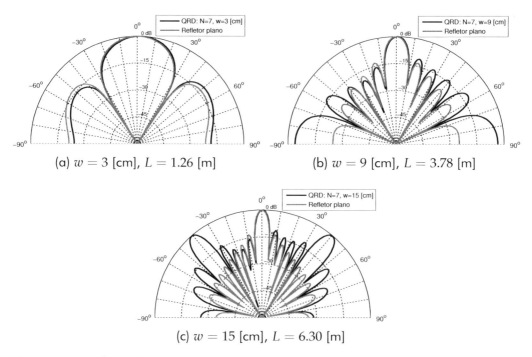

(a) $w = 3$ [cm], $L = 1.26$ [m]

(b) $w = 9$ [cm], $L = 3.78$ [m]

(c) $w = 15$ [cm], $L = 6.30$ [m]

Figura 3.41 Efeito do comprimento de 1 período nos padrões polares de uma sequência periódica de difusores QRD calculados com a TEF.

À medida que a frequência aumenta, o espalhamento tende a aumentar e a ser mais uniforme que o caso do difusor MLS. A frequência-limite da aplicação da teoria de Schroeder se dá a partir da existência de modos acústicos ao longo do comprimento da célula, o que ocorre para uma frequência máxima dada pela acomodação de meio comprimento de onda ao longo da largura da célula. Dessa forma, a frequência máxima é:

$$f_{\max} = \frac{c_0}{2w}. \qquad (3.30)$$

Essa frequência máxima define o limite da teoria, mas não o limite da difusão, que continua a ocorrer para frequências maiores que essa. Isso é evidenciado no caso dos padrões polares mostrados na Figura 3.40, que equivalem a um difusor cuja frequência máxima é de cerca de 3400 [Hz]. Note na Figura 3.40 (d) que o espalhamento da energia sonora é bastante eficiente para 6300 [Hz].

No entanto, existem algumas frequências para as quais o difusor QRD se comporta como um refletor plano. Essas são as frequências críticas do difusor e ocorrem sempre que todas as células apresentarem profundidades d_c proporcionais a meio comprimento de onda. Isso ocorre para frequências $f_c = k\,N\,f_0$, em que $f_0 = c_0/\lambda_0$ é a menor frequência em que o difusor é eficiente (frequência de projeto do difusor QRD). A Figura 3.42 ilustra esse ponto por meio da comparação do padrão polar de um difusor QRD, em sua primeira frequência crítica, com o padrão polar de um refletor plano de mesmo comprimento.

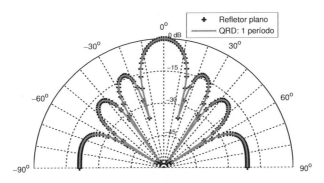

Figura 3.42 Padrão polar de um difusor QRD de $N = 7$ células e de um refletor plano na primeira frequência crítica do difusor.

Um outro aspecto para se avaliar o difusor QRD é sua resposta ao impulso. Na Figura 3.43 (a) são mostradas as respostas ao impulso de um difusor QRD de $N = 7$ células, comparada a de um refletor plano de mesmo tamanho. Para o refletor plano é possível notar claramente o pico da onda refletida próximo a 6.5 [ms]. Isso não acontece para o difusor QRD, que espalha a energia da onda difratada no domínio do tempo. Note que, para o difusor QRD, a energia da onda difratada encontra-se ao redor da onda refletida e apresenta uma amplitude consideravelmente menor. Dessa forma, os efeitos de *comb-filtering* são bastante atenuados para o difusor QRD, o que pode ser observado na redução dos picos e vales na magnitude da resposta em frequência dada na Figura 3.43 (b).

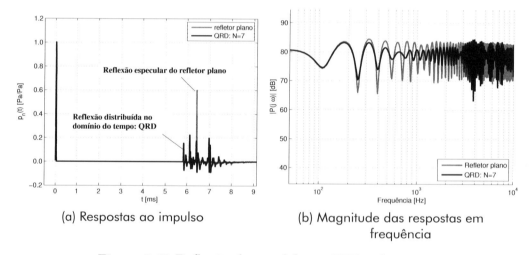

(a) Respostas ao impulso

(b) Magnitude das respostas em frequência

Figura 3.43 Reflexão de um difusor QRD e de um refletor plano nos domínios do tempo e frequência.

A menor frequência na qual o difusor é teoricamente eficiente é obtida da Equação (3.29) com os valores máximos de s_c e d_c. Nota-se que, quanto menor for a razão $\max(s_c)/\max(d_c)$, menor será a frequência para a qual o difusor começa a ser eficiente. Assim, se um projetista fixa o valor máximo de d_c, há duas formas de obter aumento do desempenho em baixas frequências. A primeira forma consiste em usar um valor menor de N. Um difusor de $N = 7$ células apresentará uma frequência inicial menor que um difusor de 11 células, já que tem uma menor razão $\max(s_c)/\max(d_c)$. Outra alternativa consiste em provocar uma alteração na Equação (3.28). Essa alteração é dada por:

$$s_c = (n^2 + m) \bmod(N), \tag{3.31}$$

em que m é um número inteiro. Considere, por exemplo, um difusor com $N = 13$ células. Suas sequências para $m = 0$ e $m = 4$ são

$$s_c = \{0,\ 1,\ 4,\ 9,\ 3,\ 12,\ 10,\ 10,\ 12,\ 3,\ 9,\ 4,\ 1\},$$

$$s_c = \{4,\ 5,\ 8,\ 0,\ 7,\ 3,\ 1,\ 1,\ 3,\ 7,\ 0,\ 8,\ 5\},$$

em que a segunda sequência levará a um valor máximo de s_c menor e, portanto, a uma primeira frequência de atuação menor que a sequência inicial. É preciso dizer que nem todos os valores de m vão criar sequências com menores valores máximos de s_c, o que se torna ainda mais difícil para sequências com menores N. No entanto, a alteração da sequência também é útil para reduzir os maus efeitos da periodicidade dos arranjos, sendo possível concatenar difusores ligeiramente diferentes em vez de concatenar difusores idênticos (ver Seção 3.4.2.4).

3.4.2.3 Difusor PRD

Uma das possíveis limitações dos difusores QRD é que eles apresentam uma sequência numérica com números que se repetem. Uma sequência numérica com números não repetidos é a PRS (*Primitive Root Sequence*) e o difusor PRD (*Primitive Root Diffuser*) utiliza essa sequência na geração de sua geometria. A ideia por trás do difusor PRD, portanto, é idêntica ao do difusor QRD. A sequência PRS é dada por:

$$s_c = r^n \bmod(N), \tag{3.32}$$

em que r é chamado de raiz primitiva de N, e este é o número para o qual a sequência s_n não repete nenhum número. O valor de r pode ser encontrado por um processo de tentativa e erro ou por meio de dados tabelados. O restante das equações de projeto e das considerações sobre mínima frequência de difusão é idêntico às que foram feitas para o difusor QRD.

Como se pode esperar, o desempenho dos difusores PRD é similar ao dos difusores QRD. A principal diferença é que os difusores PRD tendem a não refletir no ângulo igual ao ângulo de incidência. Isso acontecerá para frequências múltiplas da menor frequência de difusão [21]. Os gráficos polares, mostrados na Figura 3.44, ilustram esse fenômeno. Eles comparam um arranjo de 6 períodos de difusores PRD e QRD. Os gráficos polares foram calculados a partir da média da magnitude da pressão difratada na banda de 1/3 de oitava de 2000 [Hz] para os ângulos de incidência de 0 [°] e -45 [°]. Note que o difusor PRD tem uma pressão difratada com magnitude cerca de 15 [dB] menor ao redor do ângulo de reflexão especular que o difusor QRD, o que pode ser desejado em algumas aplicações. De acordo com Cox e D'Antonio [21] essa atenuação é $20\log(N)$ [dB] menor, quando comparamos o PRD a um refletor plano. Para os outros ângulos, a difusão do PRD é similar à do difusor QRD. No entanto, o fato de que os difusores PRD não refletem no ângulo igual ao ângulo de incidência, apenas para algumas frequências, torna-o, na prática, um difusor muito similar ao difusor QRD.

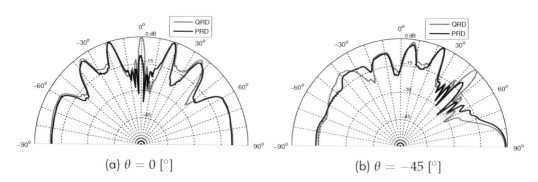

(a) $\theta = 0$ [°]   (b) $\theta = -45$ [°]

Figura 3.44 Padrões polares de difusores PRD e QRD de 11 células e 6 períodos em 2 [kHz] calculados com a TEF.

3.4.2.4 Periodicidade de arranjo de difusores

Nesse ponto, o leitor pode estar se perguntando as razões do porquê de o autor tanto mencionar o uso de arranjos periódicos de difusores. Por que isso parece ruim? E, se isso é ruim, por que é usado? Vou tentar responder a todas essas perguntas então.

Em primeiro lugar, para que o uso de difusores seja efetivo, é preciso cobrir uma área considerável da sala com esses dispositivos. Assim, todos os ouvintes da sala estarão cobertos pelo tratamento acústico usado. Em um auditório ou sala de aula, a plateia ocupa uma grande área e, logo, o tratamento necessário deve ter dimensões consideráveis para gerar reflexões úteis nessa área. Dessa forma, a opção 1 seria fabricar 1 período de um enorme difusor. Isso, no entanto, não é prático dos pontos de vista de fabricação, caracterização, transporte e instalação. Qualquer tratamento acústico será fabricado em pequenas unidades, que serão justapostas ao serem aplicadas na sala.

Então, quando se deseja cobrir uma certa área com difusores, a primeira opção viável é escolher um dado difusor e concatenar uma sequência desses um ao lado do outro (p. ex. 6 difusores QRD de $N = 7$ células um ao lado do outro, como nos exemplos dados anteriormente). Isso, no entanto, faz com que a sequência de difusores seja periódica.

A Figura 3.45 mostra os gráficos polares, em 2 [kHz], de arranjos de 1 e 6 períodos de difusores QRD de 11 células. Os gráficos polares foram calculados com a TEF, que mostra o efeito da periodicidade de forma mais dramática que o método BEM. Note, entretanto, que a TEF é ligeiramente mais inexata que BEM. É interessante notar que o gráfico polar para apenas um período parece mais uniforme que o gráfico polar para o arranjo com seis difusores. Nesse último caso, o padrão de espalhamento gera uma série de lóbulos nos ângulos de $\pm 70°$, $\pm 39°$, $\pm 19°$ e $0°$. É também possível observar ligeiramente o início do aparecimento desses lóbulos no arranjo com apenas um período.

O uso de vários difusores iguais em sequência tem algumas consequências práticas. A consequência positiva, já comentada, é que a fabricação e instalação é mais fácil. No entanto, o uso de um grande número de difusores iguais em sequência (em um arranjo periódico) vai, invariavelmente, criar uma superfície que reflete a energia em alguns ângulos discretos, como mostrado na Figura 3.45 (b) e não uniformemente como desejado. Esse efeito piora à medida que se concatenam mais e mais difusores iguais. Esses ângulos discretos são chamados lóbulos secundários ou *grating lobes*[25] e, desse ponto de vista, o difusor acaba funcionando com um banco de filtros espaciais com lóbulos bastante estreitos.

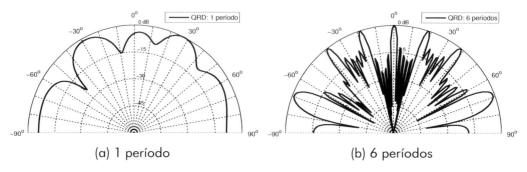

(a) 1 período (b) 6 períodos

Figura 3.45 Gráficos polares de arranjos periódicos de difusores QRD com $N = 7$ células em 2 [kHz]. Os ângulos dos lóbulos secundários são: $\pm 70°$, $\pm 39°$, $\pm 19°$ e $0°$.

Tem-se então um antagonismo entre a área que se deseja cobrir e o problema da periodicidade e, dessa forma, é preciso usar um número mínimo de difusores para cobrir a área de interesse. No entanto, é preciso lidar de alguma forma com o problema dos lóbulos secundários muito acentuados. A forma mais intuitiva de lidar com o problema é por meio do aumento da distância de repetição entre os difusores, que é dado pelo tamanho do elemento difusor. Para o difusor QRD, esse tamanho é aproximadamente Nw, o que implica que unidades maiores deverão ser fabricadas. Com a limitação de se fabricarem pequenas unidades, o aumento da distância de repetição pode se tornar não praticável a partir de um certo ponto, já que isso nos levará de volta aos problemas de fabricação, caracterização, transporte e instalação.

Outra forma de lidar com o problema da periodicidade é provocar certa descontinuidade na sequência de difusores, intercalando-os, por exemplo, com absorção sonora, ou refletores, como pode ser visto no projeto mostrado na Figura 8.40. Um dos problemas potenciais, nesse caso, é que o uso de absorção em uma parede pode ser indesejado, já que isso

---

[25] Esse efeito, sob o aspecto de um filtro espacial, pode ser encarado como um *aliasing* (dobramento) espacial, um efeito similar ao que acontece no domínio da frequência quando a amostragem de um sinal não é adequada. Assim, geram-se lóbulos discretos e proeminentes para certas direções do espaço (como *aliases*, que significa impostores).

retira energia acústica da sala e contribui para uma redução do tempo de reverberação. Em salas de concerto, por exemplo, em que a maior superfície absorvedora é a plateia e tempos de reverberação relativamente altos são desejados, o uso desse excesso de absorção pode comprometer o desempenho acústico da sala. O projeto mostrado na Figura 8.40 usa refletores planos na intercalação com difusores, que não contribuem significativamente para a redução do tempo de reverberação da sala. Os refletores foram angulados para distribuir a energia acústica pela sala e os difusores QRD têm seu eixo de difusão também alterado, de forma que se possa obter difusão nos planos horizontal e vertical.

Quando não se pode intercalar uma sequência de difusores com absorção sonora ou refletores, tem-se uma terceira alternativa para lidar com o problema da periodicidade. Esta consiste em usar uma sequência numérica para criar uma sequência modulada de diferentes difusores. Um exemplo prático desse tipo de arranjo é usar dois tipos de difusores QRD diferentes (p. ex. difusores QRD de $N = 7$ e $N = 5$ células) modulados pela sequência MLS. Uma sequência MLS de 6 elementos, por exemplo, gera a sequência de números $\{1\ 1\ 1\ 0\ 0\ 1\}$. O número 1 pode ser atribuído ao difusor QRD de 7 células e o número 0 ao difusor QRD de 5 células, o que resulta no arranjo mostrado na Figura 3.46.

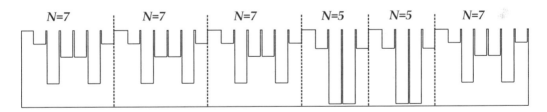

Figura 3.46 Arranjo de seis difusores QRD modulados por uma sequência MLS. A sequência é $\{1\ 1\ 1\ 0\ 0\ 1\}$, em que 1 equivale a um QRD com sete células e 0 equivale a um QRD com cinco células.

O uso das técnicas de modulação foram inicialmente propostas em [37, 38]. Os benefícios da utilização da modulação na sequência de difusores são mostrados no gráfico polar e no coeficiente de difusão da Figura 3.47, que compara a sequência de seis difusores QRD modulada por MLS (sete e cinco células) com uma sequência de seis difusores QRD idênticos de sete células. O gráfico polar é dado na banda de 1/3 de oitava de 2 [kHz] e o coeficiente de difusão é normalizado de acordo com o exposto na Seção 3.3.1. Note que, na banda de 2 [kHz], o arranjo modulado por MLS tem um gráfico polar bastante mais uniforme. A comparação do coeficiente de difusão mostra que essa uniformidade da difusão se estende por quase toda a faixa de frequências analisadas, o que implica que arranjos modulados terão um desempenho superior a arranjos periódicos.

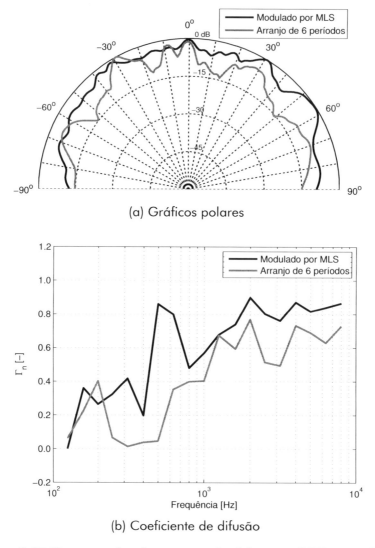

(a) Gráficos polares

(b) Coeficiente de difusão

Figura 3.47 Desempenho de arranjos de difusores QRD periódicos e modulados por uma sequência MLS {1 1 1 0 0 1}.

Existem outras sequências de modulação que podem ser usadas, além da sequência MLS. De acordo com Cox e D'Antonio [21], uma boa sequência é a Baker, que existe apenas para alguns números primos, no entanto. A ideia por trás da modulação é que o projetista possa determinar a área a ser coberta pelo difusor, escolher dois ou mais difusores de base, como, por exemplo, os QRD de sete e cinco células, e usar uma sequência aperiódica com o tamanho suficiente para cobrir a área desejada com os difusores de base. O uso de duas bases de mesmo número de células ($N = 7$, p. ex.), é possível quando uma delas é alterada de acordo com a Equação (3.29). Cox e D'Antonio [21], no entanto, apontam que o uso de bases QRD levará a problemas, já que a sequência numérica que gera esses difusores tem elementos repetidos. O uso de bases PRD lida com esse problema. Além disso, o uso de difusores base QRD ou PRD com o mesmo número de células leva à existência de frequências críticas em que eles se comportam como refletores planos. O uso de bases com diferentes N minimiza o problema.

3.4.2.5 Difusor baseado em fractal

O difusor difractal usa a teoria de fractais[26] a fim de aumentar o coeficiente de difusão em baixas frequências. A ideia, portanto, é usar difusores QRD menores incrustados nas células de um grade difusor QRD. Um esquema para esse tipo de difusor é mostrado na Figura 3.48. Nesse caso, o QRD de grande profundidade é responsável pela difusão eficiente em baixas frequências. Os difusores encrustados em cada célula do difusor de baixas frequências são responsáveis pela difusão em altas frequências.

É importante ter em mente que, se os difusores incrustados tiverem células muito estreitas, isso pode levar a um excesso de absorção por efeitos viscotérmicos (Seção 3.5). As técnicas de modulação, vistas na Seção 3.4.2.4, também podem ser usadas para que o desempenho do difusor de altas frequências seja melhorado.

---

[26] Um fractal é um objeto geométrico que pode ser dividido em partes, cada uma das quais semelhante ao objeto original. Diz-se que os fractais têm infinitos detalhes, são geralmente autossimilares e independem de escala. Em muitos casos um fractal pode ser gerado por um padrão repetido, tipicamente um processo recorrente ou iterativo.

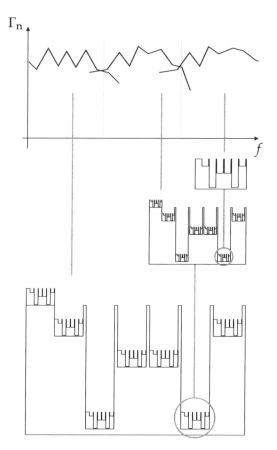

Figura 3.48 Esquema de um difusor difractal.

3.4.2.6 Difusor QRD ou PRD bidimensional

Como explicado na Seção 3.4.2.2, os difusores QRD e PRD espalham a energia sonora em apenas um plano. Uma forma de lidar com esse problema é usar a Equação (3.29) para criar sequências numéricas que possam criar sequências s_c que variam em duas dimensões. A Figura 3.49 (a) ilustra uma sequência desse tipo. Para gerar a tabela, iniciamos com $m = 0$ na Equação (3.29). A primeira sequência gerada é usada para preencher a linha e a coluna centrais da tabela, do centro para a direita e de forma circular. Assim, o número que ocupa a coluna central da tabela e linha superior é o número 1. Esse é o deslocamento m usado para preencher a linha superior à linha central e esse processo é repetido para todas as linhas até que a tabela seja completada. Claramente, o projetista tem controle sobre a sequência inicial que preenche a linha e coluna centrais e, portanto, tem controle sobre o formato final do difusor.

Reflexão difusa 265

4	6	3	2	3	6	4
6	1	5	4	5	1	6
3	5	2	1	2	5	3
2	4	1	0	1	4	2
3	5	2	1	2	5	3
6	1	5	4	5	1	6
4	6	3	2	3	6	4

(a) Uma sequência numérica para o difusor QRD bidimensional

(b) Foto de um difusor QRD bidimensional. (Cortesia da empresa Giner, São Paulo-SP)

Figura 3.49 Difusor QRD bidimensional.

A ideia, então, consiste em criar uma sequência numérica para a direção $\hat{x}$ e outra pra direção $\hat{y}$, modulando a direção $\hat{x}$ com a sequência da direção $\hat{y}$. Finalmente, as profundidades das células são calculadas a partir da Equação (3.29). A Figura 3.49 (b) mostra a foto de um difusor desse tipo em um ensaio de medição de coeficiente de espalhamento por incidência difusa.

3.4.3 Difusor de superfície otimizada

Métodos de otimização [39] podem ser utilizados para a criação de novas superfícies difusoras, ou mesmo para a melhoria dos arranjos de difusores já discutidos. Os primeiros grupos de autores a propor a utilização desses métodos aos difusores foram Berkhout, van Wulfften Palthe e De Vries [40] e De Jong e van den Berg [41]. A lógica geral de um método de otimização, aplicado aos difusores, é mostrada na Figura 3.50. O que se faz, basicamente é:

a) gerar a geometria de um difusor inicial (não necessariamente ótimo);

b) por meio de algum modelo matemático (p. ex. BEM), calcula-se a resposta desse difusor inicial;

c) em seguida algum parâmetro que meça a performance do difusor é calculado. Esse parâmetro pode ser seu coeficiente de difusão, Γ_n, ou gráficos polares em uma faixa de frequências. Também é possível usar como parâmetro alguma métrica da sala onde o difusor será instalado. O parâmetro de performance do difusor é comparado com um dado objetivo, que pode ser, por exemplo, um coeficiente de difusão maior que 0.8 em uma faixa de frequência. A essa comparação chamamos de função objetivo do método de otimização, já que desejamos obter um difusor que atenda a essa especificação;

d) caso o erro entre o parâmetro escolhido para medir o difusor e o objetivo seja pequeno, pode-se considerar que o difusor inicial atende os requisitos impostos;

e) caso esse erro seja grande, uma nova geometria de um difusor é gerada por um método numérico e o novo difusor é avaliado. Novos difusores serão gerados até que se atinja o objetivo imposto ou até que um número máximo de iterações seja atingido.

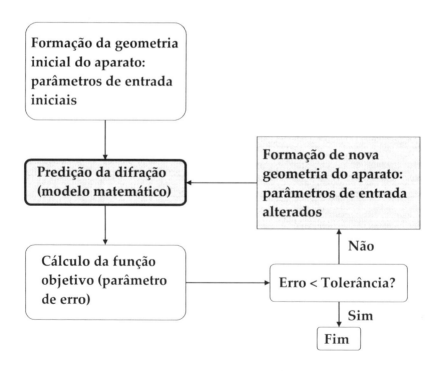

Figura 3.50 Princípio de um algoritmo de otimização aplicado aos difusores.

Reflexão difusa

É preciso ter em mente duas coisas: em primeiro lugar, o modelo matemático usado para prever o comportamento do difusor é de suma importância. Nesse caso, há dois aspectos a serem equilibrados. Quanto mais exato for o modelo matemático, melhor tende a ser a confiabilidade do método de otimização. Por esse ponto de vista, BEM tende a ser o método preferido, já que leva a resultados bastante confiáveis (ver Seção 3.2). No entanto, associada à exatidão do modelo matemático, está um alto custo computacional. Como o número de iterações em um método de otimização tende a ser grande e uma faixa ampla de frequências e ângulos de incidência deve ser avaliada, o custo computacional do modelo matemático pode se tornar proibitivo para uma aplicação de engenharia.

A segunda questão para se ter em mente diz respeito ao tipo de função objetivo utilizada pelo método de otimização. Em geral, é útil que os dados sejam comparados em termos dos coeficientes de difusão, já que estes representam uma redução de dados em relação aos gráficos polares dos difusores. Dessa forma, é necessário apenas criar um modelo do difusor. Uma outra opção é a utilização de um modelo numérico da sala onde o difusor será instalado. Nesse caso, o método de otimização pode ser aplicado para um ajuste bastante fino, já que o difusor ótimo resultante o será para a sala em questão. As dificuldades envolvidas, nesse caso, são maiores, já que, além do modelo da geometria do difusor, é necessário que se construa um modelo da sala onde ele será aplicado. Esse modelo da sala deve ser exato no que tange à difração, o que aumenta tanto o custo computacional como a complexidade do *software* que calcula a resposta da sala. Cox e D'Antonio [21] apontam que um modelo do tipo FDTD da sala pode ser usado para esse propósito.

Os métodos de otimização podem ser usados basicamente de duas formas, no que tange aos difusores. A primeira forma consiste em otimizar difusores de Schroeder. Cox [42] utilizou o método BEM para calcular a performance de difusores de Schroeder ótimos de variados tamanhos e com ou sem divisórias entre as células. Um difusor QRD sem divisórias é mostrado, por exemplo, na Figura 3.49 (b). Cox discute as questões do custo computacional envolvido, sendo suas propostas otimizadas obtidas apenas para o ângulo de incidência $\theta = 0 \, [°]$. As investigações numéricas de Cox foram corroboradas por investigações experimentais de

D'Antonio [43], por meio das quais se confirmou uma melhor performance nos difusores propostos por Cox. No entanto, D'Antonio foi capaz de medir os difusores ótimos e os convencionais QRD e cilíndricos para outros ângulos de incidência e apontou que os difusores otimizados não pareciam ter um melhor comportamento para outros ângulos de incidência. D'Antonio concluiu que os difusores otimizados são uma opção similar aos convencionais QRD e que podem ser usados para eliminar os aspectos negativos da periodicidade dos difusores.

A segunda forma de utilização dos métodos de otimização consiste na otimização topológica de superfícies criadas a partir de funções matemáticas conhecidas. A Figura 3.51 ilustra algumas dessas superfícies.

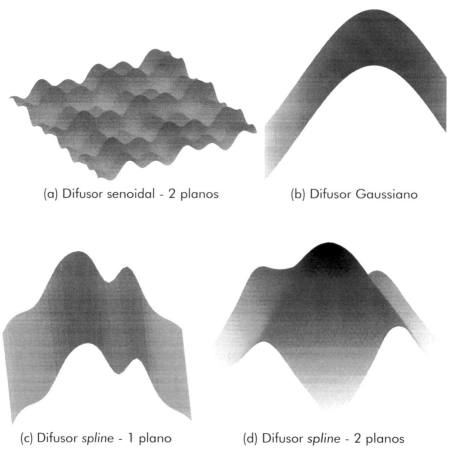

(a) Difusor senoidal - 2 planos   (b) Difusor Gaussiano

(c) Difusor *spline* - 1 plano   (d) Difusor *spline* - 2 planos

Figura 3.51 Algumas superfícies geradas a partir de equações simples.

Na Figura 3.51 (a) tem-se uma superfície gerada por meio da Equação (3.33). A alteração dos parâmetros amplitudes e números de onda das direções $\hat{x}$ e $\hat{y}$ gera diferentes superfícies e não há, a princípio, restrições quanto ao número de amplitudes e números de onda que a Equação (3.33) pode usar.

$$f(x,y) = A_{1x} \sin(k_{1x}x) + A_{2x} \sin(k_{2x}x)+ \\ A_{1y} \sin(k_{1y}y) + A_{2y} \sin(k_{2y}y). \tag{3.33}$$

Na Figura 3.51 (b) tem-se uma superfície gerada por meio da equação de uma gaussiana, dada na Equação (3.34).

$$f(x,y) = \frac{1}{\sqrt{2\pi\sigma_x^2}} e^{\frac{(x-\mu_x)^2}{2\sigma_x^2}}, \tag{3.34}$$

em que μ_x e σ_x^2 representam a média e a variância de uma distribuição normal, respectivamente, e podem ser alterados para formar superfícies gaussianas diferentes. Nesse caso, há apenas dois parâmetros para gerar uma nova superfície.

Nas Figuras 3.51 (c) e 3.51 (d) têm-se duas superfícies geradas por meio do método de interpolação cúbica[27]. O processo, nesse caso, consiste basicamente em gerar uma lista de pontos ao longo da superfície e interpolar uma curva ou superfície entre esses pontos. Cada lista de pontos gerará uma superfície diferente e, a princípio, o número de pontos que comporão a interpolação fica a critério do projetista de difusores.

O processo de otimização é então iniciado a partir da geração da primeira superfície difusora. Suponhamos que desejamos otimizar um difusor a partir da Figura 3.51 (c). Para tanto uma lista de pontos sobre a superfície é gerada e uma superfície interpolada é calculada. Essa lista de pontos fornece, então, a lista de parâmetros de entrada inicial do algoritmo de otimização. É preciso ter em mente que, quanto maior for essa lista de parâmetros de entrada, mais computacionalmente custoso será o processo de otimização. Deve-se, portanto, manter um compromisso entre a quantidade de variáveis de otimização e a liberdade do projetista na criação de novas superfícies. O modelo matemático (BEM, p. ex.) é

---

[27] *Spline.*

então usado para prever o comportamento da superfície difusora e, novas superfícies são geradas variando-se os parâmetros de entrada até que um difusor ótimo seja encontrado. É preciso ter em mente que a superfície gerada precisa ser fabricável em algum material adequado à aplicação, o que tem se tornado cada vez mais factível graças a tecnologias como impressão 3D.

É preciso ter em mente, no entanto, que as dificuldades de fabricação, caracterização, transporte e instalação se aplicam aos também aos difusores otimizados. Desse ponto de vista, será preciso usar um arranjo de difusores ótimos, o que pode gerar problemas relativos à periodicidade. No entanto, as restrições nos dados de entrada fornecidos ao algoritmo de otimização podem ser usadas a favor do projetista. Outra alternativa é trabalhar com duas bases de difusores e usar as técnicas de modulação discutidas neste capítulo. Restrições impostas ao algoritmo de otimização podem ser usadas para evitar descontinuidades entre as bases difusoras.

Um aspecto interessante da otimização por meio de superfícies matemáticas é que elas fornecem apelos visuais importantes em algumas aplicações. Isso pode ser observado no difusor aplicado ao teto de um estúdio mostrado na Figura 3.52. Além disso, é possível gerar uma sequência de difusores que se encaixem perfeitamente em um espaço disponível em um ambiente, já que é possível usar as restrições impostas ao algoritmo para tal fim. Cox e D'Antonio [21] apontam, no entanto, que o desempenho de difusores otimizados é no máximo similar aos difusores de Schroeder, o que foi também apontado por D'Antonio [43].

3.5 Absorção sonora em difusores

Toda a análise feita até aqui considerou que os difusores são superfícies unicamente destinadas ao espalhamento da energia sonora. No entanto, como todas as superfícies dentro da sala, os difusores exibirão algum grau de absorção sonora também. Essa absorção pode ser indesejada, caso se deseje maximizar o espalhamento sonoro. Isso pode ser concluído a partir do exposto na Seção 3.3.3, já que um maior coeficiente de absorção, em uma dada frequência, acaba por retirar energia da onda difratada. Isso não significa que a difração será necessariamente menos

Reflexão difusa

Figura 3.52 Projeto acústico de um estúdio com difusor otimizado aplicado ao teto. (Cortesia da empresa Giner, São Paulo-SP)

uniforme. Unicamente, isso quer dizer que haverá menos energia disponível para a difração. Por outro lado, a absorção pode ser desejada, por exemplo, quando queremos criar um tratamento acústico de dupla função: absorção e espalhamento. Chamaremos esses dispositivos de painéis híbridos e algumas ideias para eles serão abordadas na Seção 3.5.2. Por ora, trataremos os mecanismos de absorção e seu controle, a fim de produzir dispositivos de baixa absorção.

3.5.1 Mecanismos de absorção e seu controle

A literatura permite identificar cinco mecanismos de absorção em difusores. Esses mecanismos estão ligados a:

a) efeitos viscotérmicos devido à propagação da onda sonora nas células dos difusores. Esse é um efeito proeminente em difusores que tenham tais canais, como os difusores de Schroeder, os batentes ou arranjo de cilindros. O efeito é tanto mais sério quanto menor for a largura das células ou canais de propagação [44].

b) efeitos ligados à troca de energia entre células devido ao gradiente de pressão entre elas;

c) efeitos ligados à porosidade do material do qual é construído o difusor;

d) efeitos de absorvedor de membrana, ligados à rigidez do material do qual é construído o difusor;

e) efeitos de absorvedor de Helmholtz, ligados à perfurações existentes no corpo do difusor.

Fujiwara e Miyajima [45] apontaram, por meio de experimentos, que difusores QRD exibiam um alto efeito de absorção em baixas frequências. Kuttruff [46] explicou esses efeitos como sendo originados, primordialmente, de trocas de energia entre as células do difusor. Essas trocas de energia eram geradas pelo gradiente de pressão que existe entre as células (em suas entradas). Esse gradiente de pressão força a energia sonora a se propagar de volta à célula, em vez de difratá-la para o ambiente. Tal propagação, com uma alta velocidade de partícula, gera perdas devido aos efeitos viscotérmicos. Espera-se ainda que essas perdas sejam maiores caso o difusor seja construído com uma superfície rugosa. O polimento da superfície do difusor parece reduzir esse efeito. Kuttruff construiu um modelo matemático para prever essa absorção obtendo a absorção de baixa frequência observada experimentalmente por Fujiwara e Miyajima. No entanto, as larguras de células investigadas por Kuttruff são consideravelmente menores que as larguras encontradas nos difusores QRD modernos. Kuttruff aponta também que a absorção se concentra primordialmente em baixas frequências e que, dessa forma, o difusor pode ser usado no controle da reverberação nessa faixa de frequências.

Pilch e Kamisiński [47] investigaram experimentalmente alguns efeitos que podem aumentar a absorção sonora em difusores. Eles apontam que a porosidade do material do qual é construído o difusor é um fator significativo na absorção sonora. Os autores sugerem que a pintura ou envernização da superfície difusora com um produto selante reduz a absorção consideravelmente. Além disso, os autores apontaram que a rigidez do material do qual é feito o difusor também é um fator importante. Difusores fabricados em material de baixa rigidez tendem a vibrar sob incidência da onda sonora. Essa vibração pode ser convertida em absorção sonora por meio de mecanismos similares aos estudados para o absorvedor de membrana (Seção 2.3.2). Claramente, os fabricantes de difusor precisam equilibrar a massa e rigidez do difusor. Isso ocorre porque uma das possibilidades para diminuir a vibração da superfície é por meio do aumento de sua massa. Essa solução, no entanto, pode tornar a instalação do difusor inviável e o fabricante deve investir em formas de travar o movimento das superfícies e em uma construção que lhe forneça a maior rigidez com a menor massa possível. Para os difusores QRD, Pilch e Kamisiński [47] reconhecem os efeitos apontados por Kuttruff [46] e sugerem que a redução da razão profundidade / largura da célula (d_c/w) seja reduzida, a fim de que se reduzam os efeitos de absorção. Dessa forma, quando os difusores visam o espalhamento de baixas frequências e as células são mais profundas, é indicado que elas se tornem mais largas.

Cox e D'Antonio [21] apontam também que a existência de perfurações e pequenos buracos, que podem ocorrer na superfície difusora devido à falta de vedação, tende a aumentar a absorção por meio de mecanismos similares aos estudados para o absorvedor de placa perfurada e ranhurada (Seções 2.3.3 e 2.3.4). Cox reconhece ainda que os fenômenos discutidos por Fujiwara e Miyajima [45], Kuttruff [46] e Pilch e Kamisiński [47] são válidos, mas podem ser minimizados por meio de um melhor controle no processo de fabricação dos difusores.

Dessa forma, ao projetar e fabricar qualquer tipo de difusor, é preciso levar em conta esses efeitos. Se é desejado que a superfície não absorva o som, o controle desses aspectos deve ser feito atentamente por meio do planejamento do processo de fabricação. Felizmente, os métodos de medição dos coeficientes de difusão e espalhamento (Seção 3.3), incorporam técnicas para a medição simultânea do coeficiente de absorção. Ao se realizar um projeto acústico de uma sala, deve-se levar em conta tanto o espalhamento como a absorção, mesmo que a superfície não seja destinada à absorção. Falhar em fazê-lo fará com que a sala construída apresente muito mais absorção que o pretendido inicialmente.

3.5.2 Painéis híbridos

Em algumas aplicações pode ser interessante construir aparatos que tenham alta absorção em uma faixa de frequência e alta difusão em outra faixa de frequências. Dispositivos híbridos como esses podem ser usados em espaços onde a disponibilidade de superfícies para aplicação de tratamento acústico é limitada.

Primeiramente, é preciso colocar que as faixas de frequência destinadas à absorção ou difusão devem ser diferentes, já que uma alta absorção fará com que pouca energia esteja disponível para ser espalhada. Esse é o motivo pelo qual materiais porosos com superfícies irregulares (às vezes no formato de um QRD) não são difusores eficientes em altas frequências.

No entanto, como a maioria dos aparatos difusores se destina ao espalhamento da energia em faixas de frequência tipicamente acima dos 500-700 [Hz], pode-se construir um dispositivo que combine efeitos de um absorvedor de Helmholtz (com frequência de ressonância abaixo da faixa de difusão) com um difusor.

Duas ideias são apresentadas esquematicamente na Figura 3.53. Na Figura 3.53 (a) painéis difusores são concatenados, mas um espaço é dado entre eles. Dessa forma cria-se um painel ranhurado montado sobre uma cavidade fechada que pode ser parcialmente ou totalmente preenchida com material poroso. O elemento difusor pode ser de qualquer tipo, como, por exemplo, um QRD ou um arranjo de cilindros etc. Uma ideia similar consiste em construir painéis aproximadamente cilíndricos por meio da concatenação de ripas de madeira. Entre as ripas é possível criar uma ranhura.

Uma outra ideia é apresentada na Figura 3.53 (b). Nesse caso, um absorvedor de placa perfurada é montado. A sequência de perfuração é modulada por meio de uma sequência MLS, no entanto. Isso faz com que haja um grau de difusão em altas frequências devido às mudanças de impedância acústica causadas pela sequência placa-perfuração. Os efeitos de mudança de impedância em superfícies foram estudadas por Lam e Monazzam [48], por exemplo. Uma alternativa para aumentar a difusão desse painel híbrido é curvar a superfície da placa perfurada em um formato convexo.

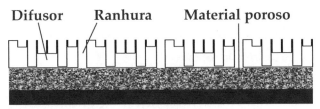

(a) Painel híbrido de placa ranhurada

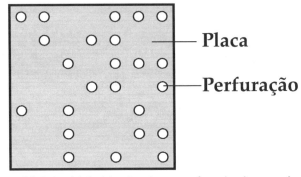

(b) Painel híbrido de placa perfurada de acordo com uma sequência MLS

Figura 3.53 Algumas ideias para painéis híbridos.

A grande dificuldade no projeto de superfícies híbridas está no equilíbrio entre difusão e absorção e as faixas de frequência ocupadas por ambas. Por isso, ainda não existe uma variedade tão grande de dispositivos híbridos comercialmente disponíveis.

3.6 Sumário

Neste capítulo e no Capítulo 2, as teorias de absorção e difração da onda sonora em um aparato foram discutidas. Tanto a modelagem de dispositivos absorvedores e difusores quanto os dispositivos em si foram apresentados. Os fundamentos abordados permitem que dispositivos de absorção e difusão sejam projetados e inventados, bem como faz com que o projetista de uma sala possa ter mais senso crítico e controle sobre os aparatos usados no tratamento acústico e especificados em um projeto. De posse desse conhecimento, é preciso avançar na direção do cálculo do campo acústico em uma sala, que levará em conta a interação entre os diversos dispositivos instalados. O Capítulo 4 lida com o problema de baixas frequências em acústica de salas. Os Capítulos 5 e 6 lidam com os problemas de médias e altas frequências com abordagens ligeiramente diferentes e complementares.

Antes de proceder com o cálculo do campo acústico em uma sala é válido fazer uma importante nota. Em qualquer situação em que tratamento acústico é aplicado, é de suma importância verificar questões como resistência à propagação do fogo, volatilidade dos materiais e ameaças à saúde e bem-estar dos ocupantes da sala. Especialmente no que tange à propagação do fogo, os materiais dos quais os dispositivos absorvedores e difusores são fabricados precisam ser tratados de forma adequada (proteção anti propagação de chamas) e certificados por órgão competente. O projetista deve estar atento a essas questões e fabricantes de tratamento acústico devem fornecer os dados relevantes. A discussão dos processos de tratamento antichama de amostras está fora do escopo deste livro, mas pareceu importante fazer nota dessa questão, mesmo que de forma breve.

Referências bibliográficas

[1] HODGSON, M. Evidence of diffuse surface reflections in rooms. *The Journal of the Acoustical Society of America*, 89(2):765–771, 1991.

(*Citado na(s) página(s): 192*)

[2] LAM, Y. W. The dependence of diffusion parameters in a room acoustics prediction model on auditorium sizes and shapes. *The Journal of the Acoustical Society of America*, 100(4):2193–2203, 1996.

(*Citado na(s) página(s): 192*)

[3] VORLÄNDER, M. International round robin on room acoustical computer simulations. In: *Proceedings of the 15th ICA*, Trondheim, 1995.

(*Citado na(s) página(s): 193, 230*)

[4] BORK, I. A comparison of room simulation software-the 2nd round robin on room acoustical computer simulation. *Acta Acustica united with Acustica*, 86:943–956, 2000.

(*Citado na(s) página(s): 193, 230*)

[5] BORK, I. Report on the 3rd round robin on room acoustical computer simulation–Part II: Calculations. *Acta Acustica united with Acustica*, 91:753–763, 2005.

(*Citado na(s) página(s): 193, 230*)

[6] D'ANTONIO, P.; COX, T. J. Diffusor application in rooms. *Applied Acoustics*, 60:113–142, 2000.

(*Citado na(s) página(s): 193*)

[7] ELMORE, W.; HEALD, M. *Physics of waves*. New York: McGraw-Hill, 1985.

(*Citado na(s) página(s): 193*)

[8] FEYNMAN, R. P.; LEIGHTON, R. B.; SANDS, M. *Lições de Física de Feynman*, v. 1, 2, 3. 2° ed. Porto Alegre: Bookman, 2013.

(*Citado na(s) página(s): 194*)

[9] DALENBÄCK, B.-I.; KLEINER, M.; SVENSSON, P. A macroscopic view of diffuse reflection. *Journal of the Audio Engineering Society*, 42 (10):793–807, 1994.

(*Citado na(s) página(s): 197*)

[10] SCHROEDER, M. Diffuse sound reflection by maximum- length sequences. *The Journal of the Acoustical Society of America*, 57(1):149–150, 1975.

(*Citado na(s) página(s): 24, 204, 205, 211, 212, 214, 248*)

[11] WILLIAMS, E. *Fourier acoustics: sound radiation and nearfield acoustical holography*. London: Academic Press, 1999.

(*Citado na(s) página(s): 204*)

[12] PRESS, W.; SAUL, A. T.; WILLIAM, T. V.; BRIAN, P. F. *Numerical recipes: the art of scientific computing*. 3° ed. Cambridge: Cambridge University Press, 2007.

(*Citado na(s) página(s): 205*)

[13] SCHROEDER, M. Binaural dissimilarity and optimum ceilings for concert halls: More lateral sound diffusion. *The Journal of the Acoustical Society of America*, 65(4):958–963, 1979.

(*Citado na(s) página(s): 205, 250*)

[14] STRUBE, H. W. Scattering of a plane wave by a schroeder diffusor: A mode-matching approach. *The Journal of the Acoustical Society of America*, 67(2):453–459, 1980.

(*Citado na(s) página(s): 205*)

[15] STRUBE, H. W. Diffraction by a planar, locally reacting, scattering surface. *The Journal of the Acoustical Society of America*, 67(2):460–469, 1980.

(*Citado na(s) página(s): 205, 212, 249, 251*)

[16] STRUBE, H. W. More on the diffraction theory of schroeder diffusors. *The Journal of the Acoustical Society of America*, 70(2):633–635, 1981.

(*Citado na(s) página(s): 205*)

[17] WU, T. *Boundary element acoustics: fundamentals and computer codes*. Southampton: WIT Press, 2000.

(*Citado na(s) página(s): 207, 210*)

[18] COX, T. J.; LAM, Y. Prediction and evaluation of the scattering from quadratic residue diffusers. *The Journal of the Acoustical Society of America*, 95(1):297–305, 1994.

(*Citado na(s) página(s): 211, 212, 213, 214*)

[19] COX, T. J.; LAM, Y.   Evaluation of methods for predicting the scattering from simple rigid panels. *Applied Acoustics*, 40:123–140, 1993.

(Citado na(s) página(s): 212, 213)

[20] COX, T. J.   Predicting the scattering from reflectors and diffusers using two-dimensional boundary element methods. *The Journal of the Acoustical Society of America*, 96(2):874–878, 1994.

(Citado na(s) página(s): 213)

[21] COX, T. J.; D'ANTONIO, P.   *Acoustic absorbers and diffusers, theory, design and application*. 2° ed. New York: Taylor & Francis, 2009.

(Citado na(s) página(s): 213, 229, 254, 258, 263, 267, 270, 273)

[22] HARGREAVES, J. A.; COX, T. J.   A transient boundary element method model of Schroeder diffuser scattering using well mouth impedance. *The Journal of the Acoustical Society of America*, 124(5): 2942, 2008.

(Citado na(s) página(s): 214)

[23] SAKUMA, T.; SAKAMOTO, S.; OTSURU, T. *Computational simulation in architectural and environmental acoustics: methods and applications of wave-based computation*. Tokyo: Springer, 2014.

(Citado na(s) página(s): 217)

[24] BELTMAN, W.; VAN DER HOOGT, P.; SPIERING, R.; TIJDEMAN, H.   Implementation and experimental validation of a new viscothermal acoustic finite element for acousto-elastic problems. *Journal of Sound and Vibration*, 216(1):159–185, 1998.

(Citado na(s) página(s): 218)

[25] COX, T. J. et al.   A tutorial on scattering and diffusion coefficients for room acoustic surfaces. *Acta Acustica united with Acustica*, 92(1): 1–15, 2006.

(Citado na(s) página(s): 220, 236)

[26] AES-4id-2001 (r2007) - Information document for room acoustics and sound reinforcement systems - characterization and measurement of surface scattering uniformity, 2001.

(Citado na(s) página(s): 221, 225)

[27] HARGREAVES, T. J.; COX, T. J.; LAM, Y.; D'ANTONIO, P. Surface diffusion coefficients for room acoustics: Free-field measures. *The Journal of the Acoustical Society of America*, 108(4):1710–1720, 2000.

(*Citado na(s) página(s): 221, 223, 228, 229*)

[28] HARGREAVES, T. J. *Acoustic diffusion and scattering coefficients for room surfaces*. Tese de Doutorado, University of Salford, Salford, 2000.

(*Citado na(s) página(s): 221*)

[29] FARINA, A. A new method for measuring the scattering coefficient and the diffusion coefficent of panels. *Acta Acustica united with Acustica*, 86:928–942, 2000.

(*Citado na(s) página(s): 229*)

[30] KLEINER, M.; GUSTAFSSON, H.; BACKMAN, J. Measurement of directional scattering coefficients using near-field acoustic holography and spatial transformation of sound fields. In: *99th Audio Engineering Society Convention*, New York, 1995.

(*Citado na(s) página(s): 229*)

[31] VORLÄNDER, M.; MOMMERTZ, E. Definition and measurement of random-incidence scattering coefficients. *Applied Acoustics*, 60: 187–199, 2000.

(*Citado na(s) página(s): 230, 231, 234, 235*)

[32] MOMMERTZ, E. Angle-dependent in-situ measurements of reflection coefficients using a subtraction technique. *Applied Acoustics*, 46:251–264, 1995.

(*Citado na(s) página(s): 231, 232*)

[33] MOMMERTZ, E. Determination of scattering coefficients from the reflection directivity of architectural surfaces. *Applied Acoustics*, 60: 201–203, 2000.

(*Citado na(s) página(s): 233*)

[34] KOSAKA, Y.; SAKUMA, T. Numerical examination on scattering coefficients of architectural surfaces using the boundary element method. *Acoustical science and technology*, 26(2):136–144, 2005.

(*Citado na(s) página(s): 233*)

Reflexão difusa 281

[35] ISO 17497-1: Acoustics - measurement of the sound scattering properties of surfaces – part 1: Measurement of the random-incidence scattering coefficient in a reverberation room, 2000.

(Citado na(s) página(s): 234, 235)

[36] GOMES, M. H. A.; VORLÄNDER, M.; GERGES, S. N. Aspects of the sample geometry in the measurement of the random-incidence scattering coefficient. In: *Proc. Forum Acusticum*, Sevilla, 2002.

(Citado na(s) página(s): 235)

[37] ANGUS, J. A. S.; MCMANMOM, C. Orthogonal sequence modulated phase reflection gratings for wideband diffusion. In: *100th Audio Engineering Society Convention*, New York, 1996.

(Citado na(s) página(s): 261)

[38] ANGUS, J. A. Using grating modulation to achieve wideband large area diffusers. *Applied Acoustics*, 60:143–165, 2000.

(Citado na(s) página(s): 261)

[39] CHONG, E.; ŻAK, S. *An introduction to optimization.* 2° ed. New York: Wiley-Interscience (John Willey & Sons), 2001.

(Citado na(s) página(s): 265)

[40] BERKHOUT, A.; VAN WULFFTEN PALTHE, D.; DE VRIES, D. Theory of optimal plane diffusers. *The Journal of the Acoustical Society of America*, 65(5):1334–1336, 1979.

(Citado na(s) página(s): 265)

[41] DE JONG, B.; VAN DEN BERG, P. Theoretical design of optimum planar sound diffusers. *The Journal of the Acoustical Society of America*, 68(4):1154–1159, 1980.

(Citado na(s) página(s): 265)

[42] COX, T. J. The optimization of profiled diffusers. *The Journal of the Acoustical Society of America*, 97(5):2928–2936, 1995.

(Citado na(s) página(s): 267)

[43] D'ANTONIO, P. Performance evaluation of optimized diffusors. *The Journal of the Acoustical Society of America*, 97(5):2937–2941, 1995.

(Citado na(s) página(s): 268, 270)

[44] BELTMAN, W. M.   Viscothermal wave propagation including acousto-elastic interaction, part I: theory.   *Journal of Sound and Vibration*, 227(3):555–586, 1999.

(*Citado na(s) página(s): 271*)

[45] FUJIWARA, K.; MIYAJIMA, T.   Absorption characteristics of a practically constructed shroeder diffuser of quadratic-residue type. *Applied Acoustics*, 35:149–152, 1992.

(*Citado na(s) página(s): 272, 273*)

[46] KUTTRUFF, H.   Sound absorption by pseudostochastic diffusers (schroeder diffusers). *Applied Acoustics*, 42:215–231, 1994.

(*Citado na(s) página(s): 272, 273*)

[47] PILCH, A.; KAMISIŃSKI, T. The effect of geometrical and material modification of sound diffusers on their acoustic parameters. *Archives of Acoustics*, 36(4):955–966, 2011.

(*Citado na(s) página(s): 272, 273*)

[48] LAM, Y.; MONAZZAM, M. On the modeling of sound propagation over multi-impedance discontinuities using a semiempirical diffraction formulation. *The Journal of the Acoustical Society of America*, 120 (2):686–698, 2006.

(*Citado na(s) página(s): 274*)

Capítulo 4

Teoria ondulatória em acústica de salas

Nos Capítulos 2 e 3, foi tratado o problema da interação entre onda sonora e um aparato, bem como descritos os diversos dispositivos usados no tratamento acústico de ambientes. No entanto, os problemas tratados nesses capítulos dizem respeito apenas à interação entre onda sonora e esse único aparato. Como discutido anteriormente, estamos interessados em calcular o campo acústico dentro de uma sala, sendo esse o resultado da interação entre as diversas frentes de onda com diversos aparatos. Dessa forma, é necessário que se construam as teorias que lidam com essas interações complexas, sendo capazes de calcular o campo acústico no interior de recintos. Esse é o objetivo deste e dos próximos dois capítulos.

Para calcular o campo acústico no interior de uma sala, o passo inicial será resolver o problema de baixas frequências, o que será feito neste capítulo. Nos Capítulos 5 e 6, o problema de médias e altas frequências será tratado. As razões para essa divisão do espectro sonoro serão dadas na seção seguinte.

4.1 Divisão do espectro em acústica de salas

Como comentado anteriormente, em acústica grande parte dos problemas são tratados a partir da relação: tamanho do objeto de estudo vs. comprimento de onda[1]. Esse tipo de tratamento também foi aplicado ao problema da reflexão especular vs. reflexão difusa, discutido no Capítulo 3. No entanto, o objeto de interesse agora se torna a sala em si, e não mais um dispositivo usado no tratamento acústico.

A razão para a divisão do espectro dessa maneira, é que dependendo da relação entre comprimento de onda e dimensões da sala, o modelo matemático usado para calcular o campo acústico pode mudar. De fato, é a aplicabilidade prática dos modelos matemáticos em acústica de salas que está em jogo aqui.

Nesse momento, é útil lembrar ao leitor que, quando falamos em baixas e altas frequências, estamos nos referindo à relação entre o comprimento de onda (λ) e uma dada dimensão de interesse (p. ex., comprimento, largura e altura da sala ou o tamanho de um objeto). Em baixas frequências, λ será provavelmente maior que a maior dimensão da sala (p. ex., para um quarto ou estúdio pequenos, mesmo o comprimento de onda de 100 [Hz], $\lambda = 3.4$ [m], pode ser maior que todas as dimensões do ambiente). Em médias frequências, λ será comparável às dimensões da sala (ou dos objetos em seu interior). Em altas frequências, λ será muito menor que qualquer das dimensões da sala (p. ex., para frequências a partir de, digamos, 1 [kHz], $\lambda = 34.0$ [cm], é muito menor que qualquer dimensão do ambiente).

Para resolver qualquer problema físico em acústica, a solução da equação da onda (Equação (1.39)) levará a uma solução exata do campo acústico. A capacidade de resolver a equação da onda, no entanto, depende de dois fatores, a saber:

---

[1] Lembrando que cada frequência tem o seu comprimento de onda, dado pela relação $c = \lambda f$, em que c é a velocidade do som no meio.

Teoria ondulatória em acústica de salas

a) do conhecimento da geometria do problema em 3 dimensões;

b) do conhecimento das condições de contorno relacionadas à geometria e do conhecimento das condições iniciais do problema físico.

O conhecimento da geometria 3D da sala parece ter simples solução, já que hoje em dia se dispõe de *softwares* para esse tipo de desenho. O conhecimento das propriedades dos diversos materiais que compõem as superfícies da sala (p. ex., piso de madeira, paredes de gesso, absorvedores e difusores aplicados a algumas superfícies etc.) também é possível explorando-se bases de dados e as teorias vistas nos Capítulos 2 e 3. As dificuldades de resolver a equação da onda, então, estão relacionadas à aplicação das condições de contorno em salas de geometria complexa. Por "condições de contorno", queremos dizer como descrever matematicamente as diferentes localizações dos diversos materiais que são usados no tratamento acústico. Em suma, para uma sala com superfícies cuja geometria é complexa, a descrição matemática também o seria.

Tomemos um exemplo simples para aprofundar essa discussão: o problema do tubo de impedância, mostrado na Figura 2.5, página 129. Nesse caso, a geometria do ambiente acústico é bastante simples. A cavidade do tubo é cilíndrica e a condição de contorno é impedância de superfície (Z_s) da amostra no plano que define a superfície da amostra. Nesse caso, a superfície se encontra a uma distância x_1 [m] do microfone M_1. Se consideramos apenas ondas planas se propagando ao longo do eixo do tubo, o cálculo da pressão sonora na posição dos microfones assume uma solução analítica fechada, calculada a partir de manipulações matemáticas bastante simples (ver Seção 2.2.1).

Considere agora os ambientes mostrados nas Figuras 2.27 (b), 3.6 ou 3.7, por exemplo (respectivamente nas páginas 177, 200 e 201). Em contraste ao tubo de impedância, em nenhum desses ambientes existe uma única condição de contorno. Além disso, os planos onde as condições de contorno são aplicadas constituem, muitas vezes, curvas complexas e/ou superfícies irregulares. Isso cria enormes dificuldades no cálculo do campo acústico por meio da solução analítica da equação da onda, mesmo para ambientes com poucas irregularidades.

Em casos complexos, como os das salas apontadas no parágrafo anterior, soluções aproximadas[2] da equação da onda são possíveis por meio de métodos numéricos, como o Método dos Elementos Finitos (FEM), o Método dos Elementos de Contorno (BEM), entre outros (esses métodos serão discutidos brevemente na Seção 4.7). No entanto, é útil saber que, à medida que a máxima frequência de análise aumenta, esses métodos se tornam computacionalmente muito custosos, se não impraticáveis. Em muitos casos, o tamanho das matrizes geradas, para análises até frequências típicas da audição (até 20 [kHz]), é tão grande que torna os tempos de solução ou mesmo a solução em si impraticáveis. Isso ocorre devido à limitações de memória até dos computadores mais modernos.

Uma alternativa para resolver o problema faz-se então necessária. A solução é dividir o espectro audível em 4 regiões [1], dadas de acordo com o exposto na Figura 4.1. O que veremos então é que um tratamento matemático específico pode ser dado para cada região.

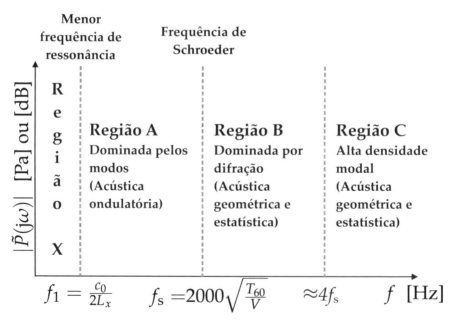

Figura 4.1 Divisão do espectro audível em regiões.

---

[2] A solução encontrada por métodos numéricos é considerada bastante exata. A solução é aproximada no sentido de que essa não é a solução analítica do problema.

A Região **X** é aquela na qual os comprimentos de onda são maiores que o dobro da maior dimensão da sala. Nesse caso $\lambda > 2L_x$, sendo L_x o comprimento da sala, que por convenção será adotado como a sua maior dimensão. Nessa região, a sala não dá suporte à propagação da energia sonora. Ondas sonoras nessa faixa de frequências podem ser até geradas por uma fonte, mas sua energia decai tão rapidamente que não existe propagação sonora eficiente. A extensão da Região **X** se torna uma preocupação quando o suporte às baixas frequências for essencial. Esse é o caso de um pequeno estúdio, por exemplo, onde a falta de suporte às baixas frequências pode fazer com que os profissionais envolvidos na mixagem de um material sonoro compensem a falta de suporte acústico eletronicamente, o que gerará um excesso de baixas frequências quando o material sonoro for ouvido em outros ambientes.

Além da Região **X**, as dimensões da sala (comprimento L_x, largura L_y e altura L_z) acomodam uma série de múltiplos inteiros de $\lambda/2$. Nesse caso, existe o suporte à formação de ressonâncias em certas frequências (ou modos acústicos[3]). A Região **A** é aquela em que é possível identificar modos acústicos individuais na resposta em frequência do sistema sala-fonte-receptor. A Figura 4.2 mostra uma FRF típica calculada para uma sala retangular, excitada por um alto-falante omnidirecional. A fonte sonora ocupa uma das quinas da sala (ou vértice) e o receptor encontra-se no centro da sala. As 4 regiões estão demarcadas na figura e é possível observar:

a) Região **X**, sem a presença de ressonâncias; e

b) Região **A**, com ressonâncias distintas e espaçadas.

Na Região **A**, objeto de estudo desse capítulo, é possível calcular soluções analíticas para salas retangulares de paredes rígidas. Salas com geometrias mais complexas podem ser aproximadas, com algum grau de exatidão, por uma sala retangular cujas dimensões L_x, L_y e L_z são valores

---

[3] O termo "modos acústicos" é um outro nome para as ressonâncias da sala. O termo está associado ao fato de que a distribuição da pressão sonora no espaço para uma dada ressonância da sala tende a seguir um padrão ou "modo", o que será discutido na sequência.

médios de suas dimensões originais. Claro, associadas a essa aproximação existirão incertezas; no entanto, isso pode ser importante para estudos iniciais. Nos casos em que uma maior exatidão é necessária, podem-se utilizar os métodos numéricos discutidos na Seção 4.7. A aplicação dos métodos numéricos deve ser restrita à zona de frequências até o limite da Região **A** (ou pouco além), a fim de manter o custo computacional sob controle.

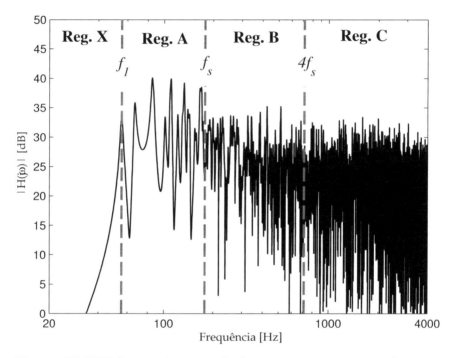

Figura 4.2 FRF de um sistema sala-fonte-receptor mostrando a divisão do espectro audível em regiões.

Vamos lidar agora apenas com as frequências que definem os limites das regiões. O cálculo da FRF será abordado na Seção 4.5. Para salas retangulares de paredes rígidas, a frequência que define a transição da Região **X** para a Região **A** pode ser calculada exatamente e é dada por:

$$f_1 = \frac{c_0}{2L_x} \text{ [Hz]} , \qquad (4.1)$$

sendo c_0 a velocidade do som no ar, L_x o comprimento da sala, que na nossa convenção é a sua maior dimensão.

Teoria ondulatória em acústica de salas

O limite abrupto entre as Regiões **X** e **A** está associado à identificação do primeiro modo acústico da sala. No entanto, é preciso dizer que nem sempre esse primeiro modo aparecerá na FRF medida ou calculada. O aparecimento (ou não) depende das posições relativas entre fonte e receptor (ou sensor), o que será discutido com mais rigor na Seção 4.5. Portanto, é a Equação (4.1) que fornece esse limite entre as Regiões **X** e **A**, e não necessariamente a primeira ressonância da FRF. Outro aspecto importante é que a Equação (4.1), embora exata somente para uma sala retangular de paredes rígidas, fornece uma boa estimativa para a definição da transição em salas não retangulares, o que será discutido melhor na Seção 4.7.

Como veremos na Seção 4.4, o número de modos acústicos em uma sala cresce com o cubo da frequência ($N \propto f^3$). Isso faz com que, a partir de uma dada frequência, haja tantos modos acústicos que eles começam a se sobrepor e não será mais possível identificar ressonâncias individuais na FRF. A partir do limite superior da Região **A**, estamos lidando com esse tipo de situação.

A frequência que define o limite superior da Região **A** é chamada de *frequência de Schroeder*, encontrada por meio de análises experimentais de Manfred Schroeder e publicadas em um artigo em alemão de 1954 [2] (a tradução para o inglês está disponível desde 1987 [3]). Schroeder inferiu que, a partir de uma certa frequência crítica, o espaçamento médio entre os modos $(< \Delta f_n >)$[4] se torna proporcional ao tempo de reverberação (T_{60}) e que, se três modos acústicos podem ser identificados na faixa $< \Delta f_n >$, essa frequência crítica é dada por:

$$f_s = 2000 \sqrt{\frac{T_{60}}{V}}, \qquad (4.2)$$

em que V é o volume da sala em $[\text{m}^3]$. Na referência original em alemão, Schroeder usou uma estimativa mais conservadora, e o número 4000 aparece na fórmula em vez de 2000, dado aqui. O número deriva de uma análise de diversos dados experimentais e a fórmula é, portanto,

---

[4] O símbolo $< >$ representa a média de uma quantidade. No caso, $< \Delta f_n >$ representa a média das diferenças entre as frequências de ressonância de curvas como a mostrada na Figura 4.2.

empírica. Isso foi discutido por Kuttruff e Schroeder em 1962 [4], e o número 2000 parece ter sido usado desde então.

A Região **B** é aquela em que o comprimento de onda é bastante menor que as dimensões da sala, todavia não muito menor e compatível com os aparatos dispostos no seu interior. É uma região dominada por fenômenos de difração, sendo uma zona de transição entre as Regiões **A** e **C**. A frequência que define o limite superior da Região **B** é múltiplo da frequência de Schroeder, de modo que $f_B = 4 f_s$. Nessa região, os modelos matemáticos são baseados em acústica estatística ou em métodos computacionais, como o método do traçado de raios ou das fontes virtuais (Capítulos 5 e 6), usados em *softwares* [5] como ODEON[5], EASE[6], CATT[7], RAIOS[8] etc.

A Região **C** é aquela na qual o comprimento de onda é muito menor que as dimensões da sala e dos objetos em seu interior. Nesse caso, há tantos modos acústicos que as diversas interferências entre eles fazem com que o uso de teorias probabilísticas na previsão do campo acústico sejam as alternativas mais adequadas. Desse modo, assume-se que o campo acústico é difuso e os cálculos se resumem ao uso da teoria estatística de acústica de salas, que será abordada em detalhes no Capítulo 6. A teoria estatística é matematicamente simples e de fácil implementação computacional, e seus cálculos são também bastante rápidos, permitindo ao projetista mudanças e obtenção de resultados praticamente instantâneos. No entanto, a teoria estatística não leva em conta a geometria do ambiente, e, quando a consideração da geometria é necessária, métodos computacionais de traçado de raios e/ou de fontes virtuais deverão ser usados (eles serão abordados no Capítulo 5). Contudo, tais métodos são computacionalmente mais custosos, pois exigem tanto que o projetista desenhe o ambiente em 3D (e redesenhe a cada alteração efetuada) como refaça a entrada de dados e os cálculos no *software* escolhido. Isso pode levar um tempo consideravelmente maior que a análise estatística. Com isso, fica evidente que a análise estatística é fundamental para nortear a análise por *software* por meio da teoria geométrica.

---

[5] http://www.odeon.dk/.

[6] http://ease.afmg.eu/.

[7] http://www.catt.se/.

[8] http://www.grom.com.br/produtos_simulacao_arquitetura.php.

Teoria ondulatória em acústica de salas 291

A transição do campo acústico das Regiões **A** e **B** não implica que a FRF tenderá a ficar mais e mais suave à medida que a frequência aumenta. Isso é facilmente observado na Figura 4.2, que mostra que a magnitude da FRF é bastante errática mesmo para frequências muito maiores que a frequência de Schroeder. Kuttruff [6] faz uma discussão acerca dessa questão concluindo que, como a FRF é o resultado da interferência de uma série de modos acústicos, o teorema do limite central[9] expressa que tanto a parte real quanto a parte imaginária da amplitude complexa de cada modo tendem a apresentar uma função densidade de probabilidade do tipo normal (ou gaussiana). Isso faz com que a magnitude do espectro tenha uma função densidade de probabilidade do tipo Rayleigh [7], tendo portanto um comportamento errático à medida que se aumenta a frequência de excitação.

Finalmente, é possível concluir nesse ponto que a Região **A** necessita de uma atenção tão especial quanto as Regiões **B** e **C**. Ficou claro, desde o começo dos estudos nessa área, que as teorias geométrica e estatística ao serem aplicadas à Região **A** levavam a grandes erros de predição. Além disso, o efeito de ressonâncias espaçadas pode levar a variações de até 20-25 [dB] no espectro da pressão sonora em salas, especialmente para salas de pequenas dimensões [8]. A identificação dos modos individuais, a contagem do número de modos por frequência, o cálculo da FRF e o tratamento da sala na Região **A** são, portanto, de suma importância na qualidade acústica da sala. Esses aspectos serão tratados na sequência.

4.2 Modos acústicos em uma sala retangular

Iniciaremos o estudo dos modos acústicos a partir de um caso bastante simples, que nos levará a uma solução analítica. Seja, então, uma sala retangular com dimensões L_x, L_y e L_z (em um sistema de coordenadas cartesiano), com origem no ponto $(0, 0, 0)$. Essa sala é mostrada na Figura 4.3, na qual se pode notar que a dimensão L_x (comprimento) é a maior, de acordo com nossa convenção.

---

[9] Em teoria de probabilidade, o teorema do limite central afirma que a função densidade de probabilidade de um número suficientemente grande de variáveis aleatórias que se interferem pode ser aproximada por uma distribuição normal (ou gaussiana).

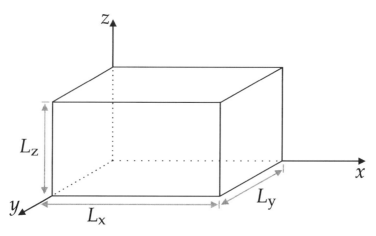

Figura 4.3 Sala retangular denotando as dimensões consideradas no desenvolvimento matemático.

A equação da onda em três dimensões é dada na Equação (1.39), de modo que com o vetor posição dado em coordenadas cartesianas por $\vec{r} = (x,y,z)$, a pressão sonora se torna $p(\vec{r},t) = p(x,y,z,t)$. Note também que, na Equação (1.39), o termo associado à fonte sonora não existe. Assumindo uma variação harmônica da pressão sonora, de forma que $p(x,y,z,t) = \tilde{\psi}(x,y,z)\,e^{j\omega t}$, em que $\tilde{\psi}(x,y,z)$ é a amplitude complexa[10] da componente de frequência ω, a Equação (1.39) se torna então a Equação de Helmholtz, dada na Equação (1.40)[11].

Vamos assumir que a amplitude complexa da frequência ω possa ser decomposta no espaço, na forma da Equação (4.3). Assim, a variação espacial da amplitude complexa é decomposta em três termos que variam ao longo de cada dimensão espacial $\hat{x}$, $\hat{y}$ e $\hat{z}$, sendo

$$\tilde{\psi}(x,y,z) = \tilde{\psi}(x)\tilde{\psi}(y)\tilde{\psi}(z). \tag{4.3}$$

Essa separação de variáveis é possível graças ao teorema da superposição das ondas [9]. Em outras palavras $\tilde{\psi}(x)$, $\tilde{\psi}(y)$ e $\tilde{\psi}(z)$ representam as amplitudes complexas da pressão sonora nas direções $\hat{x}$, $\hat{y}$ e $\hat{z}$,

---

[10] Estamos usando a letra grega $\tilde{\psi}$ para denotar a amplitude complexa por um motivo didático. A razão, como veremos, é que estamos nessa fase calculando a função modal da sala em uma dada frequência, o que é diferente da pressão sonora ($\tilde{P}$), que é gerada por uma certa fonte e medida ou calculada em um certo ponto receptor.

[11] Em analogia com a Seção 1.2.5 temos, da Equação (1.40), que: $\tilde{\psi}(\vec{r}, j\omega) = \tilde{\psi}(x,y,z)$.

respectivamente. A superposição dessas amplitudes complexas criará o campo acústico resultante. Substituindo a Equação (4.3) na Equação (1.40), obtém-se:

$$\frac{\partial^2}{\partial x^2}\left[\tilde{\psi}(x)\tilde{\psi}(y)\tilde{\psi}(z)\right] + \frac{\partial^2}{\partial y^2}\left[\tilde{\psi}(x)\tilde{\psi}(y)\tilde{\psi}(z)\right] +$$

$$\frac{\partial^2}{\partial z^2}\left[\tilde{\psi}(x)\tilde{\psi}(y)\tilde{\psi}(z)\right] + k_0^2\, \tilde{\psi}(x)\tilde{\psi}(y)\tilde{\psi}(z) = 0 \,,$$

logo,

$$\tilde{\psi}(y)\tilde{\psi}(z)\frac{\mathrm{d}^2\tilde{\psi}(x)}{\mathrm{d}x^2} + \tilde{\psi}(x)\tilde{\psi}(z)\frac{\mathrm{d}^2\tilde{\psi}(y)}{\mathrm{d}y^2} +$$

$$\tilde{\psi}(x)\tilde{\psi}(y)\frac{\mathrm{d}^2\tilde{\psi}(z)}{\mathrm{d}z^2} + k_0^2\, \tilde{\psi}(x)\tilde{\psi}(y)\tilde{\psi}(z) = 0 \,,$$

que dividindo os dois lados da equação anterior por $\tilde{\psi}(x)\tilde{\psi}(y)\tilde{\psi}(z)$, fica:

$$\frac{1}{\tilde{\psi}(x)}\frac{\mathrm{d}^2\tilde{\psi}(x)}{\mathrm{d}x^2} + \frac{1}{\tilde{\psi}(y)}\frac{\mathrm{d}^2\tilde{\psi}(y)}{\mathrm{d}y^2} + \frac{1}{\tilde{\psi}(z)}\frac{\mathrm{d}^2\tilde{\psi}(z)}{\mathrm{d}z^2} + k_0^2 = 0 \,. \tag{4.4}$$

É preciso observar aqui que o número de onda resultante k_0 é na verdade um vetor que aponta a direção de propagação da onda sonora resultante. Dessa forma, o vetor número de onda que resulta da superposição de ondas planas nas direções $\hat{x}$, $\hat{y}$ e $\hat{z}$ é $\vec{k}_0 = k_x\hat{x} + k_y\hat{y} + k_z\hat{z}$, com k_x, k_y e k_z representando os números de onda nas três direções. E assim, $k_0^2 = \vec{k}_0 \cdot \vec{k}_0 = k_x^2 + k_y^2 + k_z^2$. Dessa forma, a Equação (4.4) se torna um conjunto de três equações separadas nas variáveis x, y e z, a saber:

$$\frac{1}{\tilde{\psi}(x)}\frac{\mathrm{d}^2\tilde{\psi}(x)}{\mathrm{d}x^2} + k_x^2 = 0 \,,$$

$$\frac{1}{\tilde{\psi}(y)}\frac{\mathrm{d}^2\tilde{\psi}(y)}{\mathrm{d}y^2} + k_y^2 = 0 \,,$$

$$\frac{1}{\tilde{\psi}(z)}\frac{\mathrm{d}^2\tilde{\psi}(z)}{\mathrm{d}z^2} + k_z^2 = 0 \,\cdot$$

Esse conjunto de equações diferenciais têm soluções associadas à ondas planas. Para uma onda plana se propagando em campo livre, a solução foi dada na Equação (1.53). Para as ondas planas, nas direções $\hat{x}$, $\hat{y}$ e $\hat{z}$, propagando-se no interior de uma sala, é preciso considerar a interferência entre uma onda plana se propagando nas direções nos sentidos $+\hat{x}$, $+\hat{y}$ e $+\hat{z}$ e outra onda plana se propagando nos sentidos $-\hat{x}$, $-\hat{y}$ e $-\hat{z}$. As componentes no sentido $+$ e $-$ visam modelar as ondas incidente e refletida pelas paredes da sala. Logo, as soluções das equações diferenciais são dadas por:

$$\tilde{\psi}(x) = \tilde{A}_x\, e^{-jk_x x} + \tilde{B}_x\, e^{jk_x x}\,,$$

$$\tilde{\psi}(y) = \tilde{A}_y\, e^{-jk_y x} + \tilde{B}_y\, e^{jk_y y}\,, \qquad (4.5)$$

$$\tilde{\psi}(z) = \tilde{A}_z\, e^{-jk_z z} + \tilde{B}_z\, e^{jk_z z}\,,$$

em que as constantes $\tilde{A}$ e $\tilde{B}$ representam as amplitudes complexas de ondas se propagando nos sentidos positivo e negativo, respectivamente. Tais constantes serão determinadas a partir das condições de contorno aplicadas às paredes da sala.

Para uma sala estritamente retangular de paredes rígidas[12], as condições de contorno são velocidade de partícula, na direção normal às superfícies, nula nos planos $x=0$, $y=0$, $z=0$, bem como nos planos $x=L_x$, $y=L_y$ e $z=L_z$, ou seja sobre as paredes da sala.

Como a velocidade de partícula é extraída da equação de Euler (Equação (1.41)), ela é proporcional à derivada espacial da pressão sonora. Assim, as condições de contorno podem ser expressas matematicamente por:

---

[12] Por rígido queremos dizer que a parede não vibrará sob a ação da onda sonora. Essa é uma idealização válida, até certo ponto, para salas com paredes com bastante massa (p. ex., alvenaria, madeira bastante grossa etc.).

Teoria ondulatória em acústica de salas

$$\left.\frac{d\tilde{\psi}(x)}{dx}\right|_{x=0} = \left.\frac{d\tilde{\psi}(x)}{dx}\right|_{x=L_x} = 0\,,$$

$$\left.\frac{d\tilde{\psi}(y)}{dy}\right|_{y=0} = \left.\frac{d\tilde{\psi}(y)}{dy}\right|_{y=L_y} = 0\,,$$

$$\left.\frac{d\tilde{\psi}(z)}{dz}\right|_{z=0} = \left.\frac{d\tilde{\psi}(z)}{dz}\right|_{z=L_z} = 0\cdot$$

Tomando as derivadas das Equações (4.5), obtém-se:

$$\frac{d\tilde{\psi}(x)}{dx} = -jk_x\tilde{A}_x\,e^{-jk_x x} + jk_x\tilde{B}_x\,e^{jk_x x}\,,$$

$$\frac{d\tilde{\psi}(y)}{dy} = -jk_y\tilde{A}_y\,e^{-jk_y y} + jk_y\tilde{B}_y\,e^{jk_y y}\,,$$

$$\frac{d\tilde{\psi}(z)}{dz} = -jk_z\tilde{A}_z\,e^{-jk_z z} + jk_z\tilde{B}_z\,e^{jk_z z}\,.$$

Aplicando-se as condições de contorno, para a direção $\hat{x}$, em $x = 0$ tem-se:

$$\left.\frac{d\tilde{\psi}(x)}{dx}\right|_{x=0} = -jk_x A_x + jk_x B_x = -jk_x(A_x - B_x) = 0\,,$$

$$A_x = B_x\,.$$

Levando-se em conta o resultado para $x = 0$ na aplicação das condições de contorno, para a direção $\hat{x}$, em $x = L_x$ tem-se:

$$\left.\frac{d\tilde{\psi}(x)}{dx}\right|_{x=L_x} = -jk_x A_x\,e^{-jk_x L_x} + jk_x A_x\,e^{-jk_x L_x} = 0\,,$$

$$jk_x A_x\left(e^{jk_x L_x} - e^{-jk_x L_x}\right) = 0\,,$$

$$-2\,k_x A_x\,\mathrm{sen}(k_x L_x) = 0\,.$$

Assim, para soluções válidas $A_x \neq 0$, o que implica que:

$$k_x L_x = n_x\pi\,,$$

em que $n_x = 0, 1, 2, 3, ...$ é um número natural que pode assumir qualquer valor inteiro e positivo ou nulo. Dessa forma, extrapolando a análise para as outras dimensões, obtém-se:

$$k_x = \frac{n_x \pi}{L_x} \quad \text{com} \quad n_x = 0, 1, 2, ... \, ;$$

$$k_y = \frac{n_y \pi}{L_y} \quad \text{com} \quad n_y = 0, 1, 2, ... \, ; \qquad (4.6)$$

$$k_z = \frac{n_z \pi}{L_z} \quad \text{com} \quad n_z = 0, 1, 2, ... \, .$$

Como $k_0^2 = k_x^2 + k_y^2 + k_z^2$, usando-se a Equação (4.6), podem-se identificar todas as frequências dos modos acústicos de uma sala retangular de paredes rígidas, a partir da seguinte manipulação matemática:

$$\frac{\omega_n^2}{c_0^2} = \frac{4\pi^2 f_n^2}{c_0^2} = \frac{n_x^2 \pi^2}{L_x^2} + \frac{n_y^2 \pi^2}{L_y^2} + \frac{n_z^2 \pi^2}{L_z^2} \, ,$$

$$f_n = \frac{c_0}{2} \sqrt{\left(\frac{n_x}{L_x}\right)^2 + \left(\frac{n_y}{L_y}\right)^2 + \left(\frac{n_z}{L_z}\right)^2} \, , \qquad (4.7)$$

lembrado que os índices n_x, n_y e n_z são números naturais e pelo menos um deles deve ser não nulo.

A Equação (4.7) nos permite extrair algumas informações valiosas sobre o comportamento dos modos acústicos de uma sala retangular de paredes rígidas. A limitação da geometria e da rigidez das paredes, que implica em uma sala sem nenhuma absorção sonora, é não realista, já que a maioria das salas poderá ter uma geometria irregular e, com certeza, terá alguma absorção sonora. No entanto, existem evidências na literatura de que a sala retangular de paredes rígidas parece ser o pior tipo de situação que um projetista deverá controlar [10]. Assim, um bom projeto baseado em uma sala retangular de paredes rígidas tenderá a mitigar grande parte dos problemas, já que esse parece ser o pior caso. Dessa forma, a sala real tenderá a apresentar menos problemas já que terá algum grau de absorção sonora e irregularidades geométricas. Concluímos então que o estudo da sala retangular de paredes rígidas não é assim tão limitante na prática.

Voltemos então à sala retangular de paredes rígidas. Note, primeiramente, que, se n_x, n_y e n_z são números naturais, o que implica que as ressonâncias da sala acontecem em diversas frequências discretas e não em uma faixa contínua de frequências. Assim, para uma sala em particular, haverá modos em frequências como 27.6 [Hz], 33.2 [Hz], 42.5 [Hz], mas nenhuma ressonância entre elas. Note também que n_x, n_y e n_z representam a ordem do modo nas direções $\hat{x}$, $\hat{y}$ e $\hat{z}$, respectivamente. Assim, para $n_x = 1$, $n_y = 0$ e $n_z = 0$ temos uma ressonância de primeira ordem na direção $\hat{x}$ dada por:

$$f_1 = \frac{c_0}{2L_x},$$

que é exatamente a frequência que define a transição entre as Regiões **X** e **A**.

É possível estabelecer também uma relação entre o comprimento de onda de cada modo, a sua ordem e as dimensões da sala, sendo essa somente outra forma de ver a Equação (4.7), que para $\lambda_n = c_0/f_n$ se torna:

$$\lambda_n = \frac{2}{\sqrt{\left(\frac{n_x}{L_x}\right)^2 + \left(\frac{n_y}{L_y}\right)^2 + \left(\frac{n_z}{L_z}\right)^2}}. \tag{4.8}$$

Note que, para o primeiro modo (f_1) na direção $\hat{x}$, acomoda exatamente $1/2\,\lambda$; o segundo modo na direção $\hat{x}$ acomoda 1λ; o terceiro modo na direção $\hat{x}$ acomoda 1.5λ, e assim por diante. Diz-se então que os modos acomodam múltiplos inteiros de meio comprimento de onda das dimensões da sala.

É possível também acomodar múltiplos de $1/2\,\lambda$ entre quatro paredes (quando apenas um dos índices é nulo) ou entre as seis superfícies da sala, quando nenhum índice for nulo. O tipo de acomodação definirá o tipo de modo acústico e sua energia (isso será discutido na sequência).

4.2.1 Distribuição dos modos no espectro

A Equação (4.7) permite a identificação das frequências modais e a contagem do número de modos que apresentam a mesma frequência modal, caso isso aconteça. Comecemos então essa análise com uma sala cúbica, por exemplo, de dimensões $L_x = L_y = L_z = 5$ [m], cujo volume é $V = 125.0$ [m^3]. Nota-se, primeiramente, que os primeiros modos axiais nas direções $\hat{x}$, $\hat{y}$ e $\hat{z}$ são, respectivamente:

$$f_{1x} = \frac{c_0}{2\,L_x}\,, \quad f_{1y} = \frac{c_0}{2\,L_y} \quad \text{e} \quad f_{1z} = \frac{c_0}{2\,L_z} = 34.0\,[\text{Hz}]\,,$$

e, portanto eles são modos coincidentes. A coincidência dos modos acontece sempre que se tem uma sala na qual uma das dimensões seja múltiplo inteiro de outra dimensão ou múltiplo inteiro do mínimo divisor comum (MDC) entre as dimensões da sala. No caso da sala cúbica em questão, o número de modos vs. frequência, calculado com a Equação (4.7), é apresentado na Figura 4.4 (a). Note que os modos se acumulam sobre as mesmas frequências modais, já que as dimensões da sala são as mesmas. Isso faz com que a energia sonora se concentre em bandas estreitas de frequência (Seção 4.5), criando regiões no espectro em que a energia dos modos está muito concentrada e regiões desprovidas de modos acústicos (espaços vazios no espectro entre as frequências modais). Esses efeitos são altamente indesejados, já que tanto a concentração de energia em determinadas bandas quanto os espaços vazios entre elas levarão a fenômenos acústicos bastante desagradáveis e perceptíveis, que comprometem a qualidade acústica do ambiente.

No projeto de uma sala, o que se deseja é que a energia se distribua no espectro de forma mais uniforme possível. Em outras palavras, quer-se distribuir os três modos acústicos concentrados, por exemplo, na frequência de 34.0 [Hz] (Figura 4.4 (a)) nas frequências adjacentes, evitando assim a concentração de modos em uma única frequência e preenchendo os espaços vazios entre os modos. Na Seção 4.6 veremos que estratégias existem para garantir uma boa distribuição das frequências modais. Em suma, a ideia é alterar as dimensões da sala, de forma que a relação entre entre qualquer das dimensões da sala e o máximo divisor comum entre elas não seja um número inteiro. Alterar as dimensões da sala para, por exemplo, $L_x = 6.16$ [m], $L_y = 5.12$ [m] e $L_z = 4$ [m] faz com que o volume se mantenha em um valor próximo de $V = 125$ [m^3] e é suficiente para gerar a distribuição espectral de modos mostrada na Figura 4.4 (b). Nota-se então que, para essas dimensões, existe apenas um modo para cada frequência, o que evita a concentração de energia em bandas muito estreitas. Nota-se também que o espaçamento entre os modos é menor, especialmente para frequências mais altas, o que evita a formação de espaços vazios no espectro.

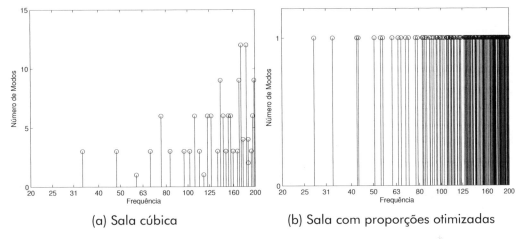

(a) Sala cúbica   (b) Sala com proporções otimizadas

Figura 4.4 Número de modos acústicos vs. frequência em duas salas de volume similar (note que as escalas são diferentes).

4.2.2 Formas modais em salas retangulares de paredes rígidas

O objetivo desta seção é mostrar como fica a distribuição espacial das formas modais para uma dada frequência f_n. Da seção anterior, devemos nos lembrar de que as constantes da Equação (4.5) são iguais ($A_x = B_x$). Isso faz com que, para a direção $\hat{x}$, a Equação (4.5) se torne:

$$\tilde{\psi}(x) = A_x \left(e^{jk_x x} + e^{-jk_x x} \right) = 2A_x \cos(k_x x),$$

o que leva a forma modal $\tilde{\psi}(x, y, z)$ do n-ésimo modo, dada pela Equação (4.3), a:

$$\tilde{\psi}_n(x,y,z) = \tilde{A}_{xyz}^{(n)} \cos\left(\frac{n_x \pi}{L_x}x\right) \cos\left(\frac{n_y \pi}{L_y}y\right) \cos\left(\frac{n_z \pi}{L_z}z\right), \qquad (4.9)$$

em que a constante $\tilde{A}_{xyz}^{(n)}$ inclui os efeitos das constantes $2A_x$, $2A_y$ e $2A_z$. Note que essa equação expressa a variação espacial da forma modal para a frequência modal f_n. Podemos então, plotar essas distribuições de pressão sonora da forma modal ao longo da sala e observar como cada modo se comporta em uma dada geometria.

A Figura 4.5 mostra a variação espacial de algumas formas modais para uma sala retangular de paredes rígidas. A sala em questão apresenta $L_x = 6.16$ [m], $L_y = 5.12$ [m] e $L_z = 4.00$ [m], com primeiro modo em 27.6 [Hz]. As paredes da sala são plotadas em linhas pretas e a escala em tons de cinza expressa a variação do valor absoluto da pressão sonora ($|\tilde{\psi}_n(x,y,z)|$). A pressão sonora foi normalizada, de forma que a cor branca indica um valor máximo de pressão e a cor preta uma pressão sonora nula (silêncio). Analisemos, primeiramente, como a forma modal varia no espaço e o quão variante ela é dependendo da frequência modal.

A Figura 4.5 (a) ilustra a distribuição espacial do primeiro modo acústico em 27.6 [Hz]. Note que, para esse modo $n_x = 1$, $n_y = 0$ e $n_z = 0$, a pressão sonora varia apenas ao longo da dimensão $\hat{x}$. No caso da Figura 4.5 (b), é mostrada a distribuição espacial para o modo cujos índices são $n_x = 0$, $n_y = 1$ e $n_z = 0$; esse é o primeiro modo cuja pressão sonora varia na direção $\hat{y}$ e sua frequência é 33.2 [Hz]. Nesses dois casos apenas um mínimo de pressão sonora existe no centro da sala e a pressão é sempre máxima nas paredes.

Na Figura 4.5 (c) os índices modais são $n_x = 2$, $n_y = 0$ e $n_z = 0$, o que implica que a pressão sonora variará ao longo da direção $\hat{x}$. No entanto, a variação espacial é mais acentuada que no caso da Figura 4.5 (a), já que o modo é de segunda ordem. A frequência modal é 55.2 [Hz] e existem dois mínimos de pressão sonora (a uma distância $L_x/4$ e $3L_x/4$ das paredes da sala) e três máximos (dois nas paredes e um no centro da sala). A Figura 4.5 (d) ilustra um modo de quarta ordem na direção $\hat{y}$, mostrando uma variação da pressão sonora com o espaço ainda mais acentuada. A frequência modal, nesse caso, é de 132.8 [Hz].

Teoria ondulatória em acústica de salas

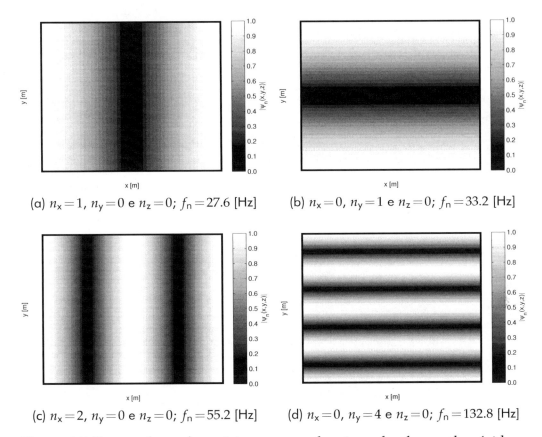

(a) $n_x=1$, $n_y=0$ e $n_z=0$; $f_n=27.6$ [Hz]

(b) $n_x=0$, $n_y=1$ e $n_z=0$; $f_n=33.2$ [Hz]

(c) $n_x=2$, $n_y=0$ e $n_z=0$; $f_n=55.2$ [Hz]

(d) $n_x=0$, $n_y=4$ e $n_z=0$; $f_n=132.8$ [Hz]

Figura 4.5 Formas de modos axiais em uma sala retangular de paredes rígidas (plano xy, $L_x = 6.16$ [m] e $L_y = 5.12$ [m]).

Todos os modos avaliados na Figura 4.5 apresentam variação espacial apenas em uma direção. Modos que tenham somente um dos índices não nulos são chamados de modos axiais e apresentam essa característica de variação espacial em salas retangulares.

A Figura 4.6 (a) ilustra a distribuição espacial da pressão sonora para o modo com índices $n_x = 1$, $n_y = 1$ e $n_z = 0$. Note que agora a pressão sonora varia em duas dimensões ($\hat{x}$ e $\hat{y}$). Nesse caso, a frequência de ressonância é

$$f_n = \frac{c_0}{2}\sqrt{\frac{1}{L_x^2} + \frac{1}{L_y^2}} = 43.2[\text{Hz}] \ .$$

A Figura 4.6 (b) ilustra a distribuição espacial da pressão sonora para o modo com índices $n_x = 2$, $n_y = 2$ e $n_z = 0$, que da mesma forma varia com as direções $\hat{x}$ e $\hat{y}$ e cuja frequência modal é 86.4 [Hz]. Note que, assim como no caso da Figura 4.5, modos de ordem mais elevada apresentam mais máximos e mínimos ao longo do recinto. Modos que possuem somente um dos índices nulos são chamados de modos tangenciais. Sua principal característica é a variação da distribuição espacial da forma modal ao longo de um plano. É importante ressaltar também que os modos tangenciais apresentam máximos de pressão nas quinas, ao longo da direção de índice nulo. Assim, para os modos mostrados na Figura 4.6, as quinas ao longo da direção $\hat{z}$ (ortogonal ao plano xy) terão valores máximos de pressão sonora.

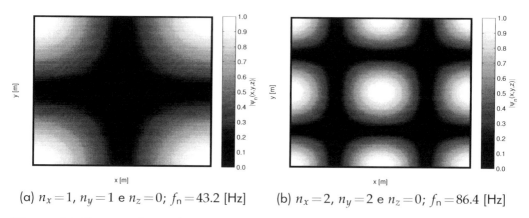

(a) $n_x = 1$, $n_y = 1$ e $n_z = 0$; $f_n = 43.2$ [Hz]   (b) $n_x = 2$, $n_y = 2$ e $n_z = 0$; $f_n = 86.4$ [Hz]

Figura 4.6 Formas de modos tangenciais em uma sala retangular de paredes rígidas (plano xy, $L_x = 6.16$ [m] e $L_y = 5.12$ [m]).

Existem também os modos oblíquos, para os quais nenhum dos índices é nulo. Nesse caso a pressão sonora variará em três dimensões, como pode ser observado para o primeiro modo oblíquo, cuja forma modal é mostrada na Figura 4.7, com frequência modal de 60.6 [Hz] (para $n_x = n_y = n_z = 1$). Além da variação tridimensional da forma modal, é possível notar que os máximos de pressão sonora acontecerão nas quinas da sala.

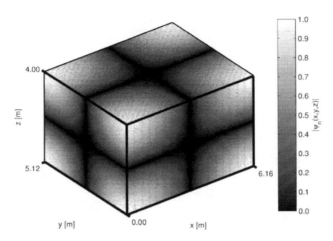

Figura 4.7 Forma de um modo oblíquos em uma sala retangular de paredes rígidas: $n_x = n_y = n_z = 1$ e $f_n = 60.6$ [Hz].

É importante salientar que a forma modal de uma dada frequência f_n não é a mesma coisa que a distribuição de pressão sonora gerada na sala por uma fonte. As formas modais, no entanto, serão usadas no cálculo da pressão sonora, o que será explorado na Seção 4.5. No entanto, como o campo acústico é composto pela superposição dos modos e, como em baixas frequências há poucos modos, é possível notar um aspecto auditivo interessante dos modos. Se uma sala é excitada por uma fonte, que emite um tom puro em uma frequência modal, um ouvinte ao caminhar pela sala experimentará a flutuação espacial na amplitude da pressão sonora à medida que caminha das zonas de máxima pressão para as zonas de mínima pressão sonora. Claramente, para modos de ordem mais alta, o ouvinte experimentará mais variações ao caminhar pelo mesmo espaço.

Podemos concluir então que os modos acústicos tendem a ter máximos de pressão sonora nos extremos da sala. Para os modos axiais, os máximos ocorrem entre as paredes da dimensão com índice não nulo. Para os modos tangenciais, os máximos ocorrem nas esquinas da sala, mantendo-se constante ao longo da direção de índice nulo. Para os modos oblíquos, os máximos ocorrem nas quinas da sala. Como os modos acústicos são fenômenos relacionados às baixas frequências e como os máximos de pressão sonora ocorrem nos extremos da sala, o tipo de absorvedor ideal para absorver a energia do modo é o absorvedor de membrana, visto na Seção 2.3.2. Faz-se importante, então, identificar as frequências modais f_n e seus índices (n_x, n_y e n_z). Com essas informações é possível saber em quais frequências devemos sintonizar os absorvedores de membrana, bem como em qual superfície posicioná-los, de forma que o máximo valor absoluto da pressão ocorra sempre sobre o absorvedor. Isso será tratado em mais detalhes na Seção 4.6.

4.2.3 Energia dos modos axiais, tangenciais e oblíquos

Na seção anterior identificamos que uma sala retangular de paredes rígidas e paralelas apresenta uma série de modos em frequências discretas f_n. Identificamos também que existem três tipos de modos acústicos nesse tipo de sala: os modos axiais, que se formam entre duas paredes; os modos tangenciais, que se formam entre quatro paredes; e os modos oblíquos, que se formam entre as seis paredes do recinto. Assim, é importante, também, estimar a quantidade de energia carregada em cada modo da sala. Isso é de suma importância no cálculo da resposta em frequência da sala, quando ela sofre a ação de uma fonte sonora (ver Seção 4.5).

A energia de cada tipo de modo pode ser obtida a partir do cálculo da média espacial do valor quadrático da forma modal, dada na Equação (4.9). Para o modo axial na direção $\hat{x}$, por exemplo, temos que:

$$E_A = \frac{1}{L_x} \int_0^{L_x} \left(\tilde{A}_{xyz}^{(n)} \cos\left(\frac{n_x \pi}{L_x} x \right) \right)^2 \mathrm{d}x \;\Rightarrow\; E_A = \left(\tilde{A}_{xyz}^{(n)} \right)^2 = \frac{1}{2}, \quad (4.10)$$

e, como os modos axiais nas direções $\hat{y}$ e $\hat{z}$ apresentam uma forma similar ao da direção $\hat{y}$, eles terão a mesma energia. Da mesma forma, a energia dos modos tangenciais é:

$$E_T = \frac{1}{L_x L_y} \int_0^{L_x} \int_0^{L_y} \left(\tilde{A}_{xyz}^{(n)} \cos\left(\frac{n_x \pi}{L_x} x \right) \cos\left(\frac{n_y \pi}{L_y} y \right) \right)^2 \mathrm{d}x \, \mathrm{d}y,$$

$$E_T = \left(\tilde{A}_{xyz}^{(n)} \right)^2 = \frac{1}{4}. \quad (4.11)$$

Teoria ondulatória em acústica de salas

E a energia dos modos oblíquos é:

$$E_O = \frac{1}{L_x L_y L_z} \int_0^{L_x} \int_0^{L_x} \int_0^{L_z} \left(\tilde{A}_{xyz}^{(n)} \, \cos\left(\frac{n_x \pi}{L_x} x\right) \right.$$

$$\left. \cos\left(\frac{n_y \pi}{L_y} y\right) \cos\left(\frac{n_z \pi}{L_z} z\right) \right)^2 \mathrm{d}x\,\mathrm{d}y\,\mathrm{d}z \, ,$$

$$E_O = \left(\tilde{A}_{xyz}^{(n)} \right)^2 = \frac{1}{8} \, , \tag{4.12}$$

o que implica que os modos oblíquos apresentam metade da energia em relação aos modos tangenciais, e estes carregam metade da energia dos modos axiais. Assim, os picos na magnitude da FRF da sala tenderão a estar associados aos modos axiais, que carregam maior energia, o que implica que seu controle é mais crítico que o controle dos modos tangenciais e oblíquos. A energia dos modos será levada em conta no cálculo da FRF (ver Seção 4.5).

4.3 Modos acústicos em uma sala não retangular

Salas não retangulares são amplamente usadas em diversas aplicações como estúdios, câmaras reverberantes etc. A rigor, para encontrar os modos de uma sala com geometria não retangular, um método numérico deve ser usado (FEM ou BEM). Esses métodos serão descritos em mais detalhes na Seção 4.7. No entanto, é possível usar o método analítico, visto na seção anterior, para fazer uma análise aproximada da Região **A** em salas não retangulares.

Para essa análise mais simplificada, uma boa prática é aproximar a sala não retangular para uma sala retangular com comprimento, largura e altura médios. A Figura 4.8 mostra duas frequências modais e a distribuição de pressão gerada pelas formas modais para uma sala retangular de dimensões $L_x = 6.16$ [m], $L_y = 5.12$ [m] e $L_z = 4.00$ [m] e para uma sala não retangular de mesma altura, mas cuja planta baixa apresenta um formato trapezoidal. O comprimento da sala é mantido e a dimensão L_y é variada de forma que a sala mantenha o mesmo valor médio de largura, ou seja, 5.12 [m]. As linhas pretas na Figura 4.8 ajudam a enxergar os limites das duas salas no plano xy. As frequências modais são indicadas na figura, junto com o tipo de modo para a sala retangular.

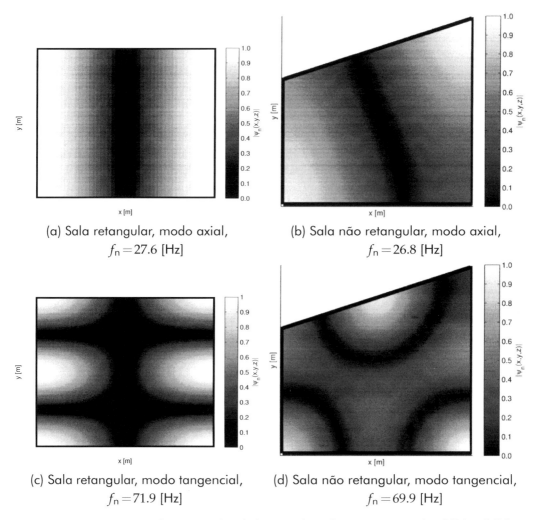

(a) Sala retangular, modo axial, $f_n = 27.6$ [Hz]

(b) Sala não retangular, modo axial, $f_n = 26.8$ [Hz]

(c) Sala retangular, modo tangencial, $f_n = 71.9$ [Hz]

(d) Sala não retangular, modo tangencial, $f_n = 69.9$ [Hz]

Figura 4.8 Formas modais em salas (plano xy): sala não retangular [(b) e (d)] e em uma sala retangular [(a) e (c)]. As simulações da sala não retangular foram realizadas com o método FEM em software desenvolvido pelo Prof. Dr. Eng. Paulo Mareze (Eng. Acústica-UFSM).

As Figuras 4.8 (a) e 4.8 (b) mostram as formas modais de um modo axial para as salas retangular e não retangular e as Figuras 4.8 (a) e 4.8 (b) mostram as formas modais de um modo tangencial. Em primeiro lugar, é possível notar que a frequência modal da sala não retangular é

Teoria ondulatória em acústica de salas 307

ligeiramente menor do que a frequência modal da sala retangular. De fato, para essa sala em particular, o máximo erro relativo[13] entre as frequências modais das duas salas é de 4.72%. Da literatura [1], espera-se que o erro na identificação dos modos seja menor que 10% para salas com razões de aspecto relativamente pequenas. No entanto, cuidado deve ser tomado, já que em casos particulares o erro pode ser maior. Assim, em situações que requerem maior exatidão, deve-se usar um método numérico na análise.

O segundo aspecto importante é que a distribuição espacial da forma modal é bastante diferente. A sala retangular, como vimos, apresenta uma distribuição bastante uniforme, com zonas de máximo e mínimo bastante definidas mesmo para os modos tangencias. A distribuição espacial na sala não retangular é mais irregular, com a tendência de formação de curvas e não planos bem-definidos. Essa distribuição irregular da forma modal é desejável em ambientes como câmaras reverberantes, estúdios de gravação etc., já que torna a excitação de modos particulares menos provável.

Finalmente, os máximos de pressão sonora também tendem a concentrar-se nos extremos para a sala não retangular. Essa tendência não é tão dramática como no caso da sala retangular, mas ainda acontece. Assim, os absorvedores de membrana podem ser fabricados e instalados a partir do mesmo raciocínio seguido para a sala retangular. Note, no entanto, que, na falta da informação exata provida por um método numérico, a aplicação de absorvedores de membrana em algumas quinas pode levar a um controle não ótimo. Nesse caso, aconselha-se o projetista a manter algum "espaço para manobra". Medições de FRFs na sala podem ser conduzidas após a execução do projeto e o responsável pode testar a instalação dos absorvedores em outros locais. Isso permite que o projeto seja otimizado mesmo após sua execução, já que a troca de local do tratamento acústico não é necessariamente uma coisa custosa ou difícil de se fazer.

---

[13] Máximo valor entre o módulo da diferença entre as frequências modais dividido pela frequência modal da sala não retangular. Por exemplo, $|69.9 - 71.9|/69.9$.

4.4 Número de modos e densidade modal

Como vimos na Seção 4.2 existem apenas algumas frequências para as quais a onda sonora se propaga em uma sala. Essas frequências definem os modos acústicos e suas formas modais, que irão influenciar a distribuição de pressão sonora no ambiente.

Nesta seção será apresentada uma estimativa sobre como o número de modos (até uma determinada frequência f) e como a densidade modal em torno de f fica em relação às dimensões de uma sala. A teoria apresentada aqui foi desenvolvida desde o final do século XIX, mas a forma aqui apresentada se baseia no trabalho de Bolt [11], realizado na década de 1930. É preciso salientar que essa é apenas uma estimativa, e que a contagem dos modos a partir da lista gerada pela Equação (4.7) é uma forma mais exata para estabelecer a quantidade de modos e a densidade modal. Por esse motivo, os detalhes da derivação matemática da estimativa serão omitidos aqui. A estimativa, no entanto, é útil para que possamos ter uma ideia do que acontece com a número de modos e densidade modal à medida que as dimensões da sala e frequência aumentam.

A Figura 4.9 (a) representa a distribuição dos modos em um espaço de frequência[14]. Nesse espaço espectral, os eixos de coordenadas representam os modos axiais em f_x, f_y e f_z. Note que como só temos frequências de ressonância discretas, as possibilidades de modos acústicos são representadas por pontos discretos no espaço espectral. Esses pontos são as quinas dos diversos paralelepípedos na Figura 4.9 (a). Note também que o espaçamento em frequência entre os modos é dado pelo comprimento das arestas do paralelepípedo, a saber: $c_0/2L_x$, $c_0/2L_y$ e $c_0/2L_z$ (e que esse espaçamento varia de acordo com as dimensões da sala). Os modos axiais são representados por pontos ao longo dos eixos f_x, f_y e f_z. Os modos tangenciais são representados por pontos ao longo dos planos $f_x f_y$ ($f_z = 0$), f_{xz} ($f_y = 0$) e $f_y f_z$ ($f_x = 0$). Os modos oblíquos são representados por pontos no espaço espectral 3D.

---

[14] Note que esse não é o plano cartesiano no espaço x, y, z, mas sim um espaço espectral com eixos f_x, f_y e f_z.

Teoria ondulatória em acústica de salas

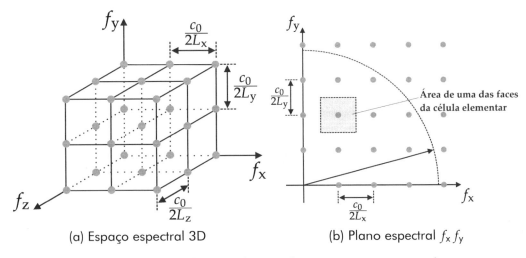

(a) Espaço espectral 3D   (b) Plano espectral $f_x f_y$

Figura 4.9 Distribuição dos modos no espaço espectral: representação tridimensional e no pano $f_x f_y$.

O número de modos axiais na direção espectral f_x, até uma frequência f, é dado pela razão entre f e o comprimento da aresta do paralelepípedo na direção espectral f_x[15]. Assim, temos que:

$$N_{Ax} = \frac{f}{(c_0/2L_x)} = \frac{2L_x}{c_0} f, \qquad (4.13)$$

e o número de modos axiais nas direções f_y e f_z é calculado de maneira análoga. Assim, o número total de modos axiais é obtido da soma $N_A = N_{Ax} + N_{Ay} + N_{Az}$ e, após algumas manipulações, resulta em:

$$N_A = \frac{L}{2c_0} f, \qquad (4.14)$$

em que $L = 4(L_x + L_y + L_z)$ é o perímetro da sala.

Para o cálculo do número de modos tangenciais, no plano espectral $f_x f_y$ ($f_z = 0$), faremos uso da Figura 4.9 (b), que mostra apenas esse plano. O número de modos, nesse caso, é dado pela razão entre a área de 1/4 de círculo de raio f pela área de um retângulo de lados $c_0/2L_x$ e $c_0/2L_y$. No entanto, é preciso notar que essa razão inclui os modos axiais em f_x e f_y, sendo, portanto necessário descontá-los. Assim, o número de modos tangenciais no plano $f_z = 0$ é:

---

[15] Isso é o mesmo que contar o número de ladrilhos no seu banheiro da seguinte forma: meça o comprimento do banheiro e o divida pelo comprimento do ladrilho.

$$N_{\text{Txy}} = \frac{\pi L_x L_y}{c_0^2} f^2 - \frac{2(L_x + L_y)}{c_0} f \, , \qquad (4.15)$$

e o número de modos tangenciais nos planos $f_x = 0$ e $f_y = 0$ são calculados de maneira análoga.

O número total de modos tangenciais seria simplesmente a soma $N_T = N_{\text{Txy}} + N_{\text{Txz}} + N_{\text{Tyz}}$ se não fosse o fato de que, ao descontar os modos axiais em cada subtotal de modos tangenciais, estamos na verdade retirando duas vezes os modos axiais. A soma simples, portanto, subestima o total de modos tangenciais, já que, por exemplo, os modos axiais na direção espectral f_x são descontados para o os modos tangenciais no plano $f_z = 0$ e $f_y = 0$. Assim, é necessário adicionar a essa soma os modos axiais que foram retirados uma segunda vez. Após algumas manipulações tem-se o total de modos tangenciais, dado por:

$$N_T = \frac{\pi S}{2c_0^2} f^2 - \frac{L}{2c_0} f \, , \qquad (4.16)$$

em que $S = 2(L_x L_y + L_x L_z + L_y L_z)$ é a área total de superfície da sala.

Para o cálculo do total de modos oblíquos, imagine uma esfera de raio f no espaço espectral da Figura 4.9 (a), centrada no centro do sistema de coordenadas. O número de modos oblíquos é dado pela razão entre o volume de um oitavo da esfera pelo volume de uma célula unitária (paralelepípedo). No entanto, essa razão engloba também modos tangenciais e axiais, sendo, portanto, necessário descontá-los. Como uma esfera passa em cada plano espectral 2 vezes e 4 vezes em cada eixo, é necessário descontar metade do primeiro termo da Equação (4.16) (total de modos tangenciais) e um quarto do segundo termo da Equação (4.16) (total de modos axiais). Assim o número de modos oblíquos é:

$$N_O = \frac{4\pi V}{3c_0^3} f^3 - \frac{\pi S}{4c_0^2} f^2 + \frac{L}{8c_0} f \cdot \qquad (4.17)$$

em que $V = L_x L_y L_z$ é o volume da sala.

O número total de modos é a soma do total de modos axiais, tangenciais e oblíquos $N = N_A + N_T + N_O$ e é dado por:

Teoria ondulatória em acústica de salas

$$N(f) = \frac{4\pi V}{3c_0^3} f^3 + \frac{\pi S}{4c_0^2} f^2 + \frac{L}{8c_0} f \cdot \tag{4.18}$$

A densidade modal em torno da frequência f estima o número de modos em uma faixa de frequências f a $f+df$ e é obtida da derivada da Equação (4.18) em relação à f, assim:

$$n(f) = \frac{dN}{df} = \frac{4\pi V}{c_0^3} f^2 + \frac{\pi S}{2c_0^2} f + \frac{L}{8c_0} \cdot \tag{4.19}$$

As Equações (4.18) e (4.19) permitem as seguintes conclusões:

a) a tendência geral é que a densidade modal aumente com o quadrado da frequência. Haverá então uma frequência de corte para a qual o número de modos é tão alto que podemos passar para uma abordagem estatística (frequência de Schroeder);

b) quanto maiores as dimensões da sala, maior será o número de modos até a frequência f e a densidade modal em torno de f. Por isso, menor será a frequência de Schroeder. De fato, salas de dimensões muito grandes terão os primeiros modos abaixo de 20 [Hz] e uma frequência de Schroeder tão baixa, que a abordagem ondulatória perde um pouco a sua utilidade. Em salas pequenas, no entanto, a frequência de Schroeder pode se estender até frequências consideravelmente altas. Na maior parte dos exemplos dados na Seção 4.5, a sala tem $f_s = 178.06$ [Hz] e salas menores ou com tempo de reverberação mais alto terão uma Região **A** bastante extensa, o que aumenta a importância da análise ondulatória;

c) por fim, lembramos o leitor que as análises feitas aqui são uma estimativa de como o número de modos e densidade modal são funções da frequência. O cálculo exato dos modos e densidade modal é obtido por meio da contagem dos modos identificados pela Equação (4.7). Na sequência voltaremos a esse problema a fim de calcular a pressão sonora que um receptor experimentará, causada por uma fonte colocada em uma posição da sala.

4.5 Pressão sonora causada por uma fonte

Calculamos até aqui as formas $\tilde{\psi}(\vec{r})$ dos diversos modos acústicos que podem se formar em uma sala. Uma importante propriedade desses modos é que eles são ortogonais [9], o que implica que a integral de volume do produto de dois modos de ordens n e m é:

$$\int_V \tilde{\psi}_n(\vec{r})\,\tilde{\psi}_m(\vec{r})\,\mathrm{d}V = \begin{cases} V\,g & n = m \\ 0 & n \neq m \end{cases},$$

em que V é o volume da sala e g é uma constante arbitrária[16]. Quando uma fonte sonora está presente na sala, a Equação de Helmholtz deve considerar um termo fonte e se torna:

$$\nabla^2 \tilde{P}(\vec{r}) + k_0^2 \tilde{P}(\vec{r}) = \mathrm{j}\omega\rho_0\,q(\vec{r}_0),$$

em que k_0 é o número de onda da frequência radiada pela fonte sonora; $\tilde{P}(\vec{r})$ é a amplitude complexa da pressão sonora no ponto $\vec{r}$ e para a frequência ω; ρ_0 é a densidade do ar; e $q(\vec{r}_0)$ é um termo que representa a radiação da fonte posicionada em $\vec{r}_0$, podendo ser representado a partir de uma combinação linear de todos os modos da sala. Dessa forma, tem-se que:

$$q(\vec{r}_0) = \sum_{n=1}^{\infty} C_n \tilde{\psi}_n(\vec{r}_0) \quad \text{com} \quad C_n = \frac{1}{Vg} \int_V \tilde{\psi}_n(\vec{r}_0) q(\vec{r}_0)\,\mathrm{d}V,$$

no qual C_n representa uma constante complexa para cada modo n.

Por outro lado, a pressão sonora em um dado ponto também pode ser expressa por uma combinação linear de todos os modos acústicos e, portanto, pode ser escrita na forma:

$$\tilde{P}(\vec{r}) = \sum_{n=1}^{\infty} D_n \tilde{\psi}_n(\vec{r}),$$

---

[16] A constante é realmente arbitrária. Ela aparece na derivação a fim de ser matematicamente consistente. No futuro assumiremos um valor para ela a fim de realizarmos os cálculos.

Teoria ondulatória em acústica de salas

no qual D_n também representa uma constante complexa para cada modo n.

Precisamos determinar a constante D_n em função da constante C_n, já que esta última depende da forma modal $\tilde{\psi}_n(\vec{r}_0)$ e do termo que representa a radiação da fonte $q(\vec{r}_0)$, que são conhecidos. Inserindo os somatórios na equação da onda com termo fonte e, notando que

$$\nabla^2 \tilde{\psi}_n(\vec{r}) = -k_n^2\, \tilde{\psi}_n(\vec{r}),$$

é possível demonstrar que a relação entre a constante D_n e a constante C_n é:

$$D_n = j\omega\rho_0 \frac{C_n}{k_0^2 - k_n^2},$$

em que k_n é o número de onda do n-ésimo modo. Dessa forma, a amplitude complexa da pressão sonora na coordenada $\vec{r}$ da sala, provocado por uma fonte arbitrária na coordenada $\vec{r}_0$, é dada por:

$$\tilde{P}(\vec{r},\vec{r}_0) = \frac{j\omega\rho_0}{V} \sum_{n=1}^{\infty} \frac{\tilde{\psi}_n(\vec{r})}{k_0^2 - k_n^2} \int_V \tilde{\psi}_n(\vec{r}_0)\, q(\vec{r}_0)\, dV, \qquad (4.20)$$

sendo a constante arbitrária g igualada a 1. Novamente, vale lembrar que $\vec{r}$ é o vetor posição associado ao receptor e $\vec{r}_0$ é o vetor posição associado à fonte sonora. A Equação (4.20) permite o cálculo do campo acústico gerado por uma fonte sonora qualquer em uma sala qualquer. Para isso precisamos conhecer as formas modais e suas energias (ver Seção 4.2.3), que podem ser obtidas por meio de método numérico ou analítico (para salas retangulares de paredes rígidas), e precisamos conhecer a função $q(\vec{r}_0)$, que define a forma de radiação da fonte sonora no espaço. A integral na Equação (4.20) pode ser calculada numericamente e podemos, então, realizar a expansão modal do somatório. O somatório infinito deve ser truncado de alguma forma. Uma regra útil é que, se você deseja analisar a sua sala até uma frequência máxima, f_{max}, o número de modos usados no somatório deve incluir frequências modais cujos valores sejam pelo menos $2f_{max}$.

Os procedimentos descritos, no entanto, são bastante complexos. Todavia, podemos nos valer do fato de que a maioria das fontes sonoras, em baixas frequências, é omnidirecional e, por isso, podem ser aproximadas por um monopolo, cuja função de radiação é:

$$q(\vec{r}_0) = \tilde{Q}(\omega)\,\delta(\vec{r} - \vec{r}_0)\,, \tag{4.21}$$

em que $\tilde{Q}(\omega)$ é a amplitude complexa da velocidade de volume da fonte em $[\mathrm{m}^3/\mathrm{s}]$ e $\delta(\vec{r} - \vec{r}_0)$ é o termo que representa a posição do monopolo. Nesse caso, a constante C_n pode ser bastante simplificada e se torna: $C_\mathrm{n} = (1/V)\,\tilde{Q}(\omega)\,\tilde{\psi}_\mathrm{n}(\vec{r}_0)$. Assim, a Equação (4.20) se torna:

$$\tilde{P}(\vec{r}, \vec{r}_0) = \frac{\mathrm{j}\omega\rho_0\tilde{Q}(\omega)}{V} \sum_{\mathrm{n}=1}^{\infty} \frac{\tilde{\psi}_\mathrm{n}(\vec{r})\,\tilde{\psi}_\mathrm{n}(\vec{r}_0)}{k_0^2 - k_\mathrm{n}^2}\,. \tag{4.22}$$

Os efeitos de amortecimento dos modos podem ser obtidos ao assumir um número de onda modal complexo do tipo

$$k_\mathrm{n} = \frac{\omega_\mathrm{n}}{c_0} + \mathrm{j}\frac{\eta}{c_0}$$

Isso faz com que o denominador na Equação (4.22) se torne:

$$k_0^2 - k_\mathrm{n}^2 = k_0^2 - k_\mathrm{n}^2 - \left(\frac{\eta}{c_0}\right)^2 - 2\,\mathrm{j}k_\mathrm{n}\frac{\eta}{c_0}\,,$$

que para $\eta^2 \ll c_0^2$ pode ser aproximada por:

$$k_0^2 - k_\mathrm{n}^2 \approx k_0^2 - k_\mathrm{n}^2 - 2\,\mathrm{j}k_\mathrm{n}\frac{\eta}{c_0}\,.$$

Assim, a Equação (4.22) se torna:

$$\tilde{P}(\vec{r}, \vec{r}_0) \approx \frac{\mathrm{j}\omega\rho_0\tilde{Q}(\omega)}{V} \sum_{\mathrm{n}=1}^{\infty} \frac{\tilde{\psi}_\mathrm{n}(\vec{r})\,\tilde{\psi}_\mathrm{n}(\vec{r}_0)}{k_0^2 - k_\mathrm{n}^2 - 2\,\mathrm{j}k_\mathrm{n}\frac{\eta}{c_0}}\,, \tag{4.23}$$

em que η é um termo de amortecimento do n-ésimo modo. É possível demonstrar que esse termo de amortecimento está ligado ao tempo que o modo leva para ter sua energia reduzida em 60 [dB] (tempo de

Teoria ondulatória em acústica de salas

reverberação do modo) [12]. Assim, a relação entre o amortecimento e o T_{60} do modo é dada por:

$$\eta = \frac{6.91}{T_{60}} \,. \tag{4.24}$$

As Equações (4.23) e (4.24) foram usadas no cálculo da FRF mostrada na Figura 4.2, para uma dada configuração sala-fonte-receptor. As dimensões da sala, posição da fonte e do receptor terão um efeito na FRF final. Tais efeitos serão discutidos na sequência, mas o primeiro efeito a se investigar é o que chamamos de superposição modal, que acontece para todas as salas.

Note que, na Equação (4.23), a amplitude complexa da pressão sonora causada por um monopolo, em $\vec{r}_0$, em um receptor, localizado em $\vec{r}$, é calculada a partir da soma do produto de todas as funções modais avaliadas nas posições ocupadas por fonte e receptor. Isso significa que a pressão sonora em uma dada frequência ω é o resultado da contribuição de todos os modos da sala. A Figura 4.10 ilustra esse conceito, mostrando a magnitude da FRF em preto, considerando todos os modos e a magnitude das FRFs de modos individuais em cinza. É possível notar que os picos e vales da FRF da sala são o resultado dos picos e vales da interferência dos modos individuais.

É importante perceber, no entanto, que essa interferência é calculada a partir da soma das amplitudes complexas de cada modo, e que a Figura 4.10 mostra a magnitude de cada modo em cinza. É importante perceber também que, para uma dada configuração de fonte e receptor, existem alguns modos que contribuem mais para a FRF e outros que contribuem menos. Note também que nem sempre as ressonâncias da FRF final são resultantes de modos específicos. Tome, por exemplo, a faixa de frequências entre 35-60 [Hz], marcada na figura. Nessa faixa existem duas ressonâncias proeminentes na FRF e um pequeno pico entre elas. O formato dessa faixa de frequências da FRF parece ser o resultado da contribuição principal de cinco modos (linhas cinzas mais grossas). Note, então, que mesmo nessa faixa de frequências, em que se pode identificar ressonâncias individuais, existe uma superposição de modos, e é essa superposição que cria o formato final da FRF. Como a densidade modal

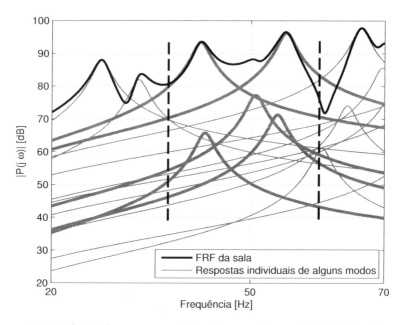

Figura 4.10 Efeito da superposição dos modos na FRF típica de uma configuração sala-fonte-receptor.

aumenta com o aumento da frequência, o número de modos que se superpõe para formar a FRF aumenta cada vez mais. Existe uma frequência-limite em que o número de modos se superpondo, em uma faixa, é tão grande, que é impossível separar a contribuição individual de cada modo para a FRF. Essa é a frequência de Schroeder, que delimita a transição entre as Regiões **A** e **B**.

4.5.1 Efeito da distribuição espectral dos modos

Na Seção 4.2.1 mostrou-se que uma sala com dimensões proporcionais tende a acumular vários modos em algumas frequências. Isso acontece porque as mesmas frequências modais se acomodam ao longo do comprimento, da largura e da altura da sala e existe um acúmulo de energia acústica nessas frequências. Isso é ilustrado na magnitude da FRF mostrada na Figura 4.11, e, nesse caso, as FRFs de duas salas são calculadas. A sala de dimensões proporcionais tem $L_x = L_y = L_z = 5.00$ [m] (cúbica) e a sala com dimensões não proporcionais tem $L_x = 6.16$ [m], $L_y = 5.12$ [m] e $L_z = 4.00$. Nos dois casos, a fonte foi colocada em uma das quinas da sala ($\vec{r}_0 = (0.01; 0.01; 0.01)$ [m]) e cada receptor ocupou a posição $\vec{r} = (1.2L_x/2,\ 1.1L_y/2,\ 1.2)$ [m].

Pode-se notar que a sala de dimensões proporcionais apresenta picos da FRF mais espaçados no espectro que a sala de dimensões não proporcionais, o que corrobora os resultados mostrados na Figura 4.4 e discutidos anteriormente. O acúmulo de energia em algumas frequências modais da sala de dimensões proporcionais é expresso pelas maiores diferenças de magnitude entre os vales e picos da FRF. De fato, o uso de dimensões proporcionais pode levar a diferenças bastante mais notórias, até porque os modos acústicos são mais espaçados no espectro. Como discutido, esse é um efeito indesejado e as proporções da sala precisam ser ajustadas a fim de causar uma melhor distribuição energética (ver Seção 4.6).

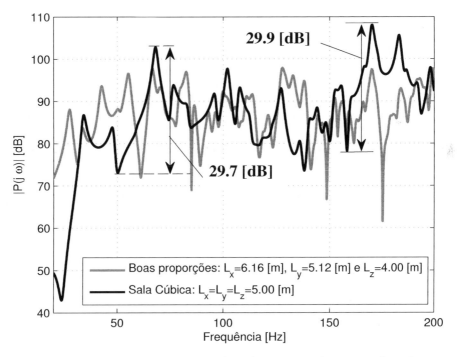

Figura 4.11 Efeito das dimensões da sala na FRF de uma sala cúbica e de uma sala com boas proporções.

4.5.2 Efeito do amortecimento dos modos

As Equações (4.23) e (4.24) mostram que o tempo de reverberação está associado ao amortecimento de cada modo acústico. Quanto menor o tempo de reverberação, maior o amortecimento de cada modo. O efeito do amortecimento na FRF é mostrado nas Figuras 4.12 (a) e 4.12 (b). Ambas as figuras mostram a FRF de uma sala de dimensões $L_x = 6.16$ [m], $L_y = 5.12$ [m] e $L_z = 4.00$ [m] com a fonte colocada em uma das quinas da sala ($\vec{r_0} = (0.01; 0.01; 0.01)$ [m]) e o receptor ocupando a posição $\vec{r} = (1.2L_x/2, 1.1L_y/2, 1.2)$ [m]. A Figura 4.12 (a) ilustra o NPS calculado para a magnitude da FRF, mostrando que um maior amortecimento leva a uma redução dos picos da FRF, diminuindo a diferença na magnitude entre os picos e vales.

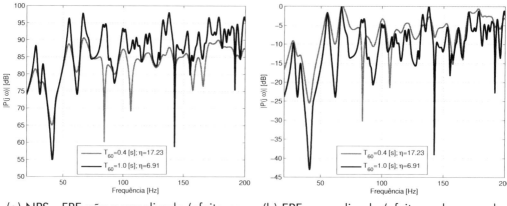

(a) NPS - FRF não normalizada (efeito na amplitude dos picos e vales)

(b) FRF normalizada (efeito na largura de banda dos modos)

Figura 4.12 Efeito do amortecimento na FRF de uma sala com boas proporções. Um maior amortecimento equivale a um menor tempo de reverberação (sala com mais absorção sonora).

Outro efeito é que o aumento do amortecimento leva também a um aumento na largura de banda de cada modo acústico. Isso é ilustrado na Figura 4.12 (b), na qual a magnitude da FRF foi normalizada em relação ao valor máximo da magnitude na faixa de frequências mostradas. Note, por exemplo, que, para frequências abaixo de 100 [Hz], a largura de banda de cada ressonância aumenta para um maior amortecimento. O aumento do amortecimento faz com que o efeito da superposição en-

Teoria ondulatória em acústica de salas 319

tre os modos também seja exacerbado e as ressonâncias individuais, que apareciam para um menor amortecimento, não apareçam para um maior amortecimento. É possível perceber esse efeito em uma análise cuidadosa das Figuras 4.12 (a) e 4.12 (b). Note, por exemplo, que as duas primeiras ressonâncias na Figura 4.12 (b) (abaixo dos 50 [Hz]) aparecem superpostas na FRF com maior amortecimento. Esse efeito também é bem proeminente acima dos 150 [Hz].

Dessa forma, o controle dos modos por absorção tenderá a tornar a magnitude da FRF mais homogênea, o que é desejável em muitas aplicações. Mais sobre esse aspecto será abordado na Seção 4.6.2.

4.5.3 Efeito das posições de fonte e receptor

As posições da fonte e do receptor também interferem consideravelmente na FRF obtida em uma sala. Notamos novamente que a FRF, calculada com a Equação (4.23), é fundamentalmente diferente da forma modal (que, para uma sala retangular de paredes rígidas, é dada pela Equação (4.9)). No entanto, a FRF dependerá das formas modais. Mais especificamente, a FRF dependerá da amplitude complexa da forma modal na posição da fonte, $\tilde{\psi}_n(\vec{r}_0)$, e da amplitude complexa da forma modal na posição do receptor, $\tilde{\psi}_n(\vec{r})$, – ver Equação (4.22).

A Figura 4.13 ilustra o efeito da posição do receptor na magnitude da FRF obtida. A sala simulada tem dimensões $L_x = 6.16$ [m], $L_y = 5.12$ [m] e $L_z = 4.00$ [m] com a fonte colocada em uma das quinas da sala ($\vec{r}_0 = (0.01; 0.01; 0.01)$ [m]). O tempo de reverberação é $T_{60} = 1.0$ [s] e as magnitudes das FRF são plotadas para dois receptores: um deles no centro da sala em $\vec{r} = (L_x/2,\ 1.1L_y/2, 1.2)$ e outro fora do centro da sala em $\vec{r} = (1.2L_x/2,\ 1.1L_y/2,\ 1.2)$. Abaixo da magnitude da FRF, os modos individuais são mostrados para comparação.

É notório, por exemplo, que, para o receptor no centro da sala, os dois primeiros modos acústicos não se manifestam como picos na magnitude da FRF. Na análise das Figuras 4.5 (a) e 4.5 (b), é possível notar que, para ambos os modos (27.6 [Hz] e 33.2 [Hz]), a amplitude complexa da forma modal é nula no centro da sala. Isso faz com que o receptor, no centro da sala (p. ex., um microfone), não "escute" esses dois modos em particular, visto que, para sua posição, $\tilde{\psi}_n(\vec{r}) = 0$. Entretanto, o receptor fora de centro terá associado a si uma forma modal $\tilde{\psi}_n(\vec{r}) \neq 0$, o que faz com que esses modos apareçam como picos na FRF correspondente. Dessa forma, as FRFs são diferentes para cada receptor, já que cada ponto $\vec{r}$ da sala terá associado a si formas modais com diferentes amplitudes complexas.

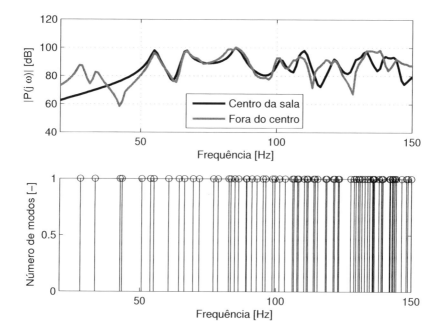

Figura 4.13 Efeito da posição do receptor na FRF. Um dos receptores ocupa o centro da sala e outro ocupa uma posição a alguns metros do centro.

O mesmo acontece para a variação da posição das fontes sonoras, que é mostrada na Figura 4.14, para a mesma sala com o receptor na posição $\vec{r} = (1.2L_x/2,\ 1.1L_y/2,\ 1.2)$. A fonte, por outro lado, ocupa ora uma das quinas da sala em $\vec{r}_0 = (0.01,\ 0.01,\ 0.01)$ [m], ora a posição $\vec{r}_0 = (1.00,\ 1.00,\ 1.00)$ [m].

É notório que, para a fonte na quina da sala, a magnitude da FRF é consideravelmente maior para a faixa de baixas frequências analisadas. Isso acontece porque, como a fonte está na quina da sala, todas as formas modais tendem a apresentar um máximo nessa posição, o que aumenta o acoplamento entre a fonte e a sala. Esse é um efeito que pode ser explorado tanto para maximizar o volume sonoro de fontes de baixa frequência (ao aproximá-las de quinas da sala), quanto para tentar controlar o volume sonoro produzido pelas mesmas (ao afastá-las de quinas da sala) [1].

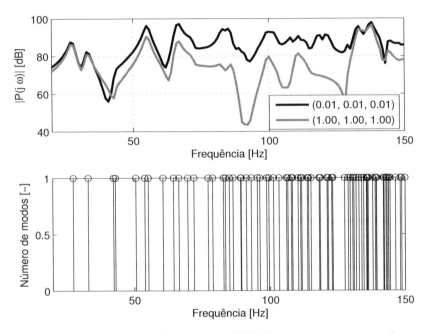

Figura 4.14 Efeito da posição da fonte na FRF. Em uma situação a fonte ocupa um quina da sala. Em outra situação a fonte é afastada da quina da sala.

Se a posição de uma fonte tem influência na FRF final, é esperado que o uso de mais fontes também o tenha. A Figura 4.15 ilustra esse aspecto para a mesma sala e receptor da análise anterior. No entanto duas fontes são usadas e a FRF resultante é composta pela interferência entre as pressões sonoras causadas pelas duas fontes. As figuras mostram as magnitudes das FRFs de cada uma das fontes e a magnitude resultante.

É possível notar, por exemplo, para a primeira ressonância da Figura 4.15 (a), que, mesmo que as fontes individuais excitem aquele modo acústico, o resultado da interferência nem sempre o fará. Note que, nesse caso, a primeira ressonância desaparece completamente da FRF resultante, o que é causado por uma interferência acústica destrutiva nesse modo acústico. Esse padrão de interferências é bastante complexo e tende a causar regiões do espectro em que haja interferência construtiva e regiões em que haja interferência destrutiva. No caso mostrado na

Figura 4.15 (b), por exemplo, parece haver apenas interferência construtiva, o que resulta em um maior volume sonoro quando as fontes radiam a mesma magnitude e fase. Isso é causado pela simetria do posicionamento entre fontes e receptor, o que é típico em salas de controle de estúdios de gravação (ver Seção 8.3.2).

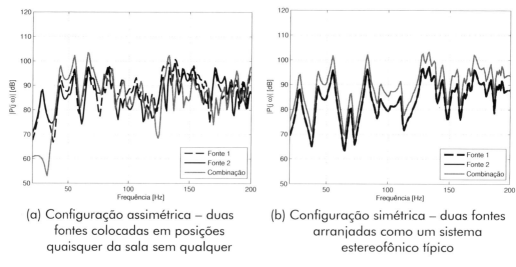

(a) Configuração assimétrica – duas fontes colocadas em posições quaisquer da sala sem qualquer

(b) Configuração simétrica – duas fontes arranjadas como um sistema estereofônico típico

Figura 4.15 Efeito da interferência entre duas fontes na FRF.

A influência do tipo de fonte sonora é mostrada na Figura 4.16 para a mesma sala dos casos anteriores. A fonte nesse caso se encontra na posição $\vec{r}_0 = (0.01, 0.01, L_z/2)$ e o receptor, no centro da sala. Em um dos casos, é considerada uma fonte de velocidade de volume constante com a frequência ($\tilde{Q}(\omega) = $ cte). Nesse caso, a magnitude da FRF tende a ser crescente com a frequência, já que mais e mais modos são excitados à medida que a frequência de excitação da fonte aumenta. No entanto, essa não é uma hipótese muito realista [12], já que a maioria das fontes terá uma velocidade de volume variável com a frequência. No segundo caso da Figura 4.16, o comportamento de um alto-falante típico é usado para ilustrar o efeito do tipo de fonte usada no cálculo da FRF. A frequência de ressonância do alto-falante é de 117.0 [Hz] e pode-se notar que a magnitude da FRF (curva preta) atinge seu máximo em torno dessa frequência. A magnitude da FRF tende a permanecer constante, para frequências acima da ressonância, até que a velocidade de volume do alto-falante decaia devido aos efeitos de inércia da massa de seu sistema móvel [13]. Para frequências abaixo da ressonância do alto-falante, a magnitude da FRF também decresce com a diminuição da frequência de excitação, já que a velocidade de volume da fonte é menor nessa faixa.

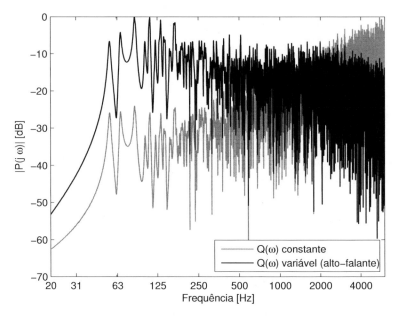

Figura 4.16 Efeito do tipo de fonte na FRF normalizada. Duas fontes são investigadas: uma com velocidade de volume constante e outra com velocidade de volume variável (um caso mais típico).

As discussões aqui apresentadas ilustram que a consideração do tipo e posição de fonte sonora, bem como das posições dos receptores, são essenciais na predição do campo acústico em uma sala. Tais considerações podem ser levadas em conta na etapa de projeto, especialmente para salas com sistemas de sonorização específicos e posições de fonte específicas, o que é o caso de cinemas, salas de controle de estúdios etc.

4.5.4 Curvas de decaimento na região de baixas frequências

É importante também avaliar o que acontece com as curvas de decaimento abaixo e acima da frequência de Schroeder. Por ora, é apenas necessário saber que elas representam como a energia da resposta ao impulso decai com o tempo. As curvas de decaimento são obtidas da resposta ao impulso do sistema sala-fonte-receptor. Nesta seção, as respostas ao impulso mostradas são o resultado da aplicação da Transformada Inversa de Fourier (TIF) aplicada à Equação (4.23). A aplicação da TIF à FRF calculada na sala resulta em uma resposta ao impulso (RI no domínio do tempo) que contém todo o espectro calculado. Filtros passa-banda são aplicados a essa resposta ao impulso, de forma que cada resultado mostrado nesta seção corresponde a uma resposta ao impulso com componentes de frequência limitados pela resposta em frequência de cada filtro[17]. O processo de medição das curvas de decaimento é descrito em detalhes na Seção 7.2[18].

A Figura 4.17 mostra duas respostas ao impulso e as curvas de decaimento associadas.

As Figuras 4.17 (a) e 4.17 (c) mostram a magnitude da FRF (em cinza) e a magnitude da resposta em frequência do filtro aplicado (em preto). Note que, para a Figura 4.17 (a), a banda de passagem do filtro engloba apenas uma ressonância da FRF. A curva de decaimento resultante é mostrada na Figura 4.17 (b), e pode-se notar que ela é bastante suave. Entretanto, para a Figura 4.17 (c), a banda de passagem do filtro engloba 3-4 ressonâncias da FRF. Com isso, a curva de decaimento resultante é mostrada na Figura 4.17 (d), e pode-se notar que ela apresenta um comportamento bastante errático. Esse comportamento é causado pelo fenômeno de batimento[19] que ocorre entre os poucos modos que compõe essa faixa de frequências. Como a curva de decaimento, mostrada na Figura 4.17 (d), é errática, espera-se que a medição de parâmetros acús-

---

[17] Em acústica, os filtros que são geralmente usados são chamados de "filtros de largura de banda percentual constante" (ou CPB, *Constant Percentage Bandwidth Filter*). Esses filtros têm a mesma largura de banda quando a escala de frequência é logarítmica. No entanto, quando a escala de frequências é linear, a largura de banda é cada vez maior à medida que se vai para as altas frequências. Para filtros de 1/3 de oitava, por exemplo, a largura de banda é aproximadamente 23% de frequência central.

[18] O leitor pode consultar a Seção 7.2 caso sinta a necessidade. Dado o espaço limitado do livro, preferi organizar as coisas dessa forma, chamando uma referência de uma seção que ainda pode não ter sido lida. Foi o melhor que consegui pensar nesse caso.

[19] De acordo com a referência [14], o batimento pode ser descrito como um fenômeno causado pela interferência entre dois sinais com componentes de frequência similares, porém diferentes. Nesse caso, a amplitude do sinal resultante aumentará e diminuirá de forma periódica. É então possível notar que existe uma envoltória que modula o sinal resultante. Essa envoltória apresenta uma frequência que é o resultado da diferença entre as frequências dos sinais originais.

ticos baseados no decaimento seja mais imprecisa em baixas frequências (Capítulo 7), para as quais a densidade modal é relativamente pequena.

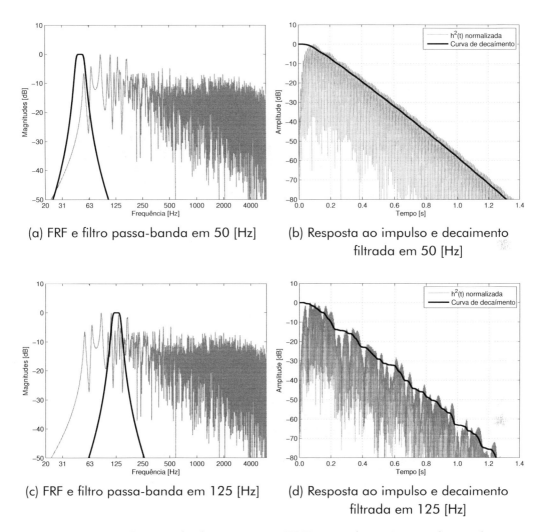

(a) FRF e filtro passa-banda em 50 [Hz]

(b) Resposta ao impulso e decaimento filtrada em 50 [Hz]

(c) FRF e filtro passa-banda em 125 [Hz]

(d) Resposta ao impulso e decaimento filtrada em 125 [Hz]

Figura 4.17 Curvas de decaimento e FRFs para frequências abaixo da frequência de Schroeder.

Quando a densidade modal se torna bastante grande, existirão muitos modos se interferindo na faixa de frequências coberta pelo filtro passa-banda. Isso é mostrado na Figura 4.18. Note, por exemplo, que, logo acima da frequência de Schroeder da sala (178.06 [Hz]), um filtro com banda de passagem centrada em 200 [Hz] e aplicado à FRF gera um decaimento um pouco mais suave (Figura 4.18 (b)) que o decaimento nas regiões com menor densidade modal. A curva de decaimento, inclusive, consegue representar bem os máximos da resposta ao impulso resultante, o que não acontecia nos casos mostrados na Figura 4.17.

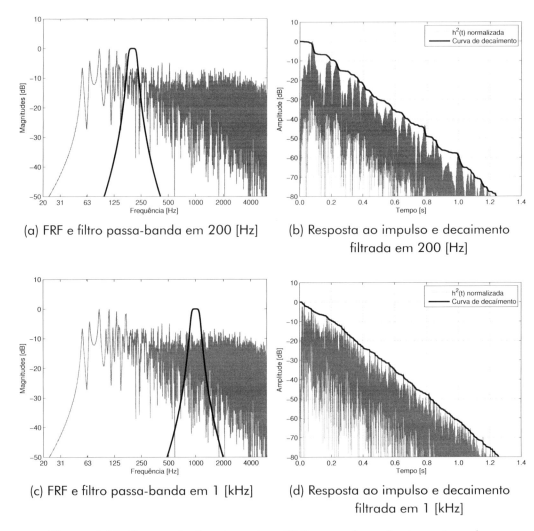

(a) FRF e filtro passa-banda em 200 [Hz]

(b) Resposta ao impulso e decaimento filtrada em 200 [Hz]

(c) FRF e filtro passa-banda em 1 [kHz]

(d) Resposta ao impulso e decaimento filtrada em 1 [kHz]

Figura 4.18 Curvas de decaimento e FRFs para frequências acima da frequência de Schroeder.

À medida que a frequência central do filtro aumenta (Figura 4.18 (c)), surgem muitas e muitas ressonâncias na FRF na banda de passagem do filtro. O batimento entre essa quantidade enorme de modos faz com que a curva de decaimento se torne bastante suave (Figura 4.18 (d)). Espera-se então que, para faixas de frequência com muitos modos, as

Teoria ondulatória em acústica de salas

curvas de decaimento sejam suaves, o que possibilita a medição correta de parâmetros acústicos relacionados ao decaimento da energia sonora na sala, tais como o tempo de reverberação. Pode-se apontar também que a estimativa desses parâmetros tende a ser mais exata nos casos em que filtros com bandas de passagem mais largas são usadas, já que tais bandas conteriam mais modos. No entanto, perde-se a parte da informação de como os parâmetros objetivos variam com a frequência. O uso de filtros de banda de 1 oitava ou 1/3 de oitava são recomendados.

Por fim, Kuttruff [6] aponta que que as curvas de decaimento em salas pequenas (ou na Região **A**) apresentam alta variabilidade com a frequência e que, por essa razão, o uso de parâmetros acústicos baseados no decaimento não é muito significativo para caracterizar a qualidade acústica da sala. É seguro, no entanto, combinar as informações de decaimento com a análise da resposta em frequência do sistema sala-fonte-receptor.

4.6 Tratamento acústico dos modos

O conhecimento ganho até aqui sobre o comportamento dos modos acústicos em uma sala nos permite criar algumas estratégias para o projeto acústico de salas. Em especial, as salas que podem ser consideradas de pequeno porte, do ponto de vista da teoria ondulatória, necessitarão de um projeto mais criterioso. Para adequar a resposta de baixa frequência de uma sala (Região **A**), há alguns passos que o projetista precisa tomar, a saber:

a) o projetista precisa garantir que a distribuição dos modos no espectro seja uniforme e que não exista acúmulo de energia acústica em regiões do espectro, devido à repetição de frequências modais, nem que a separação entre as frequências modais seja grande demais;

b) o projetista precisa controlar a energia dos modos, de forma que a diferença de amplitude entre as ressonâncias e antirressonâncias (Figura 4.11) esteja dentro de valores aceitáveis;

Em suma, para atender ao primeiro quesito, é necessário trabalhar com as dimensões da sala, de forma a criar uma distribuição uniforme das frequências modais. Para atender ao segundo quesito, o projetista precisa tomar alguns passos lógicos:

(i) o primeiro passo consiste em identificar as principais frequências modais, o tipo de cada modo (axial, tangencial ou oblíquo). Isso permite que o projetista possa inferir as zonas da sala onde a pressão sonora é máxima e, portanto, em que posições os absorvedores de membrana podem ser instalados (Seções 4.2.2 e 4.3);

(ii) o projetista deve então projetar ou especificar os dispositivos de absorção para o controle da energia dos modos. Isso pode ser conseguido por meio da especificação de alguns absorvedores de membrana, por exemplo, com frequências de ressonância ajustadas para cobrir a faixa de frequências da Região **A** – ver Seção 2.3.2;

(iii) à parte, o projetista pode usar o exposto na Seção 4.5 para determinar o amortecimento necessário para fazer com que as FRFs da sala satisfaçam critérios de qualidade. Isso faz com que ele possa determinar um tempo de reverberação objetivo com o qual trabalhar;

(iv) por fim, com os coeficientes de absorção dos absorvedores de membrana (ou outros dispositivos de tratamento) e com o tempo de reverberação objetivo definidos, é possível estimar qual a área necessária para os absorvedores.

O leitor deve notar aqui que essa lógica de projeto pode seguir tanto uma modelagem mais aproximada, utilizando os modelos vistos em detalhes para as salas retangulares, ou então modelos numéricos mais exatos (FEM, BEM, FDTD e/ou DHM, consulte a Seção 4.7). Visto que os modelos numéricos são de difícil implementação ou apresentam alto custo financeiro e computacional, é útil explanar a lógica mostrada por meio da exploração da teoria válida para salas retangulares. Isso será feito a seguir.

4.6.1 Critérios de uniformidade da distribuição dos modos no espectro

O que se deseja é que a energia dos modos acústicos se distribua no espectro de forma mais uniforme possível. Como discutido na Seção 4.2.1, salas que têm dimensões que são múltiplos inteiros entre si (ou múltiplos inteiros do máximo divisor comum entre as dimensões) terão uma distribuição dos modos no espectro tal que as frequências modais tendem a se repetir (Figura 4.4 (a)). Isso causa um acúmulo excessivo de energia acústica em algumas bandas de frequência. O que se deve fazer, então, é alterar as dimensões da sala de forma a distribuir adequadamente as frequências modais (Figura 4.4 (b)).

Uma boa prática, portanto, é usar proporções entre as dimensões da sala, já consagradas na literatura. Essas proporções foram estudadas por Bolt [15, 16] e um sumário gráfico delas é dado na Figura 4.19, que mostra a razão L_y/L_z no eixo das ordenadas e a razão L_x/L_z no eixo das abscissas. A região em cinza da figura marca uma área em que é mais provável que se encontrem proporções para a sala que resultarão em uma boa distribuição das frequências modais no espectro, tal qual a distribuição da Figura 4.4 (b).

Ao utilizar-se de uma dessas proporções (extraídas da Figura 4.19), por exemplo, 1.54 x 1.28 x 1.00, obteve-se a sala com dimensões: $L_x = 1.54 \times 4.00 = 6.16$ [m], $L_y = 1.28 \times 4.00 = 5.12$ [m] e $L_z = 4.00$ [m], de modo que o seu número de modos vs. frequência foi previamente apresentado na Figura 4.4 (b), na página 299. Nota-se então que, para essa proporção, existe apenas um modo para cada frequência, o que evita a concentração de energia em bandas muito estreitas. Nota-se também que o espaçamento entre os modos também é menor, especialmente para frequências mais altas, o que evita a formação de espaços vazios no espectro.

É um fato que um bom projeto de uma sala começa com a especificação de suas dimensões. Mesmo para salas não retangulares, o uso de dimensões médias na análise levará a uma boa distribuição dos modos no espectro, de acordo com o discutido na Seção 4.3. No entanto, muitas vezes o projeto acústico deve ser desenvolvido para uma sala já existente.

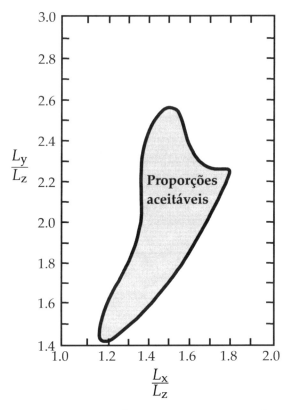

Figura 4.19 Proporções consagradas para gerar uma boa distribuição das frequências modais no espectro. Adaptado de Bolt [15, 16].

Nesse caso, a alteração das proporções da sala pode ser difícil. Błaszak [10] aponta, no entanto, que a sala de paredes rígidas é o pior cenário, levando a uma menor região de proporções aceitáveis (ver Figura 4.19). Ele conclui que salas com maior grau de absorção tendem a ter uma distribuição das frequências modais mais uniforme. Nesse caso, há duas coisas que um projetista pode concluir:

a) para uma sala que invariavelmente terá proporções ruins, é essencial que a energia acústica seja absorvida de forma adequada;

b) a análise feita para a sala retangular de paredes rígidas é muito valiosa, já que como esse é o pior cenário, a adição de absorção tende a alterar os resultados do projeto de maneira positiva. Portanto, análises feitas com salas retangulares de paredes rígidas são uma forma conservadora de realizar o projeto acústico.

Teoria ondulatória em acústica de salas 331

Claramente, como a densidade modal é pequena em baixas frequências, é impossível evitar completamente que algumas regiões do espectro fiquem sem modos. Mas, ao menos, ao se utilizar uma das proporções consagradas, a distribuição dos modos no espectro tende a se uniformizar. A questão de qual das proporções utilizar também merece atenção. Por um lado, ela pode ser respondida do ponto de vista arquitetônico em termos de quanto espaço está disponível e também de como aproveitar melhor o espaço. Por outro lado, ela pode ser respondida do ponto de vista acústico, simplesmente experimentando-se com diferentes proporções para ver qual delas atende melhor a critérios de qualidade. O primeiro desses critérios é, de fato, uma distribuição uniforme dos modos no espectro, tal qual mostrada na Figura 4.4 (b). O segundo critério é, na verdade, um par de critérios chamados de critérios de Bonello [17–19]. Os critérios de Bonello devem ser usados conjuntamente com a visualização da distribuição dos modos no espectro, esses critérios dizem que:

1. o número de modos por banda de 1/3 de oitava deve crescer monotonicamente, ou seja, uma banda superior deve apresentar mais modos que uma banda inferior, ou pelo menos o mesmo número de modos;

2. não deve haver modos coincidentes em uma mesma banda de terço de oitava, e se houver, essa banda deve conter 5 ou mais modos.

A Figura 4.20 ilustra o número de modos por banda de 1/3 de oitava para as três salas, cujas dimensões são dadas na Tabela 4.1. Note que a Sala 1, com boas proporções, atende a ambos os critérios de Bonello, enquanto a Sala 2 não atende a nenhum deles e a Sala 3 atende a apenas um dos critérios. A Sala 2 tem dimensões proporcionais e é esperado que falhe o teste dos critérios. No caso da Sala 3, os modos crescem monotonicamente, mas existem modos coincidentes nas bandas de 63 [Hz] em diante. Como o número de modos contidos na banda de 63 [Hz] é menor que 5, o critério 2 não é atendido para essa sala. Note ainda que a Sala 3 tem dimensões dentro da área de proporções aceitáveis da Figura 4.19 e, mesmo assim, os critérios de Bonello não são satisfeitos. Por isso, é aconselhável que o projetista teste ao menos algumas proporções para obter a melhor distribuição dos modos no espectro possível.

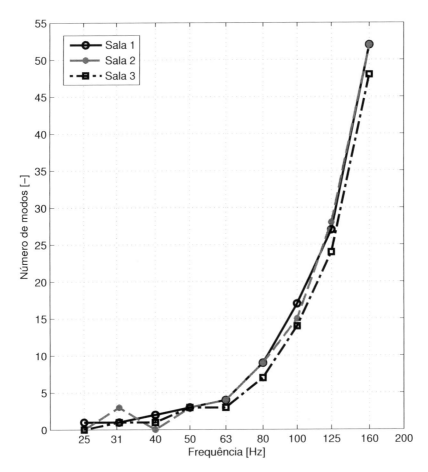

Figura 4.20 Número de modos acústicos por banda de terço de oitava para 3 salas com diferentes dimensões dadas na Tabela 4.1.

Tabela 4.1 Análise de três salas quanto aos critérios de Bonello [17–19].

Sala	L_x [m]	L_y [m]	L_z [m]	**Critérios atendidos**
Sala 1	6.12	5.12	4.00	Ambos
Sala 2	5.00	5.00	5.00	Nenhum
Sala 3	6.00	4.80	4.00	Critério 1

4.6.2 Controle dos modos acústicos

Uma vez que as dimensões da sala estão estipuladas para uma boa distribuição dos modos no espectro, lembremo-nos do exposto início da Seção 4.6. Para controlar os modos precisamos dar 4 passos, repetidos aqui de forma resumida para conveniência do leito. São eles:

a) identificar as principais frequências modais, o tipo de cada modo (axial, tangencial ou oblíquo);

b) projetar ou especificar os dispositivos de absorção para o controle da energia dos modos;

c) usar o exposto na Seção 4.5 para determinar o amortecimento necessário para fazer com que as FRFs da sala satisfaçam critérios de qualidade;

d) estimar qual a área necessária para os absorvedores.

Para controlar os modos, devemos usar algum absorvedor com coeficiente de absorção alto nas frequências que compõe a Região **A**. Os materiais porosos, sensíveis a velocidade de partícula, não são adequados para a atenuação da energia dos modos, já que a espessura de tais amostras teria que ser da ordem de $\lambda/4$ [m] (p. ex., para 100 [Hz] teria-se $\lambda/4 = 85.0$ [cm]), o que se torna inviável (ver Seção 2.3.1) devido ao espaço ocupado por tal absorvedor. Para o estudo apresentado aqui, escolheram-se os absorvedores de membrana, cujo princípio de funcionamento e equações de projeto foram mostrados na Seção 2.3.2. É de suma importância que os absorvedores de membrana tenham uma largura de banda de absorção suficientemente grande, já que o contrário pode fazer com que incertezas de projeto levem o absorvedor a atuar apenas em uma faixa de frequências entre dois modos (antirressonância), o que acaba por exacerbar as ressonâncias adjacentes. Visto que a largura de banda de absorção deve ser alta, é suficiente que os modos sejam contados e classificados em bandas de 1/3 de oitava.

A Figura 4.21 ilustra a identificação dos modos e tipos de modos acústicos para a Sala 1 da Tabela 4.1. A análise dos modos individuais dessa sala, dados na Figura 4.4 (b), em conjunto com os dados da

Figura 4.21 nos permite chegar a algumas conclusões. Primeiramente, o número de modos axiais é menor que o número de modos tangenciais e o número destes é menor que o número de modos oblíquos. É fácil chegar a essa conclusão analisando a Equação (4.7). Em segundo lugar, as frequências mais baixas do espectro são ocupadas por modos axiais. Os modos tangenciais começam a aparecer em uma frequência intermediária entre a primeira frequência modal de um modo axial e a primeira frequência modal de um modo oblíquo.

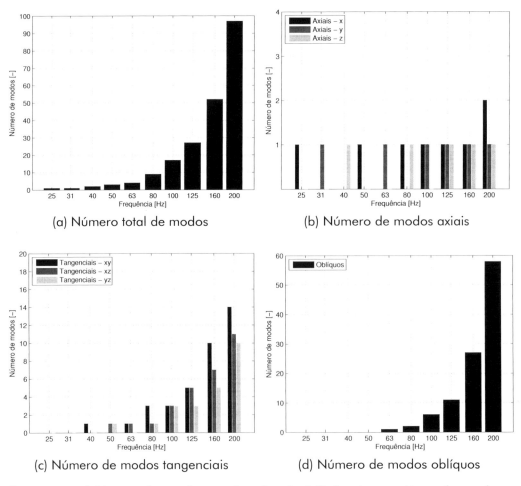

Figura 4.21 Número de modos em bandas de 1/3 de oitava e tipos de modos para a para a Sala 1 da Tabela 4.1.

Note também que, a partir de uma certa frequência, existe uma uniformidade entre os modos axiais nas direções $\hat{x}$, $\hat{y}$ e $\hat{z}$ e entre os tangenciais nos planos xy, xz e yz. Algumas bandas de frequência, no entanto, concentram modos em uma dada direção. Note, por exemplo, os modos axiais nas bandas de 25-63 [Hz] (Figura 4.21 (b)): as bandas de 25 [Hz] e 50 [Hz] são preenchidas com um modo axial na direção $\hat{x}$; as bandas de 31 [Hz] e 63 [Hz] são preenchidas com um modo axial na direção $\hat{y}$ e a banda de 40 [Hz], com um modo axial na direção $\hat{z}$. O mesmo tipo de análise pode ser feita para os modos tangenciais (Figura 4.21 (c)): a banda de 80 [Hz], por exemplo, tem mais modos ao longo do plano xy.

Como existem poucos modos nas bandas de 25-40 [Hz], a magnitude desses modos na FRF tenderá a ser mais modesta e, como a maioria das fontes sonoras não é tão eficiente nessa faixa, podemos escolher uma série de absorvedores de membrana que apresentem alta absorção nas bandas de 50-200 [Hz]. Por exemplo, podemos escolher trabalhar com quatro tipos de absorvedores de membrana com frequências de ressonância dadas na Tabela 4.2. O absorvedor de membrana pode ser projetado de acordo com o exposto na Seção 2.3.2. Os coeficientes de absorção por incidência difusa dos absorvedores projetados são dados na Figura 4.22, em comparação com os modos individuais da sala. Note que os quatro absorvedores cobrem relativamente bem a faixa dos 50-200 [Hz].

Tabela 4.2 Frequências de ressonância de 4 tipos de absorvedores de membrana usados no tratamento acústico dos modos da sala 1.

Tipo	Frequência de ressonância
Tipo 1	≈ 50 [Hz]
Tipo 2	≈ 80 [Hz]
Tipo 3	≈ 125 [Hz]
Tipo 4	≈ 160 [Hz]

O passo seguinte do projeto consiste, então, em determinar o amortecimento (ou tempo de reverberação) necessário para fazer com que as FRFs dos sistemas sala-fontes-receptores satisfaçam um ou mais critérios de qualidade aceitáveis à aplicação da sala. Tais critérios podem variar de sala para sala. Por exemplo, uma sala de controle de um estúdio vai requerer um bom controle dos modos, já que picos muito estreitos de grandes magnitudes na FRF serão inaceitáveis (ver Seção 8.3.2). Salas de aula, no entanto, podem ter um controle de modos mais relaxado, já que sinais de fala tendem a não apresentar muitas componentes nas frequências típicas da Região **A**.

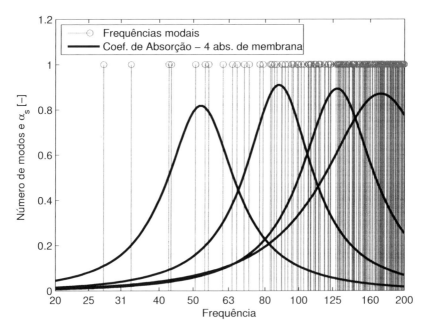

Figura 4.22 Frequências modais da sala e coeficientes de absorção dos quatro absorvedores de membrana projetados para o tratamento acústico da sala 1.

Outro aspecto importante é que um bom critério de qualidade não é necessariamente ter uma FRF o mais constante possível em função da frequência. Lembramos que, para uma sala retangular de paredes rígidas, as FRFs podem ser calculadas a partir da Equação (4.23) (ou por meio de um método numérico para uma sala geral), havendo então quatro aspectos a considerar:

a) o primeiro é que nem sempre uma única posição de fonte e receptor é suficiente para caracterizar toda a sala. Em muitas aplicações será necessário realizar algum tipo de análise estatística. Para manter a simplicidade, vamos analisar apenas uma FRF nesta seção;

Teoria ondulatória em acústica de salas · 337

b) o segundo aspecto é que, conforme discutido na Seção 4.5, a FRF tende a apresentar uma magnitude crescente com a frequência. Deve-se então fazer as análises dessa etapa com uma fonte sonora mais realista, de forma a manter a magnitude das FRFs constante com a frequência (ver Seção 4.5.3). Isso é importante, especialmente para frequências acima da frequência de Schroeder. No entanto, em muitas aplicações é difícil ter um modelo realista da fonte. Restringiremo-nos aqui à Região **A** do espectro e uma fonte com velocidade de volume constante;

c) o terceiro aspecto é que a magnitude da FRF é uma variável aleatória com distribuição de Rayleigh [4]. Isso faz com que a FRF tenda a ser bastante errática ao longo de todo o espectro. De fato, as fontes sonoras reais usadas na sala não gerarão sinais tonais. Assim, as FRFs típicas tenderão a ter variações entre máximos e mínimos de 10-20 [dB], o que torna difícil usar como critério de qualidade a uniformidade da FRF ao longo da frequência;

d) a capacidade humana de percepção dos modos é um problema bastante complexo e também ligado aos sinais típicos usados em salas. Um critério útil ao projetista seria então um parâmetro fácil de se calcular e que estivesse relacionado à nossa habilidade de perceber diferentes modos acústicos. Note aqui que o que desejamos na maioria dos casos é que um ouvinte na sala não seja capaz de escutar as notas graves de uma música, por exemplo, como se fossem sinais tonais. Dizemos assim que, embora a sala tenha seus modos característicos, ela não "colore" o espectro da música tocada nela.

Nas Equações (4.23) e (4.24), o tempo de reverberação T_{60} funciona como um parâmetro de amortecimento dos modos. Como discutido na Seção 4.5.2, uma diminuição do T_{60} leva a uma redução nas magnitudes e a um aumento da largura de banda de cada ressonância da FRF. Uma investigação sobre os limiares de percepção de modos acústicos em salas foi conduzido, em 2007, por Avis, Fazenda e Davies [20]. Os autores investigaram os efeitos da coloração dos modos na faixa das baixas frequências (em vez dos efeitos de um único modo acústico). Controlando a absorção sonora da sala, eles foram capazes de concluir que a razão entre a frequência de ressonância e a largura de banda, $f_r/\Delta f_r$, estava diretamente relacionada à percepção dos modos. Tal razão, chamada de fator de qualidade (Q_r) do modo, é explicada na Figura 4.23, em que apenas uma das frequências de ressonância da FRF é mostrada e a largura de banda, Δf_r, é obtida da FRF quando a magnitude está a 3 [dB] abaixo da magnitude da FRF na ressonância. A partir de suas análises, os autores concluíram que mudanças na FRF não podiam ser percebidas para $Q_r \leq 16$.

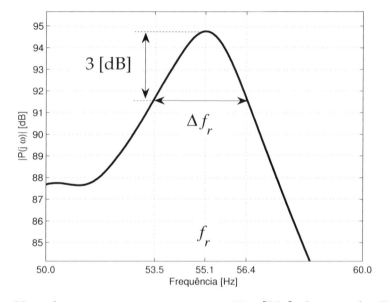

Figura 4.23 Uma das ressonâncias, próxima a 55.1 [Hz], de uma das FRFs da sala 1 e a obtenção da razão entre a frequência de ressonância e a largura de banda, $f_r/\Delta f_r$.

Avis, Fazenda e Davies [20] também expõe uma relação aproximada entre o tempo de reverberação e o fator de qualidade, que é dada por

$$T_{60} \approx \frac{2.2 Q_r}{f_r}. \qquad (4.25)$$

Tomemos então, para a nossa análise, um objetivo de $Q_r = 16$. Nesse caso, é possível notar por meio da Equação (4.25) que, o tempo de reverberação objetivo para 50.0 [Hz] e 100.0 [Hz] é de 0.4 [s], o que é típico para uma sala de controle de um estúdio. Outras salas podem ter critérios diferentes, mas a análise feita serve para elucidar o raciocínio.

Parece-nos então que um $T_{60} = 0.4$ [s] como objetivo é adequado ao nosso caso de estudo, já que esse valor levaria a um Q_r ainda menor para a banda de 50 [Hz]. Entretanto, a questão final é como conseguir o objetivo. A resposta para essa questão é que a sala deve ser acusticamente tratada com materiais sonoabsorventes. De fato, para a zona de baixas frequências, os absorvedores de membrana dados na Figura 4.22 são tratamentos eficientes. Por meio da identificação dos modos e seus tipos, foi possível identificar as frequências de ressonância dos absorvedores e sua posição de instalação. A questão agora é: qual a área necessária para que se atinja o objetivo para o T_{60}?

Como será explicado no Capítulo 6, quanto maior a área de um absorvedor, mais energia esse tende a retirar do campo acústico. Embora a teoria estatística não seja estritamente válida para a Região **A** do espectro, uma primeira aproximação para a área de absorção necessária pode ser feita com teorias dadas no Capítulo 6. Bonello [19], por exemplo, propõe o uso da fórmula de Eyring para o cálculo da relação entre T_{60} e área de absorção[20]. A fórmula de Eyring, dada na Seção 6.7.1, é repetida aqui para a conveniência do leitor:

$$T_{60} = \frac{0.161\, V}{-S \ln\left(1 - \bar{\alpha}\right)} \, , \tag{4.26}$$

em que $\bar{\alpha}$ é o coeficiente de absorção médio da sala, que é obtido por meio da média ponderada dos coeficientes de absorção de todos as superfícies no interior da sala, dada por:

$$\bar{\alpha} = \frac{\displaystyle\sum_i S_i \alpha_i}{S} \, , \tag{4.27}$$

em que S_i e α_i são, respectivamente, a i-ésima área em [m^2] de uma superfície cujo coeficiente de absorção é α_i (para uma determinada frequência), e $S = \sum_i S_i$ é o somatório de todas as áreas das superfícies e aparatos dentro da sala. Esse somatório deve incluir tudo dentro

---

[20] A teoria citada aqui de forma bastante resumida será desenvolvida com o rigor necessário no Capítulo 6. O leitor pode recorrer ao exemplo de cálculo dado na Seção 6.8, se achar necessário. Os procedimentos dados lá estão bastante detalhados.

da sala, por exemplo, cimento que não é necessariamente um absorvedor eficiente, janelas, pessoas, cadeiras, materiais porosos, difusores etc. A ausência do limite superior no somatório indica que a soma deve ser feita para todas as superfícies da sala.

Imaginemos então que nossa sala antes do tratamento acústico tenha um coeficiente de absorção médio de $\bar{\alpha} = 0.26$[21]. Se a Sala 1 não apresentasse nenhuma absorção extra em baixas frequências, isso levaria a Sala 1 a um $T_{60} = 0.440$ [s], o que está acima do objetivo proposto.

Pode-se então calcular as áreas necessárias de cada absorvedor de membrana, dados na da Figura 4.22 e Tabela 4.2, para reduzir o tempo de reverberação. Consideremos que as áreas dos absorvedores serão iguais a 6 [m^2]. A Equação (4.27) pode ser usada para calcular o T_{60} resultante. O valor médio do T_{60} entre as frequências de 50 a 200 [Hz], é de 0.407 [s], o que parece aceitável.

Os absorvedores podem ser, então, distribuídos de acordo com sua frequência de ressonância e tipos de modos aos quais se destinam. Um absorvedor do Tipo 1 (Tabela 4.2) deve, por exemplo, ser posicionado em uma das paredes da direção $\hat{x}$, já que existe um modo axial nessa banda ao longo dessa direção (Figura 4.21 (b)). O projetista pode construir alguns absorvedores de membrana, de forma que sua área total seja de 6 [m^2]. Assim eles podem ser distribuídos ao longo da sala. Os demais absorvedores podem ser posicionados analisando sua frequência de ressonância e tipos de modos acústicos contidos em sua banda de absorção, tal qual o exposto para o absorvedor do Tipo 1.

Como os modos acústicos tendem a ter uma distribuição de pressão sonora com máximos nas paredes e quinas, uma vantagem aqui é que se podem aproveitar espaços não usados da sala para a adição de absorção (o que as vezes não é possível com outros tratamentos como difusores). Uma opção é usar o absorvedor de quina, cujo desenho esquemático é mostrado na Figura 4.24. Um projeto com esse tipo de absorvedor aplicado é mostrado na Figura 8.14. As equações de projeto da Seção 2.3.2 devem ser recalculadas, já que a impedância de superfície de uma amostra

---

[21] Por ora vamos dispensar as análises de todos as superfícies individuais da sala e assumir que conhecemos o coeficiente de absorção médio. Para um cálculo mais detalhado, ver Seção 6.8.

em formato piramidal será diferente da impedância de superfície de uma amostra plana. Uma alternativa é modelar o absorvedor de membrana com o método FEM, considerando a interação entre o fluido no interior da cavidade e a estrutura da membrana [21].

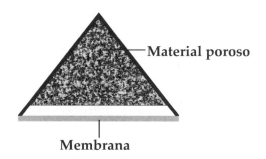

Figura 4.24 Esquema de um absorvedor de membrana para ser utilizado em quinas de uma sala.

Existem algumas considerações que podem ser feitas aqui. Primeiramente, o uso de uma única área para todos os absorvedores não é necessariamente uma forma otimizada de se proceder, mas serve para ilustrar o ponto de maneira simples. O projetista pode usar áreas diferentes, a fim de maximizar a eficiência dos dispositivos de tratamento, minimizar os custos e o espaço ocupado por eles e obter uma variação do T_{60} com a frequência adequada à sala em questão. Em segundo lugar, a fórmula de Eyring é válida quando consideramos um campo acústico difuso (acima da frequência de Schroeder) e uma distribuição homogênea dos dispositivos de tratamento. Na Região **A** do espectro nenhuma dessas afirmações é estritamente verdadeira. No entanto, o procedimento tomado aqui vale como ponto de partida. Outras fórmulas para o cálculo do T_{60} considerando uma distribuição não homogênea da absorção também estão disponíveis. Como exemplo, pode-se citar a fórmula de Fitzroy, explicitada na Seção 6.7.4.

Em terceiro lugar, em um projeto acústico deve sempre haver "espaço" para ajustes após a execução da obra. Dessa forma, uma vez que a obra está completa, medições podem ser tomadas e os ajustes apropriados (inclusão ou remoção de absorvedores) podem ser feitos.

Por fim, as análises propostas aqui são válidas para salas retangulares (possivelmente o nosso pior caso). Essas análises até servem como uma aproximação de salas não retangulares. No entanto, quando uma maior exatidão for necessária, recomenda-se o uso de modelos numéricos, que serão descritos na sequência.

4.7 Métodos numéricos para a solução de baixas frequências

Desde antes do trabalho pioneiro de Schroeder [22], a modelagem numérica computacional, com base em teorias geométrica e de traçado de raios, já vinha sendo utilizada na predição do campo acústico em salas de concerto. Esses métodos se desenvolveram ao longo dos anos, de forma que diversos *softwares* comerciais estão disponíveis hoje em dia. No entanto, como se verá no Capítulo 5, tais métodos são baseados apenas na soma energética de diversas frentes de onda, de forma que a interferência real, que deve considerar a magnitude e a fase das diversas ondas, não é levada em conta. Tais métodos são considerados mais exatos porque podem levar em conta a geometria do ambiente, absorção distribuída nas paredes etc.[22].

Em salas com grandes volumes, a frequência de Schroeder tende a ser bastante baixa e a análise pode ser feita inteiramente com base em teoria geométrica e/ou estatística. Em salas menores, como estúdios, salas de aula, *home theaters* etc. a frequência de Schroeder tende a ser elevada, como vimos até aqui, e, nesses casos, a soma energética das frentes de onda não representa bem a resposta ao impulso ou a resposta em frequência do sistema sala-fonte-receptor. Assim, a única forma mais exata de caracterizar a sala é a utilização de métodos numéricos que resolvem a equação da onda.

A maior parte deste capítulo foi devotada à modelagem de uma sala retangular. Aproximações foram feitas para uma estimativa do comportamento de salas não retangulares e considerando uma distribuição homogênea dos dispositivos de tratamento acústico. Para os casos em que se deseje realmente levar em conta a geometria da sala e uma distribuição realista dos dispositivos de tratamento acústico, esforços devem ser concentrados em métodos numéricos, que serão discutidos nesta seção.

---

[22] Mesmo assim, erros relacionados sempre existem, já que métodos numéricos apresentam aproximações em algum grau.

Teoria ondulatória em acústica de salas 343

No contexto de acústica de salas, existem alguns métodos que valem a pena conhecer, tais como: (i) o Método dos Elementos Finitos (FEM), (ii) o Método dos Elementos de Contorno (BEM), (iii) o Método das Diferenças Finitas (FDTD) e (iv) o Método da Modelagem Discretizada de Huygens (DHM).

O Método dos Elementos de Contorno (BEM ou MEC) foi explorado em detalhes no Capítulo 3. No caso de uma sala, as suas superfícies são discretizadas em uma série de elementos de superfície, de acordo com o esquema mostrado na Figura 4.25 (a). Às superfícies de cada elemento, pode-se aplicar uma impedância de superfície Z_s (normal a ela), que represente, por exemplo, um material sonoabsorvente (ou um outro material qualquer (p. ex., gesso, piso de madeira etc.). Note que é possível aplicar as impedâncias de superfícies dos diversos tratamentos acústicos exatamente onde eles se encontrarão. Essas impedâncias serão responsáveis pela dissipação da energia acústica da sala. É possível também especificar as posições e características de diversos tipos de fontes sonoras no modelo. O método numérico consiste em resolver uma versão discretizada da Equação (3.6) para cada frequência ω.

No método BEM é importante observar que deve haver ao menos 6-12 elementos por comprimento de onda[23]. Isso faz com que, com o aumento da máxima frequência de análise e da área superficial da sala, haja um aumento do número total de elementos usados para modelar a sala. Isso resulta em uma matriz cuja ordem e cujo número de termos sejam elevados, resultando em um custo computacional maior para realizar a sua inversão. Para análise acústica no interior de ambientes, os vetores normais às superfícies devem apontar para dentro da sala. É importante observar também que em BEM essas matrizes são totalmente preenchidas[24], o que não acontece em FEM, e pode representar um maior custo

---

[23] Essa *regra prática* de tem origens no Teorema de Nyquist-Shannon, que fala que é necessário pelo menos dois pontos por comprimento de onda para evitar *aliasing* (ou dobramento). No entanto, para métodos numéricos, encontrou-se que, usando-se 6-12 vezes, há uma supressão de erros associados às respectivas frequências. Um estudo completo sobre esse tema pode ser consultado em Marburg e Nolte [23], bem como um estudo sobre o tempo computacional em Fonseca [24].

[24] Isso implica que todas as linhas e colunas da matriz terão um número complexo não nulo.

computacional. Um maior ou menor custo computacional em FEM depende do tamanho do volume interno do ambiente, já que FEM deve discretizar todo o volume. Pode acontecer que a razão entre volume e superfície a ser discretizado seja tão grande que o ganho computacional obtido com matrizes esparsas é perdido.

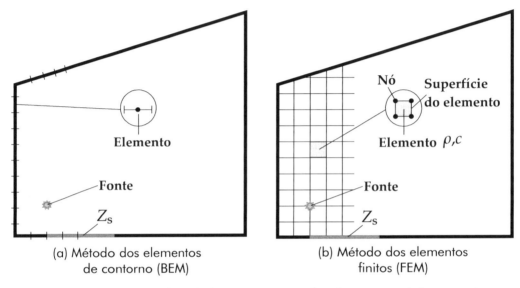

Figura 4.25 Parte de malhas bidimensionais aplicadas em modelos numéricos BEM e FEM em acústica de salas.

No Método dos Elementos Finitos[25] (FEM ou MEF), o gás que preenche a sala é discretizado em uma série de elementos, de acordo com o esquema mostrado na Figura 4.25 (b). De forma similar a BEM, pode-se aplicar, às superfícies de cada elemento, uma impedância normal à superfície do elemento (Z_s), que representa os materiais que compõem a sala. Da mesma forma que em BEM, o método considera a aplicação dos tratamentos acústicos exatamente onde eles se encontrarão. Outra possibilidade em FEM é a consideração da refração da onda sonora quando essa muda de meio, já que, a cada elemento da malha, pode-se atribuir uma velocidade do som e densidade diferentes. É possível, dessa forma, incluir

---

[25] Essa parte do texto sobre o método FEM foi revisada pelo Prof. Dr. Paulo Mareze, que é um especialista no método. Sou profundamente grato ao colega e amigo Paulo por essa e outras valiosas contribuições, a qual eu não teria condições de colocar com tamanha clareza.

Teoria ondulatória em acústica de salas   345

um material poroso em uma porção da malha como um fluido equivalente com propriedades calculadas por métodos similares aos descritos na Seção 2.3.1.

Além do já comentado, em FEM é possível também aplicar uma pressão sonora ou velocidade de partícula distinta a cada nó da malha, o que torna possível a inserção de fontes sonoras. O método numérico consiste em resolver o balanço energético entre as energias potencial, cinética e trabalho realizado nas superfícies da malha[26]. Detalhes do método podem ser encontrados na referência [25]. Para cada frequência ω, a equação básica do método é dada por:

$$\Big([\mathbf{K}] + \mathrm{j}\omega[\mathbf{C}] - \omega^2[\mathbf{M}] \Big) \{\tilde{P}\} = -\mathrm{j}\omega \{\tilde{q}\} , \qquad (4.28)$$

em que $[\mathbf{K}]$ e $[\mathbf{M}]$ são, respectivamente, as matrizes de rigidez e massa, e $[\mathbf{C}]$ é a matriz de admitâncias, que leva em conta as impedâncias de superfície dos elementos da malha. Os vetores $\{\tilde{P}\}$ e $\{\tilde{q}\}$ representam as pressões e velocidades de volume em todos os nós. Deseja-se conhecer, para cada frequência de análise, o vetor de pressão sonora $\{\tilde{P}\}$. Dessa forma, faz-se necessário inverter a matriz $([\mathbf{K}] + \mathrm{j}\omega[\mathbf{C}] - \omega^2[\mathbf{M}])$, a fim de obtê-lo.

Em FEM, é boa prática que também existam ao menos 6-12 elementos por comprimento de onda. Isso leva aos mesmos problemas de custo computacional observados em BEM, principalmente com o aumento da máxima frequência de análise e o aumento do volume modelado. Comparado ao método BEM, o método FEM terá mais elementos, já que uma discretização do volume é necessária. No entanto, as matrizes $[\mathbf{K}]$ e $[\mathbf{M}]$ tendem a ser simétricas e esparsas, o que pode contribuir para uma diminuição do custo computacional.

No Método das Diferenças Finitas (FDTD), as equações de Euler (Equação (1.41)) e a Lei da Conservação da Massa são usadas para para criar um conjunto de equações em que o volume da sala é discretizado por uma malha, em que a pressão sonora e a velocidade de partícula evoluem em passos discretos de tempo (Figura 4.26). Portanto, esse é um

---

[26] Outros métodos também existem, tais como: o Método dos Resíduos Ponderados e o Método de Galerkin [25].

método que lida com as equações diferenciais, que geram a equação da onda, no domínio do tempo (ao contrário dos métodos BEM e FEM, que resolvem a Equação de Helmholtz para sinais harmônicos e estacionários). Os detalhes do equacionamento do método podem ser encontrados na referência [26]. Todavia, em resumo, a pressão sonora e a velocidade de partícula são discretizadas na forma $p(k\Delta x; l\Delta y; m\Delta x; n\Delta t)$ e $u_x((k \pm 1/2)\Delta x; l\Delta y; m\Delta x; n\Delta t)$ em que Δx, Δy representam a discretização do espaço, e Δt representa a discretização do tempo; os números inteiros k, l, m e n os incrementos espaciais e temporal. Uma fonte sonora pode gerar um impulso em um dado nó da malha no instante $n\Delta t = 0$ [s] e esse impulso se propagará pela malha por meio da atualização dos valores de pressão e velocidade de partícula, que são calculados com as equações de Euler (Equação (1.41)) e da Lei da Conservação da Massa.

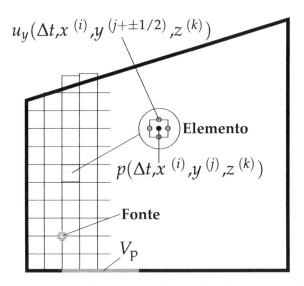

Figura 4.26 Parte de uma malha aplicadas em modelos numéricos FDTD em acústica de salas.

Entre as principais dificuldades com o FDTD, está a implementação de condições de contorno variáveis com a frequência, o que é muito comum nos tratamentos acústicos. Botteldooren [26], por exemplo, propõe aproximações de primeira ordem para a impedância de superfície. As aproximações propostas consistem basicamente em aproximar a impedância de superfície de uma amostra em $Z_s = Z_0 + j\omega Z_1$, em que Z_0 e Z_1 são termos constantes com a frequência. Assim, pressão sonora

Teoria ondulatória em acústica de salas

e velocidade de partícula ficam relacionadas por uma equação do tipo:
$p(t) = Z_0 u_n(t) + Z_1 \frac{\mathrm{d}u_n(t)}{\mathrm{d}t}$.

Outro problema é que as malhas com elementos triangulares em FDTD apresentam complicações relativamente grandes no que tange à implementação do método. Isso faz com que superfícies muito irregulares ou paredes inclinadas sejam aproximadas por uma série de elementos cúbicos. Felizmente, para lidar com o problema de baixas frequências, isso não é um problema tão sério, já que pequenos detalhes geométricos da sala (p. ex., cadeiras, estátuas etc.) tendem a não influenciar significativamente na resposta obtida. Outro aspecto ao qual se deve dar atenção é a estabilidade numérica do método. De acordo com Botteldooren [26] a estabilidade é influenciada pelas discretizações temporal e espacial. O autor fornece alguns guias para uma discretização que gere um modelo estável. Assim, além do custo computacional gerado por uma maior discretização, o usuário deve estar atento ao fato de que uma maior discretização pode levar a instabilidades numéricas que levam o método à divergência.

A Modelagem Discretizada de Huygens no Domínio do Tempo (DHM-TD) é um método numérico que aplica o princípio físico de Huygens a um meio discretizado a fim de simular fenômenos ondulatórios no domínio do tempo[27]. O método foi originalmente desenvolvido por Johns e Beurle [27] para aplicações em eletromagnetismo; entretanto, diferentes trabalhos têm demonstrado grande potencial na simulação de problemas acústicos [28]. Conforme tratado no Capítulo 3, a propagação da frente de onda pode ser representada pela superposição de infinitas fontes pontuais, cada qual radiando pequenas frentes de onda esféricas, tal qual ilustrado pela Figura 4.27 (a). A onda proveniente do ponto A se expande em uma frente de onda inicial, na qual cada ponto se comporta como nova fonte de onda. As fontes secundárias $(b, b, b...)$, partindo da frente de onda no instante t_1, formam um conjunto de pequenas ondulações (*wavelets*) que formarão nova frente de onda no instante t_2. Novamente fontes terciárias $(c, c, c, ...)$ darão origem a pequenas

---

[27] Toda esta parte do texto sobre o método DHM foi escrito pelo Dr. Renato S. Thiago de Carvalho. O método foi desenvolvido em 3D na tese de doutorado, na Universidade Federal de Santa Catarina, concluída em 2013. Eu, o autor deste livro, sou profundamente grato ao colega e amigo Renato, por essa valiosa contribuição, a qual eu não teria condições de colocar com tamanho detalhe.

ondulações que formarão nova frente de onda e, assim, sucessivamente. Por meio desse modelo físico de propagação, é possível prever uma posição futura da frente de onda a partir de sua posição atual.

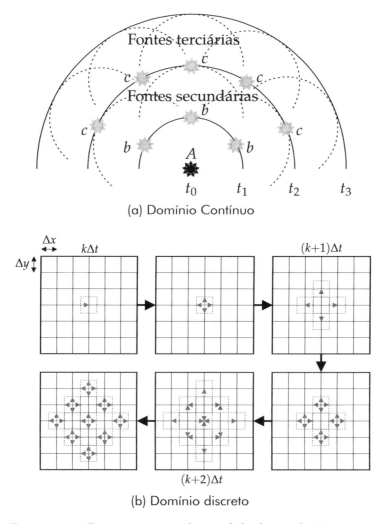

Figura 4.27 Representação do modelo físico de Huygens de acordo com Carvalho [28].

A ideia básica da modelagem discretizada de Huygens consiste em desmembrar em subdomínios (nós), conforme Figura 4.27 (b), o domínio contínuo ilustrado na Figura 4.27 (a), a fim de aplicar o Princípio de Huygens e as Leis de Conservação em cada nó individualmente. Na abordagem para Acústica, os nós ou unidades básicas da malha são obtidos por meio do cruzamento de elementos tubulares virtuais que, conectados

Teoria ondulatória em acústica de salas 349

aos nós adjacentes pelas suas ramificações, formam uma malha finita de nós. A cada passo discretizado de tempo Δt, os pulsos, que representam a onda discretizada no tempo, viajam do centro de um nó até os centros dos nós adjacentes, através dos ramos (*branches*) que os conectam. Quando um pulso atinge um nó, é chamado de pulso incidente, sendo uma parcela da sua energia distribuída para os demais ramos desse nó, enquanto a parcela restante é refletida para o nó que deu origem ao pulso incidente. A Figura 4.27 (b) demonstra esse processo sequencial de propagação da onda à medida que os passos discretos de tempo decorrem.

Conforme mencionado anteriormente, e deduzido em [28], ao se aplicarem as leis físicas de conservação e continuidade de campo no centro do nó, chega-se em um sistema de equações algébrico que deve ser resolvido computacionalmente para todos os nós da malha analisada em um dado instante discreto $k\Delta t$. Esse sistema pode ser representado na forma matricial:

$$\substack{n \\ k}\{p\}^s = [\mathbf{S}] \ \substack{n \\ k}\{p\}^i \ , \tag{4.29}$$

na qual $\substack{n \\ k}\{p\}^s$ e $\substack{n \\ k}\{p\}^i$ são os vetores das pressões espalhadas e incidentes respectivamente, em cada um dos ramos dos n nós da malha, e $[\mathbf{S}]$ é a matriz de espalhamento (*scattering matrix*). A matriz de espalhamento é crucial na modelagem do meio e na propagação da onda, sendo reconhecida por determinar como se dará o processo de espalhamento em um meio discretizado. Essa matriz determina se há perdas, anisotropias, mudanças de meio e também é capaz de regular a velocidade de propagação.

Assim como em FDTD, outro aspecto importante é a modelagem de fronteiras. No caso do método DHM, as fronteiras são incorporadas no modelo a partir de valores do coeficiente de reflexão, impostas as extremidades dos ramos dos nós adjacentes ao limite da fronteira. O sinal de pressão, no instante $(k-1)$, segue na direção da fronteira após o espalhamento gerado pelo nó adjacente. Ao atingi-la, o sinal é refletido na proporção definida pelo coeficiente de reflexão, que expressa uma razão entre as amplitudes e fases das pressões refletida e incidente. O coeficiente de reflexão pode assumir um valor constante, permitindo a análise de uma única frequência, ou um valor variável com a frequência. Nesse último caso, Carvalho, Lenzi e Cordioli [29] propõe que o coeficiente de reflexão do material, no domínio da frequência, seja obtido no domínio do tempo por meio da síntese de um filtro FIR [7].

As principais vantagens do DHM são o custo computacional reduzido quando comparado a outros métodos numéricos, uma vez que não exige a inversão de matrizes, e também sua relativa facilidade de implementação computacional. Destaca-se que o método é inerentemente capaz de representar fenômenos transientes, permanentes e/ou não lineares, associados à propagação de uma onda esférica (*wave-based*), assim como é possível representar com boa exatidão geometrias complexas. Atualmente, suas principais limitações estão principalmente associadas às implementações e programas comerciais disponíveis, especialmente no que diz respeito aos geradores de malha e as diferentes topologias de nós necessárias à redução do erro de dispersão geométrica e representação de condições de contorno quaisquer.

4.8 Sumário

Neste capítulo a teoria de cálculo do campo acústico produzido em uma sala em baixas frequências foi apresentada. Foi mostrado que os modos acústicos e formas modais podem ser calculados por equações relativamente simples quando se tem uma sala retangular. O cálculo da pressão sonora gerada por uma fonte pontual também foi apresentado, de forma que efeitos do tempo de reverberação, posições de fonte-sensor etc. puderam ser contabilizados. Aproximações foram propostas para salas não retangulares, bem como uma descrição de métodos numéricos usados para resolver o problema de baixas frequências em acústica de salas. Foram também apresentados critérios para uma boa prática de projeto acústico de baixas frequências em ambientes. Nos capítulos seguintes o problema de médias e altas frequências será tratado.

Referências bibliográficas

[1] BALLOU, G. *Handbook for sound engineers*. 4° ed. Cambridge: Focal Press, 2015.

(*Citado na(s) página(s): 286, 307, 321*)

[2] SCHROEDER, M. Die statistischen parameter der frequenzkurven von großen räumen. *Acta Acustica united with Acustica*, 4:594–600, 1954.

(*Citado na(s) página(s): 289*)

[3] SCHROEDER, M. Statistical parameters of the frequency response curves of large rooms. *Journal of the Audio Engineering Society*, 35(5): 299–306, 1987.

(*Citado na(s) página(s): 289*)

[4] KUTTRUFF, H.; SCHROEDER, M. On frequency response curves in rooms. *The Journal of the Acoustical Society of America*, 34(1):76 – 80, 1962.

(*Citado na(s) página(s): 290, 337*)

[5] VORLÄNDER, M. *Auralization: Fundamentals of Acoustics, Modelling, Simulation, Algorithms, and Acoustic Virtual Reality*. Berlin: Springer-Verlag, 2008.

(*Citado na(s) página(s): 290*)

[6] KUTTRUFF, H. Sound fields in small rooms. In: *Audio Engineering Society Conference: 15th International Conference: Audio, Acoustics & Small Spaces*, New York, 1998.

(*Citado na(s) página(s): 291, 327*)

[7] SHIN, K.; HAMMOND, J. *Fundamentals of signal processing for sound and vibration engineers*. Chichester: John Wiley & Sons, 2008.

(*Citado na(s) página(s): 291, 350*)

[8] KNUDSEN, V. O. Resonance in small rooms. *The Journal of the Acoustical Society of America*, 4(1A):20–37, 1932.

(*Citado na(s) página(s): 291*)

[9] KUTTRUFF, H. *Room acoustics*. 5° ed. London: Spon Press, 2009.

(*Citado na(s) página(s): 292, 312*)

[10] BŁASZAK, M. Acoustic design of small rectangular rooms: Normal frequency statistics. *Applied Acoustics*, 69(12):1356–1360, 2008.

(*Citado na(s) página(s): 296, 330*)

[11] BOLT, R. Normal modes of vibration in room acoustics: Angular distribution theory. *The Journal of the Acoustical Society of America*, 11 (1):74–79, 1939.

(*Citado na(s) página(s): 308*)

[12] KLEINER, M.; TICHY, J. *Acoustics of Small Rooms*. Boca Raton: CRC Press, 2014.

(*Citado na(s) página(s): 315, 322*)

[13] BORWICK, J. *Loudspeaker and headphone handbook*. 3° ed. Oxford: Focal Press, 2001.

(*Citado na(s) página(s): 323*)

[14] ROSSING, T. *Springer handbook of acoustics*. New York: Springer-Verlag, 2007.

(*Citado na(s) página(s): 324*)

[15] BOLT, R. Normal frequency spacing statistics. *The Journal of the Acoustical Society of America*, 19(1):79–90, 1947.

(*Citado na(s) página(s): 27, 329, 330*)

[16] BOLT, R. Note on normal frequency statistics for rectangular rooms. *The Journal of the Acoustical Society of America*, 18(1):130–133, 1946.

(*Citado na(s) página(s): 27, 329, 330*)

[17] BONELLO, O. J. Acoustical evaluation and control of normal room modes. *The Journal of the Acoustical Society of America*, 66(S1):S52–S52, 1979.

(*Citado na(s) página(s): 331, 332*)

[18] BONELLO, O. J. A new criterion for the distribution of normal room modes. *Journal of the Audio Engineering Society*, 29(9):597–606, 1981.

(*Citado na(s) página(s): 331, 332*)

Teoria ondulatória em acústica de salas

[19] BONELLO, O. J. A new computer aided method for the complete acoustical design of broadcasting and recording studios. In: *Acoustics, Speech, and Signal Processing, IEEE International Conference on ICASSP'79*, Washington, DC, 1979.

(*Citado na(s) página(s): 331, 332, 339*)

[20] AVIS, M. R.; FAZENDA, B. M.; DAVIES, W. J. Thresholds of detection for changes to the q factor of low-frequency modes in listening environments. *Journal of the Audio Engineering Society*, 55(7/8):611–622, 2007.

(*Citado na(s) página(s): 337, 338*)

[21] BRANDÃO, E. *Aplicação de absorvedores tipo membrana em cavidades e filtros acústicos*. Dissertação de Mestrado, Universidade Federal de Santa Catarina, Florianópolis, 2008.

(*Citado na(s) página(s): 341*)

[22] SCHROEDER, M. Computers in acoustics: Symbiosis of an old science and a new tool. *The Journal of the Acoustical Society of America*, 45(5):1077–1088, 1969.

(*Citado na(s) página(s): 342*)

[23] Marburg, S.; Nolte, B, (Ed.). *Computational acoustics of noise propagation in fluids - finite and boundary element methods*. Berlin: Springer-Verlag, 2008.

(*Citado na(s) página(s): 343*)

[24] FONSECA, W. D. *Beamforming Considering Acoustic Diffraction over Cylindrical Surfaces*. Tese de Douturado, Universidade Federal de Santa Catarina, Florianópolis, 2013.

(*Citado na(s) página(s): 343*)

[25] SAKUMA, T.; SAKAMOTO, S.; OTSURU, T. *Computational simulation in architectural and environmental acoustics: methods and applications of wave-based computation*. Tokyo: Springer, 2014.

(*Citado na(s) página(s): 345*)

[26] BOTTELDOOREN, D. Finite-difference time-domain simulation of low-frequency room acoustic problems. *The Journal of the Acoustical Society of America*, 98(6):3302–3308, 1995.

(*Citado na(s) página(s): 346, 347*)

[27] JOHNS, P. B.; BEURLE, R. Numerical solution of 2-dimensional scattering problems using a transmission-line matrix. In: *Proceedings of the Institution of Electrical Engineers*. IET, 1971.

(Citado na(s) página(s): 347)

[28] DE CARVALHO, R. S. T. *Modelo físico de Huygens na solução discretizada de campo acústico*. Tese de Doutorado, Universidade Federal de Santa Catarina, Florianópolis, 2013.

(Citado na(s) página(s): 28, 347, 348, 349)

[29] DE CARVALHO, R. S. T.; LENZI, A.; CORDIOLI, J. A. Time domain representation of frequency-dependent surface impedance using finite impulse response filters in discrete Huygens' modeling. *Applied Acoustics*, 96:180–190, 2015.

(Citado na(s) página(s): 350)

5
Capítulo

Acústica geométrica

No Capítulo 4 introduziu-se a solução da equação da onda para uma sala retangular de paredes rígidas. Investigou-se como os modos se distribuem no espectro e no espaço e conseguiu-se calcular a pressão sonora causada por um monopolo em um receptor. A rigor, deveria-se aplicar a teoria ondulatória na solução de qualquer problema em acústica de salas, já que esta levaria a uma solução exata do campo acústico no interior da cavidade. No entanto, a teoria ondulatória tem limitações intrínsecas. Em primeiro lugar é preciso lembrar que soluções analíticas são limitadas a geometrias simples (p. ex., sala retangular), o que quase nunca reflete a realidade. Muitas salas apresentam geometrias complexas, como as mostradas nas Figuras 2.27 (b), 3.6 ou 3.7 (respectivamente nas páginas 177, páginas 200 e páginas 201). Além do mais, os diversos aparatos que estão no interior da sala (p. ex., móveis, equipamentos de áudio, tratamento acústico etc.) funcionam como superfícies refletoras (e/ou difusoras) que são, normalmente, irregulares. Para geometrias genéricas soluções são possíveis por discretização do domínio acústico por meio de métodos numéricos (ver Seção 4.7). Esses métodos tendem a ser, no entanto, computacionalmente custosos quando se deseja estender a solução até altas frequências. Vale ressaltar que os métodos analítico e numérico, vistos no Capítulo 4, são ferramentas valiosas na análise do problema de baixas frequências.

Visto que os métodos analítico e numérico não são ferramentas apropriadas ao problema de médias e altas frequências, faz-se necessária a criação de ferramentas adequadas para tratar o problema. Existem duas formas básicas de fazê-lo. A primeira, que se verá neste capítulo, é a acústica geométrica, que é baseada na propagação retilínea (da energia sonora) entre fonte e receptor. As teorias geométricas apresentam a vantagem de, pelo menos em algum grau, levar em conta a geometria da sala (p. ex., paredes inclinadas, superfícies finitas e irregulares etc.). Sua implementação prática requer, no entanto, um *software* dedicado, como, por exemplo, ODEON[1], EASE[2], CATT[3], RAIOS[4] etc. Cada um desses *softwares* apresenta vantagens, desvantagens e modelos matemáticos associados diferentes uns dos outros. De fato, como apontado por Dalenbäck, Kleiner e Svensson [3] e por Savioja e Svensson [4], existem inúmeras formas de abordar a teoria geométrica e todas parecem ser uma aproximação da realidade. É impossível cobrir todas as peculiaridades de cada forma de implementação e, mesmo, conseguir mensurar todas as vantagens e desvantagens associadas. No entanto, os principais modelos matemáticos em acústica geométrica serão explanados na Seção 5.8.

A segunda forma de tratar o problema de médias e altas frequências – que veremos com mais profundidade no Capítulo 6 – é a utilização da teoria estatística em acústica de salas. Esta tem a desvantagem de não levar em conta a geometria do ambiente. Apenas informações como volume e área das superfícies da sala são relevantes nos métodos de cálculo, mas não o formato geométrico da sala. No entanto, ela tem a vantagem de ser matematicamente simples e sua implementação prática é, portanto, computacionalmente barata (ou leve).

---

[1] http://www.odeon.dk/.

[2] http://ease.afmg.eu/.

[3] http://www.catt.se/.

[4] http://www.grom.com.br/produtos_simulacao_arquitetura.php. O *software* Raios foi implementado por pesquisadores brasileiros [1, 2].

Acústica geométrica   357

O leitor pode, neste ponto, questionar o porquê de estudar duas teorias, já que a segunda parece inexata, por não levar em conta a geometria do ambiente. A resposta reside no fato de que, embora a teoria estatística sofra desse problema de exatidão, ela fornece uma direção bastante razoável para a realização das simulações computacionais, dando-nos informações valiosas como, por exemplo, que materiais serão usados no tratamento acústico da sala e suas respectivas áreas. Dessa forma, reduz-se o tempo necessário para o ajuste do modelo computacional.

5.1 Uma pequena história

A acústica geométrica serviu de base tanto para os primeiros estudos em acústica, que possibilitaram a criação do teatro grego e romano (Figura 5.1 (a)), quanto para o desenvolvimento das técnicas modernas de simulação em acústica de salas (Figura 5.1 (b)), implementadas nos atuais *softwares* comerciais [5].

No caso do teatro romano, mostrado na Figura 5.1 (a), linhas retas eram traçadas entre a fonte sonora localizada no palco e diversas posições na plateia. A ideia básica era arranjar a plateia ao redor da fonte sonora, de forma que boas linhas de visão e escuta pudessem ser conseguidas. Os gregos e romanos também construíram teatros fechados e há evidências de que algum tipo de tratamento acústico (na forma de absorvedores de Helmholtz, Capítulo 3) já era usado pela civilização romana antiga [6]. No entanto, o uso da teoria geométrica era bastante limitado, quando comparado a seus usos atuais.

O passo seguinte na avaliação acústica de ambientes veio com o trabalho pioneiro de W. C. Sabine [7][5]. Sabine, além de dar contribuições decisivas para a teoria estatística, utilizou modelos em escala de salas de concerto e técnicas fotográficas para obter uma visualização da propagação das ondas sonoras nas salas investigadas. A técnica, basicamente, consistia em duas etapas: a primeira em construir uma maquete em escala da sala em questão. A maquete deveria possuir paredes transparentes, para

---

[5] Uma consulta *online* a essa referência pode ser feita gratuitamente; basta acessar http://www.archive.org e buscar por "Collected Papers on Acoustics, Wallace Clement Sabine".

(a) Teatro romano construído na Turquia no século II D.C.
Capacidade: 2000 pessoas.
Fonte: Wikimedia Commons

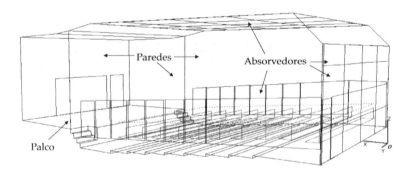

(b) Imagem do *software* ODEON usado na simulação computacional baseada na teoria geométrica

Figura 5.1 Um antigo teatro para o qual a teoria geométrica foi usada para inferir uma distribuição de plateia adequada a um orador (cobertura de som direto) e uma imagem do modelo de uma sala em um software comercial que calcula o som direto e as reflexões.

permitir a visualização da propagação das ondas nos planos vertical e horizontal. Na segunda etapa uma fagulha elétrica era produzida distante do modelo em escala, enquanto ondas sonoras, em uma dada frequência, eram geradas na maquete por uma fonte sonora. A frequência da onda sonora era ajustada à escala do modelo[6]. A fagulha elétrica produz uma luz, que passará pelo modelo em escala. Essa luz é refratada pela onda sonora, devido às diferenças de pressão provocadas por ela, e incide em um filme fotográfico que registra a frente de onda em um dado instante de tempo. Figuras desse tipo podem ser observadas na referência [7].

Modelos em escala foram usados amplamente ao longo dos anos. No entanto, as técnicas fotográficas tenderam a ser substituídas por técnicas baseadas em ultrassom ou laser. No primeiro caso, fontes sonoras e microfones eram posicionados no interior do modelo em escala. As fontes e microfones eram capazes de emitir e medir frequências ultrassônicas compatíveis com as dimensões do modelo em escala e, assim, respostas ao impulso da configuração sala-fonte-receptor podiam ser obtidas e avaliadas. O principal problema, nesse caso, parece ser a representação fiel dos materiais sonoabsorventes, já que a variabilidade do coeficiente de absorção com a frequência não é necessariamente linear. O uso de lasers, para representar a propagação retilínea da onda sonora também foi usada na fase de projetos de auditórios. Nesse caso, pequenos espelhos eram associados às superfícies refletoras, a fim de orientá-las corretamente para cobrir uma determinada área da plateia.

Uma das principais dificuldades com o uso de modelos em escala é a construção e readequação dos modelos na fase de projeto. A construção de uma maquete detalhada, e sua instrumentação para medição, requer um tempo de preparo considerável, além de ser financeiramente custosa. O uso de modelos virtuais construídos em computador tende a lidar bem com esses problemas, desde que o modelo matemático utilizado seja fiel à física do problema a ser resolvido. Nesse caso, em vez de se construir uma maquete detalhada, uma planta tridimensional da sala é desenhada em computador. As propriedades acústicas das diversas superfícies da sala são atribuídas e um modelo matemático de propagação sonora é usado para obter a pressão sonora, causada por uma determinada fonte em um dado receptor. Dessa forma, os custos associados à implementação física da maquete, sua instrumentação e tempos de execução são eliminados. Os novos custos são: o tempo para a

---

[6] Isso significa que, se é desejado observar a frequência real de 1000 [Hz] e o modelo apresenta escala 30:1, então, a frequência gerada deve ser de 30000 [Hz].

construção do modelo virtual, a atribuição de propriedades acústicas e a solução computacional, além do próprio custo do *software* e treinamento de operadores. Esses custos geralmente são muito menores que os associados à construção de modelos em escala, especialmente porque o ajuste do modelo é muito mais rápido e barato em modelos virtuais. A primeira pessoa a propor um uso extensivo de modelos computacionais em acústica de salas foi Manfred Schroeder, em um artigo de 1969 [8], embora alguns modelos computacionais já existissem anteriormente.

5.2 Premissas básicas

A teoria geométrica está baseada na propagação retilínea de uma frente de onda e segue o Princípio de Fermat [9]. Esse princípio diz que toda frente de onda se propaga pelo caminho que levar o menor tempo entre dois pontos[7]. Esse caminho, para um meio com velocidade da onda $c_0 = $ constante (p. ex., o ar em uma sala) é uma reta[8] e, dessa forma, a frente de onda pode ser tratada como raio sonoro. Essa, no entanto, é uma idealização da forma da onda sonora, já que ela apresentará uma curvatura que dependerá de fatores como a direcionalidade da fonte sonora, reflexão difusa da onda em aparatos da sala etc. A idealização é similar à consideração de que a frente de onda é plana e, portanto, válida para altas frequências, ou melhor, válida quando o comprimento de onda é menor que os aparatos da sala [10].

O tratamento da frente de onda como raio sonoro define a direção e sentido de propagação de uma porção da frente de onda, mas não diz nada a respeito da quantidade de energia carregada por essa porção de frente de onda ou raio sonoro. Como a energia carregada pelo raio sonoro pode ser encarada como a energia contida em uma porção da frente de

---

[7] O Princípio de Fermat também é chamado de Princípio do mínimo tempo. Uma alternativa à sua formulação é que a onda percorre o caminho mais curto entre dois pontos. Preferimos usar a definição dada na referência [9] pois, de acordo com as discussões feitas por Feynman, ela parece ser mais abrangente.

[8] Em meios onde a velocidade do som não pode ser considerada constante, esse caminho não é uma reta. Esse é o caso da acústica submarina, por exemplo, segundo a qual as diferenças de pressão, temperatura e outros fatores com a profundidade fazem com que a velocidade de propagação da onda mude ao longo do meio. Isso faz com que a propagação não seja mais retilínea, mas sim curva.

onda, o conceito de densidade de energia explanado na Seção 1.2.8 pode ser usado para contabilizar a energia carregada pelo raio sonoro. Ademais, cada raio sonoro pode ser tratado como porção de frente de onda se propagando em campo livre e a Equação (1.63) pode ser usada para contabilizar a energia carregada pelo raio. A diferença aqui é que estamos interessados em manter um registro de como a energia do raio sonoro varia com o tempo e, dessa forma, a Equação (1.63) pode ser re-escrita como:

$$\rho_E(t) = \frac{p_{\text{RMS}}^2(t)}{2\,\rho_0\,c_0^2}\,.$$ (5.1)

Aqui é necessário ter algo muito importante em mente: como os valores RMS de pressão sonora não carregam a informação de fase da quantidade acústica de interesse, essa informação é, a *priori*, perdida. A fase de um sinal, no entanto, é de suma importância na sua caracterização. Por outro lado, o que se visa com a teoria geométrica é a construção da resposta ao impulso de sistemas sala-fonte-receptor, já que a sala será considerada um Sistema Linear e Invariante no Tempo (SLIT, ver página 80). Essa resposta ao impulso descreve, então, completamente as características do conjunto sala-fonte-receptor. A resposta ao impulso também poderá ser usada para escutar como uma música soaria na sala, por exemplo, antes mesmo que ela exista. Tal processo chamamos de *auralização* e ele será explicado em mais detalhes na Seção 5.10. No entanto, algo que precisa preocupar o leitor neste momento é que a fase do raio sonoro é perdida e que será necessário recuperá-la de alguma forma para construir a resposta ao impulso da sala, o que será feito em um processo posterior.

É preciso também reforçar o fato de que tanto a teoria geométrica quanto a teoria estatística são válidas apenas quando existe na sala uma alta densidade modal (ver Seção 4.4). No caso da teoria ondulatória, as amplitudes complexas de cada modo são levadas em conta no cálculo do campo acústico em um determinado ponto receptor. A soma das amplitudes complexas estima completamente a interferência entre diferentes frentes de onda, visto que a amplitude complexa carrega as informações de magnitude e fase das diferentes frentes de onda. No caso de uma alta densidade modal, há tantos modos com diferentes amplitudes e fases que sua interferência ondulatória em um determinado ponto (e em um dado instante de tempo) se torna difícil de prever exatamente. Com isso, a pressão sonora se torna uma variável aleatória (Seção 4.1) e podemos assumir, com algum grau de exatidão, que as ondas são raios sonoros e simplesmente somar suas energias. Essa pressuposição será válida apenas acima da frequência de Schroeder, dada na Equação (4.2), limite para o qual a pressão se torna uma variável aleatória.

Para modelar o campo sonoro em uma sala, a partir da teoria geométrica, é preciso tomar uma série de passos. Primeiramente é preciso dispor da geometria tridimensional interna do ambiente, com todas suas paredes, móveis e aparatos interiores desenhados com algum detalhamento. Essa geometria (Figura 5.1 (b)) é importada pelo *software* de acústica que fará os cálculos. *Softwares* conhecidos de desenho tridimensional são, por exemplo: SketchUp[9], AutoCAD[10], Revit[11], Rhinoceros[12] etc. É preciso também definir que tipos de fontes sonoras estão presentes no ambiente e suas características (ver Seção 5.3). Além disso, as características e posição dos receptores precisam ser definidas (ver Seção 5.4). Por fim, será preciso atribuir as propriedades acústicas dos diversos materiais que compõem a sala. Os coeficientes de absorção e espalhamento vistos nos Capítulos 2 e 3 são os parâmetros de interesse aqui. Com esses dados, o *software* pode proceder os cálculos por meio de um processo automático e obter curvas de decaimento, parâmetros objetivos e respostas ao impulso.

Na Seção 5.5 será explicado como as características de fonte, receptor e sala serão usadas para obter a distribuição temporal da energia sonora para o SLIT sala-fonte-receptor. Também se falará um pouco das principais características dessa distribuição temporal. Na Seção 5.8 trataremos as principais estratégias, usadas nos *softwares*, para o computo da distribuição temporal da energia acústica.

---

[9] http://www.sketchup.com/pt-BR.
[10] http://www.autodesk.com.br/products/autocad/overview.
[11] http://www.autodesk.com.br/products/revit-family/overview.
[12] http://www.rhino3d.com/.

Acústica geométrica   363

5.3 Fontes sonoras

As características das fontes sonoras são de suma importância nos cálculos feitos com a teoria geométrica. De fato, essa é mais uma vantagem dessa teoria sobre a teoria estatística (que não localiza nem caracteriza a direcionalidade da fonte sonora) e sobre a teoria ondulatória (limitada ao uso de monopolos devido à complexidade matemática de outros tipos de fontes). É importante conhecer quatro características da(s) fonte(s) sonora(s), a saber:

a) sua posição dentro da sala em relação à origem do sistema de coordenadas. A posição da fonte será especificada, em coordenadas retangulares, pelo vetor $\vec{r}_0 = (x_0, y_0, z_0)$, da mesma forma que no Capítulo 4;

b) sua potência sonora W;

c) sua direcionalidade, que expressa como a energia sonora radiada pela fonte é distribuída no espaço[13];

d) a orientação de seu eixo principal de radiação.

A especificação da posição da fonte é obviamente importante, já que uma alteração na posição fará com que a resposta ao impulso do SLIT sala-fonte-receptor se altere. A potência da fonte determinará a quantidade de energia acústica que ela coloca no campo acústico. Uma maior potência W implica em maiores níveis de pressão sonora. É importante ter em mente que a potência sonora da fonte independe do local onde a fonte está instalada, enquanto que a pressão sonora produzida em um receptor dependerá tanto da potência da fonte quanto das características do recinto. Outro aspecto importante é que a potência sonora da fonte pode variar com a frequência, o que também pode ser levado em conta pelos *softwares* de modelagem em acústica de salas.

No que diz respeito às características direcionais das fontes sonoras, essas também podem variar com a frequência. As fontes podem ser

---

[13] Estou ciente do uso corriqueiro da palavra "diretividade" com o mesmo significado. No entanto, a palavra direcionalidade me parece mais técnica, já que "diretividade" pode ser facilmente confundida com "diretivo(a)", que tem relevância em outras áreas do conhecimento.

classificadas, de forma geral, em omnidirecionais e direcionais. As fontes omnidirecionais são aquelas cujas características de radiação são independentes do ângulo de radiação. Em outras palavras, as fontes omnidirecionais radiam de igual forma em qualquer direção. Na prática, é muito difícil encontrar uma fonte completamente omnidirecional em toda a faixa de frequências de interesse. A maioria das fontes tende a ser omnidirecional em baixas frequências ou, colocando de maneira mais exata, quando o comprimento de onda é muito maior que a superfície radiante. Em acústica de salas, muitas vezes usamos uma fonte sonora considerada omnidirecional em uma ampla faixa de frequências. Tal fonte é formada a partir da distribuição espacial de uma série de alto-falantes ao longo de um dodecaedro. Uma foto de uma fonte desse tipo pode ser vista na Figura 5.2.

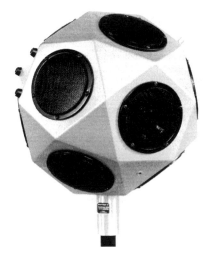

Figura 5.2 Fonte sonora omnidirecional dodecaédrica usada em experimentos em acústica de salas (modelo Brüel & Kæjer OmniPower Sound Source - Type 4292-L, foto cortesia de Matheus Lazarin, graduando da Engenharia Acústica da UFSM, 2015).

As fontes sonoras são, em geral, direcionais quando o comprimento de onda é menor que as dimensões da fonte. Isso implica que, em geral, em altas frequências as fontes tendem a ser direcionais, radiando mais energia acústica ao redor de determinados ângulos em detrimento de outros. Esse é o caso da direcionalidade e FRFs de alto-falantes. A Figura 5.3

ilustra a magnitude da pressão sonora medida ao redor de um pequeno alto-falante para duas frequências. Nesse experimento, uma série de microfones é posicionada ao redor da fonte sonora e esses mapeiam a distribuição espacial da pressão sonora radiada. Note, na Figura 5.3 (b), que para 600 [Hz] (baixa frequência) existe uma uniformidade na distribuição espacial, indicando que a fonte é aproximadamente omnidirecional nessa frequência. Já na Figura 5.3 (c), válida para 2500 [Hz], a fonte tende a concentrar a energia radiada ao redor de sua parte frontal, não radiando com eficiência em sua traseira.

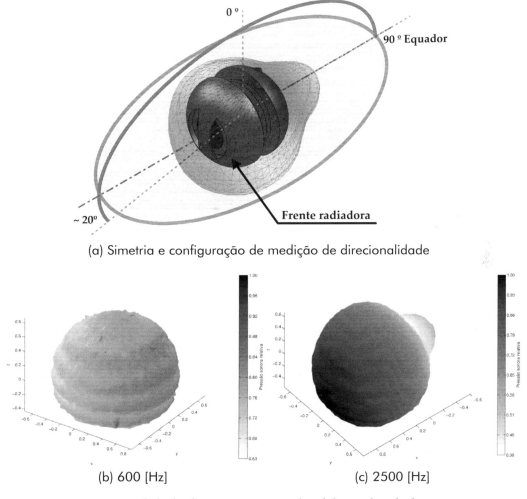

Figura 5.3 Direcionalidade de um pequeno alto-falante (os dados são cortesia do Prof. Dr. William D'Andrea Fonseca).

Outro modo de ver a forma de radiação é por meio dos gráficos polares ou da variação da magnitude da FRF com a frequência e ângulo de radiação. Ambas as informações são mostradas na Figura 5.4. Note na Figura 5.4 (a) que a direcionalidade vai se tornando cada vez maior à medida que a frequência aumenta. Isso pode ser confirmado ao se observarem as FRFs em função do ângulo horizontal, ou equatorial, na Figura 5.4 (b), que mostra um decréscimo na magnitude em função da frequência à medida que movemos o microfone para ângulos fora da zona do eixo de radiação principal (em $\vartheta_h = 0.0[°]$)[14].

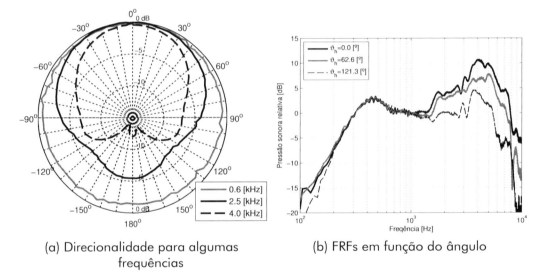

(a) Direcionalidade para algumas frequências

(b) FRFs em função do ângulo

Figura 5.4 Direcionalidade e FRFs em função do ângulo de propagação de um pequeno alto-falante (os dados são cortesia do Prof. Dr. William D'Andrea Fonseca)

A direcionalidade de fontes sonoras não é uma exclusividade dos alto-falantes. A voz humana, os instrumentos musicais, os eletrodomésticos e todas as outras fontes sonoras têm suas próprias características direcionais. Pense, por exemplo, nas diferenças entre ouvir a voz de uma pessoa que fala diretamente à sua frente e na voz da mesma pessoa virada de costas a você. Esse tipo de situação é comum em salas de aula, por exemplo, já que muitas vezes o professor encara a turma e outras

---

[14] O ângulo de medição horizontal é na verdade muito próximo de $\vartheta_h = 0.0[°]$, mas não exatamente $0.0\ [°]$. A discussão, no entanto, serve a seu propósito.

Acústica geométrica | 367

vezes ele se vira para o quadro negro, mas continua a falar de costas para a turma. Nesse caso, as características direcionais da voz do professor não se alteram, mas a orientação do eixo de principal radiação sim.

O eixo de radiação principal da fonte sonora é aquele no qual a fonte radia o máximo de energia sonora. Nos *softwares* de simulação é preciso, por fim, orientar a fonte sonora. Isso significa que, depois de definirmos a posição, a potência e a direcionalidade da fonte, é necessário informar quais os ângulos horizontal e vertical formados pelo eixo de principal radiação da fonte em relação ao sistema de coordenadas da sala.

5.4 Receptores

Há basicamente, três tipos de receptores que podem ser usados nos *softwares* de acústica geométrica: os receptores pontuais, os planos receptores e as cabeças receptoras[15]. Os receptores pontuais são pontos ou regiões do espaço que receberão a pressão sonora sem fazer qualquer discriminação da direção de recepção. Eles podem ser comparados aos microfones omnidirecionais e são muito úteis quando se deseja validar experimentalmente um modelo computacional, já que boa parte dos experimentos em acústica de salas é feita com esse tipo de microfone. Os planos receptores são planos geométricos em que se deseja mapear a variação espacial da pressão sonora ou de parâmetros objetivos como o tempo de reverberação (ver, por exemplo, a Figura 1.19 na página 106). Esses planos receptores estão associados, por exemplo, ao plano ocupado pelas orelhas dos ouvintes de uma plateia. Tais planos também não fazem uma discriminação direcional da chegada das frentes de onda. Varrer o espaço com um microfone ainda é um tipo difícil de experimento e, portanto, esse tipo de análise tende a ser restrita aos modelos computacionais. Como os receptores pontuais e os planos receptores não fazem discriminação direcional da chegada dos raios sonoros, a única especificação importante a se fazer é sua posição dentro da sala.

---

[15] O autor gostaria de expressar que esse nome foi cunhado para explicar a diferença entre os diversos tipos de receptores utilizados nos *softwares*. A literatura e os manuais dos *softwares* referem-se às cabeças receptoras simplesmente como "receptores". O autor, no entanto, é da opinião que explicar a diferença aqui pode ser de grande benefício ao leitor.

As cabeças receptoras são importantes quando se deseja fazer auralização do campo acústico obtido na sala. Os procedimentos para se fazer a auralização serão explicados na Seção 5.10. Por ora é necessário saber que as características direcionais dos receptores são de suma importância nesse contexto. Essa também é uma vantagem da teoria geométrica atual sobre a teoria estatística (que não localiza nem caracteriza a direcionalidade do receptor) e sobre a teoria ondulatória (limitada ao uso de receptores pontuais). No caso das cabeças receptoras, é importante conhecer duas de suas características, a saber:

a) sua posição dentro da sala em relação à origem do sistema de coordenadas. A posição do receptor será especificada pelo vetor espacial $\vec{r} = (x, y, z)$, da mesma forma que no Capítulo 4;

b) a orientação da cabeça do receptor em relação ao eixo de coordenadas da sala.

A especificação da posição do receptor é obviamente importante, já que uma alteração na sua posição fará com que a resposta ao impulso do SLIT sala-fonte-receptor se altere. A orientação da cabeça do receptor em relação ao eixo de coordenadas da sala é importante para que o *software* possa manter um registro dos ângulos de elevação (vertical - ϑ_v) e azimute (horizontal - ϑ_h) com os quais cada raio sonoro atinge o receptor[16]. A Figura 5.5 ilustra um único raio sonoro atingindo um receptor. Note que esse raio chega de cima e da direita do receptor. O registro desses ângulos permitirá que obtenhamos duas respostas ao impulso distintas: as respostas ao impulso da orelha esquerda e direita, também conhecidas como Respostas Impulsivas Biauriculares (HRIR ou RIB) da sala. Por exemplo, a convolução de um sinal musical (ou de fala), gravado em uma câmara anecoica, com as RIB da sala gera dois sinais. Quando esses sinais são fornecidos às orelhas esquerda e direita de uma pessoa (via fone de ouvido), ela vai escutar os sinais como se ela estivesse presente na sala na posição e orientação do receptor, considerando o som sendo reproduzido na posição da fonte.

---

[16] Estou ciente de que as pesquisas em auralização utilizam outro tipo de simbologia. No entanto, isso geraria uma confusão com outros símbolos utilizados neste livro.

Elevação: ϑ_v Azimute: ϑ_h

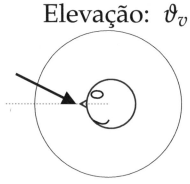 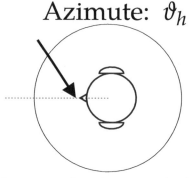

(a) Orientação da cabeça em relação à vertical (plano médio)

(b) Orientação da cabeça em relação à horizontal (plano horizontal)

Figura 5.5 Especificação da cabeça receptora em relação aos ângulos vertical e horizontal (ou planos médio e horizontal).

As cabeças receptoras podem ter suas frontes orientadas, por exemplo, olhando diretamente para frente ou então olhando para o centro do palco, em uma sala de concertos. O tipo de orientação dependerá do tipo de atividade principal ocorrendo na sala que será modelada. O leitor deve lembrar que a orientação é importante e usar o bom senso para fazê-lo corretamente em cada situação.

5.5 Geometria da sala e propriedades acústicas das superfícies

Antes de proceder para a etapa de cálculos por *software*, é preciso criar a geometria da sala em três dimensões. A geometria da sala será composta por uma série de planos. De fato, cada superfície da sala (p. ex., piso, escadas, teto, paredes, palco, absorvedores, difusores, móveis etc. será aproximada por um ou mais planos, como pode ser visto na Figura 5.1 (b), em que cada elemento modelado no desenho 3D (p. ex. piso, palco e assentos) é composto por um respectivo plano. Superfícies curvas, como tetos côncavos, serão, em geral, aproximados por uma sequência de planos.

De acordo com Vorländer [11], não é necessário modelar cada pequeno detalhe da sala com exatidão. Por exemplo, detalhes como pequenos objetos de decoração, maçanetas etc., embora importantes para uma impressão visual, são acusticamente "invisíveis"[17]. As rugosidades de difusores, móveis e estátuas podem ser expressas por meio de um coeficiente de espalhamento s adequado (ver Capítulo 3). Além disso, Vorländer [11] recomenda, como regra geral, que a resolução do desenho das paredes e superfícies interiores da sala seja da ordem de 0.5 [m] e que coeficientes de espalhamento adequados sejam atribuídos às diversas superfícies. Isso com certeza reduz o custo computacional e a complexidade do modelo. Além disso, a simplificação geométrica do modelo tridimensional não tem demonstrado causar inexatidão na análise acústica. Como apontado por Bork [12], na segunda comparação entre *softwares* de simulação, um aumento na complexidade geométrica do modelo não leva necessariamente a menores erros. Pelo contrário, pode levar até mesmo a maiores erros. No entanto, mais pesquisas precisam ser dedicadas a esse tópico.

Cada plano que compõe uma sala deverá ter associado a si as seguintes informações:

a) os coeficientes de absorção α_s e espalhamento s, associados ao material acústico do qual é feita a superfície;

b) um índice associado ao plano. Como a sala possuirá diversos planos, é importante identificá-los de alguma forma. Os planos podem ser, então, numerados em sequência;

c) os vetores posição de seus vértices, que definirão a equação do plano;

d) o vetor normal à superfície do plano.

Conhecer a equação do plano que gera uma dada superfície e seu vetor normal ($\vec{n}$, ver a Figura 5.6) será importante para determinar as distâncias e ângulos de incidência e reflexão entre fonte e receptor. A equação geral de um plano pode ser dada por:

$$f_\mathrm{P} = A\,x + B\,y + C\,z, \tag{5.2}$$

---

[17] Lembre-se da relação de um tamanho característico do objeto com o comprimento de onda para a respectiva frequência.

de modo que as constantes A, B e C são determinadas a partir de um sistema de equações formado pelo conhecimento de pelo menos três vértices do plano em questão. O vetor normal a um plano, em um dado ponto (x_1, y_1, z_1) contido no plano é dado por:

$$\vec{n} = (n_x, n_y, n_z) \,, \tag{5.3}$$

ou, de forma alternativa, o vetor normal ao plano pode ser obtido pelo produto cruzado entre os vetores de posição de dois vértices.

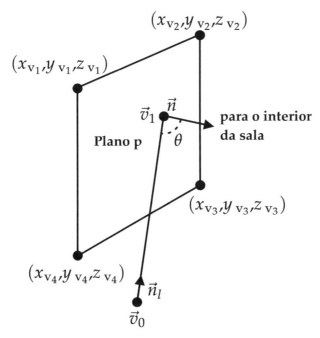

Figura 5.6 Plano e seu vetor normal $\vec{n}$; distância e ângulo de incidência entre fonte em $\vec{v}_0$ e um ponto $\vec{v}_1$ pertencente ao plano.

É muito importante que o vetor normal ao plano aponte para dentro da sala. Quando consideramos um determinado ponto $\vec{r}_p$, associado a uma fonte (ou um ponto de partida de um raio sono), a equação da linha, cujo vetor de direção é $\vec{v}_l$, que liga seu ponto de partida $\vec{r}_p$ a um ponto qualquer no espaço, pode ser escrita como:

$$\vec{l} = \vec{r}_p + b\,\vec{v}_l \,, \tag{5.4}$$

em que b é uma variável a ser obtida, que indica que a linha pode ter comprimento infinito, e $\vec{l}$ é o vetor posição de um ponto pertencente a linha; seu valor pode representar, por exemplo, um ponto de intersecção entre a linha e um dos planos que compõe a sala. O ponto de intersecção é dado pela solução conjunta das equações da linha e do plano[18]. Logo, a distância entre os pontos $\vec{l}$ e $\vec{r}_{\mathrm{p}}$ é:

$$||\vec{l} - \vec{r}_{\mathrm{p}}|| = \sqrt{(l_x - x_{\mathrm{p}})^2 + (l_y - y_{\mathrm{p}})^2 + (l_z - z_{\mathrm{p}})^2} \ . \tag{5.5}$$

Finalmente, o ângulo θ formado entre os $\vec{l}$ e $\vec{r}_{\mathrm{p}}$ é:

$$\theta = \mathrm{acos}\left(\frac{\vec{l} \cdot \vec{r}_{\mathrm{p}}}{|\vec{l}| \, |\vec{r}_{\mathrm{p}}|}\right), \tag{5.6}$$

em que $\vec{l} \cdot \vec{r}_{\mathrm{p}}$ é o produto escalar entre os vetores $\vec{l}$ e $\vec{r}_{\mathrm{p}}$.

Além disso, é preciso associar a cada plano que compõe a sala seu coeficiente de absorção α_s e espalhamento s. Sabemos que, ao ser irradiada por uma onda sonora, uma superfície vai em parte absorver e em parte espalhar a energia incidente. Como vimos, em modelos computacionais baseados em acústica geométrica, é possível registrar os ângulos de incidência dos diversos raios que incidem sobre uma determinada superfície. Embora, a princípio, não exista impedimento para incluir os coeficientes de absorção e espalhamento em função do ângulo de incidência, isso tornaria a modelagem computacional bastante mais complexa. Dessa forma, visto que se espera uma alta densidade de reflexões em uma sala, pode-se considerar que a incidência sobre todas as superfícies é aleatória e usar então os coeficientes de absorção e difusão por incidência difusa. O método de medição para α_s foi apresentado na Seção 2.2.2 e o método de medição para o coeficiente de espalhamento s, em câmara reverberante, foi mostrado na Seção 3.3.3. As definições desses coeficientes seguem o exposto nos Capítulos 2 e 3. Os coeficientes α_s e s variam de material para material e podem, também, variar com frequência. Logo, esses coeficientes serão usados para calcular a energia que emana de cada superfície de forma especular e de forma difusa[19].

---

[18] A solução conjunta das equações da linha e do plano formam um sistema de quatro equações e quatro incógnitas, a saber: $\vec{l} = (l_x, l_y, l_z)$ e b.

[19] Note que mesmo planos não aplicados como tratamento acústico (p. ex., paredes, piso, partes do teto, janelas, portas etc.) precisam ter associados a si um coeficiente de absorção α_s e espalhamento s adequados.

5.6 Evolução temporal dos raios sonoros

Neste ponto é útil discutir quais as características da distribuição da energia acústica no tempo para sistemas sala-fonte-receptor. Não obstante, o intuito aqui não é discutir as peculiaridades dos algoritmos usados nos métodos clássicos de simulação em acústica de salas, pois deixaremos isso para a Seção 5.8. Nosso intuito nesta seção é apenas mapear, no tempo, a energia acústica dos raios que saem da fonte e atingem o receptor.

Considere a sala mostrada à esquerda da Figura 5.7. Esse é um auditório, onde se localizam uma fonte sonora (no palco) e um receptor (em um local da plateia). A fonte sonora, localizada pelo vetor $\vec{r}_0$, tem uma potência sonora W e uma certa direcionalidade, que podem variar com a frequência. Além disso a fonte tem um eixo de orientação. O receptor, localizado pelo vetor $\vec{r}$, é na verdade uma cabeça receptora cuja fronte é orientada, nesse caso, diretamente ao eixo de radiação da fonte sonora. Ademais, por coincidência, o receptor se encontra na mesma altura da fonte sonora.

No instante $t=0$ [s], a fonte emite um impulso $\delta(t)$, de duração infinitesimal, na forma de um número finito de raios sonoros, que são distribuídos no espaço. Uma forma similar de ver a emissão é considerar que, no instante $t=0$ [s], a fonte explode em um número suficientemente grande de partículas distribuídas no espaço. A distribuição espacial dos raios ou partículas se dá de acordo com a direcionalidade da fonte. De forma a simplificar a análise, vamos tomar um desses raios por vez e seguir sua evolução temporal pela sala até que ele atinja o receptor. Os raios sonoros viajarão pela sala com a velocidade do som no fluido que permeia a sala, c_0 [m/s] para o ar.

Uma vez emitido o impulso sonoro, leva-se algum tempo até que o primeiro raio sonoro direto atinja o receptor. Isso acontece no instante $t_d = L/c_0$ [s], sendo L a distância entre fonte e receptor, e t_d, o "tempo de viagem" do raio. O subíndice "d" utilizado aqui se refere ao "som direto", ou seja, aquele que atinge o receptor sem que haja qualquer reflexão. A energia desse raio, no instante em que ele atinge o receptor, depende:

a) da energia do raio emitido pela fonte e, portanto, de sua potência sonora W;

b) da direcionalidade da fonte no eixo definido pela reta entre fonte e receptor;

c) da distância percorrida pelo raio (L, nesse caso), devido ao espalhamento da onda esférica; e

d) da absorção sonora do ar (ver Seção 6.6).

Claramente o som direto se propaga pelo caminho mais curto entre fonte e receptor: uma reta sem reflexões ou difrações. A energia desse raio será computada pelo *software* em um gráfico que chamaremos de reflectograma[20]. Esse gráfico pode ser visto na porção central da Figura 5.7 e ele exprime a energia de cada raio sonoro que atinge o receptor em função de seus respectivos tempos de chegada. Nesse caso, o som direto é destacado em preto. Note que existe um intervalo de tempo entre o instante $t = 0$ [s] (emissão do impulso pela fonte) e a chegada do primeiro raio no receptor, t_d. Note também que o som direto tende a ter a maior energia dentre todos os raios sonoros. Na parte à direita da Figura 5.7, podemos notar quais são os ângulos vertical (ϑ_v) e horizontal (ϑ_h) com os quais o raio atinge o receptor. Nesse caso, como o receptor tem sua fronte orientada ao eixo principal da fonte e está na mesma altura que ela, temos que $\vartheta_v = \vartheta_h = 0$ [°].

No instante t_{r1} [s], a primeira reflexão atingirá o receptor, como mostrado na Figura 5.8. A energia desse raio, no instante em que ele atinge o receptor, está apresentada no reflectograma em destaque em preto. Lembramos que a energia recebida no receptor depende da potência sonora da fonte (W); da direcionalidade da fonte no eixo de emissão do raio, que é diferente do som direto; da distância L_{r1} percorrida pelo raio, devido

---

[20] Em muitos artigos na literatura o termo "ecograma" também é utilizado. Embora o autor tenha ciência desse fato e ainda que provavelmente a palavra "reflectograma" constitua um neologismo, ele considera que a palavra "ecograma" pode levar o leitor a pensar que as reflexões presentes na sala sejam ecos. O autor é da opinião de que isso pode ser confuso para o leitor, já que eco é o fenômeno que acontece quando conseguimos ouvir a reflexão como um som distinto e repetido do som direto. Portanto, considero que "reflectograma" é uma palavra melhor para descrever a energia das reflexões em função do tempo.

ao espalhamento da onda esférica; da absorção do ar, e, adicionalmente, dos coeficiente de absorção α_s e espalhamento s da superfície que reflete o raio (na frequência de análise, já que esses parâmetros variam com a frequência).

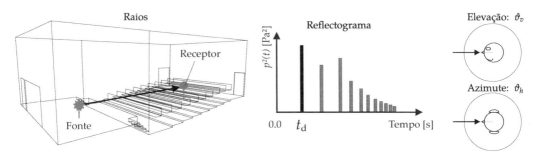

Figura 5.7 Raio que representa o som direto atingindo o receptor em uma sala, o reflectograma esquemático e a direção de chegada do raio.

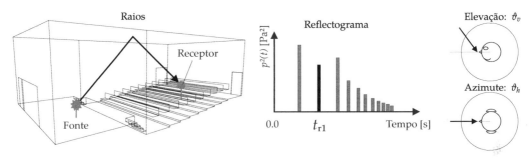

Figura 5.8 Raio que representa a primeira reflexão atingindo o receptor em uma sala, o reflectograma esquemático e a direção de chegada do raio.

A energia dessa primeira reflexão tende a ser menor que a energia do som direto, já que a distância percorrida pelo raio é maior e, além disso, o raio atinge uma superfície e, portanto, parte da energia sonora do raio emitido é roubada por essa superfície. Note também que existe um pequeno silêncio (intervalo de tempo) entre o som direto e a primeira reflexão. Esse intervalo de tempo é chamado de ITDG (*Initial Time Delay Gap*). Visto que o raio é refletido pelo teto, o ângulo de chegada vertical (ϑ_v) é maior que 0 [°]; ver Figura 5.8.

À medida que o tempo avança, as reflexões seguem acontecendo. Nas Figuras 5.9 e 5.10, mostram-se a segunda e terceira reflexões, que atingem apenas 1 aparato cada (nesse exemplo). Os reflectogramas são mostrados nas figuras correspondentes, com as energias dos raios que atingem os receptores destacadas em preto. Nesses casos, as distâncias de propagação são ainda maiores que no caso da primeira reflexão. No entanto, a energia dos raios que atingem o receptor não é necessariamente menor que a primeira reflexão, já que essa energia depende da quantidade de energia absorvida pelo refletor irradiado. Se esse refletor tem, na faixa de frequência de interesse, um coeficiente de absorção α_s maior que o refletor atingido pela primeira reflexão, então a energia desse raio tenderá a ser menor. Se esse refletor tem, na faixa de frequência de interesse, um coeficiente de absorção α_s menor que o refletor atingido pela primeira reflexão, a energia desse raio tenderá a ser maior. No entanto, é preciso ter em mente que os coeficientes de absorção não são os únicos fatores envolvidos, já que as distâncias de propagação, a direcionalidade da fonte (no eixo de emissão do raio) e os coeficientes de espalhamento, s, das superfícies também importam nesse cálculo.

Note também que, no caso estudado, a segunda reflexão atinge o receptor pela sua direita e a terceira reflexão o atinge por sua esquerda. Os ângulos ϑ_v e ϑ_h são dados nas Figuras 5.9 e 5.10. Lembre-se somente de que estamos mostrando um exemplo específico e de que em cada caso os valores desses ângulos e da energia das reflexões dependerão da configuração sala-fonte-receptor.

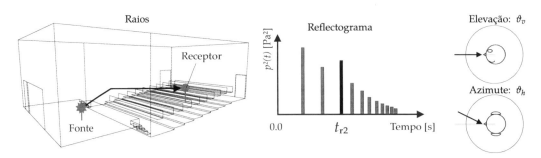

Figura 5.9 Raio que representa a segunda reflexão atingindo o receptor em uma sala, o reflectograma esquemático e a direção de chegada do raio.

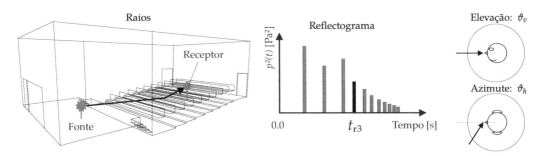

Figura 5.10 Raio que representa a terceira reflexão atingindo o receptor em uma sala, o reflectograma esquemático e a direção de chegada do raio.

Reflexões que atingem apenas um aparato refletor são chamadas de reflexões de primeira ordem. À medida que o tempo evolui, no entanto, mais e mais reflexões chegarão ao receptor. A Figura 5.11 mostra uma reflexão que atinge duas superfícies (piso do palco e teto). Como esse raio atinge duas superfícies, essa é uma reflexão de segunda ordem. A Figura 5.12 mostra uma reflexão que atinge quatro superfícies (piso do palco, parede traseira do palco, teto e parede lateral). Como esse raio atinge quatro superfícies, essa é uma reflexão de quarta ordem e assim por diante.

Note que algo curioso aconteceu na reflexão do teto na Figura 5.12. Essa não parece ter sido uma reflexão especular, já que o ângulo de reflexão do raio sonoro é diferente do ângulo de incidência. O leitor deve estar consciente, a esse ponto, de que o fenômeno de reflexão difusa é bastante complexo e que, a rigor, uma série de novos raios deveria ser gerado em cada superfície; assim, a reflexão difusa estaria sendo representada de forma mais correta. Isso é mostrado, por exemplo, na Figura 3.1 (página 192). No entanto, essa abordagem seria bastante complexa em termos computacionais e, dessa forma, é preciso notar que, em geral, os *softwares* consideram que apenas um raio emanará da superfície para cada raio que incide nela. A forma como os diferentes algoritmos lidam com a reflexão difusa será discutida na Seção 5.8.

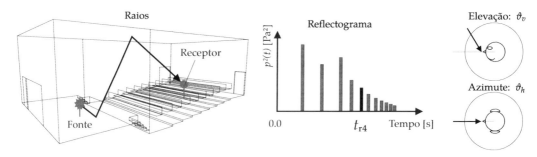

Figura 5.11 Raio que representa uma reflexão de segunda ordem atingindo o receptor em uma sala, o reflectograma esquemático e a direção de chegada do raio.

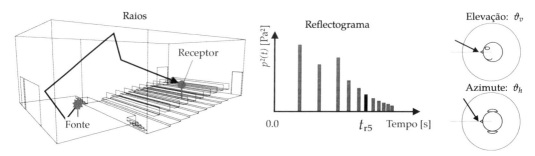

Figura 5.12 Raio que representa uma reflexão de quarta ordem atingindo o receptor em uma sala, o reflectograma esquemático e a direção de chegada do raio. O raio que atinge o teto sofreu uma reflexão difusa.

A energia dos raios (no receptor) que sofrem reflexão de ordem superior depende da potência sonora da fonte (W), da direcionalidade da fonte no eixo de emissão, da distância total percorrida pelo raio (que é cada vez maior), da absorção do ar, e dos coeficiente de absorção α_s e espalhamento s das diversas superfícies que refletem o raio. Dessa forma, como a distância percorrida pelo raio em reflexões de ordem superior é maior, mais energia será perdida devido ao espalhamento da onda esférica. Além disso, como cada superfície refletora retira uma quantidade de energia do raio, sua energia tende a diminuir à medida que ele vai atingindo mais e mais superfícies, o que tende a ter um efeito ainda mais dramático sobre a energia sonora que atinge o receptor. Se considerássemos, por exemplo, que só o coeficiente de absorção contribui para a retirada de energia de um raio, cuja energia inicial é E_i, a energia final de uma reflexão de quarta ordem seria $E = (1 - \alpha_{s_1})(1 - \alpha_{s_2})(1 - \alpha_{s_3})(1 - \alpha_{s_4})E_i$.

Um outro fator importante que o leitor pode ter notado é que, no começo da evolução temporal, as reflexões estão temporalmente relativamente distantes entre si. Ou seja, sua densidade temporal é pequena no começo do reflectograma. À medida que o tempo avança, no entanto, mais e mais reflexões atingem o receptor, e o tempo entre elas começa a ficar cada vez menor. De fato, esse intervalo de tempo começa a ser tão pequeno que a própria largura do pulso impresso no reflectograma se torna maior que esse intervalo de tempo e fica impossível separar uma reflexão de outra no papel. O ouvido também, em muitos casos, não consegue perceber cada reflexão individualmente, mas sim uma continuação do som direto, que chamamos de reverberação. À medida que o tempo avança, a densidade de reflexões aumenta proporcionalmente a t^2 [s^2].

Os reflectogramas mostrados até aqui têm um caráter apenas didático e mostram somente algumas das primeiras reflexões. Um reflectograma típico é então mostrado na Figura 5.13. Novamente, note que esse gráfico representa a energia de cada raio sonoro que atinge o receptor em função do tempo. Ou, de forma mais exata, o quadrado da pressão sonora. Esse reflectograma está relacionado à resposta impulsiva da configuração sala-fonte-receptor. No entanto, essa não é a resposta impulsiva, já que a $h(t)$ precisa da informação de fase e o reflectograma não fornece essa informação. Para obter respostas impulsivas alguns passos a mais serão necessários (ver Seção 5.10). A seguir veremos algumas características importantes de um reflectograma típico. Essas características nos ajudarão a compreender como se dá a nossa percepção subjetiva da sala e também nos ajudarão a compreender como podemos quantificar essas percepções subjetivas.

5.7 Características de um reflectograma

Precisamos então estudar que tipo de informação é possível extrair de um reflectograma. Além do som direto (curva tracejada na Figura 5.13), o reflectograma possui três regiões distintas, a saber:

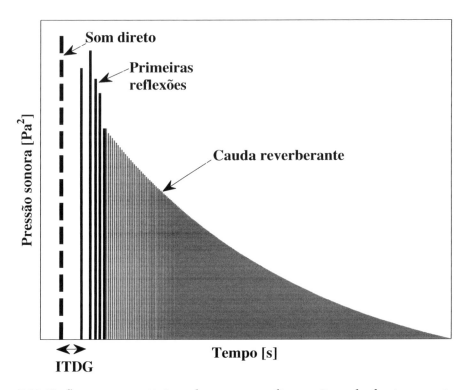

Figura 5.13 Reflectograma típico de uma configuração sala-fonte-receptor mostrando o som direto, primeiras reflexões, ITDG e a cauda reverberante.

(i) ITDG: silêncio entre o som direto e as primeiras reflexões;

(ii) Primeiras reflexões (ou *Early Reflections*): as reflexões de baixa ordem (linhas pretas cheias na Figura 5.13);

(iii) Cauda reverberante (ou *Late Reflections* ou ainda *Reverberation Tail*): reflexões de alta ordem (em cinza na Figura 5.13).

O ITDG (*Initial Time Delay Gap*) corresponde ao intervalo de tempo entre o som direto e a chegada da primeira reflexão significativa[21]. Beranek [13] propôs que valor do ITDG está ligado à percepção do tamanho do ambiente estudado; mais especificamente, ele usou o termo

---
[21] Por "primeira reflexão significativa", queremos dizer que nem sempre esta será a primeira reflexão, já que ela pode ter uma magnitude bastante baixa devido à absorção, por exemplo. A primeira reflexão significativa é aquela que apresenta uma magnitude comparável à magnitude do som direto e que chega ao receptor no menor tempo.

"intimidade" (ou "intimismo") para descrever o aspecto subjetivo ligado ao ITDG. Quanto maior for o ITDG, maior a tendência de que o espaço seja auditivamente tomado como volumoso. Beranek aponta, por exemplo, que salas com ITDG maior que 45 [ms] tendem a ser ambientes cujo aspecto "intimidade" é deficiente, já que o ambiente tende a ser percebido como muito grande. Menores valores de ITDG estão associados a espaços menores e mais "íntimos". De fato, mais tarde, Beranek parece ter abandonado a ideia do uso exclusivo do ITDG para mensurar a "intimidade". A falta de confirmação experimental da hipótese de que o ITDG seja o único parâmetro relevante nesse aspecto também contribui para que esse parâmetro seja considerado mais como um dado adicional do que como uma forma de medir uma característica importante da resposta ao impulso [14, 15]. No entanto, o ITDG serve como um parâmetro norteador. Ele também é importante na percepção acústica da distância entre fonte e receptor em conjunto com a distância entre receptor e superfície refletora. A Figura 5.14 ilustra essa questão em 2D. Quando o receptor se encontra distante da fonte e próximo a um aparato refletor, a tendência é que o ITDG seja reduzido. Isso pode se tornar tão sério que, se a amplitude da reflexão, em relação ao som direto, for muito grande, o ouvinte pode atribuir a localização da fonte à reflexão e não ao som direto, entendendo que o som se origina na parede, por exemplo [14] (ver também a Figura 7.1, com explicações mais profundas no Capítulo 7). Quando o receptor está próximo à fonte e distante de um aparato refletor, a tendência é que o ITDG seja maior.

Além dos detalhes comentados previamente, o ITDG está relacionado a um problema acústico em salas que deve ser evitado a todo custo: o eco. Ecos acontecem quando é possível ouvir o som direto e a reflexão como dois sons distintos. A zona limite para percepção de ecos é um ITDG$\geq$ 50 [ms] com a primeira reflexão com energia ≥ -20 [dB] em relação à energia do som direto [14]. Se o ITDG aumentar, será ainda mais fácil perceber o som refletido como eco. Isso implica que o eco será percebido mesmo se a energia do som refletido for menor que -20 [dB] em relação ao som direto. O que se deve fazer nesse caso é diminuir o caminho de propagação da reflexão (o que diminui o ITDG) ou atenuar o som refletido com absorção (o que diminui a energia da reflexão relativa ao

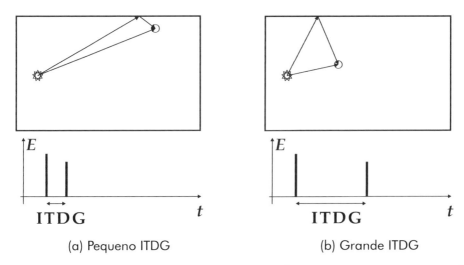

Figura 5.14 Relação entre ITDG e distâncias fonte-receptor e receptor-refletor para diferentes configurações (pequeno e grande ITDG.).

som direto), ou ainda direcionar reflexões que causam ecos a outras direções (por meio de difusão, o que diminui a energia do raio refletido na direção nociva, sem absorver energia acústica do ambiente).

A segunda região na Figura 5.13 é conhecida como região das primeiras reflexões. Tipicamente essa é a região considerada entre o som direto e 50 [ms] após este (quando fala é a prioridade) ou 80 [ms] (quando música é a prioridade). É uma região composta por reflexões de ordem inferior a 5-7. Por serem reflexões de baixa ordem, suas magnitudes são elevadas, pois sofreram menos absorção e viajam distâncias menores. A quantidade de reflexões de baixa ordem por segundo também é relativamente pequena, já que poucas superfícies foram irradiadas pelas ondas sonoras até esse tempo. As primeiras reflexões contribuem para a percepção da amplitude do som direto, pois são entendidas pelo sistema auditivo humano como se estivessem integradas ao som direto. Desse ponto de vista, elas contribuem para um aumento da inteligibilidade, já que ajudam a aumentar a razão entre o volume sonoro percebido do som direto e o volume sonoro percebido da reverberação [16]. Elas também, como se verá no futuro, são muito importantes na percepção espacial das fontes sonoras, permitindo ao ouvinte localizar com exatidão diferentes instrumentos musicais no palco, inferir seu tamanho auditivamente etc. (ver

Capítulo 7.1). Claramente, como nossa habilidade de localização sonora é melhor para sons chegando às orelhas esquerda e direita no plano horizontal, nossa percepção espacial tem muito a ver com uma quantidade adequada de energia contida nas primeiras reflexões que atingem o ouvinte no plano lateral [15, 17].

As primeiras reflexões também estão associadas a outro problema acústico que também devemos evitar: o *flutter-echo*. Esse é um fenômeno causado por reflexões com alta energia atingindo o ouvinte com intervalos de tempo regulares entre elas. Isso causa um efeito de som "metalizado" ou "robotizado", já discutido de algum modo na Seção 1.2.10. Na prática, esse efeito pode ser exagerado em ambientes com pouca absorção (como a sua casa sem os móveis, por exemplo) e pelo uso de paredes paralelas, o que faz com que os intervalos entre as reflexões tornem-se uniformes (ver Figura 8.2 na página 553). Seu efeito pode ser mitigado com absorção sonora (reduzindo a energia das primeiras reflexões e retirando energia acústica da sala) ou com difusão/inclinação das paredes (o que torna o espaçamento temporal entre as reflexões irregular).

A terceira região na Figura 5.13 é conhecida como cauda reverberante. Essa é uma região para a qual a densidade de reflexões por segundo aumenta proporcionalmente a t^2. Ela frequentemente é uma região do reflectograma que se estende muito além dos 50 [ms]. Tipicamente, essa região varia de alguns décimos de segundo, para ambientes com muita absorção (p. ex., salas de controle de estúdios, cinemas, câmaras anecoicas etc.), até alguns segundos, para ambientes mais reverberantes (p. ex., salas de concerto, igrejas, câmaras reverberantes etc.). Essa extensão além dos 50 [ms] não causa a sensação de eco, no entanto. Isso acontece porque a ordem das reflexões se torna tão alta, à medida que o tempo avança, que as energias das reflexões não são capazes de causar ecos, já que são muito atenuadas pela absorção sonora dos aparatos e do ar.

A cauda reverberante é percebida como a extensão do impulso original (ou som gerado pela fonte), prolongando sua duração. A reverberação pode ter efeitos positivos ou nocivos. Pouca reverberação (associada a uma sala com muita absorção) pode gerar o problema de uma falta de suporte à fonte sonora, e é frequentemente associado a um som "seco" e "sem vida" [13]. Nesse caso, músicos e palestrantes acabam tendo de se esforçar mais para serem ouvidos e se ouvirem adequadamente. O excesso de reverberação, por outro lado (associado a uma sala com pouca absorção), leva à perda na inteligibilidade do programa sonoro. Isso acontece porque, enquanto uma nota musical (ou sílaba de uma palavra) ainda ressoa devido à reverberação, a próxima nota ou sílaba já deixou a fonte e se propaga pela sala. Assim, a nota (ou sílaba) posterior se mistura com a reverberação da nota (ou sílaba) anterior, o que contribui para a deterioração da inteligibilidade [18].

É preciso ter em mente que as características do reflectograma (duração e amplitude de cada região) são funções da geometria da sala, da posição da fonte e do receptor e da quantidade de absorção e difusão do ambiente, associados aos coeficientes de absorção (α_s) e espalhamento (s) das diversas superfícies. Como α_s e s variam com a frequência, é de se esperar que parâmetros objetivos extraídos do reflectograma (ou resposta ao impulso) também variem com a frequência. Esses parâmetros, como o tempo de reverberação (T_{60}), serão vistos em detalhes no Capítulo 7.1. Dessa forma, para para equilibrar tais parâmetros, é preciso lançar mão de absorvedores e difusores com diferentes características espectrais.

É útil também notar que cada sistema sala-fonte-receptor possuirá um diferente reflectograma. Assim, para uma mesma sala, cada par fonte-receptor terá um reflectograma diferente. Isso ocorre porque, ao se mudar a posição de fonte e/ou receptor, mudam-se as distâncias percorridas pelos raios, a orientação de fonte e receptor, os ângulos de chegada dos raios sonoros no receptor, as superfícies atingidas pelos raios etc. Nesse sentido, o leitor pode notar também que essas mudanças tendem a ser mais drásticas no começo do reflectograma (som direto e primeiras reflexões) do que no seu final (cauda reverberante), já que no final haverá tantas reflexões e tantas superfícies irradiadas que existe uma probabilidade maior de que as mudanças de posição de fonte e receptor não alterem significativamente a porção final do reflectograma[22]. No entanto, a transição entre primeiras reflexões e cauda reverberante não é abrupta e o

---

[22] Na verdade os reflectogramas sempre serão diferentes, mas nossa habilidade de perceber os detalhes do reflectograma diminuem à medida que se tem uma maior densidade de reflexões. Assim, as pequenas mudanças que acontecem na cauda reverberante tendem a perder sua importância e nós vamos perceber somente suas características gerais, como o tempo que a energia sonora leva para decair um certo valor.

Acústica geométrica

385

estabelecimento de um limite como 50 ou 80 [ms] tem suas limitações em termos de exatidão de análise. Na prática, existe uma região de transição que é dependente das características da sala. Todos esses aspectos serão abordados novamente no Capítulo 7.

5.8 Modelos matemáticos em acústica geométrica

Neste ponto pretende-se apresentar os aspectos computacionais e de implementação dos principais métodos utilizados na modelagem por meio da acústica geométrica. Em primeiro lugar, é preciso notar que existe uma grande variedade nos detalhes de implementação dos métodos de acústica geométrica, como pode ser visto na revisão apresentada por Dalenbäck, Kleiner e Svensson [3]. A ideia aqui não é apresentar os detalhes de cada *software* de modelagem existente, mas sim as premissas dos principais métodos. A forma de apresentação de cada método tentará seguir a simetria das seções anteriores e, portanto, discutiremos como esses métodos lidam com a modelagem da fonte, do receptor e com a interação destes com as superfícies da sala.

A intenção desta seção é que, com base nessas informações aqui discutidas, o leitor possa:

a) identificar qual o melhor método computacional para sua aplicação;

b) identificar que algoritmos existem no *software* no qual o leitor trabalha e quais as vantagens e limitações intrínsecas;

c) ser capaz de ao menos ter um ponto de partida para implementar seu próprio algoritmo, caso deseje.

Visando atender a esses quesitos, seria útil perguntar: que tipos de requisitos um *software* de modelagem em acústica de salas deve ter? No trabalho de Bork [12], na segunda comparação entre *softwares*, ele fornece uma lista de atributos que esses podem ou devem ter. No que tange às capacidades de cálculo, ele aponta que os *softwares* devem ser capazes de:

- calcular diversos parâmetros acústicos objetivos (p. ex., T_{60}, C_{80}, t_s e outros que serão vistos no Capítulo 7.1);

- serem exatos e confiáveis, o que implica que a obtenção de respostas ao impulso, curvas de decaimento energético e cálculo dos parâmetros acústicos devem ser validados experimentalmente;

- lidar com casos especiais como: salas abertas, superfícies curvas, superfícies sobrepostas, efeitos de absorção da plateia etc. Alguns desses itens podem ser muito ou pouco relevantes, dependendo da aplicação requerida;

- inclusão dos efeitos de reflexão difusa devido às irregularidades de amostras (p. ex., difusores) ou devido ao seu tamanho finito. Desde o início dos trabalhos que apresentaram comparações entre *softwares* [19], ficou claro que esse é um aspecto crucial;

- modelar a direcionalidade de fontes e receptores;

- modelar a variação dos coeficientes de absorção e espalhamento com a frequência;

- calcular várias faixas de frequência em bandas de oitava ou terço de oitava;

- ter exatidão nos cálculos em baixas frequências (abaixo da frequência de Schroeder), o que ainda é bastante difícil na maioria dos casos.

No que tange à capacidade de integração com outros tipos de *software*, bem como à facilidade de atribuição de propriedades às superfícies e fontes sonoras, Bork aponta que os *softwares* de modelagem devem ser capazes de:

- ter uma interface de importação de desenhos em 3D para vários tipos de formato de arquivo;

- ter uma interface de desenho da sala;

- ter uma interface de visualização 3D na qual se possa ver a sala de vários ângulos;

- possuir ferramentas para checar a qualidade e adequação dos desenhos;

- possuir bibliotecas com direcionalidade de vários tipos de fontes sonoras (p. ex., alto-falantes, instrumentos musicais, voz humana etc.);

- possuir bibliotecas com coeficientes de absorção e espalhamento de várias amostras;

- possuir ferramentas de visualização dos resultados como: gráficos dos parâmetros objetivos vs. frequência, mapas de cores, reflecto-gramas etc.;

- proporcionar a auralização da sala com bancos de HRTFs[23], equalização de fones de ouvido e convolução em tempo real.

Por fim, é também importante atender aos aspectos computacionais a seguir:

- permitir que o usuário altere parâmetros relacionados à exatidão e à precisão, o que em geral, afeta os tempos de cálculo;

- apresentar boa ergonomia na interface com o usuário;

- contar com um bom manual e suporte técnico;

- ser estável em operação (evitar travamentos etc.);

- ser capaz de operar nos principais sistemas operacionais (p. ex., Windows, Mac OS, Linux etc.).

Os métodos e as estratégias computacionais usados para atender a pelo menos boa parte dos requisitos serão vistos na sequência.

5.8.1 Método do traçado de raios

O método do traçado de raios é o mais antigo dos métodos computacionais em acústica geométrica. Os estudos e as aplicações em projetos utilizando esse método iniciaram-se na década de 1960 com os trabalhos

---

[23] Ver Seção 5.10 para mais detalhes.

de Krokstad, Strom e Sørsdal [20] e Schroeder [8, 21]. O método pode ser classificado como estocástico [11], já que muitos aspectos são modelados a partir de variáveis aleatórias. O método, que se desenvolveu ao longo dos anos [22], ainda é usado como parte da solução dos pacotes de modelagem. Kulowski [23] fornece uma descrição relativamente detalhada da implementação do método. Conceitos mais modernos podem ser encontrados nas referências de Vorländer e Kuttruff [10, 11].

A implementação prática do método segue o que já foi descrito na Seção 5.6. No instante $t = 0$ [s], a fonte sonora emite um número finito de raios N_r (ou partículas). Cada raio sonoro possui uma determinada quantidade de energia inicial.

Para modelar a fonte sonora, existem algumas alternativas. Considere, por exemplo, uma fonte sonora omnidirecional, como a fonte cujo padrão polar (2D) é mostrado na Figura 5.15 (a). A primeira possibilidade é usar uma equação determinística para calcular uma distribuição igualitária de raios ao longo de uma esfera ao redor do vetor posição da fonte. As setas na Figura 5.15 (a) indicam os vetores direção e sentido das partículas. Como a fonte é omnidirecional, cada raio sonoro porta a mesma quantidade de energia inicial. Para uma fonte direcional, com um possível padrão polar mostrado na Figura 5.15 (b), a direção dos raios é tomada das mesmas equações que determinam as direções dos raios da fonte omnidirecional. No entanto, os raios partem da fonte portando diferentes energias conforme a direção de propagação. Isso implica que alguns raios partem com mais energia para determinados ângulos e menos energia para outros ângulos. Por natureza, essa forma de modelar as fontes sonoras é determinística.

Uma alternativa à modelagem da fonte é utilizar um método estocástico para determinar as direções de propagação dos raios. Para a fonte omnidirecional, raios contendo a mesma energia podem ter seus ângulos de elevação (entre $-\pi$ e π) e azimute[24] (entre 0 e 2π) calculados por meio da geração de números aleatórios. De acordo com Kulowski [23], nesse caso, não se pode garantir que os raios sejam equidistantes. No entanto, o método estocástico de modelagem da fonte apresenta uma

---

[24] O ângulo de elevação varre a coordenada norte-sul e o ângulo azimute a coordenada leste-oeste.

Acústica geométrica

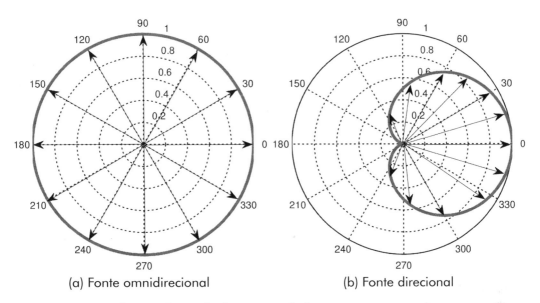

(a) Fonte omnidirecional (b) Fonte direcional

Figura 5.15 Gráficos polares de dois tipos de fontes sonoras usadas no traçado de raios. As setas representam a direção de propagação dos raios e a linha cinza o contorno de direcionalidade da fonte.

vantagem quando não se conhece *a priori* o número de raios N_r traçados. Isso acontece porque, ao se definir um valor para N_r, pode ocorrer que um critério de truncamento do *software* seja acionado (p. ex., energia contida no reflectograma) antes que todos os raios sejam traçados. Isso pode ser corrigido com critérios de truncamento adequados. A geração dos números aleatórios com funções densidade de probabilidade uniforme cria raios espalhados uniformemente ao longo da esfera que circunda o vetor posição da fonte, o que equivale a uma fonte omnidirecional. A modelagem de fontes direcionais é mais complexa nesse caso, e deve ser feita mediante o uso de outras funções densidade de probabilidade, que colocam mais raios em uma dada direção. Com base nisso, conclui-se que a energia de cada raio é a mesma e que a direcionalidade da fonte é obtida a partir da concentração de raios em uma dada direção (o que equivale a concentrar a energia acústica em uma dada direção).

É preciso salientar também que, do ponto de vista computacional, o espaço ao redor da fonte será varrido por uma quantidade finita de raios (N_r). Quanto maior for o número de raios, espera-se que haja um aumento na precisão e exatidão dos cálculos. No entanto, o aumento do número de raios implica em um aumento do custo computacional e do tempo de cálculo gasto pelo *software*.

Como a fonte radia um som impulsivo ($\delta(t)$) com potência W, a energia da fonte é toda concentrada em um instante infinitesimal de tempo. Tal energia será distribuída pelos N_r raios lançados. Dessa forma, para uma fonte omnidirecional, a energia sonora inicial de cada raio é:

$$E_{n\text{-}i} = \frac{W}{N_r} ,\tag{5.7}$$

em que que o subíndice "i" denota "inicial" e "n" o n-ésimo raio.

Uma vez que a direção e a energia de cada raio sonoro são sabidos, pode-se passar a uma sequência de passos a fim de obter um reflecto-grama para o sistema sala-fonte-receptor. Em qualquer dos algoritmos usados (Figura 5.16), para uma dada banda de frequência (banda de oitava ou terço de oitava, por exemplo), um raio é traçado de cada vez.

Uma vez que um raio é iniciado, o passo seguinte nos algoritmos é um teste de detecção. Esse teste consiste em determinar se o n-ésimo raio atinge ou não o receptor. Note, por exemplo, na Figura 5.17 (a) o n-ésimo raio emitido pela fonte, refletindo no teto e sendo detectado pelo receptor. Necessariamente, no método de traçado de raios, o receptor precisa ser uma superfície que será cruzada pelo raio em um determinado momento. Nos métodos de traçado de raios em acústica de salas, o receptor pode ser uma superfície esférica ou um disco de raio r, por exemplo. Assim, além das informações dos receptores listadas na Seção 5.4, é necessário definir o raio da esfera receptora.

O teste de detecção consiste em, partindo do centro do receptor, tra-çar a linha perpendicular à linha determinada pela direção do raio. O ponto de encontro entre as duas linhas é determinado pela igualdade da equação das duas linhas (Equação (5.4)). Caso a distância do centro do receptor e o ponto de encontro das linhas seja menor que o raio da esfera receptora, uma detecção é contada. Caso essa distância seja maior que o raio da esfera receptora, o raio não será detectado. A Figura 5.17 (b) ilustra essa questão[25].

---

[25] Detalhes da matemática envolvida nesses processamentos (p. ex. como encontrar ve-tor normal a uma reta, distância entre pontos etc.) podem ser encontrados em boas referências de álgebra vetorial.

Acústica geométrica

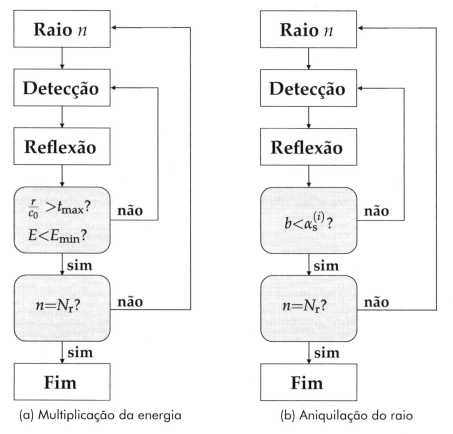

(a) Multiplicação da energia (b) Aniquilação do raio

Figura 5.16 Algoritmos usados no método do traçado de raios para cada banda de frequência.

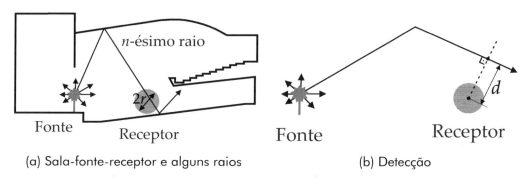

(a) Sala-fonte-receptor e alguns raios (b) Detecção

Figura 5.17 Traçado de raios e método de detecção usado para averiguar se o n-ésimo raio atinge o receptor.

Após o teste de detecção do raio pelo receptor, um teste de reflexão será feito[26]. Ele consiste em testar se o n-ésimo raio atinge ou não uma determinada superfície da sala.

O teste de reflexão consiste em testar cada superfície da sala, a fim de encontrar a superfície na qual o raio incidirá. Nessa etapa, lembramos novamente que a equação da linha que determina o raio é conhecida (Equação (5.4)), assim como a lista de informações de todas as superfícies que compõem a sala. De forma a determinar a superfície atingida pelo raio, o primeiro teste consiste em eliminar todos os planos que não podem ser atingidos pelo raio[27]. Os planos que não podem ser encontrados pelo raio são aqueles cujo produto escalar entre o vetor de direção do raio $\vec{n}_l$ e o vetor normal à i-ésima superfície são maiores que zero (ângulo agudo entre raio e superfície) [23]: $\vec{n}_l \cdot \vec{n}_i > 0$. Assim, uma série de planos possíveis é determinada. O próximo passo consiste em:

a) calcular os pontos de intersecção entre a reta que determina o n-ésimo raio e um ponto no i-ésimo plano;

b) O valor mínimo dessas distâncias nos fornecerá o plano no qual o raio incide e a distância entre fonte e plano. O ângulo de incidência entre fonte e plano é dado pela Equação (5.6).

É necessário também calcular a energia de cada raio. Se um raio é detectado pelo receptor sem que atinja nenhuma superfície, esse será parte do som direto. A distância propagada pelo raio determinará o tempo transcorrido entre a emissão (em $t = 0$ [s]) e a recepção do raio. Note que, como a energia total da fonte é distribuída nos N_r raios, não é necessário inserir um termo adicional para levar em conta a perda energética devido à propagação esférica. Pode-se, no entanto, levar em conta a absorção do ar por meio de um coeficiente de absorção m, dado em

---

[26] Nos algoritmos expostos por Vorländer, a reflexão é testada antes da detecção. Considerando uma execução linear do algoritmo e que possa haver um caminho de propagação direto entre fonte e receptor, o autor deste livro considera que a ordem devesse ser invertida. Essa alteração é puramente didática, já que, se o teste de reflexão for negativo para todas as superfícies, haverá claramente um teste de detecção positivo na sequência.

[27] Aqui notamos que os vértices da superfície e seu vetor normal determinam um plano infinito (Equações (5.2) e 5.3). Assim, cada superfície finita da sala gerará um plano infinito que precisa ser testado.

$[\mathrm{m}^{-1}]$[28]. Para calcular a contribuição da absorção do ar, é preciso levar em conta a distância percorrida pelo raio. O tamanho do segmento de reta entre fonte e receptor l_SD determina essa distância. A energia do raio direto que atinge o receptor é:

$$E_\mathrm{n} = \frac{W}{N_\mathrm{r}} \, \mathrm{e}^{(-m\,l_\mathrm{SD})} \; [\mathrm{J}] \, , \tag{5.8}$$

cujo tempo de viagem é $t = l_\mathrm{SD}/c_0$ [s] e W é a potência sonora da fonte.

Se um raio atinge uma superfície antes de ser detectado pelo receptor, ele sofrerá uma reflexão (especular ou difusa). De acordo com Vorländer [11], há duas formas básicas de calcular a energia do raio refletido. No primeiro método, chamado de *método da multiplicação de energia*, um raio é traçado até que sua energia E_n decresça abaixo de um valor mínimo E_min ou que a distância percorrida pelo raio faça com que o tempo correspondente a essa distância percorrida seja maior que um tempo máximo predeterminado t_max. Assim que uma dessas condições é satisfeita, o traçado do n-ésimo raio é parado e um novo raio começa a ser traçado. Isso acontece até que todos os N_r raios sejam traçados, ver Figura 5.16 (a). Cada vez que o raio atinge uma superfície da sala, sua energia decresce de acordo com os coeficientes de absorção (α_s) e espalhamento (s) da superfície atingida. A cada interação do raio com uma superfície sua energia diminui, pois é multiplicada por um fator que depende de α_s e s (ver Seção 3.3.3).

No segundo método, chamado de *aniquilação do raio*, quando o n-ésimo raio atinge uma superfície, um número aleatório $0.0 \leq b \leq 1.0$ é gerado e comparado com o coeficiente de absorção α_s da superfície atingida. Caso $b < \alpha_\mathrm{s}$, o raio é aniquilado e começa-se o traçado do próximo raio até que todos os raios sejam traçados, ver Figura 5.16 (b). Caso o raio não seja aniquilado, ele segue viagem sem que sua energia seja alterada pelos coeficientes de absorção e espalhamento da superfície atingida. Esse método é computacionalmente mais rápido; entretanto, é mais impreciso, especialmente para a cauda reverberante, já que nesse caso o número de raios aniquilados prematuramente tende a ser maior, pois o número de superfícies atingidas é muito grande.

---

[28] Mais informações sobre esse coeficiente m de absorção serão discutidas no Capítulo 6.

No Capítulo 3 viu-se que uma superfície, ao refletir de forma difusa, espalha diversos raios sonoros no espaço (ver Figura 3.1 na página 192, por exemplo). No entanto, essa abordagem seria bastante complexa em termos computacionais e, dessa forma, os algoritmos de traçado de raios necessitam fazer aproximações no que tange a reflexão difusa. Uma forma de fazê-lo é considerar que apenas um raio emanará da superfície para cada raio que incida sobre ela. O *software* pode realizar um processo de tomada de decisão a respeito da direção do raio refletido. Esse processo pode ser feito com um sorteio a cada interação raio-superfície. Para cada raio atingindo uma superfície, um número aleatório g (tal que $0.00 \leq g \leq 1.00$) é gerado e comparado com o coeficiente de espalhamento, s. Se $g > s$, então o raio é refletido na direção especular. Se $g \leq s$, o raio é refletido na direção não especular. Assim, quanto maior for o coeficiente de espalhamento s, maior é a chance de que o raio sonoro seja refletido na direção não especular, ou seja, de forma difusa[29].

Para modelos de reflexão difusa mais completos (como em [24]), pode-se considerar que se o raio viaja por uma distância l até a i-ésima superfície da sala, e a energia do raio refletido na direção especular é

$$E_n = \left(1 - \alpha_s^{(i)}\right)\left(1 - s^{(i)}\right)\frac{W}{N_r}\,\mathrm{e}^{-m\,l}\,, \tag{5.9}$$

em que $\alpha_s^{(i)}$ e $s^{(i)}$ são os coeficientes de absorção e espalhamento, para a banda de frequências em análise, da i-ésima superfície, que é atingida pelo n-ésimo raio. A reflexão difusa pode ser modelada como um novo conjunto de N_s emanando da superfície atingida. Cada novo raio refletido terá uma energia

$$E_n = \left(1 - \alpha_s^{(i)}\right)\left(s^{(i)}\right)\frac{W}{N_r N_s}\,\mathrm{e}^{-m\,l}\,. \tag{5.10}$$

Nas Equações (5.9) e (5.10) assume-se que um número de raios N_s é gerado na reflexão difusa. Nos caso, descrito antes, em que o raio apenas muda de direção (para reduzir o custo computacional) o termo $\left(1 - s^{(i)}\right)$ pode ser eliminado e a Equação (5.9) basta para calcular a energia do raio

---

[29] Esta não é a única forma de modelar a reflexão difusa e outras formas existem, como, por exemplo a explicitada por Dalenbäck [24].

Acústica geométrica

refletido. Nestes casos, o coeficiente de espalhamento s é usado apenas para mudar a direção do raio refletido.

Se o raio é refletido de forma especular, o vetor que determina a direção de propagação do raio refletido é dado por [10]:

$$\vec{v}_0' = \vec{v}_0 - 2 \ (\vec{v}_0 \cdot \vec{n}_i) \ \vec{n}_i \ . \tag{5.11}$$

em que $\vec{v}_0'$ é o vetor que aponta a direção de propagação do raio refletido especularmente, $\vec{v}_0$ é o vetor que aponta a direção de propagação do raio incidente e $\vec{n}_i$ é o vetor normal ao i-ésimo plano atingido pelo raio.

No caso da reflexão difusa composta por N_s raios pode-se usar a lei de Lambert para ponderar a energia dos raios refletidos [11]. No caso do redirecionamento do raio, uma forma de fazê-lo é gerar dois números aleatórios g_1 e g_2. Esses números variam entre 0 e 1, com distribuições de probabilidade uniformes. Para calcular o ângulo azimutal do raio refletido, a transformação é feita por

$$\phi_a = \arccos\left(\sqrt{g_1}\right) \ . \tag{5.12}$$

E, para calcular o ângulo de elevação do raio refletido, a transformação

$$\phi_v = 2\pi \, g_2 \tag{5.13}$$

é realizada [11].

Note que a inclusão da reflexão difusa torna o método do traçado de raios essencialmente estocástico. Assim, cada vez que a simulação é realizada, um resultado ligeiramente diferente é obtido, mesmo se não houverem alterações no modelo. O aumento do número de raios traçados, N_r, tende a reduzir a variância dos resultados.

Uma vez que a energia do raio refletido (especular ou difusa) é determinada, pode-se fazer um teste de truncamento no *software*. Se as condições de truncamento são satisfeitas, o próximo raio é traçado até que eles se esgotem. Se a condição de truncamento não é satisfeita, novos testes de detecção e reflexão são feitos, a fim de encontrar as energias e os tempos de chegadas dos raios que cruzam a esfera receptora. Os testes de truncamento são ligeiramente diferentes para o método da multiplicação da energia e para o método da aniquilação do raio, tendo sido explicados anteriormente nesta seção.

Assim, temos as informações de tempo de chegada (ou distância percorrida) e energia de cada raio que atinge a esfera receptora. Dessa forma, cada raio que chega à esfera receptora, será alocado em um histograma temporal com resolução Δt. A Figura 5.18 ilustra essa questão. Note que a energia E_n do raio é representada por um círculo escuro e é alocada dentro de um intervalo Δt. Ou seja, a energia de cada raio é somada com as energias dos raios que chegam à esfera receptora dentro desse intervalo de tempo.

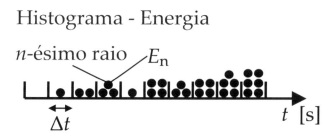

Figura 5.18 Histograma temporal e contabilização da energia vs. tempo.

Note que, até aqui, a modelagem do receptor como uma esfera receptora equivale ao uso de um microfone omnidirecional, isto é, que não tem discriminação da direção de chegada. De forma a modelar a esfera receptora como uma cabeça receptora, é possível criar um vetor de orientação de forma a incluir a medição dos ângulos de chegada ϑ_v e ϑ_h (ver Figura 5.5). Outro aspecto importante é a determinação do tamanho da esfera. Esferas menores tendem a recolher menor energia acústica, já que apresentam menor área e, assim, a chance de serem atingidas diminui. Muitos autores utilizam esferas com raios da ordem de 1.0 [m] [20, 22]. Outra alternativa é usar um plano receptor, dividido em uma malha com elementos de área conhecida. O teste de detecção é similar ao realizado para a esfera receptora, mas nesse caso feito para um plano.

De acordo com Vorländer [11], o método do traçado de raios tem requerimentos conflitantes no que tange à amostragem temporal Δt. Por um lado, é desejado que o valor de Δt seja da ordem dos [μs], o que permitiria auralização com sinais de áudio de alta qualidade. Por outro lado, a diminuição de Δt à ordem dos $[\mu s]$ aumenta a incerteza dos resultados desse método estocástico. Em tese, isso pode ser reduzido com a realização de vários cálculos e do uso de médias. No entanto, isso pode tornar o custo computacional proibitivo. Um compromisso aceitável é o uso de resoluções da ordem dos $[ms]$. Vorländer [11] aponta também que os erros dependem da razão $\sqrt{S\bar{\alpha}/N_r}$, em que $S\bar{\alpha}$ é o produto da área da sala pelo seu coeficiente de absorção médio. Dessa forma, em grandes salas com alta absorção (altos valores de $S\bar{\alpha}$), um número maior de raios (N_r) é necessário para reduzir a incerteza no cálculo.

Por fim, a esfera receptora não modela efeitos como a influência da absorção e difração da cabeça dos ouvintes e/ou dos assentos, já que os modelos de difração são inconsistentes com o modelo energético usado no traçado de raios. Esses são importantes aspectos em salas de concerto e auditórios. A difração nos assentos, por exemplo, é um fenômeno conhecido por promover uma alta absorção sonora para frequências próximas a 125 [Hz] [6]. Em teoria, é possível implementar tais efeitos por meio da inclusão de planos com uma dada impedância de superfície em modelos determinísticos, como o modelo usado no método das fontes virtuais, que será abordado na seção a seguir.

5.8.2 Método das fontes virtuais

O método das fontes virtuais (ou *Image-source Method*) surgiu como uma alternativa ao método do traçado de raios e é considerado um método determinístico [11]. Em suma, o método consiste em tratar as diversas superfícies da sala como "espelhos" planos. As diversas reflexões são tratadas com fontes virtuais, que se originam por meio da imagem refletida pelas superfícies da sala (os "espelhos"). A Figura 5.19 (a) ilustra o preceito básico do método para uma sala retangular e bidimensional. As quatro paredes da sala são tratadas como planos infinitos e as diversas fontes virtuais são geradas a partir da reflexão da fonte original em torno dos planos das paredes, para reflexões de primeira ordem. Para as reflexões de ordem superior, cada fonte virtual é novamente refletida pelos planos infinitos, que definem as superfícies da sala. O processo é repetido até que se tenha chegado a uma ordem de reflexões suficiente para construir um reflectograma detalhado. A pressão sonora gerada por cada fonte virtual será função dos coeficientes de reflexão das superfícies envolvidas na reflexão, da distância entre a fonte virtual e receptor e dos efeitos da absorção do ar.

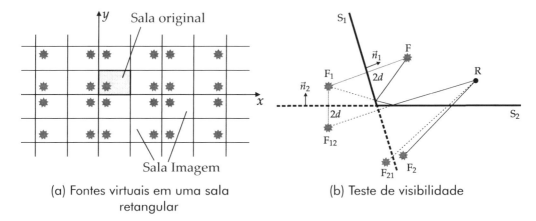

(a) Fontes virtuais em uma sala retangular

(b) Teste de visibilidade

Figura 5.19 Esquema do método das fontes virtuais para uma sala retangular e teste de visibilidade em uma sala de paredes inclinadas.

A primeira proposição de um método baseado em fontes virtuais ocorreu em 1979 com o trabalho de Allen e Berkley [25]. O método proposto na época é limitado a salas retangulares e com cada parede apresentando um coeficiente de reflexão distinto (não era possível adicionar uma área de 2 [m^2] de material absorvente a uma parede, por exemplo). Com essas simplificações foi possível determinar a resposta ao impulso entre fonte e receptor de maneira relativamente simples. Os autores apontam ainda que, para o caso-limite de uma sala com paredes rígidas, a resposta ao impulso encontrada é equivalente à Transformada Inversa de Fourier da FRF da Equação (4.23), dada na página 314.

Em 1984, Borish [26] propôs um método para a determinação das fontes virtuais válido para uma sala com geometria qualquer e para uma distribuição qualquer dos materiais sonoabsorventes no recinto. Nessa nova metodologia proposta, o primeiro passo consiste em encontrar as coordenadas de todas as fontes virtuais até uma dada ordem máxima de reflexão[30]. As coordenadas são encontradas utilizando técnicas de

---

[30] Lembramos que a ordem da reflexão tem a ver com a quantidade de superfícies envolvidas na reflexão.

Acústica geométrica

álgebra vetorial similares às usadas no método de traçado de raios. As coordenadas da fonte original (ou "fonte mãe", F) e os vértices de cada plano (geometria da sala) são dados de entrada requeridos pelo *software*. Os vetores normais e equações de cada plano são então calculadas pelo *software*. Para encontrar uma dada fonte virtual, basta, então, deslocar a fonte que a origina, na direção do vetor normal ao plano refletor. A distância de deslocamento é o dobro da distância entre a fonte original e o plano em questão. Isso é indicado na Figura 5.19 (b). Note que a fonte mãe F origina a fonte F_1 por meio da reflexão pela superfície S_1 e a fonte F_2 por meio da reflexão pela superfície S_2; F_1 e F_2 representam reflexões de primeira ordem. A reflexão de F_1 pela superfície S_2 origina a fonte virtual F_{12}, a reflexão de F_2 pela superfície S_1 origina a fonte virtual F_{21} e assim, por diante. F_{12} e F_{21} representam reflexões de segunda ordem, que podem, por sua vez, originar fontes virtuais que representem reflexões de terceira ordem. O processo de criação de fontes virtuais é feito até uma ordem máxima.

Note que até aqui o receptor não foi considerado. O processo de criação de todas as fontes virtuais, de fato, não é suficiente caso a sala seja não retangular. Isso acontece porque, em uma sala com uma geometria qualquer, muitas das fontes virtuais geradas podem, na realidade, serem invisíveis ao receptor. Logo, um teste de visibilidade precisa ser realizado. Borish propôs então que se encontrassem as equações das linhas entre todas as fontes virtuais e o receptor. Para cada linha encontrada, é possível encontrar pontos de intersecção com os planos cruzados pela fonte virtual que origina a linha. Uma fonte virtual de primeira ordem cruzará apenas um plano (um ponto de intersecção com o plano), enquanto uma fonte de ordem N_r cruzará N_r planos (N_r pontos de intersecção com os planos). O teste de visibilidade para cada fonte consiste em encontrar o ponto de intersecção da fonte virtual com o último plano que a gerou (o último plano que gera F_{12} é S_2, por exemplo). Uma vez que o ponto de intersecção é encontrado, vetores são formados entre ele e os vértices do plano refletor. Dessa forma, cada ponto de intersecção gera 4 vetores distintos (para um plano de 4 vértices). O teste de visibilidade consiste, por fim, em realizar o produto vetorial[31] entre todos os pares de vetores gerados. O produto

---

[31] Ou produto cruzado: $\vec{A} \times \vec{B}$.

cruzado resultará em um vetor normal à direção do plano. Caso todos os vetores normais calculados apontem na mesma direção, a fonte é considerada visível. Se um dos vetores gerados apontar para uma direção distinta dos demais, a fonte é considerada invisível e é descartada do cálculo da resposta ao impulso. Note na Figura 5.19 (b) que, de acordo com esse procedimento, F_{12} é visível, mas F_{21} não o é.

Outro aspecto importante é que uma fonte virtual de alta ordem pode ser visível, mas uma ou mais fontes que a originam podem ser invisíveis. Se ao menos uma das fontes que originam uma fonte virtual for invisível, toda a linhagem de fontes descendentes será considerada também invisível.

Diferentemente do método do traçado de raios, o receptor usado no método das fontes virtuais é pontual. Aqui, precisamos conhecer apenas sua posição (para encontrar os caminhos de propagação entre fonte e receptor) e sua orientação (para encontrar os ângulos de chegada vertical e horizontal em relação a cada fonte virtual). A orientação do receptor é importante caso desejemos proceder à auralização do ambiente. Caso isso não seja importante, o receptor pontual se comportará como um microfone omnidirecional.

Para o cálculo da resposta ao impulso entre fonte F e receptor, é possível proceder nos domínios do tempo ou frequência. Cada forma de fazer apresenta vantagens e desvantagens. Para o cálculo no domínio do tempo, a pressão sonora causada pela n-ésima fonte virtual será dada por

$$h_{\mathrm{FV}}^{(n)}(t) = \frac{|\tilde{Q}||D(\vartheta_v, \vartheta_h)|}{4\pi d_{\mathrm{FV}}}\, \delta(t - d_{\mathrm{FV}}/c_0)\, \mathrm{e}^{-m d_{\mathrm{FV}}}\, \Pi_{i=1}^{N_r}\left|V_{\mathrm{p}}^{(i)}\right|, \qquad (5.14)$$

em que $|\tilde{Q}|$ é a velocidade de volume da fonte F, $|D(\vartheta_v, \vartheta_h)|$ é a magnitude da direcionalidade da fonte F com respeito aos ângulos vertical e horizontal em relação ao receptor, d_{FV} é a distância entre a fonte virtual e o receptor e d_{FV}/c_0 é o tempo de chegada da componente gerada pela fonte virtual (m é o coeficiente de absorção sonora do ar). A n-ésima fonte virtual será refletida por N_r planos dependendo de sua ordem. Claramente a magnitude da pressão sonora será afetada pelo produto dos coeficientes de reflexão de cada plano interceptado pela fonte $(|V_{\mathrm{p}}^{(i)}|)^{32}$.

---

[32] O símbolo Π na Equação (5.14) indica o produtório ou sequência de produtos de $|V_{\mathrm{p}}^{(i)}|$.

Acústica geométrica

O reflectograma completo será composto pela soma de todas as contribuições das fontes virtuais, cada qual com sua magnitude e atraso $c_0\,d_{FV}$. Note que, assim como no método de traçado de raios, essa formulação retorna apenas a magnitude da resposta ao impulso. No entanto, esse reflectograma não tem uma resolução temporal limitada pela discretização do histograma (Figura 5.18), o que é uma vantagem sobre o método de traçado de raios. De fato, no método das fontes virtuais, é possível (em teoria) gerar reflectogramas com discretizações compatíveis com as discretizações usadas em áudio digital, o que torna o método muito atrativo para auralização.

A formulação do método das fontes virtuais no domínio da frequência permite a inclusão dos efeitos da fase dos coeficientes de reflexão das superfícies da sala. Para essa formulação, o espectro da pressão sonora causada pela n-ésima fonte virtual será dado por

$$H_{FV}^{(n)}(j\omega) = \frac{j\omega\rho_0\tilde{Q}\,D(\vartheta_v, \vartheta_h)\,\mathrm{e}^{-j\omega d_{FV}/c_0}}{4\pi\,d_{FV}}\,\mathrm{e}^{-m d_{FV}}\,\Pi_{i=1}^{N_r}V_P^{(i)}\,. \qquad (5.15)$$

Nesse caso, o coeficiente de reflexão $V_P^{(i)}$ pode ser obtido da impedância de superfície da amostra (Equação (2.5)). A desvantagem, entretanto, é que definições ou banco de dados para impedâncias de superfície por incidência difusa são difíceis de encontrar. Além disso, a contabilização do ângulo de incidência θ aumenta o custo computacional do método. Uma alternativa é extrair a magnitude do coeficiente de reflexão de

$$|V_P^{(i)}| = \sqrt{1 - \alpha_s^{(i)}}\,, \qquad (5.16)$$

e calcular a fase por meio da transformada de Hilbert [11]. Uma resposta ao impulso completa pode ser obtida ao se somar os espectros de cada fonte virtual e tomar a transformada inversa de Fourier dessa soma. Interpolações podem se tornar necessárias, caso os cálculos sejam realizados em bandas de oitava ou terço de oitava.

É preciso notar, novamente, que o teste de visibilidade é o procedimento computacionalmente mais custoso do método das fontes virtuais. Por isso, alternativas para acelerar o teste de visibilidade foram propostas na literatura [27, 28]. O artigo de Kirszenstein [28], por exemplo, é uma leitura muito interessante para aqueles que desejam implementar o método, já que fornece exemplos numéricos para uma checagem do código desenvolvido.

Vorländer [29] aponta, por exemplo, que o número de fontes virtuais calculadas pode ser estimado por:

$$N_{\mathrm{FV}} = \frac{N_{\mathrm{S}}}{N_{\mathrm{S}} - 2} \left[(N_{\mathrm{S}} - 1)^{\max(N_{\mathrm{r}})} - 1 \right], \tag{5.17}$$

em que N_{S} é o número de superfícies do modelo e $\max(N_{\mathrm{r}})$ é a ordem máxima das reflexões. Claramente, à medida que a máxima ordem de reflexão aumenta, o número de fontes virtuais a serem testadas aumenta drasticamente, o que é esperado, já que a densidade de reflexões do reflectograma tende a aumentar com t^2. Vorländer aponta que o custo computacional do teste de visibilidade torna o método das fontes virtuais impraticável quando se deseja calcular longas respostas ao impulso. Na época em que publicou seu artigo, Vorländer estimava que o tempo necessário para calcular uma resposta ao impulso típica era da ordem de milhares de anos. Embora os computadores tenham evoluído nos anos que se seguiram, o método clássico de fontes virtuais ainda é impraticável para longas respostas ao impulso.

Outro problema do método das fontes virtuais é que o espalhamento da energia sonora não é representado corretamente apenas com o uso do coeficiente de reflexão. Note, por exemplo, na formulação dada na Equação (2.23) (página 146), na qual apenas um plano refletor é considerado, que existe uma fonte mãe, e apenas uma fonte virtual. A formulação do campo acústico, no entanto, tem dois termos associados a estas fontes e um terceiro termo integral associado à difração da onda esférica no plano. Para um plano infinito, uma solução fechada é possível. No entanto, para uma série de planos finitos (caso típico de uma sala), uma solução do tipo ainda é inexistente e o método de fontes virtuais se torna inexato no que tange à difração das ondas sonoras (reflexão difusa).

As limitações computacionais e de modelo de espalhamento levaram à proposição dos métodos híbridos, que serão abordados a seguir.

Acústica geométrica

5.8.3 Método híbridos

Após apontar que o teste de visibilidade levaria a um tempo de execução dos cálculos da ordem de milhares de anos, para longas respostas ao impulso, Vorländer [29] concluiu também que a razão entre o número de fontes virtuais invisíveis pelo número de fontes virtuais visíveis era da ordem de 10^{12}. Isso faz com que a vasta maioria das fontes virtuais sejam invisíveis. Baseando-se nisso, Vorländer propôs que o método do traçado de raios seja usado para encontrar uma lista bem menor de fontes virtuais. Nesse caso, o algoritmo se inicia com o traçado de raios entre um dado receptor e uma fonte F. Assim como na Figura 5.19 (b), o traçado de raios ajuda a determinar uma lista de fontes virtuais. Devido ao fato de que os raios encontram somente as fontes possivelmente visíveis, uma lista bem menor de fontes virtuais é encontrada. Essas fontes são então testadas com o teste de visibilidade a fim de garantir que apenas as fontes visíveis contribuam para a formação do reflectograma. Como o teste de visibilidade é realizado para um conjunto muito menor de fontes virtuais, seu custo computacional agregado é drasticamente reduzido. A resposta ao impulso ou reflectograma[33] é, então, calculada de acordo com o exposto na seção anterior. Note que o espalhamento da onda sonora não é levado em conta, já que o modelo matemático usado no cálculo do campo acústico ainda assume a formulação por fontes virtuais. O modelo proposto por Vorländer [29] é considerado híbrido, já que usa o método do traçado de raios para encontrar as fontes virtuais. No entanto, no que diz respeito ao cálculo do campo acústico, esse é um modelo de fontes virtuais (de modo que outras formas de modelo híbrido também existem).

É possível notar que os *softwares* de simulação em acústica de salas estão em constante evolução, mas, no estado da arte atual, os modelos híbridos, em geral, combinam os modelos matemáticos de fontes virtuais, traçado de raios e métodos estatísticos [30–32]. Em geral, o método de fontes virtuais domina a região das primeiras reflexões até uma ordem predeterminada pelo usuário. Essa ordem de transição pode ser um valor entre 0 e 7-8, tipicamente. Dessa forma, as primeiras reflexões são modeladas com reflexão especular, mas com alta discretização temporal.

---

[33] Lembremos que eles não são a mesma coisa.

As reflexões cujas ordens são maiores que a ordem de transição pre-determinada são calculadas por meio do método do traçado de raios. Nesse caso, o espalhamento é levado em conta (ao menos de forma apro-ximada) para a parte final ou intermediária da resposta ao impulso. O histograma do método do traçado de raios até pode ter uma resolução temporal compatível com auralização [32], mas isso faz com que ele seja restrito à zona intermediária do reflectograma (entre as primeiras refle-xões e a cauda reverberante). Para histogramas com baixa resolução tem-poral, uma compensação pode ser feita mediante interpolação [11].

Finalmente há a opção de modelar a cauda reverberante por inter-médio de métodos estatísticos, cujos parâmetros de entrada são parâme-tros extraídos da sala, como o coeficiente de absorção médio ($\bar{\alpha}$), volume etc. O uso de um modelo estatístico está baseado no fato de que, a partir de certa ordem de reflexão, o campo acústico na sala pode ser conside-rado completamente difuso. Assim, os modelos estatísticos (Capítulo 6) se tornam válidos, e não é preciso conhecer exatamente as direções de chegada vertical e horizontal dos raios sonoros. Existem, no entanto, di-versas formas de compor o modelo estatístico e torna-se impossível fazer uma cobertura adequada deles em um espaço limitado de texto. O leitor pode, no entanto, consultar a literatura citada.

É preciso atentar para o fato de que a ordem de transição, que de-fine até que ponto as reflexões são consideradas meramente especulares, e o ponto a partir do qual as reflexões passam a sofrer espalhamento não apresentam qualquer correlação com a física do problema. De fato, a esco-lha da ordem de transição é um tanto arbitrária. Lam [33, 34], por exem-plo, aponta que parâmetros objetivos que dependem muito das primeiras reflexões são melhor modelados aumentando-se a ordem de transição (p. ex. Claridade, Definição – ver Capítulo 7). Já os parâmetros objetivos que são dependentes das propriedades da cauda reverberante são altamente dependentes da modelagem do espalhamento e da escolha dos coeficien-tes de espalhamento s (p. ex. T_{60}). A escolha de uma ordem de transição adequada parece depender, portanto, do tipo de sala modelada e da ex-periência do projetista.

Traçar raios a partir da fonte apresenta o inconveniente óbvio de que algumas áreas não são cobertas pela fonte sonora (ver Figura 5.15), o que somente pode ser compensado pelo aumento de raios traçados. Uma alternativa ao traçado de raios é o traçado de pirâmides, proposto originalmente por Lewers [35] em 1993. Métodos baseados no trabalho original de Lewers são reportados na literatura como o trabalho Funkhouser et al. [36].

Nesse método de Lewers [35], pirâmides são traçadas a partir das coordenadas da fonte, de forma que o espaço ao seu redor seja subdividido de maneira uniforme, o que é ilustrado na Figura 5.20 (a). A fim de subdividir o espaço ao redor da fonte de maneira uniforme, um icosaedro[34] é gerado e cada face triangular do icosaedro é subdividida em mais e mais triângulos por meio de um processo recursivo, até que a discretização requerida seja atingida (ver Figura 5.20 (b)).

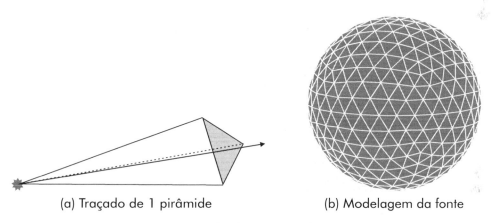

(a) Traçado de 1 pirâmide   (b) Modelagem da fonte

Figura 5.20 Método do traçado de pirâmides.

Primeiramente, as pirâmides são traçadas como no método do traçado de raios. A linha perpendicular que conecta as coordenadas da fonte ao centro da base da pirâmide determina a direção de propagação e reflexão especular (Figura 5.20 (a)). Na primeira etapa do modelo, todas as pirâmides sofrerão apenas reflexão especular. As reflexões difusas serão tratadas em uma segunda etapa. A cada reflexão no i-ésimo plano, a energia refletida de maneira especular é reduzida da ordem de $(1 - \alpha_s^{(i)})(1 - s^{(i)})$ como na Equação (5.9). Essa energia acústica é perdida por absorção. A energia refletida de maneira difusa, pelo i-ésimo plano, é da ordem de

---
[34] Polígono tridimensional regular de 20 lados com faces triangulares.

$(1 - \alpha_s^{(i)})(s^{(i)})$, como na Equação (5.10), e é armazenada no que Lewers chama de "resposta ao impulso da superfície". A energia armazenada na resposta ao impulso da superfície não é perdida e retornará à sala, assim que o reflectograma composto por reflexões especulares for terminado (primeira etapa). À medida que o traçado das pirâmides evolui, as superfícies da sala são irradiadas pelas bases das pirâmides. Associado aos tempos de viagem entre fonte e superfícies, estará a energia retida na "resposta ao impulso da superfície", tal qual o histograma gerado para o receptor no método do traçado de raios. A segunda etapa compreende o processo de cálculo da parte difusa do reflectograma entre fonte e receptor. As superfícies se comportam como fontes secundárias, que emitem apenas a parte da energia difusa que foi armazenada, trocando energia entre si e fornecendo energia acústica ao receptor (esta é a parte difusa do reflectograma). O reflectograma total pode ser calculado a partir da soma do reflectograma obtido com o modelo de reflexão especular (primeira etapa) e com o modelo de reflexão difusa (segunda etapa).

Como são traçadas pirâmides e não raios, o receptor pode ser pontual. O receptor é irradiado sempre que estiver contido na base de uma pirâmide. Uma vantagem desse método é que não existe uma ordem de transição entre o modelo de reflexão especular (fontes virtuais) e o modelo de reflexão difusa (traçado de raios). O método é considerado híbrido apenas porque inclui modelos tanto para a reflexão especular como para a reflexão difusa.

5.9 A importância do coeficiente de espalhamento

Desde os anos 1990, a literatura reporta vários trabalhos em que é importante fazer uma correta consideração a respeito do coeficiente de espalhamento s. Hodgson [37], por exemplo, investigou grandes salas e modelos em escala com dimensões desproporcionais e concluiu que o uso de um coeficiente de espalhamento uniforme ($s \approx 0.1$) para as superfícies lisas e rígidas e um s crescente com a frequência ($0.6 - 0.9$) para as superfícies rugosas leva a modelos cujos tempos de reverberação preditos são mais próximos dos medidos.

Lam [33, 34] investigou modelos em escala e computacionais de auditórios. Ele afirma que, para superfícies grandes e lisas, um valor de $s \approx 0.1$ leva a boas predições para as bandas de frequência de 500 e 1000 [Hz]. Para frequências mais baixas, existe uma tendência à necessidade de aumentar o valor de s para que o modelo se aproxime da realidade. Estranhamente, esse aumento, no entanto, mostrou-se dependente do aumento volume da sala, podendo chegar a $s = 0.4$ para salas com um volume de 30000 [m^3]. O autor também aponta que superfícies como os assentos de um auditório requerem um coeficiente de espalhamento mais alto e sugere que um valor $s \approx 0.7$ seja uma boa prática para análises na banda de 1 [kHz][35]. Para refletores planos finitos, Lam aponta que é necessário aumentar s para valores próximos de 1.0 nas baixas frequências, região na qual os fenômenos de difração nas bordas do aparato tendem a dominar (Capítulo 3).

Um outro aspecto importante discutido por Lam [33, 34] é o uso da ordem de transição. O autor afirma que, em ambientes altamente difusos, a ordem de transição pode ser baixa e que os coeficientes de espalhamento podem ser aumentados, especialmente o das superfícies menores e rugosas. Diminuir a ordem de transição faz com que o método do traçado de raios seja usado no cômputo do campo acústico e que a reflexão difusa seja levada em conta ao longo da maior parte do reflectograma. Para ambientes em que reflexões especulares são importantes, ou mesmo para parâmetros acústicos dependentes das primeiras reflexões (ver Capítulo 7), a ordem de transição deve ser aumentada a fim de garantir uma maior acurácia.

Todos os testes comparativos entre *softwares* [12, 19, 38, 39] também apontam para o fato de que os algoritmos que incluem modelos de reflexão difusa tendem a apresentar um desempenho melhor na predição de parâmetros acústicos em comparação com os experimentos.

O leitor deve atentar para dois pontos importantes:

(i) que o coeficiente de espalhamento s é um parâmetro relativamente novo e que existe uma carência de dados a respeito dos diversos tipos de superfície encontradas em acústica de salas. De fato, o nicho

---

[35] Única banda de frequência investigada para a questão dos assentos por Lam [33, 34].

preocupado em fornecer tais dados são os fabricantes de difusores. Para superfícies como portas, janelas, cadeiras, absorvedores etc., o dado é difícil ou impossível de se encontrar. Essa falta de valores tabelados de s faz com que o projetista possa, na melhor das hipóteses, estimar coeficientes de espalhamento de algumas superfícies;

(ii) os modelos de reflexão difusa em acústica de salas são meras aproximações da realidade da difração das frentes de onda, o que pode ser concluído a partir da comparação dos modelos mostrados no Capítulo 3 e discutidos neste capítulo.

Assim, ao projetista é recomendado que, sempre que possível, recorra a experimentos para um ajuste de modelos. Projetar uma sala inexistente é, dessa forma, um processo de aprendizagem. Um ajuste do modelo ainda pode ser feito após o projeto da sala ser executado, sendo algum conhecimento ganho para o projeto seguinte. Recomenda-se também que o projetista seja cauteloso no projeto, fazendo as coisas de forma que pequenas alterações no tratamento acústico possam ser implementadas de forma rápida e fácil após a execução do projeto.

5.10 Auralização

O termo "auralização" significa tornar audível[36], por meio de um processamento, os dados de uma simulação ou medição [11]. Consideramos aqui que o sistema sala-fonte-receptor seja linear e invariante no tempo com a resposta ao impulso $h(t)$, de forma que a resposta $y(t)$ desse SLIT a um sinal $x(t)$ qualquer seja dado pela convolução entre $x(t)$ e $h(t)$. A operação de convolução entre dois sinais foi definida na Equação (1.30) e no domínio da frequência na Equação (1.31). No segundo caso, a resposta do sistema sala-fonte-receptor ao sinal $x(t)$ é obtido por meio da Transformada Inversa de Fourier, da forma: $y(t) = \mathfrak{F}^{-1}\{X(\mathrm{j}\omega)H(\mathrm{j}\omega)\}$. Uma boa literatura sobre auralização em salas é o artigo de Lehnert e Blauert [40].

---

[36] O termo "auralização" é uma adaptação do termo *auralization* do inglês. Recentemente foi sugerido por Vorländer que o termo "audibilização" também se encaixaria bem para se trazer o sentido de "tornar audível".

Para o processo de auralização, é necessário que $x(t)$ seja um sinal gravado em câmara anecoica e, portanto, sem a influência de quaisquer características de uma sala comum (primeiras reflexões, reverberação etc.). O sinal $x(t)$ deve também deve ser monofônico. Adicionalmente, deseja-se que, na gravação de $x(t)$, não existam informações espaciais[37] a respeito da fonte gravada, pois toda informação espacial será incluída pelo processo de auralização. Gravações monofônicas podem ser feitas de maneira bem simples[38] com apenas um microfone. É importante também salientar que o microfone usado na gravação deve ser um microfone omnidirecional com resposta em frequência o mais plana possível (caso contrário, isso faria com que o microfone usado na gravação contribuísse com suas características para o espectro de $x(t)$). Quando não for possível usar um microfone com uma FRF plana, um processo de calibração deve ser realizado, a fim de compensar as características peculiares do microfone [41]. O sinal $x(t)$ pode ser de qualquer tipo e, usualmente, os desenvolvedores de *software* possuem uma base de dados com gravações anecoicas de sinais de fala, pessoas batendo palma, vários tipos de instrumentos e peças musicais etc.

A segunda parte importante na auralização é a caracterização do receptor. Sabe-se que a difração da onda sonora na cabeça, no ombro e no pavilhão auricular causam diferenças espectrais no som original, de forma semelhante à ação de um filtro. Dessa forma, é necessário caracterizar tais diferenças. Para isso utiliza-se a *Função de transferência relacionada a cabeça* (HRTF[39] ou Função de transferência anatômica ou ainda *Head-realted Transfer Function*), dada no domínio da frequência. A HRTF é definida como a pressão sonora no tímpano (ou em algum ponto do canal auditivo), dividida pela pressão sonora medida com um microfone no centro da cabeça, porém com a cabeça ausente [42]. Cada pessoa terá uma HRTF única (assim como a impressão digital), que traduz as mudanças espectrais impostas ao som que chega às orelhas.

---

[37] Salvo casos quando se deseja auralizar fontes, incluindo-se uma direcionalidade específica.

[38] A dificuldade está em obter campo anecoico para realizar as gravações.

[39] Pode ser encontrado em algumas referências também como HTF, significando *Head transfer function*.

Um dos métodos para se avaliarem as *Respostas impulsivas relacionadas à cabeça* (HRIRs[40], as versões temporais das HRTFs) é utilizando-se pequenos microfones na entrada do canal auditivo, um em cada orelha do ouvinte. Em outro método, o microfone é colocado no interior do canal auditivo. Em ambos os casos tenta-se simular o som recebido pela membrana timpânica[41]. De modo a estimar nossa sensibilidade à direção de chegada da onda sonora, uma série de fontes sonoras pode ser espalhada ao redor do ouvinte, de forma a cobrir o espaço ao seu redor. Pode-se medir então a função resposta em frequência entre cada fonte sonora e os microfones nas orelhas. A fim de evitar quaisquer influências de uma sala, essa medição é feita em uma câmara anecoica. Um sistema de medição, construído pelo ITA-RWTH em Aachen, Alemanha, para esse tipo de ensaio é ilustrado na Figura 5.21. Uma leitura sobre o desenvolvimento do sistema de medição pode ser encontrada no trabalho de Masiero et al. [43]. O ouvinte, nesse caso, é uma cabeça artificial de gravação, que simula a audição humana, possuindo dois microfones internos na posição das membranas timpânicas. Assim, existirão as funções resposta em frequência medidas entre cada fonte e os microfones. Se esses espectros forem divididos pelo espectro da medição de um microfone no centro da cabeça[42], então eles são chamados de HRTFs, podendo ser transformadas, por meio da Transformada Inversa de Fourier, nas HRIRs.

Cada ser humano possui HRTFs diferentes de qualquer outro ser humano no planeta, pois tanto a estrutura das orelhas, como a estrutura do corpo de uma pessoa (cabeça, ombros etc.) contribuem para essas diferenças. Adicionalmente, os seres humanos não possuem somente duas HRTFs, na realidade, as HRTFs das orelhas esquerda e direita mudam

---

[40] Pode ser encontrado também como Resposta impulsiva biauricular ou ainda *Head-realted Impulse Response*.

[41] Em um experimento com seres humanos, cuidados devem ser tomados para que não hajam ferimentos, alguns deles são descritos por Lehnert e Blauert [40]. Detalhes dos tipos de medição com distintas posições de tomada de pressão podem ser consultados em Blauert [42].

[42] Esse procedimento é feito para que as influências da resposta das fontes e da distância entre fontes e cabeça seja eliminada. A influência da distância, na sala simulada, será incluída posteriormente por intermédio de um processo matemático. Retirar a influência da distância é importante, porque a medição da HRIR é feita com uma distância fixa e os modelos em salas com distâncias variáveis.

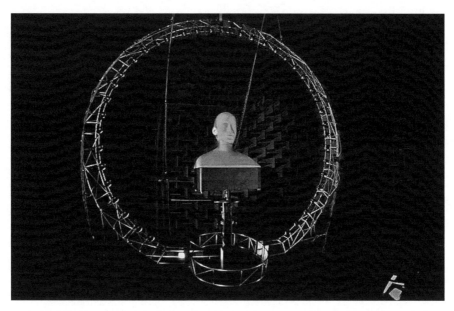

Figura 5.21 Medição das HRTFs de uma cabeça artificial (ou pessoa) (cortesia do Prof. Dr. Bruno Masiero e publicado na referência [43]).

com os ângulos de inclinação vertical (ϑ_v) e horizontal (ϑ_h) entre a fonte sonora e a cabeça do ouvinte. Por isso, na Figura 5.21 uma série de fontes sonoras, distribuídas nos eixos horizontal e vertical, são utilizadas na medição (bem como o sistema de medição rotaciona ao redor do ouvinte). Desse modo, cada ser humano possui um banco de HRTFs distinto para cada orelha[43] (L e R).

De modo geral, para que se possa criar ou recriar um campo acústico para a auralização, segundo Møller [41], três informações são essenciais:

a) informação da fonte-sala-receptor, ou seja, da transmissão entre a fonte até o ponto de observação no ambiente;

b) informação acerca do receptor, isto é, das HRTFs da cabeça sendo simulada, bem como sua orientação no espaço;

c) um gravação anecoica, $x(t)$ (como já citado), que representa o sinal emitido fonte sonora.

Geralmente a informação da fonte-sala-receptor é extraída pelo *software* por algum método, como o método de traçado de raios (ver Seção 5.8.1)

---

[43] O autor preferiu aqui manter um alinhamento com a literatura em inglês em que L se refere a *Left* (esquerda) e R a *Right* (direita).

ou método das fontes virtuais (ver Seção 5.8.2). Assim, para cada i-ésimo caminho de propagação haverá:

a) r^i : a distância percorrida pela onda sonora. Tal distância é inserida ao se multiplicar a FRF calculada pelo *software* pela equação de um monopolo (Equação (1.56), página 90) considerando a distância entre fonte e receptor;

b) ϑ_v^i: o ângulo de elevação no receptor;

c) ϑ_h^i: o ângulo de azimute no receptor;

d) $h^i(t)$: a resposta impulsiva do caminho de transmissão, ou seja, i-ésimo caminho fonte-sala-receptor;

De forma simplificada, o índice i começa em zero, para o som direto, e vai até o número máximo de raios traçados, que é definido pelo usuário.

Como já foi comentado, as técnicas em acústica geométrica permitem gerar o reflectograma, que fornece a relação entre as energias e os tempos de chegada de cada raio sonoro (ver Figura 5.13). O reflectograma, portanto, não apresenta informações de fase, ou seja, ele não é uma resposta impulsiva da configuração fonte-sala-receptor. Além do reflectograma (energia e tempo de chegada dos raios), o *software* computa os ângulos de chegada vertical, ϑ_v^i, e horizontal, ϑ_h^i, no receptor, de acordo com o que foi discutido na Seção 5.6.

Para obter uma resposta impulsiva a partir do reflectograma e das direções de chegada, necessita-se conhecer as *Respostas impulsivas relacionadas à cabeça* (HRIRs) de campo livre para cada orelha:

- $b_{L,\,\vartheta_v^i,\,\vartheta_h^i}^i(t)$ e

- $b_{R,\,\vartheta_v^i,\,\vartheta_h^i}^i(t)$;

que são as versões temporais das HRTFs, para o i-ésimo caminho.

A Figura 5.22 ilustra HRIRs e as correspondentes magnitudes das HRTFs para uma cabeça artificial de gravação e dois conjuntos de ângulos de chegada. Note que as HRIRs são diferentes para os ângulos de chegada e entre as orelhas esquerda e direita. Nas HRTFs é possível notar que a magnitude é maior na faixa de frequências entre 1 [kHz] e 5

Acústica geométrica   413

[kHz], o que está de acordo com a sensibilidade do ouvido humano conforme discutido na Seção 1.1. Note também que, como uma das medições é feita com a fonte a 45 [°] para a direita da cabeça artificial, a magnitude da HRTF correspondente a essa fonte é bastante maior para a orelha direita, enfatizando as diferenças de intensidade entre as duas orelhas. Note também, ao analisar as HRIRs, que a resposta ao impulso da orelha esquerda é ligeiramente atrasada em relação à orelha direita (quando a fonte está a 45 [°] para a direita), o que implica que o som chega primeiro na orelha direita, enfatizando diferenças de fase entre as duas orelhas. As HRTFs mostradas na Figura 5.22 foram extraídas de um banco de dados público provido pela Universidade da Califórnia, EUA. Maiores detalhes sobre o processo de medição podem ser encontrados no trabalho de Algazi et al. [44].

Assumindo que se tenha um banco de HRTFs, podemos escrevêlas na forma $B^L_{\vartheta_v, \vartheta_h}(j\omega)$ e $B^R_{\vartheta_v, \vartheta_h}(j\omega)$ e as respectivas HRIRs como $b^L_{\vartheta_v, \vartheta_h}(t)$ e $b^R_{\vartheta_v, \vartheta_h}(t)$. Nessa notação a variação com o ângulos de chegada fica explícita e os sobrescritos L e R dizem respeito às orelhas esquerda e direita, respectivamente. Note também que o banco de HRTFs pode se tornar bastante grande, consumindo bastante memória, e que as operações de convolução podem ser computacionalmente muito custosas, especialmente para aplicações em tempo real. Por isso, muito esforço tem sido dedicado em modelar as HRTFs de forma que o custo computacional completo possa ser reduzido. Alguns desses esforços podem ser encontrados nas referências [1, 45, 46].

Na Seção 5.4 foi comentado que é importante especificar a orientação de receptores, esfera receptora ou receptor pontual (p. ex., olhando para o palco, para a fonte, para o lado etc.). Assim, os ângulos horizontais (ϑ_h) e verticais (ϑ_v) de chegada de cada raio podem ser computados. Observe nas Figuras 5.7 a 5.12 que, nas colunas à direita, os ângulos de chegada dos raios sonoros (ϑ_h e ϑ_v) são mostrados.

A partir do momento em que se possui um reflectograma com discretização temporal adequada ao processamento de áudio[44], pode-se assumir que cada instante de tempo t_i no reflectograma terá associado a si

---

[44] Em geral, atualmente as frequências de amostragem em sistemas profissionais de áudio variam entre 44100 [Hz] e 48000 [Hz], o que implica que a resolução temporal é de 22.68 [µs] ou 20.83 [µs], respectivamente.

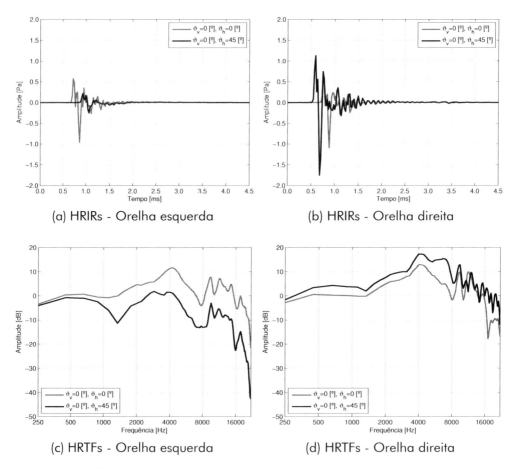

Figura 5.22 HRIRs e HRTFs de uma cabeça artificial de gravação para dois ângulos de chegada. Fonte: Algazi et al. [44].

um raio sonoro (ou fonte virtual) com energia E_{t_i}. Tal raio sonoro chega ao receptor (devidamente orientado) com um ângulo azimute ϑ_h e de elevação ϑ_v. Do ponto de vista do reflectograma obtido, cada raio pode ser escrito como um sinal impulsivo da forma

$$\delta^i_{\vartheta_v,\vartheta_h}(t) = E_{t_i}\,\delta(t - t_i). \tag{5.18}$$

Pode-se obter as respostas nas orelhas esquerda e direita a esse impulso, com direção $(\vartheta_v, \vartheta_h)$, por meio da sua convolução com as HRIRs equivalentes ($b^L_{\vartheta_v,\vartheta_h}(t)$ e $b^R_{\vartheta_v,\vartheta_h}(t)$).

Acústica geométrica

Todavia, na realidade as HRIRs são medidas com uma dada discretização espacial (p. ex., 5 [°]), e logo, a direção de chegada $(\vartheta_v, \vartheta_h)$ não é necessariamente igual a um dado conjunto de ângulos em que a HRIR foi medida. No entanto, para um banco de HRIRs suficientemente discretizado, pode-se assumir que a HRIR não mude ao longo de um pequeno ângulo sólido. Dessa forma, a HRIR correspondente à exata direção de chegada $(\vartheta_v, \vartheta_h)$ é escolhida dependendo do ângulo sólido em que ϑ_v e ϑ_h chegam ao receptor. De qualquer maneira, gera-se um conjunto de respostas ao impulso para cada orelha, sendo cada uma delas associada a cada raio sonoro. Esse conjunto de i respostas ao impulso é dado pela convolução na forma:

$$h^{iL}_{\vartheta_v,\vartheta_h}(t) = \int_{-\infty}^{\infty} E_{t_i}\, \delta(\tau - t_i)\, b^{L}_{\vartheta_v,\vartheta_h}(t - \tau)\mathrm{d}\tau\,,$$

$$h^{iR}_{\vartheta_v,\vartheta_h}(t) = \int_{-\infty}^{\infty} E_{t_i}\, \delta(\tau - t_i)\, b^{R}_{\vartheta_v,\vartheta_h}(t - \tau)\mathrm{d}\tau\,. \tag{5.19}$$

A soma das i respostas ao impulso de cada raio sonoro fornece as *Respostas impulsivas biauriculares do sistema sala-fonte-receptor* das orelhas esquerda e direita, respectivamente. Na realidade, como os cálculos de traçado de raios e/ou fontes virtuais são realizados em bandas de frequência, a soma das i respostas ao impulso de cada raio sonoro fornece as *Respostas impulsivas biauriculares da sala "filtradas"*, $h_{L_f}(t)$ e $h_{R_f}(t)$, na banda simulada. Essas respostas ao impulso são dadas por

$$h_{L_f}(t) = \sum_{i}^{N} h^{iL}_{\vartheta_v,\vartheta_h}(t)\,,$$

$$h_{R_f}(t) = \sum_{i}^{N} h^{iL}_{\vartheta_v,\vartheta_h}(t)\,. \tag{5.20}$$

Como comentado, os cálculos podem ser realizados para várias bandas de frequência, a fim de emular a variação dos coeficientes de absorção e difusão e as características da fonte com a frequência.

Quando as respostas ao impulso de todas as bandas de frequência estão finalmente calculadas, a sua soma resultará no par de *Respostas impulsivas biauriculares do sistema sala-fonte-receptor* (BRIR): $h_L(t)$ e $h_R(t)$.

Esse processo é uma aproximação da realidade e espera-se que, quanto mais bandas de frequência calculadas e quanto mais estreitas forem as bandas, maior seja a exatidão do cálculo. O custo computacional, no entanto, também aumenta. No que tange a esse processo de soma para obtenção de $h_L(t)$ e $h_R(t)$, a literatura é bastante obscura. O leitor é convidado a consultar cuidadosamente os manuais dos *softwares*.

As BRIRs $h_L(t)$ e $h_R(t)$ são mostradas nas Figuras 5.23 (a) e 5.23 (b). Elas foram simuladas para uma configuração típica fonte-sala-receptor com o *software* ODEON. É preciso notar que essas respostas ao impulso são ligeiramente diferentes. Observe, por exemplo, as amplitudes máximas e a distribuição dos picos das primeiras reflexões. Essas diferenças nas respostas ao impulso vão se traduzir em uma sensação sonora subjetiva da configuração fonte-sala-receptor. A tais diferenças estarão associadas diferentes sensações de espacialidade, por exemplo. Caso a sala exista de fato, as BRIRs podem ser encontradas por medições, em vez de simulações, abrindo um campo para comparações e melhorias. No Capítulo 7 trataremos em mais detalhes de como a resposta ao impulso de um receptor omnidirecional ou as BRIRs $h_L(t)$ e $h_R(t)$ podem ser usadas no cômputo de parâmetros acústicos que tentam quantificar nossa sensação subjetiva.

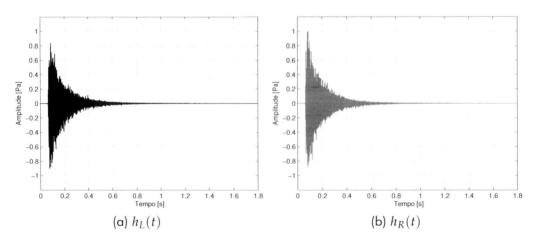

Figura 5.23 Respostas impulsivas típicas, de banda larga, geradas por simulação computacional com o software ODEON.

Na Figura 5.24 podem-se observar os detalhes de uma resposta impulsiva típica medida em uma sala. Na Figura 5.24 (a) nota-se o som direto, algumas das primeiras reflexões e a cauda reverberante. Na Figura 5.24 (b), o ITDG e a região das primeiras reflexões é mostrada em maiores detalhes e em escala decibel. A análise dessas figuras permite ao leitor saber que tipo de resultado esperaria encontrar em uma simulação computacional ou experimento típicos. Detalhes de como realizar o experimento serão dados no Capítulo 7.

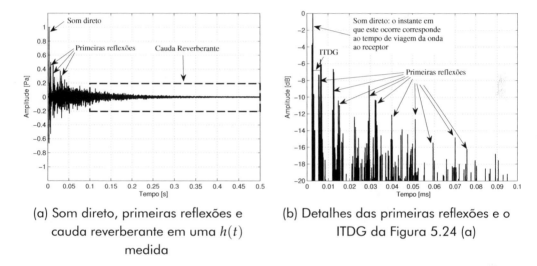

(a) Som direto, primeiras reflexões e cauda reverberante em uma $h(t)$ medida

(b) Detalhes das primeiras reflexões e o ITDG da Figura 5.24 (a)

Figura 5.24 Detalhes de uma resposta ao impulso típica medida ou calculada em uma sala.

Finalmente, por meio da convolução de $h_L(t)$ e $h_R(t)$ com um sinal $x(t)$ mono e gravado em câmara anecoica, obtêm-se os sinais $y_L(t)$ e $y_R(t)$, que podem ser fornecidos a um ouvinte a partir de fones de ouvido devidamente equalizados. Assim, a pessoa ouvindo os sinais $y_L(t)$ e $y_R(t)$ tem a sensação de estar dentro da sala na posição do receptor, já que as respostas ao impulso $h_L(t)$ e $h_R(t)$ carregam as informações subjetivas necessárias para criar essa sensação.

5.11 Sumário

Esse capítulo explorou as premissas básicas dos métodos geométricos e a lógica de funcionamento dos *softwares* comumente usados nos projetos de acústica de salas. Mostrou-se como, a partir da geometria 3D da sala e da atribuição de propriedades acústicas (α_s e s) às diversas superfícies que compõem o ambiente, é possível obter as respostas ao impulso das orelhas esquerda e direita para uma configuração fonte-sala-receptor. Mostrou-se também que é possível gerar sinais que podem ser fornecidos a um ouvinte de forma que ele tenha a sensação de estar ouvindo dentro de uma sala, mesmo que esta ainda não exista na realidade. A esse processo chamou-se de auralização.

Os métodos geométricos modernos são dependentes de *softwares* dedicados, e a entrada de dados pode ser um processo bastante laborioso. Dessa forma, a cada vez que se faz uma alteração no projeto, a fim de ajustar um ou outro parâmetro, boa parte do processo de entrada de dados precisa ser refeito. Faz-se necessário, então, o uso de alguma estratégia para reduzir a quantidade de ajustes feitos no modelo da sala. Um bom ponto de partida é usar a teoria estatística para calcular parâmetros como o tempo de reverberação. A teoria estatística surgiu, de fato, antes da abordagem moderna da acústica geométrica. No entanto, a construção da resposta temporal da do sistema sala-fonte-receptor (Seção 5.6) pode ser vista de forma intuitiva por meio da teoria geométrica e, por isso, foi abordada antes da teoria estatística, que será vista no Capítulo 6.

Referências bibliográficas

[1] TENENBAUM, R. A.; CAMILO, T. S.; TORRES, J. C. B.; GERGES, S. N. Hybrid method for numerical simulation of room acoustics with auralization: part 1-theoretical and numerical aspects. *Journal of the Brazilian Society of Mechanical Sciences and Engineering*, 29(2): 211–221, 2007.

(Citado na(s) página(s): 356, 413)

[2] TENENBAUM, R. A.; CAMILO, T. S.; TORRES, J. C. B.; STUTZ, L. T. Hybrid method for numerical simulation of room acoustics: part 2-validation of the computational code raios 3. *Journal of the Brazilian Society of Mechanical Sciences and Engineering*, 29(2):222–231, 2007.

(Citado na(s) página(s): 356)

[3] DALENBÄCK, B.-I.; KLEINER, M.; SVENSSON, P. A macroscopic view of diffuse reflection. *Journal of the Audio Engineering Society*, 42 (10):793–807, 1994.

(Citado na(s) página(s): 356, 385)

[4] SAVIOJA, L.; SVENSSON, U. P. Overview of geometrical room acoustic modeling techniques. *The Journal of the Acoustical Society of America*, 138(2):708–730, 2015.

(Citado na(s) página(s): 356)

[5] BEYER, R. T. *Sounds of our times: two hundred years of acoustics*. New York: Springer-Verlag, 1999.

(Citado na(s) página(s): 357)

[6] LONG, M. *Architectural acoustics*. Cambridge: Elsevier Academic Press, 2006.

(Citado na(s) página(s): 357, 397)

[7] SABINE, W. C. *Collected papers on acoustics*. Cambridge: Harvard university press, 1922.

(Citado na(s) página(s): 357, 359)

[8] SCHROEDER, M. Computers in acoustics: Symbiosis of an old science and a new tool. *The Journal of the Acoustical Society of America*, 45(5):1077–1088, 1969.

(Citado na(s) página(s): 360, 388)

[9] FEYNMAN, R. P.; LEIGHTON, R. B.; SANDS, M. *Lições de Física de Feynman*, v. 1, 2, 3. 2° ed. Porto Alegre: Bookman, 2013.

(*Citado na(s) página(s): 360*)

[10] KUTTRUFF, H. *Room acoustics*. 5° ed. London: Spon Press, 2009.

(*Citado na(s) página(s): 360, 388, 395*)

[11] VORLÄNDER, M. *Auralization: Fundamentals of Acoustics, Modelling, Simulation, Algorithms, and Acoustic Virtual Reality*. Berlin: Springer-Verlag, 2008.

(*Citado na(s) página(s): 369, 370, 388, 393, 395, 396, 397, 401, 404, 408*)

[12] BORK, I. A comparison of room simulation software-the 2nd round robin on room acoustical computer simulation. *Acta Acustica united with Acustica*, 86:943–956, 2000.

(*Citado na(s) página(s): 370, 385, 407*)

[13] BERANEK, L. *Concert halls and opera houses: music, acoustics, and architecture*. 2° ed. New York: Springer-Berlag, 2004.

(*Citado na(s) página(s): 380, 383*)

[14] BARRON, M. The subjective effects of first reflections in concert halls—the need for lateral reflections. *Journal of sound and vibration*, 15(4):475–494, 1971.

(*Citado na(s) página(s): 381*)

[15] ROSSING, T. *Springer handbook of acoustics*. New York: Springer-Verlag, 2007.

(*Citado na(s) página(s): 381, 383*)

[16] BRADLEY, J. S. Speech intelligibility studies in classrooms. *The Journal of the Acoustical Society of America*, 80(3):846–854, 1986.

(*Citado na(s) página(s): 382*)

[17] CREMER, L. Early lateral reflections in some modern concert halls. *The Journal of the Acoustical Society of America*, 85(3):1213–1225, 1989.

(*Citado na(s) página(s): 383*)

Acústica geométrica

[18] HOUTGAST, T.; STEENEKEN, H. J. A review of the MTF concept in room acoustics and its use for estimating speech intelligibility in auditoria. *The Journal of the Acoustical Society of America*, 77(3):1069–1077, 1985.

(Citado na(s) página(s): 384)

[19] VORLÄNDER, M. International round robin on room acoustical computer simulations. In: *Proceedings of the 15th ICA*, Trondheim, 1995.

(Citado na(s) página(s): 386, 407)

[20] KROKSTAD, A.; STROM, S.; SØRSDAL, S. Calculating the acoustical room response by the use of a ray tracing technique. *Journal of Sound and Vibration*, 8(1):118–125, 1968.

(Citado na(s) página(s): 388, 396)

[21] SCHROEDER, M. Digital simulation of sound transmission in reverberant spaces. *The Journal of the Acoustical Society of America*, 47(2A):424–431, 1970.

(Citado na(s) página(s): 388)

[22] KROKSTAD, A.; STRØM, S.; SØRSDAL, S. Fifteen years' experience with computerized ray tracing. *Applied Acoustics*, 16:291–312, 1983.

(Citado na(s) página(s): 388, 396)

[23] KULOWSKI, A. Algorithmic representation of the ray tracing technique. *Applied Acoustics*, 18:449–469, 1985.

(Citado na(s) página(s): 388, 392)

[24] DALENBÄCK, B.-I. L. Room acoustic prediction based on a unified treatment of diffuse and specular reflection. *The journal of the Acoustical Society of America*, 100(2):899–909, 1996.

(Citado na(s) página(s): 394)

[25] ALLEN, J. B.; BERKLEY, D. A. Image method for efficiently simulating small-room acoustics. *The Journal of the Acoustical Society of America*, 65(4):943–950, 1979.

(Citado na(s) página(s): 398)

[26] BORISH, J. Extension of the image model to arbitrary polyhedra. *The Journal of the Acoustical Society of America*, 75(6):1827–1836, 1984.

(Citado na(s) página(s): 398)

[27] LEE, H.; LEE, B.-H. An efficient algorithm for the image model technique. *Applied Acoustics*, 24:87–115, 1988.

(*Citado na(s) página(s): 401*)

[28] KIRSZENSTEIN, J. An image source computer model for room acoustics analysis and electroacoustic simulation. *Applied Acoustics*, 17:275–290, 1984.

(*Citado na(s) página(s): 401*)

[29] VORLÄNDER, M. Simulation of the transient and steady-state sound propagation in rooms using a new combined ray-tracing/image-source algorithm. *The Journal of the Acoustical Society of America*, 86 (1):172 – 178, 1989.

(*Citado na(s) página(s): 402, 403*)

[30] VIAN, J.-P.; MARTIN, J. Binaural room acoustics simulation: Practical uses and applications. *Applied Acoustics*, 36:293–305, 1992.

(*Citado na(s) página(s): 403*)

[31] NAYLOR, G. M. Odeon—another hybrid room acoustical model. *Applied Acoustics*, 38:131–143, 1993.

(*Citado na(s) página(s): 403*)

[32] HEINZ, R. Binaural room simulation based on an image source model with addition of statistical methods to include the diffuse sound scattering of walls and to predict the reverberant tail. *Applied Acoustics*, 38:145–159, 1993.

(*Citado na(s) página(s): 403, 404*)

[33] LAM, Y. W. The dependence of diffusion parameters in a room acoustics prediction model on auditorium sizes and shapes. *The Journal of the Acoustical Society of America*, 100(4):2193–2203, 1996.

(*Citado na(s) página(s): 404, 407*)

[34] LAM, Y. W. A comparison of three diffuse reflection modeling methods used in room acoustics computer models. *The Journal of the Acoustical Society of America*, 100(4):2181–2192, 1996.

(*Citado na(s) página(s): 404, 407*)

Acústica geométrica

[35] LEWERS, T. A combined beam tracing and radiatn exchange computer model of room acoustics. *Applied Acoustics*, 38:161–178, 1993.

(Citado na(s) página(s): 405)

[36] FUNKHOUSER, T. et al. A beam tracing method for interactive architectural acoustics. *The Journal of the Acoustical Society of America*, 115(2):739–756, 2004.

(Citado na(s) página(s): 405)

[37] HODGSON, M. Evidence of diffuse surface reflections in rooms. *The Journal of the Acoustical Society of America*, 89(2):765–771, 1991.

(Citado na(s) página(s): 406)

[38] BORK, I. Report on the 3rd round robin on room acoustical computer simulation–Part II: Calculations. *Acta Acustica united with Acustica*, 91:753–763, 2005.

(Citado na(s) página(s): 407)

[39] BORK, I. Report on the 3rd round robin on room acoustical computer simulation–Part I: Measurements. *Acta Acustica united with Acustica*, 91:740–752, 2005.

(Citado na(s) página(s): 407)

[40] LEHNERT, H.; BLAUERT, J. Principles of binaural room simulation. *Applied Acoustics*, 36:259–291, 1992.

(Citado na(s) página(s): 408, 410)

[41] MØLLER, H. Fundamentals of binaural technology. *Applied Acoustics*, 36:171 – 218, 1992.

(Citado na(s) página(s): 409, 411)

[42] BLAUERT, J. *Communication Acoustics (Signals and Communication Technology)*. Berlin: Springer-Verlag, 2005.

(Citado na(s) página(s): 409, 410)

[43] MASIERO, B.; POLLOW, M.; FELS, J. Design of a fast broadband individual head-related transfer function measurement system. In: *Proc. of Forum Acusticum*, Aalborg, Denmark, 2011.

(Citado na(s) página(s): 30, 410, 411)

[44] ALGAZI, V. R.; DUDA, R. O.; THOMPSON, D. M.; AVENDANO, C. The cipic hrtf database. In: *Applications of Signal Processing to Audio and Acoustics, 2001 IEEE Workshop*, New York, 2001.

(Citado na(s) página(s): 30, 413, 414)

[45] MASIERO, B. *Individualized binaural technology: measurement, equalization and perceptual evaluation*. Berlin: Logos Verlag Berlin GmbH, 2012.

(Citado na(s) página(s): 413)

[46] KISTLER, D. J.; WIGHTMAN, F. L. A model of head-related transfer functions based on principal components analysis and minimum-phase reconstruction. *The Journal of the Acoustical Society of America*, 91(3):1637–1647, 1992.

(Citado na(s) página(s): 413)

6 Capítulo

Acústica estatística

No Capítulo 4 discutimos as soluções aplicadas ao tratamento das baixas frequências em uma sala. No Capítulo 5 discutimos os métodos baseados na teoria geométrica da propagação sonora, aplicados aos problemas de médias e altas frequências. Os *softwares* utilizados na modelagem em acústica de salas podem levar em conta a geometria da sala e a distribuição espacial dos materiais em seu interior. Para isso, é necessário construir um modelo 3D da sala e atribuir propriedades acústicas adequadas a todas as superfícies da sala (coeficientes de absorção e espalhamento). Vimos também como, de posse desse modelo geométrico, a distribuição temporal e espacial das reflexões pode ser construída.

A implementação dos métodos geométricos, no entanto, depende da posse de um *software* adequado e da construção e ajuste do modelo 3D da sala. Embora a construção de modelos virtuais seja bastante mais simples que a construção de modelos físicos em escala, ela ainda pode tomar um tempo considerável do projeto. Dessa forma, a construção de soluções mais simples que forneçam uma direção para o projeto da sala são muito bem-vindas.

Neste capítulo a teoria estatística em acústica de salas será estudada. Como apontado nos capítulos anteriores, é preciso lembrar que tanto a teoria geométrica, quanto a teoria estatística são válidas para uma alta densidade modal. Como foi visto, a densidade modal tende a crescer com o aumento da frequência, o que implica que a abordagem estatística é útil a partir da frequência Schroeder, dada na Equação (4.2). Nesse caso, há tantos modos com diferentes amplitudes e fases que sua interferência ondulatória, em um determinado ponto (e em um dado instante de tempo), torna-se difícil de prever exatamente. Assim, podemos assumir que as energias das ondas sonoras podem ser somadas. Com a teoria estatística podemos, por exemplo, fazer estimativas iniciais do tempo de reverberação em uma sala e determinar quais os materiais serão usados no tratamento acústico e suas respectivas áreas. Isso permitirá bom ponto de partida para a modelagem por meio dos métodos baseados em acústica geométrica.

6.1 Ataque, estado estacionário e decaimento (análise qualitativa)

Imagine a mesma sala estudada na Seção 5.6 ou a sala mostrada na Figura 1.18. Nesse caso, porém, em vez de uma fonte impulsiva, teremos uma fonte emitindo ondas sonoras por um período de tempo. Diremos que a fonte está emitindo um ruído estacionário por certo período de tempo[1]. Assim, no instante $t = 0$ [s], a fonte é ligada e começa a radiar ondas sonoras. Um receptor na sala registrará o som direto emitido pela fonte e as reflexões no interior da sala.

No início do período de registro, as ondas sonoras se propagam livremente até atingirem o receptor. Depois de certo período de tempo, que depende da distância entre fonte e receptor e das distâncias de ambos às

---

[1] Note que, por "ruído estacionário" não queremos dizer que o sinal emitido pela fonte seja constante (invariável com o tempo), mas sim que as características do ruído (valor médio, valor RMS, espectro médio etc.) não variam no período de tempo em que a fonte está ligada. Um sinal desse tipo é o ruído branco ou o ruído rosa, que apresenta uma sonoridade semelhante ao som de uma TV fora do ar.

Acústica estatística

427

superfícies da sala, o som direto e as primeiras reflexões atingirão o receptor. À medida que o tempo avança o som direto e primeiras reflexões continuam a chegar ao receptor, mas além disso, mais e mais reflexões o atingirão. Após um período de tempo, a fonte será desligada e o receptor registrará o que acontece com a energia sonora até alguns segundos após o desligamento da fonte.

Como a fonte continua a radiar energia sonora por um tempo após o instante $t = 0$ [s], a energia sonora no interior do recinto cresce por um período de tempo. Isso acontece porque a energia do som direto se somará às energias das diversas reflexões. De fato, se não fosse a absorção sonora pelas paredes, ar e aparatos na sala, a energia captada pelo receptor cresceria indefinidamente. É fácil argumentar a esse respeito com base no princípio da conservação da energia. Se a fonte continua a injetar energia no recinto, essa energia deve crescer indefinidamente, a não ser que, por algum meio, a energia sonora possa ser transformada em outro tipo de energia (p. ex., calor). A transformação da energia sonora em calor se dá pela absorção sonora.

Graças a absorção sonora, há um momento em que a quantidade de energia radiada pela fonte se torna igual à quantidade de energia absorvida pelo conjunto de superfícies irradiadas. A quantidade de energia absorvida por cada aparato é proporcional à sua área e coeficiente de absorção (α_s). Por outro lado, o número de superfícies absorvedoras irradiadas pela onda sonora cresce com o tempo, já que, à medida que o tempo avança, as ondas sonoras cobrem uma maior distância (ou ângulo sólido) na sala e, assim, mais e mais superfícies são irradiadas. Dessa forma, leva um tempo até que a quantidade de superfícies irradiadas seja tal que a energia sonora fornecida pela fonte seja igual à quantidade de energia total absorvida pelos aparatos no recinto.

Assim, existe um período de tempo no qual a densidade de energia sonora na sala cresce, já que a quantidade de energia fornecida pela fonte é maior que a quantidade de energia absorvida pelos aparatos. Chamaremos esse período de tempo de "ataque". Quando a quantidade de energia fornecida pela fonte se tornar igual à quantidade de energia absorvida pelos aparatos, a densidade de energia sonora na sala ficará constante. Esse período se inicia após o fim do período de "ataque" da energia sonora e persistirá enquanto a fonte estiver ligada. Chamaremos tal período de tempo de "estado estacionário".

Se a fonte parar de radiar energia sonora em $t = t_0$ [s], as frentes de onda continuarão a se propagar pela sala por um período. A energia sonora diminui gradativamente, à medida que essas últimas frentes de onda radiadas pela fonte atingem as superfícies absorvedoras da sala. Logo, à medida que isso acontece, a densidade de energia sonora diminui. Chegará um momento em que a absorção sonora da sala tornará a densidade de energia no ambiente desprezível (ou inaudível). A esse decaimento da energia sonora com o tempo, chamamos de "reverberação" e, como iremos discutir com mais profundidade, o comportamento temporal da reverberação pode ser benéfico (reforçando e prolongando os sons de maneira desejável) ou maléfico (gerando perda de inteligibilidade). Chamaremos esse período de tempo de "decaimento".

Com base no que foi discutido até aqui, nota-se que o comportamento da densidade de energia sonora em função do tempo, $\rho_E(t)$, é uma curva que apresenta três regiões distintas: ataque (A), estado estacionário (B) e decaimento (C). Porém, nada ainda foi dito a respeito do formato dessa curva. Na Seção 6.2 a teoria estatística será usada para determinar o formato da curva $\rho_E(t)$ vs. t. É útil, no entanto, ter em mente as três regiões dessa curva, que podem ser visualizadas na Figura 6.1. A Figura 6.1 (a) mostra o comportamento da fonte emitindo um ruído estacionário entre 0 e t_0 [s]. A Figura 6.1 (b) mostra o comportamento da densidade de energia em função do tempo no interior da sala.

6.2 Ataque, estado estacionário e decaimento (análise quantitativa)

Em acústica de salas a teoria estatística assume que as partículas do fluido no interior da sala são elementos de volume dV idênticas em tamanho e energia sonora. Note então, que a energia sonora ao longo da sala é uniformemente distribuída e que perdemos a informação da variação espacial das quantidades acústicas. Em outras palavras, essa é uma condição em que podemos admitir que a distribuição de velocidades de partícula é tal que a probabilidade de que a partícula esteja com uma

Acústica estatística

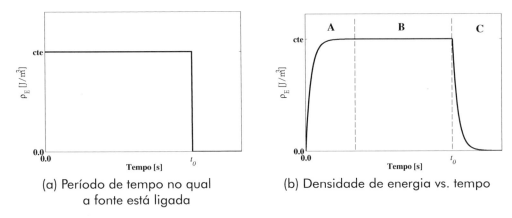

(a) Período de tempo no qual a fonte está ligada

(b) Densidade de energia vs. tempo

Figura 6.1 Comportamento de uma fonte sonora e da densidade de energia em campo difuso.

dada velocidade, direção e sentido é a mesma para qualquer posição do recinto [1]. Essa condição é chamada de campo difuso e implica que a distribuição de energia acústica no recinto é uniforme em qualquer instante de tempo.

Wallace C. Sabine [2] foi o realizador dos primeiros experimentos consistentes em acústica de salas. Na época, no começo do século XX, Sabine relacionou o tempo que a energia sonora levava para decair a 1 milionésimo da energia de estado estacionário ao volume da sala e à sua quantidade de absorção média existente. A esse tempo de decaimento, Sabine chamou "tempo de reverberação". A relação matemática foi estabelecida por ele mediante método empírico. Mais tarde, coube a Sabine [2] e a W. S. Franklin [3] desenvolver as bases teóricas para os resultados experimentais. Essa base teórica será vista nesta seção. Na Seção 6.5 trataremos do cálculo do tempo de reverberação a partir da teoria de Sabine e na Seção 6.7 trataremos sobre outras formas para calculá-lo.

Foi Sabine, então, o primeiro a intuir que o tempo para que a energia sonora se reduza à milionésima parte da energia em regime estacionário era um parâmetro importante na caracterização acústica da sala. Esse parâmetro foi chamado então de "Tempo de Reverberação" (ou T_{60} por motivos que veremos na Seção 6.5). É importante notar que o tempo de reverberação representa a velocidade com a qual se realiza o processo de decaimento da energia sonora, e não a duração da reverberação audível, que depende da energia da fonte sonora e do nível de ruído de fundo existente na sala [4].

A Figura 6.2 mostra o comportamento da densidade de energia em função do tempo de forma mais detalhada. Assim, é preciso definir alguns termos: a densidade de energia $\rho_E(t)$ é função do tempo, como já exposto, e expressa a razão entre a energia sonora total da sala, no instante t, pelo seu volume V (ver Seção 1.2.8). Logo, esse termo apresenta dimensão no S. I. de [J/m^3]. O termo d$\rho_E(t)$ expressa a variação temporal de $\rho_E(t)$. Ou seja, d$\rho_E(t) = d\rho_E(t)/dt$; todavia, o termo d$t$ será omitido em toda a derivação a fim de mantê-la mais legível.

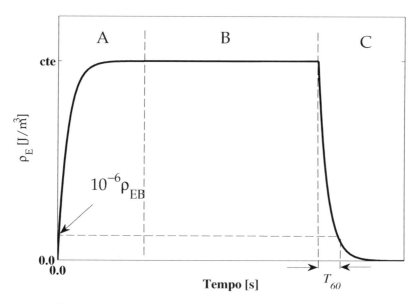

Figura 6.2 Detalhes da curva de densidade de energia em função do tempo: A - ataque; B - estado estacionário; C - decaimento. O T_{60} é o tempo, dado em [s], que a densidade de energia leva para decair a 1 milionésimo (10^{-6}) da densidade de energia de estado estacionário (região B - cte).

Note que a curva $\rho_E(t)$ vs. t tem as regiões A, B e C. Na região A ocorre crescimento da densidade de energia e, por isso, a derivada temporal dessa quantidade é positiva (d$\rho_E(t) > 0$ [J/m^{3}s]). Na região B a densidade de energia é constante e, por isso, a derivada temporal dessa quantidade é nula (d$\rho_E(t) = 0$ [J/m^{3}s]). Na região C a densidade de energia diminui com o tempo e, por isso, a derivada temporal dessa quantidade é negativa $(d\rho_E(t) < 0\ [J/m^3s])$. Por fim, note também o T_{60} associado ao valor $10^{-6}\rho_{EB}(t)$, que representa um milionésimo da densidade de energia de estado estacionário.

Nas regiões A, B e C a densidade de energia é obtida do balanço entre a energia que a sala recebe da fonte sonora (Energia ganha, $E_g(t)$) e a energia que é perdida por absorção ($E_p(t)$). Devido ao fato de que, na região A, a densidade de energia ganha pela sala por meio da fonte sonora[2] $(dE_g(t)/V)$ é maior que a densidade de energia perdida pela sala devido à absorção $(dE_p(t)/V)$, temos que $d\rho_E(t) > 0$. Dessa forma,

$$d\rho_E(t) = \frac{dE_g(t)}{V} - \frac{dE_p(t)}{V} > 0 \quad e \quad \frac{dE_g(t)}{V} > \frac{dE_p(t)}{V}. \quad (6.1)$$

Na região B, a densidade de energia ganha pela sala por intermédio da fonte sonora $(dE_g(t)/V)$ é igual à densidade de energia perdida pela sala em virtude da absorção $(dE_p(t)/V)$. Assim, temos que $d\rho_E(t) = 0$. Expressamos isso da seguinte forma:

$$d\rho_E(t) = 0, \qquad \rho_E(t) = cte. \quad e \quad \frac{dE_g(t)}{V} = \frac{dE_p(t)}{V}. \quad (6.2)$$

Na região C, a densidade de energia ganha pela sala por meio da fonte sonora $(dE_g(t)/V)$ é nula, já que a fonte cessa a radiação. Resta então apenas a densidade de energia perdida pela sala em razão da absorção $(dE_p(t)/V)$. Assim, tem-se que $d\rho_E(t) < 0$, o que é expresso por:

$$d\rho_E(t) = -\frac{dE_p(t)}{V}, \qquad d\rho_E(t) < 0 \quad e \quad \frac{dE_g(t)}{V} = 0. \quad (6.3)$$

Faz-se necessário, então, quantificar a variação da energia ganha com a fonte sonora em função do tempo $(dE_g(t))$ e a variação da energia perdida por absorção em função do tempo $(dE_p(t))$, a fim de estabelecer a variação da densidade de energia em função do tempo $(d\rho_E(t))$ para cada uma das regiões A, B e C.

---

[2] Ou das fontes sonoras.

Primeiramente, quantifica-se a variação de energia ganha pela sala. Assume-se que no seu interior existe uma fonte sonora cuja potência é W [J/s]. Assim, a quantidade de energia ganha pela sala em um instante dt é d$E_g(t) = W$ dt [J]. Esse termo pode ser escrito em função da densidade de energia se ele for dividido pelo volume (V) da sala. Assim, a densidade de energia ganha pela sala no intervalo dt é

$$\frac{dE_g(t)}{V} = \frac{W}{V} \, dt \, . \tag{6.4}$$

Procede-se agora com o cálculo da a variação de energia perdida pela sala, que é geralmente um tanto mais complexo. Durante um instante de tempo dt, ocorre uma perda gradual de energia (dE_p). Essa perda será calculada com base na quantidade de energia que, no intervalo de tempo dt, é recebida pelas superfícies absorvedoras da sala (dE_r). Considere então um elemento de volume dV, dentro de uma sala, situado a uma distância r de um elemento de superfície dS qualquer. Essa configuração é válida para uma sala com uma geometria qualquer e é ilustrada na Figura 6.3 em um sistema de coordenadas esféricas.

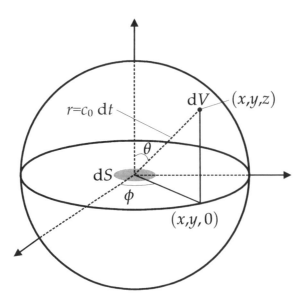

Figura 6.3 Sistema de coordenadas esféricas para o cálculo da energia absorvida. A origem do sistema de coordenadas encontra-se sobre o elemento dS. A coordenada de dV é (x, y, z) em coordenadas cartesianas ou (r, θ, ϕ) em coordenadas esféricas.

Pode-se considerar que o elemento de volume dV é, para dS, uma fonte sonora de energia $\rho_E(t)dV$ [J]. Note que o elemento de volume pode ser tanto uma fonte sonora (p. ex., um alto-falante, uma pessoa falando etc.) quanto uma partícula da sala que recebe energia sonora e a repassa aos elementos de volume ao seu redor. Considerando isotropia[3] na emissão e propagação da energia sonora, por parte de dV, a parte da energia emitida por dV que chega a dS é

$$dE_r(t)|_{dS,dV} = \rho_E(t)\,dV\frac{dS}{4\pi r^2}\cos(\theta), \qquad (6.5)$$

em que o termo r^2 tem a ver com a queda da energia com a distância de propagação sofrida por uma onda esférica e o termo $\cos(\theta)$ está relacionado à quantidade de energia normal à superfície de dS. Note ainda, na Figura 6.3, que os únicos elementos de volume dV que conseguem entregar energia sonora a dS são aqueles contidos no raio $r \leq c_0\,dt$, em que c_0 é a velocidade do som no meio e dt é um intervalo de tempo infinitesimal. Qualquer dV fora desse raio não consegue entregar energia a dS dentro dos limites do instante de tempo dt. Note também que $dE_r(t)|_{dS,dV}$ é a quantidade de energia emitida por apenas um elemento de volume dV, que atinge apenas um elemento de área dS.

Para obter a energia total, de todos os elementos de volume dV, que chega a apenas um elemento de área dS, no intervalo dt, deve-se somar a energia vinda de todos os elementos de volume que podem contribuir com a energia chegando a dS dentro do instante de tempo dt. Assim, a Equação (6.5) deve ser integrada ao longo de um volume esférico cujo raio varia de 0 a $r = c_0\,dt$; logo, tem-se que

$$dE_r(t)|_{dS} = \int_V \rho_E(t)\,dV\frac{dS}{4\pi r^2}\cos(\theta). \qquad (6.6)$$

Devido à isotropia da emissão e propagação da energia, $\rho_E(t)$ não depende da posição. Além disso, em coordenadas esféricas, o elemento de volume dV é $dV = r^2\,\text{sen}(\theta)\,d\theta\,dr\,d\phi$. Assim, a integral de volume anterior torna-se uma integral tripla, dada por:

---

[3] A consideração de isotropia está relacionada ao fato de que os elementos de volume radiam (ou repassam) energia sonora de maneira igual aos elementos ao seu redor.

$$dE_r(t)|_{dS} = \int_0^{2\pi} \int_0^{c_0\,dt} \int_0^{\pi/2} \frac{\rho_E(t)dS}{4\pi r^2} \cos(\theta)\, r^2\, \text{sen}(\theta)\, d\theta\, dr\, d\phi,$$

logo,

$$dE_r(t)|_{dS} = \frac{\rho_E(t)dS}{4\pi} \int_0^{2\pi} d\phi \int_0^{c_0\,dt} dr \int_0^{\pi/2} \cos(\theta)\, \text{sen}(\theta)\, d\theta. \qquad (6.7)$$

Note que a última das integrais varre o ângulo θ entre 0 e $\pi/2$. Isso faz com que apenas metade da esfera seja varrida e evita a integração ao longo das imagens acústicas (reflexões) dos elementos de volume dV. O resultado da terceira integral [5] é

$$\frac{-1}{2} \cos^2(\theta)|_0^{\pi/2} = \frac{1}{2},$$

dessa forma, a energia acústica recebida de todos os elementos de volume dV por apenas um elemento de área dS no intervalo dt é

$$dE_r(t)|_{dS} = \frac{\rho_E(t)dS}{4\pi} 2\pi\, c_0\, dt\, \frac{1}{2},$$

assim,

$$dE_r(t)|_{dS} = \frac{\rho_E(t)c_0}{4}\, dS\, dt. \qquad (6.8)$$

Para obter a energia total que, em um instante de tempo dt, incide sobre todos os elementos dS, deve-se integrar $dE_r(t)|_{dS}$ sobre toda a área da sala. Assim, temos que:

$$dE_r(t) = \int_S \frac{\rho_E(t)\, c_0}{4}\, dS\, dt = \frac{\rho_E(t)\, c_0}{4}\, S\, dt, \qquad (6.9)$$

que representa a energia recebida por toda a área superficial contida no recinto.

Considerando que todas as superfícies têm o mesmo coeficiente de absorção médio $\bar{\alpha}$, pode-se calcular a energia perdida pela sala no intervalo dt por meio da multiplicação da Equação (6.9) por $\bar{\alpha}$, já que este representa a razão entre as energias absorvida e recebida ($\bar{\alpha} = dE_p(t)/dE_r(t)$). Assim, a energia perdida (absorvida) pela sala no intervalo dt é dada por

Acústica estatística

$$dE_\mathrm{p}(t) = \frac{\rho_\mathrm{E}(t)c_0}{4}\, S\, \overline{\alpha}\, dt\ ,$$

que, por unidade de volume, resulta na densidade de energia perdida no intervalo dt, dada por

$$\frac{dE_\mathrm{p}(t)}{V} = \frac{\rho_\mathrm{E}(t)c_0}{4V}\, S\, \overline{\alpha}\, dt\ . \tag{6.10}$$

As Equações (6.4) e (6.10) podem ser inseridas nas Equações (6.1), (6.2) e (6.3) a fim de que se obtenham as curvas de densidade de energia vs. tempo para as regiões A, B e C da Figura 6.2. Dessa forma, para a região A, tem-se que:

$$d\rho_\mathrm{E}(t) = \frac{W}{V}\, dt - \frac{\rho_\mathrm{E}(t)c_0}{4V}\, S\, \overline{\alpha}\, dt\ , \tag{6.11}$$

isolando dt, tem-se:

$$dt = \frac{d\rho_\mathrm{E}(t)}{\dfrac{W}{V} - \dfrac{\rho_\mathrm{E}(t)\,c_0}{4V}\, S\, \overline{\alpha}}\ .$$

Integrando os dois lados dessa equação, obtém-se então:

$$\int dt = \int \frac{d\rho_\mathrm{E}(t)}{\dfrac{W}{V} - \dfrac{\rho_\mathrm{E}(t)\,c_0}{4V}\, S\, \overline{\alpha}}\ .$$

Fazendo uma substituição de variáveis da forma

$$\begin{cases} u & = \frac{W}{V} - \frac{\rho_\mathrm{E}(t)\,c_0}{4V}\, S\, \overline{\alpha} \\[2mm] du & = -\frac{c_0}{4V}\, S\, \overline{\alpha}\, d\rho_\mathrm{E}(t) \end{cases},$$

a integral se torna:

$$\int dt = -\int \frac{4V}{c_0\, S\, \overline{\alpha}}\, \frac{du}{u}\ ,$$

assim,

$$t = -\frac{4V}{c_0\,S\,\overline{\alpha}}\left[\ln(u) + \ln(K)\right]\,,$$

logo, reinserindo-se as variáveis substituídas:

$$t = -\frac{4V}{c_0\,S\,\overline{\alpha}}\left[\ln\left(\frac{W}{V} - \frac{c_0\,S\,\overline{\alpha}}{4V}\rho_\mathrm{E}(t)\right) + \ln(K)\right].$$

Invertendo a equação anterior, obtém-se a relação $\rho_E(t)$ vs. t, válida para a região A da Figura 6.2,

$$\left[\frac{W}{V} - \frac{c_0\,S\,\overline{\alpha}}{4V}\,\rho_\mathrm{EA}(t)\right]\,K = e^{-\frac{c_0\,S\,\overline{\alpha}}{4V}t}\,,$$

$$-\frac{c_0\,S\,\overline{\alpha}}{4V}\,\rho_\mathrm{EA}(t) = -\frac{W}{V} + \frac{1}{K}\,e^{-\frac{c_0\,S\,\overline{\alpha}}{4V}t}\,,$$

$$\rho_\mathrm{EA}(t) = \frac{4V}{c_0\,S\,\overline{\alpha}}\left[\frac{W}{V} - \frac{1}{K}\,e^{-\frac{c_0\,S\,\overline{\alpha}}{4V}\,t}\right].$$

A constante $1/K$ é obtida da condição inicial para a a região A; como em $t = 0$ a fonte se encontrava desligada, tem-se que $\rho_E(0) = 0$, assim:

$$\rho_\mathrm{EA}(0) = \frac{4V}{c_0\,S\,\overline{\alpha}}\left[\frac{W}{V} - \frac{1}{K}\,e^{-\frac{c_0\,S\,\overline{\alpha}}{4V}0}\right] = 0$$

$$\frac{W}{V} - \frac{1}{K} = 0 \qquad \Longrightarrow \qquad \frac{1}{K} = \frac{W}{V}.$$

Dessa forma, a densidade de energia, em função do tempo, para a região A torna-se:

$$\rho_\mathrm{EA}(t) = \frac{4W}{c_0\,S\,\overline{\alpha}}\left[1 - e^{-\frac{c_0\,S\,\overline{\alpha}}{4V}\,t}\right]\,, \tag{6.12}$$

em que se pode observar que o crescimento da densidade de energia em função do tempo é exponencial e atinge uma assíntota cujo valor é dado pela densidade de energia da região B, como evidenciado pela Figura 6.2.

Acústica estatística

O crescimento da densidade de energia é controlado pelo volume V da sala e pela quantidade de absorção média presente em seu interior, $S\,\bar{\alpha}$. Quanto maior a quantidade de absorção na sala, mais rápido a região A (ataque) tenderá à região B (estado estacionário), o que acontece pelo fato de que uma maior quantidade de absorção tende a equilibrar a energia recebida pela sala mais rapidamente. Quanto maior o volume da sala, mais lento será o crescimento da densidade de energia na sala, o que se explica pelo fato de que um maior volume implica, em geral, em superfícies absorvedoras mais distantes da fonte. Logo, leva mais tempo para que as ondas sonoras atinjam essas superfícies e sejam absorvidas.

Para a determinação da densidade de energia da região B, usa-se a Equação (6.2) e as Equações (6.4) e (6.10), dessa forma:

$$\frac{W}{V}\,\mathrm{d}t = \frac{\rho_{\mathrm{EB}}(t)\,c_0}{4V}\,S\,\bar{\alpha}\,\mathrm{d}t\,,$$

$$\rho_{\mathrm{EB}}(t) = \frac{4W}{c_0\,S\,\bar{\alpha}}\,, \tag{6.13}$$

que mostra que a densidade de energia no estado estacionário é constante com o tempo e é função da potência sonora da fonte e da quantidade de absorção distribuída nas superfícies da sala, o que condiz com o equilíbrio energético discutido na Seção 6.1.

Para a determinação da densidade de energia da região C, usa-se a Equação (6.3) e a Equação (6.10), já que a energia ganha pela sala é nula nesse caso. Dessa forma,

$$\mathrm{d}\rho_{\mathrm{EC}}(t) = -\frac{\rho_{\mathrm{EC}}(t)c_0}{4V}\,S\,\bar{\alpha}\,\mathrm{d}t\,,$$

e integrando essa equação tem-se que:

$$\int \frac{\mathrm{d}\rho_{\mathrm{EC}}(t)}{\rho_{\mathrm{E}}(t)} = -\int \frac{c_0}{4V}\,S\,\bar{\alpha}\,\mathrm{d}t\,,$$

$$\ln\left[\rho_{\mathrm{EC}}(t)\right] - \ln(K) = -\frac{c_0}{4V}\,S\,\bar{\alpha}\,t\,,$$

$$\rho_{EC}(t) = K e^{-\frac{c_0 S \bar{\alpha}}{4V} t} .$$

Para encontrar a constante K, utiliza-se a condição inicial para a região C. Considera-se que, para essa região, seu início em $t = t_0$ é equivalente a $t = 0$, já que cada região pode ser considerada distinta uma da outra. Assim, em $t = 0$ para a região C, a densidade de energia na sala é a densidade de energia de estado estacionário ($\rho_{EC}(0) = \rho_{EB}(t)$), dada pela Equação (6.13). Assim, $K = {}^{4W}/_{c_0 S \bar{\alpha}}$ e tem-se que a densidade de energia, em função do tempo, para a região C é:

$$\rho_{EC}(t) = \frac{4W}{c_0 S \bar{\alpha}} \ e^{-\frac{c_0 S \bar{\alpha}}{4V} t} , \qquad (6.14)$$

que mostra que o processo de decaimento da densidade de energia na sala obedece uma relação exponencial, em função do volume V da sala e da quantidade de absorção média da mesma $S \bar{\alpha}$. Quanto maior o volume da sala, mais lento é o processo de decaimento da densidade de energia sonora (maior reverberação). Isso se explica pelo fato de que um maior volume implica, em geral, em superfícies absorvedoras mais distantes da fonte. Logo, leva-se um tempo mais longo para que as ondas sonoras atinjam essas superfícies e sejam absorvidas. Quanto maior a quantidade de absorção, mais rápido é o processo de decaimento (menor reverberação), o que se explica pela maior energia absorvida pelas superfícies quando são atingidas pelas ondas sonoras.

Note que, se o eixo da densidade de energia da Figura 6.2 for plotado em uma escala logarítmica, o decaimento se torna linear, podendo isso ser observado na Figura 6.4.

6.3 Densidade de energia e pressão sonora

Na Figura 6.2 viram-se três regiões na curva de densidade de energia vs. tempo. As densidades de energia nessas regiões (ataque, estado estacionário e decaimento) podem ser calculadas pelas Equações (6.12), (6.13) e (6.14). Como geralmente se tem o interesse na pressão sonora, é útil estabelecer uma relação entre a densidade de energia e a evolução

Acústica estatística

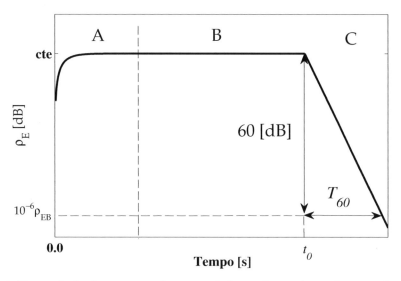

Figura 6.4 Densidade de energia (em escala logarítmica) em função do tempo. Mesmo gráfico da Figura 6.2, mas com a densidade de energia em escala logarítmica.

temporal do valor eficaz da pressão sonora $p_{RMS}(t)$ (em cada região da curva da Figura 6.2). Essa relação pode ser obtida a partir da Equação (1.62) (página 92). Assim, a evolução do valor eficaz da pressão sonora nas regiões A, B e C é

$$p_{RMS\text{-}A}^2(t) = \rho_0\, c_0^2\, \frac{4W}{c_0\, S\, \bar{\alpha}}\left[1 - e^{-\frac{c_0 S \bar{\alpha}}{4V} t}\right], \qquad (6.15)$$

$$p_{RMS\text{-}B}^2(t) = \rho_0\, c_0^2\, \frac{4W}{c_0\, S\, \bar{\alpha}} \qquad (6.16)$$

e

$$p_{RMS\text{-}C}^2(t) = \rho_0\, c_0^2\, \frac{4W}{c_0\, S\, \bar{\alpha}}\, e^{-\frac{c_0 S \bar{\alpha}}{4V} t}, \qquad (6.17)$$

que mostram que o quadrado da pressão sonora eficaz é proporcional à densidade de energia em um campo acústico difuso. Note que as Equações (6.15) a (6.17) não representam um sinal de pressão sonora, mas sim a envoltória energética desse sinal. Uma discussão mais profunda a respeito de sinais e sua energia pode ser encontrada na referência

[6], assim como na Seção 7.2. Na Figura 7.7 (página 499), por exemplo, as curvas em cinza representam sinais de pressão sonora, medidos em uma sala, na região de decaimento; as curvas em preto representam as envoltórias energéticas dos decaimentos dos sinais de pressão sonora. Note que, como a amplitude é plotada em [dB], a envoltória energética apresenta uma queda aproximadamente linear com o tempo, assim como a densidade de energia mostrada na Figura 6.4.

6.4 Campo próximo, campo livre e campo reverberante

Parece apropriado discutir aqui, de forma qualitativa, como o som direto se relaciona com a quantidade de reverberação em um ambiente. Três tipos[4] de campo acústico se combinam dentro de um recinto, já que no seu interior tem-se, além do som direto da fonte, as reflexões impostas pela sala. Esses campos são: o campo próximo (ou *near-field*), o campo livre (ou *free-field*) e o campo difuso ou reverberante (*diffuse-field* ou *reverberant-field*). A Figura 6.5 mostra como o NPS varia com a distância de uma fonte sonora típica. Note que o termo "fonte" aqui pode ser uma fonte sonora ou mesmo uma superfície refletora (que do ponto de vista da reflexão funciona como fonte). É essa variação do NPS que define as características de cada tipo de campo acústico. Note, em primeiro lugar, que os campos livre e difuso fazem parte do campo distante (ou *far-field*).

A região do campo próximo é caracterizada por uma variação errática do NPS com a distância da fonte (pressão e velocidade de partícula estão fora de fase). Em geral essa região é aquela cuja distância da fonte ou aparatos refletores (ou absorvedores) é menor que $\lambda/4$[5]. Usualmente evitam-se medições de pressão sonora em campo próximo, já que o NPS tende a ser errático e/ou a parte real da intensidade acústica é muito baixa para a frequência considerada.

---

[4] Podem existir outras classificações além das apresentadas aqui, assim como definições ligeiramente diferentes dependendo do tema de acústica estudado.

[5] Possivelmente o leitor encontrará outras definições para divisão entre campo próximo e campo distante, dependendo da área de acústica estudada; valores típicos encontrados são: $r \sim \lambda/2\pi$, $kr = 1$ ou r entre $\lambda/4$ e λ.

A extensão dos campos livre e reverberante depende do tamanho da sala (V e S), das características de absorção de cada superfície (α_i e S_i de cada superfície) e/ou do coeficiente de absorção médio ($\bar{\alpha}$). Esses fatores vão interferir tanto na distância percorrida antes que as frentes de onda atinjam uma superfície refletora ou o receptor quanto na quantidade de energia transportada pelas reflexões. A extensão de cada campo acústico também depende da frequência de interesse.

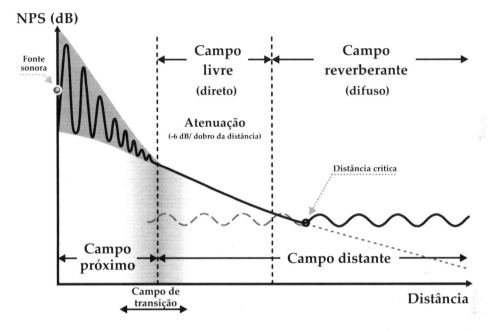

Figura 6.5 Tipos de campo acústico existentes em uma sala em função da distância da fonte (cortesia do Prof. Dr. William D'A. Fonseca).

É importante que o leitor atente para o fato de que os campos próximo, de transição e distante independem da sala (ou recinto), isto é, sua definição está baseada na física do problema, que aqui podemos considerar como a relação entre pressão, velocidade de partícula e a consequente intensidade acústica. A divisão entre campo próximo e distante em um ponto é apenas para facilitar o entendimento; todavia, há uma faixa de transição, que alguns autores consideram como campo de transição (ver Figura 6.5).

A região além de $\lambda/4$ é chamada de campo distante, e fazem parte dessa região os campos livre e reverberante (dependentes do recinto), que na prática se sobrepõem em uma sala. O campo livre é caracterizado pela lei do inverso quadrado, ou seja, o NPS cai 6 [dB] à medida que se dobra a distância da fonte. Estritamente, tem-se campo livre em espaços abertos (sem paredes) ou em câmaras anecoicas (cujas superfícies são altamente absorventes, sem anteparos entre fonte e receptor). Em uma sala comum, a rigor, nunca haverá campo livre, mas sim uma sobreposição entre os campos livre e reverberante. Assim, o NPS decai um valor menor que 6 [dB] à medida que se dobra a distância da fonte, já que a energia das reflexões contribui para a energia recebida, o que torna o decaimento menor. À medida que a distância à fonte aumenta, a queda do NPS tende a diminuir. De fato, a partir de certa distância da fonte, a contribuição das reflexões para o NPS se torna predominante. Essa distância é muitas vezes chamada de distância crítica. Além dela, temos a condição chamada de campo reverberante, em que o NPS tende a ser mais ou menos constante com o aumento da distância da fonte.

A Figura 1.19, na página 106, ilustra, em uma escala de cores, o NPS ao longo de uma sala. Note que a faixa de variação do NPS é de cerca de 4 [dB] e, portanto, menor do que a queda de 6 [dB] com o dobro da distância. Na maioria dos casos, o que se deseja em uma sala é um campo acústico com propriedades semelhantes em todos os pontos de interesse (plateia, p. ex.), já que não é desejável que parâmetros como NPS, tempo de reverberação etc. variem significativamente com a posição no recinto. Se houvesse uma variação alta, alguns locais seriam beneficiados em detrimento de outros. Uma forma de minimizar as variações é por meio do uso de difusores, que espalham a energia acústica em diversas direções (ver Capítulo 3).

Há ainda outra definição que deve ser apresentada. Considere um objeto de tamanho finito, radiando energia sonora, sendo uma de suas dimensões características L_f (e o subíndice f significando fonte). O seu campo de radiação dependerá de L_f devido aos efeitos de difração que ocorrem no radiador; assim, essa região é conhecida como campo próximo geométrico. Para evitar confusão, quando se considera *campo próximo geométrico*, os outros campos são chamados de *campo próximo hidrodinâmico* e *campo distante hidrodinâmico*. Quando o ponto de observação está distante do radiador, $r \gg L_f$, considera-se campo distante geométrico e hidrodinâmico, e um fator de três geralmente satisfaz essa relação.

Acústica estatística 443

6.5 Tempo de reverberação de Sabine

O tempo de reverberação é o mais famoso dos parâmetros objetivos, e o mais antigo também. O próprio termo "parâmetro objetivo", a ser discutido com mais profundidade no Capítulo 7, merece atenção agora. Um parâmetro objetivo é um número que visa atribuir um aspecto quantitativo a uma sensação subjetiva. Nesse caso, a sensação subjetiva diz respeito à experiência que cada ser humano tem em uma sala. Como a experiência subjetiva é descrita com adjetivos, e como esses adjetivos podem variar de pessoa para pessoa ou mesmo de cultura para cultura (devido a fenômenos culturais e linguísticos), é imprescindível para a prática da engenharia que a subjetividade seja transformada em algo quantificável. Assim, um parâmetro objetivo visa quantificar uma experiência subjetiva. Como para descrever a experiência auditiva em um ambiente, uma série de adjetivos são usados para descrever vários aspectos do som no ambiente (p. ex., "seco", "brilhante", "aveludado", "fácil de entender" etc.), não haverá um único parâmetro objetivo.

O tempo de reverberação, no entanto, é o primeiro desses parâmetros a ser apresentado. Isso se deve a dois motivos:

a) ele foi o primeiro parâmetro estudado, modelado e compreendido;

b) ele se relaciona com diversos aspectos subjetivos de nossa experiência na sala.

De fato, por um lado, o tempo de reverberação não é suficiente para, sozinho, quantificar toda a experiência subjetiva de um ser humano em uma sala. Por outro lado, ele tem relação com quase todos os descritores subjetivos e, assim, é geralmente o parâmetro acústico mais conhecido em acústica de salas.

De acordo com Sabine [2], o tempo de reverberação é o tempo que a densidade de energia leva para decair a 1 milionésimo da densidade de energia de estado estacionário (Figura 6.2). Dessa forma, pode-se observar que, em uma escala decibel como a da Figura 6.4, o tempo de reverberação pode ser definido em [dB] por intermédio da relação:

$$10 \log \left(\frac{10^{-6}\rho_{EB}}{\rho_{EB}} \right) = -60 \, [\text{dB}] \, . \tag{6.18}$$

Assim, a partir da definição de Sabine, o tempo de reverberação mede quanto tempo a densidade de energia (ou o quadrado do valor eficaz da pressão sonora) leva para decair 60 [dB]. Por isso, o tempo de reverberação é comumente chamado de T_{60}. Note também que, mantendo a Equação (6.18) e a Figura 6.4 em mente, o T_{60} fornece uma medida da inclinação da reta (em escala log) da curva de decaimento da região C. Isso é fundamentalmente diferente de uma medida do tempo de duração da reverberação audível. Como comentado anteriormente, a reverberação audível depende da potência da fonte sonora e do ruído de fundo existente na sala em questão. Assim, o T_{60} não é a medida do tempo de duração da reverberação audível, mas sim uma medida da rapidez com a qual a densidade de energia é reduzida na sala.

Pode-se então, a partir da Equação (6.14), calcular uma expressão para o T_{60}. Para isso avaliamos a Equação (6.14) em T_{60} e notamos que, nesse caso, ela se iguala a 1 milionésimo do valor da Equação (6.13), assim

$$\rho_{EC}(T_{60}) = 10^{-6}\rho_{EB} \, ,$$

$$\frac{4W}{c_0 \, S \, \overline{\alpha}} \, \mathrm{e}^{-\frac{c_0 S \overline{\alpha}}{4V} T_{60}} = 10^{-6} \frac{4W}{c_0 \, S \, \overline{\alpha}} \, ,$$

aplicando o $\log_{10}$ nos dois lados da igualdade, obtém-se

$$\log_{10} \left(\mathrm{e}^{-\frac{c_0 S \overline{\alpha}}{4V} T_{60}} \right) = \log_{10}(10^{-6}),$$

$$-\frac{c_0 \, S \, \overline{\alpha}}{4V} \, T_{60} \, \log_{10}(\mathrm{e}) = -6 \, ,$$

$$T_{60} = \frac{V}{S \, \overline{\alpha}} \left[\frac{6}{\log_{10}(\mathrm{e})} \frac{4}{c_0} \right] \, . \tag{6.19}$$

Note que e $= 2.7183$ e assumindo que $c_0 = 343$ [m/s], o termo entre colchetes se reduz a 0.161 [s/m]. Assim, o T_{60} se torna[6]:

$$T_{60,\,\mathrm{S}} = \frac{0.161\ V}{S\,\bar{\alpha}}\ \left[\frac{\mathrm{s}\cdot\mathrm{m}^3}{\mathrm{m}\cdot\mathrm{m}^2}\right] = [\mathrm{s}]\ , \qquad (6.20)$$

que é o tempo de reverberação obtido por Sabine[7]. O termo $S\,\bar{\alpha}$ representa a quantidade de absorção presente no ambiente e, como, $\bar{\alpha}$ é adimensional, $S\,\bar{\alpha}$ é dado em $[\mathrm{m}^2]$ ou [Sabins] em homenagem a Sabine.

O coeficiente de absorção médio $\bar{\alpha}$ é a média ponderada dos coeficientes de absorção (α_i) e áreas $(S_i$ em $[\mathrm{m}^2])$ de cada aparato encontrado no ambiente. Como estamos tratando de um campo difuso, é usual que o coeficiente de absorção de cada amostra, que será usado nos cálculos, seja o valor medido por incidência difusa (ver Seção 2.2.2). Dessa forma, tem-se

$$\bar{\alpha} = \frac{1}{S}\cdot\sum_i S_i\alpha_i\ , \qquad (6.21)$$

em que $S = \sum_i S_i$ é o somatório das áreas dos absorvedores e aparatos dentro da sala. Como os coeficientes de absorção dos materiais variam com a frequência, espera-se que $\bar{\alpha}$ também varie com a frequência e, dessa forma, o T_{60} também variará com a frequência.

A Equação (6.20) demonstra ainda que o T_{60} é proporcional ao volume da sala e inversamente proporcional à quantidade de absorção distribuída na sala $(S\,\bar{\alpha})$, o que concorda com a discussão a respeito do decaimento da densidade de energia feita a partir da Equação (6.14). Inserir materiais sonoabsorventes em uma sala ajuda então a controlar o seu tempo de reverberação. Como discutiremos na Seção 6.8, cuidado deve ser tomado de forma a equilibrar o espectro de absorção. Se um único

---

[6] Ao escolher um valor fixo para a velocidade do som, um erro pode ser esperado na constante, já que valores diferentes para c_0 levarão a valores diferentes de 0.161. O erro, embora não seja grande, pode ser corrigido com as propriedades atmosféricas, o cálculo da velocidade do som e a aplicação na Equação (6.19). O autor optou por deixar a expressão aqui como ela é comumente encontrada na literatura.

[7] Originalmente o trabalho de Sabine foi experimental, e a expressão para o tempo de reverberação foi obtida de maneira empírica. Posteriormente Sabine realizou uma análise teórica também publicada em seu livro [2].

tipo de material é usado no tratamento acústico (p. ex., material poroso), a absorção será maior em uma dada faixa de frequência (p. ex. para o material poroso, a absorção será maior nas altas frequências). Dessa forma, T_{60} será pequeno na faixa de frequências na qual o absorvedor utilizado é eficiente e alto na faixa de frequências em que o absorvedor é ineficiente. Por esse motivo, aconselha-se o uso de diferentes materiais, a fim de que alguns deles absorvam as altas frequências e outros absorvam as baixas e/ou médias frequências.

6.6 Absorção sonora no ar

Até o presente momento só o decaimento do NPS com a distância, devido ao espalhamento da energia sonora em uma frente de onda esférica, foi considerado. Perdas devido a "imperfeições" do fluido não foram levadas em conta. No entanto, um fluido real apresenta uma série de fatores que contribuem para a atenuação da amplitude da onda sonora à medida que essa avança no espaço. Entre os fatores podem-se citar os seguintes:

a) perdas por difusão de calor;

b) efeitos relativos à relaxação do meio elástico (o ar é um meio elástico);

c) perdas por efeitos de viscosidade do ar.

As perdas por difusão do calor estão relacionadas aos aumentos e diminuições da pressão causados pela passagem da onda sonora por um ponto. Sabe-se que a onda sonora é formada por zonas de compressão (aumento da pressão) e rarefação (diminuição da pressão) que oscilam com o tempo (ver Figura 1.2). Da termodinâmica sabe-se que um aumento de pressão é acompanhado por uma aumento de temperatura local. A diminuição da pressão, por outro lado, equivale a uma diminuição da temperatura local. A temperatura por sua vez mede o grau de aleatoriedade no movimento das partículas, ou sua energia cinética média [7]. Assim, quando a pressão aumenta há, na região de compressão, um maior número de partículas com velocidade mais alta, maior temperatura. Já a

Acústica estatística 447

região de rarefação tem menor temperatura e suas partículas se movem mais lentamente na média. Esse gradiente de temperatura faz com que exista um fluxo de calor (energia) da zona de compressão para a zona de rarefação. Em outras palavras, parte da energia cinética das partículas mais agitadas (maior temperatura) tende a se difundir para as regiões mais frias, por transferência de quantidade de movimento. Uma vez que essa energia térmica é difundida, ela não está mais disponível para a onda sonora, o que resulta em uma perda de energia sonora ou absorção sonora.

O processo de transferência de calor está também relacionado ao tempo de relaxação térmica das moléculas que compõem o fluido. O ar, fluido de maior interesse da acústica de salas, é composto de cerca de 78.0% de gás Nitrogênio (N_2), 21.0% de gás Oxigênio (O_2), 0.9% de gás Argônio (Ar). O 0.1% restante é distribuído entre gases como Hélio (He), Neônio (Ne), Criptônio (Kr), Hidrogênio (H_2), Ozônio (O_3) etc., além dos gases responsáveis pelo efeito estufa: Dióxido de Carbono (CO_2) e Metano (CH_4). O tempo de relaxação está relacionado ao tempo que a temperatura leva para voltar ao seu estado de equilíbrio, quando da passagem da onda sonora, e cada composto químico do ar apresentará um tempo de relaxação diferente. Se o tempo de relaxação é muito curto (comparado ao período de oscilação da onda), as mudanças de temperatura no fluido não resultam em absorção sonora significativa, já que ocorrem mais rapidamente que a oscilação do campo acústico. Se o tempo de relaxação é muito longo (comparado ao período da onda), as mudanças de temperatura no fluido também não resultam em absorção sonora significativa, já que são muito mais lentas que a oscilação do campo acústico. No entanto, se o tempo de relaxação é da mesma ordem que o período da onda sonora, então as mudanças de temperatura no fluido vão resultar em absorção sonora.

As perdas por viscosidade acontecem devido às forças eletromagnéticas existentes entre as moléculas do fluído [7][8]. Esse atrito, em forma de viscosidade, retira energia da onda sonora quando partes do fluido com alta velocidade passam por partes com baixa velocidade.

---

[8] Você pode pensar nisso fazendo uma analogia com molas. As forças eletromagnéticas entre as moléculas do fluido atuam como molas presas às moléculas. Quando uma partícula tenta se mover em uma direção, forças eletromagnéticas de atração a puxam em outra direção (como uma mola ou elástico que se distende e puxa na direção contrária ao movimento).

Modelos para a absorção sonora do ar são dados no artigo de Harris [8] e na norma ISO 9613-1 [9][9]. Um bom resumo dos termos envolvidos pode ser encontrado nas notas de aula de Controle de Ruído do Prof. Paulo Mareze (Eng. Acústica-UFSM) [10]. Em geral, os modelos de absorção do ar consideram que o fluido é composto basicamente pelos gases N_2 e O_2. O coeficiente de atenuação do ar, A, dado em $[dB/m]$ é:

$$\frac{A}{8.686 f^2} = \left[1.84\ 10^{-11} \left(\frac{P}{P_0} \right)^{-1} \left(\frac{T}{T_0} \right)^{\frac{1}{2}} \right] + \cdots$$

$$\left(\frac{T}{T_0} \right)^{-\frac{5}{2}} \left\{ 0.01275\ e^{\frac{-2239.1}{T}} \left[f_{rO} + \frac{f^2}{f_{rO}} \right]^{-1} + \cdots \right.$$

$$\left. 0.10680\ e^{\frac{-3352.0}{T}} \left[f_{rN} + \frac{f^2}{f_{rN}} \right]^{-1} \right\}, \quad (6.22)$$

em que $P_0 = 101.325\ [kPa]$ é a pressão atmosférica ao nível do mar; P é a pressão atmosférica medida para a sala; $T_0 = 293.15\ [K]$ é uma temperatura de referência; $T\ [K]$ é a temperatura medida na sala; f_{rO} é a frequência de relaxação da molécula do gás oxigênio; f_{rN} é a frequência de relaxação da molécula do gás Nitrogênio; e f é a frequência de análise em $[Hz]$. As frequências de relaxação, em $[Hz]$, são dadas, respectivamente, por

$$f_{rO} = \frac{P}{P_0} \left(24 + 4.04\ 10^4\ u\ \frac{0.02 + u}{0.391 + u} \right), \quad (6.23)$$

$$f_{rN} = \frac{P}{P_0} \left(\frac{T}{T_0} \right)^{-\frac{1}{2}} \left(9 + 280\ u\ e^{-4.170 \left[\left(\frac{T}{T_0} \right)^{-\frac{1}{3}} - 1 \right]} \right), \quad (6.24)$$

em que u é a concentração molar de vapor d'água, que pode ser obtida a partir da umidade relativa do ar $u_r\%$ por

---

[9] ISO 9613–1. *Acoustics. attenuation of sound during propagation outdoors. Part 1: Calculation of the absorption of sound by the atmosphere.*

Acústica estatística

$$u = u_{\mathrm{r}} \, \frac{P_{\text{sat}}}{P_0} \, \frac{P}{P_0} \, , \tag{6.25}$$

em que $P_{\text{sat}} = P_0 \, 10^{\left(-6.8346(T_0/T)^{1.261}+4.6151\right)}$.

Em acústica de salas, no entanto, o coeficiente de absorção do ar deve ser dado em $[1/\text{m}]$. Dessa forma, para obter o coeficiente de absorção do ar em $[1/\text{m}]$ fazemos

$$m = \frac{A}{10 \log_{10}(\mathrm{e})}. \tag{6.26}$$

Podemos então avaliar os efeitos da frequência, umidade e temperatura no coeficiente de absorção do ar m. A Figura 6.6 (a) mostra os valores do coeficiente m para variações da umidade relativa e a Figura 6.6 (b) mostra os valores do coeficiente m para variações da temperatura. Em ambos os casos, m é dado em $[1/\text{mm}]$. Assim, para obter m no S.I., basta dividir o valor da ordenada por 1000. Note que, em ambos os casos, m tende a crescer com a frequência. Quando a umidade relativa do ar aumenta (Figura 6.6 (a)), a absorção tende a ser menor. A temperatura (Figura 6.6 (b)) apresenta um efeito mais difícil de prever. Seu aumento tende a provocar uma diminuição de m em baixas e altas frequências e um aumento nas médias frequências. A Tabela 6.1 mostra o coeficiente de absorção do ar para vários valores de umidade nas bandas de 500 [Hz] a 8000 [Hz] e para a temperatura de 20.0 [°C].

Tabela 6.1 Coeficiente de absorção do ar, para 20 [°C] e frequências de 500 Hz a 8 kHz, de acordo com Rossing [11]. Dados em $[\text{mm}^{-1}]$.

u	500 [Hz]	1 [kHz]	2 [kHz]	4 [kHz]	8 [kHz]
40 [%]	0.4	1.1	2.6	7.2	23.7
50 [%]	0.4	1.0	2.4	6.1	19.2
60 [%]	0.4	0.9	2.3	5.6	16.2
70 [%]	0.4	0.9	2.1	5.3	14.3
80 [%]	0.3	0.8	2.0	5.1	13.3

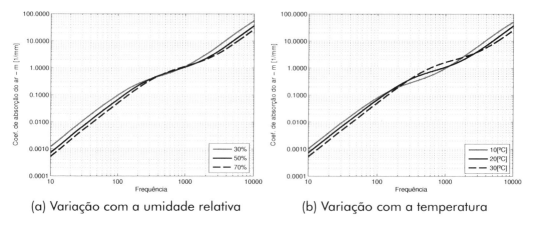

(a) Variação com a umidade relativa (b) Variação com a temperatura

Figura 6.6 Coeficiente de absorção do ar em função da frequência (gráficos plotados com a rotina fornecida pelo Prof. Dr. Paulo Mareze).

Para incluirmos os efeitos da absorção sonora do ar na equação da densidade de energia, o seguinte artifício será usado:

$$\rho'_E(t) = \rho_E(t)\,e^{-mr}, \qquad (6.27)$$

em que $\rho'_E(t)$ e $\rho_E(t)$ representam as densidades de energia com e sem o termo de absorção do ar, respectivamente; m é o coeficiente de absorção do ar, dado em $[\text{m}^{-1}]$; e r é a distância percorrida pela onda sonora durante um intervalo de tempo.

Note que m apresenta a mesma dimensão do número de onda, e que, nesse caso, representa sua parte imaginária. Assim, o número de onda no ar, considerando a absorção do ar, é $k'_0 = k_0 - jm$.

Assumindo que a velocidade do som é c_0, a distância r percorrida pela onda sonora em um intervalo de tempo t [s] é $r = c_0 t$, a Equação (6.27) se torna

$$\rho'_E(t) = \rho_E(t)\,e^{-m c_0 t}. \qquad (6.28)$$

Escrevendo a Equação (6.28) para a região C (decaimento da densidade de energia) com o uso da Equação (6.14), tem-se

$$\rho_{EC}(t) = \frac{4W}{c_0\,S\,\bar{\alpha}}\,e^{-m c_0 t}\,e^{-\frac{c_0 S \bar{\alpha}}{4V} t},$$

$$\rho_{EC}(t) = \frac{4W}{c_0 \, S \, \overline{\alpha}} \; e^{-\left(\frac{c_0 \, S \, \overline{\alpha}}{4V} + mc_0\right)t} \; ,$$

$$\rho_{EC}(t) = \frac{4W}{c_0 \, S \, \overline{\alpha}} \; e^{-\left(\frac{c_0 \, S \, \overline{\alpha} \, + \, 4mVc_0}{4V}\right)t} \; ,$$

$$\rho_{EC}(t) = \frac{4W}{c_0 \, S \, \overline{\alpha}} \; e^{-\left[\frac{c_0(S \, \overline{\alpha} \, + \, 4mV)}{4V}\right]t} \; . \tag{6.29}$$

Com a Equação (6.29) pode-se calcular o T_{60}, com os efeitos da absorção do ar incluídos, a partir da definição de Sabine. Assim, tem-se que a avaliação da Equação (6.29) em $t = T_{60}$ resulta em 1 milionésimo da densidade de energia de estado estacionário (Equação (6.13)). Logo

$$\rho_{EC}(T_{60}) = \frac{4W}{c_0 \, S \, \overline{\alpha}} \; e^{-\left[\frac{c_0(S \, \overline{\alpha} \, + \, 4mV)}{4V}\right]T_{60}} = 10^{-6} \frac{4W}{c_0 \, S \, \overline{\alpha}} \; ,$$

aplicando $\log_{10}$ a ambos os lados da igualdade resulta em:

$$-\left[\frac{c_0 \, (S \, \overline{\alpha} \, + \, 4mV)}{4V}\right] T_{60} \; \log_{10}(e) = -6 \, ,$$

$$T_{60} = \left(\frac{4 \cdot 6}{c_0 \, \log_{10}(e)}\right) \frac{V}{S \, \overline{\alpha} \, + \, 4mV} \, ,$$

com o termo $\left(4{\cdot}6/c_0 \log_{10}(e)\right) \approx 0.161$ [s/m]. Assim, o tempo de reverberação se torna:

$$T_{60, \, S} = \frac{0.161 \, V}{S \, \overline{\alpha} + 4mV} \, , \tag{6.30}$$

com o termo mV dado em [m^2], o que condiz com a unidade do termo $S \, \overline{\alpha}$.

6.7 Outras fórmulas para o tempo de reverberação

No cálculo do T_{60}, dado de acordo com a teoria exposta na Equação (6.30), há pelo menos duas pressuposições que podem passar desapercebidas. Ao desenvolver as equações que levaram ao T_{60}, assumimos tacitamente que a absorção sonora é uniformemente distribuída pela sala, o que fica implícito no coeficiente de absorção médio da sala, $\bar{\alpha}$. Assumimos também, no cálculo da energia recebida pelas superfícies da sala, que cada reflexão é independente das demais. Isso contradiz o que foi exposto no Capítulo 5, no qual foi demonstrado que, quando um raio sonoro atinge uma superfície, ele perde energia acústica por absorção. A energia refletida será, então, a energia incidente para uma segunda superfície e, dessa forma, a energia do raio diminui a cada reflexão sofrida e é, portanto, dependente das reflexões anteriores.

Estimativas do T_{60} para uma sala real serão feitas na Seção 6.8, mas antes disso é preciso discutir essas questões. Vários trabalhos expostos na literatura tentam lidar com uma ou ambas as questões. Eles tentam levar em conta a interdependência entre as energias das reflexões e a não uniformidade na distribuição dos materiais acústicos. Antes de atacar esses problemas, é preciso dizer que existe uma grande diversidade de fórmulas para o cálculo do T_{60}. Por isso, torna-se muito difícil fazer uma análise completa e escolher a melhor fórmula. Neste livro veremos uma série de maneiras para o cálculo do T_{60}, mas não todas elas.

Para levar em conta a interdependência entre as energias dos raios refletidos em acústica estatística, é necessário definir o conceito de "Caminho Livre Médio", termo que foi traduzido livremente do inglês *Mean Free Path* e, por isso, usaremos a sigla MFP. De acordo com Kuttruff [1], o MFP pode ser definido ao seguirmos o histórico de um raio (ou partícula) sonora (Capítulo 5). Imaginemos então que o histórico de um raio sonoro será seguido durante um intervalo de t [s]. Durante esse tempo o raio sonoro sofrerá N_{re} reflexões e a frequência média de reflexões será $\bar{n} = N_{re}/t$, que expressa uma estimativa para o número de reflexões sofridas por segundo. O MFP é definido como a razão entre a distância percorrida pelo raio em t [s] ($c_0 t$ [m]) e o número de reflexões sofridas nesse intervalo de tempo; com isso, o MFP ($\bar{\ell}$) é:

$$\bar{\ell} = \frac{c_0\, t}{N_{\mathrm{re}}} = \frac{c_0}{\bar{n}}\,.$$

(6.31)

Claramente $\bar{\ell}$ depende da geometria da sala, já que uma sala com grande volume tenderá a apresentar um menor número de reflexões no intervalo t [s]. Além disso, duas salas com mesmo volume podem ter valores de MFP diferentes. Pense, por exemplo, em um longo corredor em comparação a uma sala cúbica de mesmo volume. No longo corredor haverá muitas reflexões laterais, o que tende a diminuir o valor de $\bar{\ell}$. Além disso, $\bar{\ell}$ e $\bar{n}$ são claramente definidas como médias temporais para um único raio sonoro. Nada impede que um raio sonoro diferente (emitido em uma direção diferente) apresente um outro valor para $\bar{\ell}$ e $\bar{n}$. A rigor, para medir o MFP de uma sala, deveríamos realizar uma segunda média ao seguir todos os possíveis raios sonoros.

No entanto, ao assumir um campo difuso, a média sobre os destinos individuais dos raios sonoros pode ser evitada. Isso acontece porque, em um campo difuso, cada raio sofre tantas mudanças de direção devido aos fenômenos de difração e complexidade geométrica da sala, que o MFP de cada raio se torna muito similar ao dos demais. Assim, a média temporal, explicitada anteriormente, torna-se uma boa representação para a média sobre os destinos dos raios individuais.

Assume-se que a reflexão é difusa e ocorre de acordo com a Lei de Lambert [1], dada por

$$\breve{p}(\mathrm{d}\Omega) = \frac{1}{\pi}\cos(\phi)\mathrm{d}\Omega\,,$$

(6.32)

em que ϕ é o ângulo de reflexão (difusa) do raio sonoro, $\mathrm{d}\Omega$ é um ângulo sólido que inclui o ângulo ϕ e $\breve{p}(\mathrm{d}\Omega)$ é a função densidade de probabilidade para a reflexão no intervalo $\mathrm{d}\Omega$. Assumindo campo difuso, o MFP de uma sala genérica pode, então, ser calculado a partir da integração ao longo do ângulo sólido $\mathrm{d}\Omega$ para todos os elementos de superfície $\mathrm{d}S$ [1]. Pode-se provar que o caminho livre médio é dado por

$$\bar{\ell} = \frac{4V}{S}\,,$$

(6.33)

e nesse caso, a frequência média de colisões é

$$\overline{n} = \frac{c_0\, S}{4V}\;.\tag{6.34}$$

O conceito de caminho livre médio será usado para levar em conta a interdependência das energias de cada reflexão. Abordaremos, a seguir, novas formas de calcular o T_{60} e algumas delas incluirão os efeitos de não homogeneidade na distribuição da absorção sonora.

6.7.1 Tempo de reverberação de Eyring

Em 1930, Eyring [12] se perguntou sobre o que acontece com o valor do T_{60}, dado pela fórmula de Sabine, quando $\overline{\alpha} \to 1$. A resposta a essa pergunta é que o T_{60} dado por Sabine tende a um valor finito dado por $T_{60} = 0.161V/S$, o que contradiz a intuição de que no limite, em que $\overline{\alpha} \to 1$ e toda energia sonora é absorvida, o T_{60} deveria ser nulo ($T_{60} \to 0$). Além disso, o T_{60} dado por Sabine, no limite de alta absorção, torna-se uma função do volume e área superficial da sala.

A resposta a esse impasse reside no fato de que na equação de Sabine, falta levar em conta que a cada reflexão a densidade de energia diminui de um fator de $1 - \overline{\alpha}$. A Figura 6.7 ilustra esse ponto. Nesse caso, Eyring considerou que todos os aparatos na sala têm o mesmo coeficiente de absorção médio $\overline{\alpha}$ (a absorção é uniformemente distribuída) e, após atingir o estado estacionário, a densidade de energia na sala é ρ_{EB}. A fonte sonora é desligada após o campo acústico na sala atingir o estado estacionário. Eyring utilizou, então, o conceito de fontes virtuais para intuir sobre a evolução da densidade de energia em uma sala[10]. A densidade de energia antes que o primeiro aparato seja atingido, após o cessamento da emissão da fonte, é, como vimos, ρ_{EB}. Após a primeira reflexão, a densidade de energia é $(1 - \overline{\alpha})\,\rho_{EB}$. Após a segunda reflexão a densidade de energia é $(1 - \overline{\alpha})^2\,\rho_{EB}$, e assim por diante. Após a N_{re}-ésima reflexão a densidade de energia é $(1 - \overline{\alpha})^{N_{re}}\,\rho_{EB}$, isso é demonstrado esquematicamente na Figura 6.7.

---

[10] Tal ideia de Eyring pareceu quase profética na época em que escreveu seu artigo, já que o método computacional de fontes virtuais, visto no Capítulo 5, foi desenvolvido muitos anos mais tarde. Ao utilizar esse conceito, Eyring também foi capaz de notar que as primeiras reflexões teriam um comportamento energético-temporal diferente da cauda reverberante, o que também foi discutido no Capítulo 5.

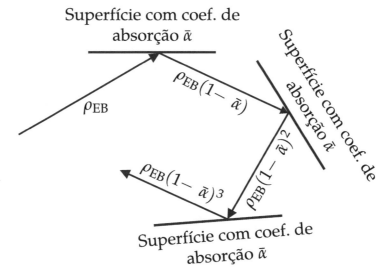

Figura 6.7 Queda da densidade de energia com a ordem da reflexão considerando a topologia proposta por Eyring.

Se a frente de onda for observada por um período de tempo t [s], podemos usar o conceito de MFP para determinar a densidade de energia após a N_{re}-ésima colisão do raio com um aparato. Usando o exposto anteriormente e as Equações (6.33) e (6.34), temos que a densidade de energia na região C, que após t [s] é

$$\rho_{EC}(t) = \rho_{EB}(1-\overline{\alpha})^{\overline{n}t} = \rho_{EB}(1-\overline{\alpha})^{\frac{c_0 S}{4V}t}, \qquad (6.35)$$

que é a equação para a região C dada por Eyring [12]. Avaliando a Equação (6.35) para o T_{60} implica que a energia decaiu a 1 milionésimo da energia de estado estacionário, assim,

$$\rho_{EB}(1-\overline{\alpha})^{\frac{c_0 S}{4V}T_{60}} = 10^{-6}\rho_{EB},$$

e, aplicando o logaritmo natural aos dois lados da igualdade, tem-se

$$\ln\left[(1-\overline{\alpha})^{\frac{c_0 S}{4V}T_{60}}\right] = \ln\left(10^{-6}\right),$$

$$\frac{c_0 S}{4V}T_{60}\ln(1-\overline{\alpha}) = \ln\left(10^{-6}\right),$$

$$T_{60} = \frac{V}{S \ln\left(1 - \overline{\alpha}\right)} \frac{4 \ln\left(10^{-6}\right)}{c_0} ,$$

em que $c_0 = 343$ [m/s] e o termo $\left(4 \ln\left(10^{-6}\right)/c_0\right) = -0.161$. Assim a nova fórmula (ajustada com a topologia de Eyring) para o tempo de reverberação é:

$$T_{60} = \frac{0.161\, V}{-S \ln\left(1 - \overline{\alpha}\right)} \ [\text{s}] , \qquad (6.36)$$

não se incluindo ainda os efeitos de absorção do ar.

Para incluir os efeitos da absorção do ar na fórmula de Eyring, podemos observar as diferenças entre as Equações (6.36) e (6.20). Nesse caso, a diferença entre as fórmulas reside no denominador. Se escrevermos um coeficiente de absorção de Eyring (α_{Ey}) dado por

$$\alpha_{\text{Ey}} = -\ln(1 - \overline{\alpha}) , \qquad (6.37)$$

a Equação (6.36) se torna idêntica à Equação (6.20) com α_{Ey} no lugar de $\overline{\alpha}$. Inserindo então os efeitos de absorção do ar, temos que

$$T_{60,\,\text{E}} = \frac{0.161\, V}{S\, \alpha_{\text{Ey}} + 4mV} = \frac{0.161\, V}{-S \ln(1 - \overline{\alpha}) + 4mV} . \qquad (6.38)$$

Note que, para $\overline{\alpha} \to 1$, o logaritmo neperiano se torna infinito e o $T_{60} \to 0$, corrigindo o problema de alta absorção média apontado por Eyring. De fato, quando o coeficiente de absorção médio da sala é maior que 0.2, as estimativas para o T_{60} de Eyring e Sabine tendem a divergir consideravelmente. Eyring concluiu que a fórmula de Sabine era um caso especial de sua fórmula para salas com pouca absorção ($\overline{\alpha} < 0.2$). Assim, a fórmula de Eyring tende a fornecer menores valores para o T_{60} que a fórmula de Sabine, à medida que $\overline{\alpha}$ aumenta. Por esse motivo, ao utilizar a fórmula de Eyring para estimar a área absorção necessária, para atingir um T_{60} objetivo, o projetista encontrará um valor menor que com a fórmula de Sabine.

Acústica estatística 457

6.7.2 Tempo de reverberação de Millington-Sette

No cálculo do T_{60} de Eyring, é assumido que a absorção é uniformemente distribuída pela sala. Em outras palavras, isso significa que, a cada reflexão, a onda sonora é espalhada para todas as superfícies da sala com energia reduzida da ordem de $(1 - \bar{\alpha})$. Com essa pressuposição, pode-se usar uma média ponderada para calcular o coeficiente de absorção médio, como dado na Equação (6.21).

Pouco tempo após a publicação do artigo de Eyring [12], dois autores propuseram uma correção, considerando que a onda é refletida em cada superfície de maneira especular. Millington [13] e Sette [14] publicaram seus artigos em 1933, de forma independente. Esses autores apontaram que, se as áreas individuais de cada superfície são grandes em comparação com o comprimento de onda e, se a frequência média de reflexões n é suficientemente alta, então o número de reflexões que atinge cada superfície no intervalo t é aproximadamente $n\,S_i/S$. Assumindo que o histórico de cada raio sonoro seja estatisticamente idêntico ao de todos os outros, o decaimento energético pode ser escrito como

$$\rho_{EC}(t) = \rho_{EB} \left[\prod_i (1 - \alpha_i)^{S_i} \right]^{\bar{n}t}, \tag{6.39}$$

lembrando que Π_i é o operador produtório.

A equação para o tempo de reverberação de Millington-Sette pode ser feita da mesma forma que nos casos de Sabine e Eyring, ou seja, avaliando a Equação (6.39) para T_{60} e igualando-a a $10^{-6}\,\rho_{EB}$. Dessa forma, o tempo de reverberação de Milligton-Sette é dado por

$$T_{60} = \frac{0.161\,V}{-\sum_i S_i \ln(1 - \alpha_i)}. \tag{6.40}$$

Podemos comparar as Equações (6.40) e (6.20), a fim de obter um coeficiente de absorção médio de Millington-Sette, que é,

$$\alpha_{MS} = -\frac{1}{S} \sum_i S_i \ln(1 - \alpha_i). \tag{6.41}$$

Logo, torna-se fácil incluir os efeitos de absorção do ar, fazendo da mesma forma que para a fórmula de Eyring. Assim, temos que:

$$T_{60,\,\mathrm{MS}} = \frac{0.161\,V}{S\,\alpha_{\mathrm{MS}} + 4mV} = \frac{0.161\,V}{-\sum_i S_i \ln\left(1 - \alpha_i\right) + 4mV} \cdot \qquad (6.42)$$

Millington [13] avaliou a sua fórmula para calcular o coeficiente de absorção de materiais por incidência difusa (ver Seção 2.2.2). Ao medir os tempos de reverberação em uma câmara vazia e com material aplicado, Millington calculou α_s da amostra com a sua fórmula e com a formula de Eyring. Millington concluiu que sua fórmula gerava resultados mais consistentes com os esperados para os materiais testados, e que o α_s calculado com a fórmula de Eyring era, em alguns casos, maior que 1.0 ou excessivamente alto. Sette [14] realizou o mesmo tipo de comparação, mas usando a fórmula de Sabine como base. Os resultados obtidos usando a fórmula de Sabine foram, novamente, acima do esperado.

Millington [13] e Sette [14] também apontaram que os valores de T_{60} calculados com sua fórmula são, em geral, menores que os calculados com a fórmula de Eyring. De fato, isso parece também estar ligado a um problema fundamental da fórmula de Millington-Sette, que acaba por limitar sua aplicação. Caso exista alguma amostra altamente absorvedora na sala $\alpha_i \approx 1.0$, mesmo uma pequena área S_i dessa amostra levará a um decaimento bastante abrupto, como pode ser observado na Equação (6.39). Isso não é verdade e situações do tipo acontecem em vários casos (p. ex., janelas abertas). Em 1999, Dance e Shield [15, 16] propuseram um fator de correção a fim de tentar lidar com esse problema.

6.7.3 Tempo de reverberação de Kuttruff

Kuttruff [1] expôs uma tentativa para incluir os efeitos de diferentes "Caminhos Médios Livres" em salas com diferentes geometrias. Nesse caso, ele obteve uma equação para o T_{60} dada por:

$$T_{60,\,\mathrm{K}} = \frac{0.161\,V}{S\,\alpha_{\mathrm{K}} + 4mV}\,, \qquad (6.43)$$

cujo coeficiente de absorção α_{K} é

Acústica estatística 459

$$\alpha_K = -\ln(1 - \bar{\alpha}) \left[1 + \frac{\gamma_{MFP}^2}{2} \ln(1 - \bar{\alpha}) \right], \qquad (6.44)$$

em que γ_{MFP}^2 é a variância na distribuição de probabilidades do MFP [1]. Ao analisar a formulação, torna-se evidente que, se $\bar{\alpha} \to 1.0$, o T_{60} de Kuttruff tende a zero, o que está de acordo com o esperado. Para $\gamma_{MFP}^2 = 0$ a Equação (6.43) corresponde à estimativa do T_{60} da fórmula de Eyring, o que é esperado, já que Eyring assume que os MFP são idênticos para todas as partículas sonoras. Para os casos em que $\gamma_{MFP}^2 > 0$, $\alpha_K < -\ln(1 - \bar{\alpha})$ e, assim, o T_{60} de Kuttruff tende a ser maior que o calculado pela fórmula de Eyring. A dificuldade da aplicação da fórmula de Kuttruff reside no fato de que γ_{MFP}^2 está calculado apenas para uma gama finita de geometrias de salas. É possível usar, no entanto, o método do traçado de raios para fazer estimativas de γ_{MFP}^2 e então usar a fórmula para um ajuste inicial do modelo computacional. Para salas retangulares γ_{MFP}^2 parece sempre próximo de 0.4, desde que as razões L_x / L_z e L_y / L_z não sejam muito grandes.

6.7.4 Tempo de reverberação de Fitzroy

Muitos anos após as publicações de Eyring [12], Millington [13] e Sette [14], Fitzroy [17] propôs uma fórmula para lidar com a não uniformidade na distribuição dos dispositivos sonoabsorventes. A fórmula proposta foi derivada de maneira empírica pelo autor, usando medições e seus anos de experiência como projetista em acústica de salas. Fitzroy assumiu que uma sala qualquer possa ser aproximada por uma sala retangular com seis paredes. A área total das duas paredes perpendiculares ao eixo x é S_x, da mesma forma, S_y e S_z são as áreas totais das paredes perpendiculares aos eixos y e z, respectivamente. Além disso, o autor assumiu que cada par de paredes apresentasse um coeficiente de absorção médio $\bar{\alpha}_x$, $\bar{\alpha}_y$ e $\bar{\alpha}_z$. A fórmula empírica proposta é dada por

$$T_{60} = \frac{S_x}{S} \left[\frac{0.161\, V}{-S \ln(1 - \bar{\alpha}_x)} \right] + \frac{S_y}{S} \left[\frac{0.161\, V}{-S \ln(1 - \bar{\alpha}_y)} \right] + \frac{S_z}{S} \left[\frac{0.161\, V}{-S \ln(1 - \bar{\alpha}_z)} \right].$$
$$(6.45)$$

A inserção dos efeitos de absorção do ar é um pouco mais difícil nesse caso e pode ser realizada na forma

$$T_{60,\mathrm{F}} = \frac{0.161\ V}{S\,\alpha_\mathrm{F} + 4mV}\ , \qquad (6.46)$$

em que o coeficiente α_F é

$$\alpha_\mathrm{F} = \frac{S \cdot \alpha_\mathrm{Ex} \cdot \alpha_\mathrm{Ey} \cdot \alpha_\mathrm{Ez}}{S_x \cdot \alpha_\mathrm{Ey} \cdot \alpha_\mathrm{Ez} + S_y \cdot \alpha_\mathrm{Ex} \cdot \alpha_\mathrm{Ez} + S_z \cdot \alpha_\mathrm{Ex} \cdot \alpha_\mathrm{Ey}}\ , \qquad (6.47)$$

e os coeficientes α_Ex, α_Ey e α_Ez são

$$\begin{aligned}
\alpha_\mathrm{Ex} &= -\ln(1 - \alpha_x)\,, \\
\alpha_\mathrm{Ey} &= -\ln(1 - \alpha_y)\,, \\
\alpha_\mathrm{Ez} &= -\ln(1 - \alpha_z)\,.
\end{aligned} \qquad (6.48)$$

Fitzroy [17] apontou que situações em que existe uma distribuição não uniforme do tratamento acústico são bastante comuns. É normal, por exemplo, que salas de aula possuam absorvedores acústicos concentrados no teto, enquanto as salas de concerto apresentam absorção concentrada na plateia (ver Capítulo 8). Ao comparar os experimentos e estimativas, o autor concluiu que os tempos de reverberação calculados com as fórmulas de Sabine e Eyring levavam a estimativas do T_{60} muito abaixo dos resultados dos experimentos. Os resultados calculados com a nova fórmula foram mais fidedignos.

A análise de Fitzroy parece mais adequada aos casos em que existe aplicação de absorção de forma não homogênea. Por outro lado, diante das análises feitas, parece importante distribuir os elementos absorvedores pelo ambiente de forma que os coeficientes $\overline{\alpha}_x$, $\overline{\alpha}_y$ e $\overline{\alpha}_z$ se aproximem de $\overline{\alpha}$. Nesse caso, a fórmula proposta por Fitzroy se torna idêntica à fórmula de Eyring e é esperado que a absorção sonora seja mais eficiente, já que, ao medir salas com uma boa distribuição de materiais, Eyring encontrou resultados concordantes entre experimento e sua fórmula.

Acústica estatística   461

6.7.5 Tempo de reverberação de Arau-Puchades

Arau-Puchades [18], seguindo a intuição de Fitzroy, modelou o decaimento da densidade de energia sonora como um processo hiperbólico composto pelo decaimento inicial, um decaimento médio e um decaimento rápido. Dessa forma, ele foi capaz de demonstrar que a absorção média ($\overline{\alpha}_{AP}$), em uma sala com absorção não homogeneamente distribuída, podia ser modelada como uma média geométrica dos coeficientes de absorção nas direções x, y e z. Assim, o coeficiente de absorção médio de Arau-Puchades é

$$\alpha_{AP} = \alpha_{Ex}^{\frac{S_x}{S}} \cdot \alpha_{Ey}^{\frac{S_y}{S}} \cdot \alpha_{Ez}^{\frac{S_z}{S}} , \tag{6.49}$$

com α_{Ex}, α_{Ey} e α_{Ez} dados pela Equação (6.48). O decaimento da densidade de energia então é dado pela frequência média de reflexões $\overline{n}$ que ocorrem no intervalo de tempo t, na forma:

$$\rho_{EC}(t) = \rho_{EB} \ e^{-\overline{n}\,\alpha_{AP}\,t} . \tag{6.50}$$

Isso leva a um tempo de reverberação que também será uma média geométrica dos decaimentos que ocorrem nas direções x, y e z. Assim, o T_{60} de Arau-Puchades é

$$T_{60,\,AP} = \left[\frac{0.161\,V}{-S\ln\left(1 - \overline{\alpha}_x\right) + 4mV}\right]^{\frac{S_x}{S}} \times \left[\frac{0.161\,V}{-S\ln\left(1 - \overline{\alpha}_y\right) + 4mV}\right]^{\frac{S_y}{S}} \times$$

$$\left[\frac{0.161\,V}{-S\ln\left(1 - \overline{\alpha}_z\right) + 4mV}\right]^{\frac{S_z}{S}} . \tag{6.51}$$

Quando os coeficientes $\overline{\alpha}_x$, $\overline{\alpha}_y$ e $\overline{\alpha}_z$ se tornam idênticos ao coeficiente de absorção médio da sala $\overline{\alpha}$, a fórmula de Arau-Puchades se torna igual à de Eyring. No entanto, uma desvantagem clara da fórmula de Arau-Puchades é quando um dos pares de paredes apresenta alta absorção (p. ex. $\overline{\alpha}_x \approx 1.0$), o $T_{60,\,AP} \to 0$, o que não será verdadeiro se $\overline{\alpha}_y$ e $\overline{\alpha}_z$ forem pequenos.

6.7.6 Outras maneiras para o cálculo do tempo de reverberação

Existem ainda outros métodos para o cálculo do T_{60} ou curva de decaimento em uma sala. A multiplicidade de métodos torna a revisão completa uma tarefa muito difícil, se não impossível. Nos trabalhos de Gilbert [19] e Kuttruff [20], a curva de decaimento é calculada a partir da equação integral da radiosidade. Esse método lembra o método dos elementos de contorno, embora existam diferenças significativas. As superfícies são consideradas completamente difusas e a curva de decaimento obtida pode fornecer o T_{60} e até outros parâmetros acústicos da sala.

Neubauer e Kostek [21] propuseram uma fórmula para o cálculo do T_{60} mais apropriada a situações em que uma das superfícies são altamente absorvedoras e as outras não. Esse é o caso, por exemplo, em salas de concerto, que apresentam a plateia como a maior superfície absorvedora ou as salas de aula, que em geral têm o teto como maior superfície absorvedora[11]. No trabalho deles a fórmula proposta envolvia as fórmulas de Fitzroy e Kuttruff e uma comparação entre a nova fórmula e várias outras.

Ducourneau e Planeau [22] também compararam os modelos para o cálculo do T_{60}. Para os casos investigados, a fórmula de Arau-Puchades foi a que forneceu os menores erros de predição. Os erros, no entanto, estavam em torno dos 10% nos melhores casos. Os autores, então, atribuíram os erros ao fato de que, em uma situação com absorção sonora não uniforme, a fonte sonora não irradia todas as superfícies de forma igual. Eles propuseram que o coeficiente de absorção médio, dado na Equação (6.21), fosse substituído por uma média que levasse em conta o ângulo sólido[12] formado entre fonte e superfície irradiada. O ângulo sólido entre a fonte sonora e uma superfície absorvedora é dado por

$$\Phi_i = \int_S \frac{\cos(\theta)}{r^2}\, \mathrm{d}S_i\,, \tag{6.52}$$

---

[11] Quando um tratamento acústico é feito nas salas de aula a superfície geralmente tratada é o teto.

[12] O ângulo sólido pode ser definido como aquele que, visto do centro de uma esfera, percorre uma dada área sobre a superfície dessa esfera.

Acústica estatística 463

em que θ é o ângulo de incidência entre fonte e a i-ésima superfície, e r é a distância entre a fonte sonora e a superfície em questão. O coeficiente de absorção médio é

$$\overline{\alpha}_{\mathrm{DP}} = \frac{\displaystyle\sum_i \Phi_i \alpha_i}{\Phi} \, , \tag{6.53}$$

em que Φ é o ângulo sólido total da sala. As diversas fórmulas para calcular o T_{60} podem, então, ser empregadas a partir dessa definição [22].

Lehmann e Johansson [23] propuseram um método para calcular a curva de decaimento em uma sala retangular cujas seis paredes apresentam coeficientes de absorção médios distintos. A principal diferença em relação aos métodos de Fitzroy e Arau-Puchades é que, nesse caso, duas paredes opostas (p. ex., perpendiculares a direção $\hat{x}$) podem ter coeficientes de absorção diferentes, o que permitiria a investigação de casos como os da salas de aula, que em geral apresentam absorção sonora concentrada no teto (piso e demais paredes reflexivas). Os autores também forneceram uma rotina computacional livre, baseada no método das fontes virtuais (ver Seção 5.8.2), para o cálculo do campo acústico no interior do recinto[13].

6.8 Estimativa do tempo de reverberação

Nesta seção apresenta-se um exemplo do cálculo do tempo de reverberação para uma sala real. O intuito é tornar a lógica dos cálculos envolvidos em um projeto acústico clara. Faremos a análise em duas etapas. Primeiramente a sala sem tratamento acústico será analisada. Nesse caso, apenas as paredes, piso, teto, portas, janelas e cadeiras serão considerados. Ficará claro que a sala necessita de absorção sonora adicional, o que será levado em conta na segunda etapa. As análises serão feitas com as fórmulas de Sabine e Eyring apenas. A exatidão das outras fórmulas será investigada na Seção 6.8.1. A sala em questão é destinada ao ensino de música e pode ser vista, sem a aplicação de tratamento acústico, na Figura 6.8.

---

[13] A rotina computacional pode ser baixada de:
http://www.eric-lehmann.com/ism_code.html.

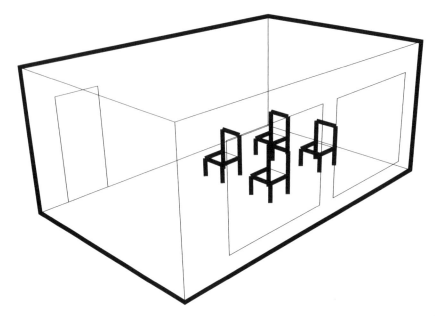

Figura 6.8 Sala de aula para ensino de música sem tratamento acústico. A sala é retangular com largura $L_x = 6.20$ [m], comprimento $L_y = 4.05$ [m] e altura $L_z = 2.75$ [m]. Ela possui uma porta, duas janelas (na parede oposta) e quatro cadeiras no interior.

O primeiro passo é definir qual o tempo de reverberação objetivo para a sala em questão. A sala considerada tem as seguintes dimensões: largura $L_x = 6.20$ [m], comprimento $L_y = 4.05$ [m] e altura $L_z = 2.75$ [m], o que resulta em um volume de $V = 69.05$ [m^3]. Nesse caso, um tempo de reverberação objetivo razoável, na banda de 1000 [Hz], é de $T_{60_{obj}}|_{1kHz} = 0.6$ [s].

Em uma etapa inicial é preciso avaliar o desempenho acústico da sala sem nenhum tratamento. Na Figura 6.8 nota-se que a sala possui uma porta e duas janelas (na parede oposta). No interior da sala também existem quatro cadeiras e todos esses elementos, incluindo o material que compõe paredes, teto e piso, precisam ser levados em conta no cálculo do T_{60}. O segundo passo então é calcular as áreas das diversas superfícies que compõem a sala. Como, nessa etapa, a sala não tem tratamento acústico, precisamos apenas calcular as áreas das paredes, teto, piso, porta, janelas e cadeiras. É importante também conhecer os materiais que compõem a sala sem tratamento acústico. A partir da Figura 6.8 e das dimensões da sala, das janelas, porta e cadeias, podemos então criar

Acústica estatística 465

uma lista que associa as áreas e materiais usados na sala sem tratamento; ver Tabela 6.2.

Tabela 6.2 Lista de áreas e materiais usados na sala sem tratamento.

Parede	Material	Área [m²]
Piso	Madeira	$S_P = L_x L_y = 25.11$
Teto	Gesso	$S_T = L_x L_y = 25.11$
Parede 1	Porta (Madeira)	$S_{po} = 2.10 \times 0.80 = 1.68$
(com a porta)	Restante (Gesso)	$S_{P1} = L_x L_z - S_{po} = 15.37$
Parede 2	Janelas (Vidro)	$S_j = 2 \times 2.20 \times 1.87 = 7.35$
(com as janelas)	Restante (Gesso)	$S_{P2} = L_x L_z - S_j = 9.70$
Parede 3	Gesso	$S_{P3} = L_y L_z = 11.14$
Parede 4	Gesso	$S_{P4} = L_y L_z = 11.14$
Cadeiras	Cadeiras estofadas	$S_c = 2.00$

Note que as áreas das janelas e porta são descontadas das áreas das paredes correspondentes, para obter a área que o gesso ocupa nelas. Esse desconto também ocorrerá quando da aplicação dos dispositivos de tratamento acústico. O passo seguinte consiste em obter dados de coeficiente de absorção (α_s) para cada material aplicado na sala. Em geral, tais dados podem ser obtidos de catálogos de fabricantes e é comum encontrar coeficientes de absorção nas bandas de oitava de 125, 250, 500, 1000, 2000 e 4000 [Hz][14]. A Tabela 6.3 mostra os dados considerados, em função da frequência, para os materiais usados até aqui.

---

[14] As bandas de oitava de 63 e 8000 [Hz] também podem ser incluídas. Dados em banda de 1/3 de oitava e além dessa faixa de frequências são incomuns, mas também podem ser encontrados ou interpolados com base nos dados fornecidos.

466 — Acústica de salas: projeto e modelagem

Tabela 6.3 Coeficiente de absorção dos materiais aplicados na sala sem tratamento acústico.

Material/Freqs.	125 [Hz]	250 [Hz]	500 [Hz]	1000 [Hz]	2000 [Hz]	4000 [Hz]
Gesso	0.02	0.02	0.03	0.04	0.04	0.03
Madeira	0.15	0.11	0.10	0.07	0.06	0.07
Vidro	0.35	0.25	0.18	0.12	0.07	0.04
Cadeira	0.10	0.19	0.24	0.39	0.38	0.30

Como queremos calcular o T_{60} pelas fórmulas de Sabine e Eyring, o próximo passo consiste em calcular o coeficiente de absorção médio $(\overline{\alpha})$ dado pela Equação (6.21). Inicialmente faremos isso apenas para a banda de oitava de 1 [kHz]. Nesse caso, tomando os coeficientes de absorção em 1 [kHz] da Tabela 6.3 e as áreas de cada material da Tabela 6.2, obtém-se

$$\sum_i S_i \alpha_i = 25.11 \times 0.04 + 25.11 \times 0.07 + 1.68 \times 0.07 + 15.37 \times 0.04 +$$

$$7.35 \times 0.12 + 9.70 \times 0.04 + 11.14 \times 0.04 + 11.14 \times 0.04 + 2.00 \times 0.39 \,,$$

assim,

$$S = 25.11 + 25.11 + 7.35 + 9.70 + 1.68 + 15.37 + 11.14 + 11.14 + 2.00 \,,$$

por conseguinte,

$$\overline{\alpha} = \frac{6.44}{108.60} = 0.06.$$

Inserindo os valores calculados nas fórmulas de Sabine (T_{60_S}) e Eyring (T_{60_E}), sem ainda considerar a absorção do ar, obtém-se:

$$T_{60,\,S}|_{1\text{kHz}} = \frac{0.161 \times 69.05}{108.60 \times 0.06} \quad \Rightarrow \quad T_{60,\,S}|_{1\text{kHz}} = 1.72 \ [\text{s}] \,,$$

e

$$T_{60,\,E}|_{1\text{kHz}} = \frac{0.161 \times 69.05}{-108.60 \times \ln(1 - 0.06)} \quad \Rightarrow \quad T_{60,\,E}|_{1\text{kHz}} = 1.67 \ [\text{s}] \,.$$

Incluindo a absorção do ar para 20 [°C] e umidade relativa de 40% de acordo com a Tabela 6.1, tem-se

$$T_{60,\,\text{S}}|_{1\text{kHz}} = \frac{0.161 \times 69.05}{108.60 \times 0.06 + 4 \times (1.10\ 10^{-3}) \times 69.05}\,,$$

$$T_{60,\,\text{S}}|_{1\text{kHz}} = 1.69\ [\text{s}]\,,$$

e

$$T_{60,\,\text{E}}|_{1\text{kHz}} = \frac{0.161 \times 69.05}{-108.60 \times \ln(1-0.06) + 4 \times (1.10\ 10^{-3}) \times 69.05}\,,$$

$$T_{60,\,\text{E}}|_{1\text{kHz}} = 1.59\ [\text{s}]\,.$$

Seguindo os procedimentos mostrados aqui, pode-se calcular também o T_{60} para outras bandas de frequência. Basta ter o cuidado de usar os coeficientes de absorção adequados. Para a sala sem tratamento acústico, o tempo de reverberação em função da frequência é dado na Figura 6.9 em bandas de oitava de 125 - 4000 [Hz]. Claramente, esses valores de tempo de reverberação estão muito acima do objetivo de 0.6 [s]. Note também que os tempos de reverberação calculados com as fórmulas de Sabine e Eyring são bastante próximos, já que a sala sem tratamento acústico tem um coeficiente de absorção médio relativamente baixo ($\bar{\alpha} = 0.06$ para a banda de 1000 [Hz]).

Faz-se necessário, então, o uso da adição de absorção sonora para que se atinja tempo de reverberação objetivo. A princípio, vamos cometer um erro deliberado e usar apenas um tipo de material para tratar a sala. Escolhe-se um painel de placa perfurada, com alto coeficiente de absorção na banda de oitava de 1 [kHz], o que permitirá o uso de uma área menor desse absorvedor para atingir o tempo de reverberação objetivo. Esse painel tem, na banda de 1 [kHz], um coeficiente de absorção em campo difuso de $\alpha_s = 1.01$[15]. Pode-se então, calcular a área necessária desse material para que se atinja o objetivo de $T_{60_{\text{obj}}}|_{1\text{kHz}} = 0.6$ [s]. Assim,

---

[15] O valor do coeficiente de absorção maior que 1.00 está relacionado a erros experimentais relativos ao método de medição em câmara reverberante. Vamos manter o uso desse valor medido nos cálculos, por ora. É possível também simplesmente usar $\alpha_s = 1.00$, truncando o resultado experimental.

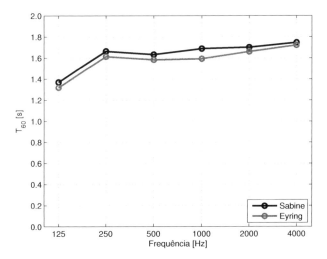

Figura 6.9 T_{60} calculado pelas fórmulas de Sabine e Eyring para sala sem tratamento acústico.

é preciso proceder da seguinte forma: primeiramente calcula-se o coeficiente de absorção médio que levará ao T_{60} objetivo. Logo, invertendo a fórmula de Eyring, obtém-se

$$-S\ln(1-\overline{\alpha}) = \frac{0.161V}{T_{60_{obj}}} \quad \Rightarrow \quad \ln(1-\overline{\alpha}) = \frac{-0.161V}{ST_{60_{obj}}},$$

$$1-\overline{\alpha} = e^{\frac{-0.161V}{ST_{60_{obj}}}} \quad \Rightarrow \quad \overline{\alpha} = 1 - e^{\frac{-0.161V}{ST_{60_{obj}}}} \quad \Rightarrow \quad \overline{\alpha} = 0.16 \ .$$

O segundo passo consiste em usar a Equação (6.21) para obter a área da amostra de painel perfurado necessária (S_{pp}). Dessa forma, tem-se que

$$0.16 = \frac{(108.60 - S_{pp})0.06 + S_{pp}1.01}{108.60} \quad \Rightarrow \quad S_{pp} = 11.07 \ [m^2] \ .$$

Na Figura 6.10 pode-se observar o que ocorre com o valor do tempo de reverberação em função da frequência quando somente um tipo de material é aplicado (os efeitos da absorção do ar já estão inclusos). Note que o objetivo em 1 [kHz] é atingido e, na verdade, o tempo de reverberação de Eyring em 1 [kHz] é até um pouco menor que 0.6 [s], já que a área do painel perfurado foi calculada sem considerar a absorção do ar. Note, no entanto, que, embora o objetivo tenha sido atingido, a curva do tempo de reverberação varia consideravelmente com a frequência, com variações próximas aos 20%. O formato da curva também não é ideal, já que se espera haver um ligeiro crescimento no T_{60} para as bandas de 125, 250 e 500 [Hz], e que ele seja aproximadamente constante acima de 1 [kHz] (ver Capítulo 8). Esses fenômenos ocorrem porque apenas um tipo de material foi usado no tratamento acústico da sala, o que resultou em um desequilíbrio no valor do T_{60} vs. frequência. Como comentado inúmeras vezes ao longo deste livro, para equilibrar o valor do T_{60} em função da frequência, deve-se usar materiais sonoabsorventes com diferentes características de absorção.

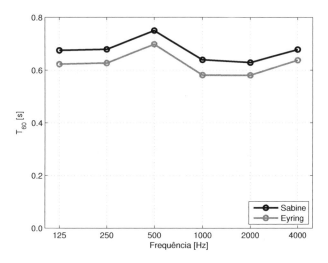

Figura 6.10 T_{60} calculado pelas fórmulas de Sabine e Eyring para sala tratada com a aplicação apenas do painel perfurado.

O que se fará agora será tratar a sala adequadamente, com absorção distribuída entre diversos materiais. Vários tipos de materiais serão utilizados, incluindo um painel de placa perfurada (PP), um difusor (D) aplicado ao teto e materiais porosos de diferentes espessuras (MP1 com 10 [mm] e MP2 com 25 [mm]) aplicados sobre as paredes. A Figura 6.11 ilustra a planta 3D da sala tratada.

Os coeficientes de absorção por incidência difusa (α_s) dos materiais utilizados no tratamento acústico são dados na Tabela 6.4. O equilíbrio do T_{60} em função da frequência será obtido com o uso de diferentes áreas dos diferentes materiais empregados. A partir da Figura 6.11 e das dimensões da sala, das janelas, porta, cadeias e dispositivos de tratamento, podemos criar uma lista que associa as áreas e materiais usados na sala com e sem tratamento, ver Tabela 6.5.

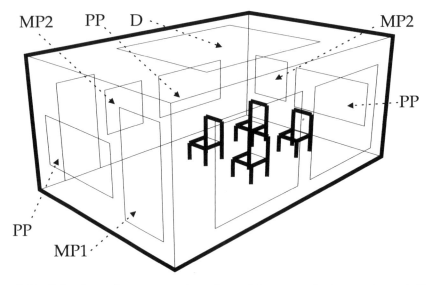

Figura 6.11 Sala de aula para ensino de música com tratamento acústico. A sala é retangular com largura $L_x = 6.20$ [m], comprimento $L_y = 4.05$ [m] e altura $L_z = 2.75$ [m]. Ela possui uma porta, duas janelas (na parede oposta), quatro cadeiras no interior e quatro materiais distintos usados no tratamento acústico. Os materiais estão identificados por siglas e suas propriedades podem ser vistas nas Tabelas 6.4 e 6.5.

Tabela 6.4 Coeficiente de absorção dos materiais aplicados como tratamento acústico na sala.

Material/Freqs.	125 [Hz]	250 [Hz]	500 [Hz]	1000 [Hz]	2000 [Hz]	4000 [Hz]
Difusor (D)	0.23	0.24	0.35	0.23	0.20	0.20
PP	0.77	0.89	0.75	1.01	1.04	0.93
MP1	0.19	0.62	0.72	0.82	0.88	0.89
MP2	0.54	0.85	0.97	0.96	0.93	0.97

Acústica estatística

Tabela 6.5 Lista de áreas e materiais usados na sala sem tratamento.

Parede	Material	Área [m²]
Piso	Madeira	$S_P = 25.11$
Teto	Difusor (D)	$S_D = 8.00$
	Gesso	$S_T = 17.11$
Parede 1	Porta (Madeira)	$S_{po} = 2.10 \cdot 0.80 = 1.68$
(com a porta)	MP2	$S_{MP1} = 1.00$
	PP	$S_{PP} = 2.00$
	Gesso	$S_{P1} = 12.37$
Parede 2	Janelas (Vidro)	$S_j = 2 \cdot 2.20 \cdot 1.67 = 7.35$
(com as janelas)	Restante (Gesso)	$S_{P2} = L_x \cdot L_H - S_j = 9.70$
Parede 3	MP1	$S_{MP1} = 2.00$
	PP	$S_{PP} = 2.00$
	Gesso	$S_{P3} = 7.14$
Parede 4	MP2	$S_{MP2} = 1.00$
	PP	$S_{PP} = 2.00$
	Gesso	$S_{P4} = 8.14$
Cadeiras	Cadeiras estofadas	$S_c = 2.00$

Note nas Tabelas 6.4 e 6.5 que ao aplicar um determinado material sobre a parede, deve-se descontar a área aplicada da área restante de gesso, por exemplo. Podemos então proceder da mesma forma que fora feito para a sala sem tratamento. Para a banda de oitava de 1 [kHz], o coeficiente de absorção médio é de $\bar{\alpha} = 0.16$, o que cumpre o objetivo proposto. Podemos também calcular os tempos de reverberação de Sabine e Eyring em função da frequência.

Na Figura 6.12 (a) observa-se o T_{60} sem considerar a absorção do ar, note que o tempo de reverberação objetivo em 1 [kHz] é atingido, e que existe um crescimento da ordem de até 10% no T_{60} para as bandas de

125, 250 e 500 [Hz]. Sem considerar a absorção do ar, o T_{60} tem um ligeiro crescimento em altas frequências. Tal crescimento não é realista, já que a absorção sonora do ar é responsável pela atenuação da energia em altas frequências. Na Figura 6.12 (b) observa-se o T_{60} com os efeitos da absorção do ar inclusos. Nesse caso, nota-se que o tempo de reverberação é aproximadamente constante a partir de 1 [kHz], assim como desejado. Conclui-se assim que a utilização de materiais com diferentes características de absorção é de notável importância para um tratamento acústico adequado.

Note também, na Figura 6.12 (b), que, como o coeficiente de absorção médio da sala é relativamente grande ($\bar{\alpha} = 0.16$), as diferenças nos T_{60} calculados com as fórmulas de Sabine e Eyring são mais expressivas que no caso da sala sem tratamento acústico.

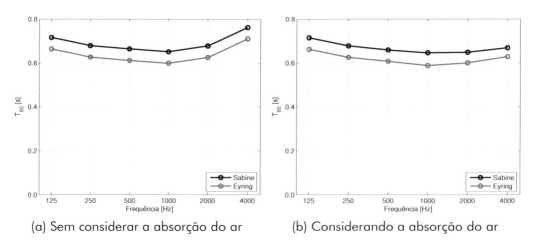

(a) Sem considerar a absorção do ar   (b) Considerando a absorção do ar

Figura 6.12 Tempo de reverberação vs. frequência com a aplicação do tratamento acústico descrito na Figura 6.11.

6.8.1 Comparação entre fórmulas para o tempo de reverberação

Neste ponto parece útil comparar de alguma forma o desempenho das várias fórmulas usadas no cálculo do tempo de reverberação com a teoria estatística. As fórmulas apresentadas na Seção 6.7 que lidam, de alguma forma, com uma distribuição irregular da absorção sonora no

Acústica estatística   473

máximo o fazem isso por meio de um coeficiente de absorção médio para cada par de paredes. Por isso, optou-se por simular a resposta de uma sala retangular em que cada parede poderia apresentar um coeficiente de absorção distinto. Para simular a resposta da sala, o método das fontes virtuais proposto por Lehmann e Johansson [23] foi utilizado[16]. Os procedimentos de cálculo descritos na norma[17] ISO 3382 [24] foram utilizados para obter valores do T_{60} a partir de respostas impulsivas calculadas pelo método das fontes virtuais. Como indicado pela norma ISO 3382, seis configurações fonte-receptor foram simuladas, de forma que os resultados de T_{60} mostrados aqui correspondem a uma média das configurações testadas.

A sala simulada apresenta as mesmas dimensões da sala usada no exemplo do cálculo do T_{60}, mostrado na Seção 6.8: $L_x = 6.20$ [m], $L_y = 4.05$ [m], $L_z = 2.75$ [m]. Os coeficientes de absorção das paredes são: α_{x1} e α_{x2}, para as paredes perpendiculares à direção $\hat{x}$; α_{y1} e α_{y2}, para as paredes perpendiculares à direção $\hat{y}$; α_{z1} (piso) e α_{z2} (teto), para as paredes perpendiculares à direção $\hat{z}$. Cinco diferentes configurações de coeficiente de absorção foram testadas variando-se os coeficientes de absorção de cada superfície, sendo esses casos descritos na Tabela 6.6. Os Casos 1 a 3 representam salas com absorção sonora uniformemente distribuída e crescente. No Caso 4, a absorção do teto e piso são consideravelmente maiores que a das outras paredes. No Caso 5 a absorção sonora é primordialmente concentrada no teto. Nos Casos 4 e 5, os coeficientes de absorção médios são os mesmos do coeficiente de absorção médio do Caso 2.

A Tabela 6.7 sumariza os resultados dos testes realizados para os Casos 1 a 5. Em todos os Casos existe um desvio entre as predições do T_{60} com as fórmulas (apresentadas neste capítulo) e a predição do T_{60} usando os procedimentos da norma ISO 3382 para calcular o T_{60} a partir da resposta ao impulso obtida com o método das fontes virtuais. Os desvios possuem ordens de grandeza compatíveis com o exposto na literatura [15, 16, 21, 22, 25].

---

[16] O método pareceu conveniente, já que como comentado anteriormente neste capítulo existe uma rotina computacional livre para efetuar os cálculos.

[17] ISO 3382: *Acoustics-measurement of the reverberation time of rooms with reference to other acoustical parameters.*

Tabela 6.6 Descrição dos casos calculados para comparação entre as fórmulas para o cálculo do T_{60}.

Caso/Coeficiente	α_{x1}	α_{x2}	α_{y1}	α_{y2}	α_{z1}	α_{z2}
Caso 1	0.06	0.06	0.06	0.06	0.06	0.06
Caso 2	0.16	0.16	0.16	0.16	0.16	0.16
Caso 3	0.40	0.40	0.40	0.40	0.40	0.40
Caso 4	0.05	0.05	0.05	0.05	0.30	0.30
Caso 5	0.05	0.05	0.05	0.05	0.10	0.50

Tabela 6.7 Comparação entre as fórmulas para o cálculo do T_{60} e a predição do T_{60} usando os procedimentos da norma ISO 3382 para calcular o T_{60} a partir da resposta ao impulso obtida com o método das fontes virtuais de Lehmann e Johansson [23].

Método	Caso 1	Caso 2	Caso 3	Caso 4	Caso 5
Fontes Virtuais	1.99	0.70	0.26	1.76	1.76
Sabine	1.71	0.65	0.26	0.62	0.62
Eyring	1.66	0.59	0.20	0.56	0.56
Millington-Sette	1.66	0.59	0.20	0.53	0.48
Kuttruff	1.68	0.61	0.23	0.59	0.59
Fitzroy	1.66	0.59	0.20	1.20	1.20
Arau-Puchades	1.66	0.59	0.20	0.81	0.81

Duas observações são pertinentes a respeito desses desvios: primeiramente pode-se observar que a sala testada é relativamente pequena, o que torna o campo acústico real na sala não necessariamente completamente difuso. Isso, por sua vez, limita a aplicabilidade das fórmulas como discutido em mais detalhes por Hodgson [26]. Em segundo lugar, o método de fontes virtuais empregado tem suas limitações. Nesse método, por exemplo, as reflexões difusas não são consideradas. Espera-se que em um caso real haja uma diminuição do T_{60} (medido ou calculado) devido à inclusão ou presença de reflexões difusas, o que pode aproximar as predições computacionais a das feitas com as fórmulas (ver discussões do Capítulo 5 para mais detalhes).

Pode-se notar também na Tabela 6.7 que nos Casos 1 a 3 (absorção uniformemente distribuída) que as fórmulas de Eyring, Millington-Sette, Fitzroy e Arau-Puchades fornecem os mesmos resultados. Na fórmula de Kuttruff o valor da variância para o MFP era de $\gamma_{\mathrm{MFP}}^2 = 0.4$ (sala retangular), caso o valor fosse $\gamma_{\mathrm{MFP}}^2 = 0.0$ essa fórmula também forneceria o mesmo T_{60} que o calculado pela fórmula de Eyring. Para os Casos 4 e 5, o T_{60} predito com o método de fontes virtuais é consideravelmente maior que o predito para o Caso 2, mesmo que o coeficiente de absorção médio da sala seja o mesmo. Isso se deve à irregularidade na distribuição da absorção sonora. Note também que nos Casos 4 e 5, as fórmulas de Sabine, Eyring, Millington-Sette e Kuttruff fornecem valores bastante baixos, já que assumem que a absorção sonora é uniformemente distribuída. A fórmula empírica de Fitzroy é a que fornece o resultado mais mais próximo do calculado com o método das fontes virtuais. É difícil saber, no entanto, se a fórmula de Arau-Puchades pode ter um desempenho melhor que a fórmula de Fitzroy em outras situações com absorção não uniformemente distribuída, como indicado por Ducourneau e Planeau [22]. Parece sensato que ao menos duas ou três fórmulas sejam usadas na predição do T_{60} na fase de projeto. A escolha de que fórmulas usar pode ser feita com base no tipo de distribuição da absorção sonora[18].

Por fim, existe uma última questão, levantada por Hodgson [27], no que tange ao uso das fórmulas na fase de projeto. Em geral, as medições do coeficiente de absorção por incidência difusa utilizam a fórmula de Sabine para o cálculo de α_s a partir das medições de tempos de reverberação em câmara reverberante com e sem a amostra sob teste (ver

---

[18] O autor acredita que um estudo mais amplo do uso das fórmulas usando medições em salas reais e métodos geométricos deva ser conduzido para um melhor esclarecimento da questão. O estudo deveria considerar salas de diferentes tamanhos, aplicações e condições acústicas. A ausência de estudos abrangentes desse tipo se deve às dificuldades inerentes de fazer um estudo controlado desse tipo e requer o esforço de diversas instituições.

Seção 2.2.2). Hodgson notou que parecia haver uma inconsistência nas predições quando o α_s era medido com a fórmula de Sabine e predições para salas eram feitas com esses valores medidos, mas utilizando a fórmula de Eyring. Hodgson concluiu então que um procedimento mais correto seria usar a mesma fórmula na medição e predição. Mais estudos são necessários para aumentar a precisão e exatidão dos métodos de medição em câmara reverberante, pois mesmo a utilização apenas da fórmula de Sabine na medição de α_s parece um tanto limitante. Talvez no futuro as normas que regulamentam a medição do coeficiente de absorção por incidência difusa possam incluir a necessidade do cálculo do α_s com outras fórmulas e/ou modelos matemáticos de campo difuso mais exatos.

6.9   Absorção sonora vs. isolamento sonoro

Durante os anos de trabalho em engenharia acústica, o autor deste livro encontrou alguma confusão entre absorção sonora e isolamento sonoro. Embora o livro não trate de isolamento, é útil discutir a questão.

O isolamento sonoro de uma parede (ou partição) é função de sua massa, rigidez e amortecimento. Para uma parede simples, quanto maior a massa, maior tende a ser sua capacidade de isolamento acústico [28]. A capacidade de isolamento é medida pela "Perda de Transmissão" (PT ou *Transmission Loss*, TL, em inglês) dada em [dB]. Em geral, pode-se dizer com algum grau de aproximação que dobrar a densidade superficial de uma parede faz com que o PT aumente de 6.0 [dB][19].

A questão a ser respondida nesta seção é: "será que se pode usar um material como uma espuma ou lã de rocha com fins de isolamento sonoro"?

Em primeiro lugar podemos pensar em construir uma parede dupla, separada por um espaço de ar. Nesse caso, o uso da espuma ou lã de rocha para preencher o espaço de ar adiciona muito pouca massa ao elemento construtivo. No entanto, o material sonoabsorvente colocado entre as paredes ajuda a atenuar as ressonâncias acústicas formadas nesse espaço e, portanto, ajuda no desempenho do elemento construtivo como

---

[19] Note que isso é uma aproximação, já que PT varia com a frequência.

um todo[20]. No entanto, tenha em mente que a espuma em si não tem uma densidade superficial significativa e que usá-la sozinha para separar dois ambientes será ineficaz no isolamento sonoro. Em hipótese alguma, o coeficiente de absorção do material sonoabsorvente (α_s) não deve ser confundido com a PT ou usado para mensurar a capacidade de isolamento sonoro do elemento construtivo.

A segunda forma de aplicação do material sonoabsorvente é colocá-lo em salas para o controle da reverberação. Imaginemos então que tenhamos duas salas (1 e 2), onde se tem campo difuso. As salas são separadas por uma parede de área S_w, a qual desejamos medir a PT. Na sala 1 uma fonte sonora emite um ruído estacionário que deve ter a pressão sonora medida nas salas 1 e 2. A PT é então calculada por

$$\text{PT} = \langle L_1 \rangle - \langle L_2 \rangle + 10 \log(S_w) - 10 \log(S \bar{\alpha}_2), \tag{6.54}$$

onde $\langle L_1 \rangle$ e $\langle L_2 \rangle$ representam a média espacial dos NPS medidos nas salas 1 e 2 respectivamente. O termo $S \bar{\alpha}_2$ é a quantidade de absorção sonora contida na sala 2.

Assim, após medir $\langle L_1 \rangle$ e $\langle L_2 \rangle$, deve-se subtrair a quantidade de energia perdida por absorção na sala 2 à diferença entre os níveis. Isso não significa que a parede em questão será um pior isolante acústico se a sala 2 apresentar mais absorção sonora. O papel da absorção sonora na Equação (6.54) significa simplesmente que $\langle L_2 \rangle$ será menor caso a sala 2 tenha um T_{60} curto (muita absorção). Da mesma forma, se a sala 1 apresentar muita absorção sonora, $\langle L_1 \rangle$ tenderá a ser menor. Isso implica, então, que aumentar a quantidade de absorção sonora na sala emissora ajuda a diminuir a quantidade de energia acústica no recinto emissor, como também evidenciado pela Equação (6.16). Assim, a energia acústica perdida por absorção não está disponível para ser transmitida ao recinto adjacente. No entanto, o desempenho das paredes não melhorou e, se uma fonte com altíssimos NPS for ligada na sala 1, ela poderá ser escutada na sala 2. A absorção sonora em uma sala, portanto, ajuda no controle da transmissão sonora aos recintos adjacentes, mas não deve ser substituta para um bom projeto de isolamento acústico.

---

[20] Outro modo de ver a questão seria sobre o aspecto de incompatibilidade de impedâncias entre as paredes rígidas.

6.10 Sumário

Neste capítulo as bases da teoria estatística em acústica de salas foram apresentadas. Demonstrou-se que, quando uma fonte sonora emite ruído estacionário em uma sala, a densidade de energia em função do tempo é uma curva com três regiões distintas (A - ataque, B - estado estacionário e C - decaimento). Durante o ataque a densidade de energia cresce exponencialmente com o tempo. Durante o estado estacionário a densidade de energia se mantém constante com o tempo. Durante o Decaimento a densidade de energia diminui exponencialmente com o tempo. As características das três regiões dependem da potência da fonte sonora, do volume da sala e da quantidade de absorção sonora presente no ambiente. Demonstrou-se também que o tempo de reverberação é um parâmetro objetivo importante aos projetos em acústica de salas e que ele depende do volume e da quantidade de absorção da sala. Várias fórmulas para calcular o T_{60} foram mostradas e estimativas para uma sala real foram feitas.

No Capítulo 7 outros parâmetros objetivos serão apresentados. Eles serão importantes para complementar informações a respeito de um ambiente. Esses parâmetros serão relacionados à resposta impulsiva, vista no Capítulo 5, e à teoria estatística vista neste capítulo.

Referências bibliográficas

[1] KUTTRUFF, H. *Room acoustics*. 5° ed. London: Spon Press, 2009.

(Citado na(s) página(s): 429, 452, 453, 458, 459)

[2] SABINE, W. C. *Collected papers on acoustics*. Cambridge: Harvard university press, 1922.

(Citado na(s) página(s): 429, 443, 445)

[3] FRANKLIN, W. Derivation of equation of decaying sound in a room and definition of open window equivalent of absorbing power. *Physical Review (Series I)*, 16(6):372–374, 1903.

(Citado na(s) página(s): 429)

[4] BEYER, R. T. *Sounds of our times: two hundred years of acoustics*. New York: Springer-Verlag, 1999.

(Citado na(s) página(s): 430)

[5] GRADSHTEYN, I.; RYZHIK, I. *Table of Integrals, Series and Products (corrected and enlarged edition)*. 7° ed. Burlington: Academic Press, 2007.

(Citado na(s) página(s): 434)

[6] OPPENHEIM, A.; WILLSKY, A. *Sinais e Sistemas*. 2° ed. São Paulo: Pearson, 1983.

(Citado na(s) página(s): 440)

[7] FEYNMAN, R. P.; LEIGHTON, R. B.; SANDS, M. *Lições de Física de Feynman*, v. 1, 2, 3. 2° ed. Porto Alegre: Bookman, 2013.

(Citado na(s) página(s): 446, 447)

[8] HARRIS, C. M. Absorption of sound in air versus humidity and temperature. *The Journal of the Acoustical Society of America*, 40(1): 148–159, 1966.

(Citado na(s) página(s): 448)

[9] ISO 9613–1: 1993. acoustics. attenuation of sound during propagation outdoors. part 1: Calculation of the absorption of sound by the atmosphere, 1993.

(Citado na(s) página(s): 448)

[10] MAREZE, P. H. *Controle de Ruído.* Notas de aula, Engenharia Acústica (UFSM), Santa Maria, 2015.

(Citado na(s) página(s): 448)

[11] ROSSING, T. *Springer handbook of acoustics.* New York: Springer-Verlag, 2007.

(Citado na(s) página(s): 37, 449)

[12] EYRING, C. F. Reverberation time in "dead" rooms. *The Journal of the Acoustical Society of America*, 1:217–241, 1930.

(Citado na(s) página(s): 454, 455, 457, 459)

[13] MILLINGTON, G. A modified formula for reverberation. *The Journal of the Acoustical Society of America*, 4:69–82, 1932.

(Citado na(s) página(s): 457, 458, 459)

[14] SETTE, W. A new reverberation time formula. *The Journal of the Acoustical Society of America*, 4:193–210, 1933.

(Citado na(s) página(s): 457, 458, 459)

[15] DANCE, S.; SHIELD, B. Modelling of sound fields in enclosed spaces with absorbent room surfaces. part i: performance spaces. *Applied Acoustics*, 58:1–18, 1999.

(Citado na(s) página(s): 458, 473)

[16] DANCE, S.; SHIELD, B. Modelling of sound fields in enclosed spaces with absorbent room surfaces part ii. absorptive panels. *Applied acoustics*, 61:373–384, 2000.

(Citado na(s) página(s): 458, 473)

[17] FITZROY, D. Reverberation formula which seems to be more accurate with nonuniform distribution of absorption. *The Journal of the Acoustical Society of America*, 31(7):893–897, 1959.

(Citado na(s) página(s): 459, 460)

[18] ARAU-PUCHADES, H. An improved reverberation formula. *Acta Acustica united with Acustica*, 65:163–180, 1988.

(Citado na(s) página(s): 461)

[19] GILBERT, E. N. An iterative calculation of auditorium reverberation. *The Journal of the Acoustical Society of America*, 68(1):178, 1981.

(Citado na(s) página(s): 462)

Acústica estatística 481

[20] KUTTRUFF, H. A simple iteration scheme for the computation of decay constants in enclosures with diffusely reflecting boundaries. *The Journal of the Acoustical Society of America*, 98(1):288–293, 1995.

(*Citado na(s) página(s): 462*)

[21] NEUBAUER, R.; KOSTEK, B. Prediction of the reverberation time in rectangular rooms with non-uniformly distributed sound absorption. *Archives of acoustics*, 26(3):183–201, 2001.

(*Citado na(s) página(s): 462, 473*)

[22] DUCOURNEAU, J.; PLANEAU, V. The average absorption coefficient for enclosed spaces with non uniformly distributed absorption. *Applied Acoustics*, 64:845–862, 2003.

(*Citado na(s) página(s): 462, 463, 473, 475*)

[23] LEHMANN, E. A.; JOHANSSON, A. M. Prediction of energy decay in room impulse responses simulated with an image-source model. *The Journal of the Acoustical Society of America*, 124(1):269–277, 2008.

(*Citado na(s) página(s): 38, 463, 473, 474*)

[24] ISO 3382: Acoustics – measurement of the reverberation time of rooms with reference to other acoustical parameters, 1997.

(*Citado na(s) página(s): 473*)

[25] BISTAFA, S. R.; BRADLEY, J. S. Predicting reverberation times in a simulated classroom. *The Journal of the Acoustical Society of America*, 108(4):1721–1731, 2000.

(*Citado na(s) página(s): 473*)

[26] HODGSON, M. When is diffuse-field theory applicable? *Applied Acoustics*, 49(3):197–207, 1996.

(*Citado na(s) página(s): 474*)

[27] HODGSON, M. Experimental evaluation of the accuracy of the Sabine and Eyring theories in the case of non-low surface absorption. *The Journal of the Acoustical Society of America*, 94 (2): 835–840, 1993.

(*Citado na(s) página(s): 475*)

[28] LONG, M. *Architectural acoustics*. Cambridge: Elsevier Academic Press, 2006.

(*Citado na(s) página(s): 476*)

Capítulo 7

Parâmetros objetivos

A experiência auditiva de qualquer pessoa em uma sala é uma experiência subjetiva, que é descrita por expressões como: "Esta sala tem um som muito brilhante", "Esta sala é muito viva", "Esta sala é muito seca", "O som é confuso", "O som é caloroso", "O som é aconchegante", "O som está muito próximo", "O som está muito distante" etc. Claramente, esse tipo de descrição toma forma por meio de adjetivos. Isso implica que, além do fator subjetivo, relacionado ao gosto e treinamento auditivo de cada indivíduo, ainda existe uma variabilidade relacionada à língua na qual os adjetivos são cunhados, já que o impacto do significado das palavras varia de língua para língua. Embora essas sejam desvantagens claras, é preciso reconhecer que existe algum grau de concordância na descrição feita por um universo amostral de indivíduos e que, dessa forma, os indivíduos tendem a ter percepções auditivas similares a respeito do ambiente que descrevem. Isso vem do fato de que o sistema auditivo-cognitivo dos seres humanos, embora a rigor diferente de pessoa pra pessoa e sujeito à cultura, apresenta um mecanismo de funcionamento similar. Na Seção 1.1 vimos, de forma básica, como o sistema auditivo humano funciona.

Por outro lado, sabe-se que se pode considerar a configuração sala-fonte-receptor como um sistema linear a invariante no tempo (ver Capítulos 1 e 5). Dessa forma, pode-se usar a resposta ao impulso da configuração sala-fonte-receptor para caracterizar completamente o SLIT. Logo, a meta dos parâmetros acústicos objetivos é criar métricas, a partir da resposta ao impulso da sala (ou a região de decaimento, ver Capítulo 6), que sejam uma boa quantificação para os descritores subjetivos gerados por um universo amostral de indivíduos.

É necessário manter em mente o significado subjetivo da métrica e também que o uso de um conjunto de parâmetros objetivos é uma ferramenta de projeto importante. O uso de um conjunto de parâmetros, em contraponto ao uso de um único parâmetro, é importante porque a experiência subjetiva não apresenta uma única dimensão ou, em outras palavras, ela não pode ser descrita por um único adjetivo. Assim, é necessário usar um conjunto de parâmetros objetivos relevantes com critério, já que cada parâmetro visa quantificar uma ou mais experiências ou dimensões subjetivas.

Tendo essa discussão inicial em mente, existem três aspectos que devem ser conhecidos por um bom projetista em acústica de salas. O primeiro aspecto está relacionado a como o sistema auditivo humano interpreta a resposta ao impulso e o decaimento sonoro, o que será estudado na Seção 7.1. O segundo aspecto diz respeito ao conhecimento do procedimento experimental usado na obtenção da resposta ao impulso e da curva de decaimento, o que será abordado na Seção 7.2. O terceiro aspecto diz respeito a como construímos métricas objetivas baseado nas características do decaimento e/ou resposta ao impulso. Isto será abordado na Seção 7.3.

7.1 Aspectos subjetivos de uma reflexão audível

Como explicitado no Capítulo 5, a resposta ao impulso da configuração sala-fonte-receptor é composta pelo som direto seguido por uma série de reflexões (primeiras reflexões e cauda reverberante, ver

Figuras 5.13 e 5.24). Beranek [1], por exemplo, propõe métricas objetivas para o projeto de salas de concerto levantadas por meio de entrevistas com músicos e regentes de orquestras (ouvintes treinados). Todavia, outros estudos [2–4] visam mensurar o lado subjetivo da percepção mediante estudos em campos acústicos simulados. Tais campos acústicos são gerados com reprodução sonora, por um conjunto de alto-falantes distribuídos ao redor do ouvinte, em câmara anecoica[1]. Barron [4] e Barron e Marshall [5] , por exemplo, realizaram experimentos simplificados, nos quais a resposta ao impulso podia ser composta apenas pelo som direto, uma reflexão vinda do teto (ϑ_v), uma ou duas reflexões vindas da lateral do ouvinte ($\pm\vartheta_h$) e talvez uma cauda reverberante artificial. Embora tais experimentos não representem a totalidade das informações contidas na resposta o impulso, eles permitem um importante ganho de informações a respeito de como nosso sistema auditivo processa a informação espectral e espacial contida na resposta ao impulso.

No artigo de Barron [4], de 1971, os resultados desses experimentos simplificados são sumarizados na Figura 7.1. Nesse caso, os experimentos sumarizados contavam apenas com o som direto e uma única reflexão lateral, que formava um ângulo com a cabeça do ouvinte de $\vartheta_h = 40$ [°] (ver, p. ex., a Figura 5.5, página 369). A amplitude relativa entre o som direto e a reflexão, e o tempo decorrente entre elas (atraso), eram variados e as impressões sonoras correlacionadas a esses fatores. Como sinal de teste, Barron utilizou trechos de algumas músicas clássicas gravados em câmara anecoica (sinal musical). A simulação das reflexões foram feitas por um conjunto de alto-falantes distribuídos ao redor do ouvinte também dentro da câmara anecoica.

Primeiramente, devido a efeitos psicoacústicos, a reflexão será inaudível caso o atraso ou o nível relativo da reflexão sejam muito pequenos. Por esse motivo, existe uma curva chamada de "limiar de audibilidade da reflexão" (*threshold of audibility*), ou simplesmente "limiar". Note que, para a reflexão lateral (atrasos de até 10 [ms]), o seu nível relativo deve ser superior a cerca de -20 [dB] para que ela seja percebida, e esse nível relativo diminui gradativamente à medida que o atraso aumenta. Em outras

---

[1] Outra forma de fazê-lo seria com a reprodução por intermédio de fones de ouvido devidamente calibrados.

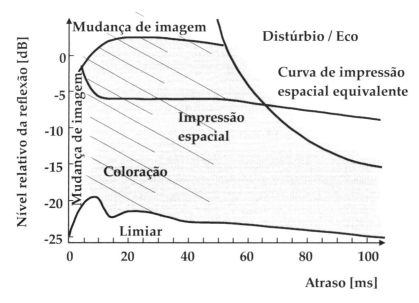

Figura 7.1 Vários efeitos auditivos de uma única reflexão atingindo o ouvinte no plano lateral (adaptado de [4] com os termos traduzidos livremente pelo autor).

palavras, se a reflexão apresenta atraso e nível relativo abaixo da curva limite de audibilidade, ela não será percebida. Por outro lado, se a reflexão apresenta atraso e nível relativo acima da curva limite de audibilidade, ela será percebida e seu efeito dependerá dos valores de atraso, nível relativo e também da direção de incidência relativa à cabeça do ouvinte (ϑ_v e ϑ_h). Note então que, assim como exposto no Capítulo 5, o efeito subjetivo da reflexão depende de 4 variáveis independentes: (i) atraso, (ii) amplitude (nível relativo ao som direto e também demais reflexões), (iii) direção de chegada vertical (ϑ_v) e (iv) direção de chegada horizontal (ϑ_h).

Os efeitos negativos das reflexões devem ser evitados nos projetos acústicos, pois podem se tornar perturbações graves para os ouvintes e/ou interlocutores. Entre esses efeitos, podem-se destacar:

a) eco (ou "distúrbio"): é o efeito associado à repetição acústica de um som emitido, comumente percebido em grandes ambientes e espaços abertos próximos a montanhas e muros. O eco é tipicamente observado para atrasos acima dos 50 [ms] e reflexões com altos níveis

Parâmetros objetivos

487

relativos[2]. Pode-se dizer que quanto maior for o atraso, menor será o nível relativo necessário para que a reflexão seja percebida como um eco distinto. Ecos estão, portanto, associados a longos caminhos de propagação entre a reflexão sofrida pelo som emitido e o receptor. Ecos representam um problema bastante sério, que compromete a inteligibilidade e pode até atrapalhar o interlocutor na transmissão da mensagem. Um exemplo típico seria uma igreja bastante reverberante, na qual o interlocutor fala de um palco e recebe uma reflexão tardia da parede traseira do recinto. A forma de tratamento do eco é a identificação das superfícies contribuintes e o seu tratamento acontece por meio da alteração da geometria (a fim de direcionar a reflexão para locais onde o eco seja evitado), da aplicação de absorção (a fim de reduzir a energia da reflexão) e/ou da aplicação de difusão (a fim de espalhar espacialmente a energia da reflexão, diminuindo, portanto, a energia sonora no local onde o eco era percebido);

b) coloração: é o efeito relacionado à mudança significativa do espectro sonoro da fonte devido aos padrões de interferência construtiva e destrutiva entre o som direto e a reflexão. Esse efeito foi discutido no Capítulo 1 e está representado na Figura 1.12, página 95. Caso o atraso de tempo seja pequeno (p. ex., 5-30 [ms]) e o nível relativo seja grande, esse efeito de coloração é bastante severo e denominado de *comb filtering*. O efeito pode ser causado também por reflexões entre paredes paralelas, que atingem o ouvinte com atrasos periódicos (*flutter echo*). O tratamento para esse tipo de problema é também feito com a alteração da geometria e aplicação de difusão sonora (a fim de provocar a quebra de paralelismo entre superfícies) e da aplicação de absorção sonora às superfícies (tratamento menos efetivo)[3];

---

[2] Na Figura 7.1 note que, para o atraso de 50 [ms], o nível relativo da reflexão deve ser no mínimo 0 [dB] (igual ao nível do som direto) para ser percebida como eco. Caso o atraso seja de 80 [ms], por exemplo, o nível relativo da reflexão deve ser no mínimo -13 [dB] para ser percebida como eco.

[3] Em simulações computacionais é importante garantir que o número de raios ou fontes imagens seja suficientemente grande. O pequeno número de raios faz com que menos reflexões sejam computadas, o que leva a um efeito de coloração que não é realista, já que um ambiente real terá muitas reflexões.

c) mudança de imagem: é o efeito associado à percepção de que a fonte sonora apresenta uma posição diferente daquela percebida pelo sistema visual. Esses efeitos são causados por reflexões que têm níveis relativos maiores que o som direto ou atrasos curtíssimos. No caso em que o nível relativo é maior que o som direto, a causa usual é a amplificação da reflexão por uma superfície côncava (lembre-se de que o ouvinte deve estar próximo ao foco, nesse caso) ou mesmo a redução da amplitude do som direto devido a alguma barreira acústica (p. ex., ouvinte atrás de uma coluna, abaixo de uma galeria muito extensa, atrás de uma multidão ou devido à atenuação imposta a uma orquestra pelo fosso (ou *pit*) em salas de ópera; ver Figura 8.33, na página 615). No caso em que o atraso é curtíssimo, a causa é a localização de ouvintes muito próximos a uma parede reflexiva, por exemplo. Essa situação é comum em igrejas e teatros mal projetados (ou mesmo cinemas) e acontece a fim de maximizar o número de espectadores no ambiente, o que posiciona alguns dos ouvintes muito próximos a uma das paredes. É uma situação que deve ser evitada, já que, mesmo com a adição de absorção sonora, o ouvinte continuará no *campo próximo da reflexão*.

Se os problemas descritos puderem ser evitados, os efeitos das reflexões podem ser positivos. Entre esses efeitos, podem-se destacar:

a) aumento de volume sonoro: é causado pela interferência entre som direto e reflexão e é associado ao aumento do *loudness*. De fato, a ausência de reflexões pode levar ao estresse do interlocutor (músico ou palestrante), já que esse teria que se esforçar mais para proporcionar um nível de pressão sonora adequado ao ouvinte. Reflexões adequadas fazem com que a sala forneça um suporte acústico adequado ao interlocutor e tendem a, pelo menos, minimizar a necessidade do uso de um sistema eletroacústico de reforço sonoro. Quanto maior é o espaço, mais sério tende a ser o problema da falta de suporte acústico da sala;

b) aumento da clareza: está relacionado à inteligibilidade da mensagem acústica. Esta, por sua vez, é relacionada primordialmente a um balanço entre a quantidade de energia sonora contida na primeira parte

Parâmetros objetivos 489

de resposta ao impulso (até 50 [ms] para a fala e 80 [ms] para música) com a energia contida na cauda reverberante (ou mesmo a energia contida em toda a resposta ao impulso). Dessa forma, reflexões não nocivas, que chegam com atrasos menores que 50 ou 80 [ms], tendem a causar um aumento da inteligibilidade da mensagem sonora. A melhoria desse fator é usualmente feita mediante o posicionamento de refletores em locais adequados, de forma a diminuir os tempos de viagem entre fonte e receptor de reflexões úteis;

c) aumento da espacialidade: é um efeito que acontece para reflexões que atingem o ouvinte no plano horizontal de sua cabeça. Isso faz com que o som que atinge as orelhas esquerda e direita seja ligeiramente diferentes e que, portanto, exista uma impressão acústica do tamanho e posição da fonte sonora em relação ao ouvinte. Reflexões oriundas do plano vertical contribuem mais para aumento do volume sonoro, clareza ou com efeitos negativos como coloração. Essa impressão espacial causada por reflexões laterais são assim interpretadas pelo sistema auditivo-cognitivo devido às diferenças de intensidade e tempo de chegada entre as orelhas esquerda e direita, fato que também foi discutido na Seção 5.10.

A curva de "Impressão Espacial Equivalente" é aquela que expressa a relação entre o nível relativo da reflexão lateral e o valor do atraso entre som direto e reflexão, que causam a mesma impressão espacial que uma reflexão cujo nível relativo é -6 [dB], com 40 [ms] de atraso e $\vartheta_h = 40$ [°] [4].

É preciso também observar que o formato e a duração da cauda reverberante tem um efeito dominante na percepção subjetiva do ambiente [5, 6]. A falta de reverberação adequada faz com que os momentos silenciosos (entre notas musicais, p. ex.) possam se tornar incômodos, pois a sala não parece fornecer uma continuidade à musica ou à fala. Reverberação adequada, em geral, tende também a fazer com que a sala forneça um melhor suporte ao interlocutor. A reverberação excessiva, por outro lado, tende a comprometer a inteligibilidade. Como será visto no Capítulo 8, cada ambiente vai requerer uma quantidade de reverberação e primeiras reflexões adequadas ao tipo de mensagem acústica primordialmente transmitida no ambiente.

Embora os efeitos subjetivos positivos e negativos tenham sido colocados em termos das características da resposta ao impulso nesta seção, é preciso dizer que a percepção de tais efeitos também é dependente do tipo de sinal emitido pela fonte. Para fala e música *staccato*[4], os ecos são mais fáceis de se detectar que para música *legato*[5]. Neste último caso, a percepção de efeitos de coloração é mais facilmente detectada.

Das análises feitas pelos diversos autores citados nesta seção, é possível concluir que muitos dos inúmeros detalhes contidos na resposta ao impulso não serão perceptíveis [7]. Dessa forma, apenas alguns componentes dominantes serão importantes para uma correlação com a percepção subjetiva e a consequente criação de métricas objetivas. É preciso manter em mente que os parâmetros (ou métricas) objetivos utilizam o decaimento energético da resposta ao impulso para quantificar aspectos relativos à percepção sonora. A definição dos parâmetros objetivos será vista na Seção 7.3. Além disso, como a nossa percepção é dependente da frequência, necessita-se, muitas vezes, ser capaz de criar parâmetros objetivos que mudem de valor com a frequência. Antes de definir os parâmetros objetivos, é preciso conhecer o método experimental de obtenção da resposta ao impulso e da curva de decaimento.

7.2 Medição da resposta ao impulso e curva de decaimento

O tempo de reverberação, definido por W. C. Sabine, foi o primeiro parâmetro objetivo definido. Ele mensura o tempo que a densidade de energia leva para decair a um milionésimo da energia de estado estacionário (Seção 6.5), o que implica que esse é o tempo em que o quadrado do valor eficaz da pressão sonora leva para decair de 60 [dB], em relação ao

---

[4] Música *staccato* se caracteriza pela sequência rápida de notas musicais. São construções que foram muito utilizadas na música barroca. As sonatas para flauta de Bach apresentam essas características em boa parte das obras.

[5] Música *legato* se caracteriza pela sequência lenta de notas musicais. São construções que foram utilizadas período romântico da música clássica. Um bom exemplo seria boa parte do *Lago dos Cisnes* de Tchaikovsky.

NPS do estado estacionário. Da mesma forma, quase todos os outros parâmetros objetivos decorrem do sinal sonoro obtido quando a fonte cessa sua emissão. Existem duas alternativas para a medição dos parâmetros objetivos:

(i) excitar a sala com fonte sonora até que a sala seja levada ao estado estacionário, desligar a fonte e observar o sinal de pressão sonora obtido;

(ii) obter a resposta ao impulso da configuração sala-fonte-receptor.

Uma vez obtido o sinal de decaimento ou a resposta ao impulso, procede-se com o cálculo dos parâmetros.

O procedimento de medição da resposta ao impulso (ou sinal de decaimento) e cálculo de alguns dos parâmetros objetivos (T_{60} e outros) é contemplado na norma[6] ISO 3382 [8]. A norma em questão especifica os equipamentos necessários à medição, bem como procedimentos estatísticos para minimização de erros experimentais e cálculo de incertezas. Sua leitura é obrigatória para quem deve medir parâmetros acústicos em salas e apenas um panorama geral do procedimento será dado aqui.

Primeiramente, o conjunto de equipamentos necessários para a medição pode ser visto na Figura 7.2, que mostra também o fluxo de sinais ao longo da cadeia de medição. Nessa figura cada equipamento colorido em cinza é considerado um SLIT, tal qual o mostrado na Figura 1.9, sujeito a um sinal de entrada e fornecendo um sinal de saída. As setas em linha cheia indicam sinais contínuos (analógicos) e as setas tracejadas indicam sinais discretos (digitais). A instrumentação envolve um gerador de sinais, um amplificador, uma fonte sonora omnidirecional, microfones, placas de aquisição de sinais e um computador para processamento e análise dos sinais medidos.

---

[6] ISO 3382: *Acoustics-measurement of the reverberation time of rooms with reference to other acoustical parameters.*

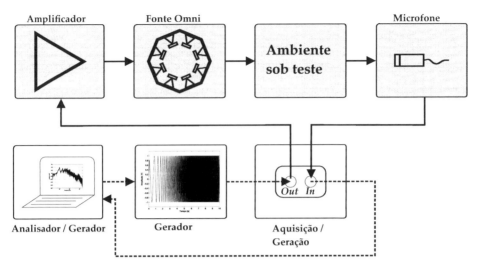

Figura 7.2 Cadeia de medição para obtenção da resposta ao impulso de uma sala.

O gerador de sinais consiste em um dispositivo capaz de gerar e executar um sinal de áudio $x(t)$ conhecido. Usualmente esse sinal pode ser uma varredura de senos (*sweep*) exponencial ou linear, ruído aleatório, sinal MLS ou outro. O mais importante nesse caso é que o sinal gerado tenha energia suficiente em toda a faixa de frequências de interesse. Segundo Müller e Massarani [9], o uso do *sweep* exponencial oferece vantagem no que tange às distorções intrínsecas da fonte sonora[7]. Atualmente, a geração de sinais fica a cargo do computador/analisador de sinais. O sinal é gerado pelo computador por meio de uma equação matemática e enviado como um sinal digital ao sistema de aquisição/reprodução (ou AD/DA[8]), que o transforma em sinal contínuo e o envia ao amplificador (por meio da saída de sinais do sistema de aquisição/reprodução).

O amplificador é um dispositivo capaz de elevar a amplitude do sinal fornecido pelo gerador e enviá-lo à fonte sonora. Alto-falantes tipicamente necessitam de sinais de áudio amplificados, de forma que possam

---

[7] O uso de um *sweep* exponencial faz com que as não linearidades da fonte sonora se aglomerem no final da resposta ao impulso medida ou em sua parte não causal. A parte inicial dessa terá apenas a resposta linear do conjunto de sistemas sob medição. Dessa forma, ao utilizar um *sweep* exponencial suficientemente longo, é possível eliminar as não linearidades da fonte sonora por meio de um processo de janelamento temporal, por exemplo.

[8] Conversor AD (Analógico para Digital) e Conversor DA (Digital para Analógico).

Parâmetros objetivos

493

excitar a sala com potência sonora apropriada. É importante que o amplificador seja linear e tenha a magnitude de sua resposta em frequência plana e fase linear em toda a faixa de frequências de interesse. Do contrário as características espectrais do amplificador serão adicionadas às características da sala.

Como mostrado na Seção 5.3, a direcionalidade da fonte sonora influencia no formato final da resposta ao impulso. Assim, na maioria dos casos, para que a medição seja válida, é importante que, além de apresentar a magnitude de sua resposta em frequência plana e fase linear, que a fonte também seja omnidirecional em toda a faixa de frequências de interesse[9]. As fontes omnidirecionais usadas nos experimentos em acústica de salas são geralmente compostas por pelo menos um conjunto de 12 alto-falantes organizados em uma caixa acústica em formato de um dodecaedro[10]. A Figura 5.2 ilustra uma foto detalhada de um dodecaedro. A Figura 7.3 (a) ilustra o dodecaedro montado em uma sala onde se realizou uma medição.

A fonte sonora omnidirecional excita a sala com um sinal acústico, $x(t)$, e um microfone[11] é então posicionado no mesmo local de um receptor, como mostrado na Figura 7.3 (b), captando a resposta $y(t)$ da sala à excitação da fonte. É importante que o microfone tenha a magnitude o mais plana possível em sua resposta em frequência e que tenha fase linear em toda a faixa de frequências de interesse. Isso implica que o microfone deve ser devidamente calibrado e/ou que seja um instrumento de alta precisão e exatidão. A maioria dos parâmetros objetivos está baseado no uso de um microfone omnidirecional, mas algumas usarão um microfone bidirecional (p. ex., aqueles que visam diferenciar reflexões laterais de reflexões vindas de outras direções)[12].

---

[9] Em alguns casos pode ser desejado excitar a sala com seu sistema de sonorização ou com fontes sonoras que apresentem direcionalidade similar à direcionalidade das principais fontes usadas no recinto (p. ex., voz humana ou algum instrumento musical). Aqui vamos nos ater às fontes omnidirecionais, que são usadas na maior parte dos experimentos. Cabe ainda dizer que, embora almejado, nenhuma fonte será omnidirecional para toda a faixa de frequências audíveis, sobretudo em altas frequências.

[10] O dodecaedro é uma figura geométrica tridimensional com 12 faces.

[11] No caso em que se deseja a resposta impulsiva biauricular, no lugar do microfone é posicionada uma cabeça artificial (ou algum sistema de gravação biauricular).

[12] Há ainda aplicações mais sofisticadas que usam arranjos de microfones em vez de somente um.

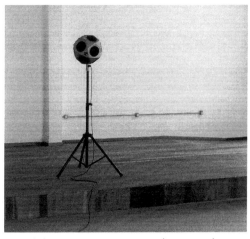

(a) Fonte sonora omnidirecional (Dodecaedro)

(b) Microfone

Figura 7.3 Medição acústica do auditório do anexo C do Centro de Tecnologia da UFSM. Na ocasião as cadeiras ainda não haviam sido instaladas. Foto do autor.

O sinal analógico do microfone é enviado à entrada do sistema de aquisição, que o transforma em um sinal digital e o envia para análise e processamento pelo computador. Por meio da Equação (1.31), a resposta em frequência da sala $H(j\omega)$ é obtida. Pode-se então aplicar a Transformada Inversa de Fourier a essa resposta em frequência, obtendo-se a resposta ao impulso $h(t)$ do sistema sala-fonte-receptor. Uma resposta ao impulso $h(t)$ típica é mostrada na Figura 7.4 (a).

É útil também obter o valor $10\log\left(h^2(t)\right)$ [dB] (Figura 7.4 (b)), já que muitas vezes estamos interessados no tempo de reverberação, que por definição mede a quantidade de tempo necessária para que o NPS decaia de 60 [dB]. Note que na Figura 7.4 (b) o nível máximo é 0 [dB]; como interessa apenas medir o tempo que a energia leva para cair 60 [dB], não é necessário saber qual é o NPS exato na sala no momento da medição. Dessa forma, a resposta ao impulso pode ser normalizada em relação ao seu valor máximo, o que em geral ocorre para o pico relativo ao som direto. Note também que existe um pequeno intervalo de tempo entre o instante 0 [s] e o instante em que o valor energético da $h(t)$ é máximo. Esse intervalo corresponde ao tempo que a onda sonora leva para viajar entre fonte e receptor e permite uma estimativa da distância entre ambos[13]. Como apenas o decaimento sonoro é relevante, esse intervalo pode ser eliminado, de forma que o instante 0 [s] equivalha à chegada do som direto no receptor.

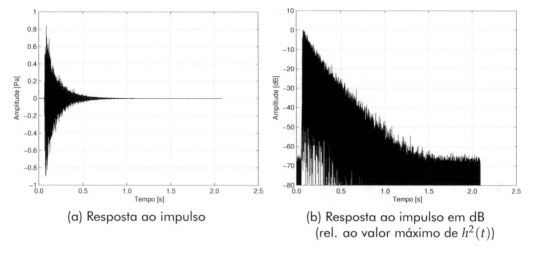

(a) Resposta ao impulso

(b) Resposta ao impulso em dB
(rel. ao valor máximo de $h^2(t)$)

Figura 7.4 Resposta ao impulso típica medida em uma sala. Esses sinais não foram filtrados e, portanto, apresentam todas as componentes do espectro 20 [Hz] a 20 [kHz].

Uma alternativa para a medição dos parâmetros objetivos é a medição da sala por meio do método do ruído interrompido [8]. Nesse caso, um sinal estacionário e de espectro plano é gerado e enviado à fonte (p. ex., ruído branco). A fonte funciona por alguns segundos até que se possa considerar que a sala opera em estado estacionário. Desliga-se então a fonte e grava-se o período de decaimento da pressão sonora. Uma medição medição típica e completa (ataque, estado estacionário e decaimento) é mostrada na Figura 7.5. É possível notar que o sinal de decaimento medido por meio do método do ruído interrompido e a resposta ao impulso de um mesmo sistema sala-fonte-receptor são bastante similares (desde que as posições da fonte e receptor não se alterem). No entanto, devido à natureza aleatória do sinal utilizado na medição (ruído branco),

---

[13] Em um sistema de medição real, esse tempo também é influenciado pelo tempo gasto na aquisição e processamento dos sinais, o que deve ser descontado para uma correta estimativa do tempo de transito entre emissão e recepção do som direto.

certa variabilidade entre os sinais de decaimento medidos com ruído interrompido é esperada. Assim, é necessário medir algumas curvas de decaimento a fim de que se construa uma base estatística para a medição. Além disso, a curva medida com ruído interrompido e a resposta ao impulso não são idênticas e alguma variabilidade é esperada no cálculo dos parâmetros objetivos com um ou outro método.

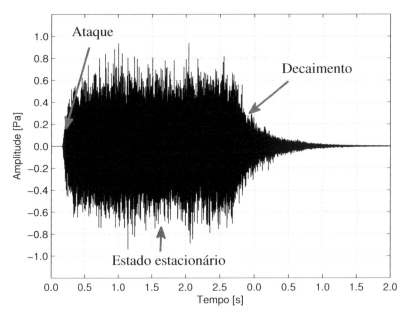

Figura 7.5 Medição do sinal de decaimento típico da pressão sonora por meio do método do ruído interrompido.

Os parâmetros objetivos contêm valores que variam com a frequência e são usualmente dados em bandas de oitava ou terço de oitava entre 125 [Hz] e 4000 [Hz]. Sem nenhum processamento adicional, a resposta ao impulso (ou sinal de decaimento) contêm todo o espectro útil medido. Portanto, algum processamento se faz necessário a fim de que o T_{60} ou outros parâmetros possam ser medidos em bandas de oitava, por exemplo. De fato, é preciso filtrar a resposta ao impulso ou o sinal de decaimento de modo que se possa obter uma série de sinais para cada faixa de frequência de interesse. Para a análise em bandas de oitava, a $h(t)$, dada na Figura 7.4 (a), é submetida a um banco de filtros passa-banda, cujas frequências centrais são 125, 250, 500, 1000, 2000

Parâmetros objetivos

e 4000 [Hz][14], e cuja largura de banda corresponde a uma oitava. O banco de filtros é ilustrado na Figura 7.6. Os filtros podem ser digitais ou analógicos, o que depende do sistema de aquisição e análise dos sinais. As especificações dos filtros podem ser encontradas na norma[15] ANSI S1.ll-1986 [10].

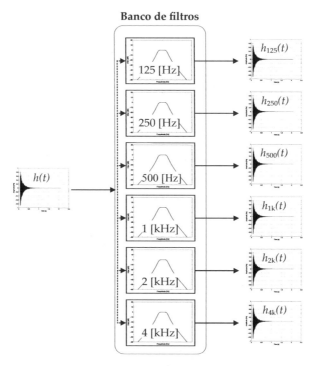

Figura 7.6 Banco de filtros usado para obter respostas ao impulso ou sinais de decaimento por bandas de oitava.

Cada filtro pertencente ao banco pode ser considerado um SLIT que impõe sua resposta em frequência ao sinal de entrada, de acordo com a Equação (1.31). Assim, os sinais de saída de cada filtro passa-banda correspondem às respostas ao impulso, cujo conteúdo espectral é centrado na banda em questão, $h_{125}(t)$ a $h_{4k}(t)$. Nas Figuras 7.7 (a) a 7.7 (f) a curva cinza representa o valor energético do sinal $10\log(h_f^2(t))$ da saída de cada filtro passa-banda. As respostas ao impulso obtidas do banco de filtros são todos os dados necessários para o cômputo dos parâmetros objetivos. A seção seguinte apresenta os detalhes envolvidos nesses cálculos.

---

[14] Para fins de auralização é comum utilizar as bandas de 63 [Hz] à 16 [kHz].
[15] ANSI S1.ll-1986: *Specification for octave-band and third-octave band analog and digital filters.*

7.3 Parâmetros objetivos

A maioria dos parâmetros objetivos utilizados em projetos acústicos decorrem do conjunto de respostas ao impulso filtradas em bandas de oitava ou terço de oitava. Nesta seção os métodos de cálculo desses parâmetros serão apresentados. Os métodos estão baseados tanto nas respostas ao impulso ou curvas de decaimento filtradas quanto na teoria estatística, apresentada no Capítulo 6. No caso dos métodos baseados na resposta ao impulso ou curva de decaimento, é preciso manter em mente que esses dados mudam com a posição da fonte e receptor. Dessa forma, será necessário observar também a variabilidade dos parâmetros ao longo da sala. Em boa parte das salas, é importante garantir que a variabilidade dos parâmetros ao longo da sala não seja perceptível (ver Capítulo 8). Desse ponto de vista é importante apresentar o que se chama de *diferença no limiar do observável* (ou jnd, *just noticible difference*) para cada parâmetro objetivo. O jnd representa, portanto, a menor variação no valor do parâmetro que um ser humano médio consegue perceber.

7.3.1 Tempo de reverberação - T_{60}, T_{30} e T_{20}

No Capítulo 6 apresentou-se o cálculo do tempo de reverberação com base na teoria estatística. É útil, no entanto, fornecer detalhes sobre a obtenção do T_{60} a partir da resposta ao impulso, já que alguns detalhes apresentados agora serão relevantes para o cálculo dos outros parâmetros objetivos.

A partir da definição do T_{60}, sabe-se que esse parâmetro mede o tempo necessário para que o NPS da resposta ao impulso decaia 60 [dB] em relação a seu valor máximo (dado para o estado estacionário ou som direto). Ao observar a teoria do Capítulo 6 e a Figura 7.4 (b), nota-se que ao se plotar $h^2(t)$ em [dB], parece haver uma tendência linear no decaimento energético com o tempo.

Na Figura 7.7 observam-se em cinza os valores de $10\log\left(h_f^2(t)\right)$ para cada resposta ao impulso obtida com o banco de filtros. A envoltória das curvas em cinza representa o decaimento do valor eficaz quadrático da resposta ao impulso (curva em preto). Para obter essa envoltória, é preciso utilizar-se do artifício chamado "integral cumulativa invertida"

Parâmetros objetivos

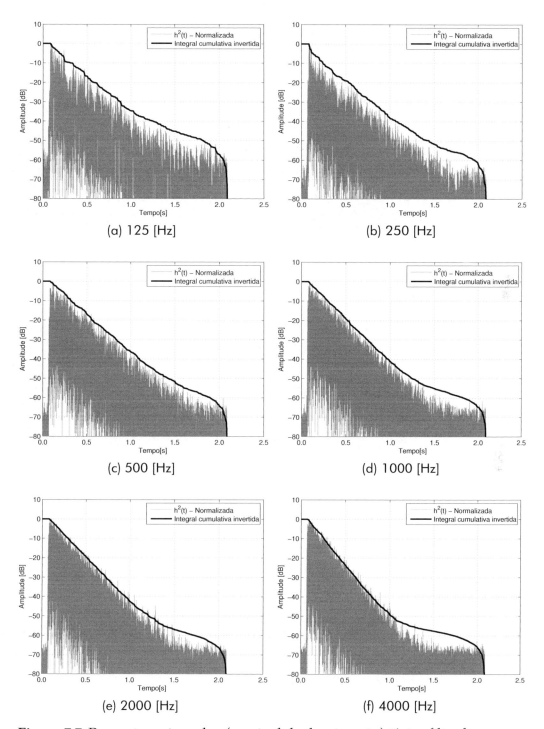

(a) 125 [Hz]

(b) 250 [Hz]

(c) 500 [Hz]

(d) 1000 [Hz]

(e) 2000 [Hz]

(f) 4000 [Hz]

Figura 7.7 Resposta ao impulso (ou sinal de decaimento) típica filtrada e curvas de decaimento energético correspondentes.

(ou *backward cumulative inegral*), definido inicialmente por Schroeder [11]. Uma integral cumulativa de uma função do tempo que representa o resultado da integral entre 0 e t. Matematicamente, para a curva de decaimento, isso é expresso por:

$$E(t) = 10 \log \left(\int_t^\infty h_f^2(\tau) \, d\tau \right) = 10 \log \left(\int_\infty^t h_f^2(\tau) \, d(-\tau) \right), \qquad (7.1)$$

em que os limites inicial e final da integral significam que em uma situação ideal, em que não haja ruído de fundo na medição ou não linearidades, a integração é feita do final da resposta ao impulso para o instante de tempo t. Nas Figuras 7.7 (a) a 7.7 (f) as curvas em preto representam as envoltórias obtidas da Equação (7.1). O resultado da integral pode ser obtido numericamente mediante o uso da regra de integração trapezoidal [12], por exemplo.

A situação da medição sem ruído de fundo, no entanto, não é realista. É preciso ter em mente que toda fonte sonora tem um valor máximo de potência sonora que ela consegue radiar em seu regime linear. Isso levará a um NPS máximo em estado estacionário, que é limitado pelas características da fonte. Por outro lado, toda sala e todo sistema de medição apresentam um ruído de fundo equivalente, o que limita inferiormente a faixa dinâmica da medição. Na prática se está limitado, então, pelo NPS máximo gerado pela fonte na sala e pelo ruído de fundo presente na sala e sistema de medição. Ao observar uma curva de decaimento de perto, mostrada em cinza na Figura 7.8, é fácil observar que ela decai linearmente em [dB] até valores próximos ao ruído de fundo do ambiente e sistema de medição. A partir daí o valor da curva de decaimento se torna mais ou menos constante, o que, no entanto, não equivale ao decaimento devido à reverberação.

É importante também notar que o final do decaimento da pressão sonora deve estar pelo menos 15 [dB] acima do ruído de fundo [8]. Outro fator limitante é que, em geral, a faixa das primeiras reflexões apresenta um decaimento errático que deve ser descontado na medição do T_{60}. A medição do tempo de reverberação se inicia a -5 [dB] em relação à zona de estado estacionário (ou máximo da resposta ao impulso). Esses fatores definem a faixa dinâmica da medição ou, em outras palavras, a faixa de amplitudes disponíveis para o cálculo do T_{60}, como mostrado na Figura 7.8.

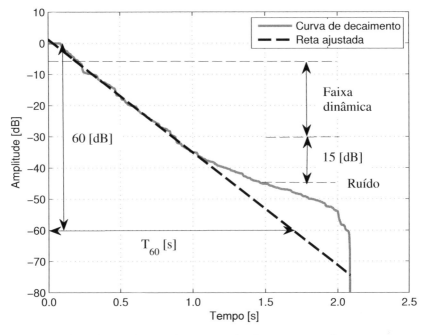

Figura 7.8 Detalhe da medição da curva de decaimento da pressão sonora obtida de uma das curvas de decaimento dadas na Figura 7.7.

Assim, suponha que é desejado medir o T_{60} de uma sala, na qual o NPS do ruído de fundo é de 30 [dB] (uma sala consideravelmente bem isolada acusticamente). Para a medição do tempo de reverberação em uma faixa de 60 [dB] de decaimento, o NPS máximo da fonte deve ser de 30+15+60+5=110 [dB]. Isso pode ser um valor proibitivo, já que, se o NPS máximo requerido for muito elevado, a fonte trabalhará em seu regime não linear. A única opção é reduzir a faixa de medição a 20 ou 30 [dB], em vez de 60 [dB]. No caso da faixa de 30 [dB], o NPS máximo requerido será de 30+15+30+5=80 [dB], um valor bastante mais realista.

Dessa forma, definem-se o T_{20} e o T_{30}, que correspondem ao tempo que o NPS dentro da sala leva para decair 60 [dB], mas medido nas faixas entre -5 [dB] a -25 [dB] e entre -5 [dB] a -35 [dB], respectivamente.

Note que o valor fornecido pelo pelo T_{20} ou T_{30} é equivalente ao T_{60}. Logo, esses parâmetros são definidos pelas seguintes equações[16]:

$$T_{20} = 60 \frac{t_{-25} - t_{-5}}{-5 - (-25)} = 3(t_{-25} - t_{-5}),\tag{7.2}$$

$$T_{30} = 60 \frac{t_{-35} - t_{-5}}{-5 - (-35)} = 2(t_{-35} - t_{-5}).\tag{7.3}$$

A equivalência entre o T_{20} ou T_{30} ao T_{60} pode parecer estranha ao primeiro olhar, mas tais parâmetros são encontrados da seguinte forma: primeiramente, encontra-se a reta que melhor se ajusta aos dados experimentais obtidos da Equação (7.1). Nesse caso, pode-se usar um ajuste de curvas que encontre os coeficientes da reta em questão para cada banda de frequência [8]. A reta que se ajusta à faixa entre -5 e -35 [dB] da curva de decaimento, dada na Figura 7.8, é mostrada pela linha preta pontilhada.

O ajuste de curvas pode ser facilmente implementado com base em uma minimização do erro entre a reta calculada e o dado experimental. A forma de obtenção é baseada no método dos mínimos quadrados [12]. Nas Figuras 7.9 (a) a 7.9 (f), observam-se as curvas de decaimento experimental (em cinza) e as retas encontradas (em preto). Quando o ajuste de curvas é feito na faixa de -5 [dB] a -25 [dB], obtém-se o T_{20} e quando feito na faixa de -5 [dB] a -35 [dB], obtém-se o T_{30}[17].

O ajuste de curvas encontra, portanto, os coeficientes a_1 e a_2 de uma reta que se ajusta ao decaimento logarítmico do quadrado do valor eficaz do sinal de decaimento. Tal reta é dada pela relação

$$\mathrm{De}_{\log}(t) = a_1 t + a_2.\tag{7.4}$$

---

[16] É comum ver pessoas cometendo o erro de achar que o T_{60} é o dobro do T_{30}, por exemplo. Deve-se prestar muita atenção ao fato de que os valores do T_{20} e o T_{30} equivalem ao valor do T_{60} a não ser pela variabilidade experimental. O processo de ajuste de curvas descrito a seguir deixará isso mais claro.

[17] Note que nada nos restringe a obter medições em outras faixas como, por exemplo, o T_{15} entre -5 e -20 [dB].

Parâmetros objetivos

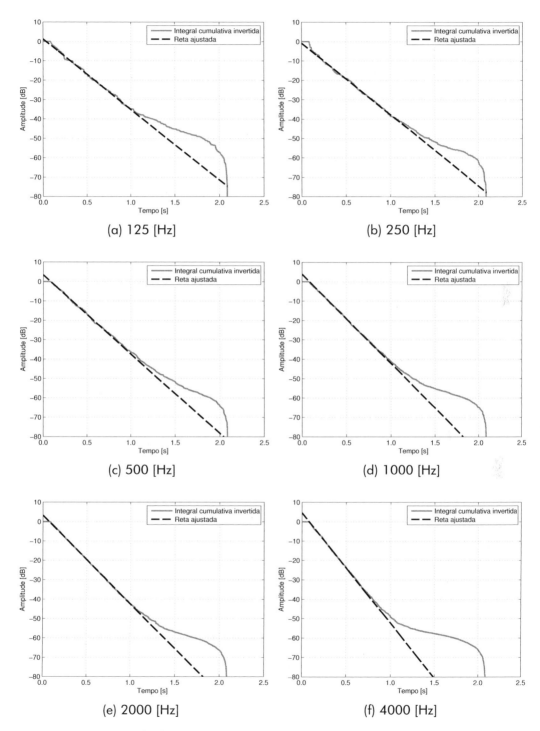

(a) 125 [Hz]
(b) 250 [Hz]
(c) 500 [Hz]
(d) 1000 [Hz]
(e) 2000 [Hz]
(f) 4000 [Hz]

Figura 7.9 Curvas de decaimento energético experimentais e ajustadas obtidas das curvas de decaimento dadas na Figura 7.7.

Como o tempo de reverberação é definido pelo tempo em que a energia leva para decair 60 [dB], basta que se faça $\text{De}_{\log}(T_{60}) = -60$ na Equação (7.4). Nesse caso, o tempo de reverberação medido nas faixas de -5 [dB] a -25 [dB] ou de -5 [dB] a -35 [dB], para cada banda de frequência, é dado por:

$$T_{60} = \frac{-60 - a_2}{a_1} \; .$$
(7.5)

A expressão para o cálculo do T_{60} a partir da teoria estatística foi mostrada nas Seções 6.5, 6.6 e 6.7 e não será repetida aqui. Como comentado no Capítulo 6, o tempo de reverberação é um parâmetro objetivo que tem relação com quase todas as experiências subjetivas do ouvinte. Essa circunstância, somada ao fato de que esse foi o primeiro parâmetro objetivo concebido, torna esse parâmetro aquele ao qual se dá mais importância. O tempo de reverberação e sua variação com a frequência estão intimamente relacionados a aspectos como inteligibilidade, timbre da sala, suporte da sala às fontes sonoras etc. Note, no entanto, que a utilização exclusiva do T_{60} como parâmetro representativo da experiência subjetiva é tecnicamente incorreta.

É importante também notar que o T_{60} variará ao longo da sala. Essa variação, no entanto, deve estar contida dentro de uma faixa de valores definida pela menor variação perceptível do ponto de vista psicoacústico. Essa variabilidade, dada pelo jnd, para o T_{60} é de 5 [%] [13].

A Figura 7.10 mostra o T_{20} e o T_{30} obtidos da resposta ao impulso mostrada na Figura 7.4. Note que, devido à faixa do ajuste de curvas mudar, o T_{20} é ligeiramente diferente do T_{30}. As diferenças, no entanto, são pequenas o suficiente para serem consideradas como oriundas apenas da diferente faixa de ajuste de curvas. Em procedimentos experimentais é útil medir sempre o T_{20} e o T_{30}, o que ajuda a checar possíveis erros experimentais.

Parâmetros objetivos

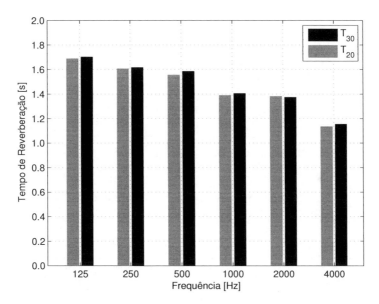

Figura 7.10 T_{20} e T_{30} em função da frequência obtidos a partir do procedimento experimental dado nesta seção. Os dados foram calculados a partir da resposta ao impulso mostrada na Figura 7.4.

7.3.2 *Early Decay Time* - EDT

Como comentado anteriormente, a taxa de decaimento da pressão sonora é errática entre 0 e -5 [dB], o que se deve às primeiras reflexões, e por isso a medição T_{60} foi restrita a faixas menores que -5 [dB]. De forma a levar em conta a faixa inicial, um novo parâmetro objetivo foi sugerido: o *Early Decay Time* (EDT), que é uma medida do T_{60} realizada entre 0 [dB] e -10 [dB]. Dessa forma, ele é similar ao T_{20} e T_{30}, mas o ajuste de curvas é feito entre 0 [dB] e -10 [dB], ou seja, o EDT mede a inclinação da curva de decaimento em seus instantes iniciais. O EDT foi sugerido inicialmente por Bolt e Doak [14] e Atal e Schroeder [15] como um parâmetro que se correlacionava melhor com a experiência subjetiva da reverberação. O formato final do parâmetro, como descrito aqui, foi proposto por Jordan [16]. Assim, a partir das Equações (7.2) e (7.3), a expressão para o EDT é dada por:

$$\text{EDT} = 60 \, \frac{t_{-10} - t_0}{-0 - (-10)} = 6 \, t_{-10} \, . \qquad (7.6)$$

O EDT é bastante influenciado pelos níveis relativos e distribuição temporal das primeiras reflexões (Figura 5.13), já que ele está relacionado ao início do decaimento. Dessa forma, esse é um parâmetro consideravelmente dependente da configuração fonte-receptor na sala, o que faz com que ele varie mais ao longo do recinto do que o T_{60}. No entanto, o jnd para o EDT também é de 5 [%] [13].

Como para a acústica estatística o decaimento energético é exponencial e regular do começo ao fim, o EDT equivale ao T_{60}, e, por isso, não tem uma expressão dedicada. Vale dizer também que o EDT se correlaciona um pouco melhor com a fala e a música com rápida sequência de notas (*stacatto*), já que a cauda reverberante será mascarada pela próxima sílaba ou nota. Uma comparação entre o EDT e o T_{20} obtido anteriormente é mostrada na Figura 7.11, que evidencia as diferenças obtidas das diferentes faixas de ajuste de curva. Note que as diferenças são maiores para as frequências mais baixas, em que as primeiras reflexões são mais erráticas, o que pode ser observado também na Figura 7.7.

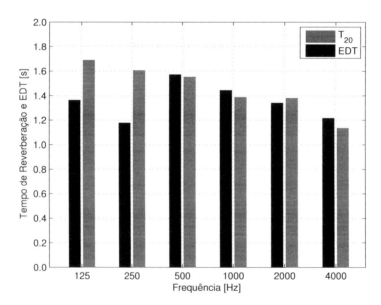

Figura 7.11 T_{20} e EDT em função da frequência obtidos a partir do procedimento experimental descrito. Os dados foram calculados a partir da resposta ao impulso mostrada na Figura 7.4.

7.3.3 Claridade e Definição

De acordo com Rossing [7], Claridade e Definição são parâmetros objetivos que estão relacionados à capacidade subjetiva de distinguir sons em sequência ("clareza" de um sinal sonoro). Quando uma sala apresenta um bom grau de clareza, a música tocada nela soa bem-definida, com articulações sonoras límpidas e exatas, independentemente do andamento. Da mesma forma, um sinal de voz terá vocábulos bem-articulados. Assim, esses parâmetros estão relacionados à inteligibilidade da música (Claridade) e da fala (Definição). Isso está relacionado ao fato de que as primeiras reflexões, que chegam dentro de até 50 ou 80 [ms], tendem a ser integradas ao som direto pelo sistema auditivo (ver Seção 7.1). Se as primeiras reflexões apresentarem bastante energia, o som direto tende a ser experimentado como amplificado em detrimento da a cauda reverberante. Se as primeiras reflexões apresentarem baixa energia e/ou se a cauda reverberante for consideravelmente longa, esta última será mais facilmente percebida, e tenderá a mascarar o próximo som direto que atinge o ouvinte. Dessa forma, a "clareza" é um termo subjetivo que descreve o grau em que os detalhes da performance são percebidos em relação ao mascaramento desses detalhes pela cauda reverberante.

De acordo com a norma ISO 3382 [8], os parâmetros objetivos associados à "clareza" devem medir razões entre a energia contida nas primeiras reflexões e a energia do restante da resposta ao impulso ou à sua energia total. A "Definição"[18], proposta inicialmente por Thiele [17], mede a razão entre a energia contida nas primeiras reflexões pela energia total da resposta ao impulso. No trabalho original, o limite de tempo usado era de 50 [ms]. A "Claridade", proposta em seu formato final (80 [ms]) por Reichardt, Alim e Schmidt [18], mede, na escala decibel, a razão entre a energia contida nas primeiras reflexões pela energia contida na cauda reverberante.

Existe certa confusão na definição dos dois parâmetros, já que é preciso definir um limite temporal para o que se considera primeiras reflexões e o que se considera cauda reverberante, e também porque a "Claridade" é medida na escala decibel e a "Definição" em escala linear. A literatura

---

[18] O termo *Deutlichkeit*, do alemão, aparece constantemente na literatura e está associado à Definição.

indica que um bom limite para avaliações de salas destinadas à música é 80 [ms] e um bom limite para avaliações de salas destinadas à fala é 50 [ms]. Dessa forma, é possível definir quatro parâmetros, a partir do que foi discutido. Os dois primeiros são o C_{80} e o C_{50}. Eles representam a Claridade para avaliações de salas destinadas à música e à fala, respectivamente, e são dados por:

$$C_{80} = 10 \log \left(\frac{\displaystyle\int_0^{80\text{ms}} h^2(t)\,\mathrm{d}t}{\displaystyle\int_{80\text{ms}}^{\infty} h^2(t)\,\mathrm{d}t} \right), \qquad (7.7)$$

$$C_{50} = 10 \log \left(\frac{\displaystyle\int_0^{50\text{ms}} h^2(t)\,\mathrm{d}t}{\displaystyle\int_{50\text{ms}}^{\infty} h^2(t)\,\mathrm{d}t} \right), \qquad (7.8)$$

em que se pode notar que as grandezas são dadas em [dB]. Isso significa que um valor positivo (>0 [dB]) desses parâmetros quer dizer que a região das primeiras reflexões possui mais energia que a região da cauda reverberante. Um valor negativo (< 0 [dB]) desses parâmetros significa que a região das primeiras reflexões possui menos energia que a região da cauda reverberante. Um valor nulo quer dizer que a região das primeiras reflexões possui a mesma quantidade de energia que a região da cauda reverberante. O parâmetro C_{80} tem sido constantemente utilizado para a avaliação de salas destinadas à música. Valores adequados de C_{80} indicam que uma sequência de notas rápidas em uma sala são facilmente compreensíveis. Já o C_{50} não tem sido tão utilizado na análise de salas para fala. Acredita-se que o uso do D_{50} tenha tornado o uso do C_{50} redundante, embora não exista nenhum motivo que impeça o uso de ambos.

Analogamente, os outros dois parâmetros são o D_{80} e o D_{50}, que representam a Definição para avaliações de salas destinadas à música e à fala. Eles são dados, respectivamente por:

$$D_{80} = \frac{\displaystyle\int_0^{80\text{ms}} h^2(t)\,\mathrm{d}t}{\displaystyle\int_0^{\infty} h^2(t)\,\mathrm{d}t}, \qquad (7.9)$$

$$D_{50} = \frac{\int_0^{50\text{ms}} h^2(t)\,\mathrm{d}t}{\int_0^{\infty} h^2(t)\,\mathrm{d}t}, \tag{7.10}$$

em que se pode notar que as grandezas são dadas em escala linear. Isso significa que um valor maior que 0.5 desses parâmetros quer dizer que a região das primeiras reflexões carrega a maior parte da quantidade de energia contida na resposta ao impulso e um valor menor que 0.5 desses parâmetros significa que a região da cauda reverberante carrega a maior parte da quantidade de energia contida na resposta ao impulso. Da mesma forma, o parâmetro D_{50} tem sido constantemente utilizado para a avaliação de salas destinadas à fala. Valores adequados de D_{50} indicam uma boa inteligibilidade da fala. Já o D_{80} não tem sido tão utilizado na análise de salas para música. Acredita-se que o uso do C_{80} tenha tornado o uso do D_{80} redundante, embora não exista nenhum motivo que impeça o uso de ambos.

Das Equações (7.8) e (7.10) é possível estabelecer a relação entre o C_{50} e o D_{50}, por exemplo, dada por

$$C_{50} = 10\log\left(\frac{D_{50}}{1 - D_{50}}\right), \tag{7.11}$$

de modo que a relação entre o C_{80} e o D_{80} pode ser calculada de forma análoga.

É preciso observar também que, para esses quatro parâmetros, $h(t)$ é uma resposta ao impulso (ou sinal de decaimento) medida com um microfone omnidirecional na posição do receptor. De acordo com Hak et al. [13], o jnd para a Claridade é de 1.0 [dB] e o jnd para a Definição é de 0.05.

A teoria estatística permite que se faça uma estimativa desses parâmetros objetivos. Para isso inserimos a Equação (6.17) nas Equações (7.7) a (7.10). Logo, para o C_{80}, sem considerar a absorção do ar[19], tem-se que:

---

[19] A inclusão dos efeitos de absorção do ar pode ser feita facilmente a partir da Equação (6.28), por exemplo. Deixarei esse trabalho a cargo do leitor.

$$C_{80} = 10 \log \left(\frac{\int_0^{80\text{ms}} \rho_0 c_0 \frac{4W}{S\bar{\alpha}} \, e^{-\frac{c_0 S\bar{\alpha}}{4V}t} \, \mathrm{d}t}{\int_{80\text{ms}}^{\infty} \rho_0 c_0 \frac{4W}{S\bar{\alpha}} \, e^{-\frac{c_0 S\bar{\alpha}}{4V}t} \, \mathrm{d}t} \right),$$

$$C_{80} = 10 \log \left(\frac{\int_0^{80\text{ms}} e^{-\frac{c_0 S\bar{\alpha}}{4V}t} \, \mathrm{d}t}{\int_{80\text{ms}}^{\infty} e^{-\frac{c_0 S\bar{\alpha}}{4V}t} \, \mathrm{d}t} \right),$$

$$C_{80} = 10 \log \left(\frac{-\frac{4V}{c_0 S\bar{\alpha}} \, e^{-\frac{c_0 S\bar{\alpha}}{4V}t} \Big|_0^{80\text{ms}}}{-\frac{4V}{c_0 S\bar{\alpha}} \, e^{-\frac{c_0 S\bar{\alpha}}{4V}t} \Big|_{80\text{ms}}^{\infty}} \right),$$

$$C_{80} = 10 \log \left(\frac{1 - e^{-\frac{c_0 S\bar{\alpha}}{4V} \, 0.08}}{e^{-\frac{c_0 S\bar{\alpha}}{4V} \, 0.08}} \right),$$

assim, rearranjando a expressão, obtém-se o C_{80}, calculado com base na teoria estatística

$$C_{80} = 10 \log \left(e^{+\frac{c_0 S\bar{\alpha}}{4V} \, 0.08} - 1 \right). \tag{7.12}$$

Como a única diferença entre o C_{80} e o C_{50} é o limite de integração, este último pode ser calculado de forma similar, e resulta em:

$$C_{50} = 10 \log \left(e^{+\frac{c_0 S\bar{\alpha}}{4V} \, 0.05} - 1 \right). \tag{7.13}$$

De maneira análoga pode-se calcular o D_{80} e o D_{50}. As equações a seguir demonstram o resultado:

$$D_{80} = 1 - e^{-\frac{c_0 S\bar{\alpha}}{4V} \, 0.08}, \tag{7.14}$$

$$D_{50} = 1 - e^{-\frac{c_0 S\bar{\alpha}}{4V} \, 0.05}. \tag{7.15}$$

É interessante notar, nas Equações (7.12) a (7.15), que, à medida que a quantidade de absorção na sala ($S\bar{\alpha}$) aumenta, o C_{80} e o C_{50} tendem a crescer, o que se explica pelo fato de que esse aumento de absorção

Parâmetros objetivos

provoca um decaimento mais rápido da energia sonora dentro da sala, o que leva a uma maior concentração de energia na parte inicial do decaimento (primeiras reflexões). O aumento do volume da sala (V) tem o efeito oposto, já que contribui para um decaimento da energia mais lento e, por isso, concentra mais energia na cauda reverberante. Note também que a mesma análise pode ser feita substituindo-se o termo $S\bar{\alpha}/4V$ nos expoentes por $0.161/T_{60}$ (Equação (6.20)), o que implica que um menor tempo de reverberação está, em geral, associado a um aumento dos parâmetros C_{80} e D_{50}, por exemplo.

7.3.4 Tempo central

O tempo central também é uma medida do balanço entre a energia contida nas primeiras reflexões e a energia contida na cauda reverberante. Ele pode ser visto como o centro de gravidade[20] da energia de uma resposta ao impulso [19]. A vantagem desse parâmetro, em relação aos parâmetros Claridade (C_{80}) e Definição (D_{50}), é que ele não estabelece um limite abrupto entre as primeiras reflexões e a cauda reverberante (80 [ms] e 50 [ms]). Dessa forma, a definição do tempo central, com base na resposta ao impulso medida por um microfone omnidirecional, é:

$$
t_s = \frac{\displaystyle\int_0^\infty t\, h^2(t)\, \mathrm{d}t}{\displaystyle\int_0^\infty h^2(t)\, \mathrm{d}t}.
\tag{7.16}
$$

Um valor pequeno de t_s [s] corresponde a uma resposta ao impulso cuja energia é concentrada nas primeiras reflexões, o que, por consequência, é associado a valores altos de Claridade e Definição. Um valor elevado de t_s [s] corresponde a uma resposta com bastante reverberação, já que o centro de gravidade da resposta ao impulso está contido na região da cauda reverberante; o jnd desse parâmetro [13] é de 10 [ms].

---

[20] O centro de gravidade de um corpo é o ponto para o qual a soma dos momentos gerados pela força gravitacional ao redor desse ponto é nula. Em analogia com a estatística, o centro de massa de um corpo é o local médio da distribuição de massa no espaço. Matematicamente, o centro de gravidade (ou centro de massa) é definido por: $\vec{r} = \frac{1}{M}\int_V \vec{r}\rho_m(\vec{r})\,\mathrm{d}V$, com $M = \int_V \rho_m(\vec{r})\,\mathrm{d}V$, sendo M a massa total do corpo.

O tempo central pode ser calculado com base na teoria estatística da mesma forma que o C_{80} e o D_{50} o foram. Dessa forma, tem-se que:

$$t_s = \frac{\int_0^\infty t \, \rho_0 c_0 \frac{4W}{S\bar{\alpha}} \, e^{-\frac{c_0 S\bar{\alpha}}{4V}t} \, \mathrm{d}t}{\int_0^\infty \rho_0 c_0 \frac{4W}{S\bar{\alpha}} \, e^{-\frac{c_0 S\bar{\alpha}}{4V}t} \, \mathrm{d}t},$$

$$t_s = \frac{\int_0^\infty t \, e^{-\frac{c_0 S\bar{\alpha}}{4V}t} \, \mathrm{d}t}{\int_0^\infty e^{-\frac{c_0 S\bar{\alpha}}{4V}t} \, \mathrm{d}t},$$

com a integral no numerador podendo ser calculada com base em integração por partes[21]. Assim, chamando $f(t) = t$ e $g'(t) = e^{-\frac{c_0 S\bar{\alpha}}{4V}t}$, tem-se que $f'(t) = 1$ e $g(t) = \frac{-4V}{c_0 S\bar{\alpha}} e^{-\frac{c_0 S\bar{\alpha}}{4V}t}$. Dessa forma, a integral do numerador se torna:

$$I = -t \frac{4V}{c_0 S\bar{\alpha}} e^{-\frac{c_0 S\bar{\alpha}}{4V}t} \Big|_0^\infty - \int_0^\infty \left(-\frac{4V}{c_0 S\bar{\alpha}} \right) e^{-\frac{c_0 S\bar{\alpha}}{4V}t},$$

$$I = \left(\frac{4V}{c_0 S\bar{\alpha}} \right) \left(\frac{-4V}{c_0 S\bar{\alpha}} \right) e^{-\frac{c_0 S\bar{\alpha}}{4V}t} \Big|_0^\infty,$$

$$I = -\left(\frac{4V}{c_0 S\bar{\alpha}} \right)^2 e^{-\frac{c_0 S\bar{\alpha}}{4V}t} \Big|_0^\infty,$$

$$I = \left(\frac{4V}{c_0 S\bar{\alpha}} \right)^2,$$

e, reinserindo esse resultado no t_s, obtém-se:

$$t_s = \frac{\left(\frac{4V}{c_0 S\bar{\alpha}} \right)^2 e^{-\frac{c_0 S\bar{\alpha}}{4V}t} \Big|_0^\infty}{\frac{-4V}{c_0 S\bar{\alpha}} e^{-\frac{c_0 S\bar{\alpha}}{4V}t} \Big|_0^\infty},$$

$$t_s = \frac{\left(\frac{4V}{c_0 S\bar{\alpha}} \right)^2}{\frac{4V}{c_0 S\bar{\alpha}}},$$

---

[21] $\int f(t) g'(t) \, \mathrm{d}t = f(t) g(t) - \int g(t) f'(t) \, \mathrm{d}t.$

Parâmetros objetivos 513

e assim, o tempo central com base na teoria estatística se torna:

$$t_\mathrm{s} = \frac{4V}{c_0 S\bar{\alpha}} \approx \frac{0.072}{T_{60}} \, . \tag{7.17}$$

A Equação (7.17) implica que, ao aumentarmos a quantidade de absorção na sala $(S\bar{\alpha})$, o t_s se torna menor. Isso se explica pelo fato de que esse aumento de área de absorção provoca um decaimento mais rápido da energia sonora dentro da sala, o que leva a uma maior concentração de energia na parte inicial do decaimento e acaba por mudar o centro de gravidade da curva de decaimento para um valor de tempo menor. O aumento do volume da sala (V) tem efeito oposto, já que contribui para um decaimento mais lento da energia e, por isso, concentra mais energia sonora na cauda reverberante.

7.3.5 Fator de força

O Fator de força é uma medida da influência da sala no *loudness* (volume sonoro ou intensidade percebida do som). Subjetivamente o Fator de força está associado ao fato de a sala possuir ou não um campo reverberante que fornece suporte ao som direto da fonte sonora. Uma forma de medir esse parâmetro é medir a razão entre as energias contida na resposta ao impulso medida em uma sala com uma fonte e um microfone omnidirecionais e a energia da resposta ao impulso provocada pela mesma fonte e captada pelo mesmo microfone em campo livre a 10 [m] da fonte [20, 21]. Assim, o Fator de força, em [dB], é definido por:

$$G = 10 \log \left(\frac{\displaystyle\int_0^\infty h^2(t)\,\mathrm{d}t}{\displaystyle\int_0^\infty h_{10}^2(t)\,\mathrm{d}t} \right) = L_{\mathrm{pE}} - L_{\mathrm{pE},10} \, , \tag{7.18}$$

em que $h(t)$ é a resposta ao impulso da configuração sala-fonte-receptor, $h_{10}(t)$ é a resposta ao impulso de uma configuração fonte-receptor, medida a 10 [m] da fonte em campo livre. Com,

$$L_{\mathrm{pE}} = 10 \log \left(\frac{\int_0^\infty h^2(t)\,\mathrm{d}t}{20 \cdot 10^{-6}} \right) \, , \tag{7.19}$$

e

$$L_{\mathrm{pE},10} = 10\log\left(\frac{\int_0^\infty h_{10}^2(t)\,\mathrm{d}t}{20 \cdot 10^{-6}}\right), \tag{7.20}$$

o jnd nesse caso [13] é de 1.0 [dB].

É bastante incomum dispor de uma câmara anecoica que permita medições a 10 [m] da fonte. Com uma câmara anecoica menor (ou ao ar livre), pode-se medir o $L_{\mathrm{pE},d}$ a uma distância d [m] da fonte, tal que $d \geq 3$ [m] e corrigi-lo para encontrar o $L_{\mathrm{pE},10}$ da forma [8]:

$$L_{\mathrm{pE},10} = L_{\mathrm{pE},d} + 20\log\left(\frac{d}{10}\right). \tag{7.21}$$

Caso se disponha de uma câmara reverberante, o $L_{\mathrm{pE},10}$ também pode ser calculado a partir das medições da média espacial do nível de pressão sonora $\langle L_{\mathrm{pEs}}\rangle$, do T_{60} e do volume V da câmara, de acordo com:

$$L_{\mathrm{pE},10} = \langle L_{\mathrm{pEs}}\rangle + 10\log\left(\frac{0.161\,V}{T_{60}}\right) - 37. \tag{7.22}$$

A teoria estatística também permite uma estimativa do Fator de força. Para isso é necessário comparar a pressão sonora da sala no estado estacionário (Equação (6.16)) com a pressão sonora gerada por uma fonte omnidirecional de potência W em campo livre. O quadrado do valor eficaz da pressão sonora em campo livre é dado por

$$p_{\mathrm{FF\text{-}RMS}}^2 = \rho_0 c_0\,\frac{W}{4\pi r^2}, \tag{7.23}$$

na qual r é a distância entre fonte e ponto de medição. Assim, inserindo as Equações (7.23) e (6.16) na Equação (7.18), obtém-se

$$G = 10\log\left(\frac{\rho_0 c_0 \frac{4W}{S\bar{\alpha}}}{\rho_0 c_0 \frac{W}{4\pi r}}\right),$$

$$G = 10\log\left(\frac{16\pi r^2}{S\bar{\alpha}}\right),$$

Parâmetros objetivos

e como da fórmula de Sabine temos $S\bar{\alpha} = 0.161V/T_{60}$:

$$G = 10\log\left(\frac{16\pi r^2}{0.161}\frac{T_{60}}{V}\right),$$

e separando os termos no produto do logaritmo, obtém-se:

$$G = 10\log\left(\frac{T_{60}}{V}\right) + 10\log\left(\frac{16\pi r^2}{0.161}\right),$$

o que, para $r = 10$ [m], resulta em um Fator de força dado por

$$G = 10\log\left(\frac{T_{60}}{V}\right) + 45. \tag{7.24}$$

Note que um aumento do T_{60} (mantendo-se o volume da sala constante) implica em um aumento do *loudness* experimentado na sala, o que se explica pela maior quantidade de reverberação (mais energia acústica retorna a sala pelas reflexões e a sala fornece suporte ao som direto gerado pela fonte). Um aumento do volume da sala (mantendo o T_{60} constante) leva a uma diminuição do *loudness*, já que as paredes tendem a estar mais distantes e a sala tem a mesma quantidade de absorção ($S\bar{\alpha}$).

Note, no entanto, que podemos dizer que existe um conflito entre os valores ótimos para os parâmetros acústicos ligados à inteligibilidade (C_{80}, D_{50} e t_s) e o parâmetro ligado ao *loudness* ou suporte da sala (G). Para o C_{80}, D_{50} e t_s, um aumento da reverberação está ligado a uma deterioração da inteligibilidade. Para o parâmetro G, um aumento na reverberação tem o efeito de aumentar o suporte da sala à fonte sonora. Logo, a qualidade acústica da sala está relacionada ao bom equilíbrio e compromisso entre esses fatores.

É interessante, talvez, pensar no caso extremo: em uma câmara anecoica, o T_{60} tende a 0 e, por isso, o Fator de força é mínimo. Em uma sala com reverberação adequada, haverá um campo reverberante e o Fator de força tende a ser maior. Imagine que um músico, tocando na câmara anecoica, deseja provocar a mesma sensação de *loudness* que na sala com reverberação adequada. Na câmara anecoica, o músico precisa executar seu instrumento com mais força, já que a sala não lhe dá um suporte acústico. Essa situação pode originar fadiga, o que se deve evitar. O mesmo aconteceria com um professor lecionando em uma sala de aula volumosa e com excesso de absorção sonora. A absorção ajuda a criar uma sala com boa inteligibilidade, mas, sem suporte à fonte, músicos e/ou interlocutores terão que se esforçar muito para prover um NPS adequado aos ouvintes. Um aumento excessivo de suporte, por outro lado, está ligado a um aumento excessivo de reverberação, o que acaba por deteriorar a inteligibilidade da fala ou de passagens musicais.

7.3.6 Parâmetros relacionados à espacialidade

A percepção espacial de uma sala por meio da audição é possível graças ao fato de que possuímos duas orelhas. Como discutido na Seção 1.1, são as diferenças nas intensidades e nos tempos de chegada entre as duas orelhas que o sistema auditivo-cognitivo interpreta como uma informação espacial. Espacialidade, portanto, tem a ver com a sensação de que o som chega de inúmeras direções diferentes em vez de uma única direção, ou com a capacidade de localizar e perceber o tamanho de fontes distintas no espaço. Há dois aspectos subjetivos relacionados à espacialidade:

a) *Apparent Source Width* (ASW): ligado à impressão sonora do tamanho da fonte, ou que a fonte se distribui no espaço. Por exemplo, uma orquestra é uma fonte distribuída no espaço. Da mesma forma, um piano é uma fonte muito maior que um violino, com as baixas frequências do lado esquerdo do pianista e as altas frequências do seu lado direito;

b) *Listener Envelopment* (LEV): ligado à impressão de estar imerso no campo reverberante na sala.

Esses parâmetros subjetivos estão relacionados à quantidade de energia chegando no plano lateral da cabeça do ouvinte. Vários estudos foram conduzidos para averiguar essa questão. Entre eles pode-se destacar o estudo de Barron [4].

Para definir uma métrica objetiva para representar esses parâmetros subjetivos, é preciso quantificar a quantidade de energia lateral contida na resposta ao impulso. Um microfone de medição típico é omnidirecional e, portanto, não discrimina o plano lateral do plano vertical (ver Figura 7.12 (a), que mostra a sensibilidade de um microfone omnidirecional em função do ângulo de chegada da onda sonora). Dessa forma, quando se mede uma resposta ao impulso com um microfone omnidirecional, não existe discriminação da direção de chegada da energia sonora. A medição que discrimina o plano lateral do vertical é possível com o uso de um microfone bidirecional (*figura de oito* ou microfone de gradiente de pressão[22]), cuja direcionalidade é mostrada na Figura 7.12 (b). Esse tipo de microfone mede, na verdade, o gradiente de pressão sonora incidente em seu diafragma [22] e, por isso, apresenta um padrão direcional que rejeita ondas sonoras a 90 [°] e 270 [°] de seu eixo principal. Assim, ao se medir a resposta ao impulso com um microfone como esse, a energia no plano horizontal pode ser priorizada em detrimento da energia no plano vertical; basta que se oriente corretamente o microfone.

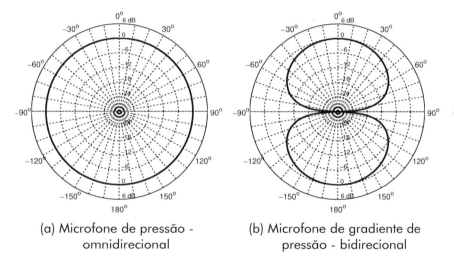

(a) Microfone de pressão - omnidirecional

(b) Microfone de gradiente de pressão - bidirecional

Figura 7.12 Direcionalidade de um microfone de pressão e de um microfone gradiente de pressão.

---

[22] Outro nome comumente encontrado para esse microfone é "microfone de fita", que é uma alusão ao seu diafragma, comumente fabricado com uma fita fina corrugada.

É necessário então associar uma métrica objetiva ao ASW e outra métrica ao LEV, já que esses são parâmetros subjetivos. A Fração de Energia Lateral (ou *Lateral Energy Fraction*, LEF) é o parâmetro objetivo associado ao ASW (*Apparent Source Width*). Esse parâmetro objetivo é representado pela razão entre a energia lateral atingindo o receptor entre 5 e 80 [ms] (energia contida nas primeiras reflexões, que exclui o som direto) e a energia total (vinda de todas as direções) entre 0 e 80 [ms] (som direto e primeiras reflexões) [5]. Matematicamente, o LEF é dado por:

$$\text{LEF} = \frac{\displaystyle\int_{5\text{ms}}^{80\text{ms}} h_{\text{b}}^2(t)\,\mathrm{d}t}{\displaystyle\int_0^{80\text{ms}} h^2(t)\,\mathrm{d}t} \ , \tag{7.25}$$

sendo $h(t)$ a resposta ao impulso medida com um microfone omnidirecional (Figura 7.12 (a)) e $h_{\text{b}}(t)$ a resposta ao impulso medida com um microfone bidirecional (Figura 7.12 (b)) colocado na mesma posição do primeiro. Embora a proposta inicial de Barron [5] seja de medir $h_{\text{b}}(t)$ com um microfone bidirecional, Kleiner [23] propõe que as medições possam ser feitas com dois microfones omnidirecionais em um arranjo similar ao de uma sonda de intensidade. Além disso, ele propõe que $h_{\text{b}}^2(t)$ seja substituído por $|h_{\text{b}}(t)\,h(t)|$ na Equação (7.25), e que esse procedimento corrobora a impressão subjetiva com mais exatidão.

Baixas e médias frequências são os principais contribuintes para o LEF e, por isso, esse parâmetro é geralmente representado por uma média aritmética dos valores obtidos para as bandas de oitava entre 125-1000 [Hz]. Claramente, não é possível prever o valor desse parâmetro com a teoria estatística, já que esta assume que todas as direções de propagação são igualmente prováveis, não sendo assim possível discriminar o plano horizontal do vertical. Quanto maior o valor obtido para o LEF, maior será a impressão sonora do tamanho ocupado pela fonte; o jnd nesse caso é de 0.05 [13].

Bradley e Soulodre [24] realizaram experimentos subjetivos expondo pessoas a campos acústicos simulados por uma série de alto-falantes distribuídos ao redor do ouvinte em uma câmara anecoica.

Parâmetros objetivos 519

O objetivo dos autores era medir o senso de "envolvimento" ou LEV (*Listener Envelopment*). Os autores concluíram que o LEV estava ligado à razão entre a energia lateral atingindo o receptor, contida na resposta ao impulso medida por um microfone bidirecional entre 80 e ∞ [ms] (energia lateral contida na cauda reverberante) e a energia total medida por um microfone omnidirecional em campo livre e a 10 [m] da fonte sonora omnidirecional de mesma potência usada na medição da sala. Essa razão foi chamada de "*Lateral Strength*" (LG ou "Fator de força Lateral[23]"), que é dada por

$$
\mathrm{LG} = \frac{\displaystyle\int_{80\mathrm{ms}}^{\infty} h_{\mathrm{b}}^{2}(t)\,\mathrm{d}t}{\displaystyle\int_{0}^{\infty} h_{10}^{2}(t)\,\mathrm{d}t} \,, \tag{7.26}
$$

em que $h_{\mathrm{b}}(t)$ é a resposta ao impulso medida com o microfone bidirecional (Figura 7.12 (b)) e $h_{10}(t)$ é a resposta ao impulso medida com um microfone omnidirecional (Figura 7.12 (a)) a 10 [m] da mesma fonte sonora usada na sala, mas em campo livre. Caso não seja possível medir em campo livre a 10 [m] da fonte, as mesmas correções mostradas para o Fator de força G, na Seção 7.3.5, se aplicam. O jnd desse parâmetro é de 1 [dB] [13].

Keet [25] foi o primeiro a notar que a impressão espacial parecia ser um processo cognitivo que envolvia uma correlação cruzada entre os sinais de pressão sonora recebidos pelas orelhas esquerda e direita. Como explicitado na Seção 1.2.4, a função de correlação cruzada mede o grau de semelhança entre dois sinais. Assim, pareceu a Keet que o sistema auditivo-cognitivo parece avaliar as diferenças entre os sinais recebidos pelas orelhas esquerda e direita a fim de formar uma impressão subjetiva sobre a espacialidade sonora.

Utilizando essa ideia, um terceiro parâmetro associado à sensação de espacialidade foi criado: o "coeficiente de correlação cruzada inter auricular" (ou *Inter-Aural Cross-Correlation Coefficient*, IACC). Esse coeficiente é definido como o valor máximo da razão entre a função de correlação cruzada entre as respostas impulsivas das orelhas esquerda ($h_{\mathrm{L}}(t)$) e

---

[23] Em tradução livre pelo autor.

direita ($h_R(t)$) pelas energias contidas em cada uma delas [7]. Matematicamente, o IACC é dado por

$$\text{IACC} = \max \left| \frac{\int_{t_1}^{t_2} h_L(t) h_R(t+\tau)\,\mathrm{d}t}{\sqrt{\int_{t_1}^{t_2} h_L^2(t)\,\mathrm{d}t \ \int_{t_1}^{t_2} h_R^2(t)\,\mathrm{d}t}} \right|, \qquad (7.27)$$

em que o operador $\max(\cdot)$ retorna o valor máximo do argumento, t_1 e t_2 são os instantes de tempo entre os quais o IACC é calculado e as integrais $\int_{t_1}^{t_2} h_L^2(t)\mathrm{d}t$ e $\int_{t_1}^{t_2} h_R^2(t)\mathrm{d}t$ representam as energias contidas entre os instantes t_1 e t_2 nas respostas ao impulso das orelhas esquerda e direita, respectivamente. A integral $\int_{t_1}^{t_2} h_L(t) h_R(t+\tau)\mathrm{d}t$ é a função de correlação cruzada entre as respostas ao impulso das orelhas esquerda e direita, que mede o grau de similaridade entre as funções $h_L(t)$ e $h_R(t)$. Dessa forma, se $h_L(t)$ e $h_R(t)$ forem muito diferentes (alta espacialidade), o valor máximo da função de correlação cruzada entre elas resultará em um valor pequeno. Se $h_L(t)$ e $h_R(t)$ forem similares (baixa espacialidade), o valor máximo da função de correlação cruzada entre elas resultará em um valor grande. Assim, como uma grande diferença nas respostas ao impulso implica em maior sensação de espacialidade (já que as diferenças nos tempos de chegada e intensidade são grandes), o IACC é pequeno para uma alta espacialidade. Dessa forma, alguns *softwares* e artigos optam por mostrar o resultado $1 - \text{IACC}$[24], para o qual um alto valor está associado a uma alta espacialidade.

Simulações computacionais fornecem $h_L(t)$ e $h_R(t)$ diretamente. Para a medição, no entanto, é necessário que ela seja obtida com uma cabeça artificial ou dois pequenos microfones colocados na entrada do canal auditivo de um ser humano [26], de forma que a interferência do corpo e da cabeça do ouvinte seja levada em conta. De acordo com Rossing [7], é válido observar que o IACC tende a se equivaler ao parâmetro subjetivo ASW para $t_1 = 0$ e $t_2 = 100$ [ms], e ao parâmetro subjetivo LEV para $t_1 = 100$ e $t_2 = 1000$ [ms]. O jnd do IACC é 0.075 [13].

---

[24] Novamente, é preciso observar aqui que a consulta ao manual do proprietário do *software* é de suma importância.

Parâmetros objetivos   521

7.3.7 Parâmetros relacionados ao timbre

O timbre de uma sala é um parâmetro subjetivo relacionado à influência da sala no balanço entre as baixas, médias e altas frequências. A relação entre T_{60} e f pode ser usada para expressar o timbre de uma sala. No entanto, muitas vezes é conveniente expressá-lo por um único número. Dessa forma, podem-se definir dois parâmetros objetivos associados ao timbre: a Razão de graves (*Bass Ratio*, BR), dada na Equação (7.28), e a Razão de agudos (*Treble Ratio*, TR), dada na Equação (7.29), sendo ambas propostas por Beranek [1]:

$$\text{BR} = \frac{T_{60@125\text{Hz}} + T_{60@250\text{Hz}}}{T_{60@500\text{Hz}} + T_{60@1000\text{Hz}}} \, , \tag{7.28}$$

$$\text{TR} = \frac{T_{60@2000\text{Hz}} + T_{60@4000\text{Hz}}}{T_{60@500\text{Hz}} + T_{60@1000\text{Hz}}} \, . \tag{7.29}$$

Da mesma forma que se usa o T_{60} nos cálculos do BR e TR, pode-se também usar o EDT ou o Fator de força (G) [7].

7.3.8 Parâmetros relacionados à performance dos músicos

A vasta maioria dos parâmetros objetivos dados até aqui são primordialmente destinados a avaliar, de forma objetiva, a qualidade subjetiva percebida pela plateia em um auditório, igreja, teatro etc. Em inúmeras situações, é importante garantir que os músicos tenham uma sensação acústica adequada porque, do contrário, sua performance será prejudicada. Claramente, timbre e reverberação são importantes, mas há dois outros aspectos subjetivos que devem ser levados em conta na avaliação da qualidade acústica medida no palco (ou local da fonte) de uma sala. Esses parâmetros subjetivos dizem respeito a:

a) Facilidade de tocar em conjunto (*Ease of Ensemble*): visa avaliar se indivíduos de um conjunto (ou sessões de uma orquestra) podem se ouvir adequadamente durante a performance. Se a audição de outras partes do conjunto for ruim, o equilíbrio entre os instrumentos, o andamento e a dinâmica da performance serão prejudicados.

b) Suporte (*Support*)[25]: visa avaliar o grau no qual a sala suporta os músicos. Se a sala não os suporta bem, a tendência é que os músicos se esforcem mais pra tocar, o que pode ocasionar fadiga.

O parâmetro subjetivo *Ease of Ensemble* está relacionado à quantidade de energia contida nas primeiras reflexões. O parâmetro objetivo que visa quantificar esse aspecto subjetivo é o "Suporte Inicial"[26] (*Early Support*, ST_{Early}), que mede a razão entre a energia das primeiras reflexões e a energia do som direto de uma resposta impulsiva gravada no palco, a 1 [m] da fonte sonora [27–29]. Matematicamente, o ST_{Early} é definido por

$$ST_{Early} = 10\log\left(\frac{\int_{20\text{ms}}^{100\text{ms}} h_1^2(t)\,dt}{\int_0^{10\text{ms}} h_1^2(t)\,dt}\right), \tag{7.30}$$

em que $h_1(t)$ é a resposta ao impulso medida no palco a 1 [m] da fonte sonora, uma distância que, de acordo com Gade [2], se aproxima da distância média entre os músicos. De acordo com a Equação (7.30), um $ST_{Early} > 0$ [dB] indica que as primeiras reflexões apresentam mais energia que o som direto e que a sala fornece boas condições aos músicos, de forma que eles conseguem se escutar sem esforço. Um $ST_{Early} < 0$ [dB] indica que a energia contida nas primeiras reflexões é menor que a energia contida no som direto e, dessa forma, refletores acústicos podem ser instalados próximo ao palco, de forma que parte da energia acústica seja redirecionada ao palco, fornecendo um tipo de retorno aos músicos. Outra forma de resolver esse problema é a instalação de aparatos difusores no palco, que espalham localmente a energia sonora dos instrumentos. Esse tipo de solução também contribui para que os músicos possam escutar uns aos outros corretamente.

Uma estimativa por meio da teoria estatística não faz sentido, já que ela considera o campo acústico uniforme na sala, o que faz com que a

---

[25] Talvez seja importante mencionar que possam existir traduções melhores para a palavra *support* como "apoio" ou "aporte". O autor decidiu seguir com a palavra "suporte", no entanto, baseando sua decisão no uso da palavra por alunos e outros projetistas. O leitor deve pensar na palavra "suporte" como tendo o significado de "dar suporte".

[26] Em tradução livre do autor.

posição da medição da resposta ao impulso seja irrelevante para um campo perfeitamente difuso.

O parâmetro subjetivo *Support* está relacionado à quantidade de energia contida na cauda reverberante. O parâmetro objetivo que visa quantificar esse aspecto subjetivo é o "Suporte tardio"[27] (ou *Late Support*, ST_{Late}), que mede a razão entre a energia contida na cauda reverberante e a energia do som direto de uma resposta impulsiva gravada no palco, a 1 [m] da fonte sonora [27–29]. Matematicamente, o ST_{Late} é dado por

$$ST_{Late} = 10 \log \left(\frac{\int_{100ms}^{1000ms} h_1^2(t)\, dt}{\int_0^{10ms} h_1^2(t)\, dt} \right). \qquad (7.31)$$

Um $ST_{Late} > 0$ [dB] indica que a cauda reverberante apresenta bastante energia em relação ao som direto. Dualmente, um $ST_{Late} < 0$ [dB] indica que a energia contida na cauda reverberante é baixa. Valores muito pequenos indicam que a sala não suporta bem os músicos, e que eles tenderão a se esforçar mais para serem adequadamente escutados. Uma estimativa por meio da teoria estatística não faz sentido pelo mesmo motivo que o caso do ST_{Early}.

O ST_{Early} e o ST_{Late} são geralmente medidos nas bandas de oitava entre 250 [Hz] e 2000 [Hz]. Ambos os parâmetros ainda não foram normatizados, pois os dados disponíveis são limitados. No entanto, Hak et al. [13] afirma, após conversa pessoal com Gade (autor das referências [27, 28]) em 2009, que o jnd desses parâmetros é estimado em 2 [dB]. Deve-se ainda atentar também para que o T_{60} no palco seja mantido sob controle, a fim de não prejudicar a inteligibilidade das passagens musicais, o que também implica em manter o C_{80} controlado.

7.3.9 Parâmetros relacionados à inteligibilidade da fala

À exceção do T_{60}, do C_{50} e do D_{50}, todos os outros parâmetros objetivos vistos até aqui dizem respeito à avaliação da sala quanto à performance musical. A inteligibilidade da mensagem falada é, no

---

[27] Em tradução livre.

entanto, importante em teatros, igrejas, salas de conferência, restaurantes, salas de aula e em qualquer aplicação centrada no discurso falado. Faz-se necessário então que se dê a devida importância em quantificar a qualidade acústica de uma sala para sinais de fala, já que essa é uma atividade humana fundamental.

Uma forma de medir a inteligibilidade da fala seria realizar um experimento, na sala a ser caracterizada, utilizando pessoas para identificar palavras faladas por um locutor ou uma fonte sonora com características direcionais similares à da voz humana. O trabalho das pessoas envolvidas no experimento, nesse caso, seria identificar as palavras faladas e escrevê-las em uma folha de papel. Um índice de inteligibilidade pode ser obtido com o percentual médio de acerto das palavras escritas. Em inglês, esse teste é chamado de PB *word score*. O problema é que testes com pessoas são custosos, já que é necessário ter boa base estatística, o que requer que o experimento seja realizado com muitos indivíduos. Isso, por sua vez, consome muito tempo e torna-se um procedimento inviável de se fazer para toda sala. Além disso, no contexto de um projeto de uma sala ainda não construída, o melhor que se conseguiria seria auralizar as palavras gravadas em câmara anecoica e reproduzi-las aos ouvintes mediante fones de ouvido, usando a convolução com a resposta ao impulso (Seção 5.10). O problema da base estatística ainda é o mesmo, se não mais grave, já que qualquer alteração no projeto leva à necessidade de se refazer o experimento com as pessoas. Um terceiro problema desse tipo de teste é que, ao compreender um pedaço da palavra, as pessoas tendem a inferir a palavra por contexto. Faz-se necessária então a criação de palavras inexistentes na língua de interesse, mas que ainda sejam foneticamente balanceadas [30, 31].

Visto que o experimento com pessoas tende a ser custoso ou mesmo inviável em algumas aplicações, a alternativa é criar métricas baseadas nas características da fala e dos fatores que influenciam na sua compreensão. Inicialmente podem-se estudar as características da voz humana. A primeira análise que se pode fazer é medir o espectro médio da voz humana com o intuito de avaliar quais são as faixas de frequência mais importantes e qual a importância relativa de cada faixa em relação as outras. O espectro da voz do ser humano médio apresenta componentes significativos entre 125.0 [Hz] e 8.0 [kHz], com maior ênfase nas baixas frequências para os homens. Esse tipo de estudo está reportado, por exemplo, no trabalho pioneiro de French e Steinberg [32].

Outra característica importante estudada na literatura é que a voz é um sinal modulado em amplitude [33]. A Figura 7.13 ilustra o quadrado do valor RMS (Equação (1.33)) da sílaba "ton", mostrada originalmente na Figura 1.8 (c), página 78. É possível ver uma característica de modulação em amplitude, típica da palavra falada.

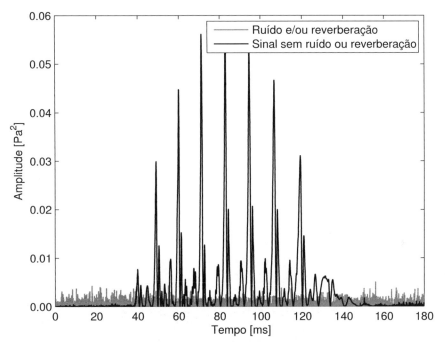

Figura 7.13 Quadrado do valor RMS da sílaba "ton" do sinal de fala mostrado na Figura 1.8. Note a modulação em amplitude, típica de sinais de fala (Curva preta). A curva cinza expressa os efeitos da reverberação e ruído de fundo.

Quanto aos fatores que interferem na inteligibilidade da fala, há dois fatores predominantes:

(i) a relação sinal-ruído (SNR) entre o NPS gerado pelo interlocutor no ambiente e o ruído de fundo presente no seu interior; e

(ii) a reverberação presente na sala.

Ambos os fatores estão expressos na curva cinza da Figura 7.13. Esses fatores tendem a fazer com que a *profundidade da modulação* do sinal de fala seja diminuída. A profundidade de modulação mede a diferença entre a amplitude dos picos e vales da Figura 7.13. Se ruído ou reverberação estão presentes, a amplitude dos vales tende a aumentar consideravelmente, pois nessas regiões do sinal ruído e reverberação terão efeito preponderante. É útil aqui apelar para a intuição do leitor. É comum ter mais dificuldades de entender a palavra falada em ambientes altamente ruidosos ou altamente reverberantes. Em ambos os casos o interlocutor tende a aumentar a voz, o que tende a aumentar os picos da Figura 7.13. Outra solução comum é que o ouvinte tende a se aproximar da fonte sonora pelo mesmo motivo. A predominância de ruído e/ou reverberação nos vales levará a uma diminuição na amplitude de modulação, o que leva a uma redução na inteligibilidade da fala. As métricas para inteligibilidade podem então levar ruído de fundo e/ou reverberação em conta.

Podem-se, a partir desses conhecimentos, criar parâmetros objetivos para avaliar a inteligibilidade da fala sem a necessidade de experimentos com pessoas. Bradley [34] provê uma boa revisão de alguns métodos para medir a inteligibilidade da fala, uma comparação entre os diferentes parâmetros objetivos e a lógica para a criação de uma métrica objetiva. Em suma, essa lógica da obtenção de um parâmetro objetivo para medir a "Inteligibilidade da Fala" (IF) consiste nos seguintes passos:

a) experimentos com pessoas devem ser realizados em vários tipos de salas, de forma a cobrir diversas condições acústicas (p. ex., salas de diferentes volumes com boa, média e má inteligibilidade);

b) correlações podem ser traçadas entre os dados experimentais e métricas objetivas como o D_{50}, C_{50}, T_{60} ou outros parâmetros criados;

c) um processo de ajuste de curvas é feito para determinar a função matemática que melhor se adéqua aos dados experimentais.

Dados experimentais, bem como uma curva ajustada para uma das métricas (STI, Seção 7.3.9.6) são mostrados na Figura 7.14.

Parâmetros objetivos

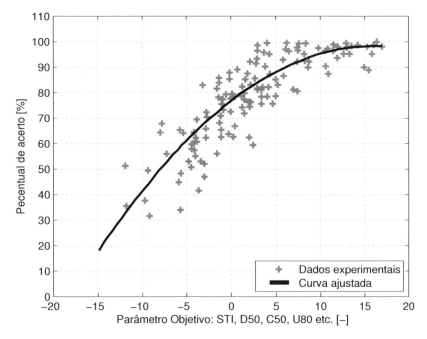

Figura 7.14 Obtenção de um parâmetro acústico (STI, Seção 7.3.9.6) para cálculo da IF (adaptado de Bradley [34]).

Bradley [34], por exemplo, utilizou polinômios de terceiro grau para o ajuste de curvas. A IF é expressa percentualmente [%], de forma a se assemelhar ao percentual de acerto de palavras que seria obtido em um experimento com pessoas. Uma função de IF típica é dada por

$$\text{IF} = \alpha_0 + \alpha_1 \, T_{60} + \alpha_2 \, T_{60}^2 + \alpha_3 \, T_{60}^3 \,, \quad (7.32)$$

de modo que ela expressa IF vs. T_{60} (variável independente). Os coeficientes $\alpha_1, \ldots, \alpha_3$ mudarão caso a variável independente utilizada no ajuste mude. Um coeficiente de correlação mede a qualidade do ajuste de curvas aos dados experimentais. Quanto maior é esse coeficiente, melhor será a qualidade da métrica objetiva.

7.3.9.1 *Speech Interference Level - SIL*

O primeiro parâmetro a mensurar a inteligibilidade da fala surgiu de análises da diferença entre o Nível de Pressão Sonora gerado pela fala de um interlocutor (NPS_F) e o Nível de Pressão Sonora gerado pelo ruído de fundo presente no ambiente (NPS$_R$). Ambos podem ser medidos ou estimados para uma sala em questão. Para a estimativa na fase de projeto, podem-se usar os métodos geométrico ou estatístico. De acordo com Kinsler et al. [35], o parâmetro *"Speech Interference Level"* (SIL) ou "Nível de Interferência no Discurso[28]" é definido como a média aritmética do Nível de Pressão Sonora gerado pelo ruído (NPS$_R$) nas quatro bandas de oitava de 500 [Hz] a 4 [kHz]. O SIL é, então, comparado ao Nível de Pressão Sonora gerado pela fala de um interlocutor (NPS$_F$) na sala estudada e uma relação sinal-ruído (SNR = NPS$_F$ − NPS$_R$) pode ser obtida. Essa SNR, dada em [dB] ou [dB(A)], pode ser usada para calcular a IF esperada. Kinsler [35] fornece, por exemplo, um gráfico IF vs. SNR para sílabas simples e frases, apresentados na Figura 7.15.

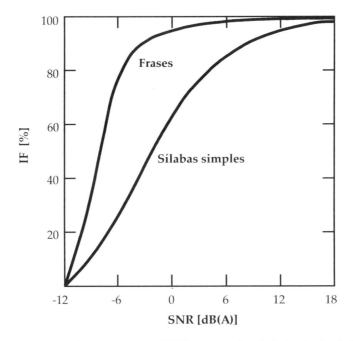

Figura 7.15 Relação entre a SNR e a inteligibilidade da fala IF de acordo com Kinsler et al. [35].

Note primeiramente que a IF de sílabas simples é menor que a IF de frases completas. Isso acontece porque nós somos capazes de extrair o significado pelo contexto que uma frase fornece, o que não acontece com sílabas ou vocábulos isolados. A IF para frases é de cerca de 95 [%]

---
[28] Em tradução livre pelo autor.

Parâmetros objetivos 529

e para sílabas isoladas de cerca de 60 [%], com SNR de 0 [dB(A)]. Para aplicações em sistemas de recados que usam nomes (p. ex. chamadas em aeroportos, hospitais, estações rodoviárias etc.), que não podem ser inferidos por contexto, a SNR deve ser superior a $+6$ [dB(A)] para garantir uma inteligibilidade de sílabas superior a 85 [%].

O parâmetro SIL ou SNR fornece um meio bastante simples de inferência sobre a IF a partir do conhecimento do NPS_F (fala) e do NPS_R (ruído). Estimativas como a de Pearsons, Bennet e Fidell [36], que mediu os NPS_F a 1 [m] de distância de vários interlocutores falando em várias condições divididas em cinco categorias de baixo a elevado nível de voz, podem ser usadas no projeto da sala. De acordo com Bradley [34], a SNR se correlaciona relativamente bem com a IF, com fatores de correlação da ordem de 0.9.

7.3.9.2 *Articulation Index - AI*

O "Índice de Articulação"[29] ou *Articulation Index* (AI) foi desenvolvido na Bell Labs na década de 1930 por diversos cientistas e consistia em métodos de medição e estimativa para a inteligibilidade da fala (para sílabas individuais). O método que permite chegar aos cálculos finais são bastante complexos e foram descritos por French e Steinberg [32] e Kryter [30]. Em suma, o AI consiste em um método de obtenção da IF baseado em relação sinal-ruído assim como o SIL. No entanto, ao contrário do SIL, o AI fornece uma estimativa para a IF utilizando bandas de terço de oitava que vão de 200 [Hz] a 5 [kHz] e também a relação entre o valor RMS da pressão sonora gerada pela fala e o seu valor de pico.

O método para obtenção do AI consiste então nos seguintes passos, ilustrados também por meio dos dados apresentados na Tabela 7.1:

a) o NPS_F é medido em bandas de 1/3 de oitava para as frequências centrais de 200 [Hz] a 5 [kHz]. O NPS_F na verdade é o Nível de Pressão Sonora equivalente [7] medido por um determinado período (ou estimado). No trabalho de Kryter [30], o NPS_F foi medido por 1 minuto em intervalos de 1/8 [s];

---

[29] Em tradução livre pelo autor.

b) ao NPS_F medido ou estimado, somam-se $+12$ [dB], o que equivale à diferença entre o valor RMS do sinal da fala e o seu valor de pico (coluna 2);

c) o ruído presente no ambiente, NPS_R, é medido ou estimado (coluna 3) e, então, descontado do NPS_F (coluna 4);

d) os pesos dados na coluna 5 da Tabela 7.1 são multiplicados pelas diferenças de níveis (coluna 4) e então esses produtos são somados para se obter o valor do AI. De acordo com Kryter [30], o procedimento é válido desde que as diferenças entre o NPS_F e NPS_R não ultrapassem os 30.0 [dB].

Tabela 7.1 Cálculo do Articulation Index, AI (adaptado de Kryter [30]).

Freq. [Hz]	$NPS_F + 12.0$	NPS_R	Δ	a_i	$a_i \Delta$
200	70.0	65.0	5.0	0.0003	0.0015
250	75.5	64.5	11.0	0.0007	0.0077
315	77.3	61.0	16.3	0.0010	0.0163
400	82.0	57.0	25.0	0.0016	0.0400
500	83.0	55.0	28.0	0.0017	0.0476
630	79.0	53.0	26.0	0.0017	0.0416
800	72.0	52.0	20.0	0.0027	0.0540
1000	67.0	49.0	18.0	0.0030	0.0540
1250	59.0	44.0	15.0	0.0033	0.0495
1600	58.0	43.0	15.0	0.0037	0.0555
2000	60.0	43.0	17.0	0.0036	0.0612
2500	60.0	43.0	17.5	0.0030	0.0510
3150	58.0	42.0	16.0	0.0027	0.0432
4000	55.0	41.0	14.0	0.0026	0.0364
5000	52.0	40.0	12.0	0.0017	0.0204
				$AI = \sum a_i \Delta$	0.5799

Parâmetros objetivos

O valor do AI varia entre 0.0 (ininteligível) e 1.0 (totalmente inteligível) e equivale diretamente à IF. A única diferença é que a IF é medida em valores percentuais. Basta então multiplicar o AI por 100 para obter uma equivalência numérica. A Tabela 7.2 pode ser usada para classificar a inteligibilidade na sala como ruim, regular, aceitável, boa e ótima[30]. A sala analisada, com os dados da Tabela 7.1, seria então classificada como aceitável, de acordo com a Tabela 7.2.

7.3.9.3 *Articulation Loss of Consonants - AL_{cons}*

Os trabalhos sobre inteligibilidade da fala feitos nos Laboratórios Bell, nos EUA, nas décadas de 1920 e 1930, apontavam que a capacidade de compreensão do discurso falado estava ligada, também, à capacidade de compreender as consoantes. O equilíbrio sonoro entre vogais e consoantes varia de língua para língua. Em 1971 Peutz [37] publicou um trabalho em que mediu a inteligibilidade da fala usando palavras foneticamente balanceadas da língua holandesa. Como apontado pelos trabalhos dos Laboratórios Bell, Peutz concordou que as consoantes tinham um papel fundamental na compreensão da fala, e o conceito de "Perda de Articulação das consoantes"[31] (ou *Articulation Loss of Consonants*, AL_{cons}) foi estabelecido seguindo os trabalhos mais antigos.

O parâmetro AL_{cons} [%] mede então a perda na inteligibilidade, que é causada pela diminuição na capacidade de distinguir as consoantes, de forma que esse parâmetro tem um valor alto para baixos valores de IF. Da mesma forma que os outros parâmetros, a perda na inteligibilidade é causada pelo ruído ambiente e pela reverberação. Inicialmente o AL_{cons} foi definido como um parâmetro dependente apenas do T_{60}, e usado mais extensivamente em projetos de sonorização de ambientes. Bistafa e Bradley [38] publicaram uma equação para o cálculo do AL_{cons} que leva também em conta a relação sinal-ruído (SNR) entre o Nível de Pressão Sonora causado pela fala e o Nível de Pressão Sonora causado pelo ruído de fundo. A Equação (7.33) é derivada por um ajuste de curvas do trabalho de Peutz [37]; assim,

---

[30] Originalmente usada para o STI.
[31] Em tradução livre do autor.

$$\mathrm{AL_{cons}} = 9\,T_{60}\left\{\frac{r^2}{r^2 + 0.2025\,QS\bar{\alpha}}\right\}\left[1.071\,T_{60}^{-0.0285}\right]^{(25-\mathrm{SNR})} + a\,,\quad(7.33)$$

em que r é a distância entre fonte e receptor, Q é o fator de direcionalidade da fonte e a é uma constante que pode variar entre 1.5 [%] para bons ouvintes (jovens adultos sem problemas auditivos) a 12.5 [%] para pessoas com dificuldades auditivas e $\mathrm{SNR} = \mathrm{NPS_F} - \mathrm{NPS_R}$.

A Figura 7.16 mostra valores de $\mathrm{AL_{cons}}$ para vários valores de SNR e T_{60}. Note que o aumento do T_{60} e uma diminuição da SNR leva a um aumento da $\mathrm{AL_{cons}}$ (diminuição da IF), o que é esperado. Bistafa e Bradley [38] apontam, no entanto, que a $\mathrm{AL_{cons}}$ apresenta uma baixa correlação com outros parâmetros usados para medir a inteligibilidade e que sua aplicabilidade deve ser restrita a salas de aula e pequenas salas de reuniões. Isso faz com que o parâmetro $\mathrm{AL_{cons}}$ não tenha uma utilização tão difundida em acústica de salas, já que outras alternativas existem. Ele, no entanto, é o primeiro apresentado aqui a levar em conta tanto a interferência do ruído como a da reverberação.

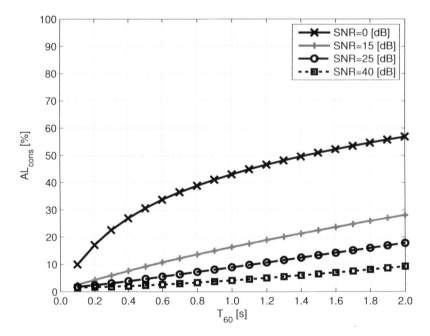

Figura 7.16 $\mathrm{AL_{cons}}$ em função do T_{60} e SNR. Fonte omnidirecional ($Q = 1.0$), $r = 4.0$ [m], $S\bar{\alpha} = 0.161V/T_{60}$, $V = 100$ [m^3] e $a = 1.5$ [%].

7.3.9.4 Combinação entre SNR e T_{60}

Bradley [39] propôs também que uma combinação entre a SNR e o T_{60} pudesse ser usada para predizer a inteligibilidade da fala. As correlações, nesse caso, não são tão altas, mas a proposição permite uma estimativa da inteligibilidade bastante simples. Bradley [39] encontrou uma função de SNR e T_{60} que melhor se ajustava aos seus dados experimentais. Assim, a IF ajustada é

$$\text{IF} = -0.088\,\text{SNR}^2 + 2.260\,\text{SNR} - 13.900\,T_{60} + 95.000\,, \qquad (7.34)$$

em que SNR é dado em [dB(A)]. A Figura 7.17 mostra os valores de IF vs. SNR para alguns valores de T_{60}. É possível notar que, quando o T_{60} aumenta consideravelmente, a inteligibilidade diminui. Nesse caso, é necessário prover uma alta relação sinal-ruído, o que é, em tese, possível com investimento em um bom isolamento acústico e/ou de um sistema de sonorização projetado adequadamente. A diminuição do T_{60} permite relaxar um pouco os quesitos de isolamento e no uso do sistema de sonorização. Claramente, ambos podem ser necessários dependendo da aplicação.

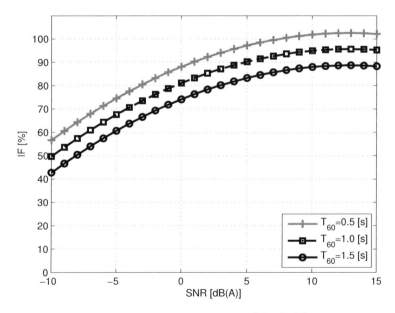

Figura 7.17 Relação entre a SNR [dB(A)], T_{60} e IF para vários valores do T_{60}.

7.3.9.5 *Useful to Detrimental Ratio - U_{50} e U_{80}*

Após analisar as correlações de diversos parâmetros com a IF, Bradley [34] concluiu que parâmetros como Claridade (C_{80} e C_{50}) e Definição (D_{80} e D_{50}) poderiam ser usados para prever a inteligibilidade da fala. No entanto, o autor encontrou uma correlação muito baixa entre esses parâmetros e a IF, especialmente quando o ruído de fundo estava presente[32].

Bradley [34] propôs, então, um novo parâmetro chamado de "Razão Útil-Prejudicial"[33] (ou *Useful to Detrimental Ratio*, U_{t_e}). Esse parâmetro combina o uso da SNR e da Claridade. O valor de t_e explicita o limite de tempo usado para dividir a região das primeiras reflexões da cauda reverberante. Bradley testou vários desses valores. Além dos usuais 50 [ms] e 80 [ms] dados para a Claridade (ver Seção 7.3.3), os valores de 35 [ms] e 95 [ms] foram testados[34]. Todavia, o parâmetro que melhor se correlacionou com a IF foi o U_{80}, dado por

$$U_{80} = 10 \log \left[\frac{10^{(C_{80}/10)}}{1 + \left(10^{(C_{80}/10)} + 1\right) \ 10^{-(\text{SNR}/10)}} \right] , \tag{7.35}$$

em que SNR $=$ NPS$_{\text{F}}$ $-$ NPS$_{\text{R}}$ e C_{80} é definido de acordo com a Equação (7.7). A relação entre o U_{80} e a inteligibilidade da fala, dada por Bradley [34], foi encontrada pelo ajuste de um polinômio de terceira ordem aos dados experimentais do percentual de acerto de palavras em testes com pessoas. Assim, essa relação é expressa por

$$\text{IF} = 0.00295 \, U_{80}^3 - 0.02466 \, U_{80}^2 + 1.21900 \, U_{80} + 95.65000 . \tag{7.36}$$

---

[32] Bradley testou várias formas para da Claridade (C_{35}, C_{50}, C_{80} e C_{95}, p. ex.). Boas correlações entre esses parâmetros e IF foram encontradas para situações com altíssima SNR. No entanto, na presença de ruído, os coeficientes de correlação foram bastante baixos para todos esses parâmetros.

[33] Em tradução livre do autor.

[34] O valor de 95 [ms] derivava de outro trabalho que usava uma adaptação mais complexa no cálculo da Claridade. O intuito de Bradley era demonstrar que essa adaptação complexa não levava a resultados muito mais exatos e, assim, uma forma de cálculo mais simples poderia ser usada.

Parâmetros objetivos 535

Posteriormente, Bradley [39] sugeriu que o U_{50} também poderia ser um bom preditor da IF[35]. O U_{50} é definido tal qual na Equação (7.35), mas com o uso do C_{50} em vez do C_{80}. A relação entre IF e U_{50} é dada por

$$IF = -0.838\, U_{50}^2 + 1.027\, U_{50} + 99.420\,, \qquad (7.37)$$

que nos permite observar que IF > 99.0 [%] para $U_{50} = +1.0$ [dB].

7.3.9.6 *Speech Transmission Index - STI*

A análise espectral dos sinais de fala, como o da Figura 7.13, permite-nos determinar as energias das componentes de frequência audíveis e as energias das componentes de frequência de modulação da fala humana. As componentes audíveis principais encontram-se entre 125.00 [Hz] e 8.00 [kHz] [32]. As componentes de modulação principais se encontram entre 0.63 [Hz] até cerca de 12.50 [Hz] [40]. Essas frequências de modulação estão relacionadas ao ritmo natural da fala humana e, assim como as frequências audíveis, cada uma dessas faixas de frequência de modulação têm uma importância relativa às outras faixas.

Os estudos sobre as frequências de modulação foram conduzidos inicialmente por Steeneken e Houtgast [40]. A partir desses estudos, criou-se outro parâmetro objetivo para mensurar a inteligibilidade da fala. Ele é conhecido como *Speech Transmission Index* (STI ou "Índice de Transmissão da Fala", em tradução livre).

O STI se baseia na medição da razão entre as amplitudes de modulação (entre as frequências 0.63 [Hz] a 12.5 [Hz]) dos sinais enviado e recebido em uma sala. Para isso, sinais de teste com largura de banda de 1 oitava e centrados nas frequências de 125.00 [Hz] a 8.00 [kHz] são gerados. Cada um desses 7 sinais é modulado em amplitude pelas 14 frequências contidas nas bandas entre 0.63 [Hz] e 12.5 [Hz] (também separadas em bandas de oitava).

O STI está fundamentado no fato de que a reverberação e o ruído de fundo fazem com que a amplitude de modulação do sinal recebido por

---

[35] Bradley [39] aponta que o ajuste de um polinômio de segunda ordem do U_{50} aos dados experimentais leva a um coeficiente de correlação ligeiramente menor que o ajuste do U_{80} apresentado anteriormente.

um ouvinte em uma sala seja menor que a amplitude de modulação do sinal emitido (sem ruído e reverberação). Isso foi brevemente discutido para a apresentação da Figura 7.13. Uma diminuição da amplitude de modulação está associada a uma perda na inteligibilidade da fala.

Os conceitos apresentados por Steeneken e Houtgast [40] são ilustrados na Figura 7.18, que mostra o SLIT da configuração sala-fonte-receptor, com resposta ao impulso $h(t)$, sujeito a um sinal $x(t)$ de entrada (lado esquerdo da figura). Esse sinal de entrada, $x(t)$, monofônico e anecoico, é um sinal com banda limitada de 1 oitava, cuja frequência central está entre 125.00 [Hz] e 8.00 [kHz]. $x(t)$ também é um sinal modulado em amplitude por uma das frequências entre 0.63 [Hz] e 12.50 [Hz]. Note que o sinal modulado apresenta uma máxima amplitude de modulação m_x. O sinal recebido pelo receptor, $y(t) + n(t)$ também é um sinal modulado em amplitude. No entanto, reverberação e ruído de fundo reduzem a amplitude de modulação de m_x para m_y. No cálculo do STI a razão entre as amplitudes de modulação é levada em conta.

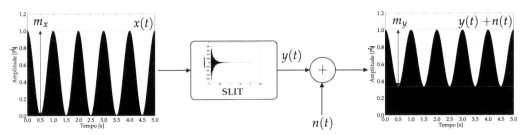

Figura 7.18 Esquema para o cálculo dos índices de modulação. À esquerda tem-se um sinal sem ruído e reverberação com amplitude de modulação m_x. O sinal passa pelo SLIT sala-fonte-receptor e recebe a influência de ruído e reverberação. A amplitude de modulação do sinal de saída do SLIT diminui para m_y.

A norma IEC 60268-16 [41][36] regulamenta a obtenção do STI. Existem dois métodos para se obter a razão entre as amplitudes de modulação. Essa razão é chamada de "Índice de Modulação". O primeiro e mais simples é chamado de "método indireto" e está baseado na energia contida

---

[36] IEC 60268-16: *Sound system equipment – Part 16: Objective rating of speech intelligibility by speech transmission index.*

Parâmetros objetivos 537

na resposta ao impulso em cada banda de 1 oitava. O método indireto pode ser dividido nos seguintes passos:

a) obter a resposta ao impulso, $h(t)$, do SLIT sala-fonte-receptor;

b) $h(t)$ é passada por um banco de filtros composto por 7 filtros de largura de banda de 1 oitava, cujas frequências centrais estão entre 125.00 [Hz] a 8.00 [kHz] (ver Figura 7.6). Assim, 7 respostas ao impulso filtradas são geradas ($h_k(t)$, com k = $\{1, 2, 3, \ldots, 7\}$);

c) calcula-se então 7 x 14=98 índices de modulação dados por

$$m_{k,m} = \frac{\left| \int_0^\infty h_k(t)\, e^{-j2\pi f_m t}\, dt \right|}{\int_0^\infty h_k^2(t)} \left[1 + 10^{-SNR_k/10} \right]^{-1}, \qquad (7.38)$$

em que f_m são as 14 frequências de modulação entre 0.63 [Hz] e 12.5 [Hz], m = $\{1, 2, 3, \ldots, 14\}$ é o índice de cada frequência de modulação e SNR_k é a relação sinal-ruído da k-ésima banda de oitava.

O STI será calculado a partir dos 98 índices de modulação. No entanto, existe também o "método direto" de obtenção desses índices de modulação. Ele é aplicável quando se deseja realizar diretamente a medição do STI em uma sala ou sistema de comunicação. Os passos para obter os índices de modulação são:

a) gerar 7 sinais anecoicos (sem a influência da sala) com banda limitada a 1 oitava e espectros centrados nas bandas de oitava entre 125.00 [Hz] e 8.00 [kHz];

b) cada um desses 7 sinais será modulado por 14 frequências de modulação com frequências entre 0.63 [Hz] até 12.50 [Hz]. Assim, os sinais anecoicos e modulados são

$$x_{k,m}(t) = x_k(t)\sqrt{1 + m_x \cos(2\pi f_m t)}, \qquad (7.39)$$

em que $x_k(t)$ é o sinal anecoico sem modulação com espectro centrado na banda k e $x_{k,m}(t)$ é o sinal com espectro centrado na banda k e modulado pela frequência f_m. Tem-se assim 98 sinais anecoicos a serem usados na medição dos índices de modulação. A intensidade da modulação do sinal $x_{k,m}(t)$ é dada por

$$I_{k,m-x}(t) = \bar{I}_{k-x}\left[1 + m_x \cos(2\pi f_m t)\right] , \qquad (7.40)$$

em que $\bar{I}_{k-x}$ representa o quadrado do valor RMS de $x_k(t)$, $I_{k,m-x}(t)$ é o quadrado do valor RMS de $x_{k,m}(t)$ e m_x é a amplitude de modulação do sinal anecoico e modulado;

c) o próximo passo consiste enviar os 98 sinais $x_{k,m}(t)$ pelo SLIT sala-fonte-receptor e medir 98 sinais de resposta $y_{k,m}(t)$. Isso equivale a realizar a convolução (no domínio do tempo ou frequência, ver Seção 1.2.4) dos 98 sinais anecoicos com a resposta ao impulso, $h(t)$, da sala. Esses 98 sinais convoluídos representam os sinais recebidos pelo ouvinte, e são dados por

$$y_{k,m}(t) = x_{k,m}(t) * h(t) , \qquad (7.41)$$

com a intensidade da modulação do sinal obtido pelo receptor dada por

$$I_{k,m-y}(t) = \bar{I}_{k-x}\left[1 + m_y \cos(2\pi f_m t)\right] , \qquad (7.42)$$

em que m_y é a amplitude de de modulação do sinal $y_{k,m}(t)$;

d) em seguida filtram-se os sinais dados nas Equações (7.40) e (7.42) com o uso de um filtro passa-baixa cuja frequência de corte é inferior à frequência da primeira banda de oitava k (p. ex., 100 [Hz]). Isso faz com que a envoltória energética dos sinais modulados, $I_{k,m-x_e}(t)$ e $I_{k,m-y_e}(t)$, sejam obtidas;

e) os índices de modulação, m_x e m_y, são:

Parâmetros objetivos

$$m_{x_{k,m}} = 2\frac{\sqrt{\left[I_{k,m-x_e}(t)\sin(2\pi f_m t)\right]^2 + \left[I_{k,m-x_e}(t)\cos(2\pi f_m t)\right]^2}}{\sum I_{k,m-x_e}(t)},$$

$$(7.43.a)$$

$$m_{y_{k,m}} = 2\frac{\sqrt{\left[I_{k,m-y_e}(t)\sin(2\pi f_m t)\right]^2 + \left[I_{k,m-y_e}(t)\cos(2\pi f_m t)\right]^2}}{\sum I_{k,m-y_e}(t)},$$

$$(7.43.b)$$

com o somatório feito sobre a duração de um número inteiro de períodos da m-ésima frequência f_m;

f) por fim pode-se encontrar a razão entre os índices de modulação:

$$m_{k,m} = \frac{m_{y_{k,m}}}{m_{x_{k,m}}}\frac{I_{k,m-y}(t)}{I_{k,m-y}(t) + I_{a_k} + I_{r_k}}, \qquad (7.44)$$

em que I_{a_k} é a intensidade do efeito de mascaramento e I_{r_k} é a intensidade do limiar de recepção na banda k, ambos dados na norma IEC 60268-16 [41]. Os índices $m_{k,m}$ calculados dessa forma devem ser truncados em 1.0, caso seu valor seja superior.

Com esses passos a razão entre os índices de modulação é obtida com o método indireto ou direto. Assim, uma matriz com 7 x 14 elementos pode ser montada. Para o cálculo do STI, ainda alguns passos adicionais são necessários.

a) A relação sinal-ruído efetiva é calculada por

$$\mathrm{SNR}_{\mathrm{eff}_{k,m}} = 10\log\left(\frac{m_{k,m}}{1 - m_{k,m}}\right), \qquad (7.45)$$

com os valores de $\mathrm{SNR}_{\mathrm{eff}_{k,m}}$ truncados entre -15.0 [dB] e $+15.0$ [dB];

b) em sequência, calcula-se o que a norma chama de "Índice de Transmissão"[37] (ou *Transmission Index*, $\mathrm{TI}_{k,m}$), dado por

---

[37] Em tradução livre do autor.

$$TI_{k,m} = \frac{SNR_{eff_{k,m}} + 15.0}{30.0};$$ (7.46)

c) a partir dos 98 $TI_{k,m}$, 7 índices de transmissão, chamados de MTI_k, que consistem simplesmente na média aritmética dos 14 índices de modulação para cada uma das 7 bandas de oitava são calculados. Logo, os MTI_k são dados por

$$MTI_k = \frac{1}{14} \sum_{m=1}^{14} TI_{k,m},$$ (7.47)

com $k = \{1, 2, \ldots 7\}$;

d) finalmente, o STI é calculado por meio de uma combinação linear dos MTI_k, estimada por:

$$STI = \sum_{k=1}^{7} \alpha_k MTI_k - \sum_{k=1}^{6} \beta_k \sqrt{MTI_k\, MTI_k'},$$ (7.48)

em que os pesos α_k e β_k são dados na norma IEC 60269-16 [41] e representam o STI com ponderação relativa aos gêneros masculino ou feminino.

Os valores para α_k e β_k foram determinados com base em um ajuste de curvas para experimentos com pessoas, realizados em salas com diversos graus de inteligibilidade [40]. Isso implica que os valores dos pesos são em algum grau dependentes da língua na qual o teste com pessoas é realizado (nesse caso a língua inglesa). O mesmo acontece para outros parâmetros calculados por ajuste de curvas e estudados nesta seção. O autor deste livro desconhece valores de α_k e β_k calculados especificamente para a língua portuguesa e experimentos nesse sentido são necessários. No entanto, os valores de α_k e β_k ajustados para língua inglesa servem como uma base para projetos acústicos de salas que serão usadas em outras línguas, já que as características da fala (espectro e frequências de modulação) não mudarão drasticamente de língua para língua. O valor

Parâmetros objetivos 541

do STI sem a ponderação de gênero pode ser obtido da média aritmética dos valores de MTI_k, dados na Equação (7.47).

A norma IEC 60269-16 [41] também indica os valores de STI correspondentes à qualidade da inteligibilidade da fala na sala, o que é mostrado na Tabela 7.2[38]. O STI varia entre 0.00 e 1.00 e equivale diretamente a IF, bastando multiplicá-lo por 100 para uma equivalência numérica.

Dos parâmetros objetivos destinados à avaliação da fala, o STI é provavelmente o mais difícil de se obter, especialmente por meio do método direto. O método indireto é bastante mais simples; no entanto, ainda é mais complexo que os outros parâmetros vistos aqui. A norma IEC 60269-16 [41] especifica também o método direto de obtenção do RASTI[39], que utiliza apenas as bandas de 500.00 [Hz] (com 4 frequências de modulação) e 2.00 [kHz] (com 5 frequências de modulação). Detalhes podem ser conferidos na referida norma, mas o método de medição do RASTI é considerado obsoleto.

Apesar da complexidade, o STI é considerado um parâmetro objetivo bastante robusto para a medição de inteligibilidade, o que o torna um parâmetro de uso obrigatório nesse contexto. Nada impede o projetista, no entanto, de utilizar métricas mais simples nas etapas iniciais do projeto.

Tabela 7.2 Valores de STI e sua classificação qualitativa.

STI	< 0.30	$0.30 - 0.45$	$0.45 - 0.60$	$0.60 - 0.75$	≥ 0.75
IF/100	Ruim	Regular	Aceitável	Bom	Excelente

---

[38] Os termos Ruim, Regular, Aceitável, Bom e Excelente foram traduzidos livremente do inglês. No original eles são, respectivamente: *Bad, Poor, Fair, Good* e *Excelent*.

[39] RASTI é uma sigla que significa *Room Acoustics* STI, na definição da norma, ou *Rapid* STI em alguns textos.

7.4 Sumário

Este capítulo tratou da definição, cálculo e medição dos parâmetros acústicos objetivos. Tais parâmetros visam quantificar a nossa percepção acústica subjetiva do ambiente (de alguma forma). Os vários parâmetros objetivos foram definidos ou a partir da definição da resposta ao impulso da configuração sala-fonte-receptor (cujos métodos de cálculo foram dados nos Capítulos 4 e 5) ou da teoria estatística, que foi vista no Capítulo 6 (apenas para alguns parâmetros).

Os parâmetros objetivos servem como guia no projeto acústico de um ambiente ou diagnóstico de uma sala existente. O capítulo seguinte, último desta obra, descreverá os princípios a serem seguidos no projeto de diversos tipos de ambiente. Esses ambientes serão ora orientados à fala, ora à música ou a uma mistura desses e outros tipos de sinais. Os diversos parâmetros objetivos podem, então, ser usados na etapa de projeto. Para isso, é preciso definir valores ótimos para um conjunto de parâmetros objetivos. O conjunto de parâmetros e seus valores ótimos depende da aplicação da sala a ser projetada. Sempre que um projeto se encerra e é executado é útil medir os parâmetros objetivos na sala construída e confrontar os resultados experimentais com os dados de projeto. O uso de um conjunto de parâmetros aumenta a confiabilidade do projeto, já que a experiência subjetiva apresenta diversas dimensões diferentes. Dessa forma, potenciais problemas podem ser evitados e um ganho na qualidade e conforto acústico da sala é alcançado.

Referências bibliográficas

[1] BERANEK, L. *Concert halls and opera houses: music, acoustics, and architecture*. 2° ed. New York: Springer-Berlag, 2004.

(*Citado na(s) página(s): 485, 521*)

[2] GADE, A. C. *Subjective room acoustic experiments with musicians*. Kongens Lyngby: Technical University of Denmark, 1982.

(*Citado na(s) página(s): 485, 522*)

[3] BRADLEY, J. S.; SOULODRE, G. A. The influence of late arriving energy on spatial impression. *The Journal of the Acoustical Society of America*, 97(4):2263–2271, 1995.

(*Citado na(s) página(s): 485*)

[4] BARRON, M. The subjective effects of first reflections in concert halls—the need for lateral reflections. *Journal of sound and vibration*, 15(4):475–494, 1971.

(*Citado na(s) página(s): 31, 485, 486, 489, 516*)

[5] BARRON, M.; MARSHALL, A. H. Spatial impression due to early lateral reflections in concert halls: the derivation of a physical measure. *Journal of Sound and Vibration*, 77(2):211–232, 1981.

(*Citado na(s) página(s): 485, 489, 518*)

[6] LONG, M. *Architectural acoustics*. Cambridge: Elsevier Academic Press, 2006.

(*Citado na(s) página(s): 489*)

[7] ROSSING, T. *Springer handbook of acoustics*. New York: Springer-Verlag, 2007.

(*Citado na(s) página(s): 490, 507, 520, 521, 529*)

[8] ISO 3382: Acoustics – measurement of the reverberation time of rooms with reference to other acoustical parameters, 1997.

(*Citado na(s) página(s): 491, 495, 500, 502, 507, 514*)

[9] MÜLLER, S.; MASSARANI, P. Transfer-Function Measurement with Sweeps. *Journal of the Audio Engineering Society*, 49(6):443–471, 2001.

(*Citado na(s) página(s): 492*)

[10] ANSI s1.ll-1986: Specification for octave-band and third-octave band analog and digital filters, 1986.

(Citado na(s) página(s): 497)

[11] SCHROEDER, M. Integrated-impulse method measuring sound decay without using impulses. *The Journal of the Acoustical Society of America*, 66(2):497–500, 1979.

(Citado na(s) página(s): 500)

[12] PRESS, W.; SAUL, A. T.; WILLIAM, T. V.; BRIAN, P. F. *Numerical recipes: the art of scientific computing*. 3° ed. Cambridge: Cambridge University Press, 2007.

(Citado na(s) página(s): 500, 502)

[13] HAK, C.; WENMAEKERS, R.; VAN LUXEMBURG, L. Measuring room impulse responses: Impact of the decay range on derived room acoustic parameters. *Acta Acustica united with Acustica*, 98:907–915, 2012.

(Citado na(s) página(s): 504, 506, 509, 511, 514, 518, 519, 520, 523)

[14] BOLT, R.; DOAK, P. A tentative criterion for the short-term transient response of auditoriums. *The Journal of the Acoustical Society of America*, 22(4):507–509, 1950.

(Citado na(s) página(s): 505)

[15] ATAL, B.; SCHROEDER, M. Subjective reverberation time and its relation to sound decay. In: *5th International Congress on Acoustics (ICA)*, Liege, 1965.

(Citado na(s) página(s): 505)

[16] JORDAN, V. Recent developments in auditorium acoustics. In: *10th International Congress on Acoustics (ICA)*, Sydney, 1980.

(Citado na(s) página(s): 505)

[17] THIELE, R. Richtungsverteilungs und zeitfolge der schallruckewurfe in raumen. *Acustica*, 3:291–302, 1953.

(Citado na(s) página(s): 507)

Parâmetros objetivos   545

[18] REICHARDT, W.; ALIM, O. A.; SCHMIDT, W. Definition and basis of making an objective evaluation to distinguish between useful and useless clarity defining musical performances. *Acta Acustica united with Acustica*, 32(3):126–137, 1975.

(*Citado na(s) página(s): 507*)

[19] CREMER, L.; MÜLLER, H. A. *Principles and applications of room acoustics*, v. 1. London: Applied Science, 1982.

(*Citado na(s) página(s): 511*)

[20] YAMAGUCHI, K. Multivariate analysis of subjective and physical measures of hall acoustics. *The Journal of the Acoustical Society of America*, 52(5A):1271–1279, 1972.

(*Citado na(s) página(s): 513*)

[21] BARRON, M.; LEE, L.-J. Energy relations in concert auditoriums. i. *The Journal of the Acoustical Society of America*, 84(2):618–628, 1988.

(*Citado na(s) página(s): 513*)

[22] EARGLE, J. *The microphone book*. Oxford: Focal Press, 2004.

(*Citado na(s) página(s): 517*)

[23] KLEINER, M. A new way of measuring the lateral energy fraction. *Applied Acoustics*, 27:321–327, 1989.

(*Citado na(s) página(s): 518*)

[24] BRADLEY, J. S.; SOULODRE, G. A. Objective measures of listener envelopment. *The Journal of the Acoustical Society of America*, 98(5): 2590–2597, 1995.

(*Citado na(s) página(s): 518*)

[25] KEET, W. V. The influence of early reflections on spatial impressions. In: *6th International Congress on Acoustics (ICA)*, Tokyo, 1968.

(*Citado na(s) página(s): 519*)

[26] RUMSEY, F. *Spatial audio*. 2° ed. Oxford: Focal Press, 2001.

(*Citado na(s) página(s): 520*)

[27] GADE, A. C. Investigations of musicians' room acoustic conditions in concert halls. part i: Methods and laboratory experiments. *Acustica*, 69:193–203, 1989.

(*Citado na(s) página(s): 522, 523*)

[28] HODGSON, M. Investigations of musicians room acoustic conditions in concert halls. 2. field experiments and synthesis of results. *Acustica*, 69(6):249–262, 1989.

(*Citado na(s) página(s): 522, 523*)

[29] WENMAEKERS, R.; HAK, C.; VAN LUXEMBURG, L. On measurements of stage acoustic parameters: time interval limits and various source–receiver distances. *Acta Acustica united with Acustica*, 98:776–789, 2012.

(*Citado na(s) página(s): 522, 523*)

[30] KRYTER, K. D. Methods for the calculation and use of the articulation index. *The Journal of the Acoustical Society of America*, 34 (11):1689–1697, 1962.

(*Citado na(s) página(s): 38, 524, 529, 530*)

[31] PENG, J. Feasibility of subjective speech intelligibility assessment based on auralization. *Applied Acoustics*, 66:591–601, 2005.

(*Citado na(s) página(s): 524*)

[32] FRENCH, N.; STEINBERG, J. Factors governing the intelligibility of speech sounds. *The journal of the Acoustical society of America*, 19(1): 90–119, 1947.

(*Citado na(s) página(s): 525, 529, 535*)

[33] HOUTGAST, T.; STEENEKEN, H. J. A review of the MTF concept in room acoustics and its use for estimating speech intelligibility in auditoria. *The Journal of the Acoustical Society of America*, 77(3):1069–1077, 1985.

(*Citado na(s) página(s): 525*)

[34] BRADLEY, J. S. Predictors of speech intelligibility in rooms. *The Journal of the Acoustical Society of America*, 80 (3):837–845, 1986.

(*Citado na(s) página(s): 32, 526, 527, 529, 534*)

[35] KINSLER, L. E.; FREY, A. R.; COPPENS, A. B.; SANDERS, J. V. *Fundamentals of acoustics*. 4° ed. New York: John Wiley & Sons, 2000.

(*Citado na(s) página(s): 32, 528*)

Parâmetros objetivos

[36] PEARSONS, K. S.; BENNETT, R. L.; FIDELL, S. *Speech levels in various noise environments*. Technical report, Washington, DC: US EPA, 1977.

(*Citado na(s) página(s): 529*)

[37] PEUTZ, V. Articulation loss of consonants as a criterion for speech transmission in a room. *Journal of the Audio Engineering Society*, 19 (11):915–919, 1971.

(*Citado na(s) página(s): 531*)

[38] BISTAFA, S. R.; BRADLEY, J. S. Revisiting algorithms for predicting the articulation loss of consonants alcons. *Journal of the Audio Engineering Society*, 48(6):531–544, 2000.

(*Citado na(s) página(s): 531, 532*)

[39] BRADLEY, J. S. Speech intelligibility studies in classrooms. *The Journal of the Acoustical Society of America*, 80(3):846–854, 1986.

(*Citado na(s) página(s): 533, 535*)

[40] STEENEKEN, H. J.; HOUTGAST, T. A physical method for measuring speech-transmission quality. *The Journal of the Acoustical Society of America*, 67(1):318–326, 1980.

(*Citado na(s) página(s): 535, 536, 540*)

[41] IEC 60268-16: Sound system equipment – part 16: Objective rating of speech intelligibility by speech transmission index, 2011.

(*Citado na(s) página(s): 536, 539, 540, 541*)

Capítulo 8

Diretrizes para alguns tipos de projetos

O objetivo em um projeto de acústica de salas é especificar um ambiente com uma característica acústica adequada às atividades desenvolvidas no recinto. As teorias, ferramentas e análises desenvolvidas neste livro culminam neste capítulo, que traçará uma série de diretrizes para alguns tipos de ambientes. É preciso ter em mente, no entanto, que cada ambiente projetado será único, já que terá uma geometria, um volume e outras características que não serão as mesmas de outro espaço. Desse ponto de vista, as diretrizes dadas neste capítulo são gerais e não específicas. Os engenheiros acústicos, arquitetos e engenheiros civis são livres para inovar na concepção dos diversos tipos de ambientes, desde que os critérios de qualidade acústica sejam respeitados.

Embora cada ambiente construído seja único, é útil saber quais faixas de valores para os parâmetros objetivos são ideais para determinadas aplicações. Dessa forma, faz-se necessário conhecer as soluções possíveis para atingir os objetivos e as restrições intrínsecas de alguns tipos de ambientes (p. ex., salas de controle de estúdios precisam ser necessariamente simétricas). Este capítulo visa responder a essas questões para algumas classes de ambientes, a saber: salas para fala, estúdios, salas de concerto e auditórios multiúso. Dentro das classes, algumas subclasses serão abordadas (p. ex., dentro da classe "estúdio", serão abordadas as salas de gravação e as salas de controle).

Antes de partir para a análise dos diversos tipos de ambiente, é preciso traçar os aspectos gerais a serem observados.

8.1 Aspectos gerais de todas as salas

Para fazer o projeto acústico de um ambiente, é preciso tomar um ponto de partida. Em geral, o ponto de partida implica em definir os limites gerais das dimensões do ambiente, já que se pressupõe que um terreno com determinada área útil estará disponível. O próximo passo implica em fazer um estudo do ruído ambiental[1] presente no terreno, a fim de definir o isolamento acústico necessário. Em parte, a definição do isolamento acústico necessário também passa pela definição dos tipos de fontes presentes no interior do ambiente, já que também é necessário garantir que as atividades desenvolvidas no recinto não perturbem sua vizinhança. Este livro não trata das questões de isolamento sonoro, mas é importante que se abordem esses aspectos nos estágios iniciais de um projeto. Existem algumas boas referências a respeito desse assunto, como [1, 2].

Definidos os aspectos mais gerais do projeto, pode-se passar às definições da qualidade acústica no interior do ambiente. Um projeto visa encontrar um ponto de funcionamento ótimo para um dado produto. No caso da adequação da acústica interna de um ambiente, é importante definir *a priori* os parâmetros objetivos relevantes (Capítulo 7) e seus valores ótimos.

O que define os parâmetros objetivos relevantes e seus valores ótimos é o tipo de sinal acústico primordialmente executado em uma sala. Uma sala destinada majoritariamente à fala (p. ex., sala de aula, teatro,

---

[1] Ruído causado pela vizinhança, trânsito veicular, ferroviário, aeronáutico etc.

Diretrizes para alguns tipos de projetos

restaurante etc.) deverá ter características acústicas diferentes de uma sala destinada primordialmente à música (p. ex., sala de concertos, estúdio de gravação etc.). Existem salas que usarão extensivamente tanto a música quanto a fala (p. ex., cinemas, auditórios multiúso). Essa necessidade de diferentes características guia a definição dos parâmetros objetivos relevantes e seus valores ótimos.

Antes de definir os parâmetros objetivos adequados em cada aplicação, é preciso observar que, em geral, o valor do T_{60} é o primeiro parâmetro com valor definido. Isso se deve aos fatos de que o T_{60} se relaciona com quase todos os aspectos subjetivos e também de que esse foi o primeiro parâmetro definido, o que faz com que seja um parâmetro mais difundido. Além disso, mais estudos estão disponíveis a respeito dos valores ótimos desse parâmetro. Vários autores publicaram trabalhos recomendando valores ideais para diferentes tipos de salas [3, 4].

Long [1] aponta que a Figura 8.1 é uma boa síntese dos trabalhos de Doelle [3] e Knudsen e Harris [4] sobre o T_{60} ideal, medido na banda de oitava de 1 [kHz], em função do volume de diversos tipos de ambiente. Em geral, pode-se dizer que salas destinadas à fala têm um T_{60} ideal relativamente pequeno. Já as salas destinadas à música têm um T_{60} ideal que varia com o estilo musical. Estilos musicais com mais passagens em *stacatto*[2] requerem um tempo de reverberação menor (p. ex., barroco), enquanto estilos mais baseados em *legatto*[3] requerem um tempo de reverberação maior (p. ex., sinfonias românticas, ópera, canto gregoriano). Além disso, o uso de sistemas eletroacústicos em igrejas, teatros, auditórios e salas de concerto modernas tende a reduzir o valor do T_{60} ideal, já que a reverberação artificial pode ser incluída por meio do sistema de sonorização.

Outra característica comum aos projetos acústicos é que os defeitos mais graves são conhecidos e devem ser evitados em todos os casos. Entre tais defeitos destacam-se ecos, reflexões tardias, ecos flutuantes (*flutter echoes* e *comb filtering*, analisados na Seção 1.2.10), focalização, criação de zonas de sombra e coloração (muitos desses efeitos foram avaliados na Seção 7.1). A Figura 8.2 fornece uma explicação esquemática de alguns dos principais defeitos acústicos.

---

[2] *Grosso modo*, uma sequência de notas musicais tocadas rapidamente em sequência.
[3] *Grosso modo*, uma sequência de notas musicais tocadas lentamente em sequência.

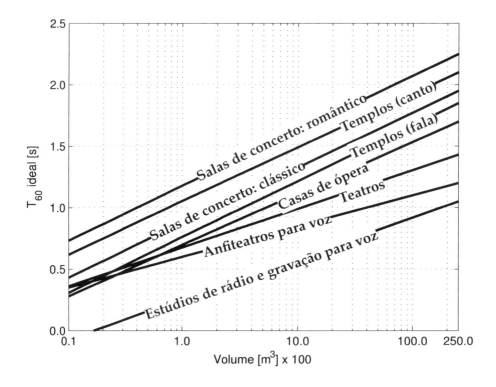

Figura 8.1 Tempo de reverberação ótimo para diversos tipos de ambientes.

Os ecos são causados por reflexões muito separadas do som direto, e que atingem o ouvinte com uma amplitude tal que faz com que ele perceba dois sons repetidos e distintos. As reflexões tardias são também separadas do som direto, mas sua amplitude não é suficiente para causar a percepção de sons distintos. No entanto, a inteligibilidade da fala e de passagens musicais é prejudicada por esse tipo de evento. Os ecos flutuantes (*flutter echoes* e *comb filtering*) são causados por uma ou mais reflexões entre paredes paralelas e causam interferência destrutiva em uma série de frequências, o que é associado a um som metalizado ou robotizado. A focalização é a concentração de energia acústica causada por superfícies côncavas (Figura 3.28). As zonas de sombra acústica ocorrem com receptores posicionados atrás ou abaixo de obstáculos (p. ex., abaixo de grandes galerias ou atrás de pilastras). A coloração é o efeito criado pela ênfase em algumas faixas de frequência em detrimento de outras. É um efeito causado pela presença de modos acústicos muito pronunciados, pelo uso excessivo de apenas um tipo de material de absorção, o que faz com que apenas uma faixa de frequências seja atenuada, ou mesmo associada aos ecos flutuantes.

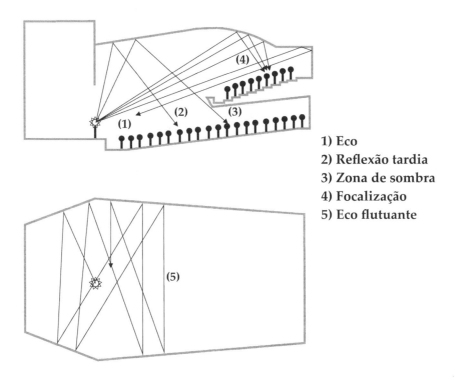

1) Eco
2) Reflexão tardia
3) Zona de sombra
4) Focalização
5) Eco flutuante

Figura 8.2 Explicação esquemática de alguns principais defeitos acústicos. As setas indicam a distância propagada pela onda sonora e a região da sala onde ela chega. Cada seta ou conjunto de setas é associado a um tipo de defeito acústico discutido.

Deve-se manter em mente que é necessário que o projeto de um ambiente contemple a eliminação dos defeitos e o equilíbrio dos valores dos parâmetros objetivos em função da frequência e da posição dos receptores. Como se verá, alguns parâmetros podem sofrer certa variação com a frequência, mas é desejável que essa variação esteja dentro de limites estabelecidos. A variação do valor dos parâmetros objetivos em função da posição também deve ser minimizada e se manter inferior aos valores de jnd, a fim de que a variação espacial não seja perceptível.

Uma boa prática para um projeto é estabelecer uma ordem de trabalho. A sequência deste livro fornece um caminho lógico para a concepção de um projeto. Uma vez estabelecido o propósito da sala, o T_{60} ideal pode ser definido de acordo com a Figura 8.1 (válido para a banda de 1 [kHz]). Com o local da obra e suas restrições dimensionais em mãos, podem-se definir as dimensões básicas de forma a garantir uma distribuição modal adequada. A análise dos modos pode ser feita de forma analítica e/ou refinada mediante método numérico. Essa análise deve ser feita até a frequência de Schroeder. A partir da análise dos modos, é possível propor os dispositivos de absorção dos modos e sua posição (ver Capítulo 4). A seguir pode-se passar a uma análise estatística do T_{60} e outros parâmetros acústicos. A ideia nessa etapa não é ser absolutamente exato, mas sim definir um norte para as simulações computacionais, já que é possível estabelecer os materiais a serem usados no tratamento acústico e em que quantidades (ver Capítulo 6). Na etapa final, as simulações computacionais são feitas com modelos 3D da sala, sendo possível realizar auralizações com o modelo computacional. Assim, engenheiros e arquitetos podem escutar como soaria uma orquestra na sala, por exemplo, antes mesmo que esta exista (ver Capítulo 5). Um refino da etapa estatística e análise de vários parâmetros objetivos também é possível aqui (ver Capítulo 7)[4].

A observação das leis de segurança (espaço para circulação em situações de perigo) e das leis de acessibilidade é uma obrigação a cumprir em todos os casos. Estratégias especiais podem ser requeridas em auditórios de pequeno, médio e grande porte.

A seguir trataremos de diversos tipos de sala, os valores ideais de parâmetros objetivos relevantes e de restrições e soluções para problemas comuns.

8.2 Salas para fala

Existem diversos tipos de salas nas quais a fala é o principal tipo de sinal acústico. Dentre elas, podem-se destacar as salas de aula, os restaurantes, as salas de conferência, os pequenos auditórios para palestras, os

---

[4] A mesma abordagem é usada na disciplina de Acústica de Salas, Engenharia Acústica - UFSM. Os alunos devem desenvolver um projeto completo. A metodologia tem se mostrado muito útil ao aprendizado e com bons resultados práticos.

teatros e as salas de cinema[5]. Entre esses exemplos existem algumas diferenças bastante drásticas no que tange ao número de fontes principais e seu(s) posicionamento(s), bem como quanto ao uso de recursos multimídia (áudio e/ou vídeo) em maior ou menor grau. Como a voz é o principal sinal, os parâmetros objetivos mais relevantes estão relacionados à inteligibilidade e ao *loudness* (volume sonoro), e são: Tempos de reverberação (T_{20}, T_{30}, T_{60}), Claridade (C_{50}), Definição (D_{50}), Tempo central (t_s), Fator de força (G), SNR, U_{80}, U_{50} e STI.

É importante também manter em mente que uma cauda reverberante excessivamente longa e o ruído de fundo prejudicam a inteligibilidade. Assim, é primordial que se invista tanto no isolamento acústico da sala quanto no controle da reverberação. O suporte da sala à(s) fonte(s) sonoras também é importante em alguns casos (especialmente em salas maiores), o que implica que é preciso prestar atenção ao valor do Fator de força G, já que uma sala com pouco suporte pode levar um palestrante à exaustão.

Em geral, pode-se dizer que a faixa de frequências importantes no tratamento acústico para a voz humana é de 85 [Hz] a 9 [kHz]. Existem pequenas variações de faixa de frequência de acordo com o gênero (masculino e feminino). Essa faixa de frequências também é colocada aqui como sendo um pouco mais longa que a faixa estudada na Seção 7.3.9, a fim de ser um pouco conservador no projeto. A utilização de recursos multimídia pode requerer cuidados com a resposta em frequência da sala além da faixa de 85 [Hz] a 9 [kHz]. Estudaremos os tipos de salas para fala nas subseções a seguir.

8.2.1 Salas de aula

As salas de aula são ambientes onde a fonte sonora principal é a voz de um professor, localizado na frente da sala com os ouvintes distribuídos ao longo do recinto, ou mesmo distribuídos em uma roda. Muitas vezes a utilização de algum recurso multimídia é necessária, mas a faixa de frequências de reprodução desses recursos pode ser sacrificada em prol

---

[5] A ênfase dos teatros e cinemas é tradicionalmente mantida em sinais de fala, embora estes requeiram uma boa dose de efeitos sonoros de outros tipos.

de melhor qualidade para a voz humana. Se esse for o caso, um projetista pode até relaxar um pouco as restrições no controle dos modos acústicos, por exemplo. No entanto, é muito importante garantir que os recursos de áudio não excitem a sala abaixo dos 85 [Hz], o que é facilmente obtido a partir da utilização de um filtro passa-alta no sinal enviado ao sistema de áudio [5].

A qualidade acústica adequada das salas de aula tem sido relacionada ao sucesso de alunos em métricas estudantis nos EUA. Em estudo conduzido por Choi et al. [6], a qualidade do interior do recinto (luminosa, térmica, acústica etc.) foi associada à performance dos alunos e sua satisfação com o curso em questão, mostrando que a qualidade da sala tem impacto considerável na aceitação dos alunos. Ronsse [7] associou a qualidade acústica de salas ao desempenho de alunos de ensino médio em testes padrão[6], concluindo que a boa qualidade acústica das salas de aula está correlacionada a um bom desempenho em tais testes. A questão da idade parece ter uma influência na necessidade de isolamento acústico necessária para se obter alta inteligibilidade. Bradley e Sato [8] demonstraram que os alunos mais jovens, do ensino fundamental (canadense), parecem ter mais dificuldades de entender a palavra falada e que, por isso, necessitam de um projeto acústico mais bem controlado. Outro estudo relaciona a qualidade acústica da sala à performance vocal do professor [9], demonstrando que a má qualidade acústica pode levar à exaustão e problemas relacionados à fala.

No Brasil, no entanto, é relativamente raro encontrar uma sala de aula típica com boas condições acústicas. Um estudo de 2012, realizado em Santa Maria-RS, demonstrou que todas as salas medidas apresentam STI inferior a 0.6 [10], o que, de acordo com a Tabela 7.2, indica que as salas têm qualidade acústica apenas aceitável. O estudo foi realizado sem considerar o ruído de fundo (somente a reverberação foi analisada), o que ainda indica que, em aplicações realistas, o STI das salas deve diminuir ainda mais. Considerando possíveis usos de pessoas com alguma deficiência auditiva, parece imperativo que se discuta e invista nessa questão em nosso país.

---

[6] Um teste similar realizado no Brasil é o Exame Nacional do Ensino Médio (Enem).

Em primeiro lugar, para todos os tipos de sala, é útil assegurar que haja boa distribuição modal, o que implica em construí-la com boas proporções, de acordo com a Figura 4.19, e respeitar os critérios de Bonello (ver Seção 4.6.1). Caso a sala tenha um sistema de reprodução de áudio, é preciso ou considerar os modos desde a menor frequência de ressonância até um pouco acima da frequência de Schroeder (Equação (4.2)) ou limitar a faixa de frequências de reprodução do áudio à faixa da voz humana. Neste último caso, deve-se fazer análise e tratamento dos modos entre 85 [Hz] até um pouco acima da frequência de Schroeder. As salas não retangulares podem ser aproximadas pelo processo visto na Seção 4.3, já que o tratamento dos modos não é de altíssima prioridade nesse caso. Assim, pode-se baratear o projeto.

Boa parte do ruído de fundo em uma sala de aula é originado de conversas paralelas entre alunos durante a aula. O ruído dessa origem faz com que o professor precise falar mais alto e que os outros alunos precisem se esforçar mais para prestar atenção à aula. Esse efeito é mais dramático em restaurantes e festas (ver Seção 8.2.3) e é chamado de Efeito coquetel[7]. O que acontece é que, quando existem N fontes sonoras em uma sala, o professor deverá falar mais e mais alto, a fim de manter a relação sinal-ruído adequada para o entendimento da palavra falada. O nível de pressão sonora (NPS), L_{pl} [dB], em campo livre, a uma distância r, que é gerado por uma fonte com direcionalidade Q e Nível de Potência Sonora NWS é

$$L_{\text{pl}} = \text{NWS} + 10 \log \left(\frac{Q}{4\pi r^2} \right) \cdot \tag{8.1}$$

As múltiplas reflexões presentes no ambiente contribuem para um aumento do NPS. Tal contribuição pode ser vista como um tipo de ruído de fundo. Para N indivíduos falando com um NWS, o NPS no ambiente será

$$L_{\text{pr}} = \text{NWS} + 10 \log (N) + 10 \log \left(\frac{4}{S\bar{\alpha}} \right), \tag{8.2}$$

---

[7] Efeito coquetel é uma tradução livre do autor para *Coctayl Party Effect*.

em que S é a área total de absorção, e $\bar{\alpha}$ é o coeficiente de absorção médio da sala. A relação sinal-ruído é dada pela diferença entre as Equações (8.1) e (8.2), sendo portanto

$$\text{SNR} = 10\log\left(\frac{Q}{4\pi r^2}\right) + 10\log\left(\frac{S\bar{\alpha}}{4\,N}\right) . \tag{8.3}$$

A Equação (8.3) implica que, para aumentar a relação sinal-ruído e, consequentemente, a inteligibilidade, é necessário: (i) diminuir r (aproximar o professor dos ouvintes, o que nos casos da salas de aula não parece uma opção viável); (ii) aumentar $S\bar{\alpha}$ (área de absorção média da sala), o que implica em controlar a reverberação. É a opinião pessoal do autor que o controle da reverberação pode ajudar a constranger as conversas paralelas, já que, em um ambiente pouco reverberante, é mais fácil apontar a origem da fonte sonora. O gráfico mostrado na Figura 7.15 pode ser usado para determinar a SNR que leve a uma boa inteligibilidade. Consequentemente, pode-se calcular a área de absorção $S\bar{\alpha}$ necessária para se atingir esse objetivo. Outra alternativa relativamente simples é usar a relação, dada na Seção 7.3.9.4, entre a inteligibilidade da fala, a relação sinal-ruído e o tempo de reverberação.

No estudo conduzido por Bradley [11], uma série de valores ótimos para alguns parâmetros objetivos foram levantados. Desse e de outros estudos duas normas ANSI, emergiram: a ANSI/ASA S12.60-2010 [12] e a ANSI/ASA S12.60-2009 [13], que especificam os valores ótimos de níveis de ruído interno e tempo de reverberação para salas de aula[8]. Essas normas estabelecem que salas com volume menor que 283 $[\text{m}^3]$ devem ter tempo de reverberação inferior a 0.6 [s] nas bandas de 500 [Hz], 1 [kHz] e 2 [kHz]. Salas com volume entre 283 $[\text{m}^3]$ e 566 $[\text{m}^3]$ devem ter tempo de reverberação inferior 0.7 [s]. As salas com volume menor que 283 $[\text{m}^3]$ devem ser adaptáveis a um tempo de reverberação menor que 0.3 [s], já que reduzir o T_{60} pode ser necessário a pessoas com dificuldades auditivas. É desejável que o tempo de reverberação se mantenha constante com a frequência.

A norma ANSI/ASA S12.60-2010 [12] também expõe que o teto pode ser usado com sucesso na aplicação de tratamento acústico. Essa

---

[8] O termo usado na norma é, na verdade, *core learning space*, que se refere a qualquer tipo de ambiente de aprendizado.

Diretrizes para alguns tipos de projetos   559

prática simplifica o projeto do ambiente, já que não é necessário um ajuste tão fino de uma série de parâmetros. É útil, no entanto, levar em conta no cálculo do T_{60} as equações que consideram uma distribuição não uniforme da absorção sonora, caso só o teto seja tratado. Isso pode ser obtido por métodos geométricos, vistos no Capítulo 5 ou por alguns métodos estatísticos mostrados na Seção 6.7. Quanto a manter a sala adaptável para a obtenção de menores tempos de reverberação, é imprescindível que algumas superfícies estejam disponíveis para tratamento. Muitas vezes os tratamentos aplicados precisam estar em conformidade com leis relativas a higiene, contaminação por fungos, bactérias e afins e também receber tratamento anti-propagação de chamas.

Claramente, o STI de salas de aula deve ser elevado. É desejável que ele esteja acima de 0.6 para uma boa inteligibilidade ou mesmo acima de 0.75, para uma ótima inteligibilidade (ver Tabela 7.2). Valores ótimos de STI fazem com que mesmo os alunos com dificuldades auditivas possam compreender bem a palavra falada.

De acordo com Long [1], a literatura não tem um acordo sobre quais são os valores ótimos para o D_{50} e t_s. No entanto, é importante notar que, como tais parâmetros medem a razão de energia contida nas primeiras reflexões pela energia total da resposta ao impulso ou a distribuição da energia, os valores para o D_{50} devem ser maiores que 0.5 e os valores do t_s pequenos. Os parâmetros U_{80} e U_{50} (Seção 7.3.9.5) também podem ser usados como preditores de inteligibilidade confiáveis. Um valor de $U_{50} = +1$ [dB] leva a uma alta inteligibilidade, por exemplo. Isso implica que deve haver energia considerável nas primeiras reflexões, de forma que o *loudness* seja adequado e que a energia da resposta ao impulso esteja concentrada em seu início. É também importante averiguar a variação espacial desses parâmetros. Para salas com baixo volume, isso não deve ser um problema em potencial. No entanto, salas muito grandes ou largas podem conter regiões em que as primeiras reflexões apresentam baixa amplitude (Figura 8.2). O problema pode ser resolvido com um reprojeto do teto ou a instalação de refletores mais próximos ao ouvinte, de forma a reduzir o caminho de propagação das primeiras reflexões (Figura 8.6 (b)).

8.2.2 Auditórios para fala

Os auditórios para fala[9] são salas destinadas a aulas e palestras e são, em geral, maiores que as salas de aulas comuns. Por esse motivo, é essencial que se tome uma série de cuidados extras no projeto de tais salas. Exemplos de auditórios para fala são mostrados na Figura 8.3. O leitor pode notar uma série de aspectos arquitetônicos da sala relacionados ao seu desempenho acústico, que serão discutidos a seguir.

(a) Auditório do prédio *Curtis Lecture Halls* da Universidade de York, Reino Unido

(b) Auditório do prédio Hebb da Universidade da Columbia Britânica em Vancouver, Canadá

Figura 8.3 Auditórios para fala. Fonte: Wikimedia Commons.

Em primeiro lugar é necessário controlar o volume da sala. Segundo Long [1], o máximo volume permitido a um orador médio que fala sem o suporte de um sistema de áudio é de 3000 [m^3]. O T_{60} ideal pode ser obtido da Figura 8.1. Dadas as necessidades visuais de uma sala como essa, é importante também que a distância máxima entre palestrante e ouvinte seja minimizada. Isso também ajuda a controlar o volume da sala, o que, por conseguinte, ajuda a controlar o tempo de reverberação. Nesse caso, alguns tipos de arranjos de plateia podem ajudar a minimizar as distâncias entre palestrante e ouvinte. Algumas ideias são dadas na Figura 8.4. Nesse caso d representa a distância média entre palestrante e ouvinte, F_n é a área efetiva ocupada pela plateia e F_b é a área total do auditório.

---

[9] Em inglês, são chamados de *Lecture Hall*.

Na Tabela 8.1 são mostradas as razões F_n/F_b de cada formato e as razões entre a distância média d em relação à distância média do arranjo I (d_I).

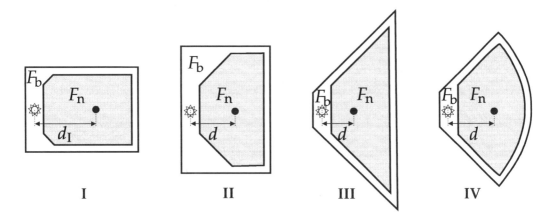

Figura 8.4 Formas de distribuição de plateia em um auditório.

Tabela 8.1 Formas de distribuição de plateia em um auditório: área relativa ocupada e distância média relativa.

	I	II	III	IV
F_n/F_b	0.63	0.55	0.64	0.67
d/d_I	1.00	0.83	0.78	0.79

Pode-se notar que os arranjos III e IV apresentam a menor distância média entre orador e ouvinte (em relação ao arranjo I) e um melhor aproveitamento de área que o arranjo II. Isso os torna mais adequados se sua construção for possível. A observação das fotos na Figura 8.3 dá a impressão de que o auditório da Figura 8.3 (a) foi construído no formato IV e o auditório da Figura 8.3 (b) foi construído no formato III.

Dados os aspectos visuais, é recomendado que o máximo ângulo de inclusão da plateia seja de 125 [°]. Esse ângulo de inclusão é mostrado na Figura 8.5 (b). Isso garante uma boa visibilidade do quadro e da tela de projeções. Devido aos fatores visual e acústico, é desejável que o piso seja inclinado (um requerimento comum a outros tipos de auditórios, como, por exemplo, os teatros, algumas salas de concerto, cinemas etc.).

A Figura 8.5 (a) mostra um esquema de como calcular a inclinação do piso. A recomendação é que a distância vertical h entre as linhas de visão de duas fileiras em sequência esteja entre 8 e 12 [cm]. Essa distância vertical garante boa visibilidade e também torna a audição do som direto mais fácil, já que a cabeça de uma pessoa imediatamente à sua frente pode funcionar como barreira acústica.

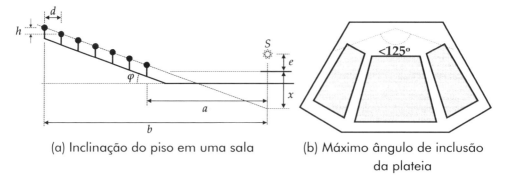

(a) Inclinação do piso em uma sala (b) Máximo ângulo de inclusão da plateia

Figura 8.5 Inclinação do piso e máximo ângulo de inclusão devido a aspectos visuais e acústicos.

De posse da altura da fonte em relação ao palco (e), da distância entre as fileiras (d), da distância entre fonte e primeira fileira (a) e da distância vertical entre fileiras escolhida (h), é possível calcular o ângulo de inclinação da plateia a partir de uma análise trigonométrica. De acordo com Rossing [14], esse ângulo é dador por

$$\tan(\varphi) = \frac{h\,b}{d\,a} - \frac{e}{a}. \tag{8.4}$$

Como já dito, o T_{60} do recinto deve ser adequado a uma sala para fala. Dessa forma, como o volume da sala é relativamente grande, é importante usar absorção sonora para o controle da reverberação. O uso de carpete nas zonas de caminhadas do piso ajuda tanto no controle da reverberação quanto na redução dos ruídos gerados pelas idas e vindas da plateia. As cadeiras podem ser acolchoadas ou não. Cadeiras acolchoadas ajudam no aumento da absorção e podem manter o tempo de reverberação sob controle mesmo quando a sala é usada com uma plateia menor. O coeficiente de absorção das poltronas, nesse caso, deve ser similar ao de uma pessoa.

Devido às necessidades de telas de projeção, a altura desse tipo de auditório é, em geral, maior. Isso faz com que as primeiras reflexões tendam a ser mais tardias. Isso é mostrado esquematicamente na Figura 8.6 (a). Reflexões tardias tendem a reduzir o valor de parâmetros como D_{50} e U_{50} e a aumentar o valor do t_s, o que implica em menor inteligibilidade da fala. A forma de tratar esse problema é a utilização de uma série de refletores no teto, como os mostrados esquematicamente na Figura 8.6 (b). A inclinação adequada de cada um desses refletores ajuda a concentrar energia nas primeiras reflexões ao longo de toda a plateia.

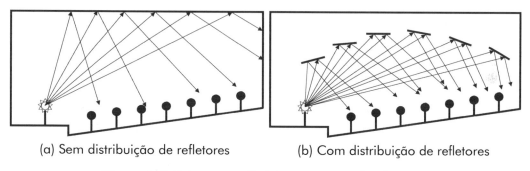

(a) Sem distribuição de refletores   (b) Com distribuição de refletores

Figura 8.6 Teto em auditórios com grande altura.

A Figura 8.7 (a) ilustra a atuação de apenas um refletor de teto. O caso mostrado considera apenas a primeira reflexão. A diferença de tempo entre o som direto e a primeira reflexão é dada por:

$$\Delta t = \frac{R_1 + R_2 - D}{c_0}, \qquad (8.5)$$

em que $R_1 + R_2$ é a distância percorrida pela primeira reflexão, e D é a distância percorrida pelo som direto. Imaginemos então que se deseja usar refletores para aumentar a energia acústica nas primeiras reflexões. As distâncias D são estabelecidas pela posição da fonte e pela posição dos receptores. Para cada refletor é possível escolher sua posição de forma que a distância vertical entre fonte e centro do refletor seja h_{sR}, a distância vertical entre receptor e centro do refletor seja h_{rR}, a distância horizontal entre fonte e centro do refletor seja r_{sR} e a distância horizontal entre receptor e centro do refletor seja r_{rR}. Tais distâncias são mostradas na Figura 8.7 (b).

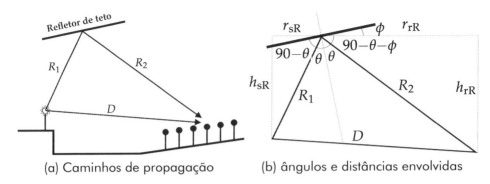

Figura 8.7 Caminho de propagação para um único refletor no teto.

Métodos geométricos ou trigonometria simples podem ser usados para escolher o ângulo de inclinação ϕ do refletor que leve a um Δt desejado. Outros formatos para o teto também são possíveis. Na Figura 8.3 (a), por exemplo, o teto é projetado com uma série de rebaixamentos diferentes. Já a Figura 8.3 (b) mostra um projeto mais complexo com inclinações diferentes nas laterais e centro da sala. A concentração de primeiras reflexões vindas de cima do ouvinte é benéfica no caso dos auditórios para fala, já que o sistema auditivo humano tende a ser ruim na localização da direção dessas reflexões. Ao contrário das reflexões laterais, que tendem a causar uma impressão de aumento do tamanho real da fonte sonora, as reflexões do teto permitem uma localização mais precisa da fonte.

Para aumentar ainda mais o D_{50}, diminuir o t_s e, por consequência, aumentar o STI, pode-se adicionar absorção às paredes laterais ou de fundo da sala. Isso ajuda a controlar possíveis ecos (oriundos de reflexões do fundo), bem como ajuda na localização precisa da fonte, já que existe um controle das reflexões laterais. Em salas retangulares (formato I da Figura 8.4), o uso de difusores nas paredes laterais pode ajudar no controle de *flutter echo*.

Em auditórios maiores é preciso lembrar que a fala se torna ininteligível se não suportada por um sistema de sonorização, que nesse caso deve ser incluído no projeto. De qualquer forma, é desejável que a distância máxima entre fonte sonora e ouvinte seja de 12 [m] e que o volume por assento[10] esteja entre 2.3 e 4.3 [m^3] [1].

---

[10] Razão entre o volume total da sala em [m^3] e o número de assentos contidos na sala.

Diretrizes para alguns tipos de projetos   565

8.2.3 Restaurantes e salões de festa

Os restaurantes e salões de festa têm também um objetivo voltado à inteligibilidade da fala. É desejável que clientes de uma mesma mesa consigam conversar sem elevar muito a voz, mas que sua conversa não seja inteligível nas mesas ao redor.

O efeito coquetel, estudado nas Equações (8.1), (8.2) e (8.3), nesses recintos é bastante mais dramático, já que o número de pessoas (N) falando ao mesmo tempo pode ser muito elevado. Nesse caso, todos os clientes tendem a elevar a voz, de forma que sejam ouvidos pelas pessoas com as quais dividem a mesa.

É interessante fazer um exercício numérico. Em uma conversa equilibrada o NWS emitido pelo interlocutor é de cerca de 70 [dB]. A $r = 1.2$ [m] do interlocutor, um ouvinte captaria um som direto, de acordo com a Equação (8.1), de $L_{\text{pl}} = 60.4$ [dB][11]. Se há apenas um interlocutor no restaurante e se este possui teto e paredes rígidas, com alguma absorção sonora proporcionada pela mobília, um valor típico para $S\bar{a}$ é de 20 [m^2]. Nesse caso, com apenas uma fonte sonora, o NPS causado apenas pela reverberação seria, de acordo com a Equação (8.2), de $L_{\text{pr}} = 63.0$ [dB], o que resulta em uma SNR $= -2.6$ [dB] (Equação (8.3)). Isso implica que, em um restaurante com apenas um orador, é preciso fazer um esforço para entender a palavra falada, já que, de acordo com a Figura 7.15, a porcentagem de palavras compreendidas estará entre 40 e 50 [%]. Se adicionarmos a esse ambiente $N = 20$ pessoas falando ao mesmo tempo, o NPS causado pela reverberação seria de $L_{\text{pr}} = 76.0$ [dB], o que resulta em uma SNR $= -15.6$ [dB] e uma percentual de compreensão virtualmente nulo, a não ser que interlocutor e ouvinte diminuam excessivamente a distância entre si. De fato, em algumas situações r deve tender a zero caso as pessoas queiram se entender[12]. Na opinião de Long [1], restaurantes sem tratamento acústico tornam as conversas impossíveis e os clientes tendem a não voltar ao estabelecimento, o que é obviamente ruim. No entanto, por alguma razão "insondável", palavra traduzida literalmente do livro [1], inúmeros restaurantes são projetados sem nenhum cuidado com a

---

[11] Considerando que a voz apresenta direcionalidade $Q = 2$.
[12] Falar ao pé do ouvido.

qualidade acústica. No Brasil, parece existir um problema ainda mais sério: a falta de referência de ambientes tratados. Essa falta de ambientes adequados faz com que nossa cultura esteja acostumada com ambientes ruidosos e desconfortáveis, o que faz com que os investimentos nesse sentido sejam considerados supérfluos.

Tentando lidar com a premissa de boa inteligibilidade na mesa e baixa inteligibilidade na mesa ao lado, Long [1] propõe que a SNR seja maior que -6 [dB] para a mesa na qual se deseja boa inteligibilidade, o que garante uma IF maior que 20 [%] para sílabas simples e maior que 60 [%] para frases (Figura 7.15). Esse primeiro critério estabelece que a razão entre área de absorção por número de mesas ($S\bar{\alpha}/N$) seja dada em função da distância média r_m entre ocupantes da mesa. Nesse caso, utilizando a Equação (8.3), a relação é

$$\frac{S\bar{\alpha}}{N} > 6.31 r_m^2 \ . \tag{8.6}$$

Para cumprir o critério de privacidade, a proposta é que a SNR seja menor que -9 [dB] entre as mesas (IF menor que 10 [%] para sílabas simples e menor que 30 [%] para frases). De posse da razão ($S\bar{\alpha}/N$), é possível estabelecer a distância entre as mesas, que é dada por

$$r_t^2 > 0.32 \frac{S\bar{\alpha}}{N} \ . \tag{8.7}$$

A partir da determinação da quantidade de absorção sonora necessária e da determinação do espaçamento entre as mesas, pode-se partir para o cálculo de outros parâmetros acústicos se desejado. Ao utilizar métodos geométricos, o projetista deve se certificar de calcular diversas respostas ao impulso entre ocupantes de uma mesma mesa e ocupantes de mesas diferentes. Eis um dos poucos casos em que a variação espacial considerável no valor dos parâmetros objetivos é desejada. O tratamento dos modos acústicos não é tão crítico, já que, em geral, a frequência de Schroeder tende a ser menor que 85 [Hz], devido ao grande volume dos ambientes.

É preciso observar as conformidades dos materiais usados no tratamento acústico com leis de higiene e segurança. Caso falte espaço no

Diretrizes para alguns tipos de projetos 567

teto para o tratamento acústico, uma opção é a sua aplicação embaixo das mesas e cadeiras. Outro fato importante é levar em conta a presença de música ambiente ou ao vivo nos cálculos das Equações (8.6) e (8.7). Música ambiente e música ao vivo podem ser consideradas como ruídos que interferem na inteligibilidade da fala.

8.2.4 Salas de conferência

As salas de conferência ou reuniões são ambientes onde profissionais se reúnem para discussões profissionais, pequenas palestras etc. O tamanho desses espaços pode variar para comportar entre uma a algumas dezenas de ocupantes. O uso de sistemas de reprodução de áudio e vídeo também é comum e podem ter sua faixa de frequências limitada à faixa da voz humana, a fim de simplificar o tratamento acústico. A comunicação entre os ocupantes da sala é o aspecto primordial e pode se dar com ou sem o apoio de microfones e alto-falantes.

Duas salas de conferência são mostradas na Figura 8.8. É recomendado que, acima da mesa de reuniões, se utilize um teto rígido e não difusor, que propicie reflexões especulares entre os participantes das reuniões. Essa área reflexiva não precisa se estender além da área ocupada pelos participantes. Além da área acima da mesa de reuniões, difusores ou absorvedores podem ser aplicados ao teto. Isso pode ser visto tanto na Figura 8.8 (a) como na Figura 8.8 (b). O painel iluminado na Figura 8.8 (b), por exemplo, é reflexivo, mas cercado por painéis absorvedores. O teto também deve ser baixo, a fim de que as reflexões providas por ele sejam relativamente intensas e suportem os interlocutores (os tetos são usualmente mais baixos que 3 [m] [1]).

Considerando que a voz humana é uma fonte direcional, a disposição das pessoas ao redor da mesa é um fator importante a ser pensado, especialmente em grandes salas de conferência. Arranjos onde alguns participantes podem ficar de costas para outros, como o da Figura 8.8 (a), não são os preferidos, mas podem ser inevitáveis. Nesse caso, o grau de participação na reunião pode ser levado em conta, colocando-se espectadores no anel externo e participantes no anel interno. O posicionamento de projetores e telas deve levar em conta as linhas de visão de todos os ocupantes.

Figura 8.8 Salas de conferência: (a) Scu-international conference room; (b) Sala principal de conferências dentro do Diefenbunker: um local subterrâneo destinado à continuidade de trabalhos do governo canadense em caso de guerra. Fonte: Wikimedia Commons.

Os pisos são, em geral, acarpetados, o que aumenta o grau de absorção da sala e reduz o ruído gerado por pessoas entrando e saindo da sala de reuniões. Absorção e difusão sonora podem ser aplicadas às porções médias e superiores das paredes laterais. Isso ajuda a controlar o tempo de reverberação, que deve ser pequeno e pode ser escolhido de acordo com as recomendações da Figura 8.1.

Sistemas de sonorização são frequentemente incluídos, tanto para reprodução de áudio quanto para ajudar na comunicação entre participantes. Os alto-falantes, usados na reprodução do áudio de vídeos, devem ser localizados ao lado da tela de projeção, a fim de que a imagem estereofônica seja respeitada[13]. Os alto-falantes usados como reforço no sistema de comunicação devem ser preferencialmente posicionados no teto e processados a fim de manter a correta impressão espacial da direção da fonte sonora [15]. Cuidados com microfonia também dever ser tomados, e é recomendado que o sistema de reprodução de vídeo não seja utilizado para as comunicações a fim de que tal problema seja minimizado. Dessa forma, o uso de microfones direcionais próximos aos participantes é a melhor opção [16].

---

[13] Mais informações sobre isso podem ser encontradas na Seção 8.3.

Diretrizes para alguns tipos de projetos 569

8.2.5 Cinemas

Cinemas são ambientes nos quais o sistema de áudio, composto de uma série de alto-falantes distribuídos, é a fonte sonora principal. Os cinemas estão na classe de salas para fala, já que a inteligibilidade dos diálogos dos filmes é primordial. Desse ponto de vista, os cinemas são salas com alto teor de absorção sonora. A ambientação acústica é provida pelo sistema de áudio, que atualmente é um sistema *surround*, com alto-falantes na frente, dos lados e atrás dos ouvintes [17].

A absorção sonora é em geral distribuída ao longo de todas as paredes, do teto, do piso e das cadeiras. Nas paredes laterais é comum a utilização de grossos painéis de lã de rocha cobertos por um tecido acusticamente transparente. É necessário que o piso seja lavável. As cadeiras devem apresentar absorção suficiente para que o tempo de reverberação da sala desocupada seja similar ao da sala totalmente ocupada. A tela de projeção é acusticamente transparente, de forma que os alto-falantes frontais possam ser colocados atrás dela, o que ajuda a manter a imagem sonora dos diálogos coerente. O piso das salas de cinema é inclinado, tal qual o da Figura 8.5 (a), sendo preferível uma maior separação entre as cabeças ($h \approx 12\,[\text{cm}]$) para uma melhor visibilidade.

A SMPTE (*Society of Motion Picture and Television Engineers*) e a THX (uma empresa particular fundada por George Lucas[14]) fornecem recomendações para o tempo de reverberação das salas de cinema e para os limites das magnitudes da FRF dessas salas. Tais recomendações podem ser vistas na Figura 8.9 (a), que mostra os tempos de reverberação limite em função do volume da sala, e na Figura 8.9 (b), que mostra as tolerâncias na variação do NPS com a frequência, às quais o sistema de áudio equalizado de áudio deve se conformar.

Para medir a variação do NPS com a frequência, fornece-se um sinal de banda larga, cuja magnitude do espectro medido em bandas de 1/3 de oitava seja uniforme (ruído rosa), ao sistema de reprodução. O NPS é medido em [dB] relativo ao valor médio da pressão sonora nas bandas de 1/3 de oitava entre 200 [Hz] e 4 [kHz]. Várias posições de recepção podem ser medidas a fim de que a variação espacial seja obtida. O sistema de

---

[14] Criador da trilogia *Star Wars*.

sonorização deve ser equalizado de forma que a variação do NPS atinja os limites estabelecidos na Figura 8.9 (b) (curvas cheias). Note que uma acústica adequada fará com que menos equalização eletrônica seja necessária, o que é desejável.

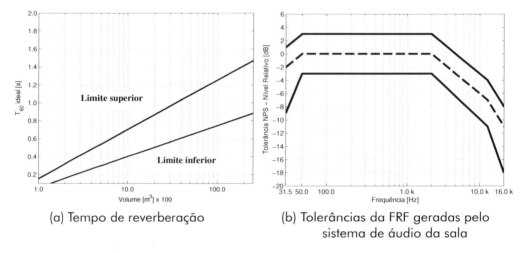

(a) Tempo de reverberação

(b) Tolerâncias da FRF geradas pelo sistema de áudio da sala

Figura 8.9 Tempo de reverberação ideal e tolerância no NPS gerado pelo sistema de áudio da sala.

8.3 Estúdios

Estúdios são ambientes acusticamente controlados onde a produção de áudio é feita para um mercado consumidor exigente. Por produção, entende-se que um sinal acústico é captado e gravado em uma mídia a fim de que seja reproduzido posteriormente ao consumidor. As mídias de gravação evoluíram consideravelmente ao longo dos anos. Desde a invenção do fonógrafo mecânico de Thomas Edison, em 1877, até os dias atuais, em que diversas mídias estão disponíveis (p. ex., CD, DVD, *Blue Ray*, MP3), várias outras mídias foram inventadas e continuam sendo utilizadas em maior ou menor grau (p. ex., LP, fita K7, ADAT, fita magnética etc.) [18, 19]. Houve também uma evolução considerável dos microfones, desde sua invenção por Graham Bell e Thomas Edison (em projetos distintos) no último quarto do século XIX e das técnicas de captação de sinais acústicos [20].

Diretrizes para alguns tipos de projetos

Alto-falantes, caixas acústicas e sistemas de reprodução de áudio também evoluíram consideravelmente de sistemas mono a sistemas 5.1[15] e *surround*, passando pelo estéreo [17, 19], que ainda é um formato comum[16]. Outros formatos como *Ambisonics* e *Wave Field Synthesis* são focos de pesquisa atual [17].

Os tipos de sinais gravados em um estúdio também são os mais diversos. O mais comum é que o leitor pense diretamente em música e ele não está errado. No entanto, é preciso lembrar que: (i) existe uma diversidade enorme de estilos musicais; (ii) dentro de cada estilo musical existe uma diversidade enorme de instrumentos musicais e tipos de vozes. Cada instrumento musical e cada voz apresentam sua própria característica espectral, faixa dinâmica, timbre etc.; (iii) Cada estilo musical (ou época) pode ter uma exigência quanto à sonoridade de reverberação, equilíbrio entre as frequências etc. Em parte esse aspecto já foi discutido. Uma música clássica com muitas notas requer um menor tempo de reverberação, já que um excesso prejudica a inteligibilidade da sequência. Uma música clássica com poucas notas pode se beneficiar da reverberação para preencher os espaços entre as notas. É útil notar também que existem diferenças enormes entre os estilos clássicos mais contemporâneos, ou mesmo grandes variações entre décadas. Ouça, por exemplo, *Under Pressure* (1981) da banda Queen e *Since you've been gone* (2004)[17], gravada por Kelly Clarckson. Note a maior reverberação nos vocais, guitarras e bateria em *Under pressure*, por exemplo. Ou note o mesmo efeito na voz de Elis Regina e nos instrumentos em *Águas de março*, gravada em 1974, em comparação com a gravação por Tom da Terra de 2003, no álbum *Brasil Branco Negro*.

Além disso, música não é o único tipo de sinal acústico gravado ou reproduzido em um estúdio. No aspecto gravação, é muito comum o registro apenas de voz, para dublagens e regravações de filmes, seriados, novelas, propagandas etc. A gravação de efeitos sonoros também acontece com frequência. Tais efeitos são usados em filmes, animações etc. Esses efeitos são chamados de *folley* e compreendem desde sons que são

---

[15] Existem também formatos semelhantes como 7.2, 22.2 etc. Todos eles podem ser entendidos em analogia ao sistema 5.1.

[16] Na Seção 8.3.2 mais explicações sobre os formatos de reprodução serão dados.

[17] Grammy de melhor performance vocal *pop*.

escutados no dia a dia, como a chuva, o bater de uma porta etc., a sons que não existem *a priori*, como o som do sabre de luz em *Star Wars*.

A gravação pode ser, portanto, definida como o processo inicial de captação sonora e seu registro em uma mídia adequada. Ela toma lugar em uma sala de gravação com características específicas. Entender as formas de gravar um conjunto de fontes é essencial para fazer um bom projeto de uma sala de gravação. Isso será abordado com mais profundidade na Seção 8.3.1. Existem três outros processos que ocorrem em um estúdio. O primeiro é a audição simultânea da gravação. O segundo é a mixagem, e o terceiro, a masterização. Esses três processos requerem um ambiente adjacente à(s) sala(s) de gravação. Tal ambiente é chamado de sala de controle e será descrito na Seção 8.3.2, bem como os processos de mixagem e masterização. Todos os três processos demandam que a sala de controle tenha uma qualidade acústica tal que os técnicos e produtores, responsáveis pela produção, sejam capazes de ouvir os detalhes do material que está sendo gravado, alterá-lo de forma controlada e escutar os detalhes das alterações realizadas. Tudo isso ainda precisa soar bem nos mais diversos ambientes que o consumidor vai escutar o produto (p. ex., em casa, no cinema, no carro, fones de ouvido, restaurante, academia etc.).

Além das preocupações com a qualidade acústica interna da(s) sala(s), é também útil lembrar que a gravação, mixagem e masterização, para uma indústria tão exigente quanto a indústria do entretenimento, requer ambientes com isolamento acústico criterioso. Nesse quesito, o proprietário do estúdio não deseja ser incomodado por ruídos externos (maximização da SNR) nem pode incomodar sua vizinhança quando gravar uma orquestra sinfônica ou banda de *rock*, por exemplo. Adicionalmente, a estética do ambiente é primordial, já que boa parte da inspiração de um artista vem do ambiente em que ele se encontra.

Pode-se concluir então que os estúdios de gravação são ambientes bastante exigentes no que tange à sua qualidade acústica. Os estúdios são, em geral, constituídos por uma ou mais salas de gravação adjacentes a uma ou mais salas de controle. A Figura 8.10 mostra a planta baixa de um estúdio projetado pela empresa Audium (Salvador - BA). Nesse caso, a sala de controle está lateralmente ligada à sala de gravação principal.

Diretrizes para alguns tipos de projetos

Anexo à sala de gravação principal, existe outra sala de gravação menor. Do lado oposto à sala de gravação principal, existe outra sala de gravação ligada à sala de controle. Dessa forma, pode-se gravar ao mesmo tempo um piano na sala principal, uma bateria em uma das salas adjacentes e um vocal na terceira sala, por exemplo. A seguir mais detalhes serão dados a respeito das exigências das salas de gravação e de controle.

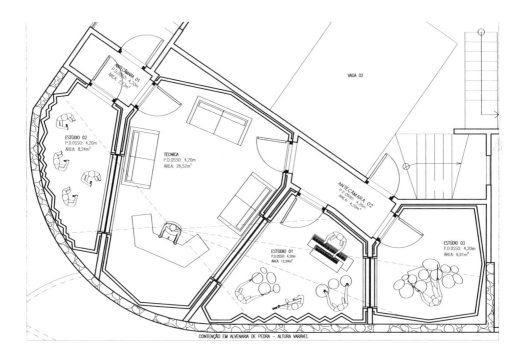

Figura 8.10 Planta baixa de um estúdio com uma sala de controle e três salas de gravação. (Cortesia da empresa Audium, de Salvador-BA).

8.3.1 Salas de gravação

As salas de gravação de um estúdio devem propiciar um ou mais ambientes acusticamente versáteis, já que um estúdio pode funcionar para atender a diversos tipos de gravação (vários estilos musicais, voz, dublagem, programas de rádio etc.). Versatilidade pode ser de suma importância especialmente por questões comerciais. Entender o processo de gravação, no entanto, é essencial para que se possa fazer um projeto adequado de um estúdio como um todo. É preciso dizer aqui que o autor deste livro não é um produtor musical e que esses profissionais carregam com sua experiência uma série de alternativas às apresentadas aqui. A intenção deste livro na descrição do processo é ser didático e fazer compreender as exigências acústicas do projeto de um estúdio.

Em primeiro lugar, uma voz, instrumento ou outra fonte sonora pode ser gravada em separado ou simultaneamente a outros instrumentos musicais e vozes. Suponha, por exemplo, que você deseja gravar uma música de uma banda composta por 4 instrumentistas: bateria, baixo, guitarra e voz.

A primeira forma de fazer a gravação da música é registrar os instrumentos separadamente. Nesse caso, uma gravação inicial é feita com voz e violão, por exemplo. Essa gravação é chamada de guia. Uma vez que a guia está disponível para ser reproduzida (*playback*), pode-se gravar a bateria. O sinal da guia é então enviado, a partir da sala de controle, ao baterista, que o escutará na sala de gravação via fones de ouvido. O baterista executa seu instrumento simultaneamente ao *playback* e os sinais dos microfones posicionados na sala de gravação captam o som da bateria. Guia e bateria podem ser então enviados ao baixista via fone de ouvido em um *playback* posterior. O baixo é então registrado. Da mesma forma, segue-se a gravação da guitarra e, posteriormente, a voz. Nesse tipo de configuração, consegue-se uma máxima separação acústica entre as fontes sonoras, já que os instrumentos não são executados na sala de gravação ao mesmo tempo. No entanto, a desvantagem é a baixa interação entre os músicos, o que pode prejudicar a interpretação da música[18].

A segunda forma de fazer a gravação da música é registrar os instrumentos que tocam ao mesmo tempo na sala de gravação. Nesse caso, a interação entre os músicos é máxima. No entanto, a separação acústica entre os instrumentos é mínima, já que os músicos ocupam o mesmo ambiente na hora da gravação. O que acontece, então, é que o sinal captado pelos microfones próximos à bateria vai conter a influência do sinal da guitarra ou de voz (vazamento, em uma linguagem simples). Isso faz com que haja menos controle nos processos de edição, mixagem e

---

[18] Em alguns estilos, como *jazz* ou música clássica, essa baixa interatividade é inaceitável.

masterização da música, já que, ao colocar algum efeito em um dos instrumentos, o produtor também o faz no vazamento dos outros instrumentos.

A terceira forma de executar a gravação da música é um compromisso entre as duas primeiras e requer um estúdio com várias salas de gravação, como o mostrado na Figura 8.10. Nesse caso, cada músico ocupa uma sala. Os diversos microfones captam os sinais acústicos dos instrumentos e voz e os enviam à sala de controle, onde esses sinais são gravados e endereçados aos músicos a fim de que eles se escutem via fones de ouvido. Nesse tipo de gravação existe uma boa separação acústica entre os sinais e uma interação aceitável entre os músicos. O leitor pode se perguntar neste ponto a razão pela qual não usar o compromisso entre a primeira e segunda forma sempre. O motivo é que alguns estilos musicais demandam interação máxima entre os membros da banda e que os custos associados à construção de duas, três ou mais salas de gravação podem se tornar proibitivos.

Entendido o processo de gravação, e sabendo que existe uma necessidade de adequação da sala a um ou mais estilos musicais, podemos falar dos tipos de sala de gravação existentes e dos requisitos gerais dessas salas. A gravação de voz para dublagem ou outra aplicação seguirá as premissas da gravação de voz em música e a gravação de efeitos sonoros.

Quanto aos requisitos gerais, pode-se dizer que o piso de quase todas as salas de gravação é feito em madeira. Tecnicamente não é necessariamente errado projetar uma sala de gravação com o piso feito em outro material (p. ex., carpete). No entanto, seu projeto pode perder em competitividade, já que a maioria dos estúdios usará madeira no piso. É útil também evitar o paralelismo entre as paredes. Isso reduz o risco de *flutter echo* e deixa a distribuição de pressão sonora dos modos acústicos mais irregular (ver Seção 4.3). Claramente, um estudo criterioso dos modos e seu tratamento deve ser efetuado, especialmente em salas de gravação pequenas. Nesse aspecto vale ressaltar que o uso de uma ferramenta numérica, como o Método dos Elementos Finitos, pode ser crucial em uma análise mais criteriosa dos modos, já que um projeto mais exato pode exigir isso.

Um dos tipos de sala de gravação é chamada de sala neutra [21]. É uma sala que apresenta tempo de reverberação acima de 250 [Hz], relativamente curto (0.3-0.6 [s]). Como o T_{60} ideal varia com o estilo musical, a ideia desse conceito é criar uma sala sem uma identidade característica, de forma que a ambientação necessária seja inserida eletronicamente. Dessa forma, a sala não privilegia nenhum estilo. A sala neutra utiliza uma quantidade relativamente grande de absorção e pouca difusão. É um conceito relativamente antigo que já foi usado em grandes salas de gravação. Atualmente, é um conceito usado em pequenas salas, que são utilizadas para gravar voz ou alguns instrumentos (p. ex., violão em alguns casos). A Figura 8.11 mostra a gravação de voz em uma sala neutra. Note a alta quantidade de materiais sonoabsorventes espalhados nas paredes ao redor da cantora.

Figura 8.11 Foto de uma gravação de voz em uma sala neutra.
Fonte: Wikimedia Commons.

Um segundo tipo de sala de gravação é a sala viva. Ela pode ser uma sala "reverberante" ou uma sala "reflexiva" [21]. As salas "reverberantes" são ambientes que privilegiam a difusão sonora. Tal difusão é conseguida com o uso de paredes altamente irregulares. Nos anos 1970, a utilização de pedras nas paredes, como forma de se obter essa difusão, era bastante comum. Essa característica, somada à baixa quantidade de absorvedores, faz com que a sala "reverberante" apresente, em geral, altos tempos de reverberação. Um esquema para esse tipo de sala é mostrado na Figura 8.12 (a). Já as salas "reflexivas" possuem superfícies lisas e inclinadas entre si (Figura 8.12 (b)), o que proporciona maior absorção e menor T_{60}, mas com alta densidade de reflexões. Esse tipo de sala é um conceito pré-difusor comercial, muito utilizado na década de 1970. Cada sala viva apresentará uma identidade bastante característica, sendo, portanto, necessário um estudo criterioso para manter os parâmetros objetivos dentro de limites aceitáveis, caso se opte por esse conceito.

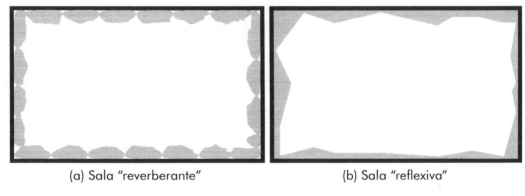

(a) Sala "reverberante" (b) Sala "reflexiva"

Figura 8.12 Esquemas de salas vivas em um estúdio.

O conceito atual das salas de gravação utiliza uma mistura da absorção e da difusão sonora. A Figura 8.13 mostra a foto da sala de gravação principal do estúdio ESPI, México. Pode-se notar a presença do piso de madeira, paredes anguladas, absorvedores no teto e absorvedores e refletores angulados na parede lateral. Uma das paredes também mostra painéis rotativos (absorvedores ou refletores); dois deles estão com a face absorvedora exposta à sala. Esses painéis fazem com que a sala de gravação tenha características acústicas variáveis. De acordo com o projetista[19], o T_{60} da sala pode variar entre 0.8 [s] e 1.6 [s].

---

[19] Em correspondência pessoal.

Figura 8.13 Sala de gravação do estúdio ESPI, México.
(Cortesia de Malvicino Design Grou).

Outra proposta pode ser vista na Figura 8.14. A sala em questão é um projeto feito para a disciplina de Acústica de salas da Engenharia Acústica da UFSM[20]. Na figura é possível observar a aplicação dos absorvedores de membrana nas paredes e quinas da sala. Tais absorvedores são aplicados na parte de cima da parede para não ocupar o espaço útil na parte de baixo. Como os absorvedores são projetados para a absorção de modos axiais e tangenciais, sua aplicação na parte de cima é tão efetiva quanto na parte de baixo (ver Capítulo 4). É possível ver também alguns difusores nas paredes laterais e as cortinas, que podem ser uma boa opção para certa flexibilidade na variação do T_{60}. As cortinas, quando abaixadas, funcionam como superfície de absorção e, quando recolhidas, expõem uma parede mais reflexiva.

---

[20] Universidade Federal de Santa Maria (RS).

Diretrizes para alguns tipos de projetos

Figura 8.14 Projeto de uma sala de gravação proposta pelos alunos Lucas Lobato, Thaynan Oliveira e Vanessa Lopes durante o curso de Acústica de Salas de 2014 da Engenharia Acústica da UFSM.

A utilização de acústica variável é uma boa opção em casos em que é necessário aumentar a gama de atuação do estúdio. Existem algumas formas de fazê-lo, além do uso das cortinas e painéis rotativos. Uma ideia com custo relativamente baixo é mostrada no esquema da Figura 8.15. Nesse caso, a sala é projetada para ter uma região tratada com bastante absorção (acústica "morta") e uma região com pouca absorção e/ou difusão (acústica "viva"). Os diversos instrumentos e fontes sonoras podem ser, então, posicionados na sala de acordo com suas exigências acústicas ou dos produtores.

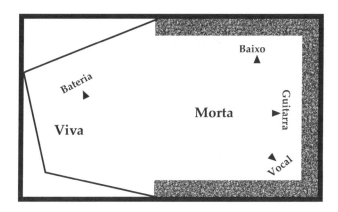

Figura 8.15 Esquema de um tipo de sala de gravação com acústica variável – variação ao longo da sala.

Outra opção é usar um tipo de tratamento acústico fixo e de dupla função. No exemplo mostrado na Figura 8.16, o tratamento é constituído por uma superfície refletora e inclinada, que tem seu volume interno preenchido com material sonoabsorvente (ver Figura 8.16 (b)). Dessa forma, à medida que a fonte é movida de A para B (Figura 8.16 (a)), há cada vez menos superfícies refletoras orientadas para a fonte, o que acaba por fazer com que o tempo de reverberação tenda a ser menor em B do que em A.

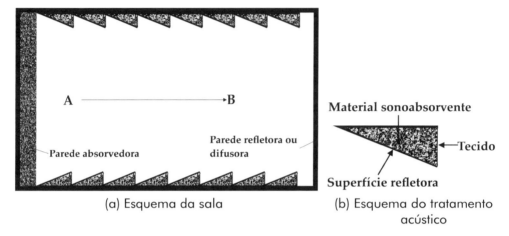

Figura 8.16 Esquema de um tipo de sala de gravação com acústica variável – tratamento acústico fixo e com dupla função.

Uma terceira opção, mais custosa, é usar um tipo de tratamento acústico móvel e de dupla ou tripla função. No exemplo mostrado na Figura 8.17 (a), o tratamento é constituído por três superfícies: uma lisa e rígida para propiciar reflexão especular, uma superfície difusora e uma superfície em tecido acusticamente transparente, sendo o volume interno preenchido com material sonoabsorvente (ver Figura 8.17 (b)). Os diversos tratamentos podem ser rotacionados, de forma que as características acústicas da sala sejam alteradas (localmente ou globalmente) à medida que diferentes superfícies são expostas às ondas sonoras. Esse tipo de tratamento é o que proporciona maior flexibilidade. No entanto, seu custo pode ser proibitivo. O tratamento com painéis de dupla função (absorção e reflexão especular) é mostrado na Figura 8.13.

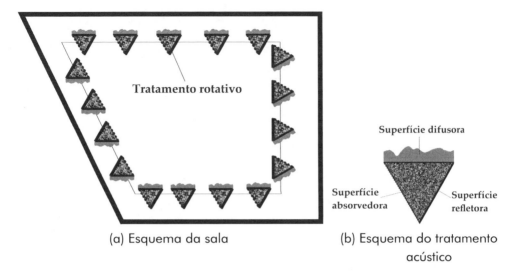

(a) Esquema da sala (b) Esquema do tratamento acústico

Figura 8.17 Esquema de um tipo de sala de gravação com acústica variável – tratamento acústico móvel e com dupla ou tripla função.

No projeto de salas de gravação, os engenheiros e arquitetos têm certa liberdade para criar, desde que primem por boa qualidade acústica e algum nível de flexibilidade. Pode-se então adequar e maximizar a utilização do espaço disponível para criar os espaços de que o cliente precisa. Por esses motivos, não existe uma recomendação acústica específica para todos os parâmetros objetivos no caso das salas de gravação. O projetista deve consultar o cliente sobre suas necessidades, público-alvo do estúdio etc., e então projetar o espaço de acordo com essas necessidades. Já as salas de controle têm exigências bastante específicas e a liberdade do projetista é restringida pelo objetivo da sala.

8.3.2 Salas de controle

Além do processo de captação e gravação dos sinais acústicos, há três outros processos realizados em um estúdio. Em primeiro lugar é preciso escutar o que está sendo gravando. Esse processo é chamado de monitoração e precisa ser feito em um ambiente acusticamente separado da sala de gravação. O áudio captado na sala de gravação é reproduzido simultaneamente em uma sala contígua por meio de um sistema de alto-falantes. Isso é necessário, pois os produtores e técnicos podem averiguar se há algum problema com a gravação, corrigir defeitos de execução e fazer melhorias na interpretação da obra. Durante esse processo, os sinais captados são também endereçados aos fones de orelha dos músicos e/ou artistas que se encontram na(s) sala(s) de gravação.

Após o registro de todos os instrumentos e/ou fontes sonoras que compõem uma obra, é preciso editá-la e equilibrar diversos aspectos entre o conjunto de instrumentos e fontes que a compõem. Este processo é chamado de mixagem[21] e compreende o equilíbrio de volume sonoro, posicionamento espacial das fontes (ou imagem sonora da obra), equalização, compressão, adição de reverberação artificial e efeitos sonoros. A mixagem é realizada tocando os sinais de cada canal gravado por um dado sistema de reprodução e alterando-os de acordo com as preferências de artistas, produtores e técnicos. Durante esse processo a obra chega quase ao seu estágio final. Os vários canais gravados são convertidos em dois canais de áudio, por exemplo (estéreo). Além das referências sobre esse assunto [19, 20], que tendem a explicar os diversos tipos de processamento de um ponto de vista mais técnico, uma boa referência é o livro de David Gibson [22], que explica o processo de mixagem de um ponto de vista mais subjetivo.

Após a mixagem vem o processo de masterização[22]. Esse processo consiste na finalização da obra como um todo. No caso de uma obra musical, a masterização consiste basicamente em juntar todas as faixas de um álbum e equilibrar aspectos como volume sonoro, equalização entre as faixas e sua faixa dinâmica etc. Dessa forma, ao trocar de faixa em um disco, o ouvinte vai perceber a música seguinte como tendo o mesmo volume sonoro, por exemplo. Já no caso de um filme, a masterização consiste em equalizar a obra e regular o volume sonoro, de forma que os diálogos e passagens com volumes mais baixos sejam inteligíveis e os efeitos sonoros mais intensos não causem desconforto. Muito tem se falado ultimamente do processo de masterização, já que aparentemente, as variações dinâmicas em obras musicais tem sido sacrificadas em prol de um

---

[21] O autor desta obra acredita que a palavra "mixagem" seja uma apropriação da língua portuguesa do verbo *to mix* do inglês, que significa misturar.

[22] O autor desta obra acredita que a palavra "masterização" seja também uma apropriação da língua portuguesa da palavra *master* do inglês, que está associada à criação de uma matriz mestra de reprodução, da qual as cópias serão fabricadas para o consumidor final.

aumento de volume sonoro (*loudness*). Timmers [23], por exemplo, investiga a influência de diversos aspectos na percepção subjetiva de obras históricas, incluindo as variações dinâmicas. E há muitas outras evidências das tentativas de maximização de *loudness* reportadas [24–26], especialmente quando se fala de gravações modernas. A masterização também pode ser ligeiramente diferente, dependendo da mídia final de veiculação (p. ex., CD, LP, MP3 etc.).

Os processos de monitoração, mixagem e masterização acontecem no que chamamos de sala de controle, que em geral é o ambiente adjacente às salas de gravação. Em alguns estúdios, no entanto, existem salas de mixagem e/ou masterização dedicadas e não ligadas a nenhuma sala de gravação. No entanto, não existe perda de generalidade em chamar de sala de controle o local onde as atividades de monitoração, mixagem e/ou masterização são realizadas. A sala de controle pode ser definida então, do ponto de vista de um projeto acústico, como a sala onde a gravação é reproduzida pelos monitores de referência com um nível de detalhe e transparência que mostre erros e nuances do que foi gravado e das alterações realizadas nos processos de edição, mixagem e masterização. Em outras palavras, a função da sala de controle é garantir uma reprodução fiel do áudio e permitir que as pessoas que produzem a arte possam tomar decisões informadas sobre quando aumentar/abaixar o volume, equalizar, comprimir, colocar reverberação, efeitos etc. Além disso, os produtores do áudio precisam ser capazes de perceber e julgar se as alterações realizadas melhoraram ou pioraram a obra como um todo.

Para entender os requisitos de uma sala de controle, é preciso, primeiramente, entender o que se quer dizer com "monitores de referência" ou "sistema de reprodução". Atualmente, existem diversos sistemas de reprodução de áudio, dos quais três são de suma importância no contexto de um estúdio. O sistema mono, mostrado na Figura 8.18 (a), é composto por um único alto-falante, que reproduz um único sinal de áudio. Esse foi o primeiro sistema de reprodução e está presente desde a invenção do gramofone. No sistema mono não existe como discriminar fontes sonoras no espaço, já que todos os instrumentos e fontes gravadas são confinadas à posição do alto-falante. Na Figura 8.18 (a) o ouvinte está posicionado diretamente sobre o eixo de maior sensibilidade do alto falante, 0 [°]. Se o ouvinte se movesse para a esquerda, ele perceberia que os sons de todos os instrumentos/fontes gravados vêm de sua esquerda. Alguma perda em altas frequências poderia ser sentida devido à maior direcionalidade dos alto-falantes nessa faixa de frequências. As fontes, no entanto, continuariam confinadas à posição do alto-falante.

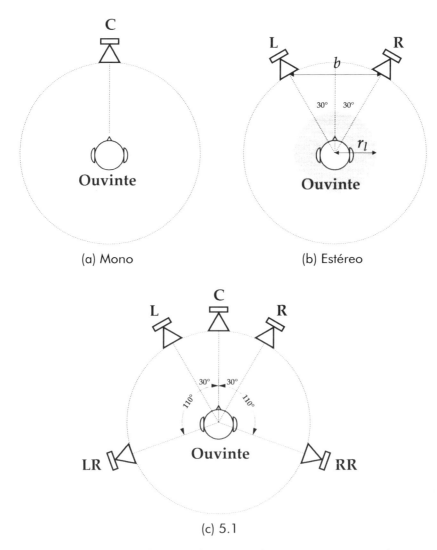

Figura 8.18 Distribuição de caixas de som em um estúdio.

O sistema estéreo, mostrado na Figura 8.18 (b), é composto por um par de alto-falantes. Cada alto-falante reproduz um sinal que é ligeiramente diferente do outro. Essa diferença foi gerada no processo de mixagem e/ou gravação. Esse sistema de reprodução existe comercialmente

Diretrizes para alguns tipos de projetos 585

desde os anos 1960, sendo o álbum *Sgt. Pepper's Lonely Hearts Club Band*, dos Beatles, um dos ícones do começo da era estereofônica. Uma história mais completa dos desenvolvimentos da estereofonia pode ser encontrada no livro de Rumsey [17]. É preciso, em primeiro lugar, reconhecer que, até a data da publicação desta edição, os sistemas de reprodução e as mídias de reprodução estereofônicas são as mais comuns. No sistema estéreo o ouvinte deve ser posicionado em um dos ápices de um triângulo equilátero, sendo os outros dois ápices ocupados pelos alto-falantes L e R, cujos eixos de maior sensibilidade estão orientados ao ouvinte. Dessa forma, a reta normal à frente da cabeça do ouvinte forma um ângulo de 30 [°] com cada alto-falante. Como os sinais reproduzidos pelos alto-falantes são ligeiramente diferentes, o ouvinte tem a sensação de que as fontes sonoras se encontram distribuídas no espaço entre os alto-falantes. Tal efeito é conseguido já que nosso sistema auditivo interpreta as diferenças de amplitude e tempo de chegada entre as orelhas esquerda e direita e as converte em localização espacial (Seção 1.1). Assim, em uma gravação estereofônica, o produtor pode fazer com que o canal de reprodução à esquerda (L) tenha a guitarra com um pouco mais de volume que o canal da direita (R), por exemplo. Ao ouvir a música em um sistema estéreo equilibrado, o ouvinte terá a sensação de que a guitarra ocupa uma posição mais à esquerda. Quanto maior a diferença entre os sinais dos canais L e R, mais a fonte é percebida à esquerda ou à direita[23]. Por outro lado, se o mesmo sinal é fornecido aos canais L e R, o ouvinte perceberá que a fonte está na posição central entre os alto-falantes. É preciso notar, também, que o posicionamento do ouvinte em um dos ápices do triângulo é crucial, já que, se o ouvinte se desloca para a direita, por exemplo, ele tenderá a ouvir o canal R com maior intensidade, o que faz com que a imagem sonora torne-se diferente da que foi projetada no processo de mixagem.

O sistema 5.1, mostrado na Figura 8.18 (c), é composto por seis alto-falantes. Cada alto-falante reproduz um sinal, que é ligeiramente diferente, o que, como já foi discutido, causará a impressão espacial no ouvinte. Adicionalmente aos canais L e R, já contidos no sistema estéreo,

---

[23] No álbum *Sgt. Pepper's Lonely Hearts Club Band*, dos Beatles, esse efeito é drástico em algumas músicas como *Lucy in the Sky with Diamonds*, em que a bateria é mixada quase totalmente à esquerda, uma estética bastante não ortodoxa para os dias atuais.

o sistema 5.1 conta com um alto-falante central (C), responsável pelo reforço sonoro da imagem fantasma no centro dos falantes L e R, e dois alto-falantes responsáveis pela reprodução *surround*: LR (*Left rear* ou *surround* à esquerda) e RR (*Right rear* ou *surround* à direita). Os ângulos entre os alto-falantes são dados na Figura 8.18 (c). O ".1" em 5.1 diz respeito ao alto-falante (ou canal) de reprodução de efeitos sonoros, comumente associado às baixas frequências (*subwoofer*). Esse alto-falante não foi incluído na Figura 8.18 (c), mas é comum que ele seja posicionado em qualquer local próximo aos alto-falantes L, R e C. Lembre-se, como discutido na Seção 4.5, que o posicionamento do *subwoofer* próximos às quinas faz com que haja um aumento da energia sonora na sala nas baixas frequências. Os sistemas 5.1 foram popularizados com a introdução do DVD para mídias de vídeo e hoje são usados em filmes, canais de TV digital etc.

Note que, ao falar dos sistema mono, estéreo e 5.1, nada foi assumido a respeito da sala na qual se encontra o sistema de reprodução. As restrições implícitas nos sistemas de reprodução vão afetar profundamente a forma como se deve fazer o projeto de uma sala de controle. O posicionamento exato dos alto-falantes do sistema de reprodução é dado nas normas EBU 3276 [27, 28].

Tendo tudo isso em mente, podemos relembrar da função básica da sala de controle. Nela desejamos que o áudio seja reproduzido pelo sistema de reprodução e que o ouvinte consiga escutá-lo com um nível de detalhe e transparência que mostre erros e nuances do que foi gravado e das alterações realizadas. Como a produção de áudio realizada na sala de controle será ouvida nos mais diversos ambientes, a sala não deve interferir muito no som direto do sistema de reprodução. Assim, as salas de controle são ambientes com baixo T_{60}. O leitor pode se perguntar então: por que não projetar a sala de controle como uma sala anecoica[24]? A resposta para essa questão é que uma sala anecoica não soa natural como os ambientes nos quais ouvimos música, ou cinemas. Se a sala fosse anecoica, existiria uma tendência em adicionar reverberação artificial demais à gravação, a fim de compensar essa deficiência da sala.

---

[24] Que não produz reflexões.

A norma EBU 3276 [27] especifica as tolerâncias para o T_{60} e para a variação do NPS com a frequência na sala. Em ambos os casos a resposta ao impulso ou NPS é medida utilizando-se o sistema de reprodução de áudio como fonte principal e um microfone localizado na posição de mixagem[25].

O tempo de reverberação ideal de uma sala de controle (T_{60_p}) deve estar entre 0.20 e 0.40 [s]. A fim de garantir que a sala soe natural, o T_{60_p} deve variar com volume (V) da sala de acordo com

$$T_{60_p} = 0.25 \left(\frac{V}{100} \right)^{\frac{1}{3}}. \tag{8.8}$$

O T_{60} real da sala deve ser medido na posição de mixagem em bandas de 1/3 de oitava entre as bandas de frequência de 63 [Hz] e 8 [kHz]. A diferença entre o T_{60} medido e o T_{60_p} deve estar dentro dos limites mostrados na Figura 8.19 (a). Mudanças abruptas do T_{60} com a frequência devem ser evitadas, sendo desejado que a variação entre as bandas de 1/3 de oitava seja inferior a 0.05 [s] para frequências entre 200 [Hz] e 8 [kHz] e inferior a 25 [%] para frequências menores que 200 [Hz].

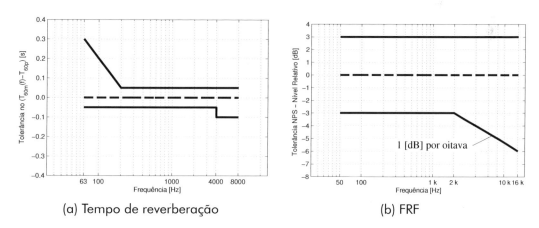

Figura 8.19 Tolerâncias no tempo de reverberação e resposta em frequência de uma sala de controle.

---

[25] Nesse caso, em vez de realizar a medição da resposta o impulso com a fonte omnidirecional, usamos o próprio sistema de reprodução do estúdio.

A Figura 8.19 (b) expressa as tolerâncias permitidas na variação com a frequência no NPS medido por um microfone na posição de mixagem. Para isso, fornece-se um sinal de banda larga, cuja magnitude do espectro medido em bandas de 1/3 de oitava é uniforme (ruído rosa), ao sistema de reprodução. A tolerância é medida em [dB] relativo ao valor médio da pressão sonora nas bandas de 1/3 de oitava entre 200 [Hz] e 4 [kHz]. Para um sistema estéreo, é importante que os NPS gerados por cada alto-falante sejam virtualmente iguais, de forma que a imagem sonora seja preservada.

Das curvas de tolerância mostradas na Figura 8.19, pode-se notar que o controle dos modos acústicos e da reverberação é essencial para o sucesso da sala. Mesmo com o tratamento adequado, pode ser muito difícil atingir os limites de tolerância em uma sala de controle pequena. Nesse caso, após o esgotamento das soluções de tratamento acústico, pode-se reconsiderar o posicionamento do *subwoofer*. Esse alto-falante pode ser movido para uma posição da sala em que menos modos acústicos sejam excitados (Seção 4.5). Note, que uma análise precisa dos modos da sala é necessária e, já que salas de controle não são retangulares, em geral, uma análise com a ferramenta numérica é necessária. Uma segunda linha de ataque no controle da resposta de baixa frequência é o uso de equalização eletrônica, que deve ser minimizada e, de acordo com a norma EBU 3276 [27], utilizada apenas para frequências abaixo de 300 [Hz].

A norma EBU 3276 [27] também especifica que a distância (b) entre os alto-falantes L e R deve estar entre 2 e 4 [m]. Além disso, existe uma área na qual a imagem sonora pode ser percebida com boa qualidade. Essa área é definida por um círculo de raio r_l e é recomendado que técnicos de áudio e produtores que trabalham no estúdio ocupem esse círculo, que não deve ter um raio maior que 0.7 [m]. Esses parâmetros estão indicados na Figura 8.18 (b). Os alto-falantes L e R devem ser posicionados a uma altura de 1.2 [m] do piso, a fim de que fiquem a uma altura compatível com as orelhas de um ser humano médio sentado.

Outro requisito importante das salas de controle é que elas sejam acusticamente simétricas em relação à posição de audição. Isso se deve ao fato de que reflexões laterais tendem a contribuir significativamente para nossa localização da fonte sonora (Seção 7.1). A sala de controle deve ser

Diretrizes para alguns tipos de projetos 589

simétrica a fim de que nenhum dos canais de reprodução seja prejudicado ou privilegiado. O requerimento de simetria diz respeito tanto à geometria da sala quanto à distribuição dos tratamentos acústicos. A localização dos absorvedores, refletores e difusores nas paredes e teto deve ser tal que *flutter echoes* sejam evitados e que primeiras reflexões muito intensas sejam minimizadas na posição de mixagem. É desejado que as reflexões até 10 [ms], após o som direto, estejam 10 [dB] abaixo do nível do som direto.

É preciso tomar cuidado também com a distribuição dos equipamentos usados na sala, como mesas de som, processadores de efeito etc. Tais equipamentos podem contribuir significativamente com reflexões que causam *flutter echo* ou coloração. Qualquer estrutura ressonante na sala deve ser amortecida, a fim de que não adicione ruído aos sinais reproduzidos pelo sistema de alto-falantes.

A norma EBU 3276 [27] também recomenda que as salas de controle não tenham um piso com área inferior a 30 [m^2], o que é um desafio atualmente, dadas as dimensões limitadas de alguns estúdios caseiros[26], o que é bastante comum na era digital. O volume da sala deve ser inferior a 300 [m^3] e a norma recomenda que as proporções entre as dimensões respeitem a seguinte lista de critérios:

(i) $1.1 \left(\frac{L_y}{L_z} \right) \leq \frac{L_x}{L_z} \leq 4.5 \left(\frac{L_y}{L_z} \right) - 4.0$;

(ii) $L_x < 3 L_z$;

(iii) $L_y < 3 L_z$.

De posse dessas informações, é útil descrever algumas formas básicas de obter os pré-requisitos especificados na norma. O primeiro tipo de projeto é chamado de sala Jensen (Newell [21]), mostrada na Figura 8.20, e era comum nos anos 1970. Nesse caso, um conjunto de painéis do mesmo tipo mostrado na Figura 8.16 (b) é instalado nas paredes laterais. A parede do fundo é tratada de forma a ajustar o T_{60} da sala, controlando a quantidade de absorção aplicada. A ideia desse conceito é que as ondas sonoras que atingem a superfície reflexiva dos painéis sejam refletidas para a parede do fundo, onde podem ser absorvidas por um absorvedor

---

[26] *Home studios.*

posicionado na faixa de altura da orelha dos operadores da sala (≈ 1.2 [m]). As demais ondas sonoras (que não atingem as superfícies refletoras dos painéis) seriam absorvidas pelo tratamento acústico no seu interior. A parte reflexiva dos painéis apresenta também a vantagem de propiciar um aporte a conversas importantes para o desenvolvimento das atividades do estúdio.

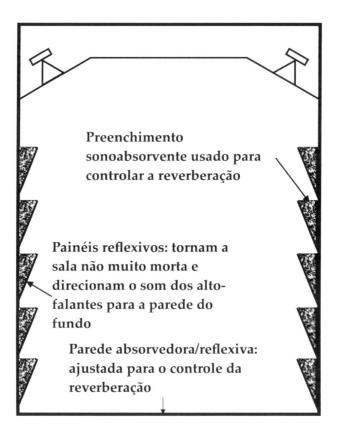

Figura 8.20 Sala de controle tipo Jensen [21].

Um segundo conceito possível é a sala chamada "Fundo morto, frente viva"[27] (DELE). Nesse caso, as superfícies próximas aos alto-falantes são feitas de materiais rígidos e anguladas de forma que as reflexões sejam direcionadas ao fundo da sala, onde superfícies absorvedoras

---

[27] Em tradução livre, pelo autor, do termo *Dead End Live End* (DELE).

atenuam as reflexões. A inclinação das paredes e o direcionamento das reflexões para o fundo tendem a promover um aumento no intervalo de tempo entre a chegada do som direto e a chegada da primeira reflexão significativa à posição de mixagem (aumento do ITDG). A Figura 8.21 (a) mostra um esquema desse tipo de sala. Na Figura 8.21 (b) é possível ver a foto de uma dessas salas do antigo estúdio inglês The Manor. Note que as paredes próximas aos alto-falantes são inclinadas e feitas de uma pedra bastante rígida e não porosa.

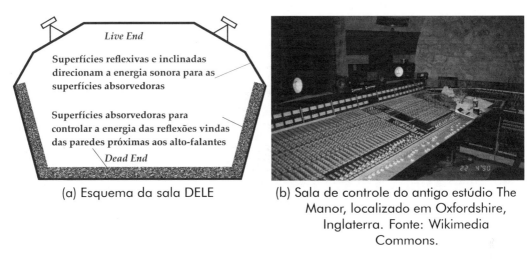

(a) Esquema da sala DELE

(b) Sala de controle do antigo estúdio The Manor, localizado em Oxfordshire, Inglaterra. Fonte: Wikimedia Commons.

Figura 8.21 Sala de controle Dead End Live End (DELE).

O terceiro conceito possível para a sala de controle é o mais moderno e atualmente utilizado em projetos. Esse conceito é chamado de "Fundo vivo, frente morta"[28] (LEDE), e aproveita a geometria proposta pelo conceito DELE, mas altera as posições dos tratamentos acústicos. A ideia é que a inclinação das paredes da frente da sala faça com que possíveis reflexões sejam direcionadas ao fundo da sala. Essas paredes também são tratadas com alguma absorção sonora. As ondas sonoras que chegam ao fundo (já atenuadas por absorção) encontram um difusor, onde são espalhadas no espaço e no tempo. O conceito é posterior à comercialização dos difusores QRD e a ideia básica é que, ao espalhar as ondas sonoras no

---

[28] Em tradução livre, pelo autor, do termo *Live End Dead End* (LEDE).

fundo da sala, a energia das primeiras reflexões que chega à posição de mixagem seja minimizada. Essa minimização acontece quando os difusores utilizados têm a propriedade de espalhar a energia sonora no espaço e também no tempo (ver Figura 1.20 e Capítulo 3). Isso cria uma região na sala chamada de "RFZ" (*Reflection Free Zone*) ou "área livre de reflexões", que está sobre a posição de mixagem, ocupada por produtores e técnicos. O artigo de D'Antonio e Cox [29] avalia essa questão em mais detalhes.

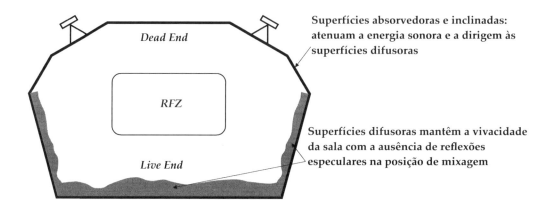

Figura 8.22 Sala de controle Live End Dead End (LEDE).

O conceito LEDE também possibilita o uso de sistemas 5.1, já que a absorção sonora presente nas paredes da frente da sala faz com que boa parte da energia acústica oriunda dos alto-falantes traseiros seja absorvida. Na Figura 8.23 é mostrado um projeto proposto pelos alunos da engenharia acústica da UFSM, durante o curso de acústica de salas de 2014. Note que, nesse caso, se pode observar a distribuição simétrica dos absorvedores na frente da sala, o posicionamento do difusor QRD ao fundo e a inclinação simétrica das paredes.

Diretrizes para alguns tipos de projetos 593

(a) Vista da traseira da sala

(b) Vista da frente da sala

Figura 8.23 Projeto de uma sala de controle proposta pelos alunos Sergio Aguirre, Bruno Dotto e Matheus Pereira durante o curso de Acústica de Salas de 2014, da Engenharia Acústica da UFSM.

Na Figura 8.24 são mostradas fotos de uma das salas de controle do estúdio ESPI, México. Note a simetria da sala, o posicionamento do difusor QRD (difractal) ao fundo e a inclinação das paredes laterais. Além disso, é possível observar painéis de absorção no teto acima da posição de mixagem, que têm o intuito de absorver parte da energia sonora das primeiras reflexões e direcioná-las ao fundo. É possível observar a posição dos processadores de efeito, próxima às mãos dos técnicos, mas longe de suas orelhas.

(a) Vista traseira da sala

(b) Vista da lateral da sala

Figura 8.24 Uma das salas de controle do estúdio ESPI, México. (Cortesia de Malvicino Design Group).

8.4 Auditórios para música

Neste ponto voltamos nossa atenção aos auditórios para música clássica. Essas salas podem ser consideradas quase como uma instituição em si, pois, além de serem locais onde boa música é praticada, são um símbolo de riqueza, poder e cultura de uma região e/ou época. Uma rápida pesquisa de fotos do interior de salas de concerto permitirá ao leitor ter uma dimensão do luxo que algumas delas exibem. Neste livro, algumas fotos serão mostradas.

Os auditórios para música clássica começaram a ser construídos em um período muito anterior à existência de qualquer teoria estabelecida em acústica. Várias salas foram construídas a partir do período barroco, que se iniciou no final do século XVI. Para se ter uma ideia, só em Veneza foram construídas nove casas de ópera entre 1637 e 1700 [1]. A construção desse tipo de sala foi ora baseado nos projetos de sucesso anteriores, ora deixado para a sorte, como colocado pelo arquiteto francês Jean Louis Charles Garnier em 1880, projetista da casa de Ópera de Paris:

> Eu me obriguei a passar por dores a fim de dominar essa ciência bizarra que é a acústica. Mas em nenhum lugar eu encontrei uma regra para me guiar. Ao contrário, não encontrei nada além de afirmações contraditórias. Eu devo explicar que eu não adotei nenhum princípio, que meus planos não se basearam em uma teoria, e que deixo o sucesso ou a falha à sorte somente ([1] p. 25, em tradução livre).

De fato, salas de concerto são ambientes altamente desafiadores de se projetar. Isso é devido tanto aos requerimentos técnicos quanto às exigências dos músicos, maestros e do próprio público que frequenta tais ambientes. Entre os requerimentos técnicos primordiais, podem-se destacar:

a) baixos níveis de ruído de fundo;

b) as salas devem ser projetadas para grandes audiências, de forma a maximizar o lucro dos proprietários, mas sem prejudicar a performance musical;

c) os parâmetros objetivos ideais variam com o estilo musical, o que pode limitar a flexibilidade da sala;

d) a sala é, em geral, concebida para música não amplificada (orquestra, coral, cantores de ópera) e deve suportar essas fontes. Atualmente, é desejável que a sala incorpore um sistema de sonorização, a fim de apresentar maior flexibilidade nos tipos de eventos que comporta;

e) já que a sala é concebida para fontes não amplificadas, o controle da fonte sonora recai nas mãos dos músicos, cantores e maestros, e não do projetista ou técnicos de áudio envolvidos;

f) parece existir uma influência da disseminação das gravações hoje em dia. Nesse caso, ouvintes acostumados a escutar música clássica em casa podem se decepcionar em uma performance ao vivo, já que a imagem sonora na sala pode variar com a posição do assento do ouvinte, enquanto, ao ouvir música por meio de um bom sistema de som estéreo, a imagem sonora será mais estável e centralizada. Além disso, técnicas de captação em que os microfones estão muito próximos aos instrumentos podem alterar a referência sonora do ouvinte, contribuindo negativamente para sua experiência na sala;

g) comparada a outros tipos de ambientes, não existem tantas salas de concerto que sejam referências de sucesso, já que a construção de tais salas é cara e complexa.

O sucesso do projeto de salas de concerto passa, em boa parte, pelas demandas do público frequentador. É preciso considerar aqui que esse público possui ouvidos treinados e um senso crítico apurado. Dessa forma, as críticas subjetivas desse público aos ambientes pode ajudar os projetistas a estabelecer os parâmetros objetivos relevantes e os seus valores ideais. Beranek [30] aponta a importância de que músicos, regentes, engenheiros e arquitetos sejam capazes de se comunicar. Ironicamente, parece que músicos e projetistas acústicos são dois grupos com a mesma língua, mas separados por diferentes dialetos.

Baseado em entrevistas com músicos e regentes, Doelle [3], Barron [31] e Beranek [30] oferecem as definições para alguns aspectos subjetivos, que são dadas na Tabela 8.2. Note que, nos originais, as definições foram feitas para a língua inglesa. É preciso reconhecer que esses termos e essas definições podem assumir significados e ênfases ligeiramente diferentes em outras línguas. Por esse motivo, o autor deste livro optou por manter os termos e definições originais e, também, oferecer uma tradução livre para o português.

Tabela 8.2 Definição de alguns termos comuns a músicos e projetistas em acústica [1].

Termo	Definição
Balance	*Equal loudness among the various orchestral and vocal participants.*
Balanço	Equilíbrio do volume sonoro entre os vários participantes da orquestra e vocais.
Blend	*A harmonious mixture of orchestral sounds.*
Mistura	Uma mistura harmoniosa dos sons da orquestra.
Brilliance	*A bright, clear, ringing sound, rich in harmonics, with slowly decaying high-frequency components.*
Brilho	Um som brilhante, claro e ressonante, rico em harmônicos, com componentes de alta frequência que decaem vagarosamente.

(continua)

Tabela 8.2 Definição de alguns termos comuns a músicos e projetistas em acústica [1] (continuação).

Termo	Definição
Clarity	*The degree to which rapidly occurring individual sounds are distinguishable.*
Claridade	O grau em que sons que ocorrem rapidamente em sequência podem ser distinguidos.
Definition	*Same as clarity.*
Definição	O mesmo que Claridade.
Dry (Dead)	*Lacking reverberation.*
Seco (Morto)	Falta de reverberação.
Dynamic Range	*The range of sound levels heard in the hall (or recording). Dependent on the difference between the loudest level and the lowest background level in a space.*
Faixa Dinâmica	A faixa de níveis sonoros escutados em uma sala (ou gravação). Dependente da diferença entre o maior volume sonoro e o menor volume sonoro (ou ruído de fundo).
Echo	*A long delayed reflection of sufficient loudness returned to the listener.*
Eco	Uma reflexão, que retorna ao ouvinte, bastante atrasada em relação ao som direto e com volume sonoro suficiente para ser escutada como som distinto do som direto.
Ensemble	*The perception that musicians are playing in unison.*
Conjunto	A percepção de que os músicos tocam em uníssono.

(**continua**)

Diretrizes para alguns tipos de projetos 599

Tabela 8.2 Definição de alguns termos comuns a músicos
e projetistas em acústica [1] (continuação).

Termo	Definição
Envelopment	*The impression that the sound is arriving from all directions and surrounding the listener.*
Envolvimento	A impressão de que o som chega de todas as direções e envolve o ouvinte.
Glare	*High-frequency harshness, due to reflections from flat surfaces.*
Brilho intenso	Som áspero de alta frequência causado por reflexões de superfícies planas.
Immediacy	*The sense that a hall responds quickly to a note. This depends on the early reflections returned to the musicians.*
Imediatez	A sensação de que a sala responde rapidamente a uma nota. Isso depende das primeiras reflexões que retornam aos músicos.
Intimacy	*The sensation that music is being played in a small room. A short initial delay gap* (ITDG).
Intimidade	A sensação de que a música está sendo tocada em uma sala pequena. Associado a um pequeno ITDG.
Liveness	*The same as reverberation, above 350 Hz.*
Vivacidade	O mesmo que reverberação, acima de 350 [Hz].
Presence	*The sense that we are close to the source, based on a high direct-toreverberant ratio.*
Presença	A sensação de que se está perto da fonte, baseado em uma razão alta entre som direto e reverberante.

(continua)

Tabela 8.2 Definição de alguns termos comuns a músicos e projetistas em acústica [1] (continuação).

Termo	Definição
Reverberation	*The sound that remains in a room after the source is turned off. It is characterized by the reverberation time, which has been previously defined.*
Reverberação	O som que permanece ecoando na sala após o cessamento da emissão pela fonte. É caracterizado pelo tempo de reverberação, que foi previamente definido.
Spaciousness	*The perceived widening of the source beyond its visible limits. The apparent source width (ASW) is another descriptor.*
Espacialidade	A largura percebida da fonte sonora, que vai além de seus limites geométricos. O ASW é um descritor.
Texture	*The subjective impression that a listener receives from the sequence of reflections returned by the hall.*
Textura	A impressão que o ouvinte tem de receber o som de uma sequência de reflexões providas pela sala.
Timbre	*The quality of sound that distinguishes one instrument from another.*
Timbre	A qualidade do som dos instrumentos musicais que os distingue um do outro.
Tonal Control	*The balance between tones in different frequency ranges and the balance between sections of the orchestra.*
Controle Tonal	O balanço energético entre diferentes faixas de frequência e o balanço entre seções diferentes da orquestra.

(continua)

Diretrizes para alguns tipos de projetos 601

Tabela 8.2 Definição de alguns termos comuns a músicos e projetistas em acústica [1] (continuação).

Termo	Definição
Tonal Quality	*The beauty or fullness of tone in a space. It can be marred by unwanted noises or by resonances in the hall.*
Qualidade Tonal	A beleza e plenitude dos tons no espaço. Essa característica pode ser deteriorada por ruídos e ressonâncias exageradas da sala.
Uniformity	*The evenness of the sound distribution.*
Uniformidade	A uniformidade da distribuição do som na sala.
Warmth	*Low-frequency reverberation, between 75 [Hz] and 350 [Hz].*
Calidez	Associado à reverberação de baixa frequência, entre 75 [Hz] e 350 [Hz].

Os auditórios para música clássica podem ser subdivididos em duas classes: as salas de concerto e as casas de ópera. Os aspectos mais gerais dessas salas serão vistos a seguir.

8.4.1 Salas de concerto e salas de ópera

As salas de concerto são ambientes destinados apenas à música, primordialmente instrumental, em que orquestra e público ocupam o mesmo espaço. Não há isolamento acústico entre o palco e a audiência em uma sala de concertos. A orquestra é posicionada em palco elevado, que em alguns casos possui, ao fundo, um local para coral e/ou órgão de tubos. A Figura 8.25 mostra a sala de concertos Musikverein de Viena na Áustria. Note o palco elevado onde se encontra a orquestra, uma plataforma para coral atrás da orquestra e o órgão de tubos acima.

Em alguns projetos, o palco apresenta um formato em forma de caixa ressonante, que se estende por toda a largura da sala. A intenção, nesse caso, é projetar o som da orquestra para o público. Tal é o caso da sala Boston Symphony Hall, mostrada na Figura 8.26. Na maioria dos casos, a sala é retangular, o que faz com que haja uma prevalência de reflexões laterais, importantes na formação de uma imagem sonora adequada [32, 33]. Esse é o caso das duas salas mostradas nas Figuras 8.25 e 8.26.

Figura 8.25 Sala de concertos Musikverein de Viena, Áustria.
Fonte: Wikimedia Commons.

Em outros casos, o palco é localizado no centro da sala e a plateia se distribui ao redor deste. Esse é o caso da sala de concertos da Orquestra Filarmônica de Paris, mostrada na Figura 8.27. Refletores no teto e paredes laterais podem ser usados para projetar o som do palco para a plateia.

Em boas salas de concerto, o número de assentos fica em torno de 1700 a 2600, com as melhores salas com número médio de assentos de 1850 [1]. As chances de sucesso para salas com mais de 2600 assentos são pequenas. O T_{60} varia de acordo com o estilo musical (ver Figura 8.1). A música barroca requer um T_{60} menor, que está entre 1.5 e 1.7 [s]. Para músicas do período clássico o T_{60} ideal se encontra entre 1.6 e 1.9 [s] e, para músicas do período romântico, o T_{60} ideal se encontra entre 1.8 e 2.2 [s].

Diretrizes para alguns tipos de projetos 603

Figura 8.26 Sala de concertos Boston Symphony Hall de Boston, EUA.
Fonte: Wikimedia Commons.

Figura 8.27 Sala de concertos da Orquestra filarmônica de Paris, França.
Fonte: Dalbero/Flickr.

A plateia e poltronas são as principais superfícies absorvedoras e é possível elevar o tempo de reverberação aumentando-se o volume da sala. Como é preciso manter a largura da sala controlada, a fim de manter uma energia adequada nas reflexões laterais, a altura da sala tende a ser grande (cerca de 15 [m]). Em geral, as paredes laterais são bastante ornamentadas, especialmente nas salas antigas, embora os projetistas da época não soubessem o porquê. A ornamentação ajuda a criar reflexões laterais difusas. Note a quantidade de estátuas nas paredes laterais da sala mostrada na Figura 8.25. Nas salas mais modernas, a difusão é obtida com a curvatura das paredes laterais da sala, o que pode ser observado na Figura 8.27.

Já as casas de ópera são uma mistura de teatro com sala de concertos. Nesse caso, a peça dramática cantada, que toma lugar no palco, é o centro da atração, enquanto a música orquestral serve de acompanhamento. O palco deve ser profundo, com reserva de espaço (nos planos horizontal e vertical) para o armazenamento de novos arranjos de cena. A orquestra se localiza em um fosso abaixo do palco, chamado de *orchestra pit* ou *pit*. Esses aspectos podem ser vistos na Figura 8.28, que mostra a casa de ópera de Viena, Áustria. O regente deve ser visível tanto à orquestra quanto aos cantores no palco.

Como a principal atividade envolve um tipo de peça teatral, a manutenção das linhas de visão é primordial no arranjo da plateia. Em geral, é recomendado que o assento mais distante esteja a menos de 30 [m] do palco e que o ângulo de inclusão seja de no máximo 60 [°] [1]. É desejável que as casas de ópera sejam pelo menos ligeiramente menores que as salas de concerto, já que isso levará a uma menor necessidade de esforço vocal. No entanto, salas de sucesso têm um número de assentos bastante alto, como o Teatro La Scalla em Milão, com 2289 assentos, e o Teatro Colón em Buenos Aires, com 2487 assentos.

Os cantores necessitam de um retorno adequado da orquestra e de suas vozes. Em geral, isso é conseguido ornamentando-se as paredes próximas ao palco, ou fazendo-se um fosso de orquestra com divisória mais alta (ver Figura 8.33). O T_{60} nas casas de ópera é menor que nas salas de concerto, tendo valores típicos entre 1.2 e 1.5 [s] (ver Figura 8.1). O formato tradicional da casa de ópera, com a plateia em U ou em formato de ferradura (Figura 8.28), tem sido amplamente utilizado, ao contrário das salas de concerto, cujos formatos mudaram ao longo dos anos.

Diretrizes para alguns tipos de projetos 605

Figura 8.28 Casa de ópera de Viena, Austria.
Fonte: Wikimedia Commons.

É preciso manter em mente que o ambiente ideal dependerá do tipo de música que será primordialmente tocado. No entanto, além das descrições gerais vistas nesta seção, existe uma série de atributos comuns entre as salas de concerto e de ópera. Esses atributos ajudarão a definir os tipos de projetos que funcionarão, os parâmetros objetivos mais relevantes e os seus valores ideais.

8.4.2 Atributos comuns

De acordo com Long [1], alguns atributos comuns de auditórios para música podem ser listados:

- **Envolvimento e Espacialidade**: A audiência deve se sentir envolvida pelo som. Isso requer que as reflexões laterais tenham energia suficiente;

- **Reverberação, Vivacidade, Uniformidade**: A sala deve suportar o som dos instrumentos por meio de um campo reverberante. A duração da reverberação depende do tipo de música sendo tocada. A cauda reverberante deve ter um decaimento exponencial, o que é conseguido com a difusão sonora. Ecos não devem existir;

- **Calidez, Timbre, Qualidade tonal**: É desejável que o tempo de reverberação cresça para frequências abaixo de 1000 [Hz], de acordo com a Figura 8.29, que mostra o aumento percentual desejado para o T_{60} com a diminuição da frequência. Tal característica aumenta a sensação de calidez;

- **Claridade, Definição, Intimidade**: Rápidas passagens musicais requerem que a sala apresente claridade e definição adequadas. Isso requer a presença de superfícies refletoras próximas à fonte ou aos ouvintes, de forma que mais energia seja concentrada nas primeiras reflexões, o que está também associado a um ITDG relativamente pequeno. Um número excessivo de assentos pode levar a uma diminuição da Definição, devido ao aumento da absorção sonora;

- **Faixa Dinâmica, Presença, Uniformidade**: Um volume sonoro adequado e igualmente distribuído é necessário. Um número excessivo de assentos leva a uma diminuição do volume sonoro. Em auditórios muito pequenos, é preciso tomar cuidado para não se ter um volume sonoro excessivo;

- **Balanço, Mistura, Brilho, Vivacidade, Timbre, Controle tonal, Qualidade tonal**: A sala deve suportar uma ampla faixa de frequências, já que, na maior parte das orquestras, os instrumentos geram sons entre 30 e 12000 [Hz]. A sala não deve "colorir" o espectro natural da música (Figura 7.1);

- **Balanço, Mistura, Conjunto**: Músicos e cantores devem ser capazes de ouvirem uns aos outros sem esforço e receber da sala uma reverberação similar à que é experimentada pela plateia.

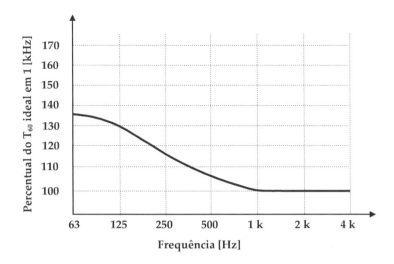

Figura 8.29 Variação desejada para o tempo de reverberação com a frequência, aplicada a auditórios para música.

Plateia

Auditórios para música podem ter sua planta baixa concebida nos mais diversos formatos. Um sumário é dado na Figura 8.30. Para salas de concerto, o mais comum é que elas sejam salas retangulares. Beranek [30] mostra que as salas com melhor classificação qualitativa apresentam a planta baixa nesse formato. A razão para isso é que esse tipo de projeto provê reflexões laterais com bastante energia, o que ajuda a melhorar aspectos como Envolvimento e Espacialidade [32–34]. Salas retangulares estreitas também contribuem para pequenos ITDG, o que acaba por melhorar aspectos subjetivos como Claridade e Intimidade.

Em alguns auditórios os assentos da plateia podem ser inclinados, de acordo com a Figura 8.5 (a), o que pode ajudar na visibilidade e contribui para uma menor atenuação sonora devido às pessoas sentadas imediatamente à frente do ouvinte. Em outros arranjos, como os dos auditórios mostrados nas Figuras 8.25 e 8.26, a plateia é arranjada sempre no mesmo nível.

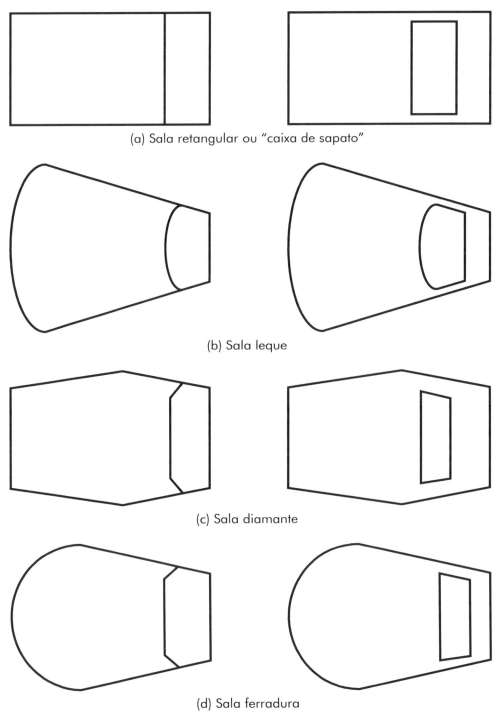

Figura 8.30 Tipos de planta baixa encontrados comumente em auditórios.

Salas em que o palco é envolvido pela plateia (*surround*), como a sala mostrada na Figura 8.27, dão muita liberdade de expressão ao arquiteto, o que pode ser visual e ideologicamente interessante. No entanto, esse formato tem menos consistência no que tange à qualidade acústica. Qualquer dos formatos padrões da Figura 8.30 pode ser construído no formato *surround*, bastando que se mova o palco em direção ao centro da sala e arranjando a plateia ao seu redor. A inconsistência sonora está ligada às diferentes imagens sonoras que os espectadores sentados ao lado ou atrás do palco terão, em relação aos espectadores sentados à frente. Esse efeito é especialmente importante para instrumentos direcionais (p. ex., trompetes, violinos etc.) e vozes. O projeto de casas de ópera parece ter sido dominado pelo uso do formato em U ou ferradura.

O volume da sala influência tanto a reverberação quanto o suporte da sala. Um parâmetro importante relacionado ao sucesso de auditórios para música é a razão Volume por Número de assentos (V/N, em $[\text{m}^3]$). Em salas com pequena capacidade de assentos, um valor alto de V/N ajuda a manter o volume sonoro (*loudness*) sob controle. Já para salas com alta capacidade de assentos, um valor baixo de V/N ajuda a preservar a energia acústica e aumentar o suporte da sala. A Figura 8.31 mostra essa razão em função do número total de assentos (N) para alguns auditórios. Os três auditórios com melhor pontuação no *ranking* subjetivo (Musikverein - Viena, Teatro Colón - Buenos Aires e Symphony Hall - Boston) encontram-se circulados. Embora pareça existir uma tendência maior em valores baixos de V/N, com a maioria das salas apresentando $V/N \leq 8.50\,[\text{m}^3]$, existe um amplo espectro da relação V/N em salas de sucesso. Em salas com valores muito elevados de V/N, refletores adicionais podem ser instalados acima da orquestra e plateia, de forma a adicionar energia nas primeiras reflexões.

A distribuição da plateia em auditórios para música é feita aproveitando toda a largura ocupada pela orquestra. Em alguns casos podem haver um ou mais andares de galerias, que ajudam a aumentar o número de assentos sem aumentar a distância entre orquestra e plateia. Pequenas galerias laterais podem ser vistas nas Figuras 8.25 e 8.26, enquanto galerias maiores podem ser vistas na Figura 8.27. O arranjo mostrado na sala da Orquestra Filarmônica de Paris é chamado de "Vinha", já que nesse

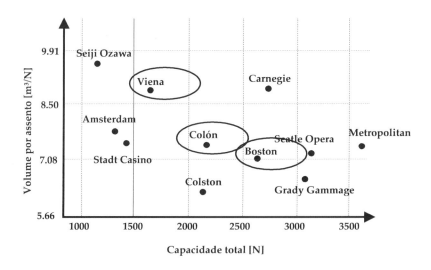

Figura 8.31 Volume por assento de diversos auditórios para música.

caso as galerias que cercam o palco são inclinadas e as fileiras de assentos arranjadas em níveis crescentes[29].

As galerias, no entanto, dividem a sala em ambientes com alguma separação acústica. De acordo com Long [1], abaixo da galeria há menos energia sonora, especialmente no campo reverberante, já que a galeria serve como uma barreira às reflexões do teto. Dessa forma, os espectadores experimentam um senso de envolvimento menor e, em geral, uma reverberação menor. Uma forma de lidar com o problema é fazer com que a profundidade das galerias seja a menor possível, enquanto a altura abaixo delas seja suficiente para lidar com o problema. Beranek [30] recomenda que a razão D/H, entre a profundidade (D) e a altura (H) da galeria, não seja maior que 1.0 para salas de concerto ou 2.0 para casas de ópera. Barron [31] sugere a existência de uma linha direta de visão entre o ouvinte na última fileira abaixo da galeria e superfícies refletoras no teto. O ângulo formado entre a horizontal e essa linha não deve ultrapassar 45 [°] em salas de concerto ou 25 [°] em casas de ópera. A Figura 8.32 ilustra essas recomendações.

Em auditórios para música, especialmente em grandes auditórios, a maior superfície absorvedora é a plateia. Já que a orquestra e cantores

---

[29] Esse é um arranjo comum em plantação de uvas, café e outras culturas em regiões montanhosas.

Diretrizes para alguns tipos de projetos

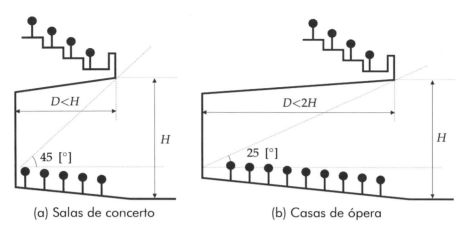

Figura 8.32 Recomendações para galerias em auditórios para música.

ensaiam nas salas vazias e já que, algumas vezes, o espetáculo não está lotado, é desejável que as características acústicas da sala cheia sejam as mais próximas possível da sala vazia ou parcialmente ocupada. Isso é conseguido com a utilização de assentos acolchoados que tenham as mesmas características de absorção de uma pessoa sentada. Conhecer a característica de absorção dos assentos e da plateia é de suma importância no projeto acústico de um auditório. Beranek e Hidaka [35] fizeram um estudo em dez salas, onde conseguiram medir a área de absorção média das salas ocupadas com plateia nos assentos, de salas vazias com os assentos instalados e das salas vazias e sem assentos instalados. Os resultados apresentados permitem um projeto baseado nos assentos existentes na época e países da medição (Japão, EUA e França). No entanto, muitas vezes os mesmos tipos de assentos não estarão disponíveis e será de suma importância que se conheça sua característica.

Estudos também demonstraram que existe uma tendência a uma grande atenuação em torno da banda de 125 [Hz], causados pela propagação da onda sonora sobre a plateia [36, 37]. A solução mais prática para esse problema é a instalação de refletores no teto, que visam compensar a absorção de energia em baixas frequências, o que só é conseguido com grandes refletores devido aos efeitos de difração. A inclinação da plateia e sua divisão em pequenos grupos separados por muretas de madeira (ou outro material) também pode ajudar (Figura 8.27). Outra solução é a elevação da orquestra, o que aumenta o ângulo de incidência entre o som direto e plateia, já que o problema parece ser causado pela incidência rasante (pequeno ângulo de incidência entre palco e plateia).

Palco

Assim como é importante arranjar adequadamente a plateia, é importante arranjar os músicos adequadamente. Tenha em mente que, em salas desse tipo, grandes orquestras podem estar tocando no palco ou fosso da casa de ópera. Os músicos precisam ser arranjados de forma que consigam escutar bem uns aos outros, que tenham conforto espacial e acústico (sem ficarem muito apertados e sem volume sonoro excessivo). Beranek [30] recomenda uma área de 1.9 [m^2] por músico. Isso faz com que uma orquestra de 100 músicos requeira um palco de 190 [m^2], o que pode ser proibitivo. Barron [31] recomenda que a área por músico varie de acordo com o instrumento musical, com 1.25 [m^2] para instrumentos agudos de corda e sopro, 1.50 [m^2] para os cellos e instrumentos de sopro maiores, 1.8 [m^2] para os baixos e 10-20 [m^2] para instrumentos muito grandes, como algumas percussões, pianos etc. Com essas recomendações, a mesma orquestra de 100 músicos requereria 150 [m^2]. O palco da sala Musikverein de Viena tem 163 [m^2] e o da Orquestra Sinfônica de Boston, 152 [m^2] [1]. Quanto aos cantores de um coral, Barron [31] recomenda que a área por cantor seja de 0.5 [m^2]

A profundidade do palco não deve ultrapassar 11-12 [m], o que requer que a largura de um palco grande possa chegar até 16-17 [m]. Para orquestras menores, é útil ter em mente que manter os músicos próximos um do outro faz com que seja mais fácil que eles se escutem. Os instrumentos de baixa frequência podem ser alinhados próximos à parede do fundo do palco. Isso faz com que as notas mais graves aproveitem a reflexão dessa parede e sejam radiadas mais eficientemente para a plateia, ajudando em parâmetros subjetivos como Calidez, Controle tonal, Qualidade Tonal e Conjunto.

Nas Figura 8.27 é possível observar que a orquestra também pode ter seu piso ligeiramente inclinado. Isso faz com que as linhas de visão entre músicos e regente estejam desobstruídas, o que contribui para a facilidade de escuta e comunicação entre os músicos e regente.

O material de piso universalmente aceito para o palco é a madeira, e, pelos mesmos motivos observados para o estúdio, esse material deve ser a escolha. No entanto, é preciso tomar um cuidado adicional aqui, já que o palco é em geral elevado, sobre uma cavidade oca. Nesse caso, a utilização de madeira mais fina ou um palco flexível levará a um excesso de absorção em baixas frequências[30]. Nesse sentido, a caracterização acústica do palco é essencial para a qualidade do projeto da sala.

A altura do piso do palco em um auditório é usualmente um pouco abaixo do nível dos olhos da primeira fileira, o que resulta em uma altura em torno de 1.1 [m] do piso. Em salas de concerto, onde música instrumental é a premissa, uma altura maior ou angulação da plateia faz com que o ângulo de incidência do som direto, em relação à plateia, seja maior, o que ajuda a amenizar o problema de absorção na faixa dos 125 [Hz], devido à propagação da onda rasante sobre os assentos. Na sala da Orquestra Sinfônica de Boston, a altura do palco é de 1.4 [m] [1]. Em casas de ópera, uma altura excessiva prejudica a linha de visão das primeiras fileiras.

Palcos com paredes laterais e teto proveem mais suporte devido às reflexões de tais superfícies, que fazem com que os músicos possam se ouvir melhor e podem ajudar a projetar o som do palco para a plateia. Um palco desse tipo é o da sala da Orquestra Sinfônica de Boston, mostrada na Figura 8.26. Difusores também podem ser usados para uma melhor distribuição sonora e elementos móveis (biombos) podem ser usados para orquestras menores, trazendo mais reflexões aos músicos. Nos arranjos *surround*, o palco não possui teto nem paredes. As reflexões providas pelo palco são inexistentes e pode se tornar difícil achar um bom equilíbrio acústico para a orquestra. Nesse caso, a solução é usar uma nuvem de painéis difusores/refletores suspensos acima do palco, de forma que os músicos e plateia possam ter energia suficiente nas primeiras reflexões. Tais difusores podem ser vistos na sala da orquestra filarmônica de Paris, na Figura 8.27. No caso do Musikverein de Viena (Figura 8.25), o fato de a sala ser estreita e os suportes dos tubos do órgão proveem aos músicos energia suficiente nas primeiras reflexões.

---

[30] O efeito, nesse caso, é similar ao do absorvedor de membrana visto na Seção 2.3.2.

Em casas de ópera, a orquestra é posicionada em um fosso abaixo do palco. A função do fosso é, de certa forma, esconder a orquestra em prol ao drama que se desenvolve no palco. Além disso, o fosso serve como uma forma de equilibrar o volume sonoro entre orquestra e cantores. Os músicos tocando no fosso devem ser capazes de escutar uns aos outros e aos cantores. Os cantores, por sua vez, devem ser capazes de escutar a orquestra, a fim de acompanhá-la a ajustar o nível de sua voz. Cuidado deve ser tomado com as condições acústicas de trabalho nos fossos, já que, em alguns casos, os níveis de pressão sonora podem se tornar excessivos relativos ao número de horas trabalhadas (a sala será usada também para ensaios exaustivos). Absorção sonora pode ser aplicada ao fosso para reduzir o NPS [38].

O projeto de um bom fosso depende de uma série de características que fogem ao controle dos projetistas, como a habilidade dos cantores, o tamanho da orquestra e o tipo de música tocada. Fossos tendem a ser menores que os palcos de salas de concerto. Fossos podem ser totalmente abertos ou parcialmente cobertos, o que afetará o equilíbrio entre cantores e orquestra e proverá mais ou menos retorno para os cantores no palco. Um esquema típico é mostrado na Figura 8.33. As dimensões recomendadas são: (i) $v = 0$ [m] para fossos abertos e $1.0 \leq v \leq 2.0$ [m] para fossos parcialmente cobertos. A vantagem de um fosso aberto é que músicos e cantores podem se ouvir mais facilmente. A desvantagem é que a orquestra pode se sobressair demais em relação aos cantores. Fossos abertos também podem roubar espaço destinado à plateia; (ii) A altura do fosso deve estar na faixa $2.5 \leq D \leq 3.5$ [m]; (iii) E a altura da barreira entre fosso e plateia na faixa - $H \approx 1.0$ [m]. Essa barreira acústica entre orquestra e primeiras fileiras da plateia ajuda também a equilibrar o volume sonoro entre cantores e orquestra. (iv) O comprimento total do fosso deve ser da ordem de $4.0 \leq w \leq 6.0$ [m];

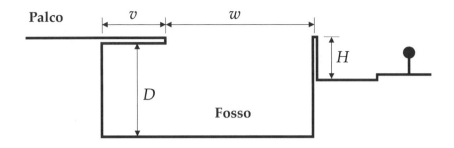

Figura 8.33 Recomendações para o projeto de um fosso de orquestra em uma casa de ópera.

8.4.3 Quantificação da qualidade da sala

Neste momento é preciso discutir quais os parâmetros objetivos relevantes, seus valores ótimos e demais métricas usadas no projeto de auditórios para música. Tais definições são derivadas de diversos estudos nos quais músicos, regentes e ouvintes experientes foram entrevistados sobre a qualidade percebida de diversas salas [30, 33, 39, 40]. Beranek [30], por exemplo, identificou oito aspectos subjetivos que contribuem para o julgamento subjetivo da qualidade da sala, atribuindo pesos de acordo com sua importância. Esses aspectos estão listados na Tabela 8.3

Tabela 8.3 Pesos percentuais da importância de atributos acústicos subjetivos. Adaptado de Beranek [30].

Intimidade	40 [%]	40 [%]
Vivacidade	15 [%]	15 [%]
Calidez	15 [%]	15 [%]
Volume do som direto	10 [%]	10 [%]
Volume do som reverberante	6 [%]	6 [%]
Balanço e mistura	6 [%]	10 [%]
Difusão	4 [%]	0 [%]
Conjunto	4 [%]	4 [%]

Outros autores concentraram esforços em controlar melhor as condições desses experimentos subjetivos [41, 42]. Nesse caso, fones de orelha ou um conjunto de alto-falantes (em câmara anecoica) é usado para reproduzir sons gravados por cabeças artificiais ou convoluídos com respostas ao impulso de auditórios. Os ouvintes, então, devem escolher sua preferência por meio do método da comparação pareada[31]. Ando [41] utilizou um *array* esférico de alto-falantes em câmara anecoica para conduzir seu estudo. Com base nos dados obtidos, Ando identificou 4 parâmetros objetivos independentes:

1. Fator de força G;

2. ITDG;

3. Tempo de reverberação (T_{60});

4. IACC.

Ao criar uma escala de preferências e compará-la com valores de cada um dos 4 parâmetros objetivos independentes, Ando [41] estabeleceu que um bom descritor da qualidade da sala é o parâmetro S_{sala}, dado na Equação (8.9), com parâmetros x_i pesos a_i dados na Equação (8.10).

$$S_{\text{sala}} = -\sum_{i=1}^{N} a_i |x_i|^{\frac{3}{2}} \qquad (8.9)$$

$$
\begin{aligned}
x_1 &= G - G_{\text{p}} & a_1 &= 0.07 \text{ p/ } x_1 \geq 0.00 \\
& & a_1 &= 0.04 \text{ p/ } x_1 < 0.00 \\
x_2 &= \log\left(\tfrac{\text{ITDG}}{\text{ITDG}_{\text{p}}}\right) & a_2 &= 1.42 \text{ p/ } x_2 \geq 0.00 \\
& & a_2 &= 1.11 \text{ p/ } x_2 < 0.00 \\
x_3 &= \log\left(\tfrac{T_{60}}{T_{60\text{p}}}\right) & a_3 &= 3.48 \text{ p/ } x_3 \geq 0.00 \\
& & a_3 &= 0.64 \text{ p/ } x_3 < 0.00 \\
x_4 &= \text{IACC} & a_4 &= 1.45
\end{aligned}
\qquad (8.10)
$$

---

[31] Basicamente, dois sinais diferentes são reproduzidos para o ouvinte, que deve escolher qual lhe soa melhor.

Diretrizes para alguns tipos de projetos 617

em que G_p, $ITDG_p$, T_{60_p} e $IACC_p$ são o Fator de força, ITDG, tempo de reverberação e IACC preferidos, respectivamente. Esses são dados na Tabela 8.4. O fato de que o $IACC_p$ não aparecer na Equação (8.10) indica que o valor preferido seja um $IACC_p = 0.0$ (ou $1 - IACC_p = 1.0$), o que indica grande dissimilaridade entre as respostas ao impulso das orelhas esquerda e direita. Como um valor nulo para o $IACC_p$ é muito difícil de se obter na prática, a Tabela 8.4 apresenta valores mais realistas.

Tabela 8.4 Valores preferidos para os parâmetros objetivos. Adaptado de Beranek [30].

Parâmetro	Valor
G_p	4.0-5.5 [dB]
$ITDG_p$	< 20 [ms]
T_{60_p}	Consultar Figura 8.1.
$1 - IACC_p$	$\approx 0.8 - 0.9$

A Equação (8.9) implica que uma sala que apresenta todos os parâmetros iguais aos parâmetros objetivos preferidos terá um índice $S_{sala} = 0.0$. Um valor de $S_{sala} \neq 0.0$ significa que um ou mais parâmetros não são exatamente iguais aos valores preferidos, o que resulta em uma penalização maior ou menor, dependendo do valor obtido para o parâmetro. Para o T_{60}, por exemplo, a penalização é maior se o valor obtido for maior que o valor preferido, o que pode indicar perda de claridade. No caso do Fator de força, a penalização é maior se o valor obtido for maior que o valor preferido, o que indica que um volume sonoro excessivo. Para o ITDG a penalização também é maior, caso ele ultrapasse o valor preferido, o que indica que seria preferível uma maior sensação de intimidade. A dissimilaridade entre os sons atingindo as orelhas esquerda e direita também é importante. Nesse caso, um valor de IACC grande indica grande similaridade, e, por conseguinte, baixa espacialidade, o que leva a uma penalização severa. Outro aspecto importante para se ter em mente é que a penalização é sempre negativa, ou seja, o erro no ajuste de um dos parâmetros não pode ser compensado por um acerto em outro parâmetro.

Um outro parâmetro com recomendação é o C_{80}. Valores positivos indicam uma sala com pouca reverberação ("Seca" ou "Morta"). De acordo com Long [1], os valores preferidos estão entre $-4.0 \leq C_{80} \leq 0.0$ [dB]. Bradley [43] apresenta o valor médio calculado para três auditórios. Os valores foram medidos com a sala vazia e estimados para a sala cheia. Note que os auditórios apresentam um C_{80} ligeiramente negativo, o que implica ligeiro predomínio de energia na cauda reverberante. O Musikverein, de Viena (Figura 8.25), tem maior C_{80} que a sala da orquestra sinfônica de Boston (Figura 8.26). Isso pode estar ligado ao uso de assentos não acolchoados no Musikverein, que aumenta a quantidade de energia contida na cauda reverberante.

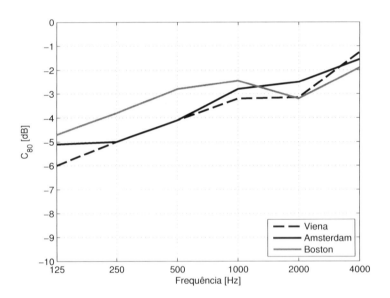

Figura 8.34 Valor médio do C_{80} em três salas. Adaptado de Bradley [43].

O EDT pode ser usado como uma forma de estimar o T_{60} da sala cheia. De acordo com Long [1], o EDT tende a variar pouco com a ocupação da sala, podendo ser medido com confiança com a sala vazia. Beranek [30] encontrou variações menores que 0.3 [s] entre o EDT e T_{60} de auditórios para música. Outra característica interessante, medida por Bradley [43], é que tanto o EDT quanto o T_{60} tendem a variar com a distância entre fonte e ouvinte. Nessa variação existe um crescimento para curtas distâncias e estabilização dos valores do EDT a partir de certa distância. Isso é mostrado na Figura 8.35, que mostra o EDT medido em função da distância para 3 salas de concerto.

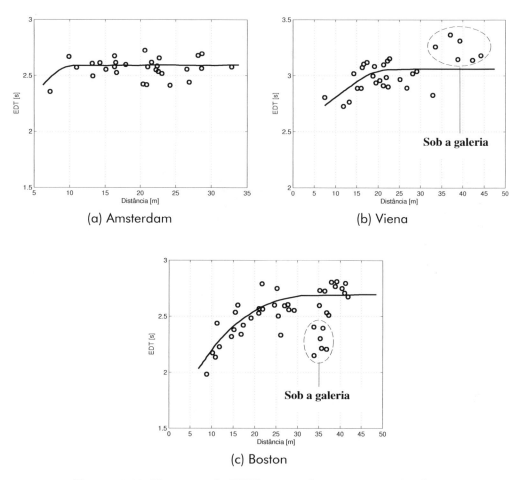

Figura 8.35 Variação do EDT com a distância para 3 salas. Adaptado de Bradley [43].

Beranek [30] também advoga que o BR (Equação (7.28)) é um parâmetro que deve ser levado em conta no projeto de uma sala de concertos. Ele aconselha que o BR deve estar entre 1.10 e 1.25 para um $T_{60} \approx 2.2$ [s] e entre 1.10 e 1.45 para um $T_{60} \approx 1.8$ [s]. A recomendação da Figura 8.29 também pode ser usada. Bradley [43] fornece resultados para três salas com BR de 1.09 (Amsterdam), 1.11 (Viena) e 1.03 (Boston), indicando que é difícil chegar aos valores sugeridos por Beranek.

8.4.4 Sala São Paulo

Finalmente, seria difícil encerrar esta seção do livro sem mencionar a Sala São Paulo, cuja foto é mostrada na Figura 8.36. A sala foi projetada pelo arquiteto Nelson Dupré, com consultoria acústica da Artec Consultants Inc., e possui uma geometria retangular, tal qual a sala da orquestra sinfônica de Boston e o Musikverein de Viena. Um dos grandes desafios na construção da sala foi o seu isolamento acústico, uma vez que ela se encontra próxima a linhas de trem de São Paulo-SP. A instalação de um piso flutuante, com isoladores de vibração, tornou a sala bastante silenciosa.

Figura 8.36 Foto da Sala São Paulo. Fonte: Wikimedia Commons.

Talvez um dos aspectos mais interessantes da sala é que ela possui um teto composto por 15 painéis que podem ser individualmente movidos. Isso permite que o volume da sala seja variado consideravelmente, o que permite uma variação do tempo de reverberação de 1.7 a 2.4 [s] [30]. A sala pode, então, ser ajustada ao tipo de música sendo tocada na ocasião. Long [1] advoga, no entanto, que esse tipo de solução é bastante custosa. A sala acomoda 1620 pessoas e recebeu prêmios internacionais.

Diretrizes para alguns tipos de projetos   621

Os dados acústicos são limitados, mas uma comparação com as salas da Orquestra Sinfônica de Boston e o Musikverein de Viena é mostrada na Tabela 8.5[32].

Tabela 8.5 Dados de parâmetros objetivos para a três salas: Boston, Viena e São Paulo. Adaptado de Beranek [30] e Long [1].

Atributo / Sala	Boston	Viena	São Paulo
Volume V [m^3]	18750	15000	20000
Assento mais distante [m]	40.5	40.2	30.5
Número de assentos	2625	1680	1610
V/N [m^3]	7.14	8.93	12.40
G [dB]	4.7	7.1	[-]
T_{60} [s]	1.85 (Oc.)	2.0 (Oc.)	1.70-2.40 (Oc.)
EDT [s]	2.1 (N-Oc.)	2.2 (N-Oc.)	[-]
ITDG [ms]	15.00	12.00	34.00
$1 - $ IACC	0.65	0.71	[-]
BR	1.03	1.11	[-]

8.5 Auditórios multiúso

Como se viu neste capítulo e no Capítulo 7, muitas vezes os valores dos parâmetros objetivos que tornam uma sala boa para música a tornarão inadequada para o bom entendimento da palavra falada. O contrário também é verdadeiro. Em salas de concerto, por exemplo, altos tempos de reverberação, concentração de energia na cauda reverberante e proeminência das reflexões laterais estão entre os principais requerimentos. Em salas para fala os tempos de reverberação devem ser baixos, a energia tende a ser concentrada nas primeiras reflexões e as reflexões do teto são mais proeminentes. Do ponto de vista de um projeto acústico, então,

---

[32] "(Oc.)" e "(N-Oc.)" equivalem a Ocupada e Não Ocupada, respectivamente.

existe um conflito entre os critérios usados no projeto de um auditório para música e salas para fala. No entanto, em muitos espaços tanto música quanto fala são sinais de suma importância. Esse é o caso dos templos religiosos[33], teatros e alguns auditórios, que devem ter um uso flexível. Tais auditórios serão chamados, neste capítulo, de auditórios multiúso. Seu projeto, além de ter a necessidade de incorporar boas características para música (não amplificada) e fala, usualmente deve levar em conta a existência de um sistema de sonorização.

A primeira coisa pra se destacar em um projeto de um auditório multiúso é que o projetista deve gastar um bom tempo em compreender qual é a dinâmica dos eventos que serão realizados no ambiente. Isso vai definir o compromisso utilizado no valor ideal dos parâmetros objetivos, bem como os requerimentos de isolamento acústico. Um templo religioso, por exemplo, pode ter em seu programa típico música amplificada, música não amplificada e discurso (amplificado ou não). Um auditório pode receber peças de teatro, concertos de orquestras (de vários tipos e tamanhos), concertos de música amplificada (p. ex., um concerto de rock, MPB etc.), apresentações de dança etc. O ideal nesse caso é que haja um consenso por escrito entre os clientes e o time de projetistas. Pode-se, por exemplo, elencar as principais atividades que serão realizadas no ambiente e atribuir uma porcentagem de uso a cada uma delas. Isso guiará o compromisso entre uma sala destinada à música ou à fala [1]. A partir de um consenso, o plano deve ser seguido até o fim, já que mudanças tardias de direção acarretam mudanças enormes no projeto e execução.

Entre os requerimentos técnicos primordiais, podem-se destacar:

a) é desejável que as linhas de visão e acústica entre fonte (não amplificada) e audiência estejam desobstruídas. Isso levará, normalmente, a um palco elevado e a uma plateia inclinada (ver Figura 8.5 (a));

---

[33] Neste ponto o autor gostaria de pedir desculpas ao leitor. Este livro trata basicamente de templos cristãos (protestantes e católicos). Isso se deve ao fato de que o autor tem algum conhecimento de causa nesses casos. No entanto, o autor não tem conhecimentos sobre outras religiões que formam a sociedade brasileira. Os conhecimentos adquiridos aqui podem, claramente, ser transportados a outros tipos de templos. O autor, no entanto, sente-se inseguro em abordar os aspectos acústicos de outras religiões neste estágio do trabalho. É um tipo de deficiência que pode ser sanado em uma futura edição.

Diretrizes para alguns tipos de projetos   623

b) em geral, um projeto completo envolve o projeto de um sistema de sonorização. Tal sistema deve ser capaz de reproduzir toda a faixa de frequência dos sinais acústicos usados na sala, de forma que a origem do som seja atribuída à fonte não amplificada (no palco, em geral) e não ao sistema de alto-falantes. Este livro não trata de projetos de sistemas de sonorização e boas referências podem ser encontradas em [15, 44];

c) quando música não amplificada for parte importante do programa, deve-se incorporar ao projeto da sala superfícies próximas aos músicos que ofereçam retorno acústico a eles. Isso pode ser feito com refletores posicionados no teto, um projeto adequado do palco ou com a utilização de painéis refletores ou difusores móveis (biombos). Nesse caso, é útil manter em mente que músicos e cantores devem ser agrupados quando possível, de forma que não existam diferenças significativas entre o som direto de um ou outro grupo, o que é uma preocupação em grandes ambientes;

d) o tempo de reverberação da sala (e demais parâmetros objetivos) deve ser controlado de acordo com o compromisso concordado entre clientes e projetistas. O uso de cadeiras acolchoadas é recomendado, já que ajuda a manter o tempo de reverberação sob controle quando a sala está desocupada ou parcialmente ocupada;

e) os níveis de ruído de fundo devem ser minimizados e cuidado deve ser tomado com as leis vigentes, a fim de que as atividades realizadas no auditório não provoquem distúrbios nos vizinhos.

8.5.1 Aspectos acústicos

Em auditórios multiúso, o arranjo da plateia e do palco segue o compromisso entre música e fala. No entanto, as ideias mostradas na Figura 8.30 se aplicam. Em salas cuja prioridade é a fala, é uma boa prática que a plateia esteja mais próxima possível da fonte sonora. Isso é obtido com uma sala leque, mostrada na Figura 8.30 (b), bem como na Figura 8.4 e na Tabela 8.1. Já em salas onde a música não amplificada é a prioridade, a sala retangular da Figura 8.30 (a), com um teto relativamente alto, é a que vai proporcionar um melhor resultado, já que as reflexões laterais são a prioridade.

Em salas que usam um compromisso entre música e fala, pode-se angular as paredes em ângulos menores que os usados nos auditórios para fala vistos na Seção 8.2.2. Ângulos entre 40-80 [°] são um bom compromisso, já que são menores que a recomendação de 125 [°] dada na Figura 8.5 (b). Menores ângulos privilegiam a música.

Nas áreas de circulação pode-se recorrer ao uso de carpetes nos corredores de acesso às fileiras, a fim de que o ruído de circulação das pessoas seja reduzido. Em templos religiosos é, em geral, mandatório que haja um corredor central, o que se deve principalmente à celebração de casamentos. Nos teatros, os melhores assentos estão no meio da sala e o corredor central pode ser inexistente.

A capacidade total de assentos é outro aspecto a ser discutido com os clientes. Usualmente, os clientes exigirão uma maximização do número de assentos da sala, o que se deve a aspectos econômicos e/ou ideológicos. No entanto, em teatros, por exemplo, um número de assentos excessivo pode fazer com que o assento mais distante esteja tão longe do palco que pequenos detalhes da performance serão perdidos.

O uso de galerias pode ser uma alternativa para trazer a plateia para mais perto do palco. Em geral, a inclinação do piso na galeria é um pouco maior que a inclinação do piso no térreo, mas cuidado deve ser tomado para que a inclinação não ultrapasse os 30 [°], o que pode causar vertigem [1]. Cuidado também deve ser tomado com a qualidade acústica abaixo da galeria, como discutido na Seção 8.4. No entanto, o controle em auditórios multiúso é menos crítico, já que um sistema de alto-falantes no teto da parte de baixo da galeria pode ser usado como reforço sonoro para esses assentos. Outra alternativa para provocar um campo reverberante local é o desenho do teto e da parede traseira da parte de baixo da galeria, que pode ser côncavo de forma a focalizar alguma energia acústica nessa parte da sala. Algumas diretrizes para a inclusão de galerias em auditórios são dados na Figura 8.32. Para salas destinadas à fala, galerias mais longas são aceitáveis (Figura 8.32 (b)), e o sistema de sonorização pode ser usado caso necessário. Em salas para música, é preferível que se use o arranjo mostrado na Figura 8.32 (a).

Diretrizes para alguns tipos de projetos 625

A partir da definição básica do arranjo da plateia, palco e da definição do número de assentos, o volume da sala pode ser estabelecido a partir da razão ótima volume por assento V/N. Em salas destinadas à fala, essa razão tende a ser baixa, com valores entre 2.3 e 4.3 $[m^3]$. Para auditórios destinados à música não amplificada, esses valores se encontram entre 4.5 e 11.3 $[m^3]$. Em auditórios multiúso, tal razão encontra-se entre esses extremos, tipicamente com valores na faixa de 5.1 a 8.5 $[m^3]$ [3].

O tempo de reverberação ideal pode ser, então, escolhido com base na Figura 8.1. A variação do tempo de reverberação com a frequência pode ser tomada com base na Figura 8.29, para salas cuja prioridade é a música, ou mantido constante para salas cuja prioridade é a fala. Assim como nos auditórios para música, no caso dos auditórios multiúso, a plateia é o principal elemento absorvedor. Isso leva à necessidade do uso de assentos acolchoados com propriedades de absorção similares à absorção das pessoas.

O teto da sala é uma superfície útil, que pode ser usada para fazer uma "escultura" adequada da resposta ao impulso da sala para todos os assentos. Quando a sala for mais orientada à palavra falada, é recomendável que a resposta ao impulso contenha mais energia na região das primeiras reflexões. As reflexões laterais não são uma prioridade. Nesse caso, pode-se usar um teto baixo (caso a especificação do volume permita). Caso o pé direito da sala precise ser grande, é necessário que se use uma série de refletores de teto, como os refletores mostrados na Figura 8.6 (b). O conjunto e a inclinação dos refletores definirá a qualidade da escultura da resposta ao impulso ao longo da plateia. Os refletores devem ser superfícies rígidas, de forma que não absorvam o som, e podem ser planos ou convexos. Podem-se usar refletores grandes com a unidade cobrindo toda a largura da sala, ou uma nuvem de refletores menores. Refletores relativamente grandes são mostrados na foto do auditório do Instituto Nacional de Telecomunicações (INATEL), dada na Figura 8.37. O uso de uma nuvem de refletores menores facilita a fabricação, o transporte e a instalação, mas é importante ter em mente que o espaçamento entre os refletores causará efeitos de difração, especialmente em baixas frequências, conforme discutido no Capítulo 3. De acordo com Rindel [45], pode ser preferível utilizar um número maior de refletores menores do que um pequeno número de grandes refletores para cobrir o mesmo espaço, pois os efeitos de coloração do espectro em baixas frequências tendem a diminuir. Em altas frequências a FRF tende a variar mais com a posição, mas uma melhoria é possível ao se manter a área coberta constante e diminuir o tamanho dos painéis. O uso de painéis menores também possibilita sua orientação posterior à sua instalação. Ter um espaçamento entre os painéis pode ser desejado, já que isso faz com que o volume do ambiente seja aumentado.

Figura 8.37 Foto do auditório do Instituto Nacional de Telecomunicações (INATEL) em Santa Rita do Sapucaí-MG, Brasil. (Cortesia do INATEL e da empresa Harmonia Acústica, São Paulo-SP).

Em salas cuja prioridade é a música, as reflexões laterais são mais importantes. O teto pode ser usado como superfície destinada a absorção, difusão ou reflexões que sejam destinadas às paredes laterais, nas quais difusores podem ser instalados. O uso do teto para absorção, reflexão ou difusão vai depender das características de absorção do restante da sala e pode ser definido após cálculos preliminares do tempo de reverberação.

8.5.2 Aspectos eletroacústicos

Atualmente, o uso de sistemas de sonorização em teatros, igrejas e outros auditórios tem se tornado comum. À medida que o tamanho dos ambientes e o número de ocupantes aumenta, o suporte da sala se torna menos proeminente, fazendo-se necessário um sistema de sonorização. Parâmetros como Fator de força (G) e tempo de reverberação (T_{60}), por exemplo, são deteriorados em alguns locais e o sistema de sonorização pode compensar esse problema. Em outras palavras, o uso de sistemas de sonorização permite que as características naturais da sala sejam colocadas em segundo plano no projeto[34]. Nesses casos, a absorção sonora pode ser usada como método de controle para ecos, *flutter echoes*, reflexões tardias e outros problemas. A reverberação artificial pode, então, ser adicionada pelo sistema de sonorização e este complementará a energia acústica perdida na absorção.

Sistemas de sonorização têm sua própria complexidade e vão requerer um projeto eletroacústico específico com especificações de microfones, mesas de som, processadores de sinal, amplificadores, sistema de alto-falantes etc. [44][35]. Como os alto-falantes são dispositivos bastante ineficientes, com eficiências típicas entre 2-5 [%] [15], um único alto-falante não será suficiente em uma sala de grande porte. Deve-se usar, então, um conjunto de alto-falantes. Em geral, os sistemas de sonorização podem ser classificados em três tipos: (i) sistema central; (ii) sistema distribuído; (iii) sistema híbrido.

No caso do sistema central, um sistema de alto-falantes pode ser alocado na parte central do teto da sala, por exemplo, como mostrado na Figura 8.38 (a). A área em cinza representa uma possível galeria. A angulação entre as caixas acústicas é crucial para cobrir adequadamente a área

---

[34] O que o autor deseja dizer aqui é que o projetista pode sacrificar a obtenção de parâmetros acústicos ótimos em prol da solução de outros problemas, já que muitas vezes a obtenção de valores ótimos pode se tornar uma tarefa hercúlea. O autor, em nenhum momento, advoga a favor da desistência de um projeto acústico e da cultura de que o sistema de som corrigirá todos os defeitos da sala. Não existem milagres aqui. O sistema de som funciona dentro da sala. Se a sua acústica é inadequada, o sistema de som, por mais caro e bem-projetado que seja, vai funcionar dentro de um universo caótico.

[35] Neste livro não vamos entrar em todos os detalhes técnicos e só um panorama geral será dado.

da plateia e minimizar as interferências acústicas entre as caixas acústicas. Esse sistema é intrinsecamente monofônico, já que é concentrado em uma região do espaço. No entanto, ele é mais adequado em termos da percepção da posição da fonte sonora acústica. Como o cérebro humano é mais facilmente enganado pelos sons que chegam ao plano vertical, é mais fácil localizar a fonte sonora no centro do palco com um sistema como esse, já que o som direto vindo das caixas de som se originará acima da fonte real.

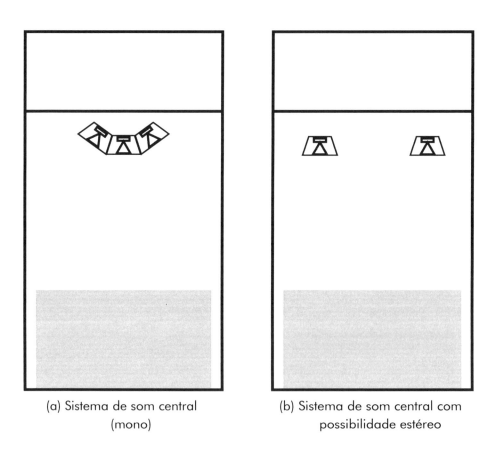

(a) Sistema de som central (mono)

(b) Sistema de som central com possibilidade estéreo

Figura 8.38 Sistemas de som com arranjo central.

Diretrizes para alguns tipos de projetos

No sistema central mostrado na Figura 8.38 (b), existe um par de caixas acústicas (ou conjunto empilhado de caixas) nos extremos esquerdo e direito da sala. Isso abre a possibilidade de estereofonia[36], mas cuidado deve ser tomado com a localização acústica da fonte sonora real. Com a atual proeminência do uso de caixas de som do tipo "fonte em linha" (*line arrays*), esse tipo de arranjo tem sido mais amplamente utilizado. Um exemplo disso é o auditório do INATEL mostrado na Figura 8.37, na qual os *line arrays* podem ser vistos na foto. Ureda [46] fornece uma boa explicação da teoria por trás do funcionamento dos *line arrays*. Atualmente eles são a norma, pois é possível controlar melhor o ângulo de cobertura vertical do sistema de sonorização por meio da angulação individual entre as unidades que compõem o *line array*. Somando essa vantagem às possibilidades de processamento digital de sinais, que visam alinhar e equalizar as partes individuais do sistema de sonorização, o sistema de áudio da sala pode ser de altíssima qualidade, desde que o projeto seja bem feito.

Em ambos os sistemas centrais, a potência do conjunto de caixas de som é, em geral, alta, já que o sistema deve cobrir toda a sala. Uma alternativa é a utilização de caixas de som de menor potência distribuídas pelo espaço, como mostrado na Figura 8.39 (a). Nesse caso, as fontes sonoras ficam mais próximas dos ouvintes e a energia do som direto tende a ser maior. Isso faz com que seja possível aumentar parâmetros associados à inteligibilidade da fala, já que a relação entre as energias do som direto (provido pelas caixas) e da cauda reverberante será maior. Sistemas de sonorização como esse são comumente utilizados em grandes lojas, supermercados, aeroportos e também em algumas igrejas. A desvantagem aqui é que um processamento adequado do sistema é necessário, a fim de que a imagem sonora seja associada à fonte localizada no palco. Para isso, o som emitido pelas caixas de som precisa ser atrasado, à medida que a distância entre fonte e receptor aumenta. Esse procedimento compensa o efeito Haas [47] (ou efeito da precedência). Mesmo que o ouvinte receba um nível de pressão sonora do alto-falante maior que o nível de pressão

---

[36] A estereofonia deve ser usada com cuidado em sistemas de sonorização. Isso ocorre porque a estereofonia é altamente dependente da posição do receptor e, usualmente, a área útil para uma boa imagem estéreo é relativamente pequena. Como a plateia é uma grande área, uma boa parte do público pode ouvir uma imagem sonora inadequada.

sonora da fonte real, o atraso imposto pelo processamento faz com que ele receba primeiramente o som da fonte original e perceba que o som vem do palco e não da caixa acústica.

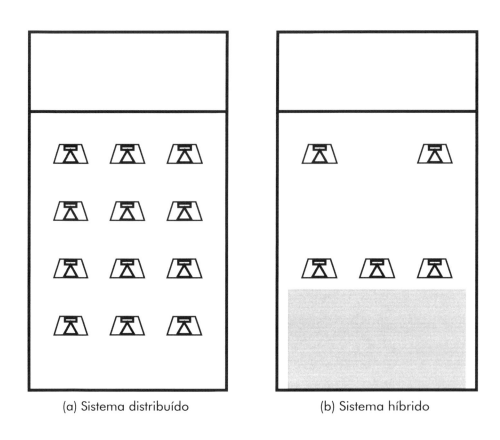

(a) Sistema distribuído (b) Sistema híbrido

Figura 8.39 Sistemas de som com arranjos distribuído e híbrido.

Um sistema de sonorização híbrido, como o mostrado na Figura 8.39 (b) também é possível. Nesse tipo de sistema, existem caixas acústicas de maior potência acima do palco e um sistema de reforço sonoro próximo às galerias (ou mesmo abaixo delas). Isso faz com que se possa reduzir a potência do sistema principal e também pode trazer melhorias quanto à cobertura do sistema de sonorização, já que a necessidade de potência é distribuída entre as partes. Dependendo da geometria da sala, a única forma de cobrir todas as regiões é com a utilização de um sistema híbrido. Cuidado deve ser tomado com o efeito Haas também. O sinal emitido pelo sistema de reforço deve ser atrasado para que a imagem sonora seja percebida no palco.

Em salas nas quais tanto a música quanto a fala sejam igualmente importantes, o tempo de reverberação ideal pode ser orientado à performance musical, e a inteligibilidade da fala será controlada pelo sistema sonorização. Se bem projetado, em qualquer das topologias, existe um aumento da proporção entre som direto e cauda reverberante, o que contribui para um aumento da inteligibilidade da fala.

Um bom sistema de sonorização deve ser, então, processado de forma que a magnitude de sua resposta em frequência seja suave e capaz de reproduzir toda a banda de frequências desejada. O efeito Haas deve ser compensado eletronicamente. Adicionalmente, defeitos como microfonias devem ser evitados a todo custo. As microfonias acontecem devido à realimentação do som que é emitido pelos alto-falantes aos microfones[37]. Sua característica é um apito desagradável em uma dada frequência, que depende da distância entre alto-falantes e microfone. As microfonias podem ser evitadas com um projeto acústico e de áudio adequados [15].

Outro aspecto importante para se notar é que uma acústica interna ruim levará o sistema de áudio a uma resposta ruim. É muito difícil equalizar um sistema de áudio cuja resposta inicial tenha inúmeras ressonâncias e antirressonâncias devido a um projeto acústico inadequado. Até certo grau, características como inteligibilidade, Fator de força e reverberação artificial podem ser melhoradas pelo sistema de sonorização. A correção de defeitos graves, no entanto, não é possível nem com o sistema mais sofisticado. Um investimento na qualidade acústica da sala continua sendo imprescindível.

8.5.3 Aspectos específicos de alguns ambientes

Auditórios multiúso podem ser de diversos tipos e alguns deles terão seus aspectos específicos cobertos a seguir.

---

[37] O som emitido originalmente pela voz ou instrumento é captado pelo microfone e enviado ao sistema de alto-falantes. Esse som é radiado na sala pelos alto-falantes e retorna eventualmente ao microfone, que o capta e devolve novamente ao sistema de alto-falantes. Essa realimentação do sinal original gera a microfonia.

8.5.3.1 Casas de espetáculo

As casas de espetáculos são locais em que concertos musicais variados (música amplificada ou clássica), palestras e eventos diversos podem ocorrer. Comumente, um auditório destinado a esse uso pode também ser usado como teatro ou mesmo como cinema. Esses auditórios são propriedade privada ou de um município. Nesta seção eles serão designados simplesmente como "auditórios".

Em auditórios onde concertos de música clássica acontecem é importante que o palco e paredes laterais recebam a atenção devida. O que foi discutido na Seção 8.4 é válido para o auditório multiúso. Em dias em que não há ópera, os fossos de orquestra, caso existam, podem ser convertidos em extensão do palco (para aplicações teatrais) ou em acomodação de assentos adicionais.

É preciso ter em mente que o tamanho de tais auditórios pode variar consideravelmente. Para música clássica, uma preocupação importante diz respeito ao volume sonoro no ambiente, já que pequenas salas podem ter volume sonoro excessivo mesmo com pequenas orquestras. O controle por meio da absorção ajuda nesse quesito.

Em auditórios maiores, usados para teatro, pode se tornar muito difícil acomodar a plateia com boas linhas de visão. De acordo com Long [1], o menor arco de circunferência que um ser humano consegue distinguir é de 1/60 [°]. Se os detalhes da performance, tais como um pequeno sorriso ou o levantar de uma sobrancelha, são importantes, é recomendável que o expectador mais distante esteja a menos de 30 [m] do palco. Isso faz com que arranjos do tipo leque (Figura 8.30 (b)) sejam preferidos, já que a distância média entre plateia e palco é diminuída. Auditórios desse tipo, no entanto, podem requerer atenção especial nas paredes laterais, caso a performance de música clássica também seja importante, já que a angulação das paredes não favorece as reflexões laterais. Para auditórios com mais assentos, o uso de uma ou mais galerias pode ser mandatório. Em auditórios com mais de 1500 assentos, detalhes visuais e acústicos da peça teatral tendem a se perder.

Em quase todos os auditórios, um sistema de sonorização estará presente e pode ser usado mesmo em pequenas peças de teatro. Na utilização do sistema de áudio em performances teatrais ou musicais, a posição

Diretrizes para alguns tipos de projetos 633

ideal da mesa de som é junto à plateia, de preferência no piso inferior e à frente da entrada da galeria. Em alguns casos, a mesa de som é localizada em uma cabine de mixagem, que deve ter uma janela com 1.8 [m] de largura aberta na frente e a 1.2 [m] de altura, de forma que o técnico fique na linha direta do som vindo do auditório. O uso da cabine não é considerado ideal, porque a cabine é um ambiente acusticamente separado do auditório. Por esse motivo, o som que o técnico escuta e no qual baseia seu julgamento, é diferente do som que a plateia escuta[38].

A Figura 8.40 mostra o projeto acústico do auditório da casa de cultura de Santa Maria-RS. O auditório tem capacidade para cerca de 150 pessoas e será usado para performances musicais e teatrais. Ele apresenta um volume de 843 $[m^3]$, o que resulta em uma relação $V/N = 5.62$ $[m^3]$. Seu formato é retangular a fim de privilegiar as reflexões laterais. Difusores QRD serão instalados na parede lateral e orientados de forma a gerar difusão nos planos horizontal e vertical. Intercalados aos difusores, painéis reflexivos inclinados serão instalados. O intuito é provocar uma quebra na periodicidade dos difusores. No palco esses mesmos refletores são instalados. Alguns com o intuito de aumentar a capacidade dos músicos em se ouvirem e outros com o intuito de projetar o som das orquestras para a plateia, já que a inclinação das paredes do palco era inviável[39]. No teto existe uma série de refletores angulados cujo intuito é direcionar energia acústica do palco às primeiras fileiras. No fundo um último refletor inclinado adiciona energia das primeiras reflexões às últimas fileiras. Uma boa parte do teto e da parede do fundo são tratados com absorção. O piso é tratado em carpete para reduzir o ruído de caminhada da plateia e as cadeiras tem absorção similar à dos seres humanos, de forma que o tempo de reverberação não mude muito entre as condições de sala cheia e vazia. O T_{60} médio da sala é de 1.0 [s] nas bandas de 500 a 2000 [Hz]. Existe um pequeno crescimento do T_{60} nas baixas frequências e um decréscimo nas altas, o que poderá ser compensado pelo sistema de sonorização.

---

[38] O uso de mesas de som com controle digital trouxe boas soluções para a questão do posicionamento do técnico de áudio. Hoje em dia, é possível que o *hardware* da mesa de som seja alocado na cabine de mixagem e o técnico de áudio pode controla-la remotamente com um *tablet*, por exemplo. Isso permite até que o técnico se mova pela sala e escute o desempenho do sistema de som em várias posições.

[39] O auditório será construído aproveitando um prédio antigo da cidade, o que tornou proibitiva a inclinação de paredes.

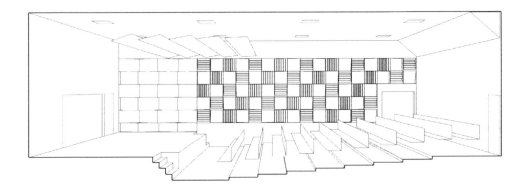

Figura 8.40 Projeto acústico do auditório da casa de cultura de Santa Maria-RS (por Eric Brandão e Stephan Paul, com a assistência de Dyhonatan Russi).

8.5.3.2 Templos religiosos

Os templos religiosos são também ambientes multiúso em que música e fala são partes importantes das atividades realizadas. Novamente o autor gostaria de esclarecer que seu conhecimento é limitado à análise de templos cristãos. De fato, a literatura ocidental parece ter se concentrado na evolução dos templos católicos e protestantes tradicionais. Além desses dois tipos de templos, Long [1], por exemplo, examina a acústica das sinagogas. No entanto, um espectro amplo de denominações religiosas tem escapado à atenção da literatura. É um fato que o Brasil é um país com uma série de crenças religiosas e que cada credo terá uma série de atividades e rituais durante os encontros, com maior ênfase em música ou fala. Os tipos de música também mudarão conforme a denominação religiosa. Os conceitos vistos aqui, embora bastante limitados às denominações católica e protestante, podem ser extrapolados a outros templos religiosos desde que o projetista consiga captar as necessidades do cliente em reuniões de discussão de suas necessidades.

Em templos cristãos, a importância dada à música ou à fala varia entre as diversas denominações religiosas e também ao longo da evolução histórica do credo religioso. Os volumes e as capacidades dos templos também são os mais diversos possíveis. Outro fato importante é que

Diretrizes para alguns tipos de projetos 635

inúmeros templos já estão construídos e necessitarão de adequação acústica. Em outros casos, os templos terão sua acústica interna adequada na fase de projeto. Isso pode levar o projetista a concluir que terá toda a liberdade no segundo caso, o que é um erro, já que muitas vezes a ornamentação do templo toma precedência em relação à acústica interna por motivos teológicos e de tradição.

Quanto ao programa, as igrejas católicas mantinham na Idade Média a tradição da missa cantada com canto gregoriano. Esse era um tipo de música feita somente com vozes e notas longas, o que era adequado a espaços altamente reverberantes. A introdução do barroco, no século XVII, mudou o cenário musical na Igreja Católica e obras foram compostas para coro e orquestra, o que requeria espaços menos reverberantes. Um exemplo é *O Messias* de Händell. Atualmente o cenário musical é completamente diferente. Ainda é comum ver órgãos sendo tocados em igrejas católicas para o canto da congregação, ou mesmo bandas com estilo mais popular. É comum que o padre também faça um discurso à congregação semanalmente [48].

A Reforma Protestante, ocorrida no final do século XV, foi também responsável por uma mudança significativa no cenário acústico da igreja cristã. Nesse caso, o foco do encontro passou a ser o discurso e não a música. No entanto, a música nunca deixou os templos e, de fato, novos estilos foram incorporados. Muitos teólogos passaram a compor músicas, que ao longo do tempo se tornaram hinos tradicionais, cantados usualmente com o acompanhamento de órgão ou piano. Atualmente, existe maior disseminação do uso de bandas com estilo mais popular. A Igreja Protestante inseriu esse estilo antes da Católica. No entanto, hoje em dia, o tamanho das bandas nas duas denominações pode variar de alguns membros a orquestra e coral [48].

As igrejas católicas são, em geral, bastante ornamentadas com estátuas, pinturas etc. É comum encontrar tetos com uma série de superfícies côncavas e pilastras no ambiente. O teto, em geral, é bastante alto e o volume da sala tende a ser grande. Em igrejas construídas há muito tempo, é comum encontrar grandes volumes e o uso de superfícies bastante reflexivas nos assentos (madeira), piso (algum tipo de pedra bem rígida), teto e paredes laterais. Com as grandes dimensões envolvidas, é comum que ocorra eco nos primeiros assentos, o que é um problema sério, pois prejudica tanto a pessoa fazendo o discurso quanto a congregação que o ouve. Um exemplo de igreja católica típica é a catedral de Santa Cruz do Sul-RS, mostrada na Figura 8.41 (a). Sua arquitetura remonta às igrejas do período gótico (séculos XII-XIV), com alto volume, ornamentação, teto com uma série de superfícies côncavas e o uso de pilastras.

(a) Foto da igreja

(b) Detalhe do alto-falante instalado em uma pilastra

Figura 8.41 Foto da catedral católica de Santa Cruz do Sul-RS, Brasil. Fonte: Wikimedia Commons.

A igreja de Santa Cruz do Sul apresenta os problemas descritos no parágrafo anterior[40]. É difícil achar formas de tratamento acústico adequadas, já que o templo é parte do patrimônio histórico e sua ornamentação faz com que haja poucas superfícies disponíveis para a aplicação

---

[40] Problemas detectados em conversa pessoal do autor com o padre e os responsáveis pela manutenção do templo.

Diretrizes para alguns tipos de projetos 637

de tratamento acústico. O teto côncavo e alto faz com que haja mais difusão sonora do que focalização no plano da plateia, já que os ouvintes estão muito distantes do foco da superfície curva, o que foi discutido no Capítulo 3. De acordo com Long [1], as superfícies mais altas devem ser as primeiras opções para absorção sonora. É preciso tomar o cuidado de manter a aparência consistente com as necessidades históricas do local. Em templos antigos é comum encontrar espaços que dão passagem às torres e outros volumes não ocupados por pessoas, mas que contribuem para o aumento do volume final da sala e com o consequente aumento do T_{60}. O fechamento dessas passagens com paredes e portas pode ajudar a controlar o T_{60} do espaço sem interferir na estética.

O uso de sistemas de sonorização distribuído é uma prática comum em igrejas católicas mais antigas, o que pode ajudar a aumentar a inteligibilidade da fala, pois aumenta a energia do som direto nos ouvintes. Um sistema como esse é usado na catedral católica de Santa Cruz do Sul-RS. Nesse caso os alto-falantes são posicionados nas pilastras e são quase invisíveis (detalhe na Figura 8.41 (b)). Cuidado deve ser tomado, já que a simples distribuição de alto-falantes no ambiente, sem o devido processamento do sistema de áudio, pode levar a resultados ruins, devido à percepção errônea da imagem sonora (Efeito Haas). O processamento correto dos sinais enviados aos alto-falantes lida com esse problema[41].

As igrejas protestantes têm uma arquitetura, em geral, diferente das igrejas católicas. A ornamentação, por exemplo, tende a ser bem menor. A altura, no entanto, ainda tende a ser grande. Também é comum o uso de uma ou mais galerias (dependendo da capacidade de assentos desejada).

Em denominações mais tradicionais, uma planta baixa em formato cruciforme é comum. Nesse caso, existe uma separação acústica entre os ambientes e deve-se tomar cuidado para que os parâmetros acústicos sejam similares nos diferentes locais da sala. Quando o caso é o de uma igreja em formato cruciforme, é tentador para os líderes da denominação posicionar um coral em um dos braços da cruz. Isso, no entanto, leva a uma distribuição não uniforme das vozes do coral, já que estas são fontes

---

[41] O autor deste livro apenas visitou a catedral de Santa Cruz do Sul a pedido do corpo técnico responsável pela conservação do templo. Nenhum projeto acústico ou de sonorização foi realizado e a foto é meramente ilustrativa.

direcionais. Essa disposição irá prejudicar uma seção ou outra da plateia. Assim como nas igrejas católicas, é comum que haja poucas superfícies absorvedoras, já que os assentos são normalmente em madeira, e piso, teto e paredes são rígidos[42]. Isso faz com que o T_{60} seja alto, o que é prejudicial à inteligibilidade da fala e muitas vezes da música. As denominações mais tradicionais podem ter um teto côncavo, embora tal aspecto seja menos comum nas igrejas protestantes que nas católicas.

A Figura 8.42 mostra a foto de uma igreja protestante em Itajubá-MG[43]. Note que o teto é relativamente alto e uma série de painéis perfurados é aplicada nele. Um certo grau de difusão sonora é obtido pela inclinação de superfícies do teto colocadas entre os painéis perfurados. O templo possui uma galeria relativamente grande e é utilizado um sistema de sonorização central do tipo mostrado na Figura 8.38 (b).

Figura 8.42 Foto de uma igreja protestante em Itajubá-MG. Foto do autor.

---
[42] Especialmente em ambientes construídos há algum tempo.
[43] Primeira Igreja Presbiteriana de Itajubá-MG.

Diretrizes para alguns tipos de projetos

Atualmente, algumas denominações protestantes constroem templos que acomodam milhares de pessoas, o que torna esses espaços largamente dependentes de sistemas de apoio de áudio e vídeo. Templos desse porte podem acomodar até 5000 pessoas sentadas e são, algumas vezes, maiores que as maiores salas de concerto para música clássica. Nesse caso, a maior absorção sonora é provocada pela plateia. É comum que, embora o volume do espaço seja alto, a razão volume por assento V/N tenda a ser menor que nos templos tradicionais. Nesses casos, a plateia é geralmente arranjada em leque, como mostra a Figura 8.30 (b), o que faz com que, em média, os ouvintes estejam mais próximos do palco.

Como a ornamentação não é uma prerrogativa tão importante nas igrejas protestantes, existem mais superfícies onde é possível aplicar absorção e difusão sonora. Em denominações tradicionais é preciso dar atenção maior à inteligibilidade da fala, já que muitas vezes o sistema de sonorização não estará presente ou não será utilizado. Em templos de alta capacidade, um projeto acústico orientado ao programa musical pode ser feito, desde que o sistema de sonorização consiga lidar com o problema da inteligibilidade da fala. O ideal é que os dois projetos (acústico e de áudio) sejam concebidos na mesma fase. É também preciso colocar que, em algumas denominações, dá-se importância às vozes da plateia quando músicas são executadas. A plateia canta junto com a banda ou orquestra e a comunidade preza a escuta de seu próprio canto. Nesse caso, o volume sonoro gerado pelo sistema de som precisa ser controlado, de forma que o som tocado pela banda não mascare o canto da plateia. Em outras denominações um sistema de som mais potente pode ser requerido.

Comum a todas as igrejas (católicas e protestantes) é o fato de que elas requerem um corredor de acesso central, o que está relacionado à celebração de casamentos. O corredor central pode ser visto nas Figuras 8.41 (a) e 8.42 e não é obrigatório para as salas de concerto e casas de espetáculo.

8.5.3.3 Casas noturnas

Por fim, é preciso mencionar as casas noturnas. São ambientes em que música amplificada é uma prioridade e, muitas vezes, tocada a altos níveis de pressão sonora. Por isso, o isolamento acústico é crucial. As casas noturnas são amplamente dependentes de sistemas de sonorização. Usualmente não se está preocupado com a inteligibilidade da fala como nos restaurantes. O uso de música amplificada faz com que o tempo de reverberação ideal seja baixo (0.6-1.2 [s], para salas de 200-5000 [m^3] de volume) e não varie com a frequência. A reverberação artificial é adicionada pelo sistema de sonorização.

O projeto da sala deve ser feito baseado na presença de plateia, já que a absorção sonora provocada pelas pessoas é considerável. Durante o projeto deve-se considerar o sistema de sonorização como sendo a fonte sonora principal. Além disso, a vocação da casa noturna ou clube deve ser investigada, pois os amplificadores e alto-falantes para alguns tipos de *música eletrônica*, são, por exemplo, construtivamente distintos dos de rock, pop etc., devido a natureza energética desses tipos de música. Logo, cuidados devem ser tomados no processamento desse sistema, para que a plateia consiga localizar a fonte sonora corretamente, visto que em muitas vezes uma banda estará tocando na casa ou o DJ/produtor poderá utilizar efeitos que causem a espacialização do som.

No projeto de qualquer sala, é preciso prestar atenção à utilização de materiais acústicos que tenham proteção contra a propagação de chamas. Essa característica pode ser observada nos catálogos de fabricantes. Dessa forma, os riscos para os ocupantes do espaço são minimizados.

8.6 Sumário

Este capítulo abordou algumas diretrizes básicas para o projeto de variados ambientes. Foram apresentados o uso das técnicas de modelagem acústica dos espaços bem como o emprego dos parâmetros objetivos para se fazer um projeto acústico adequado.

Ficou claro, ao longo do livro, que na maioria das situações é preciso tratar os ambientes com algum grau de absorção, reflexão especular e reflexão difusa. O projeto de absorvedores e difusores também foi abordado no livro.

Este capítulo encerra esta obra. O autor espera que sua leitura, seu estudo e sua consulta sejam úteis ao leitor e que, dessa forma, a qualidade acústica dos ambientes no Brasil possa aumentar com o passar do tempo. Nossa qualidade de vida parece ter uma relação bastante próxima com essa questão.

Referências bibliográficas

[1] LONG, M. *Architectural acoustics*. Cambridge: Elsevier Academic Press, 2006.

(Citado na(s) página(s): 38, 550, 551, 559, 560, 564, 565, 566, 567, 595, 597, 598, 599, 600, 601, 602, 604, 605, 610, 612, 613, 618, 620, 621, 622, 624, 632, 634, 637)

[2] EVEREST, F.; SHAW, N. *Master handbook of acoustics*. 4° ed. New York: McGraw-Hill, 2001.

(Citado na(s) página(s): 550)

[3] DOELLE, L. L. *Environmental Acoustics*. New York: McGraw-Hill, 1972.

(Citado na(s) página(s): 551, 597, 625)

[4] KNUDSEN, V. O.; HARRIS, C. M. *Acoustical designing in architecture*. New York: John Wiley & Sons, 1950.

(Citado na(s) página(s): 551)

[5] OPPENHEIM, A.; WILLSKY, A. *Sinais e Sistemas*. 2° ed. São Paulo: Pearson, 1983.

(Citado na(s) página(s): 556)

[6] CHOI, S.; GUERIN, D. A.; KIM, H.-Y.; BRIGHAM, J. K.; BAUER, T. Indoor environmental quality of classrooms and student outcomes: A path analysis approach. *Journal of Learning Spaces*, 2(2):1–14, 2014.

(Citado na(s) página(s): 556)

[7] RONSSE, L. M. *Investigations of the relationships between unoccupied classroom acoustical conditions and elementary student achievement*. Tese de Doutorado, University of Nebraska, Lincoln, 2011.

(Citado na(s) página(s): 556)

[8] BRADLEY, J. S.; SATO, H. The intelligibility of speech in elementary school classrooms. *The Journal of the Acoustical Society of America*, 123 (4):2078–2086, 2008.

(Citado na(s) página(s): 556)

[9] ASTOLFI, A.; CARULLO, A.; VALLAN, A.; PAVESE, L. Influence of classroom acoustics on the vocal behavior of teachers. In: *Proceedings of the 21th ICA*, Montreal, 2013.

(Citado na(s) página(s): 556)

Diretrizes para alguns tipos de projetos

[10] BRANDÃO, E.; RUSSI, D. *Levantamento dos parâmetros acústicos de salas de aula do ensino médio, fundamental e superior na cidade de Santa Maria*. Relatório técnico, Universidade Federal de Santa Maria, Santa Maria, 2012.

(Citado na(s) página(s): 556)

[11] BRADLEY, J. S. Speech intelligibility studies in classrooms. *The Journal of the Acoustical Society of America*, 80(3):846–854, 1986.

(Citado na(s) página(s): 558)

[12] ANSI s12.60-2010: Acoustical performance criteria, design requirements, and guidelines for schools, Part 1: Permanent schools, 2010.

(Citado na(s) página(s): 558)

[13] ANSI s12.60-2009: Acoustical performance criteria, design requirements, and guidelines for schools, Part 2: Relocatable classroom factors, 2009.

(Citado na(s) página(s): 558)

[14] ROSSING, T. *Springer handbook of acoustics*. New York: Springer-Verlag, 2007.

(Citado na(s) página(s): 562)

[15] BALLOU, G. *Handbook for sound engineers*. 4° ed. Cambridge: Focal Press, 2015.

(Citado na(s) página(s): 568, 623, 627, 631)

[16] EARGLE, J. *The microphone book*. Oxford: Focal Press, 2004.

(Citado na(s) página(s): 568)

[17] RUMSEY, F. *Spatial audio*. 2° ed. Oxford: Focal Press, 2001.

(Citado na(s) página(s): 569, 571, 585)

[18] BEYER, R. T. *Sounds of our times: two hundred years of acoustics*. New York: Springer-Verlag, 1999.

(Citado na(s) página(s): 570)

[19] RUMSEY, F.; MCCORMICK, T. *Sound and recording*. 6° ed. Waltham: Focal Press, 2009.

(Citado na(s) página(s): 570, 571, 582)

644   Acústica de salas: projeto e modelagem

[20] OWSINSKI, B. *The recording engineer's handbook*. 2° ed. Boston: Course Technology PTR, 2009.

(*Citado na(s) página(s): 570, 582*)

[21] NEWELL, P. *Recording studio design*. 2° ed. Oxford: Focal Press, 2008.

(*Citado na(s) página(s): 34, 576, 589, 590*)

[22] GIBSON, D. *The art of mixing: a visual guide to recording, engineering, and production*. Vallejo: Mix Books, 1997.

(*Citado na(s) página(s): 582*)

[23] TIMMERS, R. Perception of music performance on historical and modern commercial recordings. *The Journal of the Acoustical Society of America*, 122 (5):2872–2880, 2007.

(*Citado na(s) página(s): 583*)

[24] VICKERS, E. The loudness war: Background, speculation, and recommendations. In: *129th Audio Engineering Society Convention*, San Francisco, 2010.

(*Citado na(s) página(s): 583*)

[25] CLAESSON, L. Making audio sound better one square wave at a time (or how an algorithm called "undo" fixes audio). In: *137th Audio Engineering Society Convention*, Los Angeles, 2014.

(*Citado na(s) página(s): 583*)

[26] WALSH, M.; STEIN, E.; JOT, J.-M. Adaptive dynamics enhancement. In: *130th Audio Engineering Society Convention*, London, 2011.

(*Citado na(s) página(s): 583*)

[27] EBU 3276, listening conditions for the assessment of sound programme material: monophonic and two-channel stereophonic, 1998.

(*Citado na(s) página(s): 586, 587, 588, 589*)

[28] EBU 3276, listening conditions for the assessment of sound programme material: multichannel sound, 1998.

(*Citado na(s) página(s): 586*)

[29] D'ANTONIO, P.; COX, T. J. Diffusor application in rooms. *Applied Acoustics*, 60:113–142, 2000.

(*Citado na(s) página(s): 592*)

[30] BERANEK, L. *Concert halls and opera houses: music, acoustics, and architecture.* 2° ed. New York: Springer-Berlag, 2004.

(Citado na(s) página(s): 38, 596, 597, 607, 610, 612, 615, 617, 618, 619, 620, 621)

[31] BARRON, M. *Auditorium acoustics and architectural design.* 2° ed. New York: Taylor & Francis, 2009.

(Citado na(s) página(s): 597, 610, 612)

[32] CREMER, L. Early lateral reflections in some modern concert halls. *The Journal of the Acoustical Society of America*, 85(3):1213–1225, 1989.

(Citado na(s) página(s): 602, 607)

[33] BARRON, M.; MARSHALL, A. H. Spatial impression due to early lateral reflections in concert halls: the derivation of a physical measure. *Journal of Sound and Vibration*, 77(2):211–232, 1981.

(Citado na(s) página(s): 602, 607, 615)

[34] BORISH, J. Extension of the image model to arbitrary polyhedra. *The Journal of the Acoustical Society of America*, 75(6):1827–1836, 1984.

(Citado na(s) página(s): 607)

[35] BERANEK, L.; HIDAKA, T. Sound absorption in concert halls by seats, occupied and unoccupied, and by the hall's interior surfaces. *The Journal of the Acoustical Society of America*, 104(6):3169–3177, 1998.

(Citado na(s) página(s): 611)

[36] SCHULTZ, T. J.; WATTERS, B. Propagation of sound across audience seating. *The Journal of the Acoustical Society of America*, 36(5):885–896, 1964.

(Citado na(s) página(s): 611)

[37] DAVIES, W.; ORLOWSKI, R.; LAM, Y. Measuring auditorium seat absorption. *The Journal of the Acoustical Society of America*, 96(2):879, 1994.

(Citado na(s) página(s): 611)

[38] ZHA, X.; FUCHS, H.; DROTLEFF, H. Improving the acoustic working conditions for musicians in small spaces. *Applied acoustics*, 63:203–221, 2002.

(Citado na(s) página(s): 614)

[39] BARRON, M.; LEE, L.-J. Energy relations in concert auditoriums. i. *The Journal of the Acoustical Society of America*, 84(2):618–628, 1988.

(*Citado na(s) página(s): 615*)

[40] HAAN, C.; FRICKE, F. R. An evaluation of the importance of surface diffusivity in concert halls. *Applied Acoustics*, 51(1):53–69, 1997.

(*Citado na(s) página(s): 615*)

[41] ANDO, Y. *Concert hall acoustics*. Berlin: Springer-Verlag, 1985.

(*Citado na(s) página(s): 616*)

[42] HAWKES, R.; DOUGLAS, H. Subjective acoustic experience in concert auditoria. *Acta Acustica united with Acustica*, 24:235–250, 1971.

(*Citado na(s) página(s): 616*)

[43] BRADLEY, J. S. A comparison of three classical concert halls. *The Journal of the Acoustical Society of America*, 89(3):1176–1192, 1991.

(*Citado na(s) página(s): 35, 618, 619*)

[44] McCARTHY, B. *Sound systems: design and optimization: modern techniques and tools for sound system design and alignment*. Cambridge: Focal Press, 2007.

(*Citado na(s) página(s): 623, 627*)

[45] RINDEL, J. H. Design of new ceiling reflectors for improved ensemble in a concert hall. *Applied Acoustics*, 34:7–17, 1991.

(*Citado na(s) página(s): 625*)

[46] UREDA, M. Analysis of loudspeaker line arrays. *Journal of the Audio Engineering Society*, 52(5):467–495, 2004.

(*Citado na(s) página(s): 629*)

[47] TOOLE, F. *Sound reproduction: loudspeakers and rooms*. Cambridge: Focal Press, 2008.

(*Citado na(s) página(s): 629*)

[48] OLSON, R. *História da teologia cristã: 2000 anos de tradição e reformas*. São Paulo: Editora Vida, 2001.

(*Citado na(s) página(s): 635*)

Índice remissivo

A

Absorção, 104, 113, 511, 513, 516, 576
   dispositivos, 149
   em difusores, 271
   sonora do ar, 446
Absorção vs. isolamento, 476
Absorvedor
   de membrana, 162, 336, 341
Acústica
   de salas, 57
   Impedância, 85
   Impedância característica, 89, 116
   Intensidade, 85
   Potência, 85
Acústica estatística, 426
Acústica geométrica, 356
   Ângulo de incidência, 372
   software, 385
   Auralização, 408
   Cauda reverberante, 379
   Coeficiente de espalhamento, 406
   Distância entre dois pontos, 372
   Ecograma, 374
   Equação da linha, 372
   Equação do plano, 370
   Evolução temporal, 373
   Fontes sonoras, 363
   Fontes virtuais, 397, 398
   Geometria da sala, 369
   Método híbrido, 403
   Premissas básicas, 360
   Primeiras reflexões, 378
   Propriedades das superfícies, 369
   Raio sonoro, 360
   Receptores, 367
   Reflectograma, 374, 409
   Som direto, 374
   Traçado de raios, 387
   Vetor normal ao plano, 371
Acústica variável, 578
Admitância
   acústica, 116
Agudos, 58, 521
Alto-falante, 571
Amplificador, 493
Ângulo
   de difração, 205, 226
   de incidência, 115, 117
   de reflexão, 115, 395
   de refração, 122
Aproximação
   de Fraunhofer, 213
   de Fresnell, 213
   de Kirchhoff, 213
Aspectos físicos, 62
Aspectos subjetivos, 58, 484, 485
Assentos, 604, 611, 624
ASW, 516
Ataque, 428, 430, 437
Áudio, 571
Áudio espacial, 571
Auditório, 560, 595, 632
   Fala, 560
   Música, 595

Multiúso, 622
Auditivo(a)
Córtex, 58
Percepção, 58
Perda, 60
Sensação, 58
Sensibilidade, 60
Auralização, 408
Gravação anecóica, 409
HRIR, 410, 413
HRTF, 410, 413
Resposta ao impulso, 409
Resposta ao impulso
biauricular, 415
Autocorrelação, 82, 222
Circular, 222
Autoespectro, 82

B

Balanço, 597, 606, 615
Brilho, 597, 606
Brilho intenso, 599

C

Câmara
Anecoica, 214
Câmara reverberante, 134
Calidez, 601, 606, 615
Caminho livre médio (MFP), 452
Campo
Distante, 440
Livre, 88, 440, 513, 514, 519
Próximo, 440, 488
Reverberante, 440
Sonoro, 88
Casa de espetáculo, 632
Casa noturna, 640
Cauda reverberante, 379, 417, 489,
490, 507, 511
Cinema, 569, 632
Clareza, 489, 507, 618
Claridade, 507, 508, 534, 597, 606,
618

jnd, 509
Coeficiente
de absorção, 127
de absorção
(incidência difusa), 127, 135,
395, 401
de absorção do ar, 449
de absorção médio, 435
de difusão, 219, 221, 225
de espalhamento, 219, 229, 232,
395, 406
de espalhamento
(incidência difusa), 234
de reflexão, 118, 122, 126, 198,
400
Coeficiente de absorção
Médio, 445
Coloração, 487
Comb filtering, 94, 487, 553
Comprimento característico, 155
Térmico, 155
Viscoso, 155
Comprimento de onda, 68
Condições de contorno, 285
Conjunto, 598, 606, 615
Controle tonal, 600, 606
Conversor
AD, 492
DA, 492
Convolução, 80, 87, 536
Correlação cruzada, 519
Critérios de Bonello, 331
Curvas de decaimento, 324

D

Decaimento, 324, 428, 430, 438, 451,
490, 496
Defeitos acústicos, 553
Comb Filtering, 553
Flutter Echo, 553, 575
Coloração, 553
Eco, 553

Índice remissivo 649

Focalização, 553
Reflexão tardia, 553
Zonas de sombra, 553
Definição, 507, 508, 534, 598, 606
jnd, 509
Densidade de energia
Pressão sonora, 440
Densidade modal, 308
Difração, 192
Barreira, 199
nas bordas, 202
Difusão, 577, 615
Difusores, 236
Spline, 268
Piramidais, 240
Absorção sonora, 271
Arranjo aperiódico, 246, 248, 259
Arranjo de semicilindros, 246
Arranjo modulado, 246, 248, 259
Arranjo periódico, 246, 247, 259
Batentes, 247
Bidimensional, 264
Côncavos, 242
Cilíndrico, 245
Convexos, 244
de Schroeder, 248
Elíptico, 245
Fractal, 263
Gaussiano, 268
Geométricos, 236
Mecanismos de absorção, 272
MLS, 248
Otimizados, 265
Painéis Híbridos, 274
Periodicidade, 258
Plano finito, 237
PRD, 257, 264
QRD, 250, 264
Resposta
ao impulso, 240
Resposta em frequência, 240, 256
Resposta temporal, 246, 256

Senoidal, 268
Direcionalidade, 363
Divisão do espectro, 286
Dodecaedro, 493

E
Ease of ensemble, 522
Eco, 93, 487, 598, 636
EDT, 505, 506, 521, 619
jnd, 506
Efeito coquetel, 557, 565
Efeito Haas, 631
Energia, 91
Acústica, 91, 429
Densidade de, 92, 361, 429
Lateral, 517
Envolvimento, 598, 605
Equação
da onda, 83
de Euler, 84
de Helmholtz, 84
Espacialidade, 489, 516, 600, 605
Espalhamento, 198
Espectro, 73
Espectro cruzado, 82
Estéreo, 585
Estúdio, 570
Estado estacionário, 428, 430, 437, 496
Euler, 69
Evolução temporal, 373

F
Faixa
de amplitude, 60, 501
de frequências, 58, 571
dinâmica, 501, 571, 598, 606
Fala, 508
Fase, 69
Fator de força, 513, 521
jnd, 514
Fator de força lateral, 519

jnd, 519

Fermat
Princípio de, 360

Filtros, 497
Banco de, 497, 536
Banda de 1/3 de oitava, 497, 498
Banda de oitava, 497, 498, 536

Flutter echo, 94, 487, 553

Fontes sonoras, 363
Direcionais, 364, 365, 388
Omnidirecionais, 364, 365, 388, 493

Fontes virtuais, 397, 398
Número de fontes, 402
Resposta ao impulso, 400
Resposta em frequência, 401
Teste de visibilidade, 400

Forma modal, 299, 306, 307

Fosso, 604, 614

Fourier, 72

Fração de energia lateral, 518
jnd, 518

Frequência, 65
alta, 521
baixa, 284, 521
de Schroeder, 289
de ressonância, 163, 164, 171
média, 521
modal, 296, 298

Função
de Green, 207

Função Resposta em
Frequência (FRF), 287, 315

G

Galerias, 610, 624

Gerador de sinais, 492

Gráfico
Polar, 214

Gravação, 572, 574, 582

Graves, 58, 521

H

Huygens, 196
Princípio de, 196, 206

I

IACC, 520
jnd, 520

Igreja
Católica, 635
Protestante, 635

Imagem sonora, 488

Impedância
característica, 116
acústica, 86, 115
acústica característica, 86
acústica de um meio, 89
acústica específica, 86
de superfície, 118, 122, 126, 166, 173, 179, 181

Impedância acústica, 85

Impulso unitário, 77

In situ, 139

Índice
de refração, 122

Índice de articulação, 529

Infrassom, 59

Initial Time Delay Gap (ITDG), 375, 379

Instrumento musical, 571, 574

Integral
Cumulativa invertida, 500
cumulativa invertida, 500

Inteligibilidade, 489, 507, 509, 515, 523, 534, 535, 541, 555, 556, 561, 564, 566, 567, 569, 631
da fala, 509, 523, 528, 531, 534, 541

Intensidade acústica, 85

Interferência, 93
construtiva, 94
destrutiva, 94

Intimidade, 599, 606, 615

Índice remissivo

Isolamento sonoro, 476, 550

J

jnd, 498, 504, 506, 509, 511, 514, 518, 519, 553

L

LEV, 516
Limiar
    da audição, 60, 486
    da dor, 60
    de audibilidade, 486
Loudness, 60, 488, 513, 515
Luz, 193

M

Médios, 521
Método
    das Diferenças Finitas (FDTD), 218, 343
    dos Elementos de Contorno (BEM), 206, 286, 343
    dos Elementos Finitos (FEM), 218, 286, 343
Método híbrido
    ordem de transição, 404
    traçado de pirâmides, 405
Métodos
    numéricos, 286, 342
Música, 508
    legato, 490, 551
    staccato, 490, 506, 551
Músicos, 521
Masterização, 572, 583
Material
    Espuma, 151
    Fibroso, 151
    Gesso, 152
    Granular, 151
    Reciclado, 151
    Poroso, 150, 158
Medição, 491
Meio

Impedância acústica do, 89
Microfone, 493, 495, 570
    Bidirecional, 493, 517
    Omnidirecional, 493, 495, 517
Microfonia, 631
Mistura, 597, 606, 615
Mixagem, 572, 582, 633
Modelagem
    Discretizada de
        Huygens (DHM), 343
Modelos computacionais, 360
Modelos em escala, 360
Modos, 289, 291, 575
    amortecimento, 315, 318, 337
    Axiais, 301
    coincidentes, 298
    controle, 333
    distribuição, 299, 329
    distribuição espectral, 317
    energia dos, 304
    fator de qualidade, 338
    fonte, 319
    número de, 289, 308
    Oblíquos, 302
    receptor, 319
    Tangenciais, 302
    tratamento dos, 327
Modulação, 525
    Índice de, 537
    Amplitude de, 526, 535
    em Amplitude, 525
    Frequência de, 535
Monitor de referência, 584
Monitoração, 582
Mono, 584
Mudança de Imagem, 488

N

Números complexos, 69
Nível de
    Audibilidade, 60
    Intensidade Sonora, 92

Potência Sonora, 92, 557
Pressão Sonora, 92, 557
Velocidade de Partícula, 92

O

Onda, 62
Comprimento de, 68, 195
Difratada, 203, 214
Eletromagnética, 193
Esférica, 88
Incidente, 203
Interferência, 93
Mecânica, 62
Plana, 88
Sonora, 193
Operador complexo, 69
Orelha, ouvido, 58

P

Palco, 602, 609, 612, 624
Parâmetro objetivo, 484, 491, 498, 555, 616
Partícula sonora, 373, 387
Paserval
Teorema de, 81
Período, 66
Perda de articulação
das consoantes, 531
Perda de transmissão (PT), 476
Placa microperfurada, 177
Placa perfurada, 169
Placa ranhurada, 176
Plateia, 561, 607, 611, 624, 625
Porosidade, 152
Potência sonora, 85, 363
Presença, 599, 606
Pressão sonora, 60, 65, 439
Primeira reflexão, 564
Primeiras reflexões, 378, 379, 417, 489, 490, 505, 507, 511
Projeto acústico, 550

Q

Qualidade tonal, 600, 606

R

Raio sonoro, 360, 373, 387
Razão de agudos, 521
Razão de graves, 521
Razão util-prejudicial, 534
Receptores, 367
Auralização, 368
Azimute, 369
Cabeça Receptora, 368
Elevação, 369
Plano receptor, 368
Pontuais, 368
Reflectograma, 374, 379
Refletores, 489, 563, 626
Reflexão
Difusa, 104, 113, 191, 193, 197, 203, 378
Especular, 104, 113, 191, 197
Refração, 122
Relação sinal-ruído, 526, 528
Resistividade, 153
ao fluxo, 153
Resposta
ao impulso, 79, 491
impulsiva da sala, 79
Reverberação, 490, 505, 526, 599, 605
RFZ, 592
Ruído
de fundo, 500
Ruído interrompido, 496

S

Sabine, W.C., 359, 429, 491
Sala
ópera, 604
cinema, 569
de aula, 556
de concerto, 595, 601
de conferência, 567

Índice remissivo

de controle, 572, 581
de gravação, 572, 573
de reunião, 567
DELE, 591
Jensen, 590
LEDE, 592
não retangular, 305
neutra, 576
paredes rígidas, 294
reflexiva, 577
restaurante, 565
retangular, 288, 291, 299
reverberante, 577
salão de festa, 565
Sala São Paulo, 620
Seco (morto), 598
Sinal, 485
de fala, 77, 490, 507, 524
de voz, 77
harmônicos, 69
Impulsivo, 77
Impulso unitário, 77
Interferência, 93
Musical, 77, 485, 490, 507
não harmônico, 72
Sistema, 79
Surround, 586
5.1, 586
Linear e
Invariante no Tempo, 79
central, 628
de reprodução, 584
de Sonorização, 627, 639
distribuído, 630
estéreo, 585
híbrido, 630
SLIT, 79, 484, 491
SNR, 501, 526, 528, 531, 533, 534
Som direto, 374, 379, 417, 564
Sonora
Intensidade, 85
Potência, 85

STI, 535
Superfície
finita, 197
infinita, 115, 197
irregular, 197
regular, 115
Suporte, 488, 490, 513, 515
inicial, 523
tardio, 523
Surround, 586

T

Teatro, 632
Templos, 634
Tempo central, 511
jnd, 511
Tempo de reverberação, 136, 315, 318, 338, 430, 462, 491, 498, 502, 504, 531, 533, 551, 558, 576, 587, 599, 604, 625
Arau-Puchades, 461
comparação, 473
estimativa, 463
Eyring, 454
Fitzroy, 459
jnd, 504
Kuttruff, 458
Millington-Sette, 457
Sabine, 445, 451
Teorema
da convolução, 80
Teoria estatística, 426
Teto, 563, 626
Textura, 600
Timbre, 521, 600, 606
Tortuosidade, 154
Traçado de raios, 387
Aniquilação do raio, 390
Energia do raio, 393, 395
Histograma temporal, 396
Multiplicação de energia, 390
Reflexão difusa, 395

Reflexão especular, 395
Teste de detecção, 390
Transformada
de Fourier, 72, 73
Espacial de Fourier, 204
Espacial Inversa de Fourier, 204
Inversa de Fourier, 72
Tubo de impedância, 129

U
Ultrassom, 59
Uniformidade, 601, 605
Urgência, 599

V
Valor
médio, 81
RMS, 81
Velocidade
angular, 66
do Som, 64, 68
Vivacidade, 599, 605, 615
Volume por assento, 609, 625
Volume sonoro, 488, 513, 515, 609, 614, 615, 632
Voz, 571, 574

Z
Zona de sombra, 199, 553